Theorie und Praxis der Nachhaltigkeit

Herausgegeben von
Walter Leal Filho, Hochschule für Angewandte Wissenschaften Hamburg, Hamburg, Deutschland

Weitere Informationen zu dieser Reihe finden Sie unter
http://www.springer.com/series/13898

Das Thema Nachhaltigkeit hat eine zentrale Bedeutung, sowohl in Deutschland – aufgrund der teilweisen großen Importabhängigkeit Deutschlands für bestimmte Rohstoffe und Produkte – als auch weltweit. Weshalb brauchen wir Nachhaltigkeit? Die Nutzung natürlicher und knapper Ressourcen und die Konkurrenz um z. B. Frischwasser, Land und Rohstoffe steigen weltweit. Gleichzeitig nehmen damit globale Umweltprobleme wie Klimawandel, Bodendegradierung oder Biodiversitätsverlust zu. Ein schonender, also ein nachhaltiger Umgang mit natürlichen Ressourcen ist daher eine zentrale Herausforderung unserer Zeit und ein wichtiges Thema der Umweltpolitik. Die Buchreihe Theorie und Praxis der Nachhaltigkeit beleuchtet Fragestellungen zu sozialen, ökonomischen, ökologischen und ethischen Aspekten der Nachhaltigkeit und stellt dabei nicht nur theoretische, sondern insbesondere praxisnahe Ansätze dar. Herausgeber und Autoren der Reihe legen besonderen Wert darauf, die Nachhaltigkeitsforschung ganzheitlich darzustellen. Die Bücher richten sich nicht nur an Wissenschaftler, sondern auch an alle in Wirtschaft und Politik Beschäftigten. Sie werden durch die Lektüre wichtige Denkanstöße und neue Einsichten gewinnen, die ihnen helfen, die richtigen Entscheidungen zu treffen.

Walter Leal Filho

Herausgeber

Forschung für Nachhaltigkeit an deutschen Hochschulen

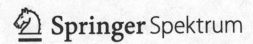

Springer Spektrum

Herausgeber
Walter Leal Filho
Hochschule für Angewandte Wissenschaften Hamburg,
Hamburg, Deutschland

Theorie und Praxis der Nachhaltigkeit
ISBN 978-3-658-10545-7   ISBN 978-3-658-10546-4   (eBook)
DOI 10.1007/978-3-658-10546-4

Die Deutsche Nationalbibliothek verzeichnet diese Publikation in der Deutschen Nationalbibliografie;
detaillierte bibliografische Daten sind im Internet über http://dnb.d-nb.de abrufbar.

Springer Spektrum
© Springer Fachmedien Wiesbaden 2016

Gedruckt auf säurefreiem und chlorfrei gebleichtem Papier

Springer-Verlag GmbH Berlin Heidelberg ist Teil der Fachverlagsgruppe Springer Science+Business Media
(www.springer.com)

Vorwort

Nachhaltigkeitsforschung hat in Deutschland eine lange Tradition und einen hohen Stellenwert. Das Forschungsprogramm für Nachhaltigkeit (FONA) sowie eine Reihe anderer Bundes- und EU-Forschungsprogramme haben in den letzten zehn Jahren eine Vielzahl von Forschungsprojekten gefördert. Viele Forschungsprojekte haben sich zunächst mit grundsätzlichen Fragen der Nachhaltigkeit beschäftigt. Heute steht jedoch die interdisziplinäre und vor allem sektorenübergreifende Forschung im Vordergrund, wie sie im sogenannten „Applied Sustainable Development"-Ansatz beschrieben wird (Leal Filho 2014*).

Durch die Vielfalt von Akteuren und Forschungsprojekten zum Thema Nachhaltigkeit in Deutschland ist mittlerweile schwer zu sagen: „Wer macht was?". Es besteht also ein realer Bedarf, die Akteure, die im Bereich Forschung für Nachhaltigkeit an deutschen Hochschulen tätig sind, zusammenzubringen, um als „Gemeinde" über den neuesten Stand der Forschung sowie auch über zukünftige Trends zu diskutieren.

Aus diesem Grund wurde das Forschungskolloquium „Forschung für Nachhaltigkeit an deutschen Hochschulen" organisiert. Die Veranstaltung fand an der Hochschule für Angewandte Wissenschaften Hamburg (HAW Hamburg) am 11. Juni 2015 statt.

Das Forschungskolloquium „Forschung für Nachhaltigkeit an deutschen Hochschulen" verfolgte folgende Ziele:

(i) Informationen über laufende Forschungsprojekte im Bereich Nachhaltigkeit zu verbreiten;
(ii) ausgewählte Forschungsansätze zu präsentieren;
(iii) den Erfahrungs- und Informationsaustausch zwischen Forschern und Wissenschaftlern aus Hochschulen, Forschungszentren, Firmen und sonstigen Einrichtungen zu ermöglichen;
(iv) Chancen für den weiteren Netzwerkausbau und die Kontaktpflege zu bieten.

Im Rahmen des Forschungskolloquiums wurden State-of-the-Art-Projekte und -initiativen im Bereich Forschung für Nachhaltigkeit in Deutschland präsentiert sowie innovative Forschungsansätze aufgezeigt. Insbesondere Projekte, die „cross-sectoral" sind und als Beispiel für internationale Kooperationen dienen, wurden im Rahmen des Forschungskolloquiums vorgestellt.

Der Gastgeber war das Forschungs-und Transferzentrum „Applications of Life Sciences", Initiator der „Sustainability 2.0"-Initiative und des „World Symposium on Sustainability in Higher Education", welches aus dem UN-Gipfel in Rio de Janeiro in 2012 entstanden ist.

(*) Applied Sustainable Development: A Way Forward in Promoting. Sustainable Development in Higher Education Institutions. In Leal Filho, W. (Ed) (2012) World Trends in Education for Sustainable Development, Verlag Peter Lang, Frankfurt.

Dieser Band, nämlich „Forschung für Nachhaltigkeit an deutschen Hochschulen", dient als **Dokumentation und Output** der Veranstaltung. Es als Teil der Buchreihe „Theorie und Praxis der Nachhaltigkeit" veröffentlicht, und soll Nachhaltigkeitsforscherinnen und -forschern im deutschsprachigen Raum die Möglichkeit bieten, ihre Arbeit zu dokumentieren und sie zu verbreiten.

Ich möchte mich bei den Autorinnen und Autoren herzlich bedanken, dass sie sich die Zeit genommen haben, und die Beiträge erfasst haben. Ich danke auch Frau Ruth Tiede, sowie Frau Kathrin Rath und Herrn Stefan Horowitz, die die Tagung mitorganisiert haben.

Ich hoffe, dass dieses Buch, das erste Band in der Reihe, die Bemühungen unterstützen wird, die Nachhaltigkeitsforschung in Deutschland noch bekannter – und deshalb stärker – zu machen. Ohne ein Querdenken können die Herausforderungen für die Lehre und Forschung nicht bewältigt werden. Wir brauchen nach wie vor transdisziplinäre Nachhaltigkeitsforschungsansätze sowie mehr Netzwerkbildung zwischen Forschungsinstituten und Praxisakteuren aus kommunalen Verwaltungen und lokaler Wirtschaft, so dass Wissensintegration erreicht werden kann. Wir hoffen, dass mit diesem Buch und der Veranstaltungsreihe „Forschung für Nachhaltigkeit an deutschen Hochschulen", die wir jetzt initiieren, ein Beitrag dafür geleistet wird.

Prof. Dr. (mult.), Dr. h.c. (mult.) Walter Leal
Herausgeber

Inhaltsverzeichnis

Teil I

Institutionelle Prozesse und Modelle

Nachhaltige Entwicklung an der Hochschule für Angewandte Wissenschaften Hamburg: Das FTZ-ALS und das „Nachhaltigkeitslab"

Walter Leal Filho

1.1 Einleitung: Ein kurzer Überblick über die Entwicklung der Nachhaltigkeitsdebatte

Auch wenn die Ursprünge des Begriffs der „nachhaltigen Entwicklung" oder „Nachhaltigkeit" viele Jahrzehnte zurückreichen und beide Begriffe ad hoc verwendet werden, nahm die öffentliche Wahrnehmung – und die internationale Sichtbarkeit – der nachhaltigen Entwicklung mit der Veröffentlichung von „Our Common Future", auch bekannt als der „Brundtland-Bericht" (WCED 1987), wesentlich zu. Diese Publikation berichtete über die Erwägungen der *Weltkommission für Umwelt und Entwicklung* (World Commission for Environment and Development, WCED). Das von den Vereinten Nationen unter dem Vorsitz von Frau Gro H. Brundtland (die zu der Zeit Norwegens Premierministerin war) vor einigen Jahren eingerichtete Organ hatte das Mandat, die Verbindungen zwischen Umweltschutz (ein Begriff, der bereits fest etabliert war) und Entwicklung zu untersuchen und Vorschläge zu unterbreiten, wie sich beides kombinieren lässt.

Nach der Veröffentlichung von „Our Common Future" im Jahr 1987 stimmte die Versammlung der Vereinten Nationen für die Entscheidung, die UN-Konferenz für Umwelt und Entwicklung (UNCED) unter dem Vorsitz von Maurice Strong, einem kanadischen Industriellen, abzuhalten. Die Veranstaltung sollte im Juni 1992 in Rio de Janeiro stattfinden.

Es gibt keinen Zweifel daran, dass seit „Our Common Future" die Nachhaltigkeit ihren Weg durch das System der Vereinten Nationen, Regierungsbehörden, Unternehmen und Institutionen der Hochschulbildung auf der ganzen Welt gefunden hat. Noch wichtiger ist,

W. Leal Filho (✉)
Fakultät Life Sciences, Hochschule für Angewandte Wissenschaften Hamburg,
Ulmenliet 20, D-21033 Hamburg, Deutschland
e-mail: walter.leal@haw-hamburg.de.

© Springer Fachmedien Wiesbaden 2016
W. Leal Filho (Hrsg.), *Forschung für Nachhaltigkeit an deutschen Hochschulen*,
Theorie und Praxis der Nachhaltigkeit, DOI 10.1007/978-3-658-10546-4_1

dass die moderneren Ansichten zur nachhaltigen Entwicklung, die in „Our Common Future" gelobt wurden, sich nicht auf ökologische Überlegungen beschränken. In ihnen wird vielmehr auch den ökonomischen, sozialen und politischen Variablen, die den Prozess beeinflussen, angemessene Aufmerksamkeit geschenkt.

Wenn man etwas Abstand nimmt und einen Blick auf die Gesamtheit der vergangenen Trends wirft, kann man sehen, dass die begriffliche Entwicklung der Nachhaltigkeit drei Hauptphasen durchlaufen hat:

- Phase 1 (1987–1997) – In dieser ersten Phase wurde nachhaltige Entwicklung unter dem Einfluss des WCED hauptsächlich als ein Anliegen der Staaten angesehen, wie von der Agenda 21 (UN 1992) befürwortet und wie von den Staatsoberhäuptern verein- bart, die an der im Juni 1992 in Rio de Janeiro abgehaltenen UNCED teilnahmen.
- Phase 2 (1998–2002) – In dieser zweiten Phase fand eine spürbare Änderung in der Wahrnehmung der nachhaltigen Entwicklung statt. Sie wurde von einer Angelegenheit, mit der sich die Länder beschäftigen sollten, zu einer Aufgabe für einzelne Personen und Institutionen. In Phase 2 wurde beim Weltgipfel für nachhaltige Entwicklung (World Summit on Sustainable Development, WSSD) – auch Rio + 10 genannt – der 2002 in Johannisburg abgehalten wurde, erkannt, dass seit der UNCED zehn Jahre zuvor vergleichsweise wenig Fortschritte gemacht worden waren und viele der von zahlreichen Regierungen bei der UNCED gemachten Zusagen und Versprechungen immer noch umzusetzen waren.
- Phase 3 (2003 bis heute) – Die aktuelle Phase kennzeichnet eine neue Dynamik in der allgemeinen Wahrnehmung dessen, was Nachhaltigkeit ist. Sie stützt sich auf die breite Annahme, dass nicht nur Regierungen, sondern auch Einzelpersonen, Institutionen und selbst Unternehmen – die bis dahin größtenteils außen vor waren – sich der Nachhaltigkeit verpflichten müssen. Die Tatsache, dass die Vereinten Nationen den Zeitraum 2005–2014 zur UN-Dekade „Bildung für nachhaltige Entwicklung" (UN Decade of Education for Sustainable Development, UNDESD) erklärt haben, hat dem Anliegen einen weiteren Auftrieb gegeben, wenn auch nicht im ursprünglich erwarte- ten Ausmaß. Die Rio + 20-Konferenz, die 2012 in Rio stattfand, hat dem aktuellen Stand der Dinge zusätzlichen Schwung gegeben. Zurzeit wird das Weltaktionsprogramm „Bildung für nachhaltige Entwicklung" verfolgt. Dies läutet hoffentlich eine neue Phase ein, die zu einer besseren Wahrnehmung dessen, was Nachhaltigkeit ist, was sie bedeutet und was sie erreichen kann, führt

Bezüglich des Sektors der Hochschulbildung wurde die Evolution der Debatte zur nachhaltigen Entwicklung in den letzten 15 Jahren als Ganzes sowie die Diskussion über Nachhaltigkeit an Universitäten und Colleges im Besonderen ziemlich gut dokumentiert (z. B. Leal Filho 1998, 1999a, 1999b; 2010a; 2010b). Diese Dokumentation hat auch Bereiche wie Nachhaltigkeit im Lehrplan (Creighton 1996; Svanström et al. 2008), in der Planung (Blowers 1993) oder dem weiten Feld der Strategie (z. B. Selman 1996; Baker et al. 1997; Brown 1997) abgedeckt. In den letzten fünf Jahren wurden große Fortschritte hinsichtlich der Nachhaltigkeit (Singh et al. 2009; Scholz et al. 2006) und Nachhaltigkeitswissenschaft (z. B Kates et al. 2001) beobachtet. Fortschritte waren auch hinsichtlich der Ökologisierung des Lehrplans (Jabbour 2010; Lourdel et al. 2005; Marshall und Harry 2006), der ökologischen Effizienz (Jiménez und Lorente 2001) und auf Institutionsebene (z. B. Lozano-Garcia et al. 2009) zu sehen.

Im tertiären Sektor gab es verschiedene Landmarken bezüglich der Gestaltung von Ansätzen und Mechanismen, um die Nachhaltigkeit der akademischen Ausbildung näherzubringen (Leal Filho 2010a). Wie von Leal Filho (2010b) erklärt, hat dieser Prozess die Erstellung vieler wichtiger Dokumente umfasst, wie etwa:

- die Magna Charta der europäischen Universitäten (1988),
- die Talloires-Erklärung der Universitätspräsidenten für eine nachhaltige Zukunft (1990),
- das Halifax-Dokument „Creating a Common Future: an Action Plan for Universities" (1991) (Lester Pearson Institute for International Development 1992),
- das „Urgent Appeal from the CRE" an den Vorbereitungsausschuss der UNCED (1991),
- die COPERNICUS „Universities Charter for Sustainable Development" (1994),
- die Lüneburger Erklärung zur Hochschulbildung für eine nachhaltige Entwicklung (2001),
- die Ubuntu-Erklärung zu Bildung und Wissenschaft und Technik für eine nachhaltige Entwicklung (2002),
- Grazer Erklärung zur Verpflichtung der Universität zur nachhaltigen Entwicklung (2005),
- G8-Universitätsgipfel: Sapporo-Erklärung zur Nachhaltigkeit (2008),
- G8-Universitätsgipfel: Aktionsplan (2010).

Weitere Dokumente und Erklärungen sind mittlerweile dazugekommen. Aber außer der Ubuntu-Erklärung, die von mehreren Organisationen seit Johannisburg verfolgt wurde, hat die Mehrzahl der anderen Erklärungen, Vereinbarungen und Aktionspläne eins gemeinsam: Sie wurden nie vollständig umgesetzt. Das ist keine Kritik an dem Prozess, der zu ihrer **Erstellung** geführt hat, sondern an der fehlenden Sicherstellung ihrer **Umsetzung**. Die Erfahrung aus diesen Vereinbarungen zeigt, dass es wenig Sinn macht, wenn eine Gruppe von Leuten eine Reihe von Verfahren und Aktionen vereinbart, wenn sie nicht gleichzeitig über die Mittel verfügen, ihre Umsetzung sicherzustellen. Vielleicht beruht ein Teil des Problems auf der Tatsache, dass überzeugende Beispiele, die die Nützlichkeit eines Schwerpunkts auf Nachhaltigkeit in der Hochschulbildung zeigen, zwar existieren und verfügbar sind, aber nicht so dokumentiert und verbreitet worden sind, wie sie es hätten sein sollen. Infolgedessen gibt es jetzt einen gewissen Grad der Skepsis bei der Erstellung neuer Erklärungen von Aktionsplänen, da die Erfahrungen aus der Vergangenheit nicht ganz so positiv sind.

Weiterhin muss trotz der verschiedenen Maßnahmen auf internationaler Ebene auf der regionalen und lokalen Ebene noch viel getan werden. Tatsächlich ist 28 Jahre nach der Veröffentlichung von „Our Common Future", 23 Jahre nach der Erstellung der „Agenda 21" und 13 Jahre, nachdem die Verpflichtung der Welt zur Nachhaltigkeit in der „Johannesburger Erklärung" erneut wiederholt wurde, die Notwendigkeit der Verbreitung von Ansätzen, Methoden, Projekten und Initiativen mit dem Ziel der Förderung des Anliegens der nachhaltigen Entwicklung so dringend wie zuvor.

1.2   Die Definition der angewandten Nachhaltigkeit

Die Erfahrungen der Vergangenheit zeigen, dass neue und innovative Methoden erforderlich sind, um das Anliegen der nachhaltigen Entwicklung an Institutionen der Hochschulbildung auf konkretere und somit sinnvollere Weise zu fördern. Das bedeutet nicht, dass die zukünftige Debatte über Nachhaltigkeit „untheoretisch" sein muss. Eine stabile theoretische Grundlage für die Nachhaltigkeit ist und wird immer noch wertvoll sein und ist eine Voraussetzung für die erfolgreiche Umsetzung von Nachhaltigkeitsprogrammen. Nichtsdestotrotz gibt es ein wahrgenommenes Bedürfnis nach einem neuen, frischen Blick auf die Art, wie wir an den Universitäten nachhaltige Entwicklung handhaben. Eine Zeit, die ausschließlich mit Diskussionen oder Definitionen oder konzeptionellen Erwägungen verbracht wird, wäre verschwendet. Es macht wenig Sinn, weiter bei Fragen zu verweilen, die jahrelang immer wieder diskutiert und debattiert worden sind. Wir sollten vielmehr nach vorne blicken und andere Ansatzpunkte zur erfolgreichen Umsetzung von Nachhaltigkeitsthemen an Institutionen der Hochschulbildung erforschen.

Diese Arbeit bringt darum das Konzept der **angewandten Nachhaltigkeit** vor, die wie folgt definiert werden kann:

> Bei dem Konzept der angewandten Nachhaltigkeit geht es um einen handlungsorientierten und projektbasierten Ansatz, der Prinzipien der nachhaltigen Entwicklung verwendet und sie auf reale Zusammenhänge und reale Situationen anwendet. Dadurch sollen Vorzüge erzielt werden, die zu erwarten sind, wenn Methoden, Ansätze, Verfahren und Prinzipien der nachhaltigen Entwicklung in die Praxis umgesetzt werden.

Die angewandte Nachhaltigkeit unterscheidet sich in dreierlei Weise von konventionellen Ansätzen zur Förderung der nachhaltigen Entwicklung. Erstens ist es ein **praxisbasierter** Ansatz, der die lange Geschichte der Nachhaltigkeit und ihrer Prinzipien im Kopf behält, aber sich auch mit ihren Anwendungen in realen Situationen beschäftigt. Zweitens verwendet die angewandte Nachhaltigkeit den Inhalt der verfügbaren theoretischen Studien und Diskurse, sorgt aber dafür, dass sie in spezifischen, gut definierten Kontexten **eingesetzt** werden. Und zum Schluss beschäftigt sich die angewandte Nachhaltigkeit mit **messbaren, greifbaren Ergebnissen** und nicht nur mit subjektiven Fragen wie der Weckung von Achtsamkeit oder Bewusstsein, auch wenn diese Elemente mit Sicherheit

Tab 1.1 Vorteile der angewandten Nachhaltigkeit

Angewandte Nachhaltigkeit	Konventionelle Ansätze
Handlungsorientiert	Theoretisch ausgerichtet
Betonung von Projekten und praktischen Erfahrungen	Betonung von Diskursen, allgemeinen Prinzipien und erkenntnistheoretischen Überlegungen
Klar definierte Ziele	Allgemein formulierte Ziele
Definierte Ablauf- und Zeitpläne	Undefinierte Zeitrahmen
Auflistung der erwarteten Ergebnisse	Keine Definition klarer Ergebnisse
Präzisierung der finanziellen Grundlagen	Keine spezifischen finanziellen Überlegungen
Klar definierte Themen	Keine Themendefinition oder spezifischer thematischer Schwerpunkt

Teil der Formel sind. Tab. 1.1 illustriert einige der vielen Vorteile der angewandten Nachhaltigkeit im Gegensatz zu konventionellen Ansätzen zum Umgang mit nachhaltiger Entwicklung, wie wir sie heutzutage meistens sehen.

Aufgrund der eindeutigen Vorteile, die die angewandte Nachhaltigkeit bietet, vertritt der Autor die Ansicht, dass die Anwendung der angewandten Nachhaltigkeit einen dringend benötigten Impuls für die weitere Entwicklung der nachhaltigen Entwicklung geben kann (und sollte), sowohl in Institutionen der Hochschulbildung als auch darüber hinaus. Dies beruht auf zwei Hauptthesen:

1. Die theoretische Debatte der nachhaltigen Entwicklung neigt dazu, sich zu wiederholen, alte Argumente wiederzuverwenden und wohlbekannte Positionen zu verteidigen, die sie nicht wirklich weiterbringen.
2. Die Haupthindernisse für die weite Verbreitung der Nachhaltigkeit, ob mangelnde Ressourcen, mangelnde Ausbildung, Zeit oder – manchmal – mangelndes Interesse, sind so bedeutend, wie sie es bereits vor 25 Jahren waren. Es ist unwahrscheinlich, dass sie jemals durch das aktuelle „business as usual"-Modell überwunden werden.

Die strategischen Vorteile der angewandten Nachhaltigkeit sind:

- ihre Flexibilität, da sie ein Potenzial zur weit verbreiteten Nutzung in verschiedenen Umständen und bei einer Vielzahl von Gruppen und Empfängern bietet.
- ihre Struktur, die für wirkungsbasierte Ergebnisse sorgt, die messbar und erreichbar sind.
- Sie erlaubt und animiert zu Engagement, um die festgelegten Ziele zu erreichen.
- Sie sorgt für ständige Überwachung und Beurteilung des Umfangs, zu dem die erwarteten Wirkungen und Ergebnisse erzielt wurden, was rechtzeitiges Einschreiten ermöglicht, wenn dies nicht der Fall ist.

Das Fundament für die Umsetzung einer „angewandten nachhaltigen Entwicklung" ist eine neue Art zu denken und ein neuer Ansatz zur Förderung des Anliegens der nachhaltigen Entwicklung. Es werden gute – egal, wie einfach sie sind – und innovative Ideen benötigt, die mit Projekten umgesetzt werden können. Ein Projektansatz ist hier von entscheidender Bedeutung, da dies eine klare Übersicht über die zu erledigenden Aufgaben innerhalb eines vorgegebenen Zeitplans ermöglicht, mit klar festgelegten Zielen und einer klaren Angabe der Kosten. Letzteres ist möglicherweise eines der größten Probleme, unter denen Nachhaltigkeitsbemühungen in Institutionen der Hochschulbildung leiden: die begrenzte (oder fehlende!) Fähigkeit, reale Kosten festzulegen und Budgetinitiativen so zu planen, dass sichergestellt wird, dass die finanziellen Mittel verfügbar sind, die zur Durchführung der vorgestellten Arbeiten benötigt werden.

1.3 Angewandte Nachhaltigkeit am FTZ-ALS: Beispiele aus Projekten

Nach der Definition und Skizzierung des Umfangs der angewandten nachhaltigen Entwicklung ist es wichtig, klare Hinweise dafür zu geben, wie sie unter realen Bedingungen funktionieren könnte. Um ein klares Bild auf die Machbarkeit der angewandten Nachhaltigkeit zu ermöglichen, stellt dieser Abschnitt mehrere Initiativen vor, die das Forschungs- und Transferzentrum „Applications of Life Sciences" (FTZ-ALS) der Hochschule für angewandte Wissenschaften Hamburg in Hamburg, Deutschland, durchgeführt hat.

Seit seiner Gründung im August 2007 ist das FTZ-ALS ein Anbieter von Informationen, Bildung und Fortbildungen zu Angelegenheiten in Verbindung mit nachhaltiger Entwicklung auf Weltklasseniveau. Der Titel des Zentrums, der seine Ausrichtung auf das Gebiet der Biowissenschaften widerspiegelt, soll seine praxisorientierte Grundlage darstellen. Das FTZ-ALS ist ein lebendes Labor, in dem viele innovative und bahnbrechende Ideen in Verbindung mit nachhaltigen Entwicklungen getestet und umgesetzt werden. Zu Errungenschaften gehören unter anderem:

(a) die Schaffung der am längsten laufenden Buchserie zum Thema Nachhaltigkeit mit dem Titel „Umweltbildung, Umweltkommunikation und Nachhaltigkeit/Environmental Education, Communication and Sustainable Development" im Wissenschaftsverlag Peter Lang. Mit fast 40 Bänden hat diese Serie bahnbrechende Bücher wie „Sustainability and University Life", „Handbook of Sustainability Research" oder „Communicating Sustainability" und viele weitere hervorgebracht. Über 300 Autoren aus aller Welt haben dazu beigetragen;

(b) die Schaffung des International Journal of Sustainable Development in Higher Education, die einzige Fachzeitschrift der Welt, die sich auf die nachhaltige Entwicklung in Institutionen der Hochschulbildung konzentriert. Seit seiner Gründung im Jahr 2000 hat IJSHE sich durch die Ranglisten gekämpft und ist inzwischen ein Top-Journal auf seinem Gebiet (Impact Factor: 1.341);

(c) die Gründung der Reihe „World Sustainability Series" (Springer) mit neuen innovativen Publikationen zum Thema Nachhaltigkeit;

(d) die Initiierung der Reihe „World Symposium on Sustainability in Higher Education" mit zwei erfolgreichen Veranstaltungen in Rio (2012), Manchester (2014) und demnächst in den USA (MIT: Massachusetts Institute of Technology) in 2016;

(e) die Schaffung von drei „World Sustainable Development Teach-In Days" (der letzte davon fand im März 2015 statt), deren Ziele darin bestanden. Informationen zum Konzept, den Zielen und Zwecken der nachhaltigen Entwicklung auf eine Weise zu vermitteln, dass sie eine große Verbreitung erfahren können. Dazu gehört:

• die Einbeziehung von Elementen in Verbindung mit ihren ökologischen, sozialen, ökonomischen und politischen Aspekten,

• das Bewusstsein der Universitätsstudenten für die Komplexität der Angelegenheiten in Verbindung mit nachhaltiger Entwicklung und die Notwendigkeit persönlichen Engagements und Handelns zu schärfen,

• die Gelegenheit zur Vorstellung von Projekten und anderen Initiativen zu bieten, die auf internationaler, aber auch auf regionaler und lokaler Ebene von Schulen, Universitäten, Regierungsorganen, Nichtregierungsorganisationen und anderen Interessenvertretern in der nachhaltigen Entwicklung durchgeführt werden,

• die Probleme, Hindernisse, Herausforderungen und Chancen und Potenziale in Verbindung mit der Umsetzung der nachhaltigen Entwicklung zu diskutieren, sowohl global als auch auf regionaler und lokaler Ebene.

Nicht zuletzt war der **„World Sustainable Development Teach-In Day"** auch dazu gedacht, das Netzwerken und den Informationsaustausch unter den Teilnehmern zu fördern und Kooperationsinitiativen und möglicherweise auch neue Projekte zu befördern.

Ein weiterer Erfolg des FTZ-ALS ist die Organisation und/oder Koorganisation mehrerer Nachhaltigkeitsveranstaltungen in ganz Europa und in anderen Teilen der Welt. Dort erlangen die Teilnehmer ein tieferes Bewusstsein für die Komplexität der Vorhaben im Bereich nachhaltiger Entwicklung. Ihnen wird deutlich, wie notwendig die Förderung umfangreichen Wissens und der Fähigkeiten in verschiedenen Gruppen in der Gesellschaft ist. Das Projektportfolio des FTZ-ALS übersteigt seit seiner Gründung 20 Millionen Euro. Damit ist es eines der größten Nachhaltigkeitszentren in Deutschland. Über ein Dutzend Doktoranden konnten das FTZ-ALS für ihre Promotion nutzen.

Einige der vomFTZ-ALS durchgeführten Projekte, die Beispiele für angewandte Nachhaltigkeit sind, werden im Folgenden aufgeführt:

1.3.1 Projekt 1 – INSPIRE

Das EU-Projekt „Inspiration für die Schulausbildung durch nicht-formale Lernmethoden" (Inspire School Education by Non-formal Learning, INSPIRE) wurde zur Förderung des Informationsstands und des Lernens zum Thema erneuerbare Energien und Klimawandel ausgearbeitet. Vision des INSPIRE-Projekts ist es, die Qualität und Attraktivität der Lehrerausbildung in einem außerschulischen Kontext durch die Nutzung neuer

Bildungsorte zu verbessern. Das Inspire-Projekt wurde durch das EU-Programm für lebenslanges Lernen (2007) der Europäischen Kommission im Rahmen des Budgets des multilateralen COMENIUS-Projekts finanziert. Ursprünglich war die Laufzeit des Projekts von November 2007 bis Oktober 2009 angesetzt. Hauptziel des INSPIRE-Projekts war die Schaffung von Synergien und Verknüpfungen zwischen außerschulischen Bildungsorten und dem schulischen Lernen und dadurch die Verbreiterung der Wissensbasis der Schüler in Europa zu Themen rund um nachhaltige Entwicklung. Darüber hinaus bestand ein Ziel darin, eine Reihe von Materialien zu erstellen, die für die Lehrerausbildung zu erneuerbaren Energien und der Klimaproblematik unterstützend eingesetzt werden können. Diese Materialien wurden im Hinblick auf ihre Verwendung zur Unterstützung bei der Lernstoffvermittlung im Bereich Nachhaltigkeit getestet.

Damit entsprechen die Ziele von INSPIRE ganz und gar den Vorgaben der UN-Dekade „Bildung für nachhaltige Entwicklung" (UN Decade of Education for Sustainable Development). In den Projektpartnerschaften in Deutschland, Lettland und Polen sind Ansätze, Methoden und Materialien entwickelt worden die auch in anderen Ländern Europas und darüber hinaus verwendet werden können. Folgende Ergebnisse konnten mit INSPIRE erzielt werden:

- vier Projektberichte,
- Dokumentation und Veröffentlichung der Ergebnisse aus Literaturstudien und Interviews mit Sachverständigen,
- eine Liste mit außerschulischen Bildungsorten und Beispielen bewährter Praktiken,
- Handbücher und Unterrichtshinweise für Ausbildungskurse für Lehrkräfte,
- ein Handbuch für Projektpartner,
- ein Handbuch über „Erneuerbare Energien in außerschulischen Bildungsorten" (Renewable Energy in Out-of-school Learning Places).

Abbildung 1.1 zeigt die Startseite der INSPIRE-Internetpräsenz:

Das Projekt, dessen Schwerpunkt auf erneuerbaren Energien und Klima lag, hat gezeigt, wie nicht-formale Bildungsprozesse bei den Themen Umwelt und nachhaltige Entwicklung optimiert werden können.

1.3.2   Projekt 2 – JELARE

Erneuerbare Energien spielen für die sozioökonomische Entwicklung aller Länder und insbesondere in Lateinamerika und Europa eine bedeutende Rolle. Die beiden Regionen sind bis heute sehr stark von (importierten) fossilen Brennstoffen abhängig, um ihren Energiebedarf zu decken. Neben den Vorteilen für die Umwelt bietet die lokale Erzeugung und Nutzung erneuerbarer Energien ein enormes Potenzial für die wirtschaftliche Entwicklung vor Ort (z. B. ein breites Spektrum an lokal verfügbaren Beschäftigungsmöglichkeiten, die von hoch qualifizierten bis weniger qualifizierten Arbeitsplätzen in den Bereichen von High-Tech-Industrie bis Landwirtschaft reichen).

Abb. 1.1 Startseite von INSPIRE

Darüber hinaus werden lokale Investitionen begünstigt und die Notwendigkeit von Energieimporten gesenkt. Der Sektor der erneuerbaren Energien entwickelt sich jedoch bedingt durch einen Mangel an Fachkenntnissen, vor allem in ärmeren Ländern wie Bolivien und Guatemala, nicht optimal. Aufgrund des innovativen Charakters dieses Bereichs spielen Institutionen der Hochschulbildung vor allem für die Forschung und Ausbildung künftiger Arbeitskräfte in diesem Sektor eine sehr wichtige Rolle. Doch trotz der Bedeutsamkeit der erneuerbaren Energien nimmt dieser Bereich im Lehrplan lateinamerikanischer (und europäischer) Universitäten nicht die Rolle ein, die er einnehmen könnte oder gar einnehmen sollte. Aus diesem Grund widmet sich das JELARE-Projekt als ein Beispiel angewandter Nachhaltigkeit dem Schwerpunkt erneuerbare Energien – einem zentralen Thema der heutigen Zeit.

Abbildung 1.2 bietet einen Überblick über die Vorteile des Ansatzes der angewandten Nachhaltigkeit im Bereich der erneuerbaren Energien und zeigt Prinzipien, die ebenso auf andere Bereiche angewendet werden können.

Es wird deutlich, dass das JELARE-Projekt durch einen realitätsnahen Ansatz dazu beitragen kann, erneuerbare Energien in den Lehrplan von Universitäten in Europa und Lateinamerika zu integrieren. So wird sichergestellt, dass dieser wichtige Aspekt nachhaltiger Entwicklung angemessene Berücksichtigung findet.

1.3.3 Das Projekt RECO Baltic 21 Net

Eine der größten Herausforderungen für eine nachhaltige Entwicklung ist der angemessene Umgang mit Abfällen. Das stetig wachsende Abfallaufkommen schädigt die Umwelt und setzt Ökosysteme unter Druck. Dennoch kann viel durch die Erforschung von Wegen

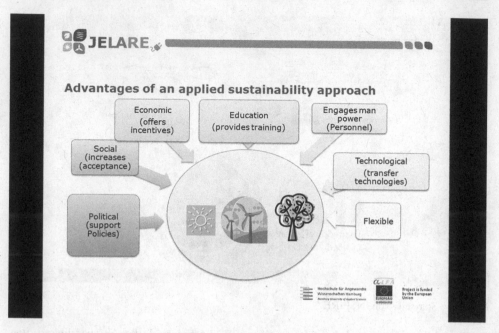

Abb. 1.2 Vorteile des Ansatzes einer angewandten Nachhaltigkeit bei erneuerbaren Energien

für eine intelligente Abfallnutzung gewonnen werden. Das heißt, es müssen die Verwendungsmöglichkeiten von Abfällen als Energielieferanten oder wiederverwertbares Material untersucht werden. Dadurch können die Umweltbedingungen verbessert werden und gleichzeitig neue Geschäftsmöglichkeiten entstehen.

Ziel des durch das Programm Interreg IVB (Ostsee) finanzierten Projekts RECO Baltic 21 Net war es, mangelndes Wissen und Fachkenntnisse beim Umgang mit dem Abfallmanagement im Ostseeraum zu beseitigen. Die Startseite des Projekts ist in Abb. 1.3 aufgeführt. Erreicht werden sollte dieses Ziel durch die Verknüpfung von Konzepten des Abfallmanagements mit Investitionen und Raumplanung.

Projektpartner:

- Hochschule für Angewandte Wissenschaften Hamburg (Deutschland)
- IVL Swedish Environmental Research Institute (Schweden)
- Sustainable Business Hub (Schweden)
- Kaunas University of Technology (Litauen)
- Siauliai Region Waste Management Centre (Litauen)
- Alytus Region Waste Management Centre (Litauen)
- Belarussian Association of Environmental Management (Weißrussland)
- Waste Management Association of Latvia (Lettland)

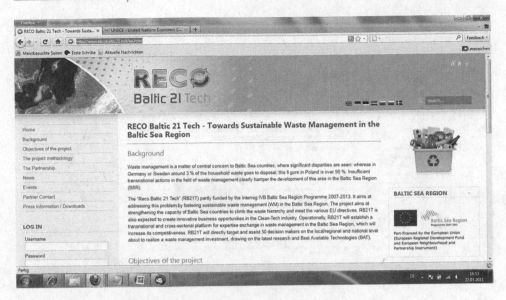

Abb. 1.3 Startseite des Projekts RECO Baltic 21 Net

- North Vidzeme Waste Management Organization Ltd. (Lettland)
- Kommunalverwaltung Ogre (Lettland)
- Consell Comarcal Del Maresme (Spanien)
- Universität Danzig (Polen)
- Estonian Regional and Local Development Agency (Estland)
- Estonian Institute for Sustainable Development (Estland)

Das Projekt umfasste die Konzeptionierung von Methoden und die Planung von Investitionsmodellen für eine nachhaltige Umsetzung.

1.3.4   Das DIREKT-Projekt

Ein weiteres vom FTZ-ALS geleitetes Projekt zur angewandten nachhaltigen Entwicklung ist das „Small Developing Island Renewable Energy Knowledge and Technology Transfer Network" (DIREKT). Es handelt sich um ein Kooperationsprojekt mit der Beteiligung von Universitäten aus Deutschland, Fidschi, Mauritius, Barbados sowie Trinidad und Tobago. In kleinen Entwicklungsinselstaaten der AKP-Regionen (Afrika, Karibik, Pazifik) sollte beispielhaft die wissenschaftliche und technologische Leistungsfähigkeit im Bereich der erneuerbaren Energien durch Technologietransfer, Informationsaustausch und Vernetzung gestärkt werden. Entwicklungsländer sind besonders anfällig für mit dem Klimawandel in Zusammenhang stehende Probleme. Dem kann durch die Steigerung ihrer Leistungsfähigkeit im Bereich der erneuerbaren Energien – einem Schlüsselbereich

Abb. 1.4 Startseite des DIREKT-Projekts

des Programms – entgegengewirkt werden. Ziele von DIREKT, dessen Startseite in Abb. 1.4 aufgeführt ist, waren:

(a) die Stärkung der internen wissenschaftlichen und technologischen Leistungsfähigkeit in kleinen Entwicklungsinselstaaten im Bereich der nachhaltigen Entwicklung im Gesamten und bei den erneuerbaren Energien im Besonderen,
(b) die Förderung der Zusammenarbeit zwischen der wissenschaftlichen und technologischen Gemeinde und zwischen den AKP-Staaten und EU sowie innerhalb der kleinen Entwicklungsinselstaaten im Bereich nachhaltige Entwicklung,
(c) der Beitrag zum Transfer von Forschungsergebnissen zum Schlüsselthema der erneuerbaren Energien und dadurch Hilfe zur Umsetzung von Technologietransferzentren.

Durch DIREKT wurden nicht nur die Leistungsfähigkeit gesteigert und die Forschungsqualität innerhalb der wissenschaftlichen und technologischen Gemeinde kleiner Entwicklungsinselstaaten im Zusammenhang mit der nachhaltigen Entwicklung verbessert, sondern auch ein marktorientierter Forschungsrahmen für eine bessere Kapitalisierung und Ausnutzung der Forschungsergebnisse etabliert und entwickelt.

1.3.5 Das WATERPRAXIS-Projekt

Eines der größten Umweltprobleme in der Ostsee ist die durch die Nährstoffbelastung verursachte Eutrophierung. Praktische Maßnahmen zur Einschränkung sind in den Managementplänen für Flusseinzugsgebiete (River Basin Management Plans, RBMPs)

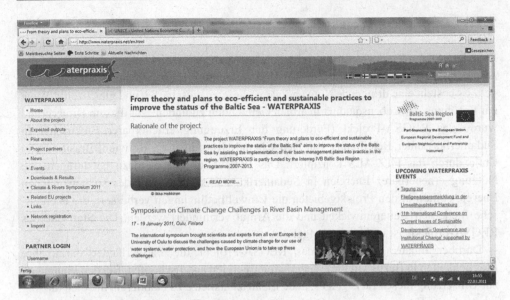

Abb. 1.5 Startseite des WATERPRAXIS-Projekts

enthalten. Dadurch soll die europäische Wasserrahmenrichtlinie umgesetzt werden. Die praktische Umsetzung eines allgemeinen Niveaus der RBMPs stößt jedoch auf viele Hindernisse. So decken die RBMPs so große Gebiete ab, dass es schwierig ist, die Bevölkerung ausreichend an den Planungsprozessen zu beteiligen. Dadurch schwindet die lokale Akzeptanz für Maßnahmen, die realisiert werden sollten.

Das Projekt „Waterpraxis – Von der Theorie und Planung zu einer ökoeffizienten und nachhaltigen Praxis zur Verbesserung des Zustandes der Ostsee" wurde durch das Programm Interreg IVB (Ostsee) finanziert. Es ist eine Partnerschaft von sieben Anrainerstaaten der Ostsee: Finnland, Deutschland, Dänemark, Polen, Litauen, Schweden und Lettland. Die Startseite des Projekts ist in Abb. 1.5 aufgeführt.

Das Gesamtziel des Projekts war die Verbesserung des Zustands der Ostsee. Dies sollte durch die Unterstützung der Maßnahmen geschehen, die in den Managementplänen für Flusseinzugsgebiete (RBMPs) für diese Region festgelegt worden waren. Die besonderen Ziele des Projekts sind die Identifikation und Unterbreitung von Verbesserungsvorschlägen zu nachhaltigen Wassermanagementpraktiken gewesen, die durch eine Analyse des Inhalts und der Planungsprozesse der RBMPs festgestellt worden sind. Dazu gehörten: die Bestimmung von Aktionsplänen für Pilotgebiete auf der Grundlage von RBMPs, die als bewährte Praxisbeispiele und Maßnahmen für den Wasserschutz unter der Beteiligung der Öffentlichkeit gelten können; die Vorbereitung von Investitionsplänen (einschließlich technischer und Finanzierungspläne) für Wasserschutzmaßnahmen für ausgewählte Standorte in Polen, Litauen, Dänemark und Finnland; die Verbreitung von Informationen zu bewährten Praktiken und Maßnahmen für das Wassermanagement durch Publikationen, Seminare und Internetseiten sowie das Anbieten von Schulungs- und Bildungsprogrammen für Planer im Bereich Wassermanagement.

1.3.6 Das REGSA-Projekt

Eine der größten Herausforderungen für eine nachhaltige Entwicklung ist die Senkung der Armut, was sich auch sehr stark in den UN-Millennium-Entwicklungszielen widerspiegelt. Es besteht eine dringende Notwendigkeit, diese zu entschärfen und gleichzeitig Wege zur Erhöhung der Lebensqualität in armen Gemeinden zu finden. Vor diesem Hintergrund wurde das REGSA-Projekt (Förderung der Erzeugung erneuerbarer Elektrizität in Südamerika) unter Beteiligung von Deutschland (Koordinator), Bolivien, Brasilien und Chile durch das FTZ-ALS konzipiert. Das Projektziel war es, dazu beizutragen, die Nutzung erneuerbarer Energien in Südamerika zu erhöhen. Mit der so gewonnenen Energie sollten in den Projektgebieten die Umweltbedingungen verbessert, die energetische Sicherheit weiterentwickelt und die Armut vermindert werden. Die Startseite des REGSA-Projekts ist in Abb. 1.6 aufgeführt.

Darüber hinaus unterstützte das REGSA-Projekt die Partnerländer darin, ihre Möglichkeiten in Bezug auf die erneuerbaren Energien auszuschöpfen. Bei den Planungen zur Umsetzung dieses Ziels galt es, neue Elektrizitätsnetze zu etablieren, die die Nutzung erneuerbarer Energien als eine Quelle für elektrische Energie integrieren. Diese Netze waren und sind vor allem in ländlichen Gebieten zu entwickeln. Zusätzlich dazu wurden Grundlagenstudien durchgeführt und Szenarien entwickelt, welche die politischen, technologischen und sozioökonomischen Aspekte, die mit der Erzeugung erneuerbarer Elektrizität einhergehen, berücksichtigen. Es wurden verschiedene Aktivitäten zur Bewusstseinsbildung angeboten und die vermehrte Planung und Ausarbeitung von Rahmenrichtlinien praktisch unterstützt. Darüber hinaus wurden Machbarkeitsstudien zu

Abb. 1.6 Startseite des REGSA-Projekts

Infrastrukturprojekten durchgeführt, die schließlich zu einer Erhöhung der Nutzung von Technologien sauberer Energien geführt haben. Eine Machbarkeitsstudie, die den regionalen Dialog und den Aufbau von Kapazitäten in drei Pilotgemeinden förderte, kann heute als Modell bewährter Praktiken für andere Gebiete in Südamerika genutzt werden.

1.3.7   Das CELA-Projekt

Da in Lateinamerika immer mehr bedeutende Ökosysteme in Mitleidenschaft gezogen werden, ist dort der Fokus auf eine nachhaltige Entwicklung besonders wichtig. Insbesondere auch deshalb, weil diese Region in Hinblick auf die Auswirkungen von Klimaveränderungen wie extremen Wetterereignissen zu den anfälligsten in der Welt gehört. Das Projekt ALFA III „Netzwerk für Technologietransferzentren für den Klimawandel in Europa und Lateinamerika" (Network of Climate Change Technology Transfer Centres in Europe and Latin America, CELA) wurde durch das FTZ-ALS initiiert, um die gegenwärtig in Lateinamerika vorliegenden Anfälligkeiten und Risiken in Bezug auf den Klimawandel zu untersuchen und Erfahrungen bei der Anpassung an ihn auszutauschen. CELA war ein Projekt zur Förderung gemeinsamer Forschungskooperationen und des Erfahrungsaustauschs im Bereich Klimawandel zwischen europäischen und lateinamerikanischen Universitäten mit folgenden Zielen:

(a) Verbesserung der Qualität des Forschungs- und Technologietransfers im Bereich Klimawandel an lateinamerikanischen Universitäten,

(b) Stärkung der Rolle von Institutionen der Hochschulbildung im Bereich der nachhaltigen sozioökonomischen Entwicklung in Lateinamerika durch eine Berücksichtigung der sozioökonomischen Auswirkungen des Klimawandels,

(c) Förderung von Forschungs- und Technologietransferkooperationen zwischen lateinamerikanischen und europäischen Institutionen der Hochschulbildung im Bereich Klimawandel.

Das Projekt wurde vor dem Hintergrund entwickelt, dass es für die nachhaltige sozioökonomische Entwicklung in Lateinamerika eine entscheidende Rolle spielt, den Klimawandel abzumildern und Anpassungen an ihn vorzunehmen. CELA-Projektpartner sind:

* HAW Hamburg (Koordination), Deutschland,
* Catholic University of Bolivia, Bolivien,
* Galileo University, Guatemala,
* Association of Commercial Sciences University, Nikaragua,
* Catholic University of Perú, Peru,
* Tallinn University of Technology, Estland.

Die Startseite des CELA-Projekts ist in Abb. 1.7 aufgeführt.

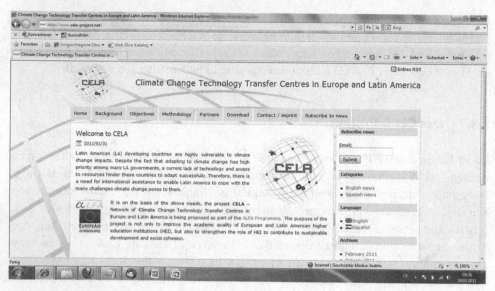

Abb. 1.7 Startseite von CELA

Das Projekt konzentrierte sich insbesondere auf die Vernetzung und den Technologietransfer zwischen zwei Regionen im Bereich Klimawandel. So sollten nicht nur Synergien erreicht, sondern auch ein Zugang zu verfügbaren Technologien begünstig werden.

1.3.8 Das CALESA-Projekt

Die Auswirkungen des Klimawandels auf die Landwirtschaft Afrikas sind erheblich und erfordern konkrete Maßnahmen. Diese sollen einerseits zu einem besseren Verständnis der Probleme führen und andererseits nachhaltige Mittel zur ihrer Bekämpfung bereitstellen. Ein Mittel ist die Nutzung von sogenannten Analog-Standorten, das sind Standorte, die bereits *heute* klimatische Eigenschaften aufweisen, die *morgen* an anderen Orten zu erwarten sind.

Aufgrund der Notwendigkeit, sich dieser Probleme anzunehmen und realistische, auf Nachhaltigkeit basierende Möglichkeiten zur ihrer Lösung anzubieten, wurde in den Jahren zwischen 2011 und 2014 das Projekt „Entwicklung erfolgversprechender Strategien durch die Nutzung von Analog-Standorten in Ost- und Südafrika" (Developing promising strategies using analogue locations in Eastern and Southern Africa, CALESA) durchgeführt. Das Projekt wurde durch das International Crop Research Institute for the Semi-Arid Tropics (ICRISAT) koordiniert und im Namen des Bundesministeriums für wirtschaftliche Zusammenarbeit und Entwicklung (BMZ) durch die Deutsche Gesellschaft für Internationale Zusammenarbeit (GIZ) finanziert. Als europäischer Partner leistete die

Abb. 1.8 Startseite des CALESA-Projekts

HAW Hamburg Unterstützung bei Schulungselementen, insbesondere durch Orientierungshilfen für an dem Projekt mitarbeitende Doktoranden, und bei der Förderung und Verbreitung des Projekts. Die Startseite des CALESA-Projekts ist in Abb. 1.8 aufgeführt. Weitere Kooperationspartner des Projekts waren:

- Kenya Meteorological Dept (KMD), Kenia,
- Kenya Agricultural Research Institute (KARI), Kenia,
- Midlands State University, (MSU), Simbabwe,
- Zimbabwe Meteorological Department (ZMD), Simbabwe.

Das CALESA-Projekt wurde außerdem vom Internationalen Klimawandel-Informationsprogramm (International Climate Change Information Programme, ICCIP) darin unterstützt, Informationsmaterialien zu verbreiten. Ziel des bis Ende 2031 laufenden CALESA-Projekts ist es, die Fähigkeiten von Regenfeldlandwirten in den halbtrockenen Tropengebieten Afrikas so zu verbessern, dass sie sich an den fortschreitenden Klimawandel anpassen können, indem sie die Innovationen im Bereich des Nutzpflanzen-, Boden- und Wassermanagements nutzen und geeignete Genotypen von Nutzpflanzen auswählen.

CALESA ist nicht nur ein herausragendes Beispiel für angewandte Nachhaltigkeit, sondern darüber hinaus auch für ein Projekt zur **„Forschung für Entwicklung"**. Es verbindet Analysen der klimabedingten Risiken, Simulationsmodellierung für Nutzpflanzenwachstum, feldbasierte Forschung vor Ort und auf den Feldern der Landwirte mit partizipativer Forschung. Dadurch sollen die Auffassungen der Landwirte über gegenwärtige und zukünftige klimabedingte Risiken sowie deren bevorzugte Strategien zur Anpassung an den Klimawandel bewertet werden können. CALESA besteht aus forschungsorientierten Aktivitäten, in denen Wissen und Technologien zum Tragen kommen, sowie aus entwicklungsorientierten Aktivitäten, die dem Austausch von Informationen und dem Aufbau von Kapazitäten dienen. Der Regenfeldbau ist für die Nahrungssicherung überlebenswichtig. Gleichzeitig stagniert er im subsaharischen Afrika und gegenwärtige sowie zukünftige klimabedingte Risiken sorgen für zusätzliche Einschränkungen bei den Anpassungen von Innovationen. Aus diesem Grund unterstützt das CALESA-Projekt Maßnahmen für eine nachhaltige, die Folgen des Klimawandels berücksichtigende Landwirtschaft, in der auch den Bedürfnissen der Armen und Schutzlosen Rechnung getragen wird.

1.3.9   Weitere Projekte

Weitere zurzeit durch das FTZ-ALS durchgeführte Projekte über und rund um das Thema Nachhaltigkeit sind:

GPEE: Das GPEE-Projekt (Deutsch-Polnisches Energieeffizienz-Projekt) fördert die Energieeffizienz in Gebäuden als Beitrag zum Klimaschutz und einer nachhaltigen Entwicklung in deutschen und polnischen Städten. Der Schwerpunkt des Projekts liegt in der Entwicklung von Fassadentechnologien für „emissionsfreie Gebäude". Das Projekt läuft von März 2013 bis März 2016 und wird durch das Bundesministerium für Bildung und Forschung (BMBF) sowie das polnische Ministerium für Wissenschaft und Hochschulbildung finanziert. Das binationale Projektkonsortium besteht aus akademischen und wirtschaftlichen Partnern aus Deutschland und Polen.

PLEEC: Das aus dem 7. Forschungsrahmenprogramm geförderte Projekt zielt darauf ab, europäische Städte energieeffizienter zu machen und trägt damit zu den 20-20-20-Zielen der EU bei. Unter Beteiligung von 18 Partnern aus 13 europäischen Ländern wird ein Modell für Energieeffizienz und nachhaltige Stadtplanung entwickelt. Das Projekt nimmt dabei sechs mittelgroße Städte in den Fokus: Eskilstuna, Jyväskylä, Santiago de Compostela, Stoke-on-Trent, Tartu and Turku.

SSL-Erate: SSL-erate ist ein dreijähriges Koordinationsprojekt, das dazu beitragen soll, die qualitativ hochwertige Festkörperbeleuchtungstechnologie (Solid State Lighting, SSL) in Europa zu etablieren. Dies soll durch die Unterstützung offener Innovationen und die Bereitstellung geprüfter Informationen an sämtliche maßgebliche Beteiligte beschleunigt werden. Auf einer höheren Stufe befasst sich dieser koordinierte europäische Ansatz mit der Lösung einer Vielzahl von sozioökonomischen Herausforderungen. Europa sieht sich mit Folgendem konfrontiert: Gesundheit, Energieverbrauch und Ressourceneffizienz müssen gleichermaßen Berücksichtigung finden. Die europäische Beleuchtungsindustrie muss sich zukünftig entsprechend den Vorgaben des Grünbuchs der Europäischen Kommission „Die Zukunft der Beleuchtung" entwickeln. Außerdem muss die Frage beantwortet werden, wie Beleuchtungslösungen im Hinblick auf gesellschaftliche und umweltbezogene Nachhaltigkeit einzubinden sind. Am Ende soll eine Zukunft stehen, in der sich Europa als globaler Markführer für SSL-Systeme und -Lösungen etabliert hat.

BALTIC FLOWS

Baltic Flows: Bei dem FP7-Projekt „Baltic Flows" dreht sich alles um Regenwassermanagement in der Ostseeregion. Dabei wird das Projekt nicht nur die Voraussetzungen für die Entwicklung neuer Kompetenzen und Strategien für ein effektiveres Monitoring und Management von Regenwasser schaffen, sondern auch den Ausbau von Forschungsclustern und die Geschäftschancen im globalen Markt des Regenwassermanagements fördern.

LE3AP: An dem EDULINK-II-Projekt L³EAP sind Universitäten aus Deutschland, Fidschi und Mauritius beteiligt. Es soll die Kapazitäten der Hochschulen im Energiesektor stärken. Durch die verstärkte Ausbildung von Energieexperten in den kleinen Inselstaaten der Afrika- und Pazifikregionen soll es zu höherer Energiesicherheit, Energieeffizienz und stärkerer Nutzung von erneuerbaren Energien in den Regionen kommen.

AFRHINET wird aus dem ACP Science and Technology Programme gefördert. Im Fokus stehen verschiedene Techniken zur Regenwassernutzung für die zusätzliche Bewässerung von Trockengebieten im subsaharischen Afrika.

Alles in allem zeigen diese Projekte, dass angewandte Nachhaltigkeit möglich ist und eine mit praktischen Initiativen kombinierte Nachhaltigkeitsforschung konkrete und beständige Ergebnisse liefern kann.

Das Sustainability Lab

An der HAW Hamburg wurde erst kürzlich ein „**Sustainability Lab**" (Labor für Nachhaltigkeit) eingerichtet. Die HAW Hamburg ist bereits seit 2008 von der United Nations University (UNU) als „Regional Centre of Expertise on Education for Sustainable Development" (RCE) amtlich anerkannt und gehört somit zu einer ausgewählten Gruppe von Hochschulen weltweit, die ein Mandat seitens der UNU haben, Nachhaltigkeitskonzepte regional umzusetzen.

Da insgesamt die Einbeziehung der Prinzipien der Nachhaltigkeit in Lehre, Forschung und in den operativen Betrieb der HAW Hamburg zu einer Bereicherung der Studienerlebnisse sowie zu sichtbaren Kostenreduzierungen an der Hochschule beitragen kann, wurde das Konzept Sustainability Lab ins Leben gerufen.

Die Gründung des Sustainability Lab als eine fakultätsübergreifende Einrichtung an der HAW Hamburg, soll sicherstellen, dass die Hochschule dieses wichtige Thema fachkompetent besetzt. Somit wird auch die Grundlage für eine zukunftsorientierte Hochschule gelegt, in der Nachhaltigkeit ganzheitlich betrachtet und umgesetzt wird.

Die Vorteile für die Gründung des Sustainability Lab an der HAW Hamburg sind wie folgt:

- Das Sustainability Lab leistet einen Beitrag zur Erhöhung der Drittmitteleinnahmen durch die Durchführung von Nachhaltigkeitsprojekten.
- Eine fakultäts- und fächerübergreifende Einrichtung trägt zu einer weiteren Konsolidierung der Zusammenarbeit zwischen den Fakultäten bei. Sie unterstützt die Lehre und Drittmittelakquisition.
- Das Lab leistet einen Beitrag zur Reduzierung unnötiger Betriebskosten durch eine Optimierung der Nutzung von Energie und Wasser sowie durch Abfallprävention und- management.

Laut dem „Rat für nachhaltige Entwicklung" wird die Implementierung von Nachhaltigkeitselementen in Forschung, Lehre und in den Betrieb der Hochschulen zunehmend eine wichtige Rolle spielen. Mit dem Sustainability Lab soll die HAW Hamburg in Norddeutschland und international eine wichtige Rolle spielen.

Eine fakultätsübergreifende Arbeitsgruppe wurde Anfang 2015 ins Leben gerufen, um die Umsetzung des Konzepts an der HAW zu gestalten und zu begleiten.

1.4   Schlussfolgerungen

Wie diese Arbeit versucht hat aufzuzeigen, kann durch anwendungsorientierte Nachhaltigkeitsprojekte im Allgemeinen und insbesondere im Bereich Bildung viel gewonnen werden. Damit soll nicht zum Ausdruck gebracht werden, dass andere gegenwärtige Ansätze nicht effektiv wären (obwohl dies viele von ihnen nicht sind!). Die Botschaft lautet: Angewandte Nachhaltigkeit als Methode, Strategie und Denkweise ermöglicht ein besseres Verständnis für die Konsequenzen von Nachhaltigkeitsprinzipien sowie deren reibungslosere praktische Umsetzung. Die Rolle, die Hochschulen hier spielen können bzw. sollten, ist bereits klar definiert worden (e.g. Leal Filho 2011). Gleichzeitig steht fest, dass die Heterogenität von Hochschulen keine pauschalen Regeln für die Umsetzung von Nachhaltigkeitskomponenten erlauben: Jede Hochschule kann und sollte selbst entscheiden, wie sie Nachhaltigkeit betrachtet und innerhalb ihrer Strukturen integrieren möchte.

Die in dieser Arbeit aufgeführten Beispiele zeigen auf jeden Fall, wie viel durch die Anwendung eines pragmatischen Ansatzes – wie er durch die angewandte Nachhaltigkeit gestützt wird – erreicht werden kann. Dadurch können die verschiedenen Inkonsistenzen und Ambivalenzen, die in der Vergangenheit oft im Spannungsfeld von Theorie und Praxis entstanden sind, erkannt und vermieden werden. Angewandte Nachhaltigkeit kann nicht nur die Nachhaltigkeitslehre in bestimmten Kontexten begünstigen, sondern auch einen Leitfaden für zukünftige Entscheidungen bieten, in denen soziale, ökonomische und ökologische Aspekte Hand in Hand gehen.

Literatur

Baker, S, Kansis, M, Richardson, D and Young, S (eds) (1997), *The Politics of Sustainable Development*. London: Routledge.

Blowers, A (ed) (1993), *Planning for a Sustainable Environment*. London, Earthscan.

Brown, V. A. (ed) (1997), *Managing for Local Sustainability. Policies, Problem-Solving, Practice and Place*. Canberra: National Office of Local Government.

Creighton, S. H. (1996), *Greening the Ivory Tower. Improving the Environmental Track Record of Universities, Colleges, and Other Institutions*. West Sussex: John Wiley.

Jabbour, C. (2010), Greening of business schools: a systemic view, *International Journal of Sustainability in Higher Education*, Vol. 11, No. 1, pp. 49–60.

Jiménez, J. and Lorente, J. (2001), "Environmental performance as an operations objective", *International Journal of Operations & Production Management*, Vol. 21, No. 12, pp. 1553–1572.

Kates, R.W., Clark, W.C, Corell, R., Hall, M.J., Jaeger, C.C., Lowe, I. (2001), Environment and development: Sustainability science. *Science*, 292 (5517), 641–642.

Leal Filho, W. (1998) (Hrsg) Umweltschutz und Nachhaltigkeit an deutschen Hochschulen. Peter Lang Verlag, Frankfurt.

Leal Filho, W. (ed) (1999a), *Sustainability and University Life*. Frankfurt: Verlag Peter Lang.

Leal Filho, W. (1999b), Getting people involved. In Buckingham-Hatfield, S. & Percy, S. (eds) *Constructing Local Environmental Agendas*. London: Routledge.

Leal Filho, W. (ed) (2010a), *Sustainability at Universities: Opportunities, Challenges and Trends*. Frankfurt: Peter Lang Scientific Publishers.

Leal Filho, W. (2010b), Teaching Sustainable Development at University Level: current trends and future needs. In *Journal of Baltic Sea Education* 9 (4), pp. 273–284.

Leal Filho, W. (2011), About the Role of Universities and their Contribution to Sustainable Development. In *Higher Education Policy,* 24, pp. 427–438.

Lourdel, N., Gondran, N., Laforest V. and Brodhag, C. (2005), Introduction of sustainable development in engineers' curricula. *International Journal of Sustainability in Higher Education*, Vol. 6, No. 3, pp. 254–264.

Lozano-Garcia, F., Huisingh, D. and Delgado-Fabián, M. (2009), An interconnected approach to incorporate sustainable development at Tecnológico de Monterrey. *International Journal of Sustainability in Higher Education*, Vol. 10, No. 4, pp. 318–333.

Marshall, S. and Harry, S. (2006) Introducing a new business course: Global Business and Sustainability. *International Journal of Sustainability in Higher Education*, Vol. 6, No. 2, pp. 179–196.

Scholz, R. W., Lang, D. J., Wiek, A., Walter, A. I., & Stauffacher, M. (2006), Transdisciplinary case studies as a means of sustainability learning: Historical framework and theory. *International Journal of Sustainability in Higher Education*, 7(3), 226–251.

Selman, P. (1996), *Sustainable Development: Managing and Planning Ecological Sound Places*. London: Paul Chapman.

Singh, R.K., Murty, H.R., Gupta, S.K., Dikshit, A.K. (2009), An overview of sustainably assessment methodologies. *Ecol. Indic.* 9, 189–212.

Svanström, M.; Lozano-García, F.J.; Rowe, D. (2008), Learning outcomes for sustainable development in higher education. *International Journal of Sustainability in Higher Education*, 9(3), pp. 339–351.

United Nations (1992), *The UN Conference on Environment and Development: a Guide to Agenda 21*. Geneva: UN Publications Service.

World Commission on Environment and Development /WCED (1987), *Our Common Future*. Oxford: Oxford University Press.

Transdisziplinäre Bildungsforschung für nachhaltige Entwicklung

Daniel Fischer, Heiko Grunenberg, Clemens Mader,
und Gerd Michelsen

Das Konzept der Bildung für nachhaltige Entwicklung hat zuletzt vor allem im Zuge der UN-Weltdekade (2005–2014) eine breite Rezeption gefunden. Es fungiert mit seinem Anspruch einer Neuausrichtung der Bildungssysteme auf nachhaltige Entwicklung hin nicht nur als Innovationsprogramm für Bildungspolitik und Bildungspraxis, sondern stellt in seiner Verortung zwischen Nachhaltigkeitswissenschaft und Bildungsforschung auch eine Herausforderung für die Wissenschaft und Forschung dar.

Ein Ort mit langer Tradition in der Forschung im Bereich Bildung für nachhaltige Entwicklung ist der UNESCO Chair Hochschulbildung für nachhaltige Entwicklung an der Leuphana Universität Lüneburg. Die Universität Lüneburg hatte bereits in den 1990er-Jahren begonnen, die Idee der Nachhaltigkeit systematisch in den universitären Alltag bzw. die Lebenswelt Hochschule sowie in Lehre und Forschung zu integrieren (vgl. Michelsen 2000). Mit einem einzigartigen Studienprogramm, durch das sich im ersten Semester alle Studierenden mit Fragen einer nachhaltigen Entwicklung auseinandersetzen, und der Gründung einer eigenen interdisziplinären Fakultät Nachhaltigkeit konnte sich die Leuphana Universität Lüneburg als eine Vorreiterin auf dem Weg zu nachhaltigen Universitäten profilieren (Michelsen 2012; 2013). Der UNESCO Chair wurde im Jahr des Beginns der UN-Weltdekade „Bildung für nachhaltige Entwicklung" an Gerd Michelsen verliehen, der damals Leiter des Instituts für Umweltkommunikation war. Heute ist der UNESCO Chair eine der Fakultät Nachhaltigkeit zugehörige, jedoch eigenständige Arbeitseinheit an der Leuphana Universität Lüneburg. Das Team des UNESCO Chair

D. Fischer (✉) • H. Grunenberg • C. Mader • G. Michelsen
UNESCO Chair Higher Education for Sustainable Development,
Leuphana Universität Lüneburg, Scharnhorststr. 1, 21335 Lüneburg, Deutschland
e-mail: daniel.fischer@uni.leuphana.de; heiko.grunenberg@uni.leuphana.de;
clemens.mader@uni.leuphana.de; gerd.michelsen@uni.leuphana.de

© Springer Fachmedien Wiesbaden 2016
W. Leal Filho (Hrsg.), *Forschung für Nachhaltigkeit an deutschen Hochschulen*,
Theorie und Praxis der Nachhaltigkeit, DOI 10.1007/978-3-658-10546-4_2

forscht im Rahmen mehrerer Projekte an der übergeordneten Fragestellung, wie sich nachhaltige Entwicklung durch individuelle, institutionelle und kollektive Lernprozesse fördern, als integraler Bestandteil von Forschung und Lehre verankern und durch internationale Kooperationen mit Universitäten weltweit voranbringen lässt.

Dieser Beitrag leitet den Forschungsansatz einer transdisziplinären Bildungsforschung für nachhaltige Entwicklung her, der dem Arbeitsprogramm des UNESCO Chair zugrunde liegt, und illustriert dessen Anwendung und Mehrwert anhand von drei Fallbeispielen aus den Arbeitszusammenhängen des UNESCO Chair.

2.1 Konzeptioneller Rahmen des Forschungsansatzes

Im Folgenden wird dargestellt, wie Ansätze der transdisziplinären Nachhaltigkeitsforschung und der Bildungsforschung für nachhaltige Entwicklung im Forschungsansatz einer transdisziplinären Bildungsforschung für nachhaltige Entwicklung verbunden werden.

2.1.1 Transdisziplinäre Nachhaltigkeitsforschung

Das Entstehen der Nachhaltigkeitswissenschaft ist eng mit dem Entstehen eines neuen Forschungsmodus verbunden. Nachhaltigkeitswissenschaft wird weithin als „use-inspired basic research" (Clark 2007, S. 1737) verstanden – als Forschung also, die sowohl grundlegende Prozesse in der Interaktion von Mensch-Umwelt-Systemen erforscht als auch konkrete und gesellschaftlich relevante Problemlösungen erarbeitet. Im deutschen Sprachraum hat sich aus der Kritik an der traditionellen Umweltforschung heraus mit Unterstützung institutionalisierter Förderprogramme in den letzten zwei Jahrzehnten ein sozial-ökologisch geprägter Modus der Nachhaltigkeitsforschung entwickelt. Dieser zeichnet sich dadurch aus, dass er angesichts komplexer und „hybrider" Problemlagen mit unklaren raum-zeitlichen Wirkungsgefügen und konfligierenden Interessenslagen eine neue Form der Wissensproduktion anstrebt, die die natürlichen Voraussetzungen menschlichen Handelns sowie deren Folgen und Rückkopplungen in einem konkreten Anwendungskontext in den Blick nimmt und darauf abzielt, nachhaltige Entwicklungspfade zu eröffnen (vgl. Jahn 2003; Adomßent und Michelsen 2011). Als konstitutiv gilt dabei ein transdisziplinärer Forschungsansatz. Wenngleich ein breites Spektrum divergierender formaler und informaler Verständnisse des Transdisziplinaritätsansatzes existiert (vgl. Zierhofer und Burger 2007, S. 51; Vilsmaier und Lang 2014, S. 94 ff.), besteht weitgehende Übereinstimmung darüber, dass sich ein transdisziplinäres Vorgehen von einem rein (inter-)disziplinär ausgerichteten dadurch unterscheidet, dass die Problemdefinition zwischen einer wissenschaftlichen und einer lebensweltlichen Problemstellung vermittelt wird und die Problembearbeitung den Einbezug von nicht-wissenschaftlichen Akteur_innen in den Prozess der Wissensgenerierung voraussetzt (vgl. Martens 2006; Luks und Siebenhüner 2007; Hirsch Hadorn et al. 2006, 2008).

Charakteristisch für einen idealen transdisziplinären Forschungsprozess im Sinne sozial-ökologischer Nachhaltigkeitsforschung ist eine dreistufige Struktur (vgl. Jahn und Keil 2006; Lang et al. 2012; Jahn 2013; Vilsmaier und Lang 2014). Diese nimmt ihren Ausgangspunkt in der Konstitution eines gemeinsamen Forschungsgegenstandes, der an lebensweltlichen gesellschaftlichen Problemlagen ansetzt und diese wissenschaftlich transformiert. Die Bearbeitung der Fragestellung erfolgt in arbeitsteiliger Form in Zusammenarbeit von Akteur_innen verschiedener disziplinärer und praxisbezogener Hintergründe. In der letzten Phase erfolgt die Integration der erarbeiteten Wissensbestände, die dann wiederum problembezogen und wissensbezogen aufbereitet werden, um Veränderungen in der Praxis zu bewirken und zur Weiterentwicklung des wissenschaftlichen Problemlösevermögens beizutragen (vgl.Jahn und Keil 2006; Lang et al. 2012). Neben dem skizzierten idealtypischen Phasenverlauf zeichnet sich transdisziplinäre Forschung ferner dadurch aus, dass verschiedene epistemische Perspektiven einbezogen werden (vgl. Jahn 2013). Brandt, Ernst, Gralla, Luederitz, Lang, Newig, Reinert, Abson und von Wehrden (2013) kategorisieren das in transdisziplinären Prozessen verhandelte Wissen dabei in die drei Wissenstypen System-, Ziel- und Transformationswissen.

Nachhaltigkeitswissenschaft in sozial-ökologischer Prägung stellt somit einen Forschungs- und Entwicklungsansatz dar, der an konkreten lebensweltlichen Problemlagen ansetzt, durch partizipative Arrangements gekennzeichnet ist und auf die In-Wert-Setzung erzeugter Wissensbestände im Sinne einer breiteren Transformationswirkung abzielt (vgl. Nölting et al. 2004).

2.1.2 Bildung(sforschung) für nachhaltige Entwicklung

Bildungsforschung beschreibt ein weites Feld. Während sie traditionell in einem engeren Sinn noch mit Unterrichtsforschung (inkl. Lehr-Lern-Forschung) gleichgesetzt wird, hat sie in einem weiteren Sinn alle „Prozesse und Entwicklungen innerhalb des Bildungssystems sowie zwischen Bildungssystem und anderen gesellschaftlichen Teilbereichen" (Zedler 2002, zit. nach Merkens 2011, S. 510) zum Gegenstand. Gemein ist Ansätzen der Bildungsforschung jedoch die Zielsetzung, „Verbesserungen innerhalb des Bildungssystems zu erreichen" (Merkens 2011, S. 513).

Eine besondere Herausforderung unter dem Gesichtspunkt der Innovation stellt der Transfer von neuen Prozessen, Produkten oder Organisationsformen von einem Kontext auf den anderen dar (transferiert werden kann eine Innovation dabei freilich auf verschiedenen Ebenen – innerhalb einer Bildungseinrichtung, innerhalb eines Netzwerkes von Bildungseinrichtung, innerhalb des förderalstaatlichen Bildungssystems etc.) (vgl. Jäger 2004). Bezüglich der zugrunde liegenden Annahmen über den Transfer von Innovationen unterscheidet Bormann (2011) zwischen *linearen* und *zirkulären* Vorstellungen. Lineare Vorstellungen sind dabei von einer klaren Trennung der Innovationsphasen und von einer Steuerbarkeitsannahme geprägt. Altrichter spricht in diesem Zusammenhang auch von der Annahme einer „»selbsttransformativen Kraft«

eigener Planungs- und Steuerungsprogramme" seitens der Bildungsverwaltungen, die von der Annahme ausgingen, „dass sich Maßnahmen über stehende Regelungskanäle (z. B. Dienstanweisungen, Informationsweitergabe) durchsetzen würden" (Altrichter 2006, S. 8). Demgegenüber gehen zirkuläre Vorstellungen davon aus, dass Innovationsimpulse im Wechselspiel verschiedener Akteur_innen eine Eigendynamik entwickeln, die „weder vollends steuerbar noch vorhersehbar sind" (Bormann 2011, S. 57). Hierin zeigt sich ein Analogon zur viel diskutierten Theorie-Praxis-Kluft (vgl. Stark und Mandl 2000), die sich um den Befund rankt, dass sich wissenschaftliche Erkenntnisse kaum und wenn nur sehr langsam in der Bildungspraxis niederschlagen. Nach Terhart (1994) ist daher davon auszugehen, dass Wissenschaft in der Praxis nicht *angewendet*, sondern vielmehr *verwendet* wird, wobei sich sowohl das Wissen als auch die es Anwendenden verändern.

Um BNE vor diesem Hintergrund als Bildungsinnovation zu konzipieren, bedarf es eines Abrückens von standardisierten Lösungen und ein Einlassen auf die „komplexe[n] Wirklichkeiten", die Bildungseinrichtungen zu bewältigen haben und angesichts derer sie „von außen zielgerichtet angetragene Innovationen nur bedingt" (Rahm 2005, S. 128) akzeptieren. Bereits die metaphorischen Analysebegriffe wie der von „Schleusen" (Jäger 2004) oder von „Wissenspassagen" (Bormann 2011) machen deutlich, dass sich die Perspektive der jüngeren erziehungswissenschaftlichen Innovationsforschung folgerichtig verstärkt auf die Aneignungs- und Transformationsprozesse der Innovationsadressaten gerichtet hat. Unter dem Begriff der Praxisforschung hat sich dabei vor allem im Rekurs auf Klafki (2002) ein heterogenes Feld von Ansätzen herausgebildet, die jedoch einige gemeinsame Merkmale aufweisen. Dazu zählen u. a. die Forderungen, Praxisakteur_innen am Forschungs- und Veränderungsprozess zu beteiligen, die Problemstellungen des Praxisfeldes zum Ausgangspunkt des Forschungsprozesses zu machen und diesen auf die Entwicklung konkreter Problemlösungen hin auszurichten (vgl. u. a. Altrichter und Feindt 2004; Rahm 2004). Im Sinne des zuvor skizzierten zirkulären Verständnisses von Innovation ist es laut Koch (2011) ferner erforderlich, die Wahrnehmungen und Einschätzungen der Innovation seitens der Innovationsadressaten sowie deren Anpassungs- und Abwandlungsleistungen im Prozess der Implementation systematisch zu berücksichtigen.

In inhaltlich-programmatischer Hinsicht stellte die Kommission »Bildung für eine nachhaltige Entwicklung« für den Bereich der deutschsprachigen BNE-Forschung in ihrem Forschungsprogramm im Jahr 2004 Entwicklungsbedarf in vier Feldern fest, die auch heute noch zentrale Arbeitsfelder der BNE-Forschung darstellen: Innovations-, Survey-, Qualitäts- und Lehr-Lern-Forschung (vgl. Kommission „Bildung für eine nachhaltige Entwicklung" in der DGfE 2004). Es ist zu erwarten, dass insbesondere vom jüngst gestarteten Weltaktionsprogramm der UNESCO, das die Aktivitäten der UN-Dekade über das Jahr 2014 hinaus fortführen wird, weitere Impulse für die Entwicklung von Gegenstandsbereichen der BNE-Forschung ausgehen werden (UNESCO – United Nations Educational, Scientific und Cultural Organization 2014). Das Programm konzentriert sich auf fünf Schwerpunktbereiche: Unterstützung in der politischen Integration von BNE, die Förderung ganzheitlicher Schul-, und Hochschulansätze (*whole-institution-approaches*), die Stärkung von Aktivitäten im Bereich der Aus-, Fort- und Weiterbildung von Bildungsakteur_innen, die Unterstützung von Jugendlichen als Veränderungsagenten (*change agents*) insbesondere im informellen und non-formalen Bereich sowie die Intensivierung von Bemühungen, BNE auf lokaler Ebene voranzutreiben und Akteur_innen vor Ort zu vernetzen.

2.1.3   Transdisziplinäre Bildungsforschung für nachhaltige Entwicklung

Eine am Prinzip der Transdisziplinarität ausgerichtete Bildungsforschung für nachhaltige Entwicklung lässt sich vor dem Hintergrund der zuvor dargestellten Bezüge als ein Forschungstypus charakterisieren, für den folgende Kennzeichen prägend sind:

- die Zusammenarbeit von Forschenden und Akteur_innen aus der Bildungspraxis
- eine komplementäre und gleichberechtigte Bearbeitung von theoretischen und praktischen Fragestellungen
- eine an der Lebenswelt der Bildungssettings orientierte und wissenschaftlich anschlussfähige Problembestimmung als Ausgangspunkt des Forschungs- und Entwicklungsprozesses
- eine mit dem Ziel der Integration gestaltete Bezugnahme der erarbeiteten Wissensbestände
- eine reflexive Haltung zu den rahmenden kontextuellen Faktoren und deren Berücksichtigung im Hinblick auf die Transferfähigkeit der entwickelten Problemlösungen

Das Forschungsparadigma der transdisziplinären Nachhaltigkeitsforschung erscheint dabei in seinen Schnittmengen zu den skizzierten Ansätzen pädagogischer Praxisforschung als besonders geeignet, um BNE-Angebote systematisch als Bildungsinnovationen zu gestalten. So lassen sich die zumeist unterschiedenen drei Prozessphasen eines transdisziplinären Projektes (Problemidentifikation und –strukturierung, Problembearbeitung und In-Wert-Setzung, vgl. Pohl und Hirsch Hadorn 2006) auch als Innovationsphasen interpretieren, in denen sich je spezifische Herausforderungen stellen.

Die *Idee* zur Entwicklung innovativer BNE-Angebote weist sowohl für Bildungspraktiker_innen als auch für Forscher_innen Relevanz auf. Dies leistet weder traditionelle Auftragsforschung noch klassischer Wissenschaftstransfer, es wird ein *gemeinsamer* Problembezug als Ausgangspunkt gebraucht (vgl. Mieg 2007). Renn (2008) weist darauf hin, dass Probleme sich von Phänomenen dadurch unterscheiden, dass Phänomene erst über Wahrnehmungen von Interessensgruppen zu Problemen werden, die somit „sozial und kulturell definiert" (ebd., S. 134) sind. Die Konstituierung eines gemeinsamen Problemgegenstands, der sowohl für Akteur_innen aus der Bildungspraxis als auch für Forschende verschiedener Disziplinen anschlussfähig ist, ist angesichts gegebener Diversität von Sichtweisen und Komplexität der zugrunde liegenden Phänomene keineswegs trivial (Pohl und Hirsch Hadorn 2007). Bergmann et al. (2010) haben einen Überblick über Methoden vorgelegt, die sich auch für die Konstituierung eines gemeinsamen Problemgegenstands nutzen lassen. Eine zentrale Rolle spielen hierin „Boundary Objects" genannte plastische epistemische Grenz-Entitäten, die verstanden werden können als „diejenigen Schnittstellen, an denen sich Akteur_innen aus verschiedenen Bereichen [...] begegnen, orientieren und verständigen können, ohne zuvor aufwendige Übersetzungs- und Transformationsleistungen in Bezug auf Begriffe, Theorien und Methoden leisten zu müssen" (ebd., S. 106).

Für die *Invention* von Prozessen und/oder Produkten gilt, dass sie die Bearbeitung der Problemstellung mit dem Anspruch „rekursive[r] Partizipation" (Renn 2008, S. 134) ermöglichen sollte. Damit ist die Herausforderung bezeichnet, die Mitwirkung schulischer Akteur_innen über die Gestaltung geeigneter Verfahren zu realisieren, um zum einen problemlösungsbezogene Wissensgenerierung (Pohl und Hirsch Hadorn 2006) unterscheiden hierbei zwischen der Generierung von Orientierungs-, System- sowie Transformationswissen) und zum anderen Bewertungsprozesse über Problem- lösungsoptionen in Gang zu setzen (vgl. Renn 2008). Hierfür sind verschiedene Integrationsleistungen zu erbringen, die sich auf das In-Beziehung-Setzen von lebens- weltlichen und wissenschaftlichen Wissensbeständen, auf das Aushandeln und Ausgleichen verschiedener Interessenslagen, auf die Herstellung gemeinsamer Verständigungsformen oder das Umgestalten verschiedener sachlicher bzw. techni- scher Faktoren und Elemente zur Problemlösung beziehen können (Jahn 2008, S. 32 f.).

Schließlich setzt die Phase der In-Wert-Setzung und des *Transfers* die Integration der generierten *abstrakt-wissenschaftlichen* und *fallspezifisch relevanten* Wissensbestände (Pohl und Hirsch Hadorn 2007, S. 176) voraus. Diese mündet zum einen in praxisrelevante innovationsfähige Produkte, die Transformationsprozesse im Praxisfeld auszulösen ver- mögen und zu veränderten Problemlagen führen. Zum anderen bringt sie wissenschaftli- che Ergebnisse hervor, die zu neuen Fragestellungen führen. Kennzeichnend für die Phase des Transfers ist es, dass die Integrationsprodukte mit systematischen „Impulsen" (Bergmann et al. 2005, S. 19) in die gesellschaftliche und wissenschaftliche Debatte ein- gebracht werden.

Der hier in seinen Konturen skizzierte Forschungsansatz transdisziplinärer Bildungsforschung für nachhaltige Entwicklung setzt an konkreten lebensweltlichen Problemlagen an, ist durch partizipative Arrangements gekennzeichnet und zielt auf die In-Wert-Setzung erzeugter Wissensbestände im Sinne einer breiteren Transfor- mationswirkung ab. Die im folgenden Kapitel dargestellten Projekte stellen exempla- risch dar, wie der Forschungsansatz am UNESCO Chair umgesetzt wird, um zur Gestaltung und Förderung von Innovationen in der BNE beizutragen.

2.2 Praktische Beispiele in der Anwendung des Forschungsansatzes

Im Folgenden werden drei Fallbeispiele dargestellt, die sich im Hinblick auf ihr Projektstadium und das adressierte Bildungssegment unterscheiden. Zum ersten ist dies das bereits abgeschlossene Projekt BINK, das sich auf Institutionen des formal verfassten Bildungssystems bezieht. Zum zweiten das Projekt Greenpeace Nachhaltigkeitsbarometer, das bereits seit mehreren Jahren läuft und übergreifend Einflüsse auf das Nachhaltigkeitsbewusstsein junger Menschen erforscht. Zum dritten das Projekt BiNKA, das gegenwärtig anläuft und in dem neben dem formalen Bildungssystem auch der Bereich des Lernens am Arbeitsplatz in den Fokus von BNE rückt.

2.2.1 Fallbeispiel 1: BINK – Bildungsinstitutionen und nachhaltiger Konsum

Im Rahmen des dreijährigen Forschungs- und Entwicklungsvorhabens BINK (Akronym für Bildungsinstitutionen und nachhaltiger Konsum, gefördert zwischen 2008 und 2011 vom Bundesministerium für Bildung und Forschung) wurde ein Bildungsprogramm zur Förderung nachhaltigen Konsums entwickelt, das sich an allgemein- und berufsbildende Schulen sowie an Einrichtungen der Hochschulbildung richtet. Ziel war es forschend und entwickelnd Antworten auf die Frage zu finden, wo und wie nachhaltiges Konsumlernen in Bildungseinrichtungen ganzheitlich angeregt und gefördert werden kann (für eine umfassende Darstellung siehe Michelsen und Fischer 2013). BINK wurde bewusst als Bildungsinnovation konzipiert. Damit war der Anspruch verbunden, einen theoretisch fundierten Ansatz zum nachhaltigen Konsumlernen in Bildungseinrichtungen (Invention) in eine konkretes Entwicklungsverfahren zu überführen (Prozessinvention) und dieses nach der Erprobung auch in die Breite zu tragen (Transfer). Im BINK-Projekt wurde die inter- und transdisziplinäre Zusammenarbeit im Rahmen eines eigenen Teilprojektes organisiert. Am Beispiel des Analyserahmens Konsumkultur, der sowohl für die Forschungsaktivitäten im Projekt als auch für die Entwicklung konkreter Interventionen in den beteiligten Bildungseinrichtungen genutzt wurde, wird im Folgenden das Innovationspotenzial von BINK an der Schnittstelle von transdisziplinärer Nachhaltigkeitsforschung und pädagogischer Praxisforschung aufgezeigt.

Im BINK-Projekt erfolgte die **Konstituierung** eines gemeinsamen Problemgegenstandes im Zusammentreffen zweier Problemdiskurse: auf Seite der Bildungspraxis bestand das Problem darin, adäquate Strategien und Ansätze zu entwickeln, um sich in Bildungseinrichtungen angemessen und wirkungsvoll mit Fragen nachhaltigen Konsums auseinanderzusetzen. Auf Seite der Wissenschaft setzte das BINK-Projekt als ein Verbundprojekt im Rahmen des übergreifenden Themenschwerpunktes der vom Bundesministerium für Bildung und Forschung geförderten sozial-ökologischen Forschung an der Problemstellung an, neue Wege zum nachhaltigen Konsum zu erarbeiten, um die Lücke vom Wissen zum Handeln zu verringern. Gemeinsame Idee dabei war es, formales und informelles Lernen aufeinander zu beziehen und für nachhaltiges Konsumlernen fruchtbar zu machen. Als „boundary object" diente dabei der Begriff der Konsumkultur, der auf der Ebene der Bildungseinrichtung in einem Verständigungsprozess von bildungsorganisationaler Steuergruppe und interdisziplinärem Forscher_innen-Team ausgedeutet und konkretisiert wurde (siehe hierzu Homburg et al. 2013).

Im Rahmen des BINK-Projektes wurde der gesamte **Prozessverlauf** der Interventionsplanung, −umsetzung und -evaluation durch das interdisziplinäre Forschungsteam begleitet. Im Rahmen von Interventionsworkshops sowie vor- und nachbereitenden Arbeitstreffen wurden für die einzelnen Bildungseinrichtungen spezifische Interventionsmaßnahmen erarbeitet. Diese wurden im Rahmen eines moderierten Zielentwicklungsprozesses und unterstützt durch die Aufbereitung und Bereitstellung wissenschaftlicher Erkenntnisse entwickelt und bezogen sich auf die von den lokalen Akteur_innen vor Ort ausgemachten Problemlagen in der Konsumkultur der eigenen Bildungseinrichtung. Während verschiedene Forschungsaktivitäten auf die Generierung von Orientierungswissen (siehe z. B. Fischer 2013), Systemwissen (siehe z. B. Tully und Krug 2013) oder Transformationswissen (siehe z. B. Barth 2013) abzielten, wurden zusätzliche Formate geschaffen, in denen sich die Praxisakteur_innen über ihre Erfahrungen austauschen und ihre daraus abgeleiteten Erkenntnisse reflektieren konnten (z. B. durch Tandem-Workshops, in denen die Steuergruppen zweier Einrichtungen zusammenkamen oder durch eine Halbzeitkonferenz). Zudem wurde ein extern moderierter Workshop durchgeführt, in dessen Rahmen sich Praxis- und Forschungsakteur_innen über verschiedene Anforderungen an Qualitätskriterien für gute Interventionen verständigen konnten.

Die Erkenntnisse der Forschungs- und Entwicklungsarbeit wurden im BINK-Projekt außer in Fachpublikationen und der vorliegenden Ergebnisübersicht auch in Form von Praxisprodukten aufbereitet. Zentrales Produkt ist eine Handreichung zum nachhaltigen Konsum, die einen Leitfaden beinhaltet, der in neun Modulen die idealen Ablaufphasen eines Projektes zur Förderung nachhaltigen Konsums an Bildungseinrichtungen darstellt (Michelsen und Nemnich 2011). An der Entwicklung des Leitfadens waren an mehreren Stellen auch Praxisakteur_innen beteiligt. Ein weiteres gemeinsames Produkt ist ein Praxisbuch, in dem die Akteur_innen aus den Bildungseinrichtungen ausgewählte Maßnahmen selbst beschreiben und Erfahrungen weitergeben (Nemnich und Fischer 2011). Als ein weiterer Praxisimpuls wurde ein Fortbildungsprogramm für Multiplikator_innen entwickelt und durchgeführt, das die Inhalte des Leitfadens didaktisch und methodisch aufbereitet. Ergänzend dazu wurde ein regionaler Ableger entwickelt und durchgeführt, der sich an Lehrkräfte aus der Region Lüneburg richtete. Als ein weiterer Impuls wurde schließlich im Rahmen des Wissenschaftsjahres 2012 ein Dialogforum für Schüler_innen, Wissenschaftler_innen, sowie Expert_innen und Poltikvertreter_innen zur Frage, wie nachhaltiger Konsum an Schulen gefördert werden kann, durchgeführt.

2.2.2   Fallbeispiel 2: Das Greenpeace Nachhaltigkeitsbarometer

Das Greenpeace Nachhaltigkeitsbarometer wird 2015 in seiner zweiten Ausgabe nach 2012 (vgl. Michelsen et al. 2012) publiziert und stellt eine Bilanz zum Nachhaltigkeitsbewusstsein unter der jüngeren (15–24 Jahre) Generation Deutschlands dar. Das Nachhaltigkeitsbarometer ist eine Studie im Auftrag von Greenpeace Deutschland an den UNESCO Chair Hochschulbildung für nachhaltige Entwicklung der Leuphana Universität Lüneburg. Dabei wurden in zwei repräsentativen Umfragen 2011 bzw. 2014 über 1.000 bzw. 1.500 Personen im Alter zwischen 15–24 Jahren in sämtlichen Bundesländern, ländlichen und städtischen Regionen befragt. Es war das Ziel dieser Umfragen, einen Überblick über das Nachhaltigkeitsbewusstsein der jüngeren Generation in Deutschland zu bekommen um auf Basis dessen konkrete Aussagen und Empfehlungen zur weiteren politischen Entwicklung sowie Adaptierung von Lehr- und Lernformen machen zu können. In jeder Ausgabe des Nachhaltigkeitsbarometers wurde zudem ein Schwerpunktthema gewählt, welches vertiefend weitere Rückschlüsse ermöglicht. Im Jahr 2011 war dieses Schwerpunktthema „Konsum" und im Jahr 2014 „Energiewende". Im Jahr 2011 wurde als Reaktion auf die Ergebnisse zu dem Themenbereich „Nachhaltigkeit in der Schule" eine qualitative Zusatzstudie unter Expert_innen angefügt, die weitere Aufschlüsse darüber gegeben hat, warum Nachhaltigkeit in den Schulen ankommt oder nicht ankommt.

Der transdisziplinäre **Diskurs und Projektverlauf** im Greenpeace Nachhaltigkeitsbarometer lässt sich anhand des Zusammenwirkens aus gesellschaftlichem und wissenschaftlichen Diskurs im Sinne sozial-ökologischer Nachhaltigkeitsforschung beschreiben. Als Teil des gesellschaftlichen Diskurses muss am Beispiel des Greenpeace Nachhaltigkeitsbarometers auch der politische Diskurs zu Bildung für nachhaltige Entwicklung betrachtet werden. Dieser spielt sowohl für Greenpeace Deutschland als Verein mit über 500.000 zahlenden Unterstützern in Deutschland als auch für die Wissenschaft (vertreten durch die Leuphana Universität Lüneburg) eine wesentliche Rolle, wenn es um die Bearbeitung gemeinsamer gesellschaftlicher Herausforderungen geht. Mader und Rammel (2015) beschreiben in ihrem Policy Brief zum UN Sustainable Development Report 2015 die Schnittstelle von Bildung, Forschung, Politik und Praxis als Knotenpunkt, um nachhaltige Entwicklung zu fördern. Darin wird ausgesagt, dass es, um nachhaltige Änderungen in der Gesellschaft zu bewirken, transdisziplinärer Zusammenarbeit zwischen Bildungs- und Forschungseinrichtung, Politik und Praxis bedarf. Die Leuphana Universität Lüneburg repräsentiert Interessen und Kompetenzen als Bildungs- und Forschungseinrichtung. Greenpeace als Nichtregierungsorganisation vertritt als Praxisakteur_innen zivilgesellschaftliche Forderungen und Aktivitäten zur Förderung nachhaltiger Entwicklung. Über ein durch Greenpeace gegründetes Netzwerk aus Nichtregierungsorganisationen, dem Bündnis „ZukunftsBildung", tritt Greenpeace mit anderen in den bildungspolitischen Dialog ein und versucht diesen durch Erkenntnisse aus der Wissenschaft zu untermauern.

Für Greenpeace Deutschland stellte sich somit **die Herausforderung** geeignete und wissenschaftlich hinterlegte Argumente vorzubringen, um zum einen politische Empfehlungen zur Verbesserung des Bildungssystems in Richtung einer nachhaltigen Entwicklung abzugeben. Zum anderen galt es eigene Strategien zu entwickeln, um das Bewusstsein in der Zielgruppe der jüngeren Generation für nachhaltige Entwicklung weiter zu steigern.

Für die Wissenschafter_Innen der Leuphana Universität Lüneburg war es angesichts des Fehlens einer belastbaren Datengrundlage zum Stand des Nachhaltigkeitsbewusstseins bei der jüngeren Generation im Interesse weitere Erkenntnisse darüber zu gewinnen, insbesondere dazu wie Bildung und besonders Bildung für nachhaltige Entwicklung auf die jüngere Generation wirkt, welche Grundlage des Nachhaltigkeitsbewusstseins bereits besteht sowie anhand welcher Methoden und Kanäle Bewusstsein für nachhaltige Entwicklung unter der jüngeren Generation aufgebaut werden kann.

Im Zuge von gemeinsamen Treffen und Workshops kam es folglich zu einer **Konstitution eines gemeinsamen Forschungsgegenstandes**. Mit der repräsentativen Befragung wurde eine Methodik gewählt, welche für Greenpeace finanzierbar, durch einen Einbezug eines professionellen Umfrageinstituts durchführbar, wissenschaftlich tragbar und vielversprechend war. In regelmäßiger Absprache zwischen der wissenschaftlichen (Leuphana Universität Lüneburg) und praktischen Seite (Greenpeace Deutschland, Umfrageinstitut), erarbeitete man Inhalte des Fragebogens sowie Befragungsstrukturen.

Nach Durchführung der repräsentativen Befragung von Personen im Alter von 15–24 Jahren erfolgte die Übermittlung der Rohdaten zu den Befragungsergebnissen an die wissenschaftliche Seite. Daraus galt es nun **lösungsorientiertes und anschlussfähiges Wissen** zu generieren. Dies erfolgte durch eine Reihe gemeinsamer Veranstaltungen, welche auch den tagespolitischen Bedarf an Umfrageanalysen behandelten sowie die Form und Sprache der geplanten Veröffentlichungen gemeinsam definierten. Als konkrete Produkte wurden „Vorab-Veröffentlichungen" sowie eine abschließende Buchpublikation definiert. Vorabveröffentlichungen sind auf ca. fünf Seiten kurz gefasste Ergebniszusammenfassungen, welche tagespolitisch aktuelle Themen aufgreifen und direkte politische Empfehlungen abgeben (vgl. bspw. Michelsen et al. 2015). Diese Empfehlungen stützen sich auf die Ergebnisse und Analysen aus der Umfrage und wissenschaftlicher Literatur. Die Buchveröffentlichung bildet den förmlichen Abschluss der vordefinierten und finanzierten Projektzusammenarbeit. Diese Veröffentlichung schafft in einer umfassenden Analyse die wissenschaftliche Basis für die weitere Anwendung der Ergebnisse. Wissenschaftliche Methoden, die Systematik und Zusammenstellung des ursprünglichen Fragebogens sowie auch Handlungsempfehlungen finden sich in dieser umfassenden Veröffentlichung.

Auf Basis dieser Veröffentlichungen, welche das Ergebnis der Zusammenarbeit zwischen Wissenschaft und Praxis sind, kommt es zur **Re-integration und Anwendung des Wissens**. Greenpeace Deutschland kann mit Hilfe der Analysen und Empfehlungen eigene Strategien und Methoden in der Bildungs- sowie politischen Lobbyarbeit weiterentwickeln. Durch die Kooperation in der Bildungskoalition mit weiteren Nichtregierungsorganisationen, welche aus den Bereichen Menschenrechte, globale Entwicklung, Naturschutz, nachhaltiger Handel, sowie auch Interessenvertretungen kommen, kann ein breites Spektrum inhaltlicher Themen der nachhaltigen Entwicklung im **gesellschaftlichen Diskurs** angesprochen sowie auch in der bildungspolitischen Arbeit abgedeckt werden. Wissenschafter_innen der Leuphana Universität Lüneburg wiederum verwerten die Erkenntnisse aus der Datenanalyse für den weiteren **wissenschaftlichen Diskurs** und publizieren diese in weiteren wissenschaftlichen Zeitschriften.

Die erfolgreiche transdisziplinäre Zusammenarbeit hatte zur Folge, dass bereits im Zuge des laufenden Austausches stets neue Ideen für die weitere transdisziplinäre Kooperation angedacht und entwickelt werden konnten.

2.2.3 Fallbeispiel 3: BiNKA – Bildung für nachhaltigen Konsum durch Achtsamkeitstrainings

Das dreijährige Forschungs- und Entwicklungsvorhaben BiNKA (Akronym für Bildung für nachhaltigen Konsum durch Achtsamkeitstrainings, gefördert zwischen 2015 und 2018 vom Bundesministerium für Bildung und Forschung) schließt nicht nur begrifflich, sondern auch inhaltlich an die Fragestellungen des im ersten Fallbeispiel dargestellten Projektes BINK an. Im Projekt BiNKA wird untersucht, welche Rolle konsumspezifische Achtsamkeitstrainings für die Förderung nachhaltigen Konsumverhaltens spielen können, insbesondere mit Blick auf die Kluft zwischen Einstellung und Verhalten. Initiatorin und Leiterin des Verbundvorhabens ist die Technische Universität Berlin (Fachgebiet Arbeitslehre/Ökonomie und Nachhaltiger Konsum). Der UNESCO-Chair bringt in das Vorhaben den Forschungsschwerpunkt Bildung für nachhaltigen Konsum ein.

Wie im ersten Fallbeispiel dargestellt, spielt auch im BiNKA-Projekt ein *boundary object* eine zentrale Rolle in der Konstituierung des Forschungsgegenstandes. Was das Konzept der Achtsamkeit umfasst, ist umstritten und wird auf verschiedene Arten und Weisen definiert (Langer und Moldoveanu 2000; Chiesa 2013). Dieser Umstand rührt zum Teil daher, dass mit dem Konzept zum einen eine lange buddhistische Tradition verknüpft ist und es zum anderen eine eher jüngere ‚westliche' Adaption in der säkularen, insbesondere klinischen Forschung darstellt. Während Achtsamkeit im letztgenannten Zugang im weitesten Sinne eine erhöhte Präsenz und Wachsamkeit im Augenblick umschreibt, die mit entsprechenden kognitiven Merkmalen wie einer größeren Offenheit gegenüber neuen Informationen einhergeht, wird eine solche Konturierung des Konzepts Achtsamkeit aus einer stärker buddhistischen Tradition heraus dafür kritisiert, dass es sich von seiner ganzheitlichen Einbettung in einen größeren Interpretationsrahmen entfremdet und auf einzelne Teilaspekte reduziert (vgl. Grossman 2010).

Bibliometrische Analysen belegen ein in den letzten zehn Jahren stark gestiegenes wissenschaftliches Interesse am Konzept der Achtsamkeit allgemein (so ist die Anzahl der Publikationen um das Zwölffache gestiegen). Im Bereich der Bildungsforschung für nachhaltige Entwicklung jedoch ist das Konzept der Achtsamkeit bislang kaum rezipiert worden (vgl. Fischer et al. 2015).

Im Projekt BiNKA soll dieser fehlende Bezug systematisch hergestellt und wissenschaftlich und gesellschaftlich in Wert gesetzt werden (vgl. im Folgenden Technische

Universität Berlin & Leuphana Universität Lüneburg 2014). Die Arbeit an einem gemeinsamen Verständnis des *boundary objects* Achtsamkeit und die Überführung in die **Konstituierung** eines Forschungsgegenstands erfolgt im Projekt in einem transdisziplinären Arbeitsprozess. In diesem wirken neben verschiedenen Disziplinen (u. a. Erziehungswissenschaften, Psychologie, Wirtschaftswissenschaften) auch Akteur_innen mit, die über ausgewiesene Expertise in den Anwendungsfeldern von Achtsamkeit verfügen. Die Konstellation der beteiligten Akteur_innen ermöglicht es, das Spektrum der Zugänge zum Konzept der Achtsamkeit zwischen klinischer Operationalisierung und buddhistischer Ganzheitlichkeit für die Konstituierung und Beforschung des Untersuchungsgegenstandes fruchtbar zu machen.

In der Phase der **Generierung neuen Wissens** wird in der Entwicklung eines konkreten Achtsamkeitstrainings neben den aus verschiedenen disziplinären Hintergründen einfließenden Wissensbeständen in besonderem Maße auf die im Praxisfeld vorhandene Expertise zurückgegriffen. Dies erfolgt im Projekt BiNKA durch die intensive Mitwirkung einer Organisation, die selbst Achtsamkeitstrainings anbietet und Achtsamkeitstrainer ausbildet. Die im Zusammenspiel der genannten Akteur_innen entwickelten konsumspezifischen Trainings werden anschließend in verschiedenen Settings an drei Zielgruppen erprobt: Mitarbeiterinnen und Mitarbeiter in Unternehmen, Studierende in Hochschulen sowie Schülerinnen und Schüler in allgemeinbildenden Schulen.

Die **In-Wert-Setzung** der Ergebnisse des Projektes erfolgt gemäß eines idealtypischen Ablaufschemas transdisziplinärer Forschung in zweifacher Weise: im Praxisfeld sollen durch die entwickelten und erprobten Trainings zukünftig Angebote verfügbar gemacht werden, über Achtsamkeitsinterventionen Beiträge zur Förderung nachhaltigen Konsums in verschiedenen Praxisfeldern der formalen und non-formalen Bildung (Unternehmen, Universitäten, Schulen) leisten zu können. Dies erfolgt zum einen über Praxisprodukte wie eine pädagogische Handreichung, zum anderen jedoch auch über ein verstetigtes Angebot der Trainings am Markt durch den beteiligten Anbieter von Achtsamkeitstrainings oder weitere entsprechende Einrichtungen, denen die praktischen Projektergebnisse (Ablauf der Trainings) in Form eines Modulhandbuchs zugänglich gemacht werden. Im wissenschaftlichen Diskurs leistet das Vorhaben Beiträge zum einen zur Weiterentwicklung pädagogischer Ansätze im Bereich der Bildung für nachhaltigen Konsum und zum anderen zur Fruchtbarmachung des Konzeptes der Achtsamkeit in der Forschung zur Förderung nachhaltigen Konsumverhaltens, insbesondere im Hinblick auf Ansätze zur Verringerung der Kluft zwischen Wissen, Einstellung und Verhalten.

2.3   Lessons learnt

Aus den drei Fallbeispielen lassen sich zusammenfassend übergreifende Erfahrungen benennen, die sich aus dem besonderen Typus transdisziplinärer Bildungsforschung für nachhaltige Entwicklung ergeben. Fünf dieser Erfahrungen sind im Folgenden dargestellt.

Erstens finden während des gesamten Forschungsprozesses ständige Lernprozesse der Zusammenarbeit auf beiden Seiten statt. Der Rhythmus des Austausches, die Sprache, und die Form der Kommunikation brauchen diesbezüglich kontinuierliche beiderseitige Abstimmung und Entgegenkommen. Ein Abbrechen der Lernprozesse bedroht immer auch die Symmetrie in der Zusammenarbeit.

Zweitens müssen Differenzen und Missverständnisse offen ausgesprochen werden. Ohne einander zu beleidigen ist konstruktive Kritik essentiell, um Art und Gehalt der transdisziplinären Zusammenarbeit weiter zu entwickeln sowie disziplinbedingte Kommunikationsbarrieren zu minimieren.

Drittens sollten sich Wissenschaft und Praxis auf Augenhöhe begegnen. Nur wenn von beiden Seiten akzeptiert und erkannt wird, welche Form der Wissensressourcen in der jeweils anderen stecken, kann eine „Win-Win" Situation entstehen.

Viertens muss ein unabhängiges wissenschaftliches Handeln garantiert sein. Entsprechend des jeweiligen Verwendungszusammenhangs jedoch kann die Verwertung von Erkenntnissen für Wissenschaft und Praxis unterschiedlich aussehen. Hier ist es sinnvoll, keine Hierarchisierung der Wertigkeit vorzunehmen.

Fünftens und letztens bringt die enge Zusammenarbeit mit dem Praxisfeld in projektplanerischer Hinsicht gewisse Unsicherheiten mit sich, die zusätzlich zu den üblichen Planungsrisiken bei mono-, multi- oder interdisziplinären Forschungsprojekten zu berücksichtigen sind. So zeigt sich beispielsweise in der Regel erst im Projektverlauf, in welchem Ausmaß sich die Praxispartner engagieren, eigene Vorstellungen einbringen und die Auseinandersetzung mit der Wissenschaft suchen.

2.4   Diskussion und Ausblick

Abschließend sollen an dieser Stelle die drei Fallbeispiele vor dem Hintergrund des konzeptionellen Rahmens transdisziplinärer Bildungsforschung für nachhaltige Entwicklung vergleichend verortet, der Ansatz wiederum vor diesem Hintergrund im Hinblick auf seinen Mehrwert hin diskutiert und weitere Herausforderungen für die seine Weiterentwicklung benannt werden.

Die in diesem Beitrag diskutierten drei Fallbeispiele verdeutlichen, dass das den Forschungsansatz transdisziplinärer Bildungsforschung für nachhaltige Entwicklung konzeptionell rahmende Ablaufschema eines transdisziplinären Forschungsprozesses zunächst einen idealtypischen Ablauf darstellt, der sich projektspezifisch ausformt. Die drei Fallbeispiele unterscheiden sich in einer vergleichenden Betrachtung in ihren Akzentuierungen der einzelnen Phasen. Während bspw. die Konstituierungsphase in den Projekten BINK und BiNKA stark durch die gemeinsame Arbeit an einem epistemischen *boundary object* geprägt ist, speist sich die Bestimmung des Forschungsgegenstands im Greenpeace Nachhaltigkeitsbarometer maßgeblich durch die Konvergenz einer lückenhaften wissenschaftlichen Erkenntnislage und des gesellschaftspolitischen Bedarfs, eben diese Bereiche durch Bildungs- und Öffentlichkeitsarbeit verstärkt zu adressieren.

Gemeinsamkeiten, die im Vergleich der Fallbeispiele deutlich werden, bestehen darin, dass sich in allen drei Projekten grundlegende Prinzipien der transdisziplinären Forschung widerspiegeln wie die Zusammenarbeit von Forschenden und Akteur_innen aus der Praxisfeld, die integrative Bearbeitung von Fragestellungen aus beiden Bereichen oder der Generierung von Beiträgen sowohl zur praktischen Problemlösung als auch zum wissenschaftlichen Fortschritt.

Die vergleichende Betrachtung der drei Fallbeispiele verweist auf einen Mehrwert des transdisziplinären Forschungsansatzes, der sich einstellt, wenn es gelingt, über das „gleichzeitige Verfolgen zweier epistemischer Pfade" einen „Forschungsertrag für zwei gänzlich unterschiedliche Zwecke" (Bergmann et al. 2010, S. 32) zu generieren. Folgende „transdisziplinäre Mehrwerte" (ebd., S. 39 ff.) lassen sich beispielhaft anführen: Im Projekt BINK etwa konnten über einen intensiven transdisziplinären Arbeitsprozess (Forschungsteam + Praxisakteur_innen) in der Entwicklung von Interventionen zur Förderung nachhaltigen Konsums in den beteiligten Bildungseinrichtungen zum einen lokal angepasste Problemlösungen und zum anderen übergreifende Erkenntnisse zur Wirksamkeit entsprechender Interventionsstrategien erarbeitet werden. Über den partizipativen Interventionsansatz konnte zudem das Handlungsvermögen im Praxisfeld gestärkt und neue Arbeitsformen etabliert werden, um Veränderungsprozesse zu initiieren, zu begleiten und zu verstetigen. Im Projekt Greenpeace Nachhaltigkeitsbarometer bedingte der intensive Austausch zwischen Praxispartner und Forschungspartner vor dem Hintergrund unterschiedlicher Erkenntnisinteressen, Geltungsansprüche und Interpretationsspielräume ein den Forschungsprozess begleitendes Andenken bzw. Vordenken der sich dem Forschungsprozess anschließenden Aushandlungsprozesse zu Fragen der Rolle der Jugend im Kontext einer gesamtgesellschaftlich nachhaltigen Entwicklung, das u. a. in die genannte Bildungskoalition Eingang fand und fortgesetzt wurde.

Im Rekurs auf den übergreifenden Diskurs zur transdisziplinären Nachhaltigkeitsforschung lassen sich abschließend einige Herausforderungen für die Weiterentwicklung des Forschungsansatzes transdisziplinärer Bildungsforschung für nachhaltige Entwicklung benennen. In einer Evaluation von über 200 transdisziplinären Studien kommen Brandt et al. (2013) zu dem Befund, dass wesentliche Herausforderungen für zukünftige transdisziplinäre Nachhaltigkeitsforschung darin bestehen werden, die verschiedenen Wissenstypen und Prozess-Phasen (Problemkonstituierung, Problembearbeitung, Wissensintegration und -anwendung) strukturierter und transparenter miteinander zu vernetzen, den Einbezug von Praxisakteur_innen in transdisziplinäre Forschungsprozesse im Sinne einer umfassenderen Ermächtigung und Gleichberechtigung zu verbessern sowie die vorfindbare methodische Vielfalt im Hinblick auf die spezifischen Aufgaben, zu deren Lösung einzelne Methoden und Verfahren angewendet werden, stärker zu systematisieren (vgl. ebd., S. 4 ff.). Ein weiterer Ansatzpunkt zukünftiger Forschungsthemen ist der „Whole of Institution" Ansatz, welcher Hochschulen als Teil der Gesellschaft betrachtet und somit Grenzen von Lernräumen verschwimmen lässt. Die Idee dahinter ist, dass genau solch transdisziplinäre Bildungs- und Forschungsansätze durch Austausch und Beteiligung zu nachhaltiger Entwicklung führen (Fadeeva et al. 2014). Das Weltaktionsprogramm bietet mit seiner starken Fokussierung auf Jugendliche als *change agents* und die Einbettung von Lernprozessen *in whole-institution approaches* und Bildungslandschaften vielfältige Ansatzpunkte, um diese Herausforderungen im Rahmen eines weiterzuentwickelnden Forschungsansatzes transdisziplinärer Bildungsforschung für nachhaltige Entwicklung nachzugehen.

Literatur

Adomßent, M. & Michelsen, G. (2011). Transdisziplinäre Nachhaltigkeitswissenschaften. In H. Heinrichs, K. Kuhn & J. Newig (Hrsg.), *Nachhaltige Gesellschaft. Welche Rolle für Partizipation und Kooperation?* (S. 98–116). Wiesbaden: VS Verlag.

Altrichter, H. (2006). Schulentwicklung: Widersprüche unter neuen Bedingungen: Bilanz und Perspektiven nach 15 Jahren Entwicklung von Einzelschulen. *Pädagogik, 58(3)*, 6–10.

Altrichter, H., & Feindt, A. (2004). Handlungs- und Praxisforschung. In W. Helsper & J. Böhme (Hrsg.), *Handbuch der Schulforschung* (S. 449–466). Wiesbaden: VS Verlag für Sozialwissenschaften.

Barth, M. (2013). Nachhaltigkeit in die Schule gebracht. Befunde aus einer empirischen Studie. In G. Michelsen & D. Fischer (Hrsg.), *Nachhaltig konsumieren lernen. Ergebnisse aus dem Projekt BINK („Bildungsinstitutionen und nachhaltiger Konsum")* (Innovation in den Hochschulen – Nachhaltige Entwicklung, Bd. 11, S. 105–129). Bad Homburg: Verlag für Akademische Schriften.

Bergmann, M., Brohmann, B., Hoffmann, E., Loibl, M. C., Rehaag, R., Schramm, F., & Voß, J. P. (2005). *Qualitätskriterien transdisziplinärer Forschung: Ein Leitfaden für die formative Evaluation von Forschungsprojekten.* Frankfurt am Main: Institut für sozial-ökologische Forschung (ISOE).

Bergmann, M., Jahn, T., Knobloch, J., Krohn, W., Pohl, C. & Schramm, E. (2010). *Methoden transdisziplinärer Forschung. Ein Überblick mit Anwendungsbeispielen.* Frankfurt am Main: Campus Verlag.

Bormann, I. (2011). Innovationen als ‚Wissenspassagen': Theoretische Grundlegung und Implikationen für die Analyse. *Die Deutsche Schule, 103(1)*, 53–64.

Brandt, P., Ernst, A., Gralla, F., Luederitz, C., Lang, D. J., Newig, J., Reinert, F., Abson, D. & Wehrden, H. (2013). A review of transdisciplinary research in sustainability science. *Ecological Economics, 92*, 1–15.

Chiesa, A. (2013). The Difficulty of Defining Mindfulness: Current Thought and Critical Issues. *Mindfulness, 4(3)*, 255–268.

Clark, W. C. (2007). Sustainability Science: A room of its own. *Proceedings of the National Academy of Sciences, 104 (6)*, 1737–1738.

Fadeeva, Z., Galkute, L., Mader, C. & Scott, G. (2014) Assessment for Transformation – Higher Education Thrives in Redefining Quality Systems, In Z. Fadeeva, L. Galkute, C. Mader & G. Scott (Hrsg.), *Sustainable Development and Quality Assurance in Higher Education – Transformation of Learning and Society* (S. 1–22). Hampshire: Palgrave Macmillan.

Fischer, D. (2013). Bildung im Zeichen der globalen Konsumherausforderung. Grundlagen schulischer Bildungskonzepte zur Förderung nachhaltigen Konsums. In G. Michelsen & D. Fischer (Hrsg.), *Nachhaltig konsumieren lernen. Ergebnisse aus dem Projekt BINK („Bildungsinstitutionen und nachhaltiger Konsum")* (Innovation in den Hochschulen – Nachhaltige Entwicklung, Bd. 11, S. 25–70). Bad Homburg: Verlag für Akademische Schriften.

Fischer, D., Schrader, U. & Stanszus, L. (2015). *Mindfulness and the Interplay of Affection and Cognition in Consumer Education: Illuminating the Dark Side of the Moon.* Paper presented at PERL International Conference „A Decade of Responsible Living", 10.-11.03.2015. Paris

Grossman, P. (2010), Mindfulness for Psychologists: Paying Kind Attention to the Perceptible, *Mindfulness, 1(2)*, 87–97.

Hirsch Hadorn, G., Biber-Klemm, S., Grossenbacher-Mansuy, W., Hoffmann-Riem, H., Joye, D., Pohl, C., Wiesmann, U. & Zemp, E. (2008). The Emergence of Transdisciplinarity as a Form of Research. In G. Hirsch Hadorn, H. Hoffmann-Riem, S. Biber-Klemm, W. Grossenbacher-Mansuy, D. Joye, C. Pohl, U. Wiesmann & E. Zemp (Hrsg.), Handbook of transdisciplinary research (S. 19–39). Berlin: Springer.

Hirsch Hadorn, G., Bradley, D., Pohl, C., Rist, S. & Wiesmann, U. (2006). Implications of transdisciplinarity for sustainability research. *Ecological Economics, 60 (1)*, 119–128.

Homburg, A., Nachreiner, M. & Fischer, D. (2013). Die BINK-Strategie zur Förderung nachhaltigen Konsumverhaltens und nachhaltiger Konsumkultur in Bildungsorganisationen – Weiterentwicklung auf der Basis einer formativen Evaluation. In G. Michelsen & D. Fischer (Hrsg.), *Nachhaltig konsumieren lernen. Ergebnisse aus dem Projekt BINK („Bildungsinstitutionen und nachhaltiger Konsum")* (Innovation in den Hochschulen – Nachhaltige Entwicklung, Bd. 11, S. 185–213). Bad Homburg: Verlag für Akademische Schriften.

Jäger, M. (2004). *Transfer in Schulentwicklungsprojekten.* Wiesbaden: VS Verlag.

Jahn, T. & Keil, F. (2006). Transdisziplinärer Forschungsprozess. In E. Becker & T. Jahn (Hrsg.), *Soziale Ökologie. Grundzüge einer Wissenschaft von den gesellschaftlichen Naturverhältnissen* (S. 319–329). Frankfurt am Main: Campus Verlag.

Jahn, T. (2003). Sozial-ökologische Forschung. Ein neuer Forschungstyp in der Nachhaltigkeitsforschung. In M. Schwarz & G. Linne (Hrsg.), *Handbuch Nachhaltige Entwicklung. Wie ist nachhaltiges Wirtschaften machbar?* (S. 545–556). Opladen: Leske + Budrich.

Jahn, T. (2008). Transdisziplinarität in der Forschungspraxis. In M. Bergmann & E. Schramm (Hrsg.), *Transdisziplinäre Forschung. Integrative Forschungsprozesse verstehen und bewerten* (S. 21–37). Frankfurt, New York: Campus Verlag.

Jahn, T. (2013). Transdisziplinarität – Forschungsmodus für nachhaltiges Forschen. In J. Hacker (Hrsg.), *Nachhaltigkeit in der Wissenschaft. Leopoldina-Workshop am 12. November 2012 in Berlin*; mit 1 Tabelle (Nova acta Leopoldina, 398 = N.F., Bd. 117, S. 65–75). Halle: Dt. Akad. der Naturforscher Leopoldina.

Klafki, W. (2002). Verändert Schulforschung die Schulwirklichkeit? Zugleich ein undogmatisches Plädoyer für Handlungsforschung. In B. Koch-Priewe, H. Stübig, & W. Hendricks (Hrsg.): *Schultheorie, Schulforschung und Schulentwicklung im politisch-gesellschaftlichen Kontext. Ausgewählte Studien*, S. 198–218. Weinheim: Beltz Verlag.

Koch, B. (2011). *Wie gelangen Innovationen in die Schule?: Eine Studie zum Transfer von Ergebnissen der Praxisforschung. Schule und Gesellschaft:* Bd. 48. Wiesbaden: VS Verlag.

Kommission „Bildung für eine nachhaltige Entwicklung" in der Deutschen Gesellschaft für Erziehungswissenschaft. (2004). *Forschungsprogramm „Bildung für eine nachhaltige Entwicklung".* Verfügbar unter http://www.umweltbildung.uni-osnabrueck.de/pub/uploads/Dgfe-bne/bfn_forschungsprogramm2004.pdf. Zugegriffen am 30.03.2015.

Lang, D. J., Wiek, A., Bergmann, M., Stauffacher, M., Martens, P., Moll, P., Swilling, M. & Thomas, C. J. (2012). Transdisciplinary research in sustainability science: practice, principles, and challenges. *Sustainability Science, 7* (S1), 25–43.

Langer, E.J. and Moldoveanu, M. (2000), „The Construct of Mindfulness", *Journal of Social Issues*, Vol. 56 No. 1, pp. 1–9.

Luks, F. & Siebenhüner, B. (2007). Transdisciplinarity for social learning? The contribution of the German socio-ecological research initiative to sustainability governance. *Ecological Economics, 63* (2–3), 418–426.

Mader, C., Rammel, Ch., 2015: Transforming Higher Education for Sustainable Development, UN Sustainable Development Knowledge Platform. Verfügbar unter https://sustainabledevelopment. un.org/content/documents/621564-Mader_Rammel_Transforming%20Higher%20 Education%20for%20Sustainable%20Development.pdf. Zugegriffen am 30.03.2015.

Martens, P. (2006). Sustainability: science or fiction? *Sustainability: Science, Practice, & Policy, 2* (1).

Merkens, H. (2011). Zukunft der Bildungsforschung. In O. Zlatkin-Troitschanskaia (Hrsg.), *Stationen Empirischer Bildungsforschung. Traditionslinien und Perspektiven* (S. 509–519). Wiesbaden: VS Verlag.

Michelsen, G. (Hrsg.) (2000). *Sustainable University. Auf dem Weg zu einem universitären Agendaprozess* (Reihe Innovationen in den Hochschulen, Bd. 1). Frankfurt/Main: VAS Verlag.

Michelsen, G. (2012). Nachhaltigkeit – zentrales Element des Lüneburger Studienprogramms. *GAiA, 21* (2), 150–151.

Michelsen, G. (2013). Sustainable development as a challenge for undergraduate students: the module „Science bears responsibility" in the Leuphana bachelor's programme. Commentary on „a case study of teaching social responsibility to doctoral students in the climate sciences". *Science and engineering ethics, 19* (4), 1505–1511.

Michelsen, G. & Fischer, D. (Hrsg.) (2013). *Nachhaltig konsumieren lernen. Ergebnisse aus dem Projekt BINK („Bildungsinstitutionen und nachhaltiger Konsum")* (Innovation in den Hochschulen – Nachhaltige Entwicklung, Bd. 11,). Bad Homburg: VAS Verlag.

Michelsen, G. & Nemnich, C. (Hrsg.). (2011). *Handreichung Bildungsinstitutionen und nachhaltiger Konsum. Nachhaltigen Konsum fördern und Schulen verändern.* Bad Homburg: VAS Verlag.

Michelsen, G., Grunenberg, H. & Mader, C. (2015). Die Entscheidungsträger/-innen unterstützen die Energiewende bereits heute nachdrücklich. Vorab-Veröffentlichung aus dem Nachhaltigkeitsbarometer 2014. Hamburg: Greenpeace. Verfügbar unter http://www.greenpeace. de/files/publications/studie-nachhaltigkeitsbarometer-energie-klima-20150107.pdf. Zugegriffen am 30.03.2015.

Michelsen, G., Grunenberg, H. & Rode, H. (2012). *Greenpeace Nachhaltigkeitsbarometer – Was bewegt die Jugend?* Bad Homburg: Verlag für Akademische Schriften.

Mieg, H. A. (2007). Umweltwissenschaft muss sich „disziplinieren". In S. Stoll-Kleemann & C. E. Pohl (Hrsg.), *Edition Humanökologie: Vol. 5. Evaluation inter- und transdisziplinärer Forschung. Humanökologie und Nachhaltigkeitsforschung auf dem Prüfstand* (S. 49–58). München: Oekom Verlag.

Nemnich, C. & Fischer, D. (Hrsg.). (2011). *Bildung für nachhaltigen Konsum: ein Praxisbuch.* Bad Homburg: VAS Verlag.

Nölting, B., Voß, J.-P. & Hayn, D. (2004). Nachhaltigkeitsforschung – jenseits von Disziplinierung und anything goes. *GAiA, 13* (4), 254–261.

Pohl, C., & Hirsch Hadorn, G. (2006). *Gestaltungsprinzipien für die transdisziplinäre Forschung: Ein Beitrag des td-net.* München: Oekom Verlag

Pohl, C., & Hirsch Hadorn, G. (2007). Die Gestaltungsprinzipien für transdisziplinäre Forschung des td-net und ihre Bedeutung für die Evaluation. In S. Stoll-Kleemann & C. E. Pohl (Hrsg.), *Edition Humanökologie: Vol. 5. Evaluation inter- und transdisziplinärer Forschung. Humanökologie und Nachhaltigkeitsforschung auf dem Prüfstand* (S. 173–194). München: Oekom Verlag.

Rahm, S. (2004). Empirische Schulbegleitforschung – ein Beitrag zur Entwicklung einer Evaluationskultur in Deutschland? In H. Ackermann (Hrsg.), *Schule und Gesellschaft: Vol. 33. Kooperative Schulentwicklung* (S. 49–63). Wiesbaden: VS Verlag für Sozialwissenschaften.

Rahm, S. (2005). *Einführung in die Theorie der Schulentwicklung. Beltz Studium, Erziehung und Bildung.* Weinheim: Beltz Verlag.

Renn, O. (2008). Anforderungen an eine integrative und transdisziplinäre Umweltforschung. In M. Bergmann & E. Schramm (Hrsg.), *Transdisziplinäre Forschung. Integrative Forschungsprozesse verstehen und bewerten* (S. 119–148). Frankfurt, New York: Campus Verlag.

Stark, R., & Mandl, H. (2000). *Das Theorie-Praxis-Problem in der pädagogisch-psychologischen Forschung – ein unüberwindbares Transferproblem? Forschungsbericht:* Bd. 118. München: Ludwig-Maximilians-Universität.

Technische Universität Berlin & Leuphana Universität Lüneburg (2014). *Bildung für Nachhaltigen Konsum durch Achtsamkeitstraining (BiNKA).* Unveröffentlichte Vorhabenbeschreibung. Berlin.

Terhart, E. (1994). SchulKultur: Hintergründe, Formen und Implikationen eines schulpädagogischen Trends. *Zeitschrift für Pädagogik, 40(5)*, 685–699.

Tully, C. J. & Krug, W. (2013). Junge Menschen und nachhaltiger Konsum: Empirische Befunde zum Konsumhandeln Jugendlicher und junger Erwachsener. In G. Michelsen & D. Fischer (Hrsg.), *Nachhaltig konsumieren lernen. Ergebnisse aus dem Projekt BINK („Bildungsinstitutionen und nachhaltiger Konsum")* (Innovation in den Hochschulen – Nachhaltige Entwicklung, Bd. 11, S. 73–103). Bad Homburg: Verlag für Akademische Schriften.

UNESCO – United Nations Educational, Scientific and Cultural Organization (2014). *Roadmap zur Umsetzung des Weltaktionsprogramms „Bildung für eine nachhaltige Entwicklung".* Bonn: Deutsche UNESCO-Kommission.

Vilsmaier, U. & Lang, D. J. (2014). Transdisziplinäre Forschung. In G. Michelsen & H. Heinrichs (Hrsg.), *Nachhaltigkeitswissenschaften* (S. 87–113). Berlin: Springer.

Zierhofer, W. & Burger, P. (2007). Disentangling Transdisciplinarity. An Analysis of Knowledge Integration in Problem-Oriented Research. *Science Studies, 20 (1)*, 51–74.

nCampus – Nachhaltige und energieeffiziente Weiterentwicklung auf dem Campus Lichtwiese der Technischen Universität Darmstadt

Caroline Fafflok, Johanna Henrich, und Nicolas Repp

3.1 Ausgangssituation

In ihrem Energiekonzept vom September 2010 hat sich die Bundesregierung auf neue Ziele für eine umweltschonende, sichere und bezahlbare Energieversorgung festgelegt. Hierzu wurden für die Jahre 2020, 2030 und 2050 ehrgeizige Ziele formuliert (vgl. BMWi 2012). Die Umsetzung dieses Konzepts erfordert Veränderungen auf allen Ebenen, die von internationalen und nationalen politischen und unternehmerischen Handlungsebenen über technische Innovationen bis hinunter zum individuellen Konsumverhalten reichen. Bisher ist das Thema Nachhaltigkeit bei weitem nicht in allen Bereichen der TU Darmstadt verankert – vor diesem Hintergrund hat das Präsidium beschlossen, die nachhaltige und energieeffiziente Weiterentwicklung der Universität ganzheitlich voranzutreiben (s. Abb. 3.1).

Die Technische Universität Darmstadt (TUDA) wurde 1877 als Technische Hochschule gegründet; 1997 erfolgte die Umbenennung in Technische Universität Darmstadt. 2005 erlangte sie als erste deutsche Universität den Autonomiestatus, der insbesondere auch die Bauautonomie beinhaltet.

Die Technische Universität Darmstadt konzentriert sich in Forschung und Lehre auf Technik – interdisziplinär aus Perspektive der Natur- und Ingenieurwissenschaften, der Geistes- sowie Sozialwissenschaften. Das Forschungsprofil der Technischen Universität Darmstadt wird geprägt von fünf Forschungsclustern und drei Forschungsschwerpunkten, die die national und international sichtbaren Kernkompetenzen der Universität widerspiegeln und in denen disziplinär wie interdisziplinär an den Fragestellungen der Zukunft gearbeitet wird.

C. Fafflok (✉) • J. Henrich • N. Repp
Dezernat Forschung und Transfer, Technische Universität Darmstadt,
Karolinenplatz 5, 64289 Darmstadt, DEutschland
e-mail: fafflok.cahenrich.jorepp.ni@pvw.tu-darmstadt.de

© Springer Fachmedien Wiesbaden 2016
W. Leal Filho (Hrsg.), *Forschung für Nachhaltigkeit an deutschen Hochschulen*,
Theorie und Praxis der Nachhaltigkeit, DOI 10.1007/978-3-658-10546-4_3

Abb. 3.1 Neubau der ULB auf dem Campus Stadtmitte; Foto: Thomas Ott

Wichtige Kennzahlen zur Technischen Universität Darmstadt sind (vgl. TU Darmstadt 2015):

13	Fachbereiche in Ingenieurs-, Geistes- und Naturwissenschaften
5	Studienbereiche
110	Studiengänge
ca. 4.700	Beschäftigte, darunter 302 Professorinnen und Professoren
25.900	Studierende, davon ca. 4.700 ausländische Studierende
250	Hektar Grundbesitz
160	Gebäude an 5 Standorten
313.000	Quadratmeter Nutzfläche

Die Technische Universität Darmstadt ist in den letzten Jahrzehnten stetig gewachsen – steigende Studierendenzahlen, Erfolge in der Einwerbung großer Verbundvorhaben sowie die Zunahme von Kooperationen mit außeruniversitären Forschungseinrichtungen und Unternehmen tragen hierzu ihren Teil bei. Dieser Trend hat seit 1990 einen mit wenigen Ausnahmen kontinuierlichen Zuwachs an wissenschaftlichem und administrativem Personal zur Folge und, damit einhergehend, auch ein wachsendes Bauvolumen (s. Abb. 3.2). Auch in den kommenden Jahrzehnten wird diese Entwicklung kaum stagnieren. Laut Prognosen der Universität wird der Flächenbestand bis 2025 auf knapp 425.000 m²

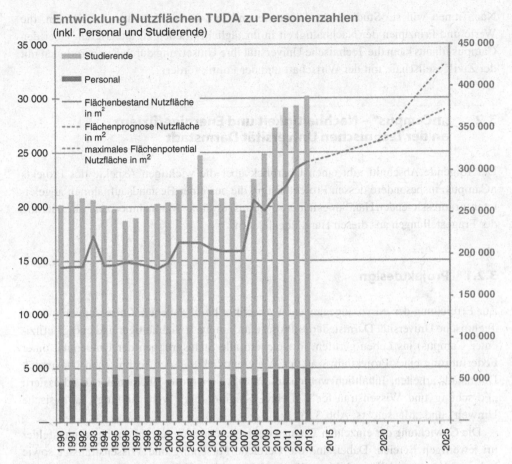

Abb. 3.2 Zunahme der Personenzahlen und Abbildung des Flächenwachstums (Quelle: TU Darmstadt)

steigen, was mehr als einer Verdopplung der Flächen seit 1990 entspräche. Ein derzeit als realistisch eingeschätztes Wachstum beläuft sich bis zum Jahr 2025 jedoch auf um weitere ca. 60.000 m² und somit auf eine Gesamt-Nutzfläche von ca. 370.000 m².

Aufgrund des wachsenden Bedarfs müssen die Flächen der Technischen Universität Darmstadt weiter ausgebaut bzw. Konzepte zur Nachverdichtung entwickelt werden. Parallel dazu steigt der Energiebedarf der Universität. Nachhaltigkeit wird unter diesen Voraussetzungen nur erreichbar sein, wenn es gelingt, die mit dem Wachstum verbundenen Ressourcenverbräuche und Emissionen in den Griff zu bekommen. Ein wichtiges Element ist hier die Sanierung der aus den 1960er-Jahren stammenden Bauten auf dem Campus Lichtwiese.

Neben einer nachhaltigen Weiterentwicklung der Technischen Universität Darmstadt hat die Universität auch eine Vorbildfunktion bei der Entwicklung ganzheitlicher Lösungen zu ökologischen, sozialen und ökonomischen Fragestellungen innerhalb der Gesellschaft.

Nach innen will sie Studierende, Lehrende und ihre Mitarbeiter dazu motivieren, die Werte und Prinzipien der Nachhaltigkeit in ihr tägliches Leben zu integrieren. Über den Campus hinaus kann die Technische Universität ihre Umsetzung durch Kooperationen mit der Zivilgesellschaft, mit der Wirtschaft und der Politik fördern.

3.2 „nCampus" – Nachhaltigkeit und Energieeffizienz an der Technischen Universität Darmstadt

Der folgende Abschnitt gibt einen Überblick über die wichtigen Aspekte des Projekts nCampus, insbesondere dessen Projektdesign, die aus einer Bestandsaufnahmen abgeleiteten zu adressierenden Handlungsfelder sowie ausgewählter Maßnahmen zur Adressierung der Fragestellungen aus diesen Handlungsfeldern.

3.2.1 Projektdesign

Zur Erreichung der im vorangegangenen Abschnitt beschriebenen Zielsetzungen hat die Technische Universität Darmstadt das Projekt „nCampus" (nachhaltiger und energieeffizienter Campus) ins Leben gerufen, in welchem alle Statusgruppen der Universität unter Federführung eines Projektbüros an der Weiterentwicklung der Technischen Universität Darmstadt arbeiten. Inhaltlich werden im Projekt vier große Themenblöcke adressiert: „Forschung und Wissenstransfer", „Lehre, Studium und Weiterbildung", „Physische Umwelt" und „Mensch" (s. Abb. 3.3).

Die Gewichtung der einzelnen Themen ergibt sich aus der Anzahl der Handlungsfelder im jeweiligen Bereich. Dabei sind die Bereiche Forschung und Wissenstransfer sowie Lehre, Studium und Weiterbildung Kernaufgaben einer Universität. Im Projekt „nCampus" wird jedoch jeder dieser Aufgabenkomplexe im Hinblick auf Nachhaltigkeit und Energieeffizienz betrachtet. Der Bereich Physische Umwelt beschreibt alle Aktivitäten, die die bauliche Substanz sowie die Organisation (bspw. auch die Mobilität) betreffen. Der Bereich Mensch beinhaltet alle Handlungsfelder, die sich mit der Aktivierung und Sensibilisierung der Nutzer beschäftigen.

Zu jedem der Handlungsfelder werden Strategien und Handlungsgrundsätze sowie Aktionsschwerpunkte formuliert.

3.2.2 Bewertung der Ausgangslage

Das Projekt nCampus ist als „Klammer" definiert, es integriert eine Vielzahl bestehender singulärer Aktivitäten und stellt die Vernetzung der Einzelaktivitäten sicher.

Im Bereich „Forschung und Wissenstransfer" wird derzeit ein Projekt im Rahmen der interdisziplinären Energie- und ressourcenorientierten Forschung auf dem Campus

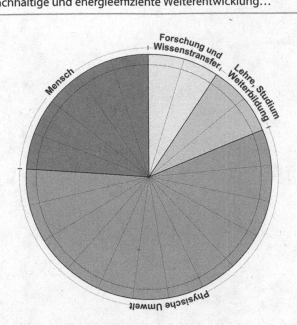

Abb. 3.3 Grafische Darstellung der verschiedenen Bereiche des Projekts „nCampus" (Quelle: TU Darmstadt)

Lichtwiese bereits umgesetzt: das Projekt ETA-Fabrik (Energieeffizienz Technologie- und Anwendungszentrum). Ziel der ETA-Fabrik ist es, Produktionsanlagen unter Energieeffizienzaspekten zu analysieren und zu optimieren sowie zusätzlich die energetische Vernetzung zu ermöglichen. Dabei werden auch das Gebäude und die Haustechnik in die Betrachtung miteinbezogen, um so bisher unerschlossene Energieeinsparpotenziale zu realisieren. Das Projekt gibt dem ingenieurwissenschaftlichen Nachwuchs und den Kompetenzträgern aus der Industrie Instrumente an die Hand, eben solche Energieeffizienzpotenziale in den Unternehmen eigenständig auszumachen und umzusetzen (vgl. Abele 2014). Die Fabrik befindet sich aktuell im Bau und wird nach Fertigstellung eines der Demonstrationsobjekte auf dem Campus Lichtwiese sein.

Auch im Bereich Lehre, Studium und Weiterbildung hat die Technische Universität Darmstadt einige Projekte in Form von speziellen Studiengängen o. ä. zu bieten. Seit dem Wintersemester 2012/2013 bietet die Technische Universität Darmstadt den Master Energy Science and Engineering an, einen interdisziplinär ausgerichteten Masterstudiengang mit Spezialisierung auf den Schwerpunkt Energie. Die Ausbildung berücksichtigt dabei regenerative Energien genauso wie die effiziente Nutzung konventioneller Energieträger sowie gesellschaftswissenschaftliche Fragestellungen. Fast alle Fachbereiche sind in die Gestaltung des Studienganges eingebunden.

Parallel hierzu wurde Ende 2012 im Bereich Nachwuchsförderung die Exzellenz-Graduiertenschule für Energiewissenschaft und Energietechnik ins Leben gerufen. Sie bietet Doktorandinnen und Doktoranden mit ingenieur- und naturwissenschaftlichem

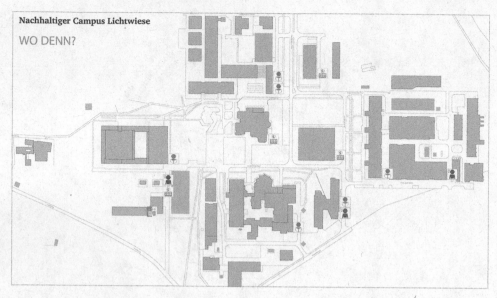

Abb. 3.4 Übersicht der Karte der Nachhaltigkeit für den Bereich Campus Lichtwiese (Quelle: TU Darmstadt)

Hintergrund eine exzellente Forschungsumgebung. Hier werden innovative, fortschritt-liche Technologien für erneuerbare Energien entwickelt und konventionelle Energietechnologien effizienter gestaltet.

Im Bereich „Physische Umwelt" kann die Technische Universität Darmstadt im Handlungsfeld Mobilität als Vorreiter gesehen werden. So wurde vor zwei Jahren auf der Lichtwiese, dem Hauptcampus der Technischen Universität Darmstadt mit täglich rund 10.000 Personenbewegungen, die Parkraumbewirtschaftung eingeführt, um den MIV (mobilisierten Individualverkehr) zu reduzieren. Parallel hierzu ist die Taktung der Buslinien erhöht. Als nächster Schritt wird die Anbindung des Campus an die Innenstadt durch den weiteren Ausbau des öffentlichen Personennahverkehrs weiter optimiert.

Alle diese Maßnahmen werden auf der Karte der Nachhaltigkeit (s. Abb. 3.4) zusam-mengeführt. Sie dient Öffentlichkeit und Hochschulangehörigen dazu, sich auf dem Campus zurechtzufinden und einen Überblick über Projekte, Lehrstühle, Veranstaltungen und Aktivitäten im Bereich Nachhaltigkeit zu erhalten.

Zur Ergänzung und um die Hochschulöffentlichkeit nicht nur zu informieren, sondern intensiv an der Umsetzung der Nachhaltigkeitsstrategie zu beteiligen, sollen weitere kom-munikative Formate entwickelt und etabliert werden. Durch verschiedene Veranstaltungen, wie z. B. Konferenzen, soll regelmäßig über den Fortschritt der Entwicklung des „Energiecampus" und der Nachhaltigkeitsstrategie informiert werden.

3.2.3   Identifikation von Handlungsfeldern

Im Bereich Forschung und Wissenstransfer soll die interdisziplinäre Nachhaltigkeitsforschung vorangetrieben werden. Durch die Gründung eines Kompetenzzentrums soll der interdisziplinäre Austausch gefördert und die Kommunikation weiter ausgebaut werden, um den Wissenstransfer zu verbessern.

Ebenfalls weiter entwickelt für den Bereich Mensch werden die Handlungsfelder Sensibilisierung, Aktivierung, Reporting sowie Öffentlichkeitsarbeit. Viele der vorhandenen Ansätze gehen auf studentische Initiativen zurück, wie über die Hochschulgruppe Nachhaltigkeit.

Die Aktivierung und Sensibilisierung des Nutzers sind wichtige Werkzeuge, um die gesteckten Klimaschutzziele zu erreichen. Eine Studie an der Universität von Kopenhagen zum Thema Green Campus hat ergeben, dass immerhin 13 Prozent der entstandenen Energieeinsparungen auf das Nutzerverhalten zurückzuführen sind (vgl. University of Copenhagen 2014). Dabei waren es einfache Maßnahmen wie das Ausschalten von Geräten, die nicht im Gebrauch sind, oder das gezielte Anschalten der Abzüge in den Laboren. Einen nicht unerheblichen Anteil hatte auch die Umrüstung der Gefrierschränke auf Niedrigtemperatur. Weitere 18 Prozent der Einsparungen gingen dort auf das Energiemanagement zurück. Der größte Teil – etwa 2/3 – war durch die Verbesserung der Technik zu erzielen, wie z. B. durch den Einbau neuer energieeffizienter Abzüge und Lüftungssysteme, den Austausch der Leuchtmittel in LED-Lampen und eine zentrale Lichtsteuerung.

Großer Handlungsbedarf besteht im Bereich Physische Umwelt, zu dem neben dem an der Technischen Universität bereits gut behandeltem Thema Mobilität auch die umweltfreundliche Materialbeschaffung gehört. Weitere Handlungsfelder sind eine Steigerung der Flächeneffizienz und die Reduktion des Energiebedarfs durch Betriebsoptimierung, Sanierung und energieeffiziente Neubauten.

3.3   Der Energiecampus Lichtwiese als Teilvorhaben im nCampus-Projekt

So entstand als Teilvorhaben im Projekt nCampus aufgrund der Bestandsaufnahme der Bestände an der eigenen Universität für den Bereich Campus Lichtwiese die Idee, einen „Energiecampus Lichtwiese" als Demonstrationsobjekt zu entwickeln. Hierzu regte auch die Analyse der Vorgehensweisen von Universitäten an, die weltweit führend in ihren Nachhaltigkeitsstrategien sind und als Best Practice Beispiele dienen (vgl. z. B. „Nachhaltiger Campus" der ETH Zürich beschrieben im Nachhaltigkeitsbericht ETH Zürich 2013).

3.3.1 Kurzdarstellung des Vorhabens

Der Campus Lichtwiese nimmt unter den fünf Standorten der Darmstädter Universität eine besondere Rolle ein. Für die Universitätsangehörigen und Bewohner der Stadt Darmstadt ist der Begriff „Lichtwiese" gleichermaßen eine feststehende Bezeichnung für den Technischen Universität Campus als auch für ein Naherholungsgebiet.

Mit einer zusammenhängenden Fläche von rund 100 ha ist der Campus Lichtwiese (s. Abb. 3.5) nicht nur der größte Teilstandort der Universität. Als einziger ermöglicht er eine nennenswerte bauliche Erweiterung und verlangt zugleich nach grundlegender Sanierung. Für die zukünftige Entwicklung der Technischen Universität Darmstadt ist die Lichtwiese daher von entscheidender Bedeutung. Hier bestehen Potenziale und Chancen, einen Campus als qualitätsvollen Ort der Lehre, Forschung und des universitären Lebens weiter zu entwickeln.

Zusätzlich zur Größe ist die Lichtwiese räumlich, versorgungstechnisch und bilanziell eindeutig abgrenzbar und von dem baulichen Umfeld durch Freiräume getrennt. Sie befindet sich eigentums- und planungsrechtlich in einer Hand und weist trotz eindeutiger Widmung für Aufgaben in Forschung und Lehre eine Vielzahl unterschiedlicher Funktionen auf. Dadurch eignet sich der Campus Lichtwiese als Beispiel für ein

Abb. 3.5 Luftbild des Campus Lichtwiese, Foto: Nikolaus Heiss

mustergültiges Quartier mit allen typischen vorhandenen Nutzungen auch als Forschungsobjekt.

Die eigentums- und planungsrechtliche Entität dieses Campus ist eine wesentliche Voraussetzung für einen engagierten und beschleunigten Umstieg in der Energieversorgung. Die Multifunktionalität (Wohnen, Arbeiten, Produzieren und Forschen) schafft eine wesentliche Voraussetzung für eine modellhafte Betrachtung, die eine Übertragung der modellhaften Ergebnisse auch auf andere Räume erlaubt.

Die mittlere räumliche Betrachtungsebene, das Quartier, wird als idealer Handlungsraum für ein Modellvorhaben angenommen. Hier verbinden sich politische Vorgaben, technische Möglichkeiten und dynamische Handlungsbereitschaft miteinander; sie können umfassende, schnelle und wirksame Veränderungen auslösen.

Ziel des Projektes „Energiecampus Lichtwiese" ist es, diesen energieeffizient und nachhaltig zu entwickeln. Ein interdisziplinäres Team, bestehend aus den Fachbereichen Architektur, Maschinenbau, Elektro- und Informationstechnik sowie Informatik, arbeitet in diesem Verbundvorhaben mit Praxispartnern an der Zielsetzung, Ergebnisse aus der Forschung direkt in die Anwendung auf dem eigenen Campus zu bringen. Der Campus soll sich damit in Richtung eines Living Lab mit Leuchtturmcharakter entwickeln. Auf diesem Experimentierfeld wird die Technische Universität Darmstadt die „Energiewende im Kleinen" – im Quartiersmaßstab – exemplarisch durchspielen.

Mit der Energiewende steigt die Notwendigkeit, neue und überzeugende Lösungen zur regenerativen Energieversorgung, zum Einsatz innovativer Technologien, des Lastmanagements und dezentraler Speicherkonzepte im Quartierskontext zu entwickeln und umzusetzen. Gebaute Beispiele und die Einbindung realer Akteure weisen die Machbarkeit im lokalen Kontext anschaulich nach. Der diesen Realisierungen voraus laufende Forschungs-, Planungs- und Entwicklungsprozess erzeugt wesentliche Hinweise auf Machbarkeiten und auf die zur Umsetzung der Energiewende notwendigen Strukturen. Das Projekt fungiert somit als Anschauungsobjekt, als Anregung zur Nachahmung und Weiterentwicklung sowie als Multiplikator. Im Projekt „Energiecampus Lichtwiese" soll ein neuer Umgang mit den komplexen Anforderungen von Bildungs- und Forschungseinrichtungen aufgezeigt werden. Die Umsetzung von nachhaltigen Campus-Energieversorgungssystemen wird technische Entwicklungen auch für andere Raumtypologien sowie Wirtschaftszweige in Gang setzen. Mit einem ganzheitlichen Ansatz möchte die Technische Universität Darmstadt zunächst für ihren größten Teilstandort die „Meseberg-Ziele"[1] der Bundesregierung für 2050 schon bis zum Jahr 2030 erreichen und die gesetzten Richtwerte für klimaschädliche Emissionen, den Primär- und den Endenergiebedarf unterschreiten sowie die Nutzung erneuerbarer Energien überschreiten.

Die derzeitige Konzeption des Projektes sieht ein Bündel von aufeinander bezogenen Maßnahmen vor, die zur Erreichung der genannten Ziele führen werden. Diese Maßnahmen

---

[1] Ziele, der Bundesregierung, die 2007 in Meseberg im integrierten Energie- und Klimaprogramm festgehalten wurden.

werden maßgeblich von Institutionen und Fachgebieten der Technischen Universität Darmstadt entwickelt, die in den erforderlichen Wissensgebieten nicht nur über eine hohe wissenschaftliche Kompetenz verfügen, sondern auch über die notwendigen Erfahrungen im Pilotprojektmaßstab. Die beabsichtigten Maßnahmen werden in der ersten Projektphase einer eingehenden technischen und wirtschaftlichen Prüfung unterzogen. So wurden zur Umsetzung der einzelnen Maßnahmen in Abhängigkeiten zu den Themenschwerpunkten die verschiedenen Akteure aus den Fachbereichen und der Verwaltung involviert. Die Projektpakete beinhalten neben der Konzepterstellung für die elektrischen und die thermischen Versorgungsnetze des Campus, die Entwicklung der Informationsinfrastruktur für ein zukünftiges Monitoring sowie die Untersuchung der einzelnen Bestandsgebäude der Lichtwiese, um Einzellasten und Energiequellen und -senken zu identifizieren.

Das Forschungsprojekt „Energiecampus Lichtwiese" ist wie beschrieben Bestandteil des übergeordneten Projekts nCampus und wird eine Vielzahl von Folge- und Anschlussprojekten auslösen, die thematisch und inhaltlich die Umsetzung des Ziels allgemein wie im Detail verfolgen. Ein wichtiger Teil der Nachhaltigkeitsstrategie ist die Aktivierung der Nutzer und die Information sowohl nach innen als auch außen darüber, was in der Universität passiert und welche Ziele verfolgt werden bzw. erreicht wurden. Der Campus, seine Bauten und Freiräume werden damit zum integrierten Forschungsobjekt wie auch zum Lehrplan, der zukünftige Entwicklungen aufzeigt und als Anschauungsprojekt Anregungen bietet und zu weiteren Forschungsanstrengungen motiviert. Ziel ist es, die Komplexität der einzelnen – bisher meist disziplinären – Bausteine miteinander zu vernetzten und so einen ganzheitlichen Ansatz zu entwickeln.

Der Campus ist Alltagswelt für mehr als 10.000 Menschen, er ist das Ziel vieler Besuchergruppen, von internationalen wissenschaftlichen Fachbesuchern sowie Gastwissenschaftlern mit den Arbeitsschwerpunkten Energie und Umwelt bis hin zu interessierten Bürgern aus allen Bevölkerungsschichten. Durch den „Energiecampus" werden Eigentümern und Betreibern, Planern wie auch Nutzern gangbare Wege zur Umsetzung der Energiewende in der Breite aufgezeigt. Ohne Verhaltensänderungen aller Beteiligten und Nutzer ist die Energiewende nicht zu realisieren und o. a. Ziele wären dann nicht erreichbar.

Aktuelle Planungen sehen vor, dass Serious Games (Lernspiele) zu den Themen Nachhaltigkeit und Energieeffizienz auf Basis einer Online-Plattform sowie Location-based Games entwickelt werden, die nicht nur der Information dienen, sondern vor allen Dingen auch dazu animieren sollen, sich aktiv an der Umsetzung des Energiecampus zu beteiligen (in Anlehnung an den beschriebenen Urban Exergames-Ansatz in Knöll et al. 2014). Mittels virtueller Rundgänge über den Campus kann eine umfassende Information über die geplanten und bereits umgesetzten Projekte erfolgen. Durch den Einsatz von Spielprinzipien und die Entwicklung von Social Challenges werden die Nutzer angeregt, sich mit den Nachhaltigkeitsthemen auseinanderzusetzen und auch im Alltag sensibilisiert, ihr Verhalten in Bezug auf die Nutzung von Energiedienstleistungen zu ändern.

Um die Nutzer dahingehend zu sensibilisieren, ihr Verhalten zu ändern, müssen stets Anreize geschaffen werden. Diese können z. B. über ein webbasiertes, interaktives

Campus-Tool auf spielerische Art und Weise Wettbewerbe zwischen den einzelnen Fachbereichen der Universität sein. Indem online die aktuellen Daten des Energieverbrauchs für Wärme, Kälte und Strom sowie die Energiegewinnung, die Bilanz und die Treibhausgasemissionen dargestellt werden, können die besten „Energieeinsparer" direkt ermittelt werden. Dort lassen sich nicht nur bauliche, technische und organisatorische Maßnahmen abbilden und unmittelbar in ihren Auswirkungen auf die Zielerreichung prüfen, sondern auch Einsparungen, die auf Verhaltensänderungen zurückzuführen sind, werden direkt sichtbar.

Um den Energieverbrauch in den eigenen Liegenschaften zu senken, gehört dazu als erster Schritt die Identifizierung von gering- bzw. nichtinvestiven Maßnahmen. Hierunter werden Maßnahmen verstanden, die kurzfristig auf dem Campus Potenziale zur Optimierung in der Betriebsführung der Gebäude und technischen Anlagen feststellen und Mängel beheben. Über die Betriebsoptimierung der Energieversorgung, -verteilung und -übergabe, über neue Betriebseinstellungen, den Einbau von Thermostaten und Anwesenheitssensoren, den Austausch von Leuchtmitteln und Kleinreparaturen lassen sich deutliche Verbesserungen mit kurzen Amortisationszeiten erzielen (vgl. hierzu das Projekt Re-Co: Geringinvestive Erhöhung der Energieeffizienz in Nichtwohngebäuden in Plesser et al. 2013).

Parallel dazu werden gebäude- und fachbereichsbezogene Zählerstrukturen aufgebaut, so dass es möglich wird, den Energiebedarf pro Fachbereich/Fachgebiet zu ermitteln. Diese Daten könnten beispielsweise dazu dienen im Rahmen der üblichen Zielvereinbarungen auch Energieziele für die einzelnen Fachbereiche oder Fachgebiete zu formulieren. Ein vorstellbares Szenario wäre die Messergebnisse zur Schaffung wirtschaftlicher Anreize für die Organisationseinheiten zu verwenden.

3.3.2 Übertragbarkeit der Ergebnisse auf andere Institutionen und Situationen

Der Campus Lichtwiese repräsentiert national wie international einen weitverbreiteten Typus von Hochschul- oder Wissenschaftscampus, wie er sich um die Mitte des letzten Jahrhunderts ausbildete. Auch seine Lage außerhalb dichter urbaner Strukturen, seine vergleichsweise geringe bauliche Dichte und seine in weiten Teilen vor der ersten Ölkrise errichtete Bausubstanz sind charakteristisch für viele Universitäts-, Fachhochschul- und Forschungseinrichtungen. Für die große Mehrheit dieser Campussituationen besteht nach einem halben Jahrhundert der Nutzung erheblicher Sanierungs-, Ersatz- und/oder Nachverdichtungsbedarf. Im Bereich von Nicht-Wohnstandorten mit hohem Energiebedarf bieten gerade Campus-Situationen ein besonders großes Innovations- und Vorbildpotenzial. Sie eignen sich als Katalysatoren und Multiplikatoren für Innovationen.

Die Entwicklung eines energieeffizienten Campus in Darmstadt kann somit unmittelbar als Vorbild für die zukünftige Quartiersentwicklung von Lehr- und Forschungseinrichtungen dienen. Das Campus-Projekt „Energiecampus Lichtwiese" bezieht sich einerseits auf eine

Situation, die in seiner interdisziplinären Zusammensetzung, seiner baulich-räumlichen Gesamtstruktur und der Form seiner Energieversorgung mit vielen anderen, in den 60er-Jahren des 20. Jahrhunderts entstandenen Universitätsstandorten in Deutschland vergleichbar ist. Doch neben der Vergleichbarkeit innerhalb der deutschen Hochschullandschaft bieten sich weitere vielfältige Möglichkeiten zur Übertragung der im Projektverlauf gewonnenen Erkenntnisse auch für die Quartiersebene an. Dies sind u. a.:

- Die außerordentlich große Vielfalt typologisch unterschiedlicher Lehr- und Forschungsgebäude (Instituts- und Laborbauten, Großversuche, Hochleistungsrechner, Produktionshallen, etc.)
- Die im Bestand vorherrschenden Baualtersklassen und Gebäudehüllflächen
- Der unterschiedliche Erhaltungszustand der gebäudetechnischen Anlagen sowie Gebäudehüllen
- Die vorherrschend fossile Energieversorgung
- Das hohe Potenzial der energetischen Vernetzung und die Nutzung von Energiekaskaden.

Darüber hinaus geht es darum, Voraussetzungen zu schaffen und zu dokumentieren, die einen sachgerechten Planungs- und Umsetzungsprozess ermöglichen und geeignete Strukturen aller beteiligten Akteure aufzeigen.

3.4 Zusammenfassung und Ausblick

Der vorliegende Beitrag gibt einen Überblick über die Aktivitäten der TU Darmstadt im Bereich der nachhaltigen und energieeffizienten Weiterentwicklung des Universitätscampus. Am Beispiel des „Energiecampus Lichtwiese", des größten Campus der Technischen Universität Darmstadt, wird aufgezeigt, welche Handlungsfelder und Maßnahmen zur Erreichung der durch die TU Darmstadt gesteckten Ziele notwendig sind und bereits im Rahmen unterschiedlichster Vorhaben adressiert werden. Ebenfalls wird aufgezeigt, welche Bedeutung der „Transfer nach Innen" für Hochschulen besitzen kann – Forschungsergebnisse sollten nicht nur publiziert und extern in die Anwendung gebracht werden, sondern auch systematisch auf ihre Anwendbarkeit auf dem eigenen Campus hin untersucht werden.

Nicht nur das Gebäude an sich, sondern auch die sie bedienenden Netze bedürfen einer komplexer werdenden Regelung. Bisher wurde die Energieerzeugung an die Nachfrage angepasst, zunehmend geht es darum, die Nachfrage an die Erzeugung anzupassen. Das so genannte Lastmanagement bedeutet, dass der Verbrauch vorzugsweise dann erfolgt, wenn die meiste Energie kostengünstig zur Verfügung steht (vgl. Hegger et al. 2013, S. 196).

Zukünftige Themen, die sich aus dem Projekt „Energiecampus Lichtwiese" bereits jetzt ablesen lassen, sind die Vernetzung der Gebäude untereinander, aber auch die Verbindung von Strom- und Wärmenetz. So ist eines der nächsten Ziele ein ganzheitliches Konzept für das elektrische Campusnetz inklusiv der Kopplung zum Wärmenetz zu entwickeln und die dort vorhandenen Speicherpotenziale zu identifizieren. Bei der Entwicklung eines zukunftsfähigen Netzes müssen alle Einflussfaktoren wie Erzeuger, Speicher und Verbraucher im Bereich Wärme und Strom betrachtet werden. Dazu zählen nicht nur die Netze und ihre Potenziale, sondern auch die Gebäude sowie die dazwischenliegenden Freiräume. Gebäude und Freiräume sind Teil des energetischen Netzwerkes und stellen darin wichtige Bausteine dar. Daraus ergibt sich als zukünftiger Trend, aus dem sich auch die entsprechenden Forschungsfelder ergeben, die aufeinander abgestimmte Kopplung von Komponenten im Gesamtsystem Campus Lichtwiese, so dass eine erhebliche Steigerung der energetischen Gesamteffizienz möglich wird. Demgegenüber steht die bisherige Betrachtung der Einzelkomponenten. Die Vernetzung der einzelnen Segmente untereinander bedingt einer entsprechenden Infrastruktur, um ein kontrollierendes Energie-Management-System aufzubauen.

Die Ergebnisse und Erfahrungen aus den hier beschriebenen Handlungsfeldern und Maßnahmen werden, soweit ökologisch und ökonomisch sinnvoll, über den Standort Lichtwiese hinaus auf weitere Standorte der Technischen Universität Darmstadt angewendet, um die Universität als Ganzes zu einer energieeffizienten und nachhaltigen Universität weiter zu entwickeln. Daneben finden die Ergebnisse Eingang in die Lehrangebote der beteiligten wissenschaftlichen Partner und bilden die Basis für weitere Forschungsvorhaben. Der „Energiecampus Lichtwiese" wird so zum „Living Lab", welches mittelfristig allen Forschungsbereichen der Technischen Universität Darmstadt ermöglichen soll, Forschungsergebnisse im Kontext von Energieeffizienz und Nachhaltigkeit zu erproben, zu veranschaulichen und zu in die hochschulinterne Anwendung sowie die breite Öffentlichkeit zu transferieren.

Literatur

Abele, E. (2014). The η-Factory – An interdisciplinary learning factory approach to boost the energy performance of production. 4th Conference on Learning Factories, Stockholm.

Bundesministerium für Wirtschaft und Technologie (BMWi) (2012). Die Energiewende in Deutschland. Mit sicherer, bezahlbarer und umweltschonender Energie ins Jahr 2050. Berlin. Verfügbar unter: http://www.bmwi.de/Dateien/BMWi/PDF/energiewende-in-deutschland,property=pdf,bereich=bmwi2012,sprache=de,rwb=true.pdf

TU Darmstadt (2015). Zahlen und Fakten. Darmstadt. Verfügbar unter: http://www.tu-darmstadt.de/universitaet/selbstverstaendnis/zahlenundfakten/index.de.jsp (aufgerufen am 10.03.2015)

Hegger, M. & Fafflok, C. & Hegger, J. & Passig, I. (2013) Aktivhaus – Das Grundlagenwerk: Vom Passivhaus zum Energieplushaus. München: Callwey

Knöll, M. & Dutz, T. & Hardy, S. & Göbel, S. (2014). Urban Exergames – how architects and serious gaming researchers collaborate on digital games that make you move. In M. Ma & L. Jain & A. Whitehead & P. Anderson (Hrsg.)Virtual and Augmented Reality in Healthcare 1, S. 191–207. Berlin: Springer.

Plesser, S. & Görtgens, A. & Ahrens-Hein, N. (2013). EQM – Energie– und Qualitätsmanagement – Betriebsoptimierung im Gebäudebestand der TU Braunschweig. In XIA Intelligente Architektur, Zeitschrift für Architektur und Technik, 2013 (01–03), S. 68–70

University of Copenhagen (2014). Environmental Report for the University of Copenhagen, Kopenhagen. Verfügbar unter: http://greencampus.ku.dk/green_results_and_indicators_/Gr_nt_ regnskab_webversion_-_engelsk_udgave.pdf (aufgerufen am 10.03.2015)

Eidgenössische Technische Hochschule (ETH) Zürich (2013). Sustainability Report 2011 to 2012 – Based on the guidelines of the Global Reporting Initiative (GRI) and the ISCN – GULF Sustainable Campus Charter. Zürich. Verfügbar unter: https://www.ethz.ch/content/dam/ethz/ common/docs/publications/sustainability/ETH_Zurich_Sustainability_Report_2011_2012.pdf (aufgerufen am 10.03.2015)

Forschung für Nachhaltigkeit im Verbund – dargestellt am Beispiel: Deutsches Netzwerk Industrial Ecology

4

Ralf Isenmann, Till Zimmermann, und Stefan Gößling-Reisemann

4.1 Einführung in die Industrial Ecology

Dieser Beitrag zielt auf die Forschung für Nachhaltigkeit im Verbund verschiedener akademischer Akteure, als Ergänzung zu Forschungsaktivitäten innerhalb einer Institution. Als praxisnahes und aktuelles Beispiel wird hier das Deutsche Netzwerk Industrial Ecology herangezogen und anhand seiner Besonderheiten in der Forschung für Nachhaltigkeit näher beleuchtet. Es bietet sich neben anderen Aspekten aus zwei Gründen besonders an: Das Forschungs- und Handlungsfeld der Industrial Ecology ist aufgrund des Disziplinen verbindenden Charakters schillernd, und die Organisation der Forschungsaktivitäten im Verbund als Deutsches Netzwerk liefert spezifische Einsichten zur Forschung für Nachhaltigkeit.

Das Deutsche Netzwerk Industrial Ecology ist ein Gemeinschaftsvorhaben, initiiert von der Universität Bremen und der Vereinigung für ökologische Wirtschafts-forschung (VÖW), Berlin, mit Unterstützung der Hochschule München. Mehr als 20 führende

R. Isenmann (✉)
Hochschule München, Nachhaltiges Zukunftsmanagement, BMBF-Projekt „Für die Zukunft gerüstet" (Förderkennzeichen 01PL11025), Am Stadtpark. 20, D-81243 München, Deutschland
e-mail: ralf.isenmann@hm.edu

T. Zimmermann
Fachgebiet Technikgestaltung und Technologieentwicklung, artec – Forschungszentrum Nachhaltigkeit, Universität Bremen, Enrique-Schmidt-Str. 7, 28359 Bremen, Deutschland
e-mail: tzimmermann@uni-bremen.de

S. Gößling-Reisemann
Resiliente Energiesysteme, artec – Forschungszentrum Nachhaltigkeit, Universität Bremen, Enrique-Schmidt-Str. 7, D-28359 Bremen, Deutschland
e-mail: sgr@uni-bremen.de

© Springer Fachmedien Wiesbaden 2016
W. Leal Filho (Hrsg.), *Forschung für Nachhaltigkeit an deutschen Hochschulen*,
Theorie und Praxis der Nachhaltigkeit, DOI 10.1007/978-3-658-10546-4_4

Akteure zur Industrial Ecology in Deutschland sind als Forschungsinstitutionen eingebunden (Isenmann und Gößling-Reisemann 2014a, 2014b). Den gemeinsamen thematischen Kern bildet das die die Fachdisziplinen verbindende Forschungs- und Handlungsfeld der Industrial Ecology. Die thematischen Schwerpunkte im Netzwerk konzentrieren sich auf die Bereiche: Wissenschaft und Forschung, Management und Transfer in die Praxis, Lehre und Bildung sowie industrielle Anwendungen, von der Produktentwicklung und Prozessgestaltung über betriebliche und überbetriebliche Aspekten wie z. B. lokale Kreislaufwirtschaft, regionales Stoffstrommanagement, Industriesymbiosen, bis hin zur branchenbezogenen, nationalen und internationalen Themen des Metabolismus und der Mensch-Natur-Beziehungen, so wie sie für die Industrial Ecology charakteristisch sind. Das Initialtreffen Deutsches Netzwerk Industrial Ecology fand am 21.03.2014 an der Universität Bremen statt.

Das Deutsche Netzwerk Industrial Ecology verfolgt drei Kernziele: die Sichtbarkeit der vielfältigen Aktivitäten zur Industrial Ecology in Deutschland erhöhen, den Austausch zwischen den Akteuren intensivieren und dabei die Diskussion zwischen Wissenschaftlern und Forschenden, politischen Entscheidungsträgern, Praxispartnern und anderen interessierten Kreisen anregen sowie – nicht weniger wichtig – die Zusammenarbeit stärken durch gemeinsame Veranstaltungen wie Workshops und Konferenzen, Veröffentlichungen sowie Forschungsprojekte und Agenda-Setting-Prozesse bei für die Industrial Ecology relevanten Förderprogrammen. Mit einer Website (www.industrialecology.de) mit Blog (www.ieblog.ioew.de) hat das Netzwerk eine Plattform zum Informationsaustausch und zur Ankündigung von Nachrichten geschaffen.

Der Beitrag zielt auf die Forschung für Nachhaltigkeit in Akteursverbünden und einer in Hochschulen verbindenden Weise, dargestellt am Deutschen Netzwerk Industrial Ecology:

- Zunächst wird das Deutsche Netzwerk Industrial Ecology vorgestellt, mit der dynamischen Entwicklung des jungen Forschungs- und Handlungsfelds und seiner wachsenden Community im deutschsprachigen Raum.
- Mit der thematischen Einführung ist die Grundlage gelegt für eine nähere Beschreibung zum Deutschen Netzwerk Industrial Ecology in zweierlei Hinsicht: Zum einen werden die Besonderheiten des Forschungs- und Handlungsfelds selbst charakterisiert. Zum anderen wird die Resonanz der Industrial Ecology in Deutschland in der einschlägigen Fachliteratur, in der Forschung, in der Infrastruktur sowie in der Lehre beleuchtet.
- Vor dem Hintergrund dieses „Fußabdrucks" der Forschung zur Industrial Ecology in Deutschland werden abschließend Überlegungen formuliert, worin der spezifische Beitrag der Industrial Ecology in den Nachhaltigkeitswissenschaften liegt und welche Rolle hier das Deutsches Netzwerk Industrial Ecology zur Forschung für Nachhaltigkeit spielen kann.
- Im Lichte der Erkenntnisse zu Hochschulnetzwerken für Nachhaltigkeit werden die bisher gesammelten Erfahrungen im Deutschen Netzwerk Industrial Ecology zu Schlussfolgerungen verdichtet.

4.2 Deutsches Netzwerk Industrial Ecology

Die Industrial Ecology (IE) ist ein junges Forschungs- und Handlungsfeld mit einer dynamischen Entwicklung seit etwa 25 Jahren, mittlerweile auch mit einer wachsenden Community im deutschsprachigen Raum (Isenmann 2007). Bereits auf der begrifflichen Ebene sind die zwei Kernbereiche miteinander verbunden: Ökonomie im Sinne technisch-geprägter Industriesysteme einerseits und Ökologie im Sinne natürlicher Ökosysteme andererseits. Der Industrial Ecology kommt damit das Verdienst zu, eine Brücke zu schlagen für ein zukunftsweisendes Forschungs- und Handlungsfeld, in dem die Austauschbeziehungen zwischen beiden Bereichen berücksichtigt und zugleich die Einbettung der Ökonomie in die sie umfassenden Ökosysteme der Natur abgebildet werden (Zwierlein und Isenmann 1995; Isenmann 2003a, 2003b, 2003c). Nach diesem Prinzip der Retinität (er)tragen sozusagen die Ökosysteme der Natur die Ökonomie der Menschen (SRU 1994). Zur Beschreibung der Forschungs- und Handlungsfelder der Industrial Ecology liegt mittlerweile eine umfassende akademische und praxisorientierte Literatur vor. Trotz der englischsprachigen Dominanz gibt es mittlerweile Buchwerke in Deutsch mit einer expliziten Ausrichtung auf die Industrial Ecology (Isenmann und von Hauff 2007; von Gleich und Gößling-Reisemann 2008; von Hauff et al. 2012).

Industrial Ecology (deutsch: Industrielle Ökologie) bezeichnet ein Forschungs- und Handlungsfeld, das sich mit dem Wirtschaften nach dem Vorbild von Ökosystemen befasst. Dem liegt die Annahme zu Grunde, dass Ökosysteme in der Regel besonders effektiv in punkto Kreislauforientierung, ökologische Nachhaltigkeit und Zukunftsfähigkeit sind und daher – in reflektierter Weise und in abgestufter Deutungsanalogie (Isenmann 2003b; Bey und Isenmann 2005) – als Vorbild für die Gestaltung industrieller Systeme dienen können (Lifset und Graedel 2002). Hierbei wird eine Systemperspektive eingenommen, und sozio-technische bzw. industrielle Systeme werden gemeinsam mit ihrer Umgebung, der Ökosphäre, betrachtet.

Eine frühe Arbeitsdefinition zur Charakterisierung des Forschungs- und Handlungsfeldes liefert White (1994): „*Industrial Ecology is the study of the flows of material and energy in industrial and consumer activities, of the effects of these flows on the environment, and of the influence of economic, political, regulatory, and social factors on the flow, use, and transformation of resources*". Eine spezifischere Definition geben Graedel und Allenby (2003), in der sie die Prinzipien der Kreislauforientierung, Nachhaltigkeit und Systemperspektive hervorheben: „*Industrial Ecology is the means by which humanity can deliberately and rationally approach and maintain sustainability, given continued economic, cultural, and technological evolution. The concept requires that an industrial system be viewed not in isolation from its surrounding systems, but in concert with them. It is a systems view in which one seeks to optimize the total materials cycle from virgin material, to finished material, to component, to product, to obsolete product, and to ultimate disposal. Factors to be optimized include resources, energy, and capital.*"

Für das Forschungs- und Handlungsfeld ergibt sich hieraus eine Fülle konkreter Betrachtungsgegenstände (Isenmann 2010), wie z. B. der Umstieg auf regenerative

Stoff- und Energiequellen, das Recycling nicht verwertbarer Abfälle und die Optimierung von Industrieanlagen, Produkten, Dienstleistungen und Wertschöpfungsketten im Sinne einer qualitativen und quantitativen Einbettung anthropogener beziehungsweise industrieller Stoff- und Energieströme in die Naturkreisläufe. Die Begründung des noch relativen jungen Forschungs- und Handlungsfeldes lässt sich am Beitrag „Strategies for Manufacturing" von Robert Frosch und Nicholas Gallopoulos im Scientific American (Frosch und Gallopoulos 1989) festmachen. Hier beschreiben sie die Notwendigkeit für eine industrielle Kreislaufwirtschaft, in der der Einsatz von Stoffen und Energien optimiert, Abfälle auf ein Mindestmaß verringert und alle Zwischenprodukte bei der Herstellung weiter verwendet werden. Dieser Initialzündung folgten diverse Aktivitäten, wie beispielsweise ein Symposium der U.S. National Academy of Science, die zur weiteren Entwicklung und Schärfung des Forschungsfeldes beitrugen. Heute stellt sich die Industrial Ecology als ein vielversprechendes Handlungs- und Forschungsfeldes dar, das auf eine nachhaltige Gestaltung industrieller Systeme abzielt. Zentrale methodische Werkzeuge bilden Ansätze und Instrumente zur Material- und Stoffstromanalyse sowie der Ökobilanzierung (Life Cycle Assessment).

Durch die Einnahme der Systemperspektive erlangte auch das Studium komplexer Systeme, insbesondere sozio-technische Systeme, eine besondere Bedeutung in der Industrial Ecology (Dijkema und Basson 2009). Neben der materialbezogenen Modellierung haben daher seit einigen Jahren auch Themen wie Systemanalyse, Systemgestaltung, Innovationsanalyse und Modellierung sowie Simulation einen breiteren Raum in der Industrial-Ecology-Literatur erlangt (Journal of Industrial Ecology, Special Issue: Complexity and Industrial Ecology 2009). Das systematische Lernen von der Natur ist aber auch hier ein grundlegendes Element, was sich in thematischen Fragestellungen um industrielle Symbiose, resiliente Systeme und biomimetische Ansätze in der Technikentwicklung widerspiegelt (Bey und Isenmann 2005).

Auch wenn in Deutschland die verschiedenen Elemente des Forschungsfeldes von mehreren Akteuren behandelt werden, waren diese Aktivitäten in Deutschland bislang wenig gebündelt und die Akteure miteinander nicht vernetzt. Eine gewisse Dynamik für die Entwicklung in Deutschland ergab sich 2006 aus dem Symposium „Industrial Ecology im deutschsprachigen Raum", das gemeinsam TU Kaiserslautern und Universität Bremen veranstalteten. Seit 2006 ist das Thema auch regelmäßig als Rahmenthema auf Hochschulveranstaltungen, Tagungen und Konferenzen zu finden. Wenig später fand die Industrial Ecology Eingang als Forschungs- und Handlungsfeld in den Verband der Hochschullehrer für Betriebswirtschaft (VHB). Während sich auf internationaler Ebene bereits seit längerem auch Studienprogramme explizit auf Industrial Ecology ausgerichtet sind – so existiert beispielsweise ein Master of Science in Industrial Ecology an der TU Delft, der Universität Leiden und der Chalmers Universität in Göteborg- , so gibt es mittlerweile auch einige einschlägige Studienprogramme in Deutschland, beispielsweise an der TU München, am Umweltcampus Birkenfeld, an der Universität Kassel oder an der Universität Bremen.

Eine gezielte Vernetzung der im Forschungs- und Handlungsfeld Industrial Ecology in Deutschland aktiven wissenschaftlichen Akteure – wie sie beispielsweise auf internationaler Ebene die International Society of Industrial Ecology (ISIE) fördert – gab es darüber hinaus gehend jedoch lange Zeit nicht. Diese Lücke wurde nun mit der Gründung des Deutschen Netzwerks für Industrial Ecology geschlossen. Das Ersttreffen hierzu fand am 21.03.2014 an der Universität Bremen statt. Initiiert wurde das Netzwerk von der Universität Bremen und der Vereinigung für ökologische Wirtschaftsforschung (VÖW), mit Unterstützung der Hochschule München. Über 20 führende Forschungsinstitutionen der Industrial Ecology sind im Netzwerk eingebunden (s. Tab. 4.1):

Das Deutsche Netzwerk Industrial Ecology verfolgt schwerpunktmäßig drei Kernziele:

- die Sichtbarkeit der vielfältigen Aktivitäten zur Industrial Ecology in Deutschland erhöhen,
- den Austausch zwischen den Akteuren intensivieren und dabei die Diskussion zwischen Wissenschaftlern und Forschenden, politischen Entscheidungsträgern, Praxispartnern und anderen interessierten Kreisen anregen sowie

Tab. 4.1 Wissenschaftliche Institutionen im Deutschen Netzwerk Industrial Ecology

Institutionen im Netzwerk Industrial Ecology	
Universität Bremen	Fachgebiet Technikgestaltung und Technologieentwicklung
	ARTEC- Forschungszentrum Nachhaltigkeit
	Fachgebiet Resiliente Energiesysteme
Universität Göttingen	Professur für Produktion und Logistik
Hochschule Pforzheim	Institut für Industrial Ecology
TU Kaiserslautern	Lehrstuhl für Volkswirtschaftslehre
Martin-Luther-Universität Halle	Institut für Soziologie
TU Berlin	Zentrum Technik und Gesellschaft
	Fachgebiet Arbeitslehre und Technik
Universität Kassel	Lehrstuhl für Supply Chain Management
Umwelt-Campus Birkenfeld	Professur Industrial Ecology
Hochschule München	Professur Nachhaltiges Zukunftsmanagement
HAW Hamburg	FTZ-ALS
Leuphana Uni Lüneburg	INFU
TU Darmstadt	Fachgebiet Stoffstrommanagement und Ressourcenwirtschaft
Uni Oldenburg	Nachwuchsgruppe „Cascade Use"
IZT – Institut für Zukunftsstudien und Technologiebewertung	
Wuppertal Institut für Umwelt, Energie und Klima	
Studien zur Nachhaltigkeit e.V. München	
Arbeitskreis Stoff- und Energieströme Bremen-Oldenburg	
Vereinigung für ökologische Wirtschaftsforschung	

- – nicht weniger wichtig – die Zusammenarbeit stärken durch gemeinsame Veranstaltungen wie Workshops und Konferenzen, Veröffentlichungen sowie Forschungsprojekte und Agenda-Setting-Prozesse bei für die Industrial Ecology relevanten Förderprogrammen.

Neben einer Website (www.industrialecology.de) mit Blog (www.blog.industrialecology.de) hat das Netzwerk 2014 ein erstes materialisiertes Arbeitsergebnis produziert: ein Schwerpunktheft „Industrial Ecology" der Zeitschrift Ökologisches Wirtschaften, 29. Jg., Heft 3. Regelmäßig wird darüber hinaus auf dem Industrial-Ecology-Blog über ausgewählte Neuigkeiten auf dem Gebiet der Industrial Ecology berichtet. Darüber hinaus arbeiten im vom Umweltbundesamt geförderten Forschungsprojekt DelphiNE: „Ermittlung von Ressourcenschonungspotenzialen in der Nicht-Eisen-Metallindustrie (NE) durch eine Zukunftsanalyse nach der Delphi-Methode" (FKZ 3713 93 306) die zwei Netzwerkinstitutionen Universität Bremen und Hochschule München zusammen.

4.3   Resonanz der Industrial Ecology in Deutschland

In den zurückliegenden 15 Jahren hat die Industrial Ecology im deutschsprachigen Raum eine durchaus dynamische Entwicklung genommen und Resonanz erzeugt. Dies zeigt sich etwa an Querverweisen, in denen ihr bereits ein Platz in den Umwelt- und Nachhaltigkeitswissenschaften zugedacht wird (Rogall 2009, S. 134; Seifert 2007; IdW 2007), sowie an Besprechungen aus unterschiedlichen fachlichen Perspektiven (Poganietz 2008; Simonis 2008; Seifert 2007; Gnauck 2007): Neben der Rückwärtsbetrachtung bündeln sich in ihr zudem Impulse zur vorwärtsgerichteten Forschungsperspektive „ProduzierenKonsumieren2.0", wie sie im Foresight-Prozess im Auftrag des BMBF als ein Zukunftsfeld neuen Zuschnitts identifiziert wurde (Fraunhofer ISI und Fraunhofer IAO 2009): Dazu gehören die für die Industrial Ecology charakteristischen Merkmale:

- systemische Perspektive, die verschiedene Fachgebiete und Disziplinen verbindet,
- problemorientierte, auf Systeminnovationen ausgerichtete Herangehensweise,
- durchgängig zusammenführende Betrachtung von Produktion und Konsum,
- explizite Ausrichtung auf eine Verbesserung der Nachhaltigkeit einschließlich der damit einhergehenden Transitionen.

Denn was die Industrial Ecology unter anderen auszeichnet, ist ihre hohe Anschluss- und Integrationsfähigkeit. Sie begünstigt, dass vormals vielfach eigenständige Forschungsbereiche wie z. B. Lebenszyklusanalysen, Material- und Energieflussanalysen sowie auch umfangreiche branchenweite und länderübergreifende Untersuchungen zum industriellen Metabolismus und zu dynamischen System-Modellierungen unter dem gemeinsamen Dach der Industrial Ecology zusammenfinden.

Neben der erfreulichen Resonanz in der Literatur haben sich die Ausbildungs-möglichkeiten verbessert, und die akademische Infrastruktur wurde ausgebaut. Die Bestandsaufnahme zur Industrial Ecology in der Hochschulausbildung (www.is4ie.org/education) macht zwar deutlich, dass die Angebote in der Universitätsausbildung im angloamerikanischen Raum deutlich stärker verankert sind als in Europa. Die Industrial Ecology hat sich in Deutschland noch nicht in Form eigenständiger Studiengänge etabliert. Allenfalls bieten Universitäten und Hochschulen Module und Kurse (Leal Filho 2002, 2007) an. Allerdings mehren sich mittlerweile die Aktivitäten deutlich. So gibt es z. B. Lehrveranstaltungen explizit zur Industrial Ecology an den Universitäten in Bremen, Braunschweig, Kassel, Kaiserslautern sowie darüber hinaus an den Hochschulen in Bremerhaven, Pforzheim, München und am Umweltcampus Birkenfeld der Hochschule Trier, ferner eine Kooperation an der TU München mit der Nanyang Technical University, Singapur. Zuweilen sind Lehrveranstaltungen mit inhaltlichen Überschneidungen zur Industrial Ecology anders betitelt, z. B. als Ressourceneffizienzmanagement. Das Angebot an Lehrveranstaltungen zur Industrial Ecology hängt insgesamt maßgeblich von der akademischen Infrastruktur ab. Und hier haben sich die Rahmenbedingungen verbessert. Seit 2008 gibt es erste Fachgebiete mit expliziter Ausrichtung auf Industrial Ecology, so z. B. am Umweltcampus Birkenfeld der Hochschule Trier, ferner an der Universität Kassel am Center for Environmental Systems Research (CESR) sowie an der Hochschule Pforzheim. Für die Zukunft ist für Deutschland ein großes Potenzial zu erwarten, dass sich die Industrial Ecology zu einem wichtigen Aufgabenfeld für Umwelt- und Nachhaltigkeitswissenschaftler entwickeln mag (Bringezu 2004). Ein Grund hierfür liegt sicherlich in der Anschlussfähigkeit an die Nachhaltigkeitsforschung, sei sie eher ökologisch, technisch oder ökonomisch bzw. managementorientiert ausgerichtet.

Dass sich die Industrial Ecology Community in Deutschland beständig entwickelt, lässt sich auch daran erkennen, dass das Forschungs- und Handlungsfeld spätestens seit 2006 immer wieder als Rahmenthema auf Hochschulveranstaltungen, Tagungen und Konferenzen dient (Isenmann und Gößling-Reisemann 2008). Eine gewisse Initialwirkung ist vermutlich vom Symposium: „Industrial Ecology im deutschsprachigen Raum" ausgegangen, das TU Kaiserslautern und Universität Bremen 2006 zusammen durchgeführt haben (www.ie2006.de). Dort bot sich eine Plattform, auf der Wissenschaftler aus Deutschland, Österreich, der Schweiz und Frankreich zusammen kamen und neuere Ergebnisse ihrer Forschung vorstellten und diskutierten. Nur wenig später hat die Industrial Ecology als Forschungs- und Handlungsfeld thematischen Eingang in den Verband der Hochschullehrer für Betriebswirtschaft (VHB) gefunden. Der Special Track „Industrial Ecology Management" auf der Herbsttagung der wissenschaftlichen Kommission Nachhaltigkeitsmanagement (NAMA) des VHB an der Wirtschaftsuniversität Wien 2007 (www.sustainability.at) erscheint aus einer heutigen Rückwärtsbetrachtung auch deshalb so bedeutsam, weil Industrial Ecology bei den Mitgliedern im VHB als führende Vereinigung der Hoch-schullehrer dort sichtbar ist und diskutiert wird. Ein besonderes

Glanzlicht war sicherlich die Keynote, die Marina Fischer-Kowalski dort hielt. Sie war seinerzeit Präsidentin der International Society for Industrial Ecology (ISIE).

Dass die Industrial Ecology in der wissenschaftlichen Kommission Nachhaltigkeitsmanagement (NAMA) des VHB thematisch tatsächlich angekommen ist, belegt die Herbsttagung 2008 an der Universität Bremen. Sie stand unter dem Rahmenthema: „Nachhaltigkeitsmanagement und Industrial Ecology" (www.wiwi.uni-bremen.de/gmc/aktuelles/herbsttagung08.htm). Die Herbsttagung in Bremen 2008 lässt sich zusammen mit Beiträgen auf der 73. Jahrestagung des VHB an der TU Kaiserslautern: „Nachhaltigkeit – Unternehmerisches Handeln in globaler Verantwortung" (www.bwl2011.de) quasi als ein Ritterschlag betrachten, da auf diesen hochrangigen Tagungen die einschlägigen universitären Hochschullehrer und andere VHB-Mitglieder zusammenkommen, das Thema also prominent platziert ist. Damit strahlen Impulse für Lehre, Forschung und Infrastruktur aus.

Trotz dieser Entwicklungen wird die Industrial Ecology z.B. in der Betriebswirtschaftslehre generell und speziell im Nachhaltigkeitsmanagement zuweilen noch verkürzt wahrgenommen: als in konzeptioneller Hinsicht paradigmatisch aufgeladen, ohne eigenständiges methodisches Profil und in der Praxis letztlich vor allem darauf ausgerichtet, die Rahmenbedingungen so zu ändern, dass Stoffkreisläufe geschlossen werden (z.B. Paech und Pfriem 2004; BMU et al. 2007). Die sich durch die Industrial Ecology aktuell bietenden Chancen zur Ausgestaltung einer Green Economy wären bei einer solchen verkürzenden Lesart allerdings nicht ausgeschöpft (Isenmann 2013). Auch wenn eine kritische Reflexion der eigenen Grundlagen für Theoriebildung und -entwicklung notwendig (z.B. Isenmann 2003b) sowie die Veränderung der Rahmenbedingungen in der Praxis für eine Kreislaufökonomie in vielen Industriebranchen sicherlich wichtig sind, so zeigt sich doch auch, dass Unternehmen und insbesondere Unternehmensverbünde als strukturpolitische Akteure die Bedingungen ihres Wirtschaftens selbst mit gestalten können – und wollen.

4.4 Beitrag der Industrial Ecology zur Forschung für Nachhaltigkeit

Die Industrial Ecology nimmt mit ihrem systemischen Blick und dem Fokus auf soziotechnische Systeme, Stoffströme und Wechselwirkungen zwischen Technosphäre und Umwelt eine besondere Rolle in den Nachhaltigkeitswissenschaften ein. Einerseits ist diese Forschungsrichtung stark in den Ingenieur- und Naturwissenschaften verankert und bedient sich dieser Methoden mit den entsprechenden fachlichen Zugängen. Andererseits aber ist die Industrial Ecology stark inspiriert von biologischen Vorbildern und kann so Lösungen aufzeigen, die auf evolutiv erprobter Selbstorganisation, Flexibilität und Anpassungsfähigkeit beruhen. Da sie die industrielle Struktur weitestgehend als sozio-technisches System begreift, andererseits aber bilanzierende und analysierende methodische Rückgriffe auch auf die Ökonomie macht, ist die Industrial Ecology somit hervorragend für die vor allem fachübergreifend und in der Regel interdisziplinär und transdisziplinär zu beantwortenden Fragen der Nachhaltigkeit positioniert. Gerade darin liegt auch die besondere Aufgabe des deutschen Netzwerkes Industrial Ecology: die Förderung des Austausch zu Problemen, methodischen Zugängen und Forschungsergebnissen aus dem Bereich der Industrial Ecology.

Mit dem breiten, Disziplinen verbindenden Spektrum, das in diesem Netzwerk aufgespannt wird, ist ein großes Potenzial für interdisziplinäre Beiträge zur Lösung drängender Probleme auf dem Weg zu einer nachhaltigen und zukunftsfähigen Entwicklung zu erwarten. Durch eine noch stärkere Vernetzung mit den Sozialwissenschaften und einer Ergänzung um akteurszentrierte Zugänge (Gößling-Reisemann und von Gleich 2012) können damit auch Fragen der Transformation der Gesellschaft und ihren Bezügen zu Technik, Stoffströmen und Konsum angegangen werden, womit von der deutschen Industrial-Ecology-Forschung ein wichtiger Impuls auch für die internationale Industrial-Ecology-Gemeinschaft ausgehen könnte.

Im Vergleich zu anderen etablierten Ansätzen in den Umwelt- und Nachhaltigkeitswissenschaften hat die Industrial Ecology sicherlich nur eine kurze Entwicklungsgeschichte. Aufgrund ihrer Wurzeln mit Anleihen aus den Ingenieur- und Naturwissenschaften einerseits und Wirtschafts- und Sozialwissenschaften andererseits sind auch ihre spezifischen Konturen verständlicherweise bislang eher noch unscharf. Gleichwohl kann man ihren Beitrag zu den Nachhaltigkeitswissenschaften in drei Kernpunkten bündeln:

- Effizienz und Konsistenz,
- Wiedererinnerung an die biophysischen Bedingungen des Wirtschaftens,
- Lernen vom Vorbild Natur als Option für Innovationen und Systemgestaltung.

Gemäß der Industrial Ecology ist es nicht nur wichtig, effizienter mit Rohstoffen und Energieträgern umzugehen sowie die Knappheit der Natur zur Aufnahme von Emissionen und Abfällen besser zu berücksichtigen. So richtig und wichtig solche Effizienz- und Konsistenzstrategien sind: Hier würde der Blick einseitig darauf verengt bleiben, Ressourcen nur mehr zu schonen und Abfälle zu verringern, also die Natur als Objekt eines umweltorientierten Wirtschaftens zu behandeln. Statt als Objekt ist es aber auch gerade möglich, sie als ein Vorbild, d. h. als entwicklungsfähiges Überlebenssystems, zu betrachten (Isenmann 2003a, 2003b, 2003c). Ihr spezifisches Verständnis der Natur als ein mögliches Vorbild eröffnet insofern die Option, beim nachhaltigen Umgang mit Stoffen, Energie, Information, Raum und Zeit und bei der Systemgestaltung lernen zu können, ganz im Sinne eines „management inspired by nature" (Isenmann 2011). Dieses unorthodoxe Verständnis der Natur unterscheidet die Industrial Ecology von anderen Ansätzen und macht sie einzigartig (Isenmann et al. 2008).

4.5 Schlussfolgerungen aus den bisherigen Erfahrungen

Das erfrischende, an konkreten Lösungen orientierte Denken nachhaltigkeitsrelevanter Probleme in der Industrial Ecology hat auch in Deutschland mehr und mehr Wissenschaftler, Forscher und andere Entscheidungsträger in Politik, Wirtschaftssektoren und Unternehmen erfasst. In der Industrial Ecology entstanden zahlreiche Forschungsvorhaben und Industrieprojekte, darunter Ressourcenstudien und sozial-ökonomische Analysen, aber auch praxisnahe Aktivitäten zur Produkt- und Prozessgestaltung, Dematerialisierung und Dekarbonisierung im Sinne eines Ecodesign sowie zu Industrial-Symbiosis-Projekten z. B. zur Gestaltung von Eco-Industrial Parks (Isenmann 2014). Die hohe konzeptionelle Integrationsfähigkeit der Industrial Ecology begünstigte sicherlich, dass bislang weitgehend eigenständige Forschungsbereiche wie Lebenszyklusanalysen (Life Cycle Assessment), Material- und Energieflussanalysen (Material Flow Analysis) sowie auch umfangreiche branchenweite und länderübergreifende Untersuchungen zum industriellen Metabolismus (Industrial Metabolism) und zu dynamischen System-Modellierungen (System Dynamics, Dynamic Modeling) unter dem gemeinsamen Dach der Industrial Ecology zusammenfanden bzw. ihr thematisch-methodisch zugeordnet wurden. Das Deutsche Netzwerk Industrial Ecology bietet den Akteuren in Deutschland dazu eine gemeinsame und sichtbare Plattform.

Der erfreuliche Zuspruch von mehr als 20 führenden Forschungsinstitutionen, die sich in kurzer Zeit dem Deutsches Netzwerk Industrial Ecology angeschlossen haben, mag teilweise durch die hohe Anschlussfähigkeit der Industrial Ecology zu erklären sein. Ungeachtet institutioneller Schwerpunktsetzungen, spezifischer Zugangsweisen und methodischer Ansätze teilen die Akteure ein gemeinsames Grundverständnis zur Industrial Ecology. Ein solches Grundverständnis sollte konzeptionell offen genug sein, um viele Wissenschaftler und Institutionen zu Forschungsprojekten und anderen Aktivitäten in der Industrial Ecology anzuregen. Zum anderen sollte es verbindend und mit der weiteren Entwicklung wohl auch hinreichend verbindlich sein, so dass sich die Akteure im Netzwerk wiederfinden und sich eine gemeinsame konzeptionelle Grundstruktur sowie eine vereinigende Gemeinschaft herausbilden kann. Eine zu enge und rigorose Grenzziehung der Industrial Ecology ohne Anknüpfung an andere Bereiche und ohne Überschneidungen mit weiteren Scientific Communities würde im weiteren Verlauf der Entwicklung vermutlich weder die Attraktivität ausstrahlen noch die Integrationskraft vermitteln, um die Akteure – nach einer gewissen Initialwirkung in der Gründungsphase – dauerhaft als Industrial Ecologists vereinen.

Neben der gemeinsamen Idee und dem inhaltlich-thematischen Fokus, dem Forschungs- und Handlungsfeld der Industrial Ecology, spielen – sicherlich nicht minder gewichtig – weitere Faktoren eine Rolle, die ein vitales Hochschulnetzwerk für Nachhaltigkeit kennzeichnen (Müller-Christ und Liebscher 2014):

- Ressourcen des Netzwerks: Die Netzwerkarbeit erfordert wie jedes überlebensfähige System Ressourcen. Um die Beziehungen im Netzwerk zu pflegen, ist z. B. immaterielle Unterstützung von außen notwendig, z. B. durch in Aussicht gestellte

Forschungsförderungsprogramme, den persönlichen Einsatz von Federführenden, Koordinatoren oder Akteuren, die etwa Website und Blog beleben.

- Koordination des Netzwerks: Auch wenn das Deutsche Netzwerk Industrial Ecology noch keine offiziell formal zugewiesene Funktion als Netzwerksprecher/in bestimmt hat, so hat es doch Koordinationsmechanismen ausgebildet. Denn ohne Koordination erscheint es schwierig, die Teilnehmenden in den verschiedenen Hochschulen in Verbindung zu bringen bzw. den Kontakt zu pflegen. Dabei kann die Koordination durchaus zirkulieren oder fallweise von den Teilnehmenden ausgehen.

- Koppelung der Akteure: Die mehr 20 Akteure in Forschungsinstitutionen, die im Deutsches Netzwerk Industrial Ecology eingebunden sind, sind lose miteinander gekoppelt. Die Akteure haben sich freiwillig und kostenlos am Netzwerk angeschlossen. Sie verbindet die oben formulierten Kernziele. Diese lose Bindungsform steht einer festen Koppelung gegenüber, bei der Mitglieder z. B. einen Beitrag zahlen.

- Begegnung im Netzwerk: Die Netzwerkarbeit mit den Kernzielen lebt vom Austausch. Je intensiver und je häufiger die angebotenen Formen des Austausch und der Begegnung zwischen den Akteuren eingerichtet werden können, umso größeren Zusammenhalt und umso größere Wirkung entfaltet das Netzwerk. im Mai 2015 ist das 2. Netzwerktreffen geplant. Es wird am Potsdam Institut für Klimafolgenforschung stattfinden und steht ganz im Zeichen der Industrial-Ecology-Forschung in Deutschland und international und deren Verbindungen zur Nachhaltigkeitsforschung.

- Informationsfunktion des Netzwerks: Die Akteure im Netzwerk tauschen insbesondere Informationen aus. Um den Informationsaustausch zu fördern, hat das Deutsche Netzwerk Industrial Ecology eine Website und einen Blog eingerichtet, mit der Absicht, die Selbstorganisation zu befördern.

- Ansteckungsfunktion: Die mehr 20 Akteure im Deutsches Netzwerk Industrial Ecology teilen zwar Idee und Grundanliegen der Industrial Ecology. Gleichwohl sind die Kernziele im Netzwerk darauf ausgerichtet, den Austausch zwischen den Akteuren zu intensivieren und dabei auch die Diskussion zwischen Wissenschaftlern und Forschenden, politischen Entscheidungsträgern, Praxispartnern und anderen interessierten Kreisen z. B. durch Agenda-Setting-Prozesse anzuregen.

- Bewusstseinsverbreitung durch das Netzwerk: Ähnlich der Ansteckungsfunktion ist es ein schwerpunktmäßiges Anliegen, die Idee der Industrial Ecology auch jenseits des Netzwerks und den dabei eingebundenen Institutionen zu verbreiten. Insofern gehört die Bewusstseinsverbreitung in anderen Hochschulen, auf andere Wissenschaftler und Forschende, politische Entscheidungsträger, Praxispartner und andere interessierte Kreise ausdrücklich mit zu den Besonderheiten im Deutsches Netzwerk Industrial Ecology.

Während Müller-Christ und Liebscher (2014) mit den ersten drei Faktoren die Inputseite beschreiben, widmen sich die beiden folgenden Faktoren der Steuerung des Netzwerks. Die letzten drei Faktoren konzentrieren sich auf die Outputseite und zielen insofern auf die die intendierten Wirkungen des Netzwerks. Wie vital und dauerhaft das Deutsche

Netzwerk Industrial Ecology tatsächlich sein wird, muss die Zukunft zeigen. Die Voraussetzungen als ein Verbund verschiedener akademischer Akteure zur Forschung für Nachhaltigkeit scheinen jedenfalls vielversprechend, sowohl thematisch als auch netzwerkspezifisch.

Literatur

Bey, C.; Isenmann, R. (2005): Human systems in terms of natural systems? Employing non-equilibrium thermodynamics for evaluating Industrial Ecology's ecosystem metaphor. International Journal of Sustainable Development (IJSD), 8. Jg. Heft 3, 189–206.

Bringezu, S. (2004): Industrial Ecology – das kommende Aufgabenfeld für Umweltwissenschaftler. Mitteilungen der Fachgruppe Umweltchemie und Ökotoxikologie, 4. Jg., 9–11.

Bundesministerium für Umwelt, Naturschutz und Reaktorsicherheit (BMU); econsense (Forum Nachhaltige Entwicklung der Deutschen Wirtschaft); Centre for Sustainability Management (CSM) (2007): Nachhaltigkeitsmanagement in Unternehmen. Von der Idee zur Praxis. Managementansätze zur Umsetzung von Corporate Social Responsibility und Corporate Sustainability. Wolfsburg: 3. Auflage, Volkswagen Service Factory.

Dijkema, G.P.; Basson, L. (2009): Complexity and industrial ecology. Journal of Industrial Ecology, 13. Jg., Heft (2), 157–164.

Fraunhofer-Institut für System- und Innovationsforschung (ISI), Fraunhofer-Institut für Arbeitswirtschaft und Organisation (IAO) (2009): Foresight-Prozess im Auftrag des BMBF. Zukunftsfelder neuen Zuschnitts. (Hg.) Cuhls, K.; Ganz, W.; Warnke, P. Karlsruhe: ISI, und Stuttgart: IAO.

Frosch, R.A.; Gallopoulos, N.E. (1989): Strategies for manufacturing. Scientific American, 261. Jg., Heft 3, 144–52.

Gleich, A. von; Gößling-Reisemann, S. (Hg.) (2008): Industrial Ecology – Nachhaltige industrielle Systeme gestalten. Stuttgart: Teubner.

Gnauck, A. (2007): Rezension zu Industrial Ecology. Mit Ökologie zukunftsorientiert wirtschaften. Isenmann, R./Hauff, M. von (Hrsg.), München, Elsevier, in: Rundbrief Umweltinformatik, 42. Jg., Heft Dezember, 29–31.

Gößling-Reisemann, S.; Gleich, A. von (2012): Verbindungen zwischen Industrial Ecology und Systems of Provision. In: Hauff, M. von, Isenmann, R., Müller-Christ, G. (Hg.): Industrial Ecology Management. Wiesbaden: Springer-Gabler.

Graedel, T.E.; Allenby, B.R. (2003): Industrial ecology. Upper Saddle River, N.J.: 2nd ed., Prentice Hall.

Hauff, M. von; Isenmann, R.; Müller-Christ, G. (Hg.) (2012): Industrial Ecology Management. Nachhaltige Zukunftsstrategien für Unternehmensverbünde. Wiesbaden: Springer-Gabler.

Institut der deutschen Wirtschaft Köln (IdW) (2007). IW Umwelt-Service, 3. Jg.

Isenmann, R. (2003a): Further efforts to clarify industrial ecology's hidden philosophy of nature. Journal of Industrial Ecology, 6. Jg., Heft 3/4, 27–48.

Isenmann, R. (2003b): Natur als Vorbild. Plädoyer für ein differenziertes und erweitertes Verständnis der Natur in der Ökonomie, Marburg, Metropolis.

Isenmann, R. (2003c): Industrial Ecology: Shedding more light on its perspective of understanding nature as model. Sustainable Development (SD), 11. Jg., Heft 3, 143–158.

Isenmann, R. (2007): Increasing IE in the German speaking world. ISIE Newsletter, 7. Jg., Heft 3, 5–6.

Isenmann, R. (2008a): Setting the boundaries and highlighting the scientific profile of Industrial Ecology. Information Technologies in Environmental Engineering, Special Issue January, 1. Jg., Heft 1, 32–39.

Isenmann, R. (2008b): Industrial Ecology auf dem Weg zur Wissenschaft der Nachhaltigkeit? In: Gleich von, A.; Gößling-Reisemann, S. (Hg.), Industrial Ecology – Erfolgreiche Wege zu nachhaltigen industriellen Systemen. Stuttgart: Teubner, 304–315.

Isenmann, R. (2010): Scientific survey ICT for environmental sustainability concerning key area: Industrial Ecology: Karlsruhe: Fraunhofer ISI (veröffentlichter Projektbericht für die Europäische Kommission FP 7, Fördernummer 224017, verfügbar unter: www.ict-ensure.eu, Zugriff am 10.04.2014.

Isenmann, R. (2011): Natur als Vorbild – von der Idee zum Managementkonzept. Wirtschaft – Gesellschaft – Natur. Ansätze zu einem zukunftsfähigen Wirtschaften. Pinter, D.; Schubert, U. (Hg.). Marburg: Metropolis, 187–219.

Isenmann, R. (2013): Zum Verständnis einer Green Economy. Neuer Leitbegriff auf dem Weg zu einem nachhaltigen Wirtschaften? Ökologisches Wirtschaften, 29. Jg. (3), 17–19.

Isenmann, R. (2014): Industriesymbiosen. Kooperationen auf Wegwerfbasis. Ökologisches Wirtschaften, 3. Jg., Heft 4, 28–29.

Isenmann, R.; Bey, C.; Keitsch, M.(2008): Beyond a sack of resources. Nature as a model – core feature of Industrial Ecology. In: Ruth, M.; Davidsdottir, B. (Hg.), Changing Stocks, Flows and Behaviors in Industrial Ecosystems. Cheltenham (UK), Northampton (USA): Edward Elgar, 157–181.

Isenmann, R.; Gößling-Reisemann, S. (2008): From industrial ecology science to industrial ecology management in the German-speaking world. ISIE Newsletter, 8. Jg. Heft 3, 12–13.

Isenmann, R.; Gößling-Reisemann, S. (2014a): Einführung in das Schwerpunktthema. Industrial Ecology. Ökologisches Wirtschaften, 29. Jg. (3), 14–15.

Isenmann, R.; Gößling-Reisemann, S. (2014b): Network Industrial Ecology: New Website and Blog. International Society for Industrial Ecology ISIE news, 14. Jg., Heft 2, 9.

Isenmann, R.; Hauff, M. von (Hg.) (2007): Industrial Ecology. Mit Ökologie nachhaltig wirtschaften. München: Elsevier.

Leal Filho, W. (2002): Towards a closer integration of environmental education and industrial ecology. International Journal of Environment and Sustainable Development, 1. Jg., Heft 1, 20–31.

Leal Filho, W. (2007): Ausbildung in Industrial Ecology. In: Isenmann, R.; Hauff von, M. (Hg.), Industrial Ecology. Mit Ökologie zukunftsorientiert wirtschaften, München, Elsevier, S. 279–288.

Lifset, R.; Graedel, T.F. (2002). Industrial Ecology: goals and definitions. In: L.W. Ayres; R.U. Ayres (Hg.), A handbook of industrial ecology. Northampton, MA, USA: Edward Elgar, 3–15.

Müller-Christ, G.; A.-K. Liebscher (2014): Selbsteinschätzung für Hochschulnetzwerke für Nachhaltigkeit. In: Deutsche UNESCO-Kommission e.V.(Hg.), Netzwerk Hochschule und Nachhaltigkeit Bayern. Hochschulen für eine nachhaltige Entwicklung. Netzwerke fördern, Bewusstsein verbreiten. Bonn: VAS, 18–21.

Paech, I.; Pfriem, R. (2004): Konzepte der Nachhaltigkeit von Unternehmen. Theoretische Anforderungen und empirische Trends. Endbericht der Basisstudie 1 des BMBF geförderten Vorhabens „SUstainable Markets eMERge" (SUMMER). Universität Oldenburg.

Poganietz, W.-R. (2008): Rezension zu Industrial Ecology. Mit Ökologie zukunftsorientiert wirtschaften. Isenmann, R.; Hauff, M. von (Hg.). München, Elsevier, in: Technikfolgenabschätzung – Theorie und Praxis, 17. Jg, Heft 1, 89–92.

Rat der Sachverständigen für Umweltfragen (SRU) (1994): Umweltgutachten 1994 des Rates von Sachverständigen für Umweltfragen. Für eine dauerhaft-umweltgerechte Entwicklung. Verhandlungen des Deutschen Bundestages. 12. Wahlperiode. Drucksachen. Band 492, Drucksache 12/6995. Bonn: Bundesanzeiger Verlagsgesellschaft.

Rogall, H. (2009): Nachhaltige Ökonomie. Ökonomische Theorie und Praxis einer Nachhaltigen Entwicklung. Marburg, Metropolis.

Seifert, E.K. (2007): Rezension zu Industrial Ecology. Mit Ökologie zukunftsorientiert wirtschaften. Isenmann, R.; Hauff, M. von (Hg.). München: Elsevier. Umweltwirtschaftsforum (UWF), 15. Jg., Heft 4, 268–269.

Simonis, U.E. (2008): Rezension zu Industrial Ecology. Mit Ökologie zukunftsorientiert wirtschaften. Isenmann, R.; Hauff, M. von (Hg.), München, Elsevier, in: Journal of Industrial Ecology (JIE), 12. Jg., Heft 2, 255–257.

White, R. (1994): Preface. The Greening of Industrial Ecosystems. In: B.R. Allenby; D.J. Richards (Hg), The Greening of Industrial Ecosystems. Washington, D.C., USA: National Academy Press.

Zwierlein, E.; Isenmann, R. (1995): Ökologischer Strukturwandel und Kreislaufökonomie. Wege zu einer umweltorientierten Materialwirtschaft. Idstein: Schulz-Kirchner.

Teil II

Ansätze in der Lehre und in der Forschung

Das Selbst in der Ökologie: Dialoginterviews und Programmanalyse zur nachhaltigkeitsorientierten (Selbst-) Transformation in Organisationen

Thomas Prescher

5.1 Ökologie als Wissenschaft und Nachhaltigkeitsforschung: Aspekte einer nachhaltigen Entwicklung

Die Ökologie avancierte im letzten Jahrhundert zu einer Leitwissenschaft, bei der nach Rink und Wächter (2004, S. 7) die naturwissenschaftliche Orientierung im Vordergrund stand. Aufgrund der Popularität, die die Ökologie insbesondere aufgrund ihrer Medienwirksamkeit erlangt hat, wurde jedoch die Kritik herangetragen, insbesondere gesellschaftliche und ökonomische Aspekte zu vernachlässigen. Es wurde kritisiert, dass die Lösungen an den alltäglichen Realitäten und den Lebenskonzepten sowie Verhaltensmustern vorbeigingen, weswegen eine tatsächliche ökologische Transformation bisher ausblieb. Die Nachhaltigkeitsforschung soll diese Lücke durch die Entwicklung von Methoden und Konzepten als ein interdisziplinärer Ansatz schließen. Die Dimension der Nachhaltigkeit bezieht sich damit nicht mehr nur auf ein Verständnis von Natur als Bezugsphänomen, sondern auch auf soziale und wirtschaftswissenschaftliche Aspekte. Das Verständnis von Natur erscheint oftmals als eine durch die jeweiligen Fachdisziplinen geprägten Vorstellungen, die um die „lebensweltlichen Naturverhältnisse" (ebd. S. 8) ergänzt werden müssen. Insbesondere gehe es dabei um die Integration von normativen Elementen der jeweiligen Bezugsdisziplin mit den tatsächlichen Lebensrealitäten. Nachhaltigkeit wird durch Towers und Kohler (2008, S. 297) in diesem Sinne als Begriff

T. Prescher (✉)
TU Kaiserslautern Fachgebiet Pädagogik,
Erwin-Schrödinger Str. 57, Kaiserslautern, Deutschland
e-mail: Thomas.Prescher@sowi.uni-kl.de

© Springer Fachmedien Wiesbaden 2016
W. Leal Filho (Hrsg.), *Forschung für Nachhaltigkeit an deutschen Hochschulen*,
Theorie und Praxis der Nachhaltigkeit, DOI 10.1007/978-3-658-10546-4_5

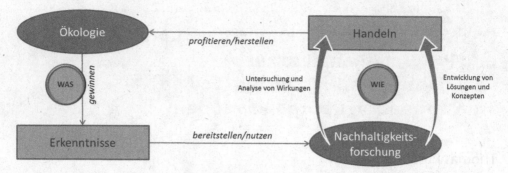

Abb. 5.1 Verhältnis Ökologie zur Nachhaltigkeitsforschung. Quelle: Eigene Darstellung

verstanden, der sich historisch nach dem Konzept der Ökologie entwickelt hat. Als zentraler Unterschied wird die stärkere Fokussierung auf den Menschen und sein Handeln im Nachhaltigkeitskonzept verwiesen.

Während Ökologie als Wissenschaft (s. Abb. 5.1) dem Gewinnen von Erkenntnis über das WAS zu dienen scheint, folgt das Verständnis von Nachhaltigkeit eher der Logik einer Intervention. Einer bestimmten Intervention wird dann eine Wirkung zugeschrieben. Nachhaltigkeit kann als Element erster Ordnung damit als nachhaltigkeitsbezogenes Handeln verstanden werden. Als Element zweiter Ordnung kann es dagegen als reflexive Beobachtung über gelungenes Handeln gefasst werden (vgl. Schüßler 2007, S. 13).

Mit Blick auf die ökologische Nachhaltigkeit kann herausgestellt werden, dass die Nachhaltigkeitsforschung im Unterschied zur Ökologie stärker nach dem WIE der normativen Setzungen fragt, d. h. wie das Naturkapital und die Umweltqualität erhalten werden können. Nachhaltigkeitsforschung bezieht sich so gesehen auf das Konzept nachhaltiger Entwicklung und damit, so Jetzkowitz (2010, S. 258), ist der zentrale Bezugspunkt die Sozialität der Menschheit, deren Wandel und Veränderbarkeit den Begriff der Gesellschaft einschließt. Nachhaltigkeitsforschung folgt damit der Einsicht, „(…) dass Wissen um gesellschaftliche Tatbestände und Vorstellungen über Möglichkeiten von Gesellschaftsentwicklung zu ihrem Kernbestand gehören müssen. Schließlich ist es ja die Gesellschaft, die durch nicht-nachhaltige Entwicklung ihre eigene Existenz gefährdet." (ebd. S. 257). Kultur und die Sozialität der Menschheit ist damit kein Thema, was die Nachhaltigkeitsforschung entdeckt hat, dies reklamiert auch die Ökologie als Wissenschaft mit ihren Teildisziplinen wie die Sozialökologie oder die Humanökologie. Es ist vielmehr Ausdruck dessen, dass es der Menschheit gelingt, die eigene Lebensweise ökologisch, d. h. nachhaltig zu gestalten. Nachhaltigkeit als Begriff, damit Nachhaltigkeitsforschung, dient dazu, eine „(…) wünschenswerte Zustandsänderung im Sinne der Sicherstellung der Zukunftsfähigkeit (…)" (Kleine 2009, S. 3) in den Blick zu nehmen und explizit nach Strategien einer nachhaltigen Entwicklung zu suchen bzw. diese zu begründen.

5.2 Nachhaltige Entwicklung ohne eine Nachhaltigkeitsdimension des Selbst: Achtsamkeit für eine ökologische Transformation

Nachhaltigkeitsfragestellungen beziehen sich auf Umweltprobleme (s. Abb. 5.2). Untersuchungen zum Konzept der Bildung für nachhaltige Entwicklung (BNE) (vgl. Rieckmann 2010, S. 173), Programm- und Kursanalysen für Volkshochschulen (vgl. Henze 1998, S. 33 ff.) und Angebotsanalysen für die außerschulische BNE (vgl. Michelsen et al. 2013, S. 87) zeigen, dass häufig auf Themen wie Energie, Klima, Abfallwirtschaft, Bauen, Mobilität u. a. m. Bezug genommen wird. In der Folge, so de Haan (2008, S. 27), führe dies zu einer Dominanz kognitiver Muster. Damit einhergehend wird die Kritik formuliert, dass die Orientierung auf Wissen bzw. Inhalte, die über das Verhältnis zur Umwelt und Natur aufklären, nicht ausreichend sei (vgl. Bolscho, 2001, S. 205).

Das Grundproblem der durch die OECD formulierten Schlüsselkompetenzen kann mit Rauch et al. (2008, S. 146) in der Orientierung auf ein reflexives Denken und Handeln gesehen werden. Hier wird davon ausgegangen, dass die Reflexivität die Fähigkeit zum Umgang mit komplexen Situationen ermöglicht und einen Ansatz darstellt, aus Erfahrungen kritisch zu lernen. Die Bund-Länder-Kommission hat in ihrem Gutachten (vgl. BLK 1999, S. 25) diesbezüglich bereits festgestellt, dass die BNE den Dualismus

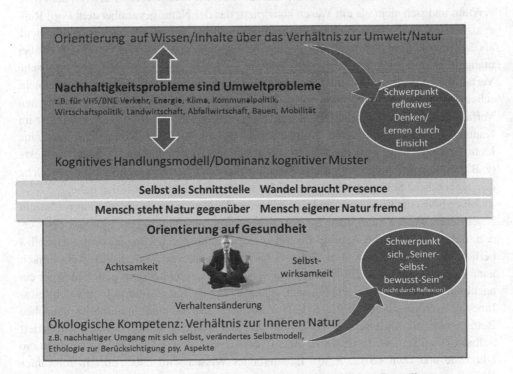

Abb. 5.2   BNE ohne Nachhaltigkeitsdimension des Selbst. Quelle: Eigene Darstellung

von Mensch-Natur unterfüttert und dass die Zusammenhänge selbst als zu abstrakt formuliert werden. Zum Beispiel wird für den Aspekt der Gesundheitsförderung auf das Kernfeld Ernährung abgestellt und dabei auf das Verhältnis Fleischkonsum und Artenschutz oder Umweltverschmutzung verwiesen. Es geht hier um abstrakte Einstellungen wie Gerechtigkeit und Ökologie (vgl. BLK 1999, S. 75 f.), ohne jedoch das darin wohnende subjektive Moment zu erfassen. Die innere Dimension des Selbst als Selbstreflexion bleibt unterrepräsentiert. Dies erscheint insofern als bedeutsam, als dass die Umweltbewusstseinsforschung deutlich herausstellt, dass eine umweltbezogene Wissensentwicklung nicht zu einem umweltbezogenen Handeln führe (vgl. Huber, 1995,S. 80).

Das Selbst erscheint insgesamt als wichtige Schnittstelle für veränderte Verhaltensweisen. Walch (2011, S. 167) plädiert daher dafür, dass die Selbst-Reflexion durch die Selbst-Erfahrung ergänzt wird. Senge et al. (2005, S. 14 f.) haben das Selbst der handelnden Akteure ins Zentrum ihres Ansatzes für einen organisationalen Wandel gesetzt, wobei eine „Presence" als Achtsamkeit Veränderungen zum Durchbruch verhilft: „We've come to believe that the core capacity needed to access the field of the future is presence. " (ebd.).

Für eine ökologische Transformation kann daher die Hypothese formuliert werden, dass es darum geht, einen Beitrag dafür zu leisten, dass der Mensch seiner eigenen Natur näher kommt (vgl. Büntig 2010, S. Iff.) und dass sich der Mensch selber als Teil der Natur versteht und sich nicht als ein Wesen konzipiert, das der Natur gegenübersteht (vgl. Rink et al. 2004, S. 26 ff.). Entsprechend beschreibt Negt (1993, S. 665) ökologische Kompetenz als das Verhalten zur äußeren Natur, die das Verhältnis zu inneren Natur einschließt. Dabei mangelt es offensichtlich nicht am Wissen über die psychologische und seelische Verfasstheit des Menschen, um den sozialen Raum „menschlicher" zu gestalten. Vielmehr scheint es eine zweite Realität zu geben, die die Menschen in ihrer subjekthaften Verfasstheit aus ihrer Identitätsbalance herausführt. Negt (1993, S. 663) ergänzt daher im Kanon der gesellschaftlichen Kompetenzen die ökologische Kompetenz um eine Identitätskompetenz, weil die Fragilität der eigenen Biographie und sozialer Kontexte (z. B. Grundsituation von Arbeit und Eigentum) zu einer Vertreibungslogik führe, welche das „gebrochene Selbst und die bedrohte Identität" (ebd. S. 664) zur Folge habe.

Einer BNE, die im Schwerpunkt als reflexives Denken oder als Lernen durch Einsicht beschrieben werden kann, kann so ein ökologisches Verständnis gegenübergestellt werden, das psychologische Aspekte im Sinne eines nachhaltigen Umgangs mit sich selbst berücksichtigt (vgl. Loew et al. 2004, S. 19 ff.; Hasenclever 1987, S. 92). Achtsamkeit kann dazu als ein wichtiges Wirkprinzip verstanden werden. Streng genommen ist ein nachhaltiges Selbst davon geprägt, sich seiner selbst bewusst zu sein, d. h. mit sich selbst Inne zu werden. Stein (1991, S. 127) konzipiert dies in einer naturphilosophischen Betrachtung als Unterschied zu einem Akt der Reflexion. Achtsamkeit moderiert Selbstwirksamkeit, wodurch sie zu einem veränderten Umgang mit sich selbst führt, so Dlugosch und Dahl (2012, S. 30). Existierendes Wissen wird dabei eher in relevantes Verhalten umgesetzt.

5.3   Ökologische Transformation braucht Kontexte: Organisationen als Lern- und Erfahrungsraum

Verfolgt man dieses Verständnis der Subjektorientierung weiter, wird auffällig, dass der Mensch im Konzept der nachhaltigen Entwicklung in doppelter Weise nicht berücksichtigt wird oder zu einer diffusen und abstrakten Kategorie von „Öffentlichkeit" und „Bürger" (vgl. Beschorner et al. 2005, S. 20) reduziert wird, auch wenn auf die grundlegenden Schlüsselbegriffe der Ökologiedebatte „Mensch, Gesellschaft und Natur" (Becker 2006, S. 34) verwiesen wird:

1. Der Mensch wird nicht als Natur konzipiert, sondern als Gesellschaft, wodurch er einen Beitrag an einer nicht-ökologischen Kultur leistet.
2. Er wird im systemtheoretischen Verständnis auch nicht als Umwelt von Gesellschaft begriffen, womit er nicht als eigenständige Entität in die Argumentation einfließt.

Der Mensch ist zwar Thema, aber das eigentliche Menschsein in seiner Selbstbezogenheit bleibt ausgeblendet. Es wird sogar explizit von Konzepten wie Individuum oder Subjekt Abstand genommen, weil das wissenschaftstheoretische Verständnis des Verstehens als Form des Erkennens hier als zu begrenzt eingeschätzt wird (vgl. ebd. S. 35). Es fehlt diesem Verständnis das Subjekt, was ein Ergebnis der Grenzziehung der Ökologie als Wissenschaft sein kann, da versucht wird, aufgrund des naturwissenschaftlichen Ursprungs eine konzeptionelle Grenzziehung zu erreichen. „Derjenige Teil der materiellen Welt, der sich nicht parametrisieren und messen lässt, wird als kontingenter Teil vom dynamischen Teil getrennt und als Rauschen durch Idealisierungen aus dem System entfernt bzw. als ‚Rest' durch Residualparameter (…) erfasst." (Haag und Matschonat 2002, S. 92).

Vernachlässigt würde dabei die Person mit ihrer Erfahrung, weil das Verhalten als eine Funktion der Erfahrung anzusehen ist. „Erfahrungen und Verhalten stehen immer in Relation zu irgendjemand oder zu irgendetwas als dem Selbst." (Laing 1972, S. 19). Erfahrungen sind eingebettet in alltägliche Handlungen mit kollektiven Dimensionen wie z. B. Körperhygiene, Mobilität oder Zeittaktung. Diese wirken sich auf den Umgang des Menschen mit seiner Umwelt aus. Gewohnheiten und sozial konstruierte Realitäten müssen damit im Fokus ökologischer Problemlösungen stehen, da lediglich alltagstaugliche Ansätze auf eine gesellschaftliche Durchdringung hoffen lassen: „Die Kategorie Alltag besitzt somit eine Schlüsselbedeutung für Soziale Ökologie." (Stieß und Hayn 2006, S. 211). Im Alltag spiegeln sich soziale Kognitionen als gemeinsam geteilte Grundannahmen über das „Leben" wieder, die dem Denken und Handeln Sinn verleihen und damit Relevanz stiften. Individuelles Handeln ist damit an Vergesellschaftung gebunden und in einer Rekursivität gleichzeitig ein Produkt dieses Prozesses. Der Alltag beinhaltet in diesem Sinne Institutionen als normatives Erwarten und unterliegt als solcher einer stetigen Reproduktion.

Dem Alltag wohnt in Anlehnung an diese Feststellung selbst etwas Künstliches inne, da er durch kulturelle und wissenschaftliche Artefakte durchdrungen ist. Die Institutionen durchdringen den Alltag dabei bis auf eine Prozessebene, da zum Beispiel familiäre oder organisationale Artefakte wie der Umgang mit Zeit, Hierarchie, Pluralisierung, Exklusion, Verfügbarkeit von Erwerbsarbeit oder soziale Beziehungen hier stark beeinflusst werden. Die Sozialisationsforschung hält diesbezüglich fruchtbare Erklärungsansätze für die sozialökologische Forschung bereit, in dem der Umweltbegriff hier eher als ein relationales Konzept gefasst wird, um die Wechselwirkungen zwischen Individuum und Umwelt zu analysieren. Dabei wird die Frage verfolgt, wie sich Individuum und Umwelt wechselseitig beeinflussen. Dementsprechend greift Dippelhofer-Stiem (1995, S. 11) Ansätze einer ökologischen Perspektive in der Sozialisationsforschung auf und stellt dar, dass verschiedene Kontexte vor dem Hintergrund eines ökologischen Anspruchs thematisiert werden, zum Beispiel:

- Schulklima als Sozialisationsfaktor
- Hochschule als Umwelt und Bedingungsgröße studentischer Entwicklung
- institutionelle Felder beruflicher Sozialisation

Die ökologische Perspektive bezieht sich hier auf die unterschiedlichen Facetten und Merkmale des Wechselverhältnisses zwischen dem Entwicklungsprozess des Individuums und der umgebenden Kontexte. Vom besonderen Interesse stellt sich dabei die Verhältnisbestimmung zwischen „(...) der Rolle von externen Einflüssen auf das soziale und personale Werden des Menschen (...)" (ebd. S. 12) dar. In diesem Ansatz wird damit die grundlegende Erkenntnis der Ökologie eingebettet, dass niemals ein Einzelorganismus untersucht wird, sondern immer ein Ökosystem mit der Gesamtheit der bestehenden Wechselbeziehungen (vgl. Simon et al. 1999, S. 240).

Die Berücksichtigung dieses Verständnisses spielt eine wichtige Rolle bei der Analyse des Zusammenhangs der Ökologie des Menschen als dessen Gesundheit und dem Zustand der Umwelt. Es kann hier eine wechselseitige Beziehung ausgemacht werden. Primär wird dabei der Zustand der Umwelt im Kontext der ökologischen Krise in ihrer Auswirkung auf die menschliche Gesundheit betrachtet. Hier wird beispielsweise der Einfluss der Feinstaubabgase auf die Lunge des Menschen angeführt. Es kann aber auch von einer reziproken Wirkung ausgegangen werden, laut derer auch die Gesundheit des Menschen eine Auswirkung auf die Umwelt habe (vgl. Wilcox et al. 2004, S. 3). Bezogen auf soziale Umwelten, kann das mit Kets de Vries (2006, S. 191) plausibilisiert werden, als dass der Autor davon ausgeht, dass persönliche Dysfunktionalitäten der Führungskräfte zu organisationalen Dysfunktionalitäten werden können. „[They, Anm. d. Verf.] (...) include collusive interactions, unrealistic organizational ideals, toxic cooperate cultures, neurotic organizations, faulty patterns of decision-making, motivational problems, organizational alienation, and a high rate of employee turnover." Damit besteht eine soziale Umwelt, die sich auf die Organisationsmitglieder auswirkt.

Entsprechend dieses Verweises kann mit Vaskovics (1982, S. 16) für eine sozialökologische Forschung geschlussfolgert werden, dass eine Untersuchungseinheit benötigt wird, die einen klaren Raumbezug umfasst und eine Beziehung zur alltäglichen Lebens- und

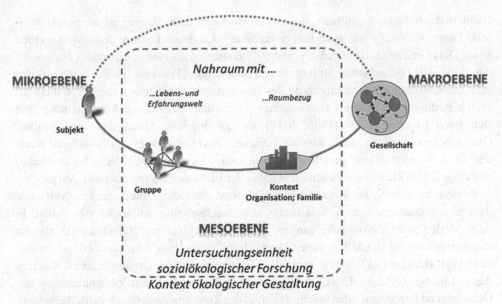

Abb. 5.3 beziehungsökologischer Bezugsraum sozialökologischer Forschung. Quelle: Eigene Darstellung

Erfahrungswelt herstellt. Diese Einheit muss dazu in ihrer Beschaffenheit untersucht werden, wobei darauf zu achten ist, dass sie eine Beziehung zur Erklärung der individuellen Persönlichkeitsentwicklung zulässt. Daraus ergibt sich ein methodisches Design ökologischer Sozialisationsstudien, die einem Mehrebenen-Modell folgen, wie es durch Bronfenbrenner (1981) vorgelegt wurde. In diesem Mehrebenen-Modell (s. Abb. 5.3) wird die Ebene des

- individuellen Akteurs (1),
- der sozialen Gruppe (2),
- des ökologischen Kontextes (3) und
- der Gesellschaft mit ihrer Sozialstruktur (4) unterschieden.

Sozialökologische Forschung kann sich dabei auf unterschiedliche Ebenen in ihrer Analyse beziehen bzw. gezielt bestimmte Ebenen ausschließen (vgl. Vaskovics 1982, S. 17 f.). Der entscheidende Bezug ist die Bestimmung des ökologischen Kontextes in diesem Ansatz, als die unmittelbare und relevante soziale und natürliche Umwelt. Diese Umwelt ergibt sich zum Beispiel aus dem Wohnort oder dem Arbeitsplatz mit ihrer konkreten Tätigkeit. Es spielt hier die Abgrenzung von Raumeinheiten eine besondere Bedeutung, weil diese maßgeblich das Verhalten im Sinne des Konzepts „behavior setting" (Stengel 1999, S. 152) beeinflussen.

So lassen sich beispielsweise Organisationen als behavior settings verstehen. Die Organisation wird dabei als eine ökologische Einheit verstanden, die das Verhalten und

Handeln der Subjekte beeinflusst. Konkret eröffnet sich damit die organisationssoziologische Frage wie eine – wie auch immer gefasste – Ökologie konkret organisiert werden kann. Dabei erscheint die Organisation der Organisation als eine spezifische Lebenswelt, durch die in ihr befindlichen Strukturen und ablaufenden Prozesse. Es lässt sich mit den Institutionalisierungen eine Emergenz des Bewusstseins unterstellen, die durch die konkreten Bedingungen in den Organisationen geschaffen wird. Diese Ausgestaltung lässt sich nach Lüscher et al. (1985, S. 17) als „ökologische Gestaltung" beschreiben. Ökologische Gestaltung meint, dass die Subjekte individuelle Ideen, Auffassungen, Werte und Einstellungen in eine gesellschaftlich-objektive Gegebenheit (Ideen, Sachverhalte) einbringen. Das Zusammenwirken dient dabei der Erfüllung organisationaler Aufgaben.

In dem beschriebenen Mehrebenenmodell wird dazu die Zirkelhypothese vertreten, dass sich Sozialisationsprozesse zirkulär, d.h. wechselseitig aufeinander beziehen. In dem Modell wird davon ausgegangen, dass die Makroebene (Gesellschaft) nur im Zusammenhang mit der Mikroebene (Akteur, Individuum) bzw. vice versa erklärt werden kann (vgl. Bertram 1982, S. 26), wobei die Mesoebene sozialer Organisation als Medium dient. Lüscher (1982, S. 73 ff.) stellt in diesem Verständnis den Zusammenhang aus Ökologie und Sozialisation dar, indem er sich auf den Zusammenhang der Wechselbeziehung von Organismen zu ihrer Umwelt bezieht. Er betrachtet dabei das interdependente Verhältnis einer natürlichen bzw. einer institutionellen Umwelt und menschlichen Verhaltensweisen in der Wahl und Gestaltung dieser Umwelten. Dieser Sachverhalt, so wird durch den Autor ausgeführt, führt in die Entwicklung individueller und kollektiver Identitäten, welche wiederum eine Auswirkung auf dem Umgang mit der Umwelt (1) und, so der entscheidende Einwand, auf den Umgang mit sich selbst hat (vgl. ebd. S. 74). In der Konsequenz müsse es dann für eine sozial-ökologische empirische Forschung darum gehen, zu analysieren, wie die individuelle und gesellschaftliche Ebene miteinander verbunden werden kann und welche sozialen Institutionen und Prozesse dies unterstützen. Daher muss geprüft werden, welche sozialen Institutionen nötig sind bzw. bereits geschaffen wurden, um die anstehenden Aufgaben innerhalb der Gesellschaft im Rahmen einer individuellen Entwicklung zu lösen.

Die individuelle Entwicklung stellt sich so gesehen als ein Bezugspunkt ökologischer Sozialisationsforschung dar. Ries (1982, S. 109) sieht die Verbindung zwischen dem ökologischen Umfeld und der Wahrnehmung durch die Akteure über das zentrale und vegetative Nervensystem. „Dadurch werden bei den Akteuren Emotionen, Kognition und andere Reaktionen ausgelöst die sich auf einer höheren Ordnungsebene in Wirkungen auf das Selbstkonzept und die Identität und die Balance von Wohlbefinden und Stress oder auf Handlungen manifestieren." (ebd.) Diese individuelle Entwicklung kann in ein Verständnis für eine systemische sozial-ökologische Forschung übertragen werden, wie es Beckmann et al. (1982, S. 148) für die familiäre ökologische Sozialisationsforschung tun. Sie orientieren sich dabei an dem Mehrebenen-Modell, wobei sie eine deutliche Akzentsetzung auf die Ebene des ökologischen Kontextes als Mesoebene setzen. Damit wird der Akzent auf die materielle Ausstattung und der sozialen Zusammensetzung des Nahraumes als potentiellen Erfahrungsbereich der Akteure und der Ebene der sozialen Gruppe mit dem darin zu beobachtenden Führungsstil und Organisationsklima als ein ökologisches Setting gesetzt. Es wird damit eine systematische Beziehung zwischen den Umweltgegebenheiten und den Sozialisationsprozessen innerhalb des sozialen Systems hergestellt. Die zentralen Analyseeinheiten sind dabei die systemspezifische Umwelt und die innersystemischen Institutionalisierungs- bzw. Sozialisationsprozesse (vgl. ebd. S. 146 f.).

5.4   Forschungsdesign als Mix-Mode-Ansatz: Explikation ökologischer Transformationsstrategien

Zusammenfassend kann für die Ökologie als Wissenschaft, die Nachhaltigkeitsforschung und die Bildung für nachhaltige Entwicklung herausgestellt werden, dass (1) die Ebene des Selbst als ein wesentlicher Parameter ökologischer Transformation angesehen werden kann und dass andererseits, (2) ökologische Forschung innerhalb eines konkreten Kontextes praktischen Lebens- und Alltagsvollzuges zu verorten ist. Entsprechend dieser beiden Konsequenzen, werden im betrachteten Forschungsvorhaben zwei Forschungsmethoden zur Untersuchung von Organisationen verfolgt: Dialoginterviews nach Scharmer (2009, S. 143 ff.) und eine Programmanalyse (z. B. Nolda 2003, S. 212 ff.) pädagogischer Bildungsangebote für Organisationen.

5.4.1   Methoden der Datenerhebung: Dialoginterviews und Programmanalyse

Die Dialoginterviews beziehen sich auf ein Forschungsprojekt der Kalapa Acadamy „Belastbarkeit und Achtsamkeit im Unternehmensalltag" (vgl. Tamjidi und Kohls 2013). Das Projekt umfasst ein dreimonatiges Angebot eines Achtsamkeitstrainings in acht Modulen mit verschiedenen achtsamkeitsrelevanten Inhalten wie zum Beispiel Übungen der Sitz- und Gehmeditation oder der achtsame Umgang im Team in der Gestaltung des Arbeitsalltages und Besprechungen. Das Training ist unternehmensnah konzipiert und zeichnet sich dadurch aus, dass viele Themen bei einem Team von Führungskräften und Mitarbeitern vor Ort erarbeitet und bearbeitet werden.

Über Dialoginterviews nach der Theorie U von Scharmer (2009, S. 143 ff.) erfolgt eine Kontextanalyse zur Umsetzung der ökologischen Transformation in den Unternehmen exemplarisch am Thema Achtsamkeit. Mit Hilfe dieser Methode soll in Erfahrung gebracht werden, wie die Führungskräfte und Mitarbeiter in Unternehmen mit Blick auf die Dimensionen (Module) des Achtsamkeitstrainings Nachhaltigkeit und den Umgang mit sich selbst und ihren Mitarbeitern erleben. Innerhalb dieses Erlebens kommt es darauf an, eine Strategieexplikation zu ermöglichen. Es wurden Personen untersucht, denen es gelingt, erfolgreich auf die Achtsamkeit ihres Handelns im Umgang mit sich selbst und ihren Mitarbeitern zu achten (Positivstrategie), und es wurde nach Personen gesucht, die unter ihrem aktuellen Verhalten leiden und mit ihrem Verhalten diesen Zustand verstärken

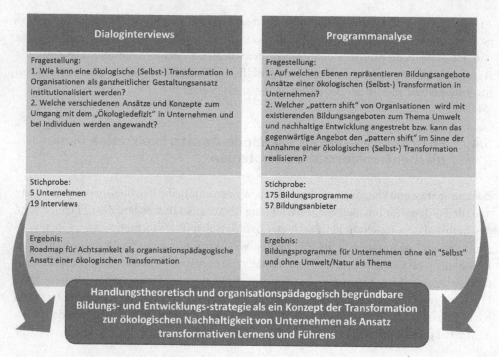

Abb. 5.4 Forschungsdesign als Mix-Mode-Ansatz. Quelle: Eigene Darstellung

(Negativstrategie). Dazu bietet es sich an, in sieben Schritten (Scharmer 2009, S. 144) folgende Bereiche zu klären: Was ist die Geschichte? Was ist die Erfahrung? Wo kommt die Gefährdung her? Welche tiefer liegenden Ursachen lassen Gefährdung sowie Balance (persönliche Ökologie) entstehen? Wo kommt die Balance her? Was ist der Traum, der Weg nach vorne? Welche konkreten Schritte sind zu gehen?

Da das Selbst und eine Achtsamkeit als eine Säule ökologischer Transformation angesehen werden, wird in diesem Forschungsprojekt danach gefragt, wie die Mitarbeiter eines Unternehmens bzw. die Unternehmen die Erkenntnisse und Inhalte eines dreimonatigen unternehmensbezogenen Achtsamkeitstrainings nach Abschluss in ihre Unternehmensrealität implementieren. Es werden mit diesem Untersuchungsteil folgende beiden Fragestellungen verfolgt (s. Abb. 5.4):

1. Wie kann eine ökologische (Selbst-) Transformation in Organisationen als ganzheitlicher Gestaltungsansatz institutionalisiert werden?
2. Welche verschiedenen Ansätze und Konzepte zum Umgang mit dem „Ökologiedefizit" in Unternehmen und bei Individuen werden angewandt?

Das Ziel dieser Untersuchung ist die Entwicklung einer „Roadmap für Achtsamkeit im Unternehmensalltag" mithilfe einer qualitativen Inhaltsanalyse nach Mayring (2003). Diese Roadmap dient gleichzeitig als Schablone für eine ökologische Transformation von

Unternehmen und wird als Basis für die Programmanalyse verwendet, um daraus eine handlungstheoretisch begründbare Entwicklungsstrategie ökologischer Transformation von Unternehmen als ein Ansatz transformativen Lernens und Führens zu entwickeln. Mit der Programmanalyse kann in Anlehnung an Nolda (2003, S. 212 ff.) zwar kritisch festgestellt werden, dass nicht die Realität in den Kursen, Seminaren, Trainings und Beratungsangeboten abgebildet werden kann, aber dennoch Rückschlüsse über die Vorstellung der Planenden, Trainer und Coaches über die gewählte Zielgruppenansprache möglich sind, indem systematisch Programmankündigungen ausgewertet werden. Es kann hier unterstellt werden, dass mit dem Eintreten einer theoretischen Sättigung (vgl. Wiedemann 1995, S. 441) gefundener Kategorien und ihren Operationalisierungen Inhalte und Formen der Kompetenzentwicklung identifizierbar sind, auf die die Zielgruppe mehrheitlich positiv reagiert (vgl. Schmidt 2011, S. 70). Hinter diesen Kategorien können im Kontext der ökologischen Analyse aufscheinende Bilder einer nachhaltigen Entwicklung identifiziert werden, um Rückschlüsse über deren Bedeutung für die ökologische Bildung, die ökologische Transformation von Unternehmen und die gegenwärtige sowie zukünftige Lebenspraxis zu ziehen. Mit Hilfe der Programmanalyse ist es möglich, Motive, Absichten sowie Ziele der Urheber zu erfassen. Dabei ist es das Ziel zu überprüfen, inwiefern sich die Ergebnisse aus den Dialoginterviews mit den Programmen für eine ökologische Transformation von Unternehmen decken oder voneinander abweichen. Mit der Programmanalyse werden folgende beiden Fragestellungen verfolgt (s. Abb. 5.4):

1. Auf welchen Ebenen repräsentieren Bildungsangebote Ansätze einer ökologischen (Selbst-) Transformation in Unternehmen?
2. Welcher „pattern shift" von Organisationen wird mit existierenden Bildungsangeboten zum Thema Umwelt und nachhaltige Entwicklung angestrebt bzw. kann das gegenwärtige Angebot den „pattern shift" im Sinne der Annahme einer ökologischen (Selbst-) Transformation realisieren?

Mit den beiden Untersuchungen können grundsätzlich Rückschlüsse über eine Entwicklungsstrategie zur ökologischen Transformation formuliert werden. Mit den Dialoginterviews und der dadurch ermittelten Roadmap für Achtsamkeit liegt ein grundsätzlicher Ansatz zur ökologischen Transformation vor, mit dem sich eine organisationspädagogische Begründungslinie eröffnet. Diese Begründungslinie stellt dabei das Lernen von Organisationen über die Veränderung von Kontexten in Organisationen ins Zentrum der Betrachtung. Die Programmeanalyse verweist demgegenüber im Wesentlichen darauf, dass entgegen der im Theorieteil formulierten Annahmen Bildungsprogramme für Unternehmen und Organisationen kein Subjekt und keine Umwelt/Natur als Thema aufgreifen und behandeln. In diesem Sinne wird die als Hypothese formulierte Kritik an der Bildung für nachhaltige Entwicklung in Bezug auf das Selbst bestätigt. Darüber hinaus zeigt der fehlenden Bezug zur Umwelt und Natur als Thema, dass für Unternehmen eine auf Umweltwissen orientierte Bildung wie Sie durch die Bildung für nachhaltige Entwicklung postuliert wird kaum anschlussfähig zu sein scheint.

Vielmehr folgen die Angebote der Logik unternehmerischer Performancefelder
(s. Abb. 5.7), was eine Etablierung organisationaler Lern- und Erfahrungsräume für eine
ökologische Transformation erforderlich macht. Damit zeigen die Ergebnisse
Ansatzpunkte für eine handlungstheoretisch und organisationspädagogisch begründbare
Bildungs- und Entwicklungsstrategie.

5.4.2 Stichprobe: Zugang zu transformationsrelevanten Wissen

Im Rahmen der Interviewstudie wurden insgesamt 19 Interviews mit fünf Unternehmen
(z. B. Bosch ATMO, Pneuhage, DM) ca. ein bis drei Monate nach Trainingsende durchgeführt. Die Interviewpartner waren Führungskräfte der Team-, Abteilungs- und
Bereichsleiterebene, wobei darauf geachtet wurde, dass die Interviewpartner aus unterschiedlichen Unternehmensfunktionen wie zum Beispiel Stab, Service, Produktion und
Entwicklung kommen. Die Unternehmen selbst gehören dabei unterschiedlichen Unter-
nehmensarten an und s. Ind entweder Produktionsunternehmen mit diversen Standorten
oder auch dezentral organisierte Filial-Unternehmen.

Aus den Ergebnissen der Dialoginterviews wurde einerseits ein entsprechender
Codeplan zur Erfassung der Angebotsmerkmale in Programmausschreibungen für
Organisationen entwickelt. Andererseits dienten die Ergebnisse für die Entwicklung eines
Codeplans für die qualitative Analyse der Angebotsinhalte. Als Stichprobeneingrenzung
gelten hier Angebotsmerkmale, die konkret Unternehmen und Unternehmensvertreter
adressieren. Angebote einer beruflichen Fachqualifizierung wurden ausgeschlossen. Als
Angebotsthemen wurden in die engere Auswahl die Bereiche Umwelt, Energie,
Nachhaltigkeit und Corporate Social Responsibility (CSR) genommen. Zum jetzigen
Zeitpunkt der Untersuchung wurden insgesamt 57 öffentliche und private Anbieter mit
175 Angeboten erfasst.

5.5 Roadmap für Achtsamkeit: Walk-the-Talk als Notwendigkeit ökologischer Transformation

> *Also zu Beginn, als das Thema Achtsamkeit aufkam, da hatte ich Bilder im Kopf wie*
> *Meditation, In-sich-versunken-sein, da sitzen, vielleicht auch so etwas wie Entspannung, in*
> *der Art. Also um das mal so schlagwortartig zu nennen. Ich dachte mir es ist eine Art von*
> *Entspannungsprogramm, so in dieser Hinsicht. Was mir dann aber relativ schnell begegnet*
> *ist, dass Achtsamkeit mehr ist. Es begegnet mir hier bei allem was ich tue, wie ich es tue und*
> *mit wem ich tue. (I 1, Zeile 17).*

Die größte Herausforderung für eine achtsamkeitsorientierte Unternehmensentwicklung
besteht im „Walk the Talk" (V2, Zeile 199). Für einen Transfer der Inhalte aus dem
Achtsamkeitstraining zeichnen sich im Rahmen der Inhaltsanalyse in den Interviews mit
den verschiedenen Unternehmen und Gesprächspartnern sehr unterschiedliche Ansätze ab.

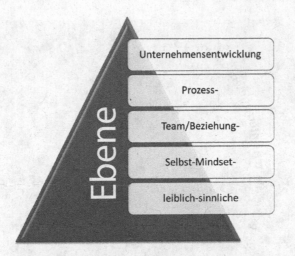

Abb. 5.5 Ebenen von Achtsamkeit im Unternehmen. Quelle: Eigene Darstellung

Die systematisch durchgeführte Auswertung der Interviews ermöglicht an dieser Stelle eine Zusammenfassung der Ergebnisse, die im engeren Sinne als eine „Roadmap für Achtsamkeit" im weiteren Sinne als „Roadmap für eine ökologische Transformation" gelesen werden kann und organisationales Handeln ermöglicht. In dem präsentierten Modell werden Ansatzpunkte für die Entwicklung von Koordinations- und Interaktionsstrukturen aufgezeigt und damit fundamentale Grundprozesse des sozialen Werdens von Achtsamkeit als Teil der unternehmerischen Praxis skizziert (vgl. Scharmer 2009, S. 301).

Die Gesprächspartner aus den Interviews verdeutlichen dabei, dass sich das Thema Achtsamkeit auf fünf verschiedenen Wahrnehmungs- und Handlungsebenen (s. Abb. 5.5) ansiedeln lässt. Um diese verschiedenen Ebenen im Rahmen einer Transformation adressieren zu können, zeichnet sich eine Vorgehensweise ab, die zunächst aus Gründen der Darstellbarkeit aus drei aufeinander folgenden Phasen besteht. Die unternehmerische Praxis zeigt jedoch, dass die Entscheidungen und Handlungen in den einzelnen Phasen (s. Abb. 5.6) zirkulär angelegt sind und aufeinander verweisen:

- Phase Boarding
- Phase Take-Off
- Phase Flight

5.5.1   Boarding: Der erste Schritt zur Achtsamkeit

Ich glaube das aller wichtigste, und die Nummer eins ist das Persönliche, das Eigene. Also erst mal geht es darum, dass wovon ich überzeugt bin selber wirklich auch zu machen. Und wenn ich das Gefühl habe, meine Abteilung macht da nicht genug mit, dann muss ich mich Fragen, mache ich selber denn schon genug vor. Dazu zählt auch, dass die Führungsmannschaft erkannt hat, dass es wichtig ist, dass Mitarbeiter ein gewisses Mindset haben und das es in ihrer Verantwortung liegt, dieses zu fördern (...) (II 1, Zeile 54).

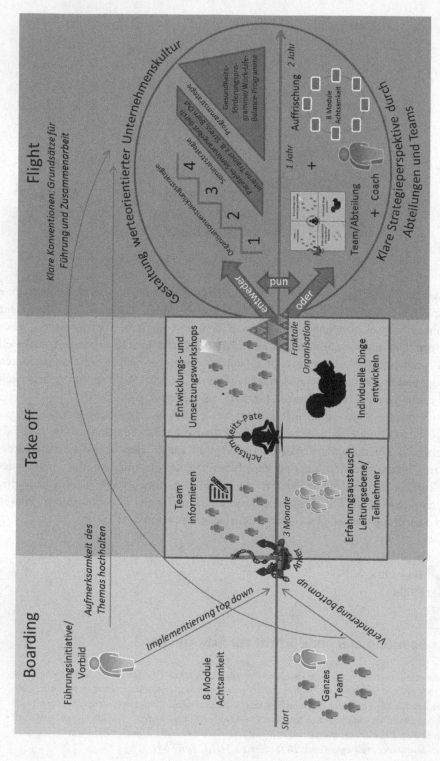

Abb. 5.6 Roadmap ökologischer Transformation am Beispiel Acht.samkeit. Quelle: Eigene Darstellung

Der erste Schritt zur Achtsamkeit für ein Unternehmen wird in der Rolle der Führungskräfte gesehen. Die Führungskräfte sind in aller Regel die Türöffner, um das Thema Achtsamkeit im Unternehmen top-down zu platzieren und Maßnahmen zur Implementierung zu ermöglichen. Als entscheidender Ausgangspunkt wurde durch die beteiligten Unternehmen die Teilnahme am Achtsamkeitstraining beschrieben. Dabei stellten sich zwei Vorgehensweisen als zweckmäßig für die Streuung des Themas im Unternehmen dar:

1. Ein Team mit Mitarbeitern und Führungskräften nimmt am Training geschlossen teil und setzt später gemeinsam entsprechende themenbezogene Veränderungsbedarfe um.
2. Die Führungsmannschaft eines Bereiches nimmt am Training teil und fungiert als Multiplikator für das Thema Achtsamkeit im eigenen Verantwortungsbereich.

Als unzweckmäßig hat sich eine Trainingsteilnahme nach dem Gießkannenprinzip erwiesen, weil hier später durch die Verinselung der Mitarbeiter und Führungskräfte Transferbemühungen nicht zu Stande kommen oder ins Leere laufen.

Über die Interviews hinweg besteht Einigkeit dahingehend, dass so genannte Anker für den Alltag ein Element für achtsames Handeln sind. Anker dienen der individuellen und gemeinsamen Erinnerung, um sich der eigenen Gewohnheiten und denen gegenüberstehendem erwünschten Verhalten bewusst zu werden. Zu solchen Ankern gehören zum Beispiel themenbezogene Postkarten, gestaltete „Stolpersteine", Erinnerungsbriefe, Outlook-Reminder oder auch eine regelmäßige gemeinsame Achtsamkeitspraxis wie zum Beispiel die Check-In-Meditation vor einer Besprechung.

5.5.2 Take-Off: Achtsamkeit braucht eine gemeinsam geteilte Kultur

(…) das sich die Kultur verändert, achtsame Organisation lebt ja dann aus sich heraus. Dann darf das nicht mehr an Personen hängen, dann muss das verankert sein. (II 2, Zeile 86)

Die wirkliche Startphase für die Etablierung von Achtsamkeit im Unternehmen beginnt dort, wo sich Führungskräfte und Mitarbeiter gemeinsam über ihre Arbeitspraxis austauschen. Achtsamkeit, so kann als Fazit formuliert werden, braucht gemeinsame Lern- und Handlungsräume (vgl. Klemisch et al. 2008. S. 114). Achtsamkeit als Seminarthema stellt sich zwar als einen Ausgangspunkt für Unternehmen dar, jedoch wird mit Blick auf die verschiedenen Wahrnehmungs- und Handlungsebenen deutlich, dass eine Achtsamkeit im Unternehmensalltag immer auch mit Fragen der Teamentwicklung und Prozessgestaltung zusammenhängt. In den Interviews wird darauf verwiesen, dass sowohl der Erfahrungsaustausch der Führungskräfte und Mitarbeiter als auch die Informationen der Mitarbeiter, die nicht am Training teilnehmen konnten, wertvoll sind. Achtsamkeit als Thema braucht darüber hinaus aufgrund vielfältigster Vorurteile eine „Entzauberung" um für ein unternehmensbezogenes Verständnis und Akzeptanz zu werben, denn Achtsamkeit ist nicht allein Meditation, sondern Alltagspraxis bei allen Aktivitäten.

Dabei wurde auch deutlich, dass mit der Information und dem Erfahrungsaustausch vielfältige Themen auf den Ebenen des Mindsets (z. B. Selbstführung, Zeitmanagement), der Teams (z. B. Regeln, Normen, Konventionen), der Prozesse (z. B. Ablage, unternehmensweiter Meeting-Zeitplan, Umgang mit Kundenanforderungen) und der Unternehmensentwicklung (z. B. Change von Kostenorientierung zu Wertorientierung) aufbrechen. Diese gilt es in themenbezogenen Entwicklungs- und Umsetzungsworkshops zu adressieren und zu gestalten.

Die Etablierung eines Achtsamkeits-Paten hat sich ebenfalls als wertvoll erwiesen. Dies kann auf Team-Ebene ein Mitarbeiter sein oder auf Unternehmens-Ebene eine Abteilung bzw. ein Team, welches sich sowohl strategisch als auch operativ dem Thema der Organisations- und Personalentwicklung widmet. Die Aufgabe eines Achtsamkeits-Paten besteht in mindestens folgenden Aspekten:

- wach halten des Themas durch Aufmerksamkeitslenkung
- achten auf Einhaltung abgestimmter Vereinbarungen und Verhaltensregelungen
- Prozesstreiber und –unterstützer für anstehende Entwicklungsbedarfe
- Analyse der Entwicklungsermöglicher und –barrieren

Als zentrale Einsicht zeigt sich bei den interviewten Führungskräften, dass es das Thema Achtsamkeit in einem bestimmten Unternehmen „nicht gibt". So wird immer wieder deutlich, dass ein Unternehmen als fraktale Organisation zu denken ist, da die Umsetzung von Achtsamkeit immer von den individuellen Akteuren abhängig ist. Bestehen auch in der Organisation Strategien für einen achtsamen Unternehmensalltag, so zeigt sich doch, dass die Umsetzung in der individuellen Verantwortung der Führungskräfte auf ihrer jeweiligen Führungsebene liegt. Als Hauptkritikpunkt wurde angeführt, dass zum einen nicht alle Führungskräfte und/oder Mitarbeiter am Achtsamkeitstraining teilgenommen haben und dass zum anderen die Bereitschaft zur Umsetzung sehr verschieden ist und auch der Wille der obersten Unternehmensführung nicht zwingend zu einer veränderten Verhaltensweise auf der Abteilungs- oder Teamebene führt. Es gibt nicht „das" Unternehmen, sondern nur Menschen, die in ihrer Arbeit gemeinsam einen Weg gehen, um ein gemeinsames Ziel zu erreichen.

5.5.3 Flight: Achtsamkeit im Unternehmensalltag braucht eine klare Strategie

(...) aber da mag mich meine Erinnerung täuschen. Das Thema Achtsamkeit ist mit losgetreten worden auf einem Programm, welches bei uns heißt [Balance at Work, Anonymisierung des Verfassers]. [Balance at Work] das kann halt alles Mögliche sein. Das ist wirklich ein Programmrahmen unter dem verschiedene Initiativen zum Teil auch vor Ort Initiativen gestartet werden. Jetzt ist [Unternehmensname] ja ein relativ großer Konzern mit unterschiedlichsten Standorten und ich habe unseren Vorstandsvorsitzenden selber mal in einem Besuch der leitenden Angestellten sagen hören, dieses [Balance at Work] sei ihm ein bisschen dubios, weil das könnte ja alles und nichts sein. Da würde ihm ein bisschen die Struktur fehlen. Irgendwo wird eine Turnhalle gebaut, irgendwo anders wird ein Zumba Kurs organisiert und so fallen wir da halt auch mit drunter. (V 2, Zeile 129)

Die Annahme einer fraktalen Organisation führt in zwei grundsätzliche Vorgehensweisen, um die Nachhaltigkeit des Achtsamkeitstrainings und die Entwicklung einer achtsamen Unternehmung strategisch und systematisch sicherzustellen:

Auf Ebene des Unternehmens (1) steht der Wunsch nach und die Gestaltung einer wertorientierten Unternehmenskultur im Mittelpunkt. Bei dieser Gestaltung wird der Mensch als wesentlicher Wertschöpfungsfaktor und als zentrales Gut unternehmerischen Handelns angesehen. Die beteiligten Unternehmen verfolgen hier drei Ansätze nachhaltiger Entwicklung. In den Gesprächen wurde dazu verdeutlicht, dass insbesondere das Zusammenspiel der folgenden drei Strategieansätze am erfolgversprechendsten erscheint, da eine singuläre Strategie zu viele Aspekte unternehmerischen Handelns vernachlässigt.

a) Eine Organisationsentwicklungsstrategie nach einem Stufenmodell, welche die Selbstentwicklung, die Teamentwicklung, die Schnittstellenentwicklung und die Unternehmensentwicklung systematisch und schrittweise von unten nach oben aufeinander bezieht.

b) Eine Seminarstrategie, die vielfältige Angebote für Mitarbeiter bereithält, um sich mit achtsamkeitsbezogenen Inhalten auseinander zusetzen. Die Einbindung der Führungskräfte zur Transfersicherung wird hier als wichtig erachtet.

c) Eine Programmstrategie, bei der entsprechend gesellschaftlicher Trends Gesundheitsförderungsprogramme oder Work-Life-Balance-Programme als unternehmensweite Angebote entwickelt und etabliert werden.

Alternativ oder in Ergänzung dieser Vorgehensweisen wird eine klare Strategieperspektive auf Ebene der Teams und Abteilungen (2) formuliert. Hier wird eindeutig durch die Interviewpartner für die Eigeninitiative der Führungskräfte und Teams plädiert. Bei dieser Vorgehensweise geht es zum einen um die intensivierte und systematisch vorangetriebene Umsetzungsgestaltung aus der Phase Take-Off und zum anderen um die Transfersicherung des Gelernten aus dem Achtsamkeitstraining durch eine mögliche Prozessbegleitung (z. B. Achtsamkeitscoach) oder inhaltlichen Auffrischung der einzelnen Module ca. ein bis zwei Jahre nach Abschluss der Trainingsmaßnahme.

5.6   Programmanalyse: Umweltbezogene Bildung ohne Umwelt und ohne ein „Selbst"

Für die Analyse der Daten aus der Programmanalyse spielen drei verschiedene Bereiche eine zentrale Rolle:

1. Betrachtung der adressierten ökologisch relevanten Handlungsebenen
2. Erfassung der ökologischen Grundorientierung und der erweiterten Partizipationsportale
3. Zuordnung der Angebotsinhalte zu den Performancefeldern nachhaltigen Wirtschaftens und den Schlüsselkompetenzen der Bildung für nachhaltige Entwicklung

Zu 1.: Die oben angesprochenen verschiedenen Ebenen von Achtsamkeit, die ebenso von Prosch (2000, S. 28.f/73) und von Schume (2009, S. 66) als Handlungsebenen für Fragestellungen der Organisationsanalyse und der didaktischen Analyse formuliert wurden, können in der Programmanalyse nicht repliziert werden. Bei den Bildungs- und Beratungsangeboten ist einerseits eine klare Dominanz für die Ebene der Organisation zu beobachten, wobei in den Angeboten selbst die Organisationen kaum adressiert werden, sondern entsprechende Funktionsinhaber wie zum Beispiel Energie- und Umweltmanagementbeauftragte, –manager oder –auditoren. Andererseits zeichnet sich eine Dominanz der Technologie und technologischer Innovationen als maßgebliche Handlungsziele ab. Die Ebene des Subjektes (Selbst), die Beziehungs-/Interaktionsebene und die Systemebene des organisationalen Feldes bleiben nahezu unberücksichtigt. Hinsichtlich einer auf Nachhaltigkeit abzielenden Haltung, Einstellung und Verhaltensweise wird kaum eine Adressierung der Teilnehmer vorgenommen. Der theoretisch formulierte Zusammenhang aus Selbstveränderung und Kontextveränderung (s. Abb. 5.3) erscheint hier zu wenig berücksichtigt.

Zu 2.: Gieseke et al. (2005, S. 52 ff.), und Robak (o.J., S. 13) stellen für den Bereich der kulturellen Bildung verschiedene Partizipationsportale dar, die als Kategorien für eine ökologische Grundorientierung von Bildungsangeboten genutzt werden können. Bei den analysierten Angeboten dominieren ein (1) rezeptiver Zugang (die Rolle kognitiver Aneignung steht im Mittelpunkt), ein (2) technisch-apparativer Zugang (Faktenwissen zur Handhabung eines Objektes und Vollzug konkreter Handlungen), ein (3) kreativer Zugang (erlernen kultureller Praktiken als selbsttätiges tun), produktiver Zugang (verantwortliches tätig sein in der Praxis, welches passiven Konsum überwindet) und ein verstehender/ kritisch-analytischer Zugang (Differenzierungsvermögen für die Beurteilung komplexer gesellschaftlicher Strukturen und umweltpolitischer Maßnahmen). Folgende Grundorientierungen für ökologisches Handeln bleiben unberücksichtigt:

- Ästhetisch-sinnlicher Zugang (differenzierte Wahrnehmung von Freude, Genuss, Gefühle und Sensibilität)
- ethischer Zugang (verantwortungsvolle Lebensführung durch Berücksichtigung der Wechselwirkung eigener Lebensweise auf die Gesellschaft)
- Bewusstseinsbildung (Einsicht über die Balance innerer Möglichkeiten und äußerer Notwendigkeiten)

Zu 3.: Mit Bezug auf die Analyse der Performancefelder nachhaltigen Wirtschaftens nach Klemisch et al. (2008, S. 103) und der Analyse der Schlüsselkompetenzen der Gestaltungskompetenz nach de Haan (2008, S. 32) kann verdeutlicht werden, dass sich die Zugangsweisen der Programme weniger auf eine tatsächliche umweltbezogene nachhaltige Entwicklung beziehen. Vielmehr verdeutlichen sie, dass sich die Angebote innerhalb des Status quo ökonomischer Marktlogik bewegen. Während die Gestaltungskompetenz des Konzeptes der Bildung für nachhaltige Entwicklung eher versucht auf normativer Ebene einen Ausgleich des gesellschaftlichen Metabolismus und deren Folgen für die

Performanzfelder nachhaltigen Wirtschaftens	N	Beispiele
Aus- und Weiterbildung	9	Für die Planung, Durchführung und Auswertung interner Audits bzw. Umweltbetriebsprüfungen sind geeignete Mitarbeiter zu qualifizieren. (001 023, TEQ Q-DAS Group)
Leitbild & Strategie	58	Dynamische Unternehmen welche die Nachhaltigkeit in das Zentrum ihrer Innovations-Strategie stellen, können sich diese Kundensegmente erschließen. Mindestens genau so wichtig: Sie zwingen sich selbst ihr Leistungsangebot und ihr Geschäftsmodell radikal neu zu überdenken. (001 025, baytech)
Managementprozesse	32	Herangehensweise an die Optimierung des Energieverbrauchs - u. a. Einführung von Energiemanagementsystemen (001 006, IHK Hannover)
Management/Organisation und Führung	38	In Form einer begleitenden Projektarbeit gestalten die Teilnehmer eine spezifische CSR-Strategie und einen praktischen Handlungsplan für die eigene Organisation und erhalten somit Lösungen für konkrete Fragestellungen für ihre tägliche Praxis. (001 019 IHK Nürnberg)
Personal ???	14	Mitarbeiter als wichtigste Ressource des Unternehmens fördern und Ausbildungsalltag aufwerten (001 008 IHK München)
Kooperationen ???	10	dass die Azubis gemeinsam mit ihrem Ausbildungsleiter oder einem Energie-Ansprechpartner im Betrieb ein eigenes Energieeffizienzprojekt ausarbeiten,
Praxisbeispiele	9	Erfahrungsberichte zum Einsatz von BHKW in Unternehmen wird der Praxisbezug vertieft. (001 007-2 MIE)
Recht/Politik	75	Sie erhalten einen fundierten Einblick in die verschiedenen Umweltrechtsbereiche. Sie kennen wesentliche Haftungsregelungen. (001 035 DGQ)
Technologie	52	Im Rahmen des IHK-Fachforums werden Wertschöpfungspotenziale und Anwendungen für produzierende Unternehmen zur Nutzung von Big Data vorgestellt - mit besonderem Fokus auf den Aspekt der Energieeffizienz (001 020 IHK Nürnberg)
Innovationen	5	Nachhaltigkeitsstrategien fördern Kundengewinnung, Kundenbindung, Innovation, Kostenreduktion, Mitarbeiterzufriedenheit & Produktivität und die Unternehmensreputation und helfen gleichzeitig Risiken zu vermeiden. (001 023, CSR Initiative Rheinland)
Kunden/Produkte/Image	56	Verbesserung Ihres Unternehmensimage – Vermittlung von Authentizität, Glaubwürdigkeit und Vertrauen in einer integrierten Nachhaltigkeitskommunikation (001 019 IHK Nürnberg)
Produktion/Dienstleistung	24	Verbesserung der Ökoeffizienz von Produktion und Produkten (001 058 TÜV Rheinland)
Finanzen/ Kosten/Controlling	82	Energieeffizienz und Energiemanagementsysteme - Kosten senken und Steuern sparen (001 002 Umweltforum Saar)
Regionale Wirtschaft und globale Verantwortung	23	Beteiligen Sie sich an den für Ihr Unternehmen relevanten Themengruppen und gestalten Sie Ihren Standort konkret in Kooperation mit anderen Unternehmen, gemeinnützigen Organisationen und öffentlichen Einrichtungen (001 023 CSR Initiative Rheinland)

Abb. 5.7 Performancefelder nachhaltigen Wirtschaftens. Quelle: Eigene Darstellung in Anlehnung an Klemisch et al. 2008, S. 103

Umwelt zu schaffen, zeigt die Analyse der Programme in Bezug auf die Performancefelder nachhaltigen Wirtschaftens auf, dass das ökonomische System mit seiner Markt- und Produktionslogik als normatives Zielsystem weiterhin fungiert.

Mit Hilfe der Abb. 5.7 und den darin aufgeführten Ankerbeispielen kann aufgezeigt werden, dass sich die Angebote auf den Gegenstand der Umwelt-/Energie-/Nachhaltigkeits-Managementsysteme mit den darauf thematisch bezogenen Management- und Geschäftsprozessen beziehen. Die Angebote können dabei in vier Kategorien eingeordnet werden, wobei in verschiedenen Angeboten auch mehrere Kategorien (s. Abb. 5.7) beobachtbar sind:

1. kaufmännische Angebote haben häufig einen materiellen Fokus und das Thema Beschaffung ist zentraler Gegenstand
2. technische Angebote betrachten häufig Energie als zentrale Ressourcen und fokussieren die technologische Optimierung durch eine Förderung der Öko- und Energieeffizienz
3. legitimative Angebote konzentrieren sich auf soziale Kontexte und Stakeholder wie zum Beispiel Kunden, indem sie aufzeigen, wie eine entsprechende Dokumentation und Nachhaltigkeitsberichterstattung gestaltet werden kann

4. gesetzlich/rechtliche Angebote adressieren institutionelle Kontexte, um eine Transparenz und Umsetzung von Vorschriften, Verordnungen und Gesetzen zu unterstützen

Entsprechend dieser Schwerpunktsetzungen zeigt die Analyse, dass die eher normativ anmutenden Schlüsselkompetenzen der Bildung für nachhaltige Entwicklung nicht adressiert werden. Ohne an dieser Stelle auf die einzelnen Schlüsselkompetenzen einzugehen, soll jedoch hervorgehoben werden, dass die Kompetenz zum Umgang mit unvollständigen und überkomplexen Informationen sowie die Kompetenz zum eigenständigen Planen und Handeln im Vordergrund stehen. In der vergleichenden Betrachtung von Seminarangeboten für Funktionsträger und Beratungsangebote für Organisationen kann an dieser Stelle verdeutlicht werden, dass die Programmangebote sich im Wesentlichen auf die Einführung und Umsetzung von Energie- und Umweltmanagementsystemen zur Steigerung der Öko- und Energieeffizienz beziehen (s. Abb. 5.8). Die Angebote haben entweder für die Funktionsträger damit das Ziel Manager, Berater oder Auditoren für Energie- und Umweltmanagementsysteme auszubilden oder aber die Beratungsangebote stellen Dienstleistungen zur Verfügung, um für die Unternehmen die umweltpolitischen Auflagen zu erfüllen. Beratungsangebote thematisieren im Wesentlichen die extern durchgeführte Analyse, Entwicklung, Implementierung oder Zertifizierung von Energie- und Umweltmanagementsystemen oder die Durchführung von entsprechenden Audits.

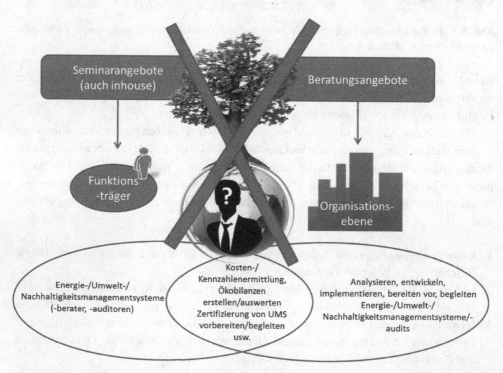

Abb. 5.8 Umweltbezogene Bildung ohne Umwelt und ohne ein „Selbst". Quelle: Eigene Darstellung

5.7   Schlussfolgerung

Mit den dargestellten Ergebnissen, insbesondere zur Programmanalyse mit den vielfältigen Bildungsangeboten, kann zwar eine positive ökologische Lenkungswirkung von gesetzlichen Regelungen und der EU- Steuerpolitik nachvollzogen werden, aber eine Adressierung von Mitarbeitern wie zum Beispiel Schlosser, Sekretärinnen, Vertriebsmitarbeitern u. a. mit ihren konkreten umwelt- und nachhaltigkeitsbezogenen Handlungsvollzügen erfolgt nicht. Entsprechend der Interaktionsannahme von Mensch, Technik und Organisation (MTO) aus der Arbeitspsychologie und der Produktionswissenschaft (vgl. Strohm 1997, S. 10) für ein reibungsloses soziotechnisches System kann hier das Fazit gezogen werden, dass die Umwelt und der Mensch kaum einen eigenständigen Wert haben, sondern als eine Art Restfunktion technikorientierten und marktorientierten wirtschaftlichen Handelns betrachtet werden. Eine notwendige ökologische Transformation erscheint in dieser Perspektive als unwahrscheinlich, weil als normatives Referenzmodell nach wie vor der „Ordoliberalismus" (Enste und Hüther 2011, S. 32) zu bestehen scheint, dem ein Wohlfahrtsverständnis zugrunde liegt, das auf materiellem Wohlstand durch Effizienz beruht.

Entsprechend der aufgezeigten Ergebnisse scheint es zukünftig als notwendig, stärker die Unternehmen und Organisationen als Gestaltungseinheit für eine nachhaltige Entwicklung zu adressieren. Die Roadmap für Achtsamkeit im Unternehmensalltag gibt hier erste Impulse dafür, wie eine ökologische Transformation unter Einbindung des Subjekts und des Kontexts erfolgen kann. Für die Dimensionen des Nachhaltigkeitsdreiecks gilt es hier Ansätze auszuloten, wie eine Roadmap zur ökologischen Transformation gestaltet sein kann. Entsprechend des Wohlfahrtsverständnisses des Ordoliberalismus zeigen die Ergebnisse einen umweltpolitischen Handlungsbedarf auf, der das Verständnis der Rolle des Staates und des Marktes ergänzt. Entsprechend der Annahme von Schrade (1993, S. 35 ff.) kann hier die Schaffung eines Ökoliberalismus als ein normatives Referenzmodell für eine nachhaltige Ordnungs- und Sozialpolitik und damit für ein nachhaltiges Wirtschaften angenommen wird.

Literatur

Becker, E. (2006). Soziale Ökologie - Konstitution und Kontext. In Becker, E. & Jahn, T. (Hg.). Soziale Ökologie : Grundzüge einer Wissenschaft von den gesellschaftlichen Naturverhältnissen. S. 29–89, Frankfurt [u.a.]: Campus Verl.

Beschorner, T. & Behrens, T. & Hoffmann, E. & Lindenthal, A. & Hage, M. & Thierfelder, B. & Siebenhühner, B. (2005). Institutionalisierung von Nachhaltigkeit. Eine vergleichende Untersuchung der organisaitonalen Bedürfnisfelder Bauen & Wohnen, Mobilität und Information & Kommunikation. Marburg: Metropolis Verlag.

Bertram, H. (1982). Von der Schichtspezifischen zur sozialökologischen Sozialisationsforschung. In Vaskovics, L.A. (Hg.). Umweltbedingungen familialer Sozialisation. Beträge zur sozialökologischen Sozialisationsforschung. S. 25–54, Stuttgart: Ferdinand Enke Verlag.

Beckmann, M. & Krohns, H.-C. & Schneewind, K.A. (1982). Ökologische Belastungsfaktoren, Persönlichkeit Variablen und Erziehungsstil als Determinanten sozialer Scheu bei Kindern. In Vaskovics, L.A. (Hg.). Umweltbedingungen familialer Sozialisation. Beträge zur sozialökologischen Sozialisationsforschung. S. 143–167, Stuttgart: Ferdinand Enke Verlag.

BLK (1999). Bildung für eine nachhaltige Entwicklung – Gutachten zum Programm von Gerhard de Haan und Dorothee Harenberg. Heft 72; Bund-Länder-Kommission für Bildungsplanung und Forschungsförderung (BLK), Bonn. (verfügbarunter: http://www.blk-bonn.de/papers/heft72.pdf, aufgerufen am: 14.10.12).

Bolscho, D. (2001). Vom Nutzen und Nachteil der Typenbildung für (Umwelt-)Bildungsprozesse. In de Haan, G. & Lantermann, E.-D. & Linneweber, V. & Reusswig, F. (Hg.). Typenbildung in der sozialwissenschaftlichen Umweltforschung. S. 279–291, Opladen: Leske + Budrich.

Bronfenbrenner, U. (1981). Die Ökologie der menschlichen Entwicklung. Natürliche und geplante Experimente. Stuttgart: Klett-Cotta.

Büntig, W. (2010). Vorwort. In. Lowen, A. (2010). Bioenergetik für Jeden: das vollständige Übungshandbuch, 15. Auflage, S. I–IV, München: Kirchheim.

de Haan, G. (2008). Gestaltungskompetenz als Kompetenzkonzept der Bildung für nachhaltige Entwicklung. In Bormann, I. & de Haan, G. (Hg.). Kompetenzen der Bildung für nachhaltige Entwicklung. Operationalisierung, Messung, Rahmenbedingungen, Befunde. S. 23–44,Wiesbaden: VS Verlag.

Dippelhofer-Stiem, B. (1995). Sozialisation in ökologischer Perspektive. Eine Standortbestimmung am Beispiel der frühen Kindheit. Opladen: Westdeutscher Verlag.

Dlugosch, G.E. & Dahl, C. (2012) Die Rolle der Selbstwirksamkeit und Achtsamkeit bei der Gesundheitsförderung von sozial benachteiligten Menschen – eine Projektdokumentation. In Bundeszentrale fur gesundheitliche Aufklarung (BZgA) (Hrsg). Forschung und Praxis der Gesundheitsforderung, Band 39, Köln.

Enste, D.H. & Hüther, M. (2011). Verhaltensökonomik und Ordnungspolitik. Zur Psychologie der Freiheit. IW Köln. Beiträge zur Ordnungspolitik aus dem Institut der deutschen Wirtschaft, Köln, Nr. 50.

Gieseke, W. & Opelt, K. & Stock, H. & Börjesson, I. (2005). Kulturelle Erwachsenenbildung in Deutschland. Exemplarische Analyse Berlin/Brandenburg (Europäisierung durch kulturelle Bildung 1). München: Waxmann.

Haag, D. & Matschonat, G. (2002). Zur Abgrenzung ökologischer Wissenschaft und ihrer Gegenstände In Lotz, A. & Gnädinger, J. (Hg.). Wie kommt die Ökologie zu ihren Gegenständen. S. 87–105, Frankfurt a.M.: Peter Lang,.

Hasenclever, W.-D. (1987). Gedanken zur Konzeption einer ökologischen Pädagogik In Becker, E. & Ruppert, W. (Hrsg). Ökologische Pädagogik. Pädagogische Ökologie. S. 91–102, Frankfurt a.M.: Verlag für Interkulturelle Kommunikation.

Henze, C. (1998). Ökologische Weiterbildung in Nordrhein-Westfalen: eine empirische Studie zur Programmplanung und Bildungsrealisation an Volkshochschulen. Münster: Waxmann.

Huber, J. (1995). Nachhaltige Entwicklung. BerlIn edition sigma.

Jetzkowitz, J. (2010). „Menschheit", „Sozialität" und „Gesellschaft" als Dimensionen der Soziologie. Anregungen aus der Nachhaltigkeitsforschung „Menschheit", „Sozialität" und „Gesellschaft" als Dimensionen der Soziologie. In Albert, G. & Geshoff, R. & Schützeiche, R. (Hg.). Dimensionen und Konzeptionen von Sozialität. S. 257–268, Wiesbaden: VS Verlag.

Kets de Vries, M. F. R. (2006). The Leader on the couch : a clinical approach to changing people and organizations (Repr.). Hoboken: Wiley.

Kleine, A. (2009). Operationalisierung einer Nachhaltigkeitsstrategie: Ökologie, Ökonomie und Soziales integrieren. Wiesbaden: Gabler.

Klemisch, H. & Schlömer, T. & Tenfelde, W. (2008). Wie können Kompetenzen und Kompetenzentwicklung für nachhaltiges Wirtschaften ermittelt und beschrieben werden. In Bormann, I. & de Haan, G. (Hg.). Kompetenzen der Bildung für nachhaltige Entwicklung. S. 103–122, Wiesbaden: VS Verlag für Sozialwissenschaften.

Laing, R. D. (1972). Das geteilte Selbst : eine existentielle Studie über geistige Gesundheit und Wahnsinn. Köln: Kiepenheuer & Witsch.

Lair, J. C. & Lechler, W. H. (1985). Von mir aus nennt es Wahnsinn: Protokoll einer Heilung. 3. Aufl.,. Stuttgart: Kreuz-Verlag.

Loew, T. & Ankele, K. & Braun, S. & Clausen, J. (2004). Bedeutung der internationalen CSR-Diskussion für Nachhaltigkeit und die sich daraus ergebenden Anforderungen an Unternehmen mit Fokus Berichterstattung, Endbericht, Münster.

Lüscher, K. & Fisch, R. & Pape, T. (1985). Die Ökologien von Familien. In Zeitschrift für Soziologie, Jg. 14, H. 1, 13–27.

Lüscher, K. (1982). Ökologie und menschliche Entwicklung in soziligischer Sicht - Elementeeiner pragmatisch-ökologischen Sozialisationsforschung. In Vaskovics, L.A. (Hg.). Umweltbedingungen familialer Sozialisation. Beträge zur sozialökologischen Sozialisationsforschung. S. 73–95, Stuttgart: Ferdinand Enke Verlag.

Mayring, P. (2003). Qualitative Inhaltsanalyse. Grundlagen und Techniken. Weinheim & Basel: Beltz Verlag.

Michelsen, G. & Rode, H. & Wendler, M. & Bittner, A. (2013). Außerschulische Bildung für nachhaltige Entwicklung: eine Bestandsaufnahme am Beginn des 21. Jahrhunderts. München: oekom verlag.

Negt, O. (1993). Wir brauchen eine zweite gesamtdeutsche Bildungsreform. In Gewerkschaftliche Monatshefte, Heft 11, 657–668. [Abrufbar unter: http://195.243.222.33/gmh/main/pdf-files/gmh/1993/1993-11-a-657.pdf]

Nolda, S. (2003). Paradoxa von Programmanalysen. In Gieseke, W. (Hg.). Institutionelle Innensichten der Weiterbildung. S. 212–227, Bielefeld: Bertelsmann Verlag.

Prosch, B. (2000). Praktische Organisationsanalyse: ein Arbeitsbuch für Berater und Führende. Leonberg: Rosenberger Fachverlag.

Rauch, F. & Steiner, R. & Streissler, A. (2008). Kompetenzen für Bildung für nachhaltige Entwicklung von Lehrpersonen: Entwurf für ein Rahmenkonzept. In Bormann, I. & de Haan, G. (Hg.). Kompetenzen der Bildung für nachhaltige Entwicklung. Operationalisierung, Messung, Rahmenbedingungen, Befunde. S. 141–157, Wiesbaden: VS Verlag.

Rieckmann, M. (2010). Die globale Perspektive der Bildung für eine nachhaltige Entwicklung: eine europäisch-lateinamerikanische Studie zu Schlüsselkompetenzen für Denken und Handeln in der Weltgesellschaft. BerlIn BWV Berliner Wissenschaftsverlag.

Ries, H.A. (1982). Fünf Forderungen zur Konzeptualisierung familiärer Umwelt aus Sicht ökologischer Sozialisationsforschung. In Vaskovics, L.A. (Hg.). Umweltbedingungen familialer Sozialisation. Beträge zur sozialökologischen Sozialisationsforschung. S. 96–119, Stuttgart: Ferdinand Enke Verlag.

Rink, D. & Wächter, M. (2004). Vorwort. In Rink, D. & Wächter, M. (Hg.). Naturverständnisse in der Nachhaltigkeitsforschung. S. 7–10, Frankfurt: Campus.

Rink, D. & Wächter, M. & Potthast, T. (2004). Naturverständnisse in der Nachhaltigkeitsdebatte: Grundlagen, Ambivalenzen und normative Implikationen. In Rink, D. & Wächter, M. (Hg.). Naturverständnisse in der Nachhaltigkeitsforschung. S. 11–34, Frankfurt: Campus.

Robak, S. (o.J.). Programmanalysen: Einführung in die Erstellung von Codiersystemen. [Verfügbar unter: http://www.die-bonn.de/institut/dienstleistungen/servicestellen/programmforschung/Methodische_Handreichungen/codiersysteme/Programmanalyse-Codesysteme-Robak.pdf, aufgerufen am: 13.09.2013].

Scharmer, C.O. (2009). Theorie U - Von der Zukunft her führen. Carl Auer Verlag, Heidelberg.

Schmidt, E. (2011). Altersbilder in der Erwachsenenbildung. Dissertation im Fachbereich Sozialwissenschaften der Technischen Universität Kaiserslautern. Unveröffentlichtes Belegexemplar.

Schume, C. (2009). Die österreichische Erwachsenenbildung auf dem Weg zu einer Profession. Eine analytische Betrachtung des Veranstaltungsprogramms des Bundesinstituts für Erwachsenenbildung St. Wolfgang im Zeitraum 1974–2007. Bundesministerium für Unterricht, Kunst und Kultur, Abteilung Erwachsenenbildung II/5 (Hg.). Materialen zur Erwachsenenbildung, 1/2009, Wien, [Verfügbar unter: http://erwachsenenbildung.at/downloads/service/materialien-eb_2009_1_OEEB.pdf, aufgerufen am: 14.09.2013].

Schrade, A. (1993). Mit Ökoliberalismus zur Ökostadt. In Buchmüller, L. & Fingerhuth, C. & Huber, B. (Hg.). Management der postmodernen Stadt. S. 23–42, Zürich: vdf.

Schüßler, I. (2007). Nachhaltigkeit in der Weiterbildung: theoretische und empirische Analysen zum nachhaltigen Lernen von Erwachsenen. Baltmannsweiler: Schneider Hohengehren.

Senge, P. M. & Scharmer, C. O. & Flowers, B. S. (2005). Presence: exploring profound change in people, organizations, and society. London: Doubleday.

Simon, F. B. & Clement, U. & Stierlin, H. (1999). Die Sprache der Familientherapie: ein Vokabular; kritischer Überblick und Integration systemtherapeutischer Begriffe, Konzepte und Methoden (5., völlig überarb. u. erw. Aufl.). Stuttgart: Klett-Cotta.

Stein, E. (1991). Einführung in die Philosophie. Freiburg: Herder Verlag.

Stieß, I. & Hayn, D. (2006). Alltag. In Becker, E. & Jahn, T. (Hg.). Soziale Ökologie : Grundzüge einer Wissenschaft von den gesellschaftlichen Naturverhältnissen. S. 211–223, Frankfurt [u.a.]: Campus Verl.

Stengel, M. (1999). Ökologische Psychologie. München: Oldenbourg.

Strohm, O. (1997). Unternehmen arbeitspsychologisch bewerten: ein Mehr-Ebenen-Ansatz unter besonderer Berücksichtigung von Mensch, Technik und Organisation. Zürich: vdf Hochschulverlag AG.

Tamjidi, C. & Kohls, N. (2013). Leben und Arbeiten im Augenblick. In Personalwirtschaft. Sonderheft 11/2013

Towers, J. & Kohler, M. (2008). Ökologie und Design. In Erlhoff, M. & Marshall, E. (Hg.). Board of International Research in Design. S. 297–299, Birkhäuser Verlag.

Vaskovics, L.A. (1982). Sozialökologische Einflussfaktoren familialer Sozialisation. In Vaskovics, L.A. (Hg.). Umweltbedingungen familialer Sozialisation. Beträge zur sozialökologischen Sozialisationsforschung. S. 1–24, Stuttgart: Ferdinand Enke Verlag.

Walch, S. (2011). Vom Ego zum Selbst. Grundlinien eines spirituellen Menschenbildes. München: O.W. Barth.

Wiedemann, P. (1995). Gegenstandsnahe Theoriebildung. In Flick, U. & Kardorff, E. v. & Keupp, H. & Rosenstiel, L. v. & Wolff, S. (Hg.). Handbuch qualitative Sozialforschung: Grundlagen, Konzepte, Methoden und Anwendungen. 2. Auflage, S. 440–445, Weinheim: Beltz.

Wilcox, B.A. & Aguirre, A.A. &, Daszak, P. & Horwitz, P. & Martens, P. & Parkes, M. & Patz, J.A. & Waltner-Toews, D. (2004). EcoHealth: A Transdisciplinary Imperative for a Sustainable Future. In EcoHealth Jg. 1, 3–5.

Nachhaltiges Management: Systemisch(er) Forschen und Lehren für eine gelebte Transdisziplinarität

Georg Müller-Christ

6.1 Transdisziplinarität als neue Herausforderung – auch der BWL

Es soll an dieser Stelle nicht intensiver diskutiert werden, ob die BWL die Interdisziplinarität als Erkenntnis- und Forschungszugang bereits vollständig internalisiert hat. Fakt ist sicherlich, dass sowohl psychologische und soziologische als auch ingenieurwissenschaftliche Erkenntnisse und Methoden in der BWL nicht neu sind. Diese gelebte Interdisziplinarität ist ein guter Startpunkt für eine Transdisziplinarität, aber kein Automatismus der Öffnung zu einem neuen Zusammenspiel von Wissenschaft und Praxis, wie es die transdiziplinäre Transformationsforschung fordert. Das Kräftespiel der Erkenntnisformen und -methoden wird auch in der BWL immer dilemmatischer: die Ausdifferenzierung in die Tiefe und Enge von Fragestellungen und Institutionen mit der Fokussicrung auf die quantitative Empirie nimmt zu, die sich deshalb insbesondere international durchsetzt, weil sie eine Formalsprache verwendet, die relativ akulturell ist. Der internationale Verständigungsraum über statistische Methoden der quantitativen empirischen Sozialforschung hat große Einlasstüren. Die Vermutung ist naheliegend – durchaus auch gestützt durch eigene Erfahrung –, dass die Türen für konzeptionelle und qualitativ-empirische Forschung in diesem Verständigungsraum deutlich kleiner sind. Die Formalsprache des Messens im Begründungszusammenhang von Hypothesen ist akulturell nachvollziehbar, die Textsprache im Entdeckungszusammenhang wie auch im Begründungszusammenhang ist an kulturell gebundenes Sprachverständnis gebunden. Die Textsprache fordert von den Gutachter_innen internationaler Journals wesentlich mehr Toleranz.

G. Müller-Christ (✉)
Fachgebiet Nachhaltiges Management, Universität Bremen,
Wilhelm-Herbst-Str. 12, Bremen 28359, Deutschland
e-mail: gmc@uni-bremen.de

© Springer Fachmedien Wiesbaden 2016
W. Leal Filho (Hrsg.), *Forschung für Nachhaltigkeit an deutschen Hochschulen*,
Theorie und Praxis der Nachhaltigkeit, DOI 10.1007/978-3-658-10546-4_6

Beide sprachlichen Vermittlungen von wissenschaftlichen Erkenntnissen schließen zunehmend Nicht-Wissenschaftlicher_innen aus dem Verständigungsraum aus. Diese Tendenz ist für die BWL, die sich seit ihren Anfängen als eine praktisch-normative Wissenschaft versteht, die Unternehmenshandeln erklären und gestalten will, besonders fatal. Die konzeptionelle Neugestaltung einer umwelt- und sozialverträglichen BWL wird von Praktiker_innen nicht gerne begleitet, weil diese viele bewährte Routinen betrieblicher Kostenexternalisierung in Frage stellt und damit praktische Entscheidungsprozesse, die nach Vereinfachung drängen, weiter verkompliziert. Die quantitativ-empirische BWL hingegen schafft aufgrund ihrer deduktiv-analytischen Erkenntnisperspektive kaum Neuerungen, sondern erklärt und begründet nur das faktische Unternehmenshandeln, um es dann neu zu umschreiben. Die dabei gewählte Formalsprache verhindert, dass Praktiker_innen die Begründungswege nachvollziehen können und überlässt es ihnen, sich Fragestellungen und Gestaltungsempfehlungen unkritisch anzueignen.

In der neuen Debatte um Transdisziplinarität drückt sich der altbekannte Gegensatz von Theorie und Praxis oder von Wissenschaft und Praxis aus. Sie äußert sich in zahlreichen Alltagsdiskussionen, in denen über unpraktische Theorien versus handlungsnahes Alltagswissen gestritten wird. Die vermittelnde Antwort auf diese unfruchtbare Debatte ist die praxistheoretisch fundierte Unterteilung in theoretische (wissenschaftliche) Praxis und praktische (alltägliche) Praxis. Beide Praktiken produzieren Erkenntnisse, hier die theoretische Erkenntnis, dort die praktische Erkenntnis, die in der Transdisziplinarität gleichberechtigt nebeneinander gestellt werden.

Die Diskussion um Transdisziplinarität und Transformation des Wirtschaftssystems, beispielsweise hin zu einer Bioökonomie, steckt noch in ihren Anfängen und erschöpft sich in Plädoyers für ein anderes – eben transdisziplinäres – Wissenschaftssystem, die weitgehend außerhalb des Systems geführt werden (z. B. Oekom 2015). Dabei scheint es eine weitgehende Einigkeit darüber zu geben, was transdisziplinäre Forschung tut (Bergmann et al. 2005, S. 15):

- Sie greift lebensweltliche Problemstellungen bzw. Fragen auf,
- sie bezieht bei der Beschreibung der daraus resultierenden Forschungsfragen und deren Behandlung Fächer bzw. Disziplinen problemadäquat ein (Differenzierung) und überschreitet bei der Bearbeitung die Disziplin- und Fachgrenzen,
- sie bezieht das Praxiswissen ein, das für die angemessene Behandlung der Fragestellungen notwendig ist und stellt den Praxisbezug so her, dass er für die problemadäquate Entwicklung und Umsetzung von Handlungsstrategien dienlich ist,
- sie gewährleistet im Projektablauf die Anschlussfähigkeit von Teilprojekten und -aufgaben, betreibt die fächerübergreifende Integration wissenschaftlichen Wissens und verknüpft damit das Praxiswissen in geeigneter Weise (transdisziplinäre Integration),
- um daraus neue wissenschaftliche Erkenntnisse bzw. Fragestellungen und/oder praxisrelevante Handlungs- und Lösungsstrategien zu formulieren (transdisziplinäre Integration 2) sowie diese in die Diskurse im Praxisfeld und in der Wissenschaft einzubringen (Interventionen).

Diese transdisziplinäre Forschung benötigt eine eigene Sprache, die sowohl Praktiker_innen als auch Wissenschaftler_innen sprechen und verstehen können. Sprache ist die Voraussetzung jeder Erkenntnis. Als eine solche Sprache wird an dieser Stelle die Raumsprache vorgeschlagen, so wie sie in Systemaufstellungen verwendet wird. Systemaufstellungen erlauben es den Beteiligten transdisziplinärer Forschungsprozesse, innerhalb kürzester Zeit den gemeinsamen Verständigungsraum zu betreten und Fragen und Themen auszuhandeln und zu analysieren, ohne zuvor die üblichen Verständigungsprobleme der Formal- und Textsprache bewältigen zu müssen.

Das Potenzial der transverbalen Raumsprache ist für die Wissenschaft noch nicht erschlossen. Dieser Weg soll hier begonnen werden. Er startet mitten in einer systemischen BWL, die parallel zu einer rational-analytischen BWL, welche eher in die Tiefe als in die Breite forscht, einen weiteren Blick auf das ganze wirtschaftliche Geschehen sucht und alle Akteurinnen und Akteure mit ihren Institutionen und Entscheidungsprämissen gleichzeitig in einer Raum-Zeit-Verdichtung zur Sprache bringen will. Komplexität zu visualisieren, Beziehungsmuster zu analysieren und Interventionen zu simulieren, sind die Ziele dieses systemischen Forschungsansatzes für ein nachhaltigeres Management. Und weil es nicht den Entweder-Oder-Gegensatz von systemisch zu nicht-systemisch gibt, sondern Forschung und Lehre nur systemischer werden können, wird im Weiteren häufig die Form systemisch(er) verwendet.

6.2   Systemisch(er) in der Betriebswirtschaftslehre

Die meisten Forschenden in der Betriebswirtschaftslehre denken bei „systemisch" wohl an die Einführung der Denkwelt des Unternehmens als System durch Hans Ulrich im Jahr 1968. Die Erkenntnisfortschritte, die durch diese Perspektive gemacht wurden, waren beachtlich. Gleichwohl gibt es in der BWL noch sehr wenig systemische Forschung, in der nicht der Erkenntnisgegenstand als System betrachtet wird, sondern der Erkenntnisprozess systemisch(er) ausgerichtet wird. Was zeichnet also eine systemische(re) Forschung aus?

Die Community der systemischer ausgerichteten Forschenden außerhalb der BWL zeichnet sich durch Vielfalt und Heterogenität aus, die noch kein einheitliches Verständnis einer systemischen Forschung ermöglicht hat (Schweitzer und Ochs 2012). Der naheliegenden Vorstellung, dass systemische Forschung eine konzeptionelle oder empirische Erfassung, Analyse und Modellierung von Systemen, ihrer Strukturen, Funktionen und Dynamiken ist (Schiepek 2012), wird nur ansatzweise gefolgt. Sie ist noch sehr stark am Erkenntnisgegenstand orientiert, Unternehmen als Systeme zu beschreiben und zu erklären. Ein Erkenntnisprozess ist hingegen dann systemisch(er), wenn er den folgenden Kriterien gerecht(er) wird (Arnold 2012):

- Alle Unterscheidungen werden als Unterscheidungen eines oder einer Beobachtenden modelliert. Es gibt keine Beobachtung ohne eine/n Beobachtenden und damit gibt es auch keine Erkenntnis außerhalb von Beobachtenden. Subjektivität ist die Voraussetzung von Erkenntnis, weil Erkenntnis immer das Beobachten eines Unterschieds ist. Beobachtet wird ein Unterschied zu dem vorhandenen Wissensbestand des Beobachtenden und nicht das Ontologische eines beobachteten Gegenstands.

- Wenn Erkenntnis immer die Erkenntnis eines Beobachtenden ist, so können andere diese Erkenntnis besser nachvollziehen, wenn sie den Standpunkt und die Interessen des Beobachtenden kennen (Selbstverortung der Beobachtenden).
- Forschung wird nach ihrer Nützlichkeit und Brauchbarkeit sowie nach Plausibilität bewertet, nicht nach dem Kriterium der Wahrheit: Ist der entdeckte Unterschied ein nützlicher Unterschied für die Anwender_innen oder Fragenden?
- Eine systemische Forschung ist vom Anspruch her keine aufdeckende Forschung, sondern eine rekonstruierende Forschung. Das Verstehen ist wichtiger als das Erklären.
- Der Blick auf den Erkenntnisgegenstand ist geprägt von der Suche nach Beziehungen und Interaktionen zwischen Systemelementen, in der Forschung des Autors vor allem auch auf Beziehungen zwischen nicht-menschlichen Entitäten, die sich nicht verbal ausdrücken können.

Beobachtung gilt in der Systemtheorie seit Bateson und Maturana als epistemologische Grundoperation. Nur durch Beobachtung kann etwas über die Welt ausgesagt werden. Das Ziel der Beobachtung sind Unterscheidungen. Beobachten ist das Bezeichnen der Innenseite einer Unterscheidung und nicht der Außenseite. Ohne Unterscheidung eines Innen und eines Außen und ohne Bezeichnung des Innen kommt keine Beobachtung zustande (Luhmann 1990, S. 84). Damit ist in jeder Beobachtung auch der blinde Fleck schon angelegt: Das Innen wird fokussiert und das Außen ignoriert. Auf der Grenze zwischen Innen und Außen werden dann quasi die Scheuklappen aufgesetzt. Das Innen kann nur gesehen werden, wenn das Außen nicht gesehen wird. Das Problem hieran ist, dass der Beobachter oder die Beobachterin im Moment der Bezeichnung nicht mehr die ganze Unterscheidung beobachten kann. Da der oder die Beobachtende in diesem Moment nicht alles sehen kann und im Moment des Sehens auch nicht wahrnehmen kann, dass er oder sie nicht alles sehen kann, ist Beobachtung zugleich stets Ausblendung. Das Ausgeblendete kann nur wieder zurück in den Fokus geholt werden, wenn nach Beendigung der Beobachtung der Beobachtungsprozess reflektiert wird, also eine Beobachtung der zuvor erfolgten Beobachtung erfolgt. Diese Beobachtung zweiter Ordnung kann auch als Selbstreflexion, Selbsterforschung oder ganz allgemein als Forschung bezeichnet werden (Tuckermann 2013, S. 21 ff.).

Betriebswirtschaftliche Forschung ist demnach die Beobachtung, wie in Unternehmen beobachtet wird, also Unterscheidungen gemacht werden oder ganz einfach Entscheidungen getroffen werden. Forschung dieser Art ist eine Rekonstruktion von Konstruktionen der Praxis, mithin ebenfalls eine Konstruktion der Konstruktion. Die Herausforderung für Wissenschaftler_innen ist dabei die Frage, ob sie die Rekonstruktion der Praxis anschlussfähig an das Praxissystem oder an das Wissenschaftssystem gestalten wollen; beides gleichzeitig gelingt nur selten, weil die Modi der Operation der Systeme verschieden sind. Praxisversteher_innen wollen von der Praxis verstanden werden und riskieren dabei, von den Selektionskriterien des Wissenschaftssystems aussortiert zu werden, weil die Kopplung an die vorhandene Theorie- und Methodensysteme zu schwach ist. Publikationsfokussierer_innen orientieren sich an den Selektionskriterien des Reviewsystems und riskieren die Anschlussfähigkeit im Verständigungsraum mit der Praxis. Ihre Rekonstruktionen werden von der Praxis nicht verstanden (Tuckermann 2013, S. 19), das heißt, sie führen nicht zu Irritationen, die das Praxissystem dazu anleiten, seine Bezeichnungen und Unterscheidungen zu ändern. Neues Wissen entsteht aber erst dann, wenn das Praxissystem auf Irritationen reagiert und neue Unterscheidungen ausprobiert.

Die BWL und das Praxissystem Unternehmen sind gekoppelte Systeme, die sich aufeinander beziehen. Obwohl die BWL die Praxis beobachtet, kann sie nicht davon ausgehen, dass ihre Beobachtungen (also ihre Rekonstruktionen) die besseren Konstruktionen sind. Auch die BWL muss für ihre Unterscheidungen Ausblendungen vornehmen und mit einem blinden Fleck leben. Ihre Unterscheidungen sind damit nur andere Konstruktionen mit anderen blinden Flecken, die nicht den Anspruch erheben können, die bessere oder wahrere Sicht auf die Realität zu transportieren. Die BWL kann, ebenso wie jede andere Sozialwissenschaft, nicht die Position einer neutralen Beobachterin einnehmen, die von außen das gesamte System ohne blinde Flecken überschaut. Die von mir durchgeführten Systemaufstellungen, die diese Thematik berühren, zeigen hingegen relativ häufig, dass die Selbstpositionierung der Forschenden genau dort erfolgt: Wissenschaft will aus der Distanz der neutralen Beobachterin das ganze System erfassen und wahre Konstruktionen anbieten.

Die blinden Flecken der wissenschaftlichen Unterscheidungen sind der Grund, warum die Forschenden den Praktiker_innen ihre Konstruktionen nicht wahre Konstruktionen vermitteln können. Diese sind für die Praxis allenfalls Irritationen und die Unternehmen entscheiden selbst, ob und wie sie auf diese Irritationen reagieren (Luhmann 1990). Eine selbstreflexive(re) BWL würde beobachten, welche ihrer Deutungsangebote der Realität in der Praxis zu Lernprozessen führen und welche an der erwerbswirtschaftlichen Systemlogik abprallen. Bezogen auf das Thema Nachhaltigkeit (in der Lesart von Umwelt- und Sozialverträglichkeit von Institutionen) lässt sich beobachten, dass die BWL in der Vorwegnahme des Operationsmodus der Erwerbswirtschaft einen Großteil ihrer Deutungsangebote in der Logik von Kostenreduzierung oder Ertragssteigerung anbietet. Sie erwartet sich von dieser Stimmigkeit eine größere Offenheit für ihre wissenschaftlichen Rekonstruktionen wirtschaftlicher Realität. Öko-Effizienz ist als Brücke zwischen den Funktionslogiken der Systeme von Wissenschaft und Wirtschaft als Transmitter gesetzt. Ihre geringe Irritationskraft in Unternehmen wird jedoch sehr wenig reflektiert. Warum muss es staatliche Förderung für große Öko-Effizienzmaßnahmen und Weiterbildungsveranstaltungen geben, wenn doch Kostensenkungen durch eine Reduzierung des Material- und Energieverbrauchs in voller Übereinstimmung mit dem Operationsmodus von gewinnorientierten Unternehmen zu sein scheint? Hier deutet sich bereits der blinde Fleck der BWL an, den die BWL so lange nicht sieht, wie sie sich selbst nicht beobachtet oder nicht beobachten lässt.

Eine selbstreflexive Forschung findet statt, wenn Wissenschaftler_innen im Prozess der Forschung immer wieder innehalten, um in einen Spiegel zu schauen. Sie sehen sich dann selbst im Prozess der Forschung und im Paradoxon der induktiven Forschung, welches zu folgenden Fragen führt: Sagt der gewählte Forschungsprozess etwas über den Erkenntnisgegenstand aus oder über den Erkenntnissuchenden? Welche dieser Unterscheidungen ist faktisch erkenntnisleitend? (Tuckermann 2013, S. 23). Dieses Paradoxon macht auch deutlich, warum das oberste Gütekriterium für eine solche systemisch orientierte Forschung die ausführliche Planung und Dokumentation des Forschungsprozesses ist: Nachvollziehbarkeit von Erkenntnissen als Ideal der Wissenschaftlichkeit liegt bei dieser Art der systemischen Forschung nicht in der überprüfbaren Logik der Schlussfolgerung, sondern im Verstehen der Unterscheidungen, die die Forschenden gemacht haben. Und da die Unterscheidung durch die Beobachtenden gemacht wird, ist die Offenlegung der Selbstpositionierung des Beobachtenden der Beginn systemischer(er) Forschung.

6.3   Selbstverortung des Forschenden für diesen Beitrag

Die Wahrnehmung des Autors im Hinblick auf den Erkenntnisgegenstand Nachhaltigkeit hat sich in den letzten Jahren mehrfach geändert. Die unveränderte Grundannahme ist die Festlegung des Autors auf die Annahme, dass Nachhaltigkeit und Effizienz (oder Gewinn) unvereinbare Handlungsprämissen sind: Sie können nicht gleichzeitig maximiert werden. In der Kommunikation dieses Dilemmas in den ersten Jahren stand mein innerer Wunsch nach Konfrontation der Unternehmen und der Konsument_innen mit dieser Tatsache, während das wissenschaftliche und politische Umfeld die scheinbar anschlussfähigere Taktik wählte, Win-Win-Hypothesen zu verbreiten. Wahrgenommen habe ich in dieser Zeit vor allem die sehr unterschiedlichen Harmonisierungsfloskeln aus Wissenschaft und Politik, mit denen diese Unternehmen dazu bewegen wollten, sich nachhaltiger zu verhalten, weil es sich sehr lohnen würde. BWL als Wissenschaft hingegen hat der Beobachtung des Autors nach diese Jahre genutzt, um sich ganz dem internationalen Publikationsdruck hinzugeben und quantitativ-empirisch zu arbeiten und zu veröffentlichen. Auf diese Art und Weise wurden kleine Verbesserungen erkannt und als Fortschritt verallgemeinert. Die Best-Practice-Idee blühte auf und verbreitete Bewährtes als Innovatives. Konzeptionelle Arbeiten, die beispielsweise den Erfolgsbegriff von Unternehmen neu fassen wollten, habe ich innerhalb der BWL wenige gefunden.

Mit der systemischen Perspektive veränderte sich die Haltung. Zum einen habe ich die Erfahrung gemacht, dass Praktiker_innen es als sehr hilfreich empfanden, wenn wir gemeinsam ihre Welt vor dem Hintergrund logischer Spannungsfelder und Dilemmata betrachtet haben. Es gab ihnen die Möglichkeit, Trade-offs, unerwartete Preise und nicht-intendierte Nebenwirkungen als logische Konsequenzen der Situation zu beschreiben und nicht mehr als persönliches Versagen einer Führungskraft.

Die Methode der Systemaufstellung hat dann die Möglichkeit eröffnet, diese Spannungsfelder zu visualisieren und ihre Wirkungen beschreibbar zu machen. Aus dem Wunsch des Autors nach Konfrontation wurde das Anliegen der Visualisierung und Vermittlung. Systemaufstellungen, so wie ich sie eingesetzt habe, entwickelten sich zu einem Instrument, welches systemische Problemlösung und systemisches Erfahrungslernen ermöglicht. Praktiker_innen wurden in einen Kontext gebracht, in dem sie nicht sofort merkten, dass sie lernen. Gleichwohl stellten sie in Feedbackrunden häufig fest, dass sich ihr Bild von ihrer Aufgabe nun deutlich komplexer darstellt.

Nachhaltigkeit durch Systemaufstellungen lernen ist die gegenwärtige innere Verortung des Autors (Müller-Christ et al. 2015). Aus dem Wunsch nach Konfrontation mit dem Dilemma ist das Anliegen geworden, Nachhaltigkeit zu vermitteln, indem ich sie in verschiedene Kontexte integriere und damit einen Kontext für einen Kontext schaffe. Das grundsätzliche Ziel bleibt das folgende: Ich möchte etwas zu nachhaltigen Organisationen in einem gesunden sozialen, wirtschaftlichen und ökologischen Umfeld beitragen. Die transverbale Raumsprache der Systemaufstellungen beschleunigt die Zielerreichung erheblich.

6.4   Raumsprache als Brücke zwischen Wissenschaft und Praxis

Mit einem sehr wertschätzenden Blick auf die häufig zitierte Aussage von Kurt Lewin „You cannot understand a system until you try to change it" sehe ich den Nutzen der Methode der Systemaufstellung. Sie kann das mühsame und zeitaufwändige „Mitleben" in einem System ersetzen durch die erstaunliche Eigenschaft, Systeme in hoher Raum-Zeit-Verdichtung in einem Raum sichtbar und sprechfähig machen sowie Veränderungen im System simulieren zu können. Durch das Miterleben einer Systemaufstellung entsteht eine subjektive Systemkenntnis, die letztlich immer nur von den Beobachtenden selbst als nützlich oder im Sinne des Konstruktivismus als „viabel" eingeschätzt wird.

Systemaufstellungen ermöglichen ein emotionales, affektives und kognitives Erfahren und Lernen in divergenten Gruppen. Sie arbeiten mit einer szenischen Darstellung von Beziehungsstrukturen eines Systems: Menschen werden von einem Problemsteller oder einer Problemstellerin (Anliegengeber_in) als Elemente eines Systems im Raum aufgestellt, wobei die Beziehungen der Elemente durch die Abstände zwischen den Personen und ihre Blickrichtungen visualisiert werden. Als Repräsentant_innen bzw. Stellvertreter_innen von Systemelementen können Menschen die repräsentierende Wahrnehmung nutzen, die es ihnen ermöglicht, sich in das Element, das sie repräsentieren, hineinzufühlen und als dessen Sprachrohr zu fungieren. Sie können körperlich spüren, ob der ihnen zugewiesene Platz und die Beziehungen zu anderen Elementen für sie akzeptabel, angenehm, störend, bedrückend, stärkend u. v. m. sind und erhalten durch Intuition implizites Wissen über das System. Diese Kommunikationsform wird als transverbale Raumsprache bezeichnet (Varga von Kibéd und Sparrer 2009). Für das vielfach nachgewiesene Phänomen der repräsentierenden Wahrnehmung steht die endgültige Erklärung allerdings noch aus (Rosselet 2012).

Im Zuge der Prozessarbeit, in der durch gezieltes Befragen der Elemente, die Aufnahme neuer oder die Entfernung alter Elemente und das konkrete Nachfragen nach dem Befinden der Stellvertreter_innen versucht wird, ein stimmiges System zu erzeugen, werden Deutungsangebote für das Ausgangsproblem offenbart, die häufig zu großen Erkenntnisfortschritten der Anliegengeber_innen führen. Von besonderer Bedeutung für den Lernprozess ist die anschließende Diskussion bzw. Reflexionsphase, in der alle Beteiligten und Zuschauer_innen ihre Assoziationen schildern, vergleichen, reflektieren und abstrahieren. In dieser Nachbereitung einer Systemaufstellung findet ein Wechsel von der intuitiven Ebene zur kognitiven Ebene statt, indem die Wahrnehmungen aus der Systemaufstellung analysiert werden. Dies beinhaltet auch den kritischen Abgleich der Wahrnehmung der Anliegengeber_innen über das reale System mit den Eindrücken der Stellvertreter_innen der Aufstellung. Die eigenen Erfahrungen zeigen, dass genau in diesen Diskussionen Wissenschaft und Praxis plötzlich auf einer gemeinsamen transdisziplinären Ebene diskutieren können, da sie sich auf ein gemeinsam geschaffenes Bild und dessen Veränderungen beziehen. Diese Schlussfolgerungen, die aus der Arbeit mit Systemaufstellungen resultieren, wären durch ein reines Dokumentenstudium, Interviews oder eine empirische Erhebung häufig überhaupt nicht erreichbar gewesen, zumindest nicht in einer vergleichbaren Geschwindigkeit (eine Aufstellung dauert 1–2 Stunden). Wichtig ist es, zu erwähnen, dass eine Systemaufstellung nur unter der Leitung eines ausgebildeten Aufstellungsleiters oder einer Aufstellungsleiterin erfolgen sollte.

Die empirischen Nachweise verdichten sich, dass in Aufstellungen eine Sprache zur Anwendung kommt, welches von unterschiedlichen Personen ähnlich oder gleich gedeutet wird und als transverbale Raumsprache bezeichnet wird. (vgl. Varga von Kibéd und Sparrer 2009). Schlötter wies in einer viel zitierten Arbeit nach, dass Personen über ein überindividuell ähnliches Erleben der Bedeutung der Stellung anderer Personen in einem Raum verfügen und deshalb zu ähnlichen Erlebnisweisen und Deutungen kommen. Werden Personen in Aufstellungen ausgetauscht oder Aufstellungen an anderen Orten mit anderen Personen erneut durchgeführt, stimmen die Aussagen der Stellvertreter_innen mit hoher Signifikanz überein (Schlötter 2005). Baecker schließt in diesem Sinne darauf, dass durch Systemaufstellungen eine sich selbst kommentierende Struktur im Raum entsteht, für die es ausreicht, dass die Aufstellung bestimmte Eigenschaften der Struktur des Originalsystems kopiert (Baecker 2005).

Die Methode der Systemaufstellung hat inzwischen eine Reife erlangt, die sie auch zu einem interessanten Instrument der nachhaltigkeitsbezogenen Managementforschung macht. Mit einem Brückenschlag zwischen der Selbsterfahrung der Beobachter_innen sowie Repräsentant_innen in der Aufstellungsszene und der wissenschaftlich distanzierten Forschung (Rosner 2007) kann letztere neben der Erforschung der Kausalitäten der Methode vor allem die immer wieder auftauchenden Beziehungsmuster clustern und zu neuen Hypothesen über Systemzusammenhänge verdichten. Dabei hilft jede System-aufstellung, die Grammatik des systemischen Funktionierens besser zu verstehen, greift dabei auf die Prinzipien systemischer Ordnung zurück und ermöglicht zugleich, auf

Basis dieser Prinzipien unterschiedliche Lösungen auszuprobieren. Am Ende steht zwar nicht die konkrete Handlungsempfehlung (dies vermag jedoch keine Methode mit absoluter Sicherheit), aber ein klarerer und vertiefter Einblick in das aufgestellte System, der Anschlusshandeln angemessener ausfallen lässt. Solche neuen Beziehungsmuster werden gerade im Integrationsprozess von Nachhaltigkeit in die vorherrschenden Entscheidungsroutinen gesucht. Die im eigenen Forschungsprozess gefundenen neuen Beziehungsmuster sind in den Hypothesen in Kap. 7 zusammengefasst.

Die methodologische Herausforderung liegt darin, die Anschlussfähigkeit von Systemaufstellungen zu zwei Seiten hin abzusichern. Die Anschlussfähigkeit auf der wissenschaftlichen Seite liegt in ihrem Beitrag zum Modus der Wahrheit: Liefert die Methode robuste Erkenntnisse? Die Anschlussfähigkeit in Richtung Praxis liegt in ihrer Effektivität: Liefert die Methode nützliche, verständliche und umsetzbare Erkenntnisse? Die herkömmlichen Gütekriterien der Wissenschaftlichkeit – Objektivität, Reliabilität und Validität – folgen dem Anspruch, dass die Welt erkennbar ist und diese Erkenntnisse mitteilbar sind. Sie verfestigen die Annahme, dass Beobachtende und das Beobachtete voneinander trennbar sind: Objektivität gibt vor, dass die Erkenntnisse unabhängig von der erkennenden Person entstehen sollen (andere würden auf dasselbe Ergebnis kommen), Reliabilität gibt vor, dass die Erkenntnisse mehrfach hintereinander gleich erzeugbar sind und Validität gibt vor, dass das Erkannte unabhängig vom Erkennenden richtig beschrieben oder gemessen wurde. Dies alles funktioniert nur, wenn der subjektive Faktor mit seinen Wahrnehmungs- und Interpretationsverzerrungen weitgehend ausgeschaltet wird (Arnold 2012).

Auf diese Weise erklärt sich auch die Mathematisierung in der BWL. Sie suggeriert eine objektive Beschreibung der Welt, weil sie nicht den Nachweis verlangt, dass formale Operationen dazu geeignet sind, reale Beziehungen zu beschreiben. Auch Mathematik beschreibt nicht objektiv die Welt, sondern bietet eine formale Beschreibung, die hilfreich sein kann oder eben nicht. Das Nicht-Erfasste, das Nicht-Beschriebene und das Nicht-Gemessene werden ausgeblendet, tauchen in den modellhaften Abbildungen der Welt nicht auf, wirken aber in der Realität weiter. Systemaufstellung ist eine Methode, um das Außen der Beschreibungen wieder zurückzuholen und in den Forschungsprozess zu integrieren.

6.5 Der Wissensfundus: Ambitionsniveaus eines nachhaltigen Managements

Das Ziel dieses Beitrags ist es, die Wirkungen der systemischen Vorgehensweise in Forschung und Lehre eines nachhaltigen Managements darzustellen. Aus diesem Grunde soll der Wissensfundus zum nachhaltigen Management, auf den die Forschungen des Autors zurückgreifen, nur sehr kurz skizziert werden. Die Leser_innen mit Interesse an der Herleitung des Ansatzes sind eingeladen, weitere Publikationen zum Thema hinzu zu ziehen (Müller-Christ 2014).

Bislang wurde in Politik und Wissenschaft davon ausgegangen, dass Nachhaltigkeit auf der Gewinnseite des Unternehmens steht. In vielfältigen Ausdrucksformen wurde geforscht und postuliert, dass eine nachhaltigere Verhaltensweise von Unternehmen zu größeren Gewinnen führt. Diese Win-Win-Hypothese hält sich trotz fehlenden empirischen Nachweises relativ hartnäckig in der Praxis. Will man Nachhaltigkeit partout auf der Seite des Gewinns positionieren, ist diese Stellung nur zu halten, indem Nachhaltigkeit als Öko-Effizienz interpretiert wird: Weniger Material- und Energieeinsatz reduziert die Kosten und steigert damit die Gewinne. Hierbei handelt es sich bei genauerem Hinsehen um eine Lesart der betriebswirtschaftlichen Rationalisierung: Der Markt erzwingt eine ständige Steigerung der Produktivität und der Effizienz, was eben auch dadurch möglich ist, dass Material und Energie eingespart werden.

Nachhaltigkeit als eine Intensivierung von Öko-Effizienz zu deuten oder als verantwortungsvolle Unternehmensführung auszulegen, kann zwar durchaus als Beitrag für eine nachhaltigere Wirtschaftsweise angesehen werden. Diese Entscheidung- oder Handlungsprämissen reichen jedoch nicht aus, um den Zufluss an absolut knappen Ressourcen, der aus Sicht eines nachhaltigen Managements im Vordergrund stehen sollte, auf Dauer zu gewährleisten. Diese Aufgabe der Substanzerhaltung wird von mir als Essenz der Nachhaltigkeit interpretiert. Die besondere Herausforderung der Wiedereinführung eines substanzerhaltenden Nachhaltigkeitsdenkens liegt in der Konsequenz, dass die Erhaltung der Ressourcenbasis (ökologisch, ökonomisch und sozial wie auch materiell und immateriell) einen großen Einsatz von Zeit, Geld und Aufmerksamkeit erfordert. Um die absolute Knappheit der materiellen und immateriellen Ressourcen zu bewältigen, braucht die Managementlehre zudem jenseits der Effizienzrationalität einen erweiterten Bezugsrahmen zum Umgang mit Ressourcen.

In den nachstehenden Ausführungen wird deutlich, warum diese Konzepte unterschiedlich weit zu einem Konzept eines nachhaltigen Managements beitragen. Die Prämisse des Autors lautet, dass ein modernes, professionalisiertes und gesundes Unternehmen neben dem Markterfolg zusätzlich die folgenden Aufgaben lösen muss, um zu überleben: Es muss sehr sparsam mit den materiellen Ressourcen umgehen, es muss einen guten Blick auf die Ressourcenströme richten, von denen es abhängig ist, und es muss die ökologischen, ökonomischen und sozialen Nebenwirkungen seines Handelns reflektieren können.

Der in Abb. 6.1 verwendete Begriff des herkömmlichen Managements dient als Ausgangspunkt für eine stärkere Nachhaltigkeitsorientierung des Unternehmens. Herkömmlich bezieht sich auf die bislang funktionierende Lösungsprämisse, dass das Überleben des Unternehmens auf den Absatzmärkten gesichert wird. Diese Prämisse behält ihre Gültigkeit, sie wird jedoch ergänzt um die Nachhaltigkeitsperspektive, die die Bestandsvoraussetzungen umfassender definiert. Aus dem Entweder-Oder muss nun ein Sowohl-als-auch werden, übersetzt als Existenz *und* Effizienz statt Existenz *durch* Effizienz (Remer 2004, S. 311). Der Unterschied klingt marginal, ist aber in der Umsetzung gravierend: Die Handlungsprämissen und die Entscheidungslogiken ändern sich deutlich (s. Abb. 6.2).

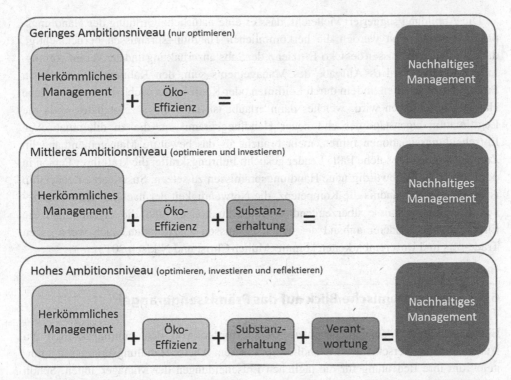

Abb. 6.1 Ambitionsniveaus eines nachhaltigen Managements. Quelle: Müller-Christ 2013, S. 48

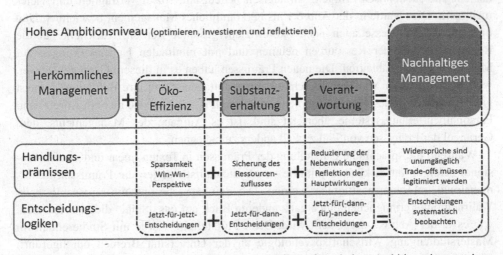

Abb. 6.2 Handlungsprämissen und Entscheidungslogiken eines hohen Ambitionsniveaus eines nachhaltigen Managements. Quelle: Müller-Christ 2014, S. 35

Die Abbildung suggeriert vielleicht, dass es eine natürliche Ordnung der Handlungs-prämissen gibt. Erst werden die herkömmlichen Handlungsprämissen berücksichtigt, dann die neuen Prämissen der Öko-Effizienz, der Substanzerhaltung und der Verantwortung. In der Realität wird es Aufgabe des Managements sein, den Rahmen für die neuen Prämissen zu schaffen, indem durch Leitlinien oder Kodizes das nachhaltigkeitsbezogene Handeln beschrieben wird, welches dann erlaubt ist. Die Praxis zeigt indes, dass die Legitimation eigenständiger und neuer Handlungsprämissen, die zu dilemmatischen Entscheidungssituationen führen, mehr braucht als das bewährte Managementhandeln. Zumeist werden für solche Fälle Leader gesucht: Führungskräfte, die kraft ihrer Person in der Lage sind, glaubwürdig neue Handlungsprämissen zu setzen. Sustainable Leadership ist in diesem Verständnis die Kompetenz, die Notwendigkeit der nachhaltigkeitsbezoge-nen Handlungsprämisse überzeugend vertreten zu können und die eigenen und die Entscheidungen anderer anhand der neuen Prämissen auszurichten, auch wenn es zu Trade-offs und Unvereinbarkeiten kommt (Müller-Christ und Nikisch 2013).

6.6   Der systemische Blick auf das Prämissengerangel

Ein nachhaltiges Management umzusetzen, erfordert von den Führungskräften ein Ausbalancieren verschiedener Handlungsprämissen. Diese Handlungsprämissen „ran-geln" um ihre Bedeutung für die täglichen Entscheidungen der Manager_innen. Schon bislang mussten für die herkömmlichen Managemententscheidungen zahlreiche Prämissen berücksichtigt werden: Prozesse im Unternehmen müssen technisch einwandfrei, juris-tisch legal, ökonomisch effizient, strategisch bedeutsam, sozial verträglich und vieles mehr sein. Dies wurde in der Abb. 6.1 als herkömmliches Management bezeichnet. Nun müssen diese Prozesse auch noch öko-effizient gestaltet werden, Rücksicht auf die Regenerierbarkeit der Ressourcen nehmen und mit minimalen Nebenwirkungen auf Mensch und Natur ablaufen. Die neuen Prämissen haben es in diesem Gerangel schwer, weil sie in der Form von Selbstbeschränkungen auftauchen und ihre Befolgung zumeist ganz frei in das Ermessen des Unternehmens gestellt ist. Solange sie nicht in Anreiz- und Personalbeurteilungssysteme übersetzt sind, ist es Aufgabe des Managements, dem Gerangel der Prämissen von Fall zu Fall anders zu begegnen.

Während die sprachliche Darstellung der Prämissen in Texten linear und zweidimen-sional erfolgen muss, können mithilfe von Systemaufstellungen die Prämissen dreidi-mensional im Raum positioniert werden. Die Raumsprache und die repräsentierende Wahrnehmung ermöglichen einen ganz anderen Blick auf das „Spiel" dieser Prämissen, wie es in der Abb. 6.3 dargestellt wird. Diese Aufstellung wurde mit Studierenden im Masterstudiengang Wirtschaftspsychologie an der Universität Bremen durchgeführt. Die Forschungsfrage lautete: Welche Wirkungen haben die verschiedenen Entschei-dungsprämissen aufeinander und wie stehen sie zur typischen Führungskraft?

Die Leser_innen sind eingeladen, die wenigen Aussagen in der Aufstellung sowie die Positionierungen der Entscheidungsprämissen zueinander auf sich wirken zu lassen und

Abb. 6.3 Prototypische Aufstellung von Entscheidungsprämissen. Quelle: Eigene Darstellung

genau zu prüfen, bei welchen Aussagen sie eine innere Stimmigkeit wahrnehmen und welche Aussagen zu Irritationen führen, weil sie konfliktär zu den eigenen Grundannahmen sind. Welche neuen Assoziationen kommen den Leser_innen in den Sinn? Die eigene Erfahrung zeigt, dass Aufstellungsbilder sehr anregend für weitergehende Reflexionen sind, viele neue Gespräche auslösen und lange erinnert werden. Eine Gruppe kann immer wieder an die Bilder einer Aufstellung anknüpfen und neue Reflexionen beginnen.

In der Interpretation der Bilder und Prozesse einer Aufstellung holt die Beteiligten die „Penetranz der Plausibilität" (Arnold 2012, S. 124 ff.) wieder ein. Sie sehen erst einmal nur das, was sie glauben und was sie schon wissen. Bestätigung ist für die Forscher_innen ein angenehmes Gefühl, Irritationen hingegen sind schwieriger auszuhalten. Das Neue zu sehen (im Sinne einer Differenz zum vorhandenen, als stimmig empfundenen Wissensbestand), ist mit Logik nicht zu erfassen, eben weil man nicht weiß, was man nicht weiß. Man benötigt hierfür Intuition, die Eingebung des Neuen, welches nicht aus der Unterscheidung vom Bestehenden abgeleitet wird. Aufstellungen haben ein großes Potenzial, dieses Neue in die Welt zu bringen.

Gleichwohl scheint es auch so zu sein, dass es in der BWL in einer Art vorauseilendem Praxisgehorsam das Phänomen gibt, bestimmte Aussagen nicht aushalten zu wollen oder zu können. Dazu gehört die Aussage, dass es Nachhaltigkeit nicht ohne Ineffizienzen (kurzfristige Gewinnreduzierungen) gibt. Der Großteil des Wissensbestands der BWL ist darauf ausgerichtet, Prozesse effizienter zu gestalten, um damit in der Gewinngleichung die Kosten zu senken oder die Erträge zu steigern. Und Betriebswirten – wie auch allen anderen Forscher_innen – ist es lieber, ihre Glaubenssätze, Axiome und Aussagesysteme immer wieder zu bestätigen als sie falsifiziert zu sehen. Falsifizieren ist ein weniger zufriedenstellender Prozess, weil am Ende nur das Dekonstruierte steht und nicht Neues, welches das Dekonstruierte konstruktiv ersetzt.

Neu wäre es beispielsweise, den Bezug der Funktionsbereiche eines Unternehmens zu Nachhaltigkeit im Einzelnen zu untersuchen. Sowohl mithilfe quantitativer und qualitativer empirischer Sozialforschung als auch mithilfe von Systemaufstellungen als Forschungsmethode kann der Frage nachgegangen werden, wie die Funktionsbereichslogik den Ausbalancierungsprozess der Entscheidungsprämissen steuert (s. Abb. 6.4). Ziel dieser Forschung ist es herauszufinden, welche Unterschiede die einzelnen Funktionsbereiche

Funktions-bereich	Handlungs-prämissen				
	Funktiona-lität Es muss wirken!	Effizienz Es muss sich rechnen!	Legalität Es muss gesetzeskon-form sein!	Ethik Es muss möglichst rücksichtsvoll sein!	Nachhaltig-keit Es muss die Substanz erhalten bleiben!
Beschaffung	Ausbalancierung der Prämissen aus Sicht der Beschaffungslogik				
Produktion	Ausbalancierung der Prämissen aus Sicht der Produktionslogik				
Marketing			Ausbalancierung der Prämissen aus Sicht der Vertriebslogik		
Logistik	Ausbalancierung der Prämissen aus Sicht der logistischen Logik				
Supply Chain Management	Ausbalancierung der Prämissen aus Sicht der Steuerung globaler Lieferketten				
Finanzierung	Ausbalancierung der Prämissen aus Sicht der Kapitalversorgungslogik				
Besteuerung	Ausbalancierung der Prämissen aus Sicht der Besteuerungslogik				
Personal-management		Ausbalancierung der Prämissen aus Sicht des Personallogik			
Innovations-management	Ausbalancierung der Prämissen aus Sicht der Innovationslogik				
...					

Abb. 6.4 Unterschiedliche Ausbalancierungen der Handlungsprämissen in den betrieblichen Funktionsbereichen. Quelle: Eigene Darstellung

in der Bedeutung der Handlungsprämissen machen und welche Funktionsbereiche die größte Nähe zu den anzuschließenden Prämissen Ethik und Nachhaltigkeit haben. Dabei wird davon ausgegangen, dass die einzelnen Funktionsbereiche die Handlungsprämissen schon immer als Grundlage ihres Handelns gehabt haben und diese je nach Kontext neu zueinander positionieren.

Eine von vielen weiteren Möglichkeiten, Systeme mithilfe von Aufstellungen zu analysieren, sind Branchenanalysen. Wie stehen Unternehmen einer Bezugsgruppe, wie einer Branche oder einer Region, zum Thema Nachhaltigkeit? Die herkömmliche Forschung müsste auf vorhandenes Dokumentationsmaterial, auf Beobachtungen und Befragungen zurückgreifen, um anhand von systematischen inhaltlichen Auswertungen die Beziehungen der Untersuchungseinheiten zur Nachhaltigkeit zu interpretieren. In der Abb. 6.5 ist eine solche Analyse für eine Regionalbank dargestellt. Es galt herauszufinden, wie unterschiedlich die Banken einer Region sich in den logischen Spannungsfeldern „Nachhaltigkeit versus Effizienz" und „Eigengeschäfte versus Geldversorgung der Region" bewegen. Der anwesende Direktor einer der Banken bewertete die Nützlichkeit dieser Aufstellung auf einer Skala von 1 bis 10 mit dem Wert 9 und bezog in der Folge konsequent die Erkenntnisse aus den Bildern dieser Branchenanalyse in seine Entscheidungen ein.

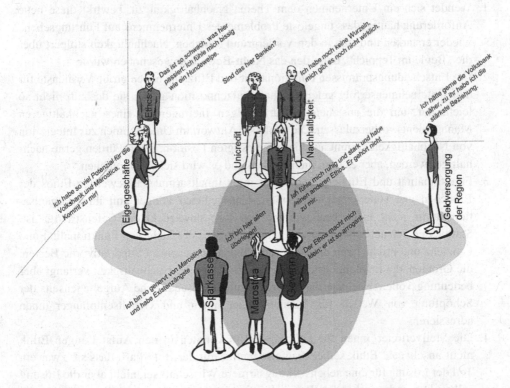

Abb. 6.5 Nachhaltigkeitsbezogene Branchenanalyse für eine Regionalbank. Quelle: Eigene Darstellung

Dieses Aufstellungsformat ist ein erster Versuch, die unveränderbare Tiefenstruktur eines Systems oder seinen Ethos zu finden und zu benennen. Basis ist die Theorie U von Carl Otto Scharmer, die den Weg zu einem grundsätzlichen Wandel durch die Tiefe des Systems sucht, um die Frage zu beantworten: Wofür steht das System (Scharmer 2011)? Die Erkenntnisse, die für diese Frage durch Aufstellungen gewonnen wurden, sind in der Hypothese 3 im nächsten Kapitel zusammengefasst.

6.7 Nachhaltigkeit und Unternehmen: Neue Hypothesen im Entdeckungszusammenhang durch Systemaufstellungen

Aus den ca. 100 Aufstellungen, die der Autor über die Themen Unternehmen und Nachhaltigkeit geleitet hat, verdichten sich die folgenden Beobachtungen, die als neue Hypothesen im Entdeckungszusammenhang bezeichnet werden. Diese Hypothesen sind im systemtheoretischen Sinne Unterscheidungen aus Beobachtungen zweiter Ordnung, die dazu dienen sollen, effektive Irritationen des vorhandenen wissenschaftlichen und praktischen unternehmerischen Systems zu bewirken. Ob dies gelingt, gilt es sorgfältig zu beobachten:

1. Wendet sich ein Unternehmen dem Thema Nachhaltigkeit zu, bewirkt diese neue Anforderung häufig, dass ungelöste Probleme des Unternehmens auf Führungsebene wieder erstarken und sich in den Vordergrund schieben. Nachhaltigkeit stolpert über die „Beule im Teppich", unter den das Nicht-Bewältigte geschoben wurde.
2. Die Entscheidungsprämissen Funktionalität und Effizienz haben große Verdienste für den Unternehmenserfolg geleistet. Ihre Spitzenposition geben sie deshalb nicht so leicht auf, um die anstehenden kurzfristigen Ineffizienzen eines nachhaltigeren Managements vorbeizulassen. Die häufigste Antwort im Unternehmen zur Integration von Nachhaltigkeit kommt aus dieser gefestigten Position: „Wir würden gerne nachhaltiger werden, aber es wird nicht wirken und es wird sich nicht rechnen."
3. Funktionalität und Effizienz haben mit ihrer Inhaltsarmut das jeweilige Ethos der Branchen und Unternehmen verändert. Unternehmen können mit ihrer Organisationskultur nicht mehr beantworten, was ihre unverrückbare Tiefenstruktur ist. Stattdessen versuchen sie Neupositionierungen aus der Sicht von Funktionalität und Effizienz und produzieren damit austauschbare Aussagen im Superlativ: die Besten, die Größten, die Erfolgreichsten usw. Das Re-Entry der Nachhaltigkeit verlangt aber bedeutungsvolle Absichten, die eine relevante gesellschaftliche Aufgabe jenseits der Schöpfung von Werten für Kapitalbesitzer_innen und Gehaltsempfänger_innen adressieren.
4. Die Stellvertreter_innen für Führungskräfte konnten in den Aufstellungen Ethik nicht anschauen. Ethik selber reagierte häufig mit der Botschaft, dass sie zwar ein Teil der Lösung für eine nebenwirkungsärmere Wirtschaft sei, nicht aber die Lösung selbst. Die vorherrschende Wertediskussion im Gewande von CSR wird nicht die Kraft entwickeln, Funktionalität und Effizienz aus der Spitzenposition der Entscheidungsprämissen zu verdrängen.

5. Entschieden wird in Unternehmen nur durch Menschen. Insbesondere Führungskräfte stehen vor der Aufgabe, die oben thematisierten Entscheidungsprämissen immer wieder neu auszubalancieren. Sustainable Leadership zeichnet sich durch die Bereitschaft und die Fähigkeit aus, das Gerangel der Entscheidungsprämissen in einer Form zu bewältigen, die nicht jedes Mal Effizienz und Funktionalität als oberste Prämissen die Entscheidung bestimmen lässt. Ambiguitätstoleranz zu besitzen und Sinn vermitteln zu können, sind die Voraussetzungen einer solchen Sustainable Leadership.

6. Das Neue und Innovative, welches eine nachhaltigere Unternehmensführung braucht, entsteht nicht aus der inkrementellen Weiterentwicklung des Bestehenden. Nicht die Steigerung der Effizienz und der Funktionalität führt zu relevanten Unterschieden für Produktion und Konsum, sondern die Annahme und Erhaltung des Dilemmas zwischen Nachhaltigkeit und Effizienz bewirken die Energie, die Neues entstehen lässt.

7. Die Fokussierung auf die Wertschöpfungsfunktion von Unternehmen hat die Frage nach dem Sinn des Wirtschaftens verdrängt. Sinn in der Form der Zuweisung von bedeutungsvollen Absichten, die über Einkommensmaximierung hinausreichen, ist die ausgeblendete Energie für eine nachhaltigere Wirtschaftsweise.

8. Systemaufstellungen sind eine wirkungsvolle Methode, um das Ausgeblendete in die betriebswirtschaftliche Wissenschaft und Praxis zurückzuholen und den betrieblichen Entscheidungsprozessen zur Verfügung zu stellen. Sie können Hauptwirkungen und Nebenfolgen einer Entscheidung mithilfe der Raumsprache sichtbar und damit das Verdrängungspotenzial von Externalitäten diskutierbar machen.

9. Systemaufstellungen, die mit Praktiker_innen durchgeführt werden, haben neben der Beratungsfunktion den positiven externen Effekt der Weiterbildung. Führungskräfte erfahren neben der Lösung ihres Problems zugleich systemische(re) Kompetenzen: Sie erkennen in der Raum-Zeit-Verdichtung die Komplexität ihres Systems und können beabsichtige und unbeabsichtigte Wirkungen ihres Führungshandelns beschreiben. Schneller und effizienter als durch Systemaufstellungen können Führungskräfte kaum lernen, Komplexität rücksichtsvoller zu bewältigen.

10. Die größte Herausforderung von Transdisziplinarität sind die sehr verschiedenen Operationsmodi von Wissenschaft und Praxis. Sie äußern sich in einer wechselseitig schwer verständlichen Formal- und Textsprache, die eine schnelle Kommunikation verhindert. Die transverbale Raumsprache von Aufstellungen führt zu einer gelebten Transdisziplinarität, die enorme Potenziale für eine neue Form des Erkennens und Handelns für eine nachhaltigere Wirtschaftsweise in sich trägt.

6.8   Schlussfolgerungen

Systemaufstellungen als innovative Forschungsmethode eröffnen der BWL neue Möglichkeiten, die Verknüpfung von Nachhaltigkeit und herkömmlichem Management als vollständigeres Muster anzusehen und Ausgeblendetes, Trade-offs und Übersehenes zurück in den Entdeckungsprozess zu holen. Insbesondere die Spannungen und

Widersprüche zwischen den Entscheidungs- und Handlungsprämissen lassen sich durch systemische Arbeit visualisieren und Entscheidungsträger_innen wirkungsvoller vermitteln. Das Forschungsfeld wird insgesamt offener werden für intuitive Methoden der Erkenntnisfindung, wenn es gelingt, die Raumsprache als Instrument einer transdisziplinären Forschung zu etablieren. Sie tritt dann neben die Formal- und Textsprache und eröffnet den Zugang, um sehr komplexe Beziehungen von abstrakten Entitäten wie auch von Menschen in sozialen Systemen schneller zu verstehen. Eine nachhaltigere Wirtschaftsweise auf Makro- wie auch auf Mikroebene ist dann möglich, wenn Widersprüche und Spannungen als Normalfall akzeptiert und konkrete Bewältigungsformen erlernt werden. Hierzu bedarf es noch einiger systemischer Forschung, die spannende Jahre des Entdeckens versprechen.

Literatur

Arnold, R. (2012). Systemische Bildungsforschung – Anmerkungen zur erziehungswissenschaftlichen Erzeugung von Veränderungswissen. In Ochs, M. & Schweitzer, J. (Hrsg.), *Handbuch für Systemiker* (S. 123–136). Göttingen: V&R Verlag

Baecker, D. (2005): Therapie für Erwachsene. Zur Dramaturgie der Strukturaufstellung. In Groth, T. & Stey, G. (Hrsg.), *Systemaufstellung als Intervention in Organisationen – Von der Praxis zur Theorie und zurück* (S. 14–31). Heidelberg: Carl-Auer Verlag

Bergmann, M., Brohmann, B., Hoffmann E., Loibl C., Rehaag R., Schramm E. & Voß J., (2005): *Qualitätskriterien transdisziplinärer Forschung.* (S. 15) ISOE Studientexte Nr. 13. Frankfurt am Main.

Luhmann, N. (1990). *Die Wissenschaft der Gesellschaft.* Frankfurt am Main. Suhrkamp-Verlag.

Müller-Christ, G. (2013). Ambitionsniveaus eines nachhaltigen Managements. In Schäfer, H. & Krummerich, K. (Hrsg.), *Handbuch Nachhaltigkeit* (S. 45–61). Wiesbaden. Sparkassen-Verlag.

Müller-Christ, G. (2014). *Nachhaltiges Management. Eine Einführung in Ressourcenorientierung und widersprüchliche Managementrationalitäten*, 2. Aufl. Baden Baden. UTB Verlag.

Müller-Christ, G., Liebscher, A.K. & Hußmann, G. (2015). Nachhaltigkeit lernen durch Systemaufstellungen. In Hollstein, B.; Tänzer, S. & Thumfart, A. (Hrsg.), *Schlüsselelemente einer nachhaltigen Entwicklung: Haltungen, Bildung, Netzwerke* (S. 29–51). In: Zeitschrift für Wirtschafts- und Unternehmensethik, zfwu, 161 (2015).

Müller-Christ, G. & Nikisch, G. (2013). Sustainable Leadership – Ressourcenkompetenz zur Strukturierung von Entscheidungsprämissen. In: Müller-Christ, G (Hrsg.), *Sonderheft Die Unternehmung: Managementkompetenzen für Nachhaltigkeit* (S. 89–108) 67 Jg. Heft 2/2013.

Oekom (2015). *Forschungswende. Wissen schaffen für die Große Transformation.* München: Oekom-Verlag.

Remer, A. (2004). *Management. System und Konzepte.* Bayreuth. REA-Verlag.

Rosner, S. (2007). *Systemaufstellungen als Aktionsforschung. Grundlagen, Anwendungsfelder, Perspektiven. Schriftenreihe des Instituts für systemische Aktionsforschung*, Bd. 1. München: Mering. Rainer Hampp Verlag.

Rosselet, C. (2012). *Andersherum zur Lösung. Die Organisationsaufstellung als Verfahren der intuitiven Entscheidungsfindung.* Zürich: Versus Verlag.

Scharmer, C.O. (2011). *Theorie U. Von der Zukunft her führen.* Heidelberg: Carl-Auer Verlag.

Schiepek, G. (2012). Systemische Forschung – ein Methodenüberblick. In Ochs, M. & Schweitzer, J. (Hrsg.), *Handbuch für Systemiker* (S. 33–70). Göttingen: V&R Verlag.

Schlötter, P. (2005). *Vertraute Sprache und ihre Entdeckung. Systemaufstellungen sind kein Zufallsprodukt – der empirische Nachweis*. Heidelberg. Carl-Auer Verlag.

Schweitzer, J. & Ochs, M. (2012). Forschung für Systemiker oder systemisch forschen. In Ochs, M. & Schweitzer, J. (Hrsg.), *Handbuch für Systemiker* (S. 17–32). Göttingen: V&R Verlag.

Tuckermann, H. (2013). *Einführung in die systemische Organisationsforschung*. Heidelberg: Carl-Auer Verlag.

Ulrich, H. (1968): *Das Unternehmen als produktives soziales System*. Bern: Haupt Verlag

Varga von Kibéd, M. & Sparrer, I. (2009). *Ganz im Gegenteil. Tetralemmaarbeit und andere Grundformen systemischer Strukturaufstellungen*. 6. Aufl. Heidelberg: Carl-Auer Verlag.

Der Göttinger Ansatz der Nachhaltigkeitswissenschaft: Potentiale von Hochschulen in der Nachhaltigkeitstransformation der Gesellschaft

7

Peter Schmuck

7.1 Einführung: Die Herausforderung Nachhaltiger Entwicklung für Universitäten

Wissenschaftlich fundierte Feststellungen zur aktuellen Lage der Welt wie z. B. der aktuelle IPCC-Bericht zum Klimawandel (International Panel on Climate Change 2013) legen es nahe, der wissenschaftlichen Arbeit Wertsetzungen zu Grunde zulegen, wie sie seit ca. 20 Jahren zunehmend in internationalen Dokumenten wie der Agenda 21 sowie in nationalen Dokumenten, etwa dem Artikel 20a des Grundgesetzes der BRD oder dem Artikel 120 der Bundesverfassung der Schweiz, in der Forderung nach einer nachhaltigen Entwicklung festgeschrieben werden. Ziele einer nachhaltigen Entwicklung sind Fairness bei der Verteilung von Ressourcen sowie die Erhaltung der Lebensbedingungen für zukünftige Generationen. Bezogen auf Menschen betrifft dies Forderungen nach intra- und intergenerationaler Gerechtigkeit, welche die Erfüllung von Grundbedürfnissen heute sowie zukünftig lebender Generationen sicherstellen.

Bezogen auf nicht menschliche Lebensformen sind dies Forderungen nach einer Respektierung, Achtung und Erhaltung allen Lebens, wie sie von der Erd-Charta Bewegung formuliert werden, welche von einem gleichen Recht aller Lebewesen zum Leben und einer Vernetztheit alles Seienden ausgehen und daher die bislang sogenannte „Umwelt" als „Mitwelt" zu bezeichnen nahelegen.

Damit diese Wertsetzungen im Handeln von wissenschaftlich tätigen Personen die gewünschten Effekte erzielen können, rufen die Akteure des Interdisziplinären Zentrums

P. Schmuck (✉)
Institut für Psychologie, Universität Kassel,
Holländische Str. 36-38, Kassel 34127, Deutschland
e-mail: peterschmuck@gmx.de

© Springer Fachmedien Wiesbaden 2016
W. Leal Filho (Hrsg.), *Forschung für Nachhaltigkeit an deutschen Hochschulen*,
Theorie und Praxis der Nachhaltigkeit, DOI 10.1007/978-3-658-10546-4_7

für Nachhaltige Entwicklung der Universität Göttingen dazu auf, an Hochschulen aktive Beiträge zu einer neuen Denk- und Lebenskultur im Sinne Nachhaltiger Entwicklung zu leisten (Schmuck 2015).

In Universitäten werden die Führungskräfte der Gesellschaft von morgen ausgebildet. Daher kommt ihnen eine wesentliche Rolle bei der Sensibilisierung für die heutigen globalen Probleme sowie deren Überwindung durch Nachhaltige Entwicklung zu. Universitäten können dann glaubwürdig für Nachhaltige Entwicklung wirksam werden, wenn sie in Lehre, Forschung und Betrieb den oben genannten Wertsetzungen folgen. Dies setzt voraus, dass die klassische Forderung nach einer wertneutralen Positionierung der Wissenschaft kritisch hinterfragt wird (Schmuck 2000; Sheldon et al. 2001).

Bei dem entsprechenden Transformationsprozess stehen wir in Deutschland derzeit am Beginn: Nach aktuellen Recherchen (Sassen et al. 2014) haben bislang 14 von den ca. 400 Hochschulen unseres Landes Nachhaltigkeitsberichte vorgelegt, was auf eine systematische Fokussierung von Nachhaltigkeitsherausforderungen in mehreren Bereichen dieser Hochschulen schließen lässt. Darüber hinaus gibt es in vielen Hochschulen Initiativgruppen, welche sich in einzelnen Bereichen für Nachhaltigkeitsanliegen stark machen. Eine dieser Gruppen ist das Interdisziplinäre Zentrum für Nachhaltige Entwicklung der Universität Göttingen (IZNE). Es wurde im Jahr 2000 gegründet. In dem Zentrum arbeiten Wissenschaftler_innen aus mehreren Fakultäten zusammen. Das Zentrum finanziert seine Arbeit über eingeworbene Drittmittel. Im Zentrum wurde der „Göttinger Ansatz der Nachhaltigkeitswissenschaft" entwickelt, in dem inter- und transdisziplinär vernetzte Wissenschaftler_innen eine aktive Rolle bei der Nachhaltigkeitstransformation der Gesellschaft einnehmen. Im Kern des vorliegenden Kapitels wird dieser Ansatz am Beispiel der Entwicklung von Bioenergiedörfern in Deutschland beschrieben, welche durch eine Initiative des IZNE entstanden sind. Vorangestellt werden diesem empirischen Teil mögliche Ursachengruppen für die gegenwärtigen globalen Probleme sowie der Zielkorridor der zu wünschenden Entwicklung, welcher anhand von Nachhaltigkeitsprinzipien skizziert wir, welche vom IZNE im Konsens entwickelt wurden. Abschließend werden Potentiale der Universitäten für die Nachhaltigkeitstransformation beschrieben und ein Indikatorensystem für Nachhaltigkeit an Hochschulen als Möglichkeit der Forcierung des Umbaus der Universitäten vorgeschlagen.

7.2   Die Diagnose: Denkfallen unserer Gesellschaft

Warum sind mehrere Jahrzehnte seit Bekanntwerden der sich zuspitzenden ökologischen, sozialen und ökonomischen globalen Probleme noch keine substantiellen Lösungswege in Sicht? Dies liegt nach Meinung des Autors an einem Ursachenbündel, bestehend aus nicht mit Nachhaltigkeitsanliegen vereinbaren Annahmen, welche unserer Gesellschaft zugrunde liegen. Diese Annahmen, die der Autor »Denkfallen« nennt, betreffen die Natur des Menschen und seine Rolle in der Evolution, die Bedeutung von Geld, von Konsum und die Nutzung von Ressourcen, den Zins und das

Wirtschaftswachstum, die Verteilung der Produktionsstätten und den Privatbesitz an eigentlich öffentlichen Gütern sowie die Art und Weise, wie Überzeugungen entstehen und wie über den Sinn des Lebens gedacht wird.

Folgende Annahmen über unsere eigene psychische Natur sowie über die Gestaltung unseres Wirtschaftssystems und der Verteilungs- und Konsummuster, welche derzeit nur wenig von der Gesellschaft und an den Hochschulen hinterfragt und diskutiert werden, haben nach Meinung des Autors die heute vorherrschenden Lebensmuster hervorgerufen: Wir Menschen seien vor allem egoorientierte und wettbewerbsgetriebene Wesen. Wir Menschen seien das höchstentwickelte Wesen der Evolution und hätten mehr Rechte als andere Lebewesen. Konsum mache glücklich; viel Geld ermögliche viel Konsum und mache daher besonders glücklich. Ein Geldsystem mit Zinsen sei für eine Wirtschaft notwendig. Andauerndes Wirtschaftswachstum sei notwendig. Die uns verfügbaren Ressourcen seien im Prinzip endlos. Zentralisierte Produktion sei in jedem Fall besser als verteilte. Privatbesitz öffentlicher Dinge diene zu deren Erhalt. Es sei leicht, sich eine eigene zutreffende und zielführende Meinung zu bilden. Es sei unnötig oder trivial, den Sinn des eigenen Lebens finden zu wollen.

Wenn wir diese Annahmen in Frage zu stellen bereit sind, öffnen sich Perspektiven, welche sich mit Nachhaltigkeit vereinbaren lassen: Wenn wir uns selbst als soziale Lebewesen begreifen, die im Reigen der Schöpfung Wohlbefinden und Sinn aus dem miteinander und füreinander Dasein ziehen können, die faire Eigentums- und Verteilungsregeln in einer Welt mit einer festen Größe an Ressourcen zu initiieren in der Lage sind und die wieder lernen, regionale Kommunikations- und Wirtschaftskreisläufe zu schaffen, wie wir es am IZNE Göttingen seit 15 Jahren anstreben, dann könnten wir Lösungen für die globalen Probleme finden. Eine genaue Beschreibung der Denkfallen und der alternativen Lösungsansätze findet sich bei Schmuck (2015).

7.3   Der Zielkorridor: Nachhaltigkeitsprinzipien und –Leitlinien am IZNE

Die Akteure des IZNE sehen folgende Prinzipien für ein von den Grundwerten der Fairness und Erhaltung der Lebensgrundlagen getragenes Nachhaltigkeitsverständnis als notwendig an: Das Achtungsprinzip beinhaltet Achtung der Würde und Bewahrung der Integrität aller Lebewesen. Mit dem Vorsichtsprinzip werden aus den sozio-ökonomischen Ursachen für die gegenwärtigen Zerstörungsprozesse (z. B. Klimawandel, Artensterben) Folgerungen für künftige Entwicklungen gezogen: Wenn nach heutiger Kenntnis menschliche Eingriffe in die Biosphäre irreversible Folgen haben (z. B. Verbreitung gentechnisch manipulierter Arten), sind Eingriffe dieser Art zu unterlassen. Das Konsistenz- oder/Kreislaufprinzip zielt auf den Übergang von der primären Nutzung endlicher Ressourcen hin zur Nutzung erneuerbarer Ressourcen unter Einbezug von Kaskadennutzung und Schließung von Nutzungskreisläufen unter Minimierung des Abfallaufkommens. Das Effizienzprinzip zielt die Erreichung höchstmöglicher Wirkungsgrade bei der Nutzung von Rohstoffen an, da auch erneuerbare Rohstoffe begrenzt sind – deren Ertrag pro Jahr ist nicht beliebig steigerbar. Das Gerechtigkeits-/Suffizienzprinzip baut auf eine gerechte Verteilung der verfügbaren Rohstoffe und erfordert damit Lebensweisen, die mit deutlich weniger Rohstoffverbrauch als in den Industrieländern üblich auskommen und stattdessen die nichtmateriellen Potentiale für sinnerfülltes Leben (Kreativität, Kunst, soziales Miteinander) betonen. Das Partizipationsprinzip bringt Akteure und Betroffene von der Suche nach konkreten Umsetzungen neuer Wirtschaftsweisen über deren schrittweise Implementierung bis hin zur Einbindung in den Alltag zusammen. Chancen werden gemeinsam ausgelotet, Bedenken gemeinsam reflektiert, um partnerschaftliche Lösungen zu finden und um den Einfluss aller Beteiligten auf Entscheidungsprozesse zu sichern. Miteinander und Füreinander treten an die Stelle von Gegeneinander.

Die zur Verfolgung dieser Prinzipien notwendigen individuellen und sozialen Prozesse können wirksam werden, wenn die Akteure die folgenden Leitlinien beachten: Ganzheitlichkeit meint die Berücksichtigung unterschiedlicher Perspektiven, das Zulassen verschiedener Denk- und Erfahrungsmodi – wodurch Einzelvorhaben im Zusammenhang des Ganzen wie auch langfristiger Zeitplanung bewertbar werden. Mit der Umsetzungs-orientierung wird angezielt, neue Wege mit adäquater Planung in die Tat umzusetzen, auf das menschliche Potential zu den gewünschten Veränderungen vertrauend und sich an gelungenen Projekten zur nachhaltigen Entwicklung orientierend. Empathische Reflexion und Unterstützung zielen auf wechselseitige Anerkennung, Wertschätzung, Unterstützung und Inspiration. Perspektiven, Sichtweisen, Gefühle anderer Personen werden ernstge-nommen und als Chance und Bereicherung für das Finden adäquater Lösungen gesehen. Solidarität und Rücksicht werden mit analytischer Klarheit zusammengebracht. Mit dia-phaner Planung werden phantasievoll und schöpferisch neue Möglichkeiten und Potentiale gesucht und mit wissenschaftlichen Perspektiven und Pragmatismus in Balance gebracht. Einzelne Ziele werden auf ihren Sinnbezug zur Nachhaltigkeit, auf die Mitwelt – Horizonte hin reflektiert.

7.4   Der Göttinger Ansatz der Nachhaltigkeitswissenschaft

In der Konzeption einer „Sustainability Science" oder „Nachhaltigkeitswissenschaft" wird Wissenschaftler_innen eine aktive Rolle bei der Lösung globaler Probleme zugeschrieben (Kates et al. 2001; Komiyama und Takeushi 2006), welche dann ausgefüllt werden kann, wenn sie (1) sich explizit zu nachhaltigkeitsorientierten Werten bekennen, (2) über Disziplinengrenzen hinweg in interdisziplinärer Zusammenarbeit gemeinsam aus konkre-ten gesellschaftlichen Bedürfnissen Problemstellungen und Forschungsziele ableiten und (3) dazu in transdisziplinärer Kooperation mit Personengruppen außerhalb der Universität Veränderungen in der gesellschaftlichen Praxis anstoßen und analysieren.

Dieser Herausforderung hat sich an der Göttinger Universität das Interdisziplinäre Zentrum für Nachhaltige Entwicklung (IZNE) gestellt. Ca. 15 Initiator_innen des Mittelbaus und für den neuen Ansatz aufgeschlossene Professor_innen haben sich nach Gründung des Zentrums im Jahr 2000 auf die oben genannten Werthaltungen verpflichtet und eine methodologische Konzeption zur Umsetzung und wissenschaftlichen Begleitung von Projekten der Nachhaltigkeitstransformation entwickelt (Schmuck et al. 2013). Dieser „Göttinger Ansatz der Nachhaltigkeitswissenschaft" basiert historisch auf Vorschlägen für eine Aktionsforschung (Lewin 1948). Der wesentliche Unterschied zur klassischen wissenschaftlichen Tätigkeit besteht darin, dass die Problemauswahl nicht vorrangig aus dem Kontext wissenschaftlicher Erkenntnis abgeleitet wird, sondern sich an praktischen Problemen sowie an Nachhaltigkeitswerten orientiert – und dass die Wissenschaftler_innen eine aktive Rolle im Prozess der Nachhaltigkeitstransformation einnehmen.

Unser Ansatz lässt sich über die klassische wissenschaftliche Analysetätigkeit hinaus allgemein durch fünf aufeinanderfolgende Schritte charakterisieren, welche im folgenden kurz charakterisiert und im nächsten Abschnitt mit dem Beispiel der Entwicklung von Bioenergiedörfern illustriert werden. Zunächst (1) sind Ideen für Pilotprojekte in konkreten Handlungsfeldern (Energieversorgung, Nahrung, Transport etc.) zu entwickeln, zum Beispiel Bioenergiedörfer als Bausteine für eine künftige Energieversorgung. Hier kommt es darauf an, das in einem gegebenen Zeitfenster realisierbare Anspruchsniveau zu finden. Danach (2) ist die Unterstützung der Projektidee durch maßgebliche politische Kräfte des Landes sicherzustellen. Dies erfordert eine sorgsame Analyse der jeweils agierenden Machtkonstellation und eine Lobbyarbeit für das konkrete Nachhaltigkeits-Projekt. Dieser Schritt mündet im besten Fall in eine tragfähige Allianz zwischen Personen aus Politik und Wissenschaft, welche die politischen und finanziellen Rahmenbedingungen für die Umsetzung der Projektidee bereitstellt. Ist dies gelungen, können (3) potentielle Praxispartner geworben werden, mit denen gemeinsam (4) die Umsetzung des Pilotprojektes beginnt: Das Vorhaben wird im Detail durchgeplant, die notwendigen Transformationsschritte im Einzelnen festgelegt, um den Umbau zu realisieren. Die Rolle der Wissenschaft besteht in dieser Phase einerseits in der sozialwissenschaftlichen Begleitung, also Moderation und Reflexion der sozialen Prozesse. Andererseits sind in dieser Phase mit vergleichenden Prä-Post-Analysen die Veränderungen infolge der Transformation der Lebensmuster wissenschaftlich zu erfassen und gemeinsam mit allen Beteiligten zu bewerten. Ist ein Pilotprojekt fertiggestellt, kann (5) mit dem Transfer der Idee in die Breite des Landes begonnen werden. Parallel zu den Aktionsforschungs-Aktivitäten (1–5) finden (6) fachwissenschaftliche Analysen der initiierten Veränderungen statt, welche z.B. über Prä-Post Vergleiche Hypothesen zu den Effekten der Transformation zu überprüfen suchen.

7.5   Die Umsetzung: Initiierung von Bioenergiedörfern in Deutschland

Der folgende Abschnitt beschreibt, wie der Göttinger Ansatz der Nachhaltigkeitswissenschaft im Bereich der dezentralen Energiewende umgesetzt wurde. Zunächst wird die Idee formuliert, dann wird die methodische Umsetzung geschildert (Gewinnung von finanzieller und politischer Unterstützung sowie von Praxispartner_innen, Umsetzung des Pilotprojekts und Vorgehen beim Transfer der Idee auf weitere Dörfer) und abschließend werden einige Ergebnisse von klassischen wissenschaftlichen Analysen vorgestellt.

7.5.1   Ideenentwicklung: Das Bioenergiedorf-Konzept

Die Kerngruppe des IZNE einte beim Beginn der gemeinsamen Arbeit die Überzeugung, dass eine zentrale Herausforderung der großen Transformation die Energieversorgung ist. Hier kommt die Dringlichkeit der Ablösung alter Muster (zentral organisierte Versorgung mit fossilen und nuklearen Rohstoffen mit den bekannten Bedrohungen der Lebensbedingungen) zusammen mit hohen Umsetzungschancen für dezentrale Energieversorgung im ländlichen Raum unseres Landes. Biomasse, also Bioabfälle, Holz und Energiepflanzen, stand nach unserer Ansicht am Anfang des 21. Jahrhunderts in Deutschland in ausreichendem Maß zur Verfügung, um auf dieser Basis die Strom- und Wärmeversorgung von Dörfern zu ermöglichen. Darin bestand die Kernidee eines „Bioenergiedorfes".

7.5.2   Sicherung der politischen Unterstützung

Nachdem acht potentielle Fördereinrichtungen angeschrieben worden waren, gelang es, nach mehrfachem Nachhaken das Bundeslandwirtschaftsministerium von der Umsetzbarkeit der Idee und den potentiellen Vorteilen für den ländlichen Raum zu überzeugen. Der gemeinsame strategische Plan war es, zunächst ein Pilotprojekt durchzuführen, welches dann als Modell für weitere Dörfer des Landes bereitsteht. Von Oktober 2000 bis Februar 2008 wurden Initiierung und wissenschaftliche Begleitung des Pilotprojekts gefördert.

7.5.3   Gewinnung von Menschen eines Partnerdorfes

Anfangs bestand die Herausforderung darin, ein geeignetes Dorf zu finden. Im Winter und Frühjahr 2001 wurden durch die Projektgruppe der Universität Informationsfaltblätter („Bioenergiedorf – Wer macht mit?") an die Dörfer des Landkreises Göttingen in Südniedersachsen verteilt und Gespräche dazu mit den Gemeinde- und Ortsräten geführt. Das Interesse der Dörfer war sehr hoch, so dass anschließend in 17 Dörfern öffentliche Informationsveranstaltungen organisiert wurden, um die jeweiligen Dorfbewohner über das geplante Vorhaben zu informieren. Mit interessierten Bürgern aus den einzelnen Orten wurden dann Anlagenbesichtigungen von Biogasanlagen und Holzhackschnitzelheizwerken durchgeführt. Hier sprang bei vielen Menschen des Dorfes „der Funke über", wie spätere Interviews zeigten (s. u.; vgl. auch Ruppert et al. 2008, 33). Wie stark die Einwohner an einer Umsetzung interessiert waren, wurde jeweils über eine Befragung im Dorf ermittelt (Befragung in 3.400 Haushalten in 17 Dörfern). Für vier ausgewählte Dörfer wurden im Sommer 2001 in Zusammenarbeit mit einem Ingenieurbüro technische Machbarkeitsstudien angefertigt. Gleichzeitig entwickelte sich ein Wettbewerb zwischen diesen Dörfern, der von der Projektgruppe der Universität zunächst nicht intendiert gewesen war. Den Dorfbewohnern war klar geworden, dass die geplante Kombination bewährter Biomassetechniken nichts grundsätzlich Neues war, sondern dass die eigentliche Herausforderung für das Projekt im sozialen Bereich lag: Nur wenn es gelingt, genügend Haushalte für einen Anschluss zu motivieren, ist das Projekt auch wirtschaftlich umsetzbar. So versuchten in der Schlussphase des Wettbewerbs die vier Dörfer jeweils auf sehr kreative Weise, die Universitätsgruppe von ihrer starken Dorfgemeinschaft zu überzeugen: Es wurden Malwettbewerbe für Kinder initiiert, damit diese sich mit ihren Eltern über die Projektidee auseinandersetzen sollten, es fanden Sportfeste statt, bei denen im Staffellauf symbolisch gemeinsam 100 km gelaufen wurden, die für „100 % Anschlussbereitschaft" stehen sollten, Kirmeswagen wurden zum Thema „Bioenergiedorf" geschmückt etc. Gleichzeitig wurde gemeinsam mit Projektbeteiligten der Universität u. a. durch das Schreiben und Verteilen von Informationsbroschüren auf eine hohe Transparenz bei den Planungen im Ort hingewirkt, so dass die meisten Bewohner möglichst immer auf dem neuesten Informationsstand waren. Unterstützung gab es durch die lokalen Medien: Insbesondere die Zeitungen machten den Auswahlprozess zu dieser Zeit mit Überschriften wie „Auch Ossenfeld hat seinen Hut in den Ring geworfen" zu einem Wettbewerb unter den Dörfern, der dem Projekt letztlich entgegen kam. Nach einer weiteren Befragung in diesen vier Dörfern wurde im Oktober 2001 der Ort Jühnde von der Projektgruppe der Universität als Partner für die beispielhafte Umstellung der Wärme- und Stromversorgung auf der Basis von Biomasse und für die mit dem Projekt verbundenen Forschungsvorhaben als Modelldorf ausgewählt. Wichtige Kriterien für die Dorfauswahl waren unter anderem die hohe Anzahl der dort vorhandenen Landwirte (8 Vollerwerbslandwirte), die die benötigten Rohstoffe (Energiepflanzen, Gülle) bereit stellen können, die Bereitschaft der Dorfbevölkerung, sich aktiv an den Planungen und auch finanziell zu beteiligen sowie eine genügend große Anzahl von Vereinen und bereits gemeinschaftlich realisierter Vorhaben, die auf eine gute Dorfgemeinschaft schließen ließen. Mit den Lokalpolitikern und Engagierten des Dorfes Jühnde (ca. 800 Einwohner, 15 km südwestlich von Göttingen gelegen) wurde 2001 vereinbart, das Vorhaben zu starten.

7.5.4 Umsetzung des Pilotprojektes Bioenergiedorf Jühnde

Da es für das Vorhaben keine Vorbilder gab, zog sich die Umsetzung über mehrere Jahre hin. Im Mai 2002 gründeten zunächst 47 aktive Jühnder Bürger eine Gesellschaft bürgerlichen Rechts (GbR), um Vorverträge mit den potenziellen Wärmekunden einerseits und mit den Landwirten als Rohstofflieferanten andererseits abschließen zu können. Wichtiges Prinzip zur Umsetzung des Projektes stellte von Anfang an die Beteiligung der Bevölkerung an den Planungsarbeiten dar: Acht verschiedene fachliche Arbeitsgruppen mit insgesamt über 40 Akteuren des Dorfes widmeten sich gemeinsam mit einem Ingenieurbüro der konkreten Umsetzung der Idee im Dorf. Dieser Prozess wurde von der Wissenschaftlergruppe begleitet und moderiert. Im Oktober 2004 wurde die GbR durch eine Genossenschaft abgelöst. Die Bauarbeiten für eine Biogasanlage, ein Holzhackschnitzelheizwerk und das

Nahwärmenetz begannen im November 2004. Viele Hürden, z. B. Widerstände gegen das Vorhaben seitens verschiedener Interessengruppen, waren zu überwinden. Durch Gewinnung eines Schirmherrn (Ernst Ulrich von Weizsäcker) und durch unseren Auftritt auf einer internationalen Konferenz (Renewables 2004 in Bonn), bei der wir die damalige zuständige Ministerin und den Bundespräsidenten persönlich über die Schwierigkeiten informierten, konnte das Projekt im Jahr 2005 fertiggestellt werden.

Seit September 2005 werden in Jühnde in einem Blockheizkraftwerk auf der Basis von Biomasse Strom und Wärme erzeugt. Der Strom, welcher den Bedarf des Dorfes übersteigt, wird derzeit in das öffentliche Netz eingespeist. Die Wärme wird über Nahwärmesystem in die Häuser des Dorfes verteilt. Über 70 % der Haushalte sind in dieses Verteilungsnetz eingebunden. Jeder angeschlossene Haushalt ist Mitglied der Genossenschaft und kann auf den Versammlungen über die Bedingungen der Wärmeabgabe mitbestimmen. Die Genossenschaft hat heute über 140 Mitglieder. Das Innovative dieser Entwicklung war sozialer Art: Die Schaffung und Beschreibung eines erfolgreichen sozialen Prozesses, mit dem Gemeinschaften von Menschen in partizipativer und demokratischer Weise ihre Strom- und Wärmeversorgung auf regional verfügbaren Energiequellen umstellen können.

7.5.5 Transfer in die Breite des Landes

Seit Baubeginn (!) wird das Modelldorf Jühnde von Interessierten aus Deutschland sowie aller Welt besucht; im Jahr 2007 waren zum Beispiel über 8.000 Besucher auf den Anlagen. In den vier Folgejahren nach Fertigstellung des Pilotprojektes Jühnde (2005–2009) gelang es mithilfe einer politischen und finanziellen Unterstützung durch den Landkreis Göttingen, vier weitere Dörfer auf den Weg zum Bioenergiedorf zu bringen (Barlissen, Reiffenhausen, Krebeck, Wollbrandshausen), begleitet wiederum von dem Wissenschaftlerteam des IZNE. Im Jahr 2008 stellte das IZNE Team die bei der Initiierung und Begleitung der erfolgreich umgebauten Dörfer gemachten Erfahrungen zu einem Leitfaden „Wege zum Bioenergiedorf" zusammen. Dieser wurde im Jahr 2011 aktualisiert und neu aufgelegt. Gemeinsam mit weiteren öffentlichkeitswirksamen Aktivitäten (wissenschaftliche und populärwissenschaftliche Publikationen, Filme, journalistische Beiträge) wurde das bundesweite Interesse an dem Pilotprojekt gestärkt. Heute, zehn Jahre nach dem Umbau in Jühnde kann konstatiert werden, dass ca. 113 Dörfer in Deutschland eine ähnliche Transformation vollzogen haben (Bundesministerium für Bildung und Forschung 2015) und 50 weitere derzeit in der Umbauphase sind.

Diese 113 Bioenergiedörfer versorgen sich heute bezüglich ihres Strom- und Heizbedarfes primär über lokal vorhandene Biomasse (Karpenstein-Machan et al. 2013). Dabei kommen als Energieträger insbesondere Reststoffe aus der landwirtschaftlichen Produktion (z. B. Gülle und Festmist), eigens angebaute Energiepflanzen sowie Holz zum Einsatz.

7.5.6   Ergebnisse der klassischen Forschungsaktivitäten

Beispielhaft folgen einige wesentliche Befunde aus der Begleitforschung zu dem Pilotprojekt „Bioenergiedorf Jühnde" (Details s. Schmuck et al. 2013). Bezogen auf klimarelevante Veränderungen wurde die Reduktion der Emission von Treibhausgasen durch die Umstellung von fossilen auf nachwachsende Energiequellen in dem Dorf Jühnde berechnet. Für das Dorf von 880 Einwohnern ergab sich für das zweite Betriebsjahr 2007 eine Verminderung um 4.400 Tonnen CO_2 Äquivalenten gegenüber der Energieversorgung bei Verbrennung fossiler Rohstoffe.

Agrarwissenschaftliche Analysen ergaben, dass nach Beginn des Anbaus von Energiepflanzen insgesamt weniger Pestizide, Insektizide, Fungizide sowie Kunstdünger auf den Feldern des Dorfes eingesetzt wurden als vorher, was positive Auswirkungen auf die Grundwasserreinhaltung hatte.

Die Rolle der Psychologie bei diesem Projekt lag zunächst darin, soziale Erfolgsfaktoren in ähnlichen Projekten zu erfassen (etwa Besuche vor Ort bei vergleichbaren Pionierprojekten, persönliche Kontakte, Integration des Vorhabens bei Feiern, lokale Multiplikatoren einbinden, Kontakt zur Lokalpresse, vgl. Eigner und Schmuck 2002), durch Anwendung dieser Faktoren die Menschen des eigenen Projektes für die Teilnahme zu begeistern, sie laufend allgemeinverständlich zu informieren, sie zum anderen im weiteren Umstellungsprozess von neutraler Seite beispielsweise bezüglich der Öffentlichkeitsarbeit oder auch bei auftretenden Konflikten zu beraten.

In Prä-Post Vergleichen wurden dann psychologische Variablen wie das Wohlbefinden und die Zufriedenheit mit der Energieversorgung erhoben (zu den Hypothesen für diese Analysen vgl. Schmuck und Sheldon 2001). Es zeigte sich, dass ausnahmslos alle befragten Personen des Dorfes, die sich an die neue Wärmeversorgung angeschlossen hatten, damit sehr zufrieden (89 %) oder zufrieden (11 %) waren. Interviewstudien mit elf besonders für die Umstellung engagierten Dorfbewohnern bestätigten die Hypothese, dass der Prozess zu einer Stärkung des „Wir-Gefühls" sowie zum eigenen Wohlbefinden beigetragen hat. Weitere Potentiale der Fachwissenschaft der Psychologie für eine Sustainability Science, die über den hier beschriebenen Anwendungsfall hinausgehen, sind in Schmuck und Vlek (2003) sowie Cervinka und Schmuck (2010) zusammengetragen.

Wirtschaftswissenschaftler des IZNE haben den ökonomischen Nutzen des Vorhabens für die Menschen vor Ort überprüft. Die Betreibergesellschaft schrieb im Analysezeitraum schwarze Zahlen, die Landwirte konnten bei langfristigen Lieferverträgen auf verlässliche und kalkulierbare Einnahmen durch die gelieferten Energierohstoffe bauen und für die Wärmekunden konnte eine substantielle Verringerung der finanziellen Aufwendung für Heizzwecke konstatiert werden. Im Jahr 2008 sparte in Jühnde zum Beispiel jeder ans Wärmenetz angeschlossene Haushalt 1.800 Euro, welche er für eine Heizung auf Basis fossiler Rohstoffe mehr hätte zahlen müssen. Eine Studie, welche diesen Effekt für 21 weitere Bioenergiedörfer überprüfte, ermittelte bei einer Vollkostenrechnung im Schnitt ca. 50 % Ersparnis pro Haushalt bei den Heizkosten gegenüber den Heizaufwendungen bei Einsatz fossiler Rohstoffe (Karpenstein-Machan et al. 2013, 18).

Weitere detaillierte wissenschaftliche Analysen zum Pilotprojekt und dessen Folgeprojekten finden sich u. a. bei Eigner-Thiel und Schmuck (2010), Schmuck (2013), Wüste, Schmuck, Eigner-Thiel, Ruppert, Karpenstein-Machan und Sauer (2011) sowie Wüste und Schmuck (2012). Eine kritische Analyse bezüglich des langfristigen Transferpotentials des Bioenergiedorf-Konzepts wurde von Schmuck (2014) vorgenommen.

7.6   Schlussfolgerungen für die Nachhaltigkeitstransformation der Hochschulen

Eine nachhaltige Gesellschaft braucht ein Wissenschafts- und Hochschulsystem, welches sich in allen Kernbereichen – Forschung, Lehre und Betrieb – klar für einen grundlegenden gesellschaftlichen Wandel hin zu nachhaltiger Entwicklung positioniert. Entsprechende Forderungen sind in den vergangenen Jahren von verschiedenen gesellschaftlichen Gruppen gestellt worden: Die UN-Dekade für Bildung für nachhaltige Entwicklung von 2005 bis 2014 und Initiativen wie die Higher Education Sustainability Initiative von 2013 haben Nachhaltige Entwicklung als Thema für Hochschulen eingefordert. Eine Erklärung der deutschen Hochschulrektorenkonferenz sowie der Deutschen UNESCO-Kommission hat 2009 eine Hochschulbildung für nachhaltige Entwicklung angemahnt. Das BMBF sowie einige Bundesländer haben wissenschaftliche Förderprogramme für Nachhaltige Entwicklung aufgelegt.

An einigen Hochschulen sind entsprechende Aktivitäten in Gang gekommen, wie es im vorliegenden Kapitel für Nachhaltigkeitsforschung an der Universität Göttingen beschrieben wurde. Die Mehrzahl der Hochschulen in Deutschland ist dennoch momentan weit von einer systematischen Verfolgung von Nachhaltigkeitszielen entfernt. Dies liegt vermutlich an starken Beharrungstendenzen im Hochschulsystem zugunsten klassischer wertneutraler und fachdisziplinärer Lehre und Forschung. Die geforderte Transformation von Hochschulen kommt erst allmählich in Gang. Im Bereich der Forschung hat sich seit wenigen Jahren eine „Real-Labor-Forschung" etabliert (Schneidewind und Singer-Brodowski 2013), welche sich in der Tradition der Aktionsforschung und ähnlich dem hier vorgestellten Ansatz für eine Nachhaltigkeitstransformation der Gesellschaft stark macht. Im Bereich der Lehre haben an mehreren Universitäten Nachhaltigkeits-Engagierte entsprechende Lehrangebote geschaffen und darüber hinaus im Rahmen einer virtuellen Akademie für Bildung für Nachhaltige Entwicklung ein bundesweit nutzbares Bildungsangebot geschaffen. An einigen Hochschulen, z. B. der Freien Universität Berlin gibt es starke Initiativen, welche auch den Betrieb der Hochschule selbst unter Nachhaltigkeitsaspekten analysieren und nach Nachhaltigkeitskriterien umzugestalten suchen.

Wie könnte die konkrete Planung, Durchführung und Evaluierung der Nachhaltigkeitstransformation von Hochschulen systematisch unterstützt werden? Wie lässt sich die Lücke zwischen dem hohen Anspruch einer Nachhaltigkeitstransformation und der

Realität des alten Hochschulbetriebes ohne Bezug zu Herausforderungen der Nachhaltigkeit verringern? Hierzu haben Anne Schabel, Mandy Singer-Brodowski und Valentin Tappeser vom deutschlandweiten Studierenden-Netzwerk Nachhaltigkeit sowie Inka Bormann von der FU Berlin und der Autor folgende Überlegungen entwickelt:

> Außerhalb von Deutschland gibt es bereits elaborierte Rankings und Selbstbewertungstools zur Integration nachhaltiger Entwicklung in die Kernbereiche der Hochschulen. Diese ermöglichen es den Hochschulen, Nachhaltigkeit für sich zu definieren, Veränderungsprozesse anzustoßen und Vergleichbarkeit zwischen Institutionen herzustellen. Etablierte Systeme wie das „Sustainability Tracking, Assessment and Rating System" (STARS) in den USA, das „Assessment Instrument for Sustainability in Higher Education" (AISHE) aus den Niederlanden oder der „Learning in Future Environments (LiFe) Index" und die „People & Planet Green League" in Großbritannien belegen, dass Indikatorensysteme ein zentrales und effektives Gestaltungs- und Managementtool für die nachhaltige Hochschulentwicklung sein können. In einer Stellungnahme zum internationalen Expertengutachten zur Deutschen Nachhaltigkeitspolitik, dem Peer Review 2013, empfiehlt der Rat für Nachhaltige Entwicklung (RNE): „Die Wissenschaftsgemeinschaften sollten Kenngrößen zur wissenschaftlichen Exzellenz auf dem Gebiet der Nachhaltigkeit entwickeln und dabei den Mut zu neuem Vorgehen und Partnerschaften aufbringen. Forschungseinrichtungen und Hochschulen sollten über ihre Nachhaltigkeitsleistungen öffentlich berichten" (Rat für Nachhaltige Entwicklung 2013, 6).

Die Forderungen nach einer öffentlichen Nachhaltigkeitsberichterstattung von Hochschulen korrespondieren mit der Einführung von neuen Steuerungsinstrumenten, wie sie insgesamt im Bildungsbereich zu beobachten ist. Die auch Hochschulen übertragene erweiterte Autonomie und Verantwortung geht einher mit vermehrten Rechenschaftspflichten. Die Absicht, bereits vorhandene Nachhaltigkeitsaktivitäten an Hochschulen einer systematischen Qualitätssicherung, -entwicklung bzw. -dokumentation zu unterziehen bedarf geeigneter Instrumente. Partizipativ entwickelte Nachhaltigkeitsindikatoren können gerade in Zusammenhang mit dem sich verstärkenden Wettbewerbsdruck zwischen Hochschulen und ihrer zunehmenden inhaltlichen Profilierung als geeignete Instrumente für die Selbstevaluation oder für Benchmarkings betrachtet werden.

Um also die vom RNE erhobenen Forderungen nach einer systematischen, indikatorenbasierten hochschulischen Nachhaltigkeitsberichterstattung umsetzen zu können, bedarf es eines Indikatorensets für Nachhaltigkeit, welches Nachhaltigkeitsleistungen qualifizierbar und quantifizierbar macht. Da die Nachhaltigkeitsaktivitäten in Hochschulen von ganz unterschiedlichen Akteuren (z. B. Studierende, Lehrende, Hochschulleitung) sowie in ganz unterschiedlichen Formen vorangetrieben werden (z. B. Initiativen, Lehrveranstaltungen, Projekte) und auch mit verschiedenen Interessen verknüpft sind (z. B. Drittmitteleinwerbung, Veranschaulichung in der Lehre, Profilierung), scheint es aus einer governance-analytischen Perspektive wichtig, diese unterschiedlichen Interessen, Ansprüche, aber auch durchaus vorhandene Vorbehalte gegenüber der neuen Steuerung von Nachhaltigkeit systematisch zu berücksichtigen, um nicht nur ein handhabbares und fortschreibbares, sondern auch ein von verschiedenen Akteursgruppen akzeptiertes Indikatorenset entwickeln zu können.

Die Entwicklung eines derartigen Indikatorensystems für Nachhaltigkeit im deutschen Hochschul- und Wissenschaftssystem könnte hilfreich sein, um Nachhaltigkeitperspektiven umfassend in die Lehre, Forschung und Administration von Hochschulen zu integrieren, die Umsetzung der Transformation bedarfsgerecht zu initiieren und zu unterstützen sowie mit einem einheitlichen Indikatorenset Transparenz und Anreiz für Umsetzungsaktivitäten zu schaffen. Im Rahmen von Forschungsvorhaben könnte ein solches Indikatorensystem für Nachhaltigkeit im deutschen Hochschulsystem zunächst konzipiert und an Pilotinstitutionen getestet werden. Mittelfristig darf erwartet werden, dass das entstehende Indikatorensystem Wirkung als Anreizsystem für die Stärkung der Nachhaltigkeitsperspektiven an deutschen Hochschulen entfaltet. Über das positive Beispiel von Best-Practice Strukturen und Prozessen kann so unter Einbindung von Studierenden, Hochschulleitungen, Lehrkräften und Administration die Nachhaltigkeitstransformation in der Breite des Hochschulsystems vorangebracht werden.

Literatur

Bundesministerium für Bildung und Forschung (2015). *Informationen über Bioenergiedörfer in Deutschland.* Verfügbar unter: www.wege-zum-bioenergiedorf.de (aufgerufen am 14.3.2015).

Cervinka, R. & Schmuck, P. (2010). Umweltpsychologie und Nachhaltigkeit. In Linneweber, V., Lantermann, E. & Klas, E. (Hrsg.).*Enzyklopädie der Psychologie (Band Umweltpsychologie)* (S. 595–641). Göttingen: Hogrefe.

Eigner, S. & Schmuck, P. (2002). Motivating Collective Action: Converting to Sustainable Energy Sources in a German Community. In P. Schmuck & W. Schultz (Eds.), *Psychology of Sustainable Development* (S. 241–257). Boston: KluwerAcademic Publishers.

Eigner-Thiel, S. & Schmuck, P. (2010). Gemeinschaftliches Engagement für das Bioenergiedorf Jühnde - Ergebnisse einer Längsschnittstudie zu psychologischen Auswirkungen auf die Dorfbevölkerung. *Zeitschrift für Umweltpsychologie, 14 (2),* 98–120.

International Panel on Climate Change (2013). *IPCC-Bericht.* Verfügbar unter: http://www.climatechange2013.org (aufgerufen am 14.3.2015).

Karpenstein-Machan, M., Wüste, A. &. Schmuck, P (2013). Erfolgsfaktoren von Bioenergiedörfern in Deutschland. *Berichte über Landwirtschaft, 91 (2),* 1–25.

Kates, R., Clark, W., Corell R., Hall J., Jaeger C., Lowe I., McCarthy J., Schellnhuber H., Bolin B., Dickson N., Faucheux S., Gallopin G., Grubler A., Huntley B., Jager J., Jodha N., Kasperson R., Mabogunje A., Matson P., Mooney H., Moore B., O'Riordan T. and Svedin U. (2001). Environment and Development: Sustainability Science. *Science, 292 (5517),* 641–642.

Komiyama, H. and Takeushi, K. (2006). Sustainability Science: Building a New Discipline. *Sustainability Science, 1 (1),* 1–6.

Lewin, K. (1948). *Resolving Social Conflicts.* Washington, DC: American Psychological Association.

Ruppert, H., Eigner-Thiel, S., Girschner, W., Karpenstein-Machan, M., Roland, V., Ruwisch, V., Sauer, B., & Schmuck, P. (2008, Neuauflage 2011). *Wege zum Bioenergiedorf – Leitfaden für eine eigenständige Strom- und Wärmeversorgung auf Basis von Biomasse im ländlichen Raum.* Gülzow: Fachagentur für Nachwachsende Rohstoffe.

Rat für Nachhaltige Entwicklung (2013). *Bericht des Peer Review "Sustainability – Made in Germany. Für einen neuen Aufbruch in der Nachhaltigkeitspolitik."* Verfügbar unter: http://www.nachhaltigkeitsrat.de/projekte/eigene-projekte/peer-review/ (aufgerufen am 14.3.2015).

Sassen, R., Dienes, D. & Beth, C. (2014): Nachhaltigkeitsberichterstattung deutscher Hochschulen. *Zeitschrift für Umweltpolitik & Umweltrecht, 37 (1),* 258–277.

Schmuck, P. & Sheldon, K. (2001). Life goals and well-being: To the frontiers of life goal research. In P. Schmuck & K. Sheldon (Eds.), *Life goals and well-being. Towards a positive psychology of human striving* (S. 1–18). Seattle: Hogrefe & Huber.

Schmuck, P. & Vlek, C. (2003). Psychologists can do Much to Support Sustainable Development. *European Psychologist, 8 (2),* 66–76.

Schmuck, P. (2000). Werte in der Psychologie und Psychotherapie. *Verhaltenstherapie und Verhaltensmedizin, 21 (3),* 279–295.

Schmuck, P. (2013). The Göttingen Approach of Sustainability Science: Creating Renewable Energy Communities in Germany and Testing a Psychological Hypothesis. *Umweltpsychologie, 17 (1),* 119–135.

Schmuck, P. (2014). Bioenergiedörfer in Deutschland. In In H. Leitschuh, G. Michelsen, U.E. Simonis, J. Sommer & E.U von Weizsäcker (Hrsg.), *Jahrbuch für Ökologie. Re-Naturierung* (S. 88–93). Stuttgart: Hirzel.

Schmuck, P. (2015). *Die Kraft der Vision. Plädoyer für eine neue Denk- und Lebenskultur.* München: oekom Verlag.

Schmuck, P. Eigner-Thiel, S., Karpenstein-Machan, M., Sauer, B., Roland, F. and Ruppert, H. (2013). Bioenergy Villages in Germany: The History of Promoting Sustainable Bioenergy Projects Within the "Göttingen Approach of Sustainability Science". In M. Kappas & H. Ruppert (Eds.), *Sustainable Bioenergy Production: An Integrated Approach* (S. 37–74). Heidelberg: Springer.

Schneidewind, U., & Singer-Brodowski, M. (2013). *Transformative Wissenschaft: Klimawandel im deutschen Wissenschafts-und Hochschulsystem.* Marburg: Metropolis Verlag.

Wüste, A. & Schmuck, P. (2012). Bioenergy Villages and Regions in Germany: An Interview Study with Initiators of Communal Bioenergy Projects on the Success Factors for Restructuring the Energy Supply of the Community. *Sustainability, 4 (2),* 244–256.

Wüste, A., Schmuck, P., Eigner-Thiel, S., Ruppert, H., Karpenstein-Machan, M. & Sauer, B. (2011). Gesellschaftliche Akzeptanz von kommunalen Bioenergieprojekten im ländlichen Raum am Beispiel potenzieller Bioenergiedörfer im Landkreis Göttingen. *Umweltpsychologie, 15,* 135–151.

Nachhaltigkeitstransformation als Herausforderung für Hochschulen – Die Hochschule für nachhaltige Entwicklung Eberswalde auf dem Weg zu transdisziplinärer Lehre und Forschung

8

Benjamin Nölting, Jens Pape, und Britta Kunze

8.1 Einstieg: Drei Thesen zur Nachhaltigkeitstransformation an Hochschulen

Was nachhaltige Wissenschaft sein kann und soll und wie Hochschulen nachhaltig werden können, wird kontrovers diskutiert (Grunwald 2015; Schneidewind 2015). Während es bereits interessante Ansätze zur Forschung für nachhaltige Entwicklung gibt, ist das Thema Lehre für Nachhaltigkeit bislang kaum an Hochschulen etabliert. Die deutschen Hochschulen boten im Wintersemester 2014/15 rund 17.000 Studiengänge an. Davon hatten weniger als ein Prozent einen klaren Nachhaltigkeitsbezug und lediglich bis zu zwei Prozent schlossen ein Lehrangebot zur Nachhaltigkeit ein (de Haan 2014). Daher plädiert dieser Beitrag dafür, die Lehre für Nachhaltigkeit an Hochschulen aufzuwerten und mit transdisziplinärer Nachhaltigkeitsforschung zu verknüpfen. Dies kann einen interessanten Baustein für eine Transformation von Hochschulen in Richtung nachhaltiger Wissenschaft bilden.

Der Beitrag beginnt mit drei Thesen, an Hand derer skizziert wird, wie sich Lehre und Forschung wechselseitig in transdisziplinären Austauschprozessen befruchten können. Der Fokus richtet sich dabei auf Fachhochschulen und Hochschulen für angewandte Wissenschaft, die aufgrund ihrer Anwendungsorientierung ein großes Potenzial für Transdisziplinarität aufweisen, das aber bislang noch nicht ausgeschöpft wird.

B. Nölting (✉) • J. Pape • B. Kunze
Hochschule für Nachhaltige Entwicklung Eberswalde (FH),
Schicklerstr. 5, Eberswalde 16225, Deutschland
e-mail: benjamin.noelting@hnee.de

© Springer Fachmedien Wiesbaden 2016
W. Leal Filho (Hrsg.), *Forschung für Nachhaltigkeit an deutschen Hochschulen*,
Theorie und Praxis der Nachhaltigkeit, DOI 10.1007/978-3-658-10546-4_8

Die Thesen werden in den nachfolgenden Kapiteln ausgeführt und inhaltlich zugespitzt. Während es zunächst um die Transformation von Hochschulen im Allgemeinen geht, werden im zweiten Schritt Möglichkeiten für eine transdisziplinäre Lehre und Forschung speziell von Fachhochschulen diskutiert und für die Hochschule für nachhaltige Entwicklung Eberswalde exemplarisch dargestellt. Im dritten Schritt werden Konzepte für forschendes Lernen zur Nachhaltigkeit am Beispiel des berufsbegleitenden Masterstudiengangs „Strategisches Nachhaltigkeitsmanagement" vorgestellt und reflektiert. Im abschließenden Ausblick werden Überlegungen angestellt, wie diese Erfahrungen von (Fach-)Hochschulen aufgegriffen und weiterentwickelt werden können.

These 1 Universitäten und Hochschulen müssen sich zunächst selbst transformieren auf dem Weg zu nachhaltiger Wissenschaft.

Transformative Forschung und Bildung stellen zentrale Bausteine für die vielfach geforderte große Transformation dar, die notwendig ist um einen Durchbruch in Richtung nachhaltiger Entwicklung zu erzielen (Schneidewind und Singer-Brodowski 2013; WBGU 2011). Jedoch haben sich bisher nur einzelne Universitäten und Hochschulen zur Aufgabe gemacht, einen Beitrag – sei es in Lehre, Forschung oder im Betrieb der Einrichtung – zu nachhaltiger Entwicklung zu leisten. Dementsprechend spiegelt sich dieses Ziel kaum in den Kernprozessen und -funktionen von Hochschulen wider. Auf dem Weg zu einer nachhaltigen Wissenschaft müssen sich Universitäten und Hochschulen zunächst selbst transformieren. Zu diesem Zweck müssen sie sich in Lehre und Forschung stärker an Nachhaltigkeitsherausforderungen ausrichten und sich diesbezüglich gegenüber der Gesellschaft öffnen.

These 2 Praxiskooperationen an Fachhochschulen sind eine wichtige Basis für transdisziplinäre Lehre und Forschung für Nachhaltigkeit. Dies setzt eine klare Positionierung in Sachen Nachhaltigkeit voraus.

Fachhochschulen und Hochschulen für angewandte Wissenschaft weisen aufgrund ihres Auftrags und ihrer Ausrichtung eine größere Praxisorientierung in der Lehre und eine stärkere Anwendungsorientierung in der Forschung auf als Universitäten. Solche enge Kooperationen mit Praxispartner_innen bieten günstige Voraussetzungen für transdisziplinäre Lehre und Forschung für Nachhaltigkeit. Dies setzt jedoch voraus, dass diese Kooperationen unter der Prämisse nachhaltiger Entwicklung erfolgen, was eine klare Positionierung der beteiligten Akteure in Sachen Nachhaltigkeit erfordert.

These 3 Kompetenzvermittlung für Nachhaltigkeit erfordert neue Lehr- und Lernkonzepte.

Forschendes Lernen mit einer problemlösungsorientierten, transdisziplinären Ausrichtung gibt Hochschulen wichtige Impulse für eine transformative Bildung und ihre eigene Transformation in Richtung Nachhaltigkeit. Denn in der Kooperation mit Praxispartner_innen wird die Komplexität der Lebenswelt und von Nachhaltigkeitsherausforderungen abgebildet. Die Bearbeitung von Nachhaltigkeitsproblemen erfordert ein entsprechend breites Kompetenzspektrum, das über die bislang meist dominante Vermittlung von kognitivem Wissen hinausgeht.

8.2   Diskurse an deutschen Universitäten und Hochschulen über Wege zu nachhaltiger Wissenschaft

Was ist nachhaltige Wissenschaft? Zu dieser Frage ist in den letzten Jahren eine breitere Diskussion in Deutschland in Gang gekommen. Immer mehr Tagungen und Publikationen befassen sich mit dem Thema, deren Diskussionen kurz nachgezeichnet werden sollen (Schneidewind 2015).

8.2.1   Debatten zu nachhaltiger Wissenschaft

Im Verlauf der Debatten stand zunächst die Frage im Vordergrund, was Nachhaltigkeitsforschung auszeichnet. Die konzeptionelle Entwicklung des Förderschwerpunkts „Sozial-ökologische Forschung" des Bundesministeriums für Bildung und Forschung (BMBF) gab dazu wichtige Impulse (BMBF 2007). Ein zweiter Impulsgeber waren außeruniversitäre Forschungseinrichtungen. So haben sich etwa acht außeruniversitäre, gemeinnützige Umwelt- und Nachhaltigkeitsforschungsinstitute in Deutschland zum Ecological Research Network zusammengeschlossen. Im Ergebnis werden als wichtige Merkmale der Nachhaltigkeitsforschung eine Problemlösungsorientierung, interdisziplinäre Ansätze über Fächergrenzen hinweg und ein transdisziplinärer Austausch mit der Praxis genannt (BMBF 2007; Heinrichs und Michelsen 2014).

Diese Debatte wurde unter anderem vor dem Hintergrund der Exzellenz-Initiative für die Universitäten geführt. Entsprechend waren die Auseinandersetzung mit Peer Review-Verfahren und die Entwicklung von Qualitätskriterien für eine nachhaltige, transdisziplinäre Forschung wichtige Themen der Diskussion (z. B. Bergmann et al. 2010; Jahn und Schuldt-Baumgart 2015). In diesem Kontext wurde u. a. auch darüber diskutiert, ob die Orientierung am normativen Leitbild nachhaltiger Entwicklung im Widerspruch zur Freiheit von Forschung und Lehre stünde, so dass sich Nachhaltigkeitsforschung als eine Weiterentwicklung, Ausdifferenzierung oder gar Alternative zur Wissenschaftskonzeption der Grundlagenforschung interpretieren ließe (Jahn 2013; Grunwald 2015; Schneidewind 2015).

Unseres Erachtens sollte es in der Debatte darum gehen, die Beiträge von Wissenschaft zur Lösung von Nachhaltigkeitsproblemen hervorzuheben und weiterzuentwickeln. Es geht also um eine Ausdifferenzierung und Erweiterung von Wissenschaft (Grunwald 2015). Hierfür ist im anknüpfend an Schneidewind und Singer-Brodowski (2013) das Konzept einer transformativen Wissenschaft geeignet. Ein Kernbestandteil nachhaltiger Wissenschaft ist somit die Orientierung am normativ begründeten Leitbild der Nachhaltigkeit.

Überlegungen, wie das Ziel nachhaltiger Entwicklung an Universitäten und Hochschulen institutionell und thematisch verankert werden könnte, blieben dagegen eine Ausnahme (Schneidewind 2009). Anregungen dazu kommen erst in letzter Zeit zum einen von Seiten der Studierenden, die Nachhaltigkeit auf die Agenda ihrer Universität setzen und

Modellprojekte für den Hochschulbetrieb und in der Lehre anstoßen wie das netzwerk n. Zum anderen tragen zivilgesellschaftliche Organisationen das Thema an die Forschung sowie die Forschungspolitik heran (Ober 2014). Dafür steht etwa die zivilgesellschaftliche Initiative ForschungsWende und der Bund für Umwelt und Naturschutz Deutschland (BUND), der Thesen für die Wissenschaftspolitik vorgelegt hat (Kurz et al. 2014).

8.2.2   Positionierung von Universitäten und Hochschulen

Vor diesem Hintergrund überrascht es kaum, dass sich bislang nur sehr wenige Universitäten und Hochschulen eindeutig in Sachen Nachhaltigkeit positioniert haben. Ein Vorreiter ist die Leuphana Universität Lüneburg, die beispielsweise eine eigene Fakultät „Nachhaltigkeit" eingerichtet hat, systematische Nachhaltigkeitsforschung organisiert und an der alle Bachelorstudierende ihr Studium mit einem Nachhaltigkeitssemester beginnen. Die Universität Oldenburg profiliert sich mit nachhaltiger Forschung und Lehre im regionalen Kontext. Die Universität Hamburg hat sich bei der Exzellenzinitiative mit einem Konzept für eine nachhaltige Universität beworben und ein Kompetenzzentrum Nachhaltige Universität eingerichtet (vgl. Schneidewind and Singer-Brodowski 2013). Auch an Fachhochschulen und Hochschulen für angewandte Wissenschaft wie der Hochschule München oder der Hochschule Zittau/Görlitz gibt es beachtenswerte Initiativen in Sachen Nachhaltigkeit. Jede Aufzählung bleibt an dieser Stelle unvollständig, weitere wichtige Nachhaltigkeitsinitiativen, Universitäten und Hochschulen müssten genannt werden.

Angesichts des Wissens- und Handlungsbedarfs wären jedoch noch mehr Initiativen und Angebote wünschenswert und notwendig. Insgesamt, so lässt sich festhalten, haben Forschung und Lehre für nachhaltige Entwicklung eher eine Außenseiterrolle in der deutschen Hochschullandschaft inne. Dies deutet darauf hin, dass sich Hochschulen mit Blick auf nachhaltige Entwicklung neu positionieren und sich vielleicht sogar neu erfinden müssen.

Ansatzpunkte für eine solche Positionierung und die Integration von Nachhaltigkeitsaktivitäten in die Kernprozesse sind folgende Bereiche:

- Nachhaltiger Betrieb der Hochschule
- Forschung für nachhaltige Entwicklung
- Lehre für nachhaltige Entwicklung
- Gesellschaftliche Verantwortung der Hochschule und deren Wirkung in die Gesellschaft

An vielen Hochschulen gab und gibt es interessante Anstrengungen für einen *nachhaltigen Hochschulbetrieb*. Dazu gehören Energie- und Gebäudemanagement, Mensaverpflegung, Müllkonzepte bis hin zu Energiemanagement- und umfassenden Umweltmanagementzertifizierungen (z.B. EMAS), Nachhaltigkeitsberichte oder Konzepte für eine klimafreundliche Hochschule. Entsprechende Aktivitäten bilden einen Kristallisationskeim für eine weitergehende Nachhaltigkeitspositionierung. Diese

Aktivitäten sind wichtig für die Glaubwürdigkeit von Hochschulen. Diesbezüglich hat sich in der Hochschullandschaft im Vergleich zu den nachfolgenden Punkten bisher viel getan. Jedoch ist der Hochschulbetrieb nicht Teil der Kernaufgaben Lehre und Forschung und beeinflusst diese kaum.

Forschung für Nachhaltigkeit wird von verschiedenen Wissenschaftler_innen sowie Instituten inhaltlich und konzeptionell vorangetrieben. Ein wichtiger Treiber ist das BMBF, das im Rahmenprogramm Forschung für Nachhaltige Entwicklungen (FONA) umfänglich Forschungsmittel auslobt. Daher ist auch dieser Bereich einer Nachhaltigkeitspositionierung vergleichsweise weit entwickelt.

Lehre für nachhaltige Entwicklung hat in Rahmen der Nachhaltigkeitsaktivitäten von Universitäten und Hochschulen einen niedrigen Stellenwert, auch wenn es Ausnahmen gibt wie beispielsweise die Ausbildung von Lehrer_innen zum Thema Nachhaltigkeit. Da Lehre jedoch eine Kernaufgabe von Universitäten und Hochschulen ist, fällt der geringe Stellenwert des Bezugs zur Nachhaltigkeit ins Gewicht, worauf im nachfolgenden Abschnitt genauer eingegangen wird.

Das Thema *gesellschaftliche Verantwortung* der Universitäten und Hochschule ist noch recht neu in der Debatte. Hier geht es um eine Positionierung der Einrichtung als gesellschaftlicher Akteur. Noch haben sehr wenige Universitäten und Hochschulen sich mit dieser Funktion in Sachen nachhaltiger Entwicklung profiliert. Treiber sind hier insbesondere zivilgesellschaftliche Akteure, die eine Bürgerhochschule oder das Engagement in Reallaboren einfordern (Schneidewind 2014; Wagner und Grunwald 2015).

8.2.3 Lehre für nachhaltige Entwicklung als Leerstelle in der Debatte

Auch wenn Lehre an Universitäten und Hochschulen im Vergleich zur Forschung einen geringeren Stellenwert hat, erstaunt doch, dass Lehre für eine nachhaltige Entwicklung kaum diskutiert und noch weniger konzeptionell entwickelt und praktiziert wird – das Thema stellt eine eklatante Leerstelle im Diskurs über nachhaltige Wissenschaft dar.

Andere Bereiche sind in der Vermittlung von Nachhaltigkeitsthemen schon weiter, wie Schulen oder eher informelle Ansätze der Umweltbildung im Umwelt- und Naturschutz. Hier hat die Bildung für nachhaltige Entwicklung (www.bne-portal.de) Konzepte vorgelegt (de Haan 2008).

Anstöße zur Auseinandersetzung mit diesem Thema kamen bisher von zwei Seiten. Erstens haben Studierende die Auseinandersetzung mit nachhaltiger Entwicklung in ihren Studienfächern eingefordert. Sie initiieren einen *dies oecologicus*, Ringvorlesungen oder Projektwerkstätten zum Thema. Sie haben das netzwerk n oder das Netzwerk Plurale Ökonomik e.V. gegründet, das sich für eine ganzheitlichere Betrachtung und Vermittlung wirtschaftswissenschaftlicher Themen einsetzt.

Zweitens steigt die gesellschaftliche Nachfrage nach Ausbildungsangeboten zu Nachhaltigkeit. Unternehmen und Non-Profit-Organisationen wie Verwaltungen, Kommunen, Verbände, Stiftungen suchen zunehmend Mitarbeitende, die nachhaltige

Entwicklung in ihren Organisationen voranbringen können. Gefragt sind engagierte und qualifizierte Persönlichkeiten, die als Pionier_innen Handlungsspielräume schaffen, ausweiten und nutzen. Diese Personen können als *Change Agents* beschrieben werden, die einen Brückenschlag zwischen verschiedenen Abteilungen, Organisationen und Lebenswelten bewerkstelligen und daher für die Entwicklung und Umsetzung von Transformationsstrategien qualifiziert sein müssen (Hesselbarth und Schaltegger 2014).

Diese Nachfrage hat zu einem Zuwachs von Lehrangeboten zum Thema Nachhaltigkeit geführt. Das betrifft sowohl einzelne Lehrangebote und Module als auch ganze Studiengänge, die sich mit nachhaltiger Entwicklung befassen. Deren Anzahl ist in den letzten Jahren erkennbar gestiegen (Grothe und Fröbel 2010; The Aspen Institute 2012; Nölting et al. 2013). Neue MBA-Studiengänge setzen mittlerweile häufig auf Nachhaltigkeitsthemen (Demmer 2013). Diese Entwicklung spiegelt ein steigendes Interesse der Studierenden an breit gefächerten Problemlösungskompetenzen wider (SWOP 2010), was vermutlich auch in einer gestiegenen Nachfrage seitens der Unternehmen begründet ist. Gleichwohl befinden sich solche Studienangebote immer noch in der Nische, vergleicht man deren Quantität mit den „Standardausbildungen" des Mainstreams – und misst sie am gesellschaftlichen Bedarf an *Change Agents* für Nachhaltigkeit.

Um Lehre für nachhaltige Entwicklung weiter zu profilieren, ist die Idee der „transformativen Bildung" ein geeignetes Konzept (WBGU 2011, S. 375 ff.): „Transformative Bildung soll ein Verständnis für Handlungsoptionen und Lösungsansätze erzeugen. Entsprechende Bildungsinhalte betreffen z. B. Innovationen, von denen eine transformative Wirkung zu erwarten oder bereits eingetreten ist." (WBGU 2012, S. 1)

Dabei geht es um gegenseitiges Lernen von, mit und in der Gesellschaft. Wissenschaft versteht sich dabei als ein gesellschaftlicher Akteur unter mehreren und wirkt im Prozess für Nachhaltigkeit mit. Ziel einer transformativen Bildung ist die Handlungs- und Gestaltungsfähigkeit der Bürgerinnen und Bürger. Dies bezeichnet Schneidewind als *Transformative Literacy* (Schneidewind 2013).

Ein solches Verständnis von Lehre schließt an die seit einiger Zeit geführte Debatte über Transdisziplinarität an (Defila et al. 2006; Pohl und Hirsch Hadorn 2006; Bergmann et al. 2010). Gerade bei der Lösung komplexer (Nachhaltigkeits-)Probleme erschließt ein transdisziplinärer Zugang zusätzliches Wissen und Ressourcen (vgl. u. a. Brand 2000; Lang et al. 2012; Nölting et al. 2012).

Voraussetzung für transformative Bildung ist somit eine transdisziplinäre Wissenschaft, die sich gegenüber der Gesellschaft öffnet. Sie geht zu den Akteuren, sie forscht und entwickelt mit ihnen in deren Lebenswelt. Dazu kooperiert sie mit Praxispartner_innen auf Augenhöhe, z. B. in der Aktionsforschung. Noch einen Schritt weiter gehen Bürgeruniversitäten, die die Zivilgesellschaft einladen, ihre Fragen, Themen und Kompetenzen in die Hochschule einzubringen und diese mitzugestalten (Schneidewind 2014).

An diese Konzepte kann Lehre für Nachhaltigkeit anknüpfen. Die wissenschaftliche Auseinandersetzung darüber, wie Nachhaltigkeit an Hochschulen gelehrt werden sollte, ist bereits eröffnet (Barth et al. 2007; Müller-Christ und Nikisch 2013; Nölting et al. 2013; Wiek et al. 2011; Hesselbarth und Schaltegger 2014).

Das Fazit dieser Überlegungen ist, dass es zwar wünschenswert, aber nicht hinreichend ist, mehr Studiengänge zum Thema Nachhaltigkeit zu etablieren, denn die Vermittlung von Schlüsselkompetenzen für Nachhaltigkeit zwingt Hochschulen dazu, neue Wege in der Lehre zu gehen. Die Lehre muss

- interdisziplinär sein, weil ökologische, ökonomische und gesellschaftliche Aspekte zusammengedacht werden müssen,
- transdisziplinär Wissen, Expertise und Erfahrungen aus Wissenschaft und Praxis berücksichtigen und – gerade mit Blick auf eine passgenaue Umsetzung von Lösungen – zwischen Wissenschaft und Praxis neu entwickeln,
- methodisch-analytisches Wissen mit Erfahrungs- und Praxiswissen verbinden sowie Emotionen und ethische Überlegungen als wichtige Aspekte in die Lehre einbeziehen,
- die reale Welt in die Hochschule holen (Projektwerkstätten) oder noch besser in die Welt hinausgehen (Reallabore), um „wirkliche" Fragen zu stellen und Probleme zu bearbeiten, und
- personale Kompetenzen wie Empathie und Rollenwechsel, Selbständigkeit und Leadership sowie Teamfähigkeit vermitteln und trainieren (vgl. Pichel und Tschochohei 2013).

Vieles davon gehört nicht zu den Schwerpunkten akademischer Lehre, die nach wie vor auf kognitives Wissen fokussiert. Aber wo, wenn nicht im Hochschulkontext können kognitives Wissen über Nachhaltigkeitskonzepte und Methoden mit sozial-kommunikativen und personalen Kompetenzen gemeinsam vermittelt, reflektiert und zu Handlungs- und Gestaltungskompetenz für Nachhaltigkeit gebündelt werden?

Als Zwischenfazit zur ersten These lässt sich festhalten, dass Forschung und insbesondere Lehre für nachhaltige Entwicklung bislang kaum als Kernaufgaben in Hochschulen und Universitäten verankert sind. Speziell in der Lehre sind neue Konzepte gefordert, wenn jene einen gesellschaftlichen Beitrag zu nachhaltiger Entwicklung leisten wollen. Gerade eine transdisziplinäre Lehre bietet hier einen interessanten Ansatzpunkt. Das schließt eine Öffnung gegenüber der Gesellschaft ein, was eine Transformation der Hochschulen erfordert.

8.3 Nachhaltigkeitstransformation als Herausforderung für Fachhochschulen – Die Nachhaltigkeitsorientierung der Hochschule für nachhaltige Entwicklung Eberswalde

Mit Blick auf die eingangs formulierte zweite These sollen die Bemühungen hinsichtlich einer Nachhaltigkeitstransformation von Fachhochschulen und Hochschulen für angewandte Wissenschaft skizziert werden. Der These liegt die Annahme zugrunde, dass diese Form der Hochschule aufgrund ihres Auftrags, ihrer zumeist regionalen Orientierung und aufgrund ihrer Ausrichtung in der Regel eine größere Praxisorientierung in der Lehre und eine stärkere Anwendungsorientierung in der Forschung aufweisen als Universitäten. In diesem Zusammenhang bieten Kooperationen mit Praxispartner_innen günstige Voraussetzungen für transdisziplinäre Forschung und Lehre. Allerdings ist eine Transformation der Wissenschaft und ihrer Organisationen ein anspruchsvolles Unterfangen (Grin et al. 2010).

Eine mögliche Ausgestaltung einer Schwerpunktsetzung in Sachen Nachhaltigkeit soll anhand der Hochschule für nachhaltige Entwicklung Eberswalde (HNEE) dargestellt werden.

Zunächst soll ein kurzer Abriss zur Entwicklungsgeschichte des Nachhaltigkeitsprofils der HNEE vorgestellt werden. Die HNEE ist die kleinste Hochschule in Brandenburg. Vor den Toren Berlins gelegen wurde der „grüne Faden" bereits vor 185 Jahren gelegt, als sich die als „älteste Forstakademie" bekannte Ausgründung der Humboldt Universität zu Berlin in Eberswalde etablierte. Nach der Wiedervereinigung wurde sie 1992 als FH Eberswalde wieder eröffnet und benannte sich 2010 in Hochschule für nachhaltige Entwicklung um. Seitdem entwickelt die HNEE ihr grünes Profil konsequent in Richtung Nachhaltigkeit weiter und zählt mit ihrem Bemühen um eine diesbezügliche Profilierung zu den Vorreitern unter den Fachhochschulen in Deutschland.

Mit ihren rund 2.000 Studierenden und gut 50 Professuren bzw. Fachgebieten setzt die – zu einer der drittmittelstärksten zählenden Hochschulen Deutschlands – auf Zukunftsbranchen und Schlüsselbereiche wie Erneuerbare Energien, Regionalmanagement, nachhaltigen Tourismus, nachhaltige Landnutzung und Naturschutz, Forstwirtschaft, Ökolandbau, Anpassung an den Klimawandel und nachhaltige Wirtschaft. Viele Studiengänge tragen Nachhaltigkeit im Namen oder sind explizit daran ausgerichtet. 2009 wurde die Hochschule vom Internetportal Utopia zur grünsten Hochschule Deutschlands gewählt und 2010 mit dem europäischen EMAS-Award für ihr vorbildliches Umweltmanagement ausgezeichnet.

Diese Entwicklung wird getragen von einer Vielzahl an Akteur_innen: von hoch motivierten Studierenden, die die Hochschule aufgrund ihres klaren Profils deutschlandweit rekrutiert (was gerade bei Fachhochschulen eher unüblich ist), sowie von überzeugten und vielfach dem Thema Nachhaltigkeit eng verbundenen Lehrenden. Hinzu kommt – eine bereits angesprochene Stärke von Fachhochschulen – ein breites Netzwerk an Praxispartner_innen, häufig Nachhaltigkeitspionier_innen, die in Forschung und Lehre oder bei der (Weiter-)Entwicklung der Hochschule und ihrer Studiengänge die Hochschule fördern und auch fordern. Die Hochschulleitung unterstützt die Weiterentwicklung des Nachhaltigkeitsprofils in Lehre und Forschung und stellt zentrale Strukturen sicher.

Seit der Umbenennung der Hochschule 2010 reibt sich die Hochschule, ihre Studierenden und Lehrenden an der selbst gesetzten Zielsetzung – eine Herausforderung, aber gleichzeitig auch Voraussetzung auf dem Weg zu einer Nachhaltigkeitstransformation.

Für einen nachhaltigen Betrieb und Organisation der Hochschule sind gleich mehrere Einrichtungen aktiv. Das Umweltmanagement der Hochschule – seit 2015 Nachhaltigkeitsmanagement – etablierte ein betriebliches Umweltmanagementsystems nach höchstem Standard (EMAS) und setzt Programme zur familienfreundlichen Hochschule und zur klimafreundlichen Hochschule um. In diesem Zusammenhang wird derzeit ein bundesweit einmaliges Pilotprojekt mit der Deutschen Bahn, der S-Bahn Berlin und dem Verkehrsverbund Berlin Brandenburg zum „Semesterticket mit Ökostrom" vorangetrieben.

Eine zweite Institution ist der 2010 gegründete Runde Tisch „Nachhaltige Entwicklung der HNE Eberswalde". Als zentraler Treiber für Nachhaltigkeit an der Hochschule ist der Runde Tisch von allen Hochschulgruppen besetzten: Mitarbeitende, Lehrende und hoch motivierte, oft auch kritische Studierende. Über das sehr umtriebigen Gremium gelingt es, hochschulübergreifende Positionierungen zu entwickeln: Die genannten Projekte rund um das Thema „Klimafreundliche Hochschule" und Nachhaltigkeitsgrundsätze sind Beispiele hierfür.

Im Februar 2013 wurden die Nachhaltigkeitsgrundsätze zur nachhaltigen Entwicklung an der HNEE als Leitbild verabschiedet (HNEE 2013). Darin sind neben dem Nachhaltigkeitsverständnis der HNEE das Verständnis von Nachhaltigkeit in Studium und Forschung, das Thema Nachhaltigkeit im sozialen und beruflichen Kontext und für den nachhaltigen Betrieb der Hochschule festgelegt.

Die Hochschule nimmt Impulse für Nachhaltigkeit in der Forschung und Entwicklung aus der Praxis auf. Geforscht wird lösungsorientiert und anwendungsbezogen. Bei komplexen Forschungsansätzen wird – wo immer möglich – eine inter- und transdisziplinäre Zusammenarbeit gesucht. So ist die Hochschule beispielsweise regelmäßig an größeren Forschungsverbünden beteiligt und greift neben der engen Praxisverbindung auch auf ein auf starkes Netzwerk aus anderen Hochschulen und außeruniversitären Forschungseinrichtungen zurück. Derzeit werden rund 100 Forschungsprojekte durchgeführt. Dabei fokussiert die Hochschule auf ihre zwei Forschungsschwerpunkte (i) Nachhaltige Entwicklung des ländlichen Raums und (ii) Nachhaltige Produktion und Nutzung von Naturstoffen.

Schließlich öffnet sich die Hochschule bewusst transdisziplinären Lernprozessen für Nachhaltigkeit. Hervorzuheben sind Praxisnetzwerke für die Lehre. Die Praxispartner formulieren Fragen aus ihrem beruflichen Kontext und bringen ihren Gestaltungswillen für nachhaltige Lösungen ein. Dafür erhalten sie einen direkten Zugang zu wissenschaftlicher Expertise und kostengünstig Problemlösungen. Die Studierenden haben kreative Ideen, ein hohes Innovationspotential und bringen ihr Engagement in die Projekte ein. Sie erhalten Einblicke in die Vielfalt der Berufswelt und entwickeln praxisrelevante Ergebnisse. Die Lehrenden stärken mit ihrem Lernprogramm für Nachhaltigkeit die theoretische und methodische Reflexion und sichern die fachliche Qualität der Lösungsansätze. Im Gegenzug erhalten sie Einblick in aktuelle Nachhaltigkeitsprobleme und profitieren von den Ideen der Studierenden.

Beispielsweise vereint das „InnoForum Ökolandbau Brandenburg" um die 70 Kooperationspartner_innen entlang der Wertschöpfungskette der ökologischen Land- und Ernährungswirtschaft, mit denen neben Forschungsprojekten auch praxisorientierte Lernprojekte in den Ökolandbaustudiengängen durchgeführt werden. Eine Koordinierungsstelle organisiert durch kontinuierliche Bedarfserfassung seitens der Praxis die Grundlage dafür.

Nachhaltigkeit ist als Querschnittsthema in der Lehre curricular verankert. Es wird fachspezifisch in den Studiengängen thematisiert. Etliche Studiengänge haben Nachhaltigkeit explizit im Programm und teilweise auch im Namen, z. B. Ökolandbau und Vermarktung (B.Sc.), Landschaftsnutzung und Naturschutz (B.Sc.), Global Change Management (M.Sc.), Nachhaltiges Tourismusmanagement (M.A.), Nachhaltige Unternehmensführung (M.A.).

Für Bachelor-Studierenden gibt es ein in allen Studiengängen curricular verankertes Pflichtmodul „Einführung in die nachhaltige Entwicklung" im ersten Semester. Die Studienanfänger/-innen aller Fachbereiche besuchen die Veranstaltung gemeinsam. Externe Referent_innen und Dozierende aller Fachbereiche gestalten die Veranstaltung.

Als neue Initiative hat sich Anfang 2015 – ebenfalls angeregt durch den Runden Tisch – ein Arbeitskreis „Nachhaltigkeit lernen und lehren" gegründet. In dem Arbeitskreis tauschen sich Dozierende, Studierende und Mitarbeitende über gute Beispiele für Lehren und Lernen aus: Sie wollen konkrete Lehr-Initiativen weiterentwickeln und dazu beitragen, das Lehrprofil für Nachhaltigkeit der Hochschule zu schärfen.

Insgesamt verfügt die HNEE dank der historischen Entwicklung und der thematisch profilierten Neugründung 1992 über günstige Voraussetzungen für transdisziplinäre Forschung und Lehre für Nachhaltigkeit. Aufgrund dieser Vorgeschichte gibt es eine kritische Masse an Aktiven und Promotor_innen, die sich explizit in Sachen nachhaltiger Entwicklung positionieren. Durch die Umbenennung 2010 ist daraus ein hochschulübergreifender, sich verstärkender Prozess geworden. Allerdings beruht die Nachhaltigkeitsorientierung gerade in Sachen Lehre und Forschung noch überwiegend auf einer Vielzahl an Initiativen und Aktivitäten aus den Fachbereichen der Hochschule heraus. Eine übergreifende Profilbildung zur Lehre für Nachhaltigkeit steht – wie bei den meisten Hochschulen – noch am Beginn.

8.4 Forschendes Lernen als zentrales Element für eine transformative Bildung – am Beispiel des berufsbegleitenden Masters „Strategisches Nachhaltigkeitsmanagement"

Aus den vorhergehenden Thesen und Überlegungen lässt sich schlussfolgern, dass eine Kompetenzorientierung in der Lehre und transdisziplinäre Lernsettings adäquate Ansatzpunkte für eine Lehre für nachhaltige Entwicklung bilden. Nachfolgend wird dargestellt, wie solche Lehr-Lern-Konzepte aussehen können, und die Überlegungen an einem Beispiel konkretisiert.

8.4.1 Transformative Bildung erfordert neue Lehrkonzepte für die Kompetenzvermittlung

Das Konzept des forschenden Lernens eignet sich als Ausgangspunkt für neue Lehr- und Lernkonzepte (Huber et al. 2009). Ein weiteres zentrales Element ist eine enge Kooperation mit Praxispartner_innen. In solchen Lernsettings engagieren sich Lehrende, Praxispartner_innen und Studierende für einen gemeinsamen Lernprozess auf Augenhöhe. Die Bearbeitung von Problemstellungen aus dem Berufsalltag erfordert die Vermittlung eines breiten Spektrums an Kompetenzen, damit die Studierenden Gestaltungskompetenz für Nachhaltigkeit erwerben, die nicht aus Handbüchern gelehrt und gelernt werden kann. So gibt es beispielsweise zum Themenfeld Nachhaltigkeitsmanagement interessante und anspruchsvolle Studienangebote und eine wissenschaftliche Auseinandersetzung darüber, wie eine solche kompetenzorientierte Lehre gestaltet werden kann (Schaltegger und Petersen 2009; Grothe und Fröbel 2010; Müller-Christ und Nikisch 2013; Nölting et al. 2013; Hesselbarth und Schaltegger 2014).

Solche Formen kompetenzorientierter Lehr-Lern-Konzepte und forschenden Lernens verleihen den Studierenden eine andere Rolle im Lernprozess. Sie können die Lernprozesse in höherem Maße mitgestalten. Sie bearbeiten beispielsweise in Projektwerkstätten selbst gewählte Nachhaltigkeitsprojekte und erhalten dafür Leistungspunkte. Oder sie engagieren sich in „Reallaboren", in denen die Hochschule selbst zum Experimentierfeld für praxisnahe Innovation wird. Dabei haben Studierende eine Schlüsselrolle inne, da sie als Mittler zwischen Theorie und Praxis, zwischen Hochschule und Lebenswelt fungieren. Sie erwerben Kompetenzen und Erfahrungen, die einem „Praxisschock" beim Übergang von der Hochschule in den Beruf vorbeugen. Eine solche Wissensintegration auf Augenhöhe ist für Unternehmen eine wichtige Qualifikation in Sachen Nachhaltigkeit (Merck und Beermann 2014).

8.4.2 Das Lehr-Lern-Konzept des berufsbegleitenden Masters Strategisches Nachhaltigkeitsmanagement

Ein Beispiel für solche Lehr-Lern-Konzepte ist das berufsbegleitende Masterprogramm „Strategische Nachhaltigkeitsmanagement – Management von Nachhaltigkeitstransformationen in der Flächen- und Ressourcennutzung" (M.A.). Der Studiengang wird berufsbegleitend und kostenpflichtig mit einer Regelstudienzeit von vier Semestern in Teilzeit angeboten. Es werden insgesamt 60 ECTS-Leistungspunkte vergeben. Das Studium ist als *Blended Learning* konzipiert und umfasst Fernstudienphasen mit Studienmaterialien und Online-Lernen sowie drei Präsenzphasen mit jeweils 3-5 Tagen pro Semester, die an der HNEE stattfinden. In den Präsenzphasen stehen der Austausch zu wissenschaftlichen Fragestellungen und praktischen Anwendungen im Vordergrund. Es geht um das Abwägen von Argumenten, Bewertungsfragen, persönliche Positionierungen sowie das Anwenden und Erproben von Methoden und Instrumenten. In den Selbstlernphasen wird vorrangig Wissen angeeignet und vertieft. Das *Blended Learning* ermöglicht ein zeitlich und räumlich flexibilisiertes Studium für Berufstätige. Gleichzeitig ist ein intensiver Austausch zwischen Studierenden und Dozierenden möglich. Der Studiengang ist akkreditiert und wurde Ende 2013 als Projekt der UN-Dekade „Bildung für nachhaltige Entwicklung" ausgezeichnet.

In dem Studiengang lernen die Studierenden, wie sie passgenaue und robuste Nachhaltigkeitsstrategien für ihre Organisation entwickeln und diese praktisch umsetzen können – auch gegen Widerstände. Sie werden befähigt, Ansatzpunkte für einen Organisationswandel zu identifizieren, eine Nachhaltigkeitstransformation vorzudenken und zu initiieren sowie die Umsetzungsprozesse zu steuern. Der Studiengang leitet zum ganzheitlichen Denken an und befähigt die Studierenden, fachlich und ethisch begründete Richtungsentscheidungen zu treffen (vgl. Nölting et al. 2013).

Um diesen Ansprüchen gerecht werden und einen hohen Anwendungsbezug zu sichern, wurde das Studiengangskonzept von Beginn an inter- und transdisziplinär entwickelt. Im Rahmen eines BMBF-Projektes wurde das Studiengangskonzept sowohl mit einem interdisziplinären wissenschaftlichen Lenkungskreis als auch mit einem Praxisbeirat von 20 Nachhaltigkeitsexperten/-innen aus Wirtschaft, Wissenschaft, Verwaltung und Verbänden entwickelt, um die Anforderungen aus Wirtschaft und Gesellschaft an die Ausbildung von Beginn an zu berücksichtigen. Über anderthalb Jahre hinweg wurde das Studiengangskonzept im Wechselspiel zwischen beiden Gremien schrittweise konkretisiert. Auf diese Weise wurden Lehre, Forschung und Praxis in einer transdisziplinären Perspektive miteinander verknüpft.

Die Umsetzung der Konzeption wird vom Praxisbeirat weiterhin kritisch-konstruktiv begleitet. Zahlreiche Beiratsmitglieder engagieren sich in der Lehre. Darüber hinaus wird das Lehrangebot aus didaktischer und konzeptioneller Sicht von Externen evaluiert. Dies dient einer kontinuierlichen Qualitätssicherung und -entwicklung im Sinne einer lernenden Organisation.

Dem Studiengangskonzept liegt ein breites Verständnis von Management zugrunde und umschließt betriebliche Abläufe ebenso wie das Management von Wertschöpfungsketten, Regionen oder Großschutzgebieten. Folgende drei Elemente des Lehr-Lern-Konzepts sind hervorzuheben:

Erstens ist der Studiengang als *Ideenlabor* konzipiert. Studierende aus unterschiedlichen Organisationen und Berufsfeldern diskutieren zusammen mit Wissenschaftler_innen verschiedener Disziplinen und Nachhaltigkeitsprofis aus der Praxis Problemstellungen aus ihrem Arbeitsbereich. Im Dialog entwickeln sie Konzepte und diskutieren über deren Wirkung und Machbarkeit. Die Vielfalt der beteiligten Personen stellt einen Spiegel der Gesellschaft dar. Dies fordert dazu heraus, die eigenen Gedanken zu hinterfragen, eingefahrene Lösungswege zu verlassen und Neues zu denken. Ziel sind dabei weniger Konzepte der „reinen" Nachhaltigkeitslehre, sondern robuste Nachhaltigkeitsstrategien, die sich in der Praxis bewähren und dauerhaft zu einer Nachhaltigkeitstransformation beitragen können.

Zweitens ist ein hoher *Praxis- und Problemlösungsbezug* zentral für den Erfolg berufsbegleitender Weiterbildung. Daher stehen Themen und Fragen aus der Berufspraxis der Studierenden im Mittelpunkt. Tandems aus je einem/r Wissenschaftler/in und einem/r Praxisexperten/in übernehmen gemeinsam die Modulverantwortung. Ein enger Praxisbezug ergibt sich durch das Nachhaltigkeitsprojekt, das die Studierenden über drei Semester hinweg bearbeiten, um theoretische Konzepte zu erproben und Erfahrungen mit komplexen Nachhaltigkeitsprozessen zu sammeln, die systematisch ausgewertet werden.

Drittens wird die *Persönlichkeitsentwicklung* gefördert. Dabei wird der Umgang mit Dilemmata und Risiken, die für Nachhaltigkeitslösungen typisch sind, trainiert. Dazu gehört auch eine ethische Reflexion über Werte und Menschenbilder sowie über Wirtschafts- und Gesellschaftssysteme. Die Studierenden nehmen verschiedene Perspektiven ein, üben in Rollenspielen mit Dilemmasituationen umzugehen und je nach Rolle und Aufgabe zuzuhören, Entscheidungen zu treffen oder Betroffene ‚mitzunehmen' beim Wandel auf persönlicher, organisationaler und gesellschaftlicher Ebene. Diese Übungen werden im Kontext nachhaltiger Entwicklung ausgewertet und wissenschaftlich reflektiert.

Die bisherigen Erfahrungen mit dem Studienangebot können wie folgt zusammengefasst werden: Eine stärker induktives Vorgehen im Studiengang ist sowohl der Ausrichtung als berufsbegleitender Weiterbildung als auch dem transdisziplinären, problemlösungsorientierten Konzepten transformativer Bildung für Nachhaltigkeit geschuldet. Die Studierenden werden befähigt, ausgehend von ihrem theoretischen, methodischen und praktischen Vorwissen eigenständig Handlungs- und Lösungskonzepte für ihre berufliche Praxis zu entwickeln oder zumindest diese anzupassen. Dieser Prozess wird wissenschaftlich reflektiert und validiert.

In diesem Sinne stellt das Ideenlabor des Studiengangs eine Form forschenden Lernens dar und wird u. a. im dreisemestrigen Nachhaltigkeitsprojekt und der Abschlussarbeit realisiert. In die Bearbeitung fließen theoretisch-konzeptionelle und fachliche Inhalte aus den anderen Modulen ein und umgekehrt werden die Erfahrungen aus dem Praxisprojekt in anderen Modulen wissenschaftlich ausgewertet.

Eine Herausforderung für das Nachhaltigkeitsprojekt stellen extern verursachte Verzögerungen und Schwierigkeiten bis hin zum „Scheitern" des Projekts dar. Wie gelingt es, diese wesentlichen Erfahrungen für den Lernprozess fruchtbar zu machen und als Studienleistung angemessen zu bewerten?

Der Austausch zwischen Studierenden, Praxis und Wissenschaft eine Bereicherung für alle Beteiligten dar. So stellt die gemeinsame Modulkonzeption zwischen den Verantwortlichen aus Wissenschaft und Praxis eine neue, produktive Erfahrung dar. Die Beteiligten werden belohnt mit kreativen Lösungen, Impulsen für die eigene Arbeit sowie dem Aufdecken „blinder Flecken". Dadurch können sich alle im Kontext von Nachhaltigkeit besser justieren. Aus diesen Ansätzen erwachsen Impulse für eine transformative Bildung, die bis zu einer inhaltlichen und organisatorischen Transformation der Hochschule ausstrahlen können.

8.5 Zusammenfassung und Ausblick

Im diesem Beitrag haben wir die Möglichkeiten für eine Nachhaltigkeitstransformation von Hochschulen schrittweise fokussiert und am Beispiel der HNE Eberswalde illustriert. Es wurde gezeigt, wie sich eine Hochschule positionieren und ein Studiengang transformative Bildung realisieren kann. Diese spezifische Operationalisierung ist elementar für ein stimmiges Konzept, das inhaltliche und organisatorische Möglichkeiten und Rahmenbedingungen ebenso berücksichtigt wie die Motivation und die Wertentscheidungen der handelnden Akteure. Eine Blaupause für alle Studiengänge und Hochschulen taugt nicht. Welche Schlussfolgerungen können also aus den spezifischen Erfahrungen gezogen werden?

Für den Studiengang Strategisches Nachhaltigkeitsmanagement bewährt sich das transdisziplinäre Lehr-Lern-Konzept in enger Zusammenarbeit mit dem Praxisbeirat. So kann forschendes Lernen eine neue Qualität gewinnen, indem ein breites Kompetenzprofil vermittelt und ein Mehrwert für alle Beteiligten geschaffen wird.

Aus diesen Erfahrungen können Impulse für eine transformative Bildung abgeleitet werden:

- Studierende werden als Treiber_innen für nachhaltige Entwicklung angesprochen und gestärkt.
- Die Bildung von transdisziplinären Lern- und Entwicklungskooperationen mit Partner_innen aus der Zivilgesellschaft und Unternehmen führt zu einer Öffnung gegenüber der Gesellschaft.
- Eine Auseinandersetzung mit Gestaltungskompetenz für Nachhaltigkeit stärkt die Entwicklung von Lehrkonzepten, die auch Teilkompetenzen jenseits von (kognitivem) Wissen und Fähigkeiten vermitteln. Hochschulen haben hier ein großes Potenzial, personale und sozial-kommunikative Kompetenzen zu vermitteln und dies gleichzeitig einer wissenschaftlichen Reflexion zugänglich zu machen, so dass eine neue Qualität in der Ausbildung erreicht werden kann.
- Transdisziplinären Lernsettings und transformative Bildungskonzepte geben Anstöße für die Nachhaltigkeitsforschung, indem sie beispielsweise neue Forschungsfragen aufwerfen, die Erfahrungen in Transformationsprozessen analysiert werden oder innovative Lösungsansätze hervorbringen.
- Dies hat letztlich organisatorische Konsequenzen für die Hochschulen, weil Lehr-Lern-Konzepte für forschendes Lernen größere organisatorisch-administrative Spielräume für Studierende, Lehrende und externe Partner_innen benötigen bei einer gleichzeitig gesteigerter Reflexionsfähigkeit der Hochschule zur Qualitätssicherung in der Lehre.

In Anbetracht der diagnostizierten konzeptionellen und diskursiven Leerstelle im Bereich Lehre für Nachhaltigkeit bestehen hier interessante Ansatzpunkte für eine weitergehende Nachhaltigkeitsprofilierung von Hochschulen.

Bezogen auf die Nachhaltigkeitspositionierung von Fachhochschulen lässt sich festhalten, dass viel von der Motivation der Akteur_innen abhängt, was zugegebener Maßen keine neue Erkenntnis darstellt. Es lohnt sich, die Promotor_innen für nachhaltige Entwicklung zu unterstützen.

Die HNE Eberswalde hat sich auf den Weg gemacht, bis zu einer umfassenden Nachhaltigkeitstransformation ist es sicher noch weit. Aber die klare Positionierung hilft sehr, zahlreiche Aktivitäten anzustoßen und diese Anstrengungen zu koordinieren. Ein gemeinsames Verständnis von nachhaltiger Wissenschaft oder gar ein geteiltes Leitbild stärkt die Profilbildung und motiviert die Akteur_innen vor Ort bzw. zieht Motivierte an. Besondere Anstöße erwachsen aus der Kooperation mit Praxisakteuren, insbesondere solchen, die zu den Vorreiter_innen nachhaltiger Entwicklung zählen. Gegenseitiges Vertrauen, gemeinsame Erfolge und eine kritisch-konstruktive wechselseitige Rückmeldung sind hierbei die Erfolgsfaktoren.

Ein wichtiges Forschungsthema für die Nachhaltigkeitstransformation von Hochschulen stellt unseres Erachtens die Lehre für nachhaltige Entwicklung dar. Vertieft werden sollte die wissenschaftliche Diskussion über angemessene Lehr-Lern-Konzepte, die Rolle der Studierenden und von Praxisakteuren in transdisziplinären Lernprozessen, die Anbindung der Lehre und ihrer Ergebnisse an die Praxis und eine stärkere Verzahnung von Lehre und Forschung z. B. über Konzepte des forschenden Lernens. Dafür braucht es weitere Modellversuche, die wissenschaftlich begleitet werden. Aber auch die Rahmenbedingungen sollten in der wissenschaftlichen Analyse berücksichtigt werden. Wie müssen die organisatorisch-formalen Bedingungen für eine Lehre für Nachhaltigkeit gestaltet werden? Welche Auswirkung hat das geringe Lehrangebot zur Nachhaltigkeit und wie könnte es ausgeweitet werden? Welchen Einfluss hat der im Vergleich zur Forschung eher geringe Stellenwert der Lehre an Hochschulen und Universitäten?

Insgesamt braucht es für eine Nachhaltigkeitstransformation Mut und Offenheit und sie ist nicht ohne Risiko. Jede Hochschule muss ihr eigenes Konzept, das auf ihre Ressourcen und Möglichkeiten abgestimmt ist, entwickeln. Wahrscheinlich können sich auch nicht alle glaubwürdig und fundiert mit Nachhaltigkeit profilieren – und das ist auch nicht unbedingt erforderlich. Aber noch gibt es sehr viel Raum in der deutschen Hochschullandschaft, stärker auf die Karte Nachhaltigkeit zu setzen und eigenständige Konzepte zu entwickeln.

Literatur

Barth, M., Godemann, J., Rieckman, M. & Stoltenberg, U. (2007). Developing Key Competencies For Sustainable Development In Higher Education. *International Journal of Sustainability in Higher Education 8*, 416–439.

Bergmann, M., Jahn, T., Knobloch, T., Krohn, W., Pohl, C. & Schramm, E. (2010). *Methoden transdisziplinärer Forschung. Ein Überblick mit Anwendungsbeispielen.* Frankfurt am Main: Campus Verlag

BMBF, Bundesministerium für Bildung und Forschung (Hg.) (2007). *Sozial-ökologische Forschung. Rahmenkonzept 2007–2010.* Bonn: Projektträger im DLR e.V. Umwelt, Kultur, Nachhaltigkeit.

Brand, K.-W. (Hg.) (2000). *Nachhaltige Entwicklung und Transdisziplinarität. Besonderheiten, Probleme und Erfordernisse der Nachhaltigkeitsforschung.* Berlin: edition sigma.

de Haan, G. (2008). Gestaltungskompetenz als Kompetenzkonzept für Bildung für nachhaltige Entwicklung. In Bormann, I. & de Haan, G. (Hg.). *Kompetenzen der Bildung für nachhaltige Entwicklung (23–44).* Wiesbaden: VS Verlag für Sozialwissenschaften.

de Haan, G. (2014). *Vom Projekt zur Struktur. Stand der Implementierung von Nachhaltigkeit an deutschen Hochschulen.* Vortrag auf der Konferenz „Vom Piloten zum Standard: Nachhaltigkeit in Forschung, Lehre und Betrieb implementieren". Konferenz zu Nachhaltigkeit und Hochschulen des Rates für Nachhaltige Entwicklung am 13. und 14. Oktober 2014 in Berlin. Verfügbar unter: http://www.nachhaltigkeitsrat.de/fileadmin/user_upload/dokumente/termine/2014/13_14 10_bildungskonferenz/De_Haan_RNE.pdf (abgerufen am 1.3.2015)

Defila, R., Di Giulio, A. & Scheuermann, M. (2006). *Forschungsverbundmanagement. Handbuch für die Gestaltung inter- und transdisziplinärer Projekte.* Zürich: Vdf Hochschulverlag.

Demmer, C. (2013). Gewinn mit gutem Gewissen. *Süddeutsche Zeitung, 2013 (234),* S. 48.

Grin, J., Rotmans, J. & Schot, J. (2010). *Transitions to Sustainable Development. New Direction in the Study of Long Term Transformative Change.* New York, London: Routledge.

Grothe, A. & Fröbel, A. (2010). Kompetenzentwicklung für nachhaltiges Wirtschaften. Deutsche Weiterbildungsangebote im Bereich Nachhaltigkeit. *Ökologisches Wirtschaften (1),* 43–46.

Grunwald, A. (2015). Transformative Wissenschaft – eine neue Ordnung im Wissenschaftsbetrieb? *GAIA 24 (1),* 17–20.

Heinrichs, H. & Michelsen, G. (Hg.) (2014). *Nachhaltigkeitswissenschaften.* Berlin, Heidelberg: Springer.

Hesselbarth, C. & Schaltegger, S. (2014). Educating Change Agents For Sustainability. Learnings From the First Sustainability Management Master of Business Administration. *Journal of cleaner production (62),* 24–36.

Hochschule für nachhaltige Entwicklung Eberswalde (Hg.) (2013). Grundsätze zur nachhaltigen Entwicklung an der Hochschule für nachhaltige Entwicklung Eberswalde. Eberswalde, HNEE. Verfügbar unter: www.hnee.de/nachhaltigkeitsgrundsaetzewww.hnee.de/nachhaltigkeitsgrundsaetze (abgerufen am 01.04.2015).

Huber, L., Hellmer, J. & Schneider, F. (Hg.) (2009). *Forschendes Lernen im Studium. Aktuelle Konzepte und Erfahrungen.* Bielefeld. UniversitätsVerlagWebler.

Jahn, T. (2013). Wissenschaft für eine nachhaltige Entwicklung braucht eine kritische Orientierung. *GAIA 22 (1),* 29–33.

Jahn, T. & Schuldt-Baumgart N. (2015). Paraderolle für den Dritten Sektor. Wege in eine nachhaltigere Wissenschaftslandschaft. *Politische Ökologie 2015 (140),* 43–48.

Kurz, R. Luthardt, V. & Schnitzer, R. (2014). Wissenschaftspolitik für Nachhaltige Entwicklung. Thesen der Wissenschaftskommission des Bund für Umwelt und Naturschutz Deutschland (BUND e. V.). *UmweltWirtschaftsForum 22 (4),* 233–236.

Lang, D.J., Wiek, A., Bergmann, M., Stauffacher, M., Martens, P., Moll, P., Swilling, M. & Thomas, D.J. (2012). Transdisciplinary Research In Sustainability Science – Practice, Principles, and Challenges. *Sustainability Science, 7 (Supplement 1),* 25–43.

Merck, J. Beermann, M. (2014). Wissensintegration auf Augenhöhe. Die Bedeutung praxisnaher, transdisziplinärer Lehre im Kontext nachhaltigkeitsbezogener Studienfächer. *UmweltWirtschaftsForum 22 (4),* 227–231.

Müller-Christ, G. & Nikisch, G. (2013). Sustainable Leadership. Ressourcenkompetenz zur Strukturierung von Entscheidungsprämissen. *Die Unternehmung 67 (2),* 89–108.

Nölting, B., Schäfer, M., Mann, C. & Koch, E. (2012). *Positionsbestimmungen zur Nachhaltigkeitsforschung am Zentrum Technik und Gesellschaft – Einladung zur Diskussion.* Berlin: Zentrum Technik und Gesellschaft der TU Berlin (ZTG discussion paper 33/2012).

Nölting, B., Schäpke, N. & Pape, J. (2013). Nachhaltigkeitskompetenzen in Unternehmen und Organisationen. Konzeptionelle Überlegungen zur Gestaltung eines karrierebegleitenden Weiterbildungsmasters. *Die Unternehmung, 67 (2),* 174–193.

Ober, Steffi (2014). *Partizipation in der Wissenschaft. Zum Verhältnis von Forschungspolitik und Zivilgesellschaft am Beispiel der Hightech-Strategie.* München: oekom.

Pichel, K. & Tschochohei, H. (2013), Leadership für nachhaltiges Wirtschaften. In Baumast, A. & Pape, J. (Hg.). *Betriebliches Nachhaltigkeitsmanagement* (S. 153–174). Stuttgart: UTB (Ulmer).

Pohl, C. & Hirsch Hadorn, G. (2006), *Gestaltungsprinzipien für die transdisziplinäre Forschung. Ein Beitrag des td-net.* München: oekom.

Schaltegger, S. & Petersen, H. (2009). Corporate Social Responsibility (CSR) nachhaltig in Unternehmen verankern. Eine Herausforderung an die Managementausbildung. *Journal of Social Science Education, 8 (3)*, 67–79.

Schneidewind, U. (2009). *Nachhaltige Wissenschaft. Plädoyer für einen Klimawandel im deutschen Wissenschafts- und Hochschulsystem.* Marburg: Metropolis.

Schneidewind, U. (2013). Transformative Literacy – gesellschaftliche Veränderungsprozesse verstehen und gestalten. *GAIA, 22 (2)*, 82–86.

Schneidewind, U. (2014). Von der nachhaltigen zur transformativen Hochschule. Perspektiven einer „True University Sustainability". *UmweltWirtschaftsForum, 22 (4)*, 221–225.

Schneidewind, U. (2015). Für eine erweiterte Governance von Wissenschaft. Ein wissenschaftspolitischer Rückblick auf das Jahr 2014. *GAIA, 24 (1)*, 59–61.

Schneidewind, U. Singer-Brodowski, M. (2013). *Transformative Wissenschaft. Klimawandel im deutschen Wissenschafts- und Hochschulsystem.* Marburg. Metropolis.

SWOP (Hg.) (2010). *MBA Studie 2010. Trendbarometer Executive Education in Zusammenarbeit mit der Bertelsmann Stiftung: Was (künftige) Führungskräfte von Hochschulen und Unternehmen erwarten.* Berlin: SWOP Medien und Konferenzen GmbH.

The Aspen Institute, Centre for Business Education (o.J.): *Beyond Grey Pinstripes. An Aspen Institute Centre for Business Education Initiative.* Verfügbar unter: www.beyondgreypinstripes. org (abgerufen am 27.6.2012).

Wagner, F. & Grunwald, A. (2015). Reallabore als Forschungs- und Transformationsinstrument. *GAIA, 24 (1)*, 26–31.

WBGU, Wissenschaftlicher Beirat der Bundesregierung Globale Umweltveränderungen (2011). *Welt im Wandel. Gesellschaftsvertrag für eine große Transformation.* WBGU: Berlin.

WBGU, Wissenschaftlicher Beirat der Bundesregierung Globale Umweltveränderungen (2012). *Fact sheet 5: Forschung und Bildung für die Transformation.* WBGU: Berlin. Verfügbar unter: http://www.wbgu.de/fileadmin/templates/dateien/veroeffentlichungen/factsheets/fs5/wbgu_fs5. pdf (aufgerufen 16.10.2014).

Wiek, A., Withycombe, L. & Redman, C.L. (2011). Key Competencies In Sustainability: a Reference Framework For Academic Program Development. *SustainabilityScience, 6 (2)*, 203–218.

Die epistemische Bedeutung von Abfall im Designprozess

Susanne Hausstein

9.1 Einführung

Dieser Beitrag erläutert, wie ein negatives Symptom der derzeitigen Lebensweise in westlichen Gesellschaften zum Lehrmedium in der Ausbildung von Gestalter_innen an deutschen Hochschulen im Bereich des ‚Nachhaltigen Designs' werden kann. Grundsätze der Nachhaltigkeit und der nachhaltigen Produktentwicklung finden derzeit Einzug in die Lehre an Designhochschulen. Trotz der vermehrten Sensitivität für das Thema ist die praktische Umsetzung der Lehrinhalte sehr verschieden. Die Autorin möchte die bestehende Methodenlandschaft des ‚Ecodesigns', welche vor allem quantitative Methoden und Skalen als Bewertungswerkzeuge anbietet, um ein qualitatives, ethnografisches, exploratives Methodenset erweitern. Ein universelles, für alle erfahrbares Phänomen – das des Mülls – dient dabei als didaktischer Brückenschlag zu übergeordneten Zusammenhängen des ‚Nachhaltigen Designs'. Der Artikel beschreibt anhand eines theoretischen Modells die Interferenzen des Entwerfens und Wegwerfens, um auf dessen Basis ethnografische Entwurfswerkzeuge zur Anwendung in der Ausbildung nachhaltig arbeitender Gestalter_innen vorzustellen.

S. Hausstein (✉)
Design Research Lab, Universität der Künste Berlin,
Einsteinufer. 43, Berlin 10587, Deutschland
e-mail: s.hausstein@udk-berlin.de

© Springer Fachmedien Wiesbaden 2016
W. Leal Filho (Hrsg.), *Forschung für Nachhaltigkeit an deutschen Hochschulen*,
Theorie und Praxis der Nachhaltigkeit, DOI 10.1007/978-3-658-10546-4_9

9.2   Ausgangspunkt: ein universelles Phänomen und Nachhaltigkeit

Als nunmehr globales Problem hat Abfall seine Brisanz in privaten Bereichen der Gesellschaft weitestgehend eingebüßt. Das Phänomen hat sich in jüngster Zeit enorm verändert: Die schwebenden Kunststoffpartikel in den Ozeanen und Seen, die treffsicheren Zentimeter großen Satellitentrümmer im Weltraum und auch die wandelbaren Plastik-Pellets in der Recycling-Industrie belegen die wesenhafte Transformation des Mülls, die dessen Verbreitung begünstigt. Müll stellt sich dem Menschen nun nicht mehr als starres, heterogenes Objektgemenge aus bekannten Reminiszenzen dar, sondern als mobiles, ‚fluides', selbstständiges Ganzes. Ohne greifbare Grenzen, wie zum Beispiel die Mülltonne eine darstellt, erwächst Müll zu einem bedrohlichen Mythos. Überall begegnen uns nun ‚Abfallströme' als Aggregatzustand des Mülls. Als dynamischer Strom von Giften steht er allen technologischen Innovationen drohend gegenüber.

An der Wurzel des Phänomens liegt die Praktik des Wegwerfens. Eine Praktik wird hier verstanden als ein Typ von Routineverhalten, welches aus der Verbindung von körperlichen und mentalen Aktivitäten, Dingen und deren Gebrauch, kulturellem Verständnis und Wissen, emotionalen Zuständen sowie Motivationen besteht (Reckwitz 2002, 249). Die Praktik des Wegwerfens ist somit auch ein psychischer Impuls des Menschen, der sich in einer konkreten Handlung äußert. Diese Handlung wird immer konstituiert von einem Objekt und einem Subjekt. Dieser Dualismus entpuppt sich bei genauerer Betrachtung als Dreiecksbeziehung. Denn die grundlegende Voraussetzung zum kontinuierlichen Wegwerfen ist die kontinuierliche Erzeugung von Artefakten. Gestalter_innen kommt dabei eine Schlüsselrolle zu. Mehr als achtzig Prozent des Umwelteinflusses eines Produktes werden bereits auf der Designebene bestimmt (EU Commission 2014). ‚Nachhaltiges Design' gilt daher mittlerweile als „Schlüsseldisziplin im Rahmenwerk nachhaltiger Entwicklungsstrategien" (Fuhs et al. 2013, 9). Es verweist auf die ökologische, soziale und wirtschaftliche Verantwortung, die Designer_innen im ihrem Schaffen tragen. Abfälle können in diesem Kontext einen ganz direkten Verweis auf die ‚Tragfähigkeit' der Entwürfe von Designer_innen herstellen. „Tragfähig" (Brocchi 2013, 56 ff) dient in diesem Zusammenhang als Übersetzung des englischen Begriffes *sustainable'*, welche dessen Bedeutung im Kontext der Ausbildung von Designer_innen konkreter beschreibt als die Begriffe ‚nachhaltig' oder „dauerhaft" (Hauff 1987, 5).

Viele Designer_innen setzen angesichts der lauten Debatte über die Belastbarkeit des Planeten Erde erneuerbare Energien ein und reduzieren den Energie- und Materialbedarf ihrer Produkte. Außerdem proklamieren viele von ihnen Recycling, entweder als Herstellungs- oder als Entsorgungskriterium. ‚Nachhaltiges Design' soll im Kontext der ins Wanken geratenen Balance der globalen Systeme mit gestalterischen Antworten aufwarten. Als Schwerpunkt bietet das ‚Ecodesign' bereits praktische, meist für die Analyse förderliche Methoden und Werkzeuge für Designer_innen an (z. B. Tischner et al. 2000). Dabei handelt es sich um ökologische Richtlinien, die Energie- und Materialeinsatz durch Designer_innen quantifizieren und somit eine Skala für Nachhaltigkeit anbieten.

Die instrumentellen Konzepte des ‚Ecodesign‘, wie ‚Faktor10‘ (Liedtke und Buhl 2013), ‚MIPS‘ (Schmidt-Bleek 1994) und ‚Cradle-to-Cradle‘ (Braungart und McDonough 2009) fokussieren jedoch die ‚Materie‘ und vernachlässigen oftmals die ‚Affordanzen‘ (im Objekt angelegte Handlungsangebote an Nutzende) und das Bedeutungssystem von Produkten (vgl. Krippendorff 2013).

Das Interesse für die Berücksichtigung von Umweltaspekten ist auch aufseiten lehrender und lernender Designer_innen groß. Dies ergab eine Anfang 2013 geführte Studie zu „Nachhaltige[r] Produktentwicklung an deutschen Hochschulen“ (Bader 2013, 4). Von einer Theorie-bezogenen Durchsetzung im Design-Curriculum an Universitäten, insbesondere in Bezug auf planerische Maßnahmen, die die Entsorgung von Artefakten prinzipiell infrage stellen, kann dennoch nicht die Rede sein. In einer „Kriterienmatrix“ zum ‚Ecodesign‘, herausgegeben vom Bundesministerium für Umwelt, Umweltbundesamt und Internationalen Design Zentrum Berlin, wird das Kriterium zur Gestaltung des *„End of Life“* eines Produkts mit „entsorgungsgerechtes Design: Idee/Konzeption zielt auf eine möglichst umweltverträgliche Entsorgung ab“ (IDZ 2013, 1) beschrieben. Dabei wird deutlich, dass sich der Unterschied zwischen ‚Nachhaltigem Design‘ und „entsorgungsgerechtem Design“ (IDZ 2013, 1) für angehende Designer_innen nicht von selbst erschließt und spezifische Konzepte zur Müllvermeidung in dieser Sichtweise generell vernachlässigt werden. Hier muss der Fokus stärker auf die Designdidaktik gerichtet werden, die ihren Einfluss auf die Produktwelt von morgen indirekt über Designer_innen geltend machen kann: Nicht als spezialisiertes, ‚korrektes‘ Design sondern als individuelles Resultat eines strukturierten Prozesses.

9.3   Ziele einer ‚Epistemologie des Mülls‘

Dieser Artikel stellt eine neue Sichtweise auf das Phänomen dar: Wird Müll als Ausdruck für das Verhältnis zwischen Mensch und Artefakt anerkannt, wird er zum Werkzeug und die Dechiffrierung seiner Sprache zum gestalterischen Arbeitsprozess. Der langfristige Umgang mit Erkenntnissen aus systemischer Müllkultur und praktischem Wegwerfverhalten wird die Designlehre mit Alternativen zum „Prinzip Wegwerf“ (laut Deutschem Werkbund durch „schnelle Aneignung, kurze Nutzung und sorglose Entledigung“ (1989, 41) gekennzeichnet) erweitern. Ziel der Arbeit an einer Epistemologie des Müll ist daher zum einen, Müll als integralen Bestandteil der Designtheorie zu definieren. Dies meint die Etablierung eines theoretischen Rahmens für das alltägliche Wegwerfen in Bezug zum Entwerfen. Zum anderen sind darauf aufbauend müllspezifische Designmethoden entwickelt worden, die als diskursive Werkzeuge den zugrunde liegenden Designprozess, so wie er in Ausbildungsstätten vollzogen wird, bereichern können, dessen intuitiven und iterativen Ablauf aber nicht beschränken. Diese Werkzeuge sollen es Designstudierenden ermöglichen, aufgrund praktischer Erfahrungen in einem *„real-life setting“*, ökologische, soziale und wirtschaftliche Zusammenhänge zu verinnerlichen und in ihrer späteren Berufspraxis intuitiv zu berücksichtigen. Die realistische Möglichkeit zur Implementierung der entwickelten Werkzeuge im Design-Curriculum ist dabei als Grundanforderung an diese Methoden anzuerkennen. Dies bezieht sich einerseits auf die Übertragbarkeit der Ergebnisse und Erkenntnisse aus den Methoden auf reguläre Aufgabenstellungen, und andererseits auf evident kurze Einarbeitungszeiten und variierendes Vorwissen von Studierenden.

9.4   Fundament der Lehrmethoden: eine Theorie der Rituale

Entwerfen und Wegwerfen haben nicht nur eine gemeinsame linguistische Basis, beide Prozesse sind dialektisch miteinander verbunden. Die theoretische Fundierung verläuft dementsprechend aus diesen zwei Richtungen. Sie figurieren sich als komplexe Systeme praktischen Handelns und können in ihrer Polarität als ,Rituale des Erscheinens und Verschwindens' gefasst werden.

9.4.1   ,Rituale des Erscheinens'

Artefakte erscheinen nicht willkürlich, sondern ihr Entstehungsprozess ist ein strukturiertes System aus Handeln und Reflektieren. Der Designprozess wurde von Jonas (1996a, b) als generisches Modell basierend auf systemisch-evolutionären Ansätzen aus Niklas Luhmanns sozialer Systemtheorie (1991) beschrieben. Jonas bezieht darin die Muster natürlicher Evolution (Variation – Selektion – Re-Stabilisierung) auf die Evolution der Artefakte und begründet damit den Gestaltungsprozess als Rückkopplungsschleife (Jonas 2007, 199). Als iterativer Prozess stellt Design einen Kreislauf aus ,Handeln/Gestalten' und ,Reflektieren/Gebrauchen' dar. Dieses theoretische Fundament eröffnet die relevante Frage nach dem Ende des Gebrauchs (,Verschwinden') als notwendiger ,Re-Stabilisierung' innerhalb der Evolution der Artefakte. ,Selektion' findet während der Gebrauchsphase durch Nutzer_innen statt: Artefakte bewähren sich oder aber werden vergessen. In „modernen, ausdifferenzierten Gesellschaften" ähnelt die ,Re-Stabilisierung' (ein Artefakt setzt sich durch) der ,Variation' am Anfang des Prozesses (Designaktivität), „weil Stabilität heute einen extrem dynamischen Charakter angenommen hat und den Antrieb für evolutionäre Variation (,Innovation') darstellt." (Jonas 2004, 60).

Obwohl der Gestaltungsprozess meist versucht, zukünftige Zustände vorwegzunehmen und somit auch darauf zielt, die ,Selektion und Re-Stabilisierung' ebenfalls zu lenken, ist die tatsächliche Designpraxis auf die ,Variationsphase' festgelegt. Das Wissensparadox, welches durch die Planung zukünftiger Zustände durch räumlich-zeitlich begrenzte Artefakte des ,Jetzt' entsteht, haben u. a. Nelson und Stolterman philosophisch beleuchtet. Sie haben dem Design drei Domänen des Wissens zugeordnet: *„the true – the ideal – the real"* (2003, 38 f.). Als pragmatische Übersetzung bietet Jonas (1996a) ein Prozessmodell des Entwerfens aus ,Analyse – Projektion – Synthese' an. Darauf aufbauend stellt Bredies diesen Designprozessphasen die Phasen des Gebrauchs ,Aufnahme – Aneignung – Umnutzung' gegenüber (s. Abb. 9.1) und sieht sie als Fortführung des Designprozesses aufseiten der Nutzer_innen

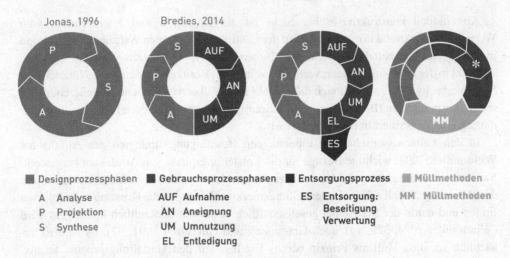

Abb. 9.1 Entwicklung eines erweiterten Prozessphasenmodells zur Anwendung von Abfall im Designprozess (© Susanne Hausstein)

(Bredies 2014, 44 f.; Brandes et al. 2009). Das konkrete Ausscheiden der Artefakte aus diesem zirkulär dargestellten Prozess wird jedoch auch im Modell des „Design-im-Gebrauch" (Bredies 2014) nicht geklärt.

9.4.2 ‚Rituale des Verschwindens'

Grundlegend können die Lebensphasen eines Artefakts systemtheoretisch untersucht werden. Dabei kann davon ausgegangen werden, dass mit dem konstruierten Lebensende eine Entwertung einhergeht. Ein Artefakt, das aus dem Bedeutungssystem der Nutzer_innen ausgeschlossen wird und als ‚Abfall' gilt, hat für jene dann keinen Wert mehr bzw. einen Wert von Null. Diesen Zusammenhang hat Thompson in seiner dynamischen, von Mobilität und Übergangen geprägten, „Mülltheorie" deutlich gemacht (2003). Eine Erweiterung dieses Modells um Aktivitäten und Transformationen des Objekts innerhalb der von Thompson weniger detailliert betrachteten Sphären „Objekte in Produktion", „Objekte in Zirkulation" und „Objekte im Gebrauch" haben Engeström und Blackler (2005, 316) vorgelegt. Sie beziehen nun auch tatsächlich stattfindende Praktiken, wie Recycling und Upcycling in die Systematik der Objekte mit ein und rücken gleichzeitig auch die Produktion der Objekte in den Fokus der Betrachtung. Wegweisend für die Untersuchung des Zusammenhangs von Erscheinen und Verschwinden ist an dieser Stelle die ‚Leichtigkeit' mit der Artefakte ihren Wert während des Gebrauchs einbüßen:

Each user of the object finds it easy to decrease its value: just use it, or, easier yet, just let it sit and become old. This eating away of value in consumption seems innocent enough as long as the user does not have to face the fateful transition of the object into rubbish. (Engeström und Blackler 2005, 323).

Aus radikal konstruktivistischer Sicht ist die Kognition und Interpretation vom Wertverlust der Artefakte mit dem Ablauf der Gültigkeit der eigenen Wahrheitskonstruktion in Bezug auf die Nützlichkeit im praktischen Handeln verbunden. Bewährt sich das Artefakt in der Praxis nicht mehr; verliert es seine vom Besitzenden definierte Nützlichkeit. Sein Wert schwindet, welcher sich daher nicht immer übereinstimmend an äußeren, materialen Ausprägungen (Beschädigung oder Spuren des Alterns) ablesen lässt, sondern vielmehr sozial konstruiert und konstituiert wird.

In den kulturwissenschaftlich untersuchten Bewältigungsstrategien des Abfalls hat Windmüller (2004) wichtige Bezüge für die Entstehungsphase von Artefakten hergestellt. Sie hat darauf hingewiesen, dass pragmatisch-technologische Handlungsstrategien wie das Recycling aktuell schon als Herstellungsmerkmal Einzug in die Kreation von Objekten finden und damit der Müllstatus gesellschaftlich vermittelt und zeitlich kontingent wird (Windmüller 2004, 329; vgl. auch Grassmuck und Unverzagt 1991, 97). Es ist also tatsächlich so, dass Müll als Prinzip bereits Einfluss auf den Gestaltungsprozess ausübt. Jedoch handelt es sich dabei um eine Verstetigung der technologischen Bewältigung (Recycling), die die Innovationsmöglichkeiten (,Re-Stabilisierung') der spezifischen Artefakte außer Acht lässt. Oder anders ausgedrückt, die Verwendung des Kriteriums „recyclingfähig", welches das Wegwerfen impliziert, wird aufseiten der Designer_innen selten konzeptuell reflektiert und findet daher oftmals ungefilterte Anwendung.

9.5   Anwendung, Struktur und Nutzen: Müll als Werkzeug

Die von Nutzer_innen ausgeführten ,Rituale des Verschwindens' markieren den Übergang von ,Artefakt' zu ,Abfall', der sich jedoch nicht unmittelbar als ,Verschwinden' manifestieren kann (tatsächliche Beseitigung des Artefakts), sondern mittelbar konstruiert wird durch ,Entledigung'. Müll strukturiert sich demnach in zwei Stufen. Die Nutzenden leiten den Prozess durch eine Zuweisung als Entledigung (Aufgabe der Sachherrschaft über das Artefakt) ein, während weniger sichtbare, periphere Strukturen (Abfallindustrie) für materielle Zuweisungen in Form von Beseitigung oder Verwertung (,Entsorgung') in einem zweiten Schritt zuständig sind. Die Untersuchung des „Akts der Entledigung" in einer 2013 durchgeführten Beobachtung eines städtischen Müllareals (Hausstein 2013) hat Erkenntnisse zu Dauer, Zeitpunkt und Modus des Wegwerfens ermöglicht. Diese Untersuchung mit Fokus auf den Merkmalen und auf das Verhaltensrepertoire der Entledigung hat weiterhin gezeigt, dass Nutzer_innen kein grundlegend anderen Verhaltensmodus zeigen, als dies bei der Ausführung eines intendierten oder umnutzenden Gebrauchs eines Artefakts der Fall ist. Wegwerfen ist in diesem Sinne keine Besonderheit bezogen auf Artefakte sondern vielmehr „Abfallnormalität" (Faßler 1991, 203). Dies führt zu der Annahme, dass ,Entledigung' als ,Ritual des Verschwindens' der Gebrauchsphase zugeordnet werden muss. Die entscheidende Schlussfolgerung liegt sodann darin, den Beginn des Designprozesses in die finale Gebrauchsphase (,Entledigung') zu verschieben. Diese Verschiebung wird in Bezug auf die Ausbildung von Designer_innen als wegweisender Paradigmenwechsel angesehen. „*A system, and especially a*

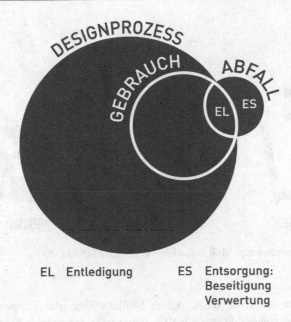

EL Entledigung   ES Entsorgung:
                                 Beseitigung
                                 Verwertung

Abb. 9.2 Überlagerungen von Designprozess, Gebrauch und Abfall (© Susanne Hausstein)

human or social system, is bestunderstood from within, through a qualitative, phenomeno-logical,approach." (Findeli 2001, 12). Hieraus erschließt sich die Relevanz des stofflich-gegenständlichen Mülls sowie dessen soziale Infrastrukturen als Bestandteil des Designprozesses und erklärt Überlagerungen der Gebrauchs- und Designphasen (s. Abb. 9.2). Dabei wird die Ausdehnung der Zuständigkeit der Designer_innen in den Bereich des Gebrauchs deutlich.

Diese programmatische Erweiterung des Designprozesses birgt die Nutzbarmachung von ‚Entledigung‘ durch ‚Müllmethoden‘. Der Begriff ‚Müllmethoden‘ wird im Weiteren verwendet, um die hier entwickelten Werkzeuge zu Analyse- und Syntheseleistungen durch Müll zu bezeichnen. Eine strikte Abgrenzung zu ‚klassischen Designmethoden‘ wird dabei nicht angestrebt. Vielmehr befördert der Ausgangspunkt der Werkzeuge eine bisher unterrepräsentierte, ökologisch motivierte Färbung etablierter Designmethoden.

Das Phänomen Müll bietet eine Vielzahl an konkreten Andockstellen für Designmethoden (s. Abb. 9.3). Sie lassen sich unter dem Überbegriff *‚Cultural Probes‘* (Gaver et al. 1999, 22) zusammenfassen. Diese fordern anhand von Aufgaben oder Artefakten die Nutzenden auf, ihre Umwelt anders zu betrachten und neu zu denken. Systematisch betrachtet lassen sich drei verschiedene Andockstellen für konkrete Methoden ausmachen. Zum ersten ist es der eigentliche Moment (‚Akt‘) des Wegwerfens in dem ‚Rituale des Verschwindens‘ eminent werden, z. B. durch das ‚Verstecken‘ in Containern, Tüten und Eimern. Zum zweiten sind es Abfallsysteme, also alle Konfigura-tionen der Organisation von ‚Verschwinden‘. Diese äußern sich als Abfallinfrastrukturen, Erscheinungsbild und Gestaltung der Abfallbehältnisse und deren räumliches Layout sowie als soziale, ökologische und ökonomische Netze um den Abfall herum. Zum dritten

Wegwerfen   **Abfallsysteme**   **Müllartefakte**

Abb. 9.3 Andockstellen für ‚Müllmethoden' (© Susanne Hausstein)

sind es natürlich auch die tatsächlichen Müllartefakte, die Dinge im Müll, die zur Erforschung bereitstehen, da individuelles Wegwerfen in unserem Kulturkreis meist ohne Zerstörung auskommt. Denn der Ansatzpunkt der ‚Müllmethoden' lässt sich zwischen ‚Entledigung' und ‚Entsorgung' verorten. In dieser Phase haben Artefakte ihren Objektstatus und ein intaktes Besitzverhältnis bereits eingebüßt, sind aber noch (arte)faktische Instanzen mit eingebetteten Informationen über Gebrauch und Design, welches sich aus ‚Materie' (im Verständnis von ‚Form' und Materialität) und ‚Affordanz' (objektbasierte Handlungsangebote) generiert. Diese Erforschung der Artefakte und Systeme des Mülls repräsentiert in diesem Sinne die Verfahren des Design Research, eine wissenschaftliche Bewegung innerhalb der Designdisziplin der letzten Dekade, und wurde bereits von Bruce Archer beschrieben: *„Design Research […] is systematic enquiry whose goal is knowledge of, or in, the embodiment of configuration, composition, structure, purpose, value and meaning in man – made things and systems."* (1981, 35). Der große Vorteil dieser kontextbasierten Werkzeugbox (s. Abb. 9.4) ist, dass die gewonnen Daten (z. B. Menge, Fundort etc.) und Artefakte direkt und ohne weitere Filter in der Analysephase des Designprozesses für Designer_innen nutzbar sind. Der haptisch orientierten Arbeitsweise der Designer_innen kommt dies entgegen, ebenso wie die Möglichkeit, das Quellmaterial (Abfall) intensiver zu untersuchen, zu verändern und als Komponente im Modellieren neuer Ideen zu verwenden. Dies alles ist durch die vorangegangene Aufgabe des Besitzverhältnisses zum Artefakt, als Abfall konstituierende Komponente, deutlich leichter möglich als bei Artefakten im aktiven Gebrauch. In der Konzeption und Strukturierung der Maßnahmen und Ziele hat sich eine Klassifizierung der Werkzeuge ergeben: primäre ‚Müllmethoden' liefern Daten (z. B. zu Abfallmenge, Wegwerfverhalten, Emotionen) und/oder (Müll-)Artefakte. Sie schaffen den initialen Zugang zur ‚Entledigung' und zum Müll. Primäre Werkzeuge können von Designer_innen/Designstudierenden und auch durch Designer_innen/Designstudierenden angeleitet von Nutzer_innen angewandt

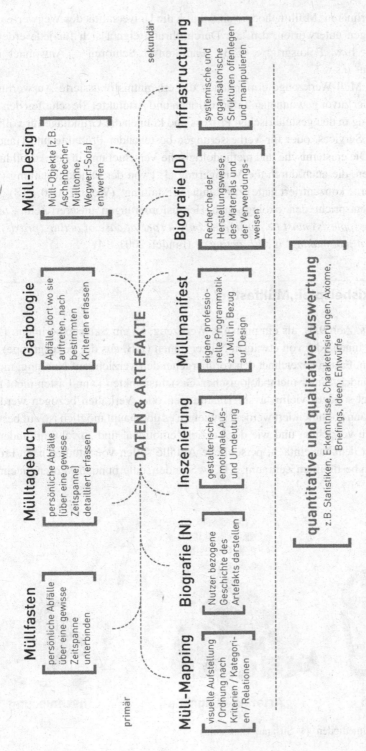

Abb. 9.4 Übersicht der ‚Müllmethoden‘ (© Susanne Hausstein)

werden. Die primären ‚Müllmethoden' sind durch die Universalität des Wegwerfens kaum Einschränkungen unterworfen, d. h. die Durchführung eignet sich für jede erdenkliche Nutzer_innen- bzw. Fokusgruppe (z. B. „Familien", „Senioren", „Anwohner_innen", „Städter_innen" u.s.w.).

Sekundäre Müll-Werkzeuge ermöglichen die erkenntnisfokussierte Auswertung und Übersetzung der zuvor gewonnenen Informationen und Artefakte. Sie schaffen den eigentlichen Übergang in den gestalterischen Prozess und können die Grundlage für völlig neue Produkte und Services, oder für Verbesserungen bestehender Produkte und Handlungsrahmen sein. Die epistemische und methodologische Verschiebung in der Ausbildung von Designer_innen, die auch durch die Verlagerung „[..] von der Objektgestaltung (worauf sich die Moderne konzentriert hatte) zur Rahmengestaltung" (Welsch 2010, 218) gekennzeichnet ist, entspricht den ökologischen Herausforderungen unserer Zeit. *„In other words, making (poiesis) must be considered only a special case of acting (praxis), to the extent that even ‚not making' is still ‚acting'."* (Findeli 2001, 14)

9.6   Praxisbeispiel: ‚Müllfasten'

‚Müllfasten' (s. Abb. 9.5), als ein primäres Werkzeug, ist ein Selbstexperiment. Es kann von Designer_innen oder von etwaigen Nutzer_innen (z. B. aus der Fokusgruppe) durchgeführt werden. Fasten bezeichnet den vorübergehenden Verzicht auf Nahrung, meist aus religiösen Gründen. Unter methodologischen Gesichtspunkten kann Fasten nicht nur auf Nahrungsmittel sondern vielmehr auf Handlungen oder Verhalten bezogen werden. Im Zuge dessen kann dokumentiert werden, inwiefern es überhaupt möglich ist, auf bestimmte Handlungen zu verzichten und wie der Verzicht emotional und sozial empfunden wird. Der Ablauf ist denkbar einfach: persönliche Abfälle sollen von Studierenden/Proband_innen für einen bestimmten Zeitraum, z. B. 24 Stunden, unterbunden werden. In einfachen

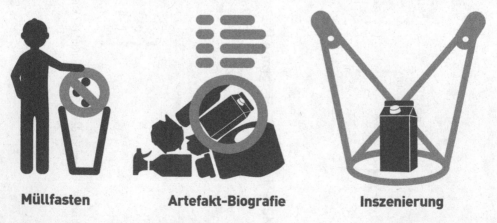

Müllfasten   **Artefakt-Biografie**   **Inszenierung**

Abb. 9.5   ‚Müllmethoden' (© Susanne Hausstein)

Worten bedeutet dies: Müll-Machen verboten! Der Verlauf des Experiments wird mit besonderem Augenmerk auf Verhaltensmuster und Emotionen dokumentiert. Situationen, in denen das Phänomen Müll die Proband_innen „ungewollt" überrollt oder überrascht, werden möglichst auch fotografisch festgehalten. Die Müllartefakte, die trotz des Fastens anfallen, unterliegen einer ‚Entledigungssperre' und müssen aufbewahrt werden. Sie bieten die Basis für sekundäre Werkzeuge.

Von Designer_innen durchgeführt, kann die qualitative Methode des ‚Müllfastens' anhand von Hineinversetzen, Nachbilden und Nacherleben zu Erkenntnissen über Verhaltenshintergründe und Motive führen. Viele Menschen erleben und beschreiben die Motive und Gründe ihres Verhaltens als rationaler, als dies tatsächlich der Fall ist (Stangl 2013). Gerade bei Experimenten, die das rational normale Verhalten reglementieren oder lenken wollen, zeigen sich deutlich Gewohnheiten, die als solche kaum mehr wahrgenommen werden. Ausgestattet mit dem Basisdesignwissen bilden die Studierenden eine besonders wichtige Probandengruppe für ein Müll-Selbstexperiment. Faktisch ist diese Gruppe in der Lage, durch kreative Techniken und Alternativstrategien eine Lösung für ein Problem des Alltags zu finden. Diese antizipierten rudimentären Lösungsstrategien sowie dokumentierte Empfindungen bilden das große Erkenntnispotenzial eines Selbstexperiments, das sich deutlich von der Anwendung hypothetischer Leitsätze unterscheiden kann.

In einer Erprobung mit Designstudierenden folgte auf das ‚Müllfasten' die Auswertung des Erlebten durch die Erstellung einer ‚Artefakt-Biografie' (sie umfasst die Recherche des Materials, der Herstellungs- und Verwendungsweise des Produkts) und deren ‚Inszenierung' (s. Abb. 9.5) als Ausdruck des gewonnenen Designwissens. Beide Verfahren zielen auf die Entschlüsselung hintergründiger Verknüpfungen des Wegwerfens. Während die ‚Artefakt-Biografie' die konstruktiv-technologischen sowie sozialen Daten des Artefakts beleuchtet, befasst sich die Inszenierung mit den emotionalen Verbindungen zum Müllartefakt. Die Aufgabe, sich emotional, möglicherweise überspitzt, mit einem der Gegenstände des Müllfastentages auseinanderzusetzen, soll die vielfältigen sozial konstruierten Zuweisungen und Deutungen offenlegen. Außerdem liegt in der scheinbar übertriebenen Aufmerksamkeit für ein alltägliches Ding ein Handlungsappell an die angehenden Designer_innen: Auch, und besonders Objekte des täglichen Gebrauchs sind hochkomplexe Designartefakte, dessen grundsätzlicher Sinn in den Vordergrund designerischer Tätigkeit rücken muss.

9.7 Fazit

Zusammenfassend lässt sich konstatieren: In ganzheitlicher Betrachtungsweise erlaubt der Müll mannigfaltige Zugänge zu ‚Nachhaltigem Design'. Das Wegwerfen ist eine zweistufige Kulturtechnik, die dem psychischen und physischen „Ordnungschaffen" (Keller 1998, 33) dient. Ihre erste Stufe, die ‚Entledigung', ist, in Bezug auf die Lebenszyklen eines Objekts, der Gebrauchsphase zuzuordnen. Bevor als zweite Stufe die tatsächliche

‚Entsorgung' des Objekts vollzogen wird, lassen sich gestalterische Werkzeuge mit und durch den Abfall anwenden. Im Gegensatz zu dem vom ‚Ecodesign' operationalisierten „Life Cycle Thinking" (Tischner et al. 2000, 13), welches sich eindeutig in ökologischen Schwächen und Stärken ausdrücken lässt, zielen die ‚Müllmethoden' auf die Erlangung von Einsichten kulturtechnischer und systemischer Art. Bewusst beforscht sich der_die Designende dabei auch selbst und seine_ihre Rolle in der be-dingten Welt. Diese Werkzeuge können Designer_innen in der Ausbildung exemplarisch über das (Wegwerf-) Verhalten von Nutzer_innen und die konzeptuellen Erfordernisse von ‚neuen' Produkten und Services in einem tragfähigen System informieren. Gleichermaßen ist die Kombination aus ‚weichen' Werkzeugen (‚Müllmethoden') und ‚harten' Richtlinien (Ökobilanzen) durchaus denkbar und wünschenswert, um angehende Designer_innen umfassend auf dem Gebiet der Nachhaltigen Entwicklung auszubilden.

Die derzeit begonnene Erprobung der ‚Müllmethoden' in verschiedenen Seminaren an der Universität der Künste Berlin hat die didaktischen Potenziale des alltäglichen Phänomens Müll für das Studium der Gestaltung gezeigt. Die Universalität des Mülls hat es bisher allen teilnehmenden Studierenden ermöglicht tieferliegende Zusammenhänge ihres gestalterischen Schaffens mit Fragen der Umweltverträglichkeit und Nachhaltigkeit herzustellen. Die praktischen Methoden, die von Studierenden als „aktive Erfahrung" gut angenommen wurden, führen allem Anschein nach zu einem Bewusstwerden jener Prozesse, die zuvor als ‚normal' keiner Reflexion unterlagen. Es ist zu hoffen, dass dieses neue Bewusstsein auch in den zukünftigen Projekten der Studierenden wirkt. Es obliegt weiteren Untersuchungen, die genaue Auswirkung der Methoden auf die Arbeit Studierender festzustellen.

Der Designmethodenkanon wächst immer weiter an. Diese Pluralität kann dabei als positive Entwicklung gewertet werden solange die akademische Ausbildung an Hochschulen fähige Designer_innen hervorbringt. Für designtheoretische Grundlagen ist die Intensivierung der Forschung zum Wegwerfen durchaus notwendig. Eine Etablierung des Mülls in der Designtheorie brächte dann auch das implizite Nachdenken über Nachhaltigkeit im Design mit sich, welches dazu führen könnte ‚Nachhaltiges Design' nicht als eine Art der Gestaltung zu verstehen, sondern als Eigenschaft des Designs generell.

Literatur

Archer, B. (1981). A View of the Nature of Design Research. In R. Jacques & J. Powell (Hrsg.), *Design. Science. Method.* (S. 30–47). Guildford: Westbury House.

Bader, N. (2013). Studie ‚Nachhaltige Produktentwicklung an deutschen Hochschulen': Auswertung – Keyfindings [online]. URL: http://www.gp-award.com/sites/default/files/Studie_Verstaendnis_von_nachhaltigem_Design.zip [aufgerufen am 20.03.2015]

Brandes, U., Stich, S. & Wender, M. (2009). *Design durch Gebrauch – Die alltägliche Metamorphose der Dinge.* Basel Boston Berlin: Birkhäuser Verlag.

Braungart, M. & McDonough, W. (2009). *Cradle to Cradle. Remaking the Way We Make Things*, London: Vintage Books.

Bredies, K. (2014). *Gebrauch als Design: Über eine unterschätzte Form der Gestaltung.* Bielefeld: transcript Verlag.

Brocchi, D. (2013). Das (nicht) Nachhaltige Design. In K. Fuhs, D. Brocchi, M. Maxein & B. Draser (Hrsg.), *Die Geschichte des Nachhaltigen Designs* (S. 54–80). Bad Homburg: VAS – Verlag für Akademische Schriften.

Deutscher Werkbund & Hoffmann, O. (Hrsg.) (1989). *Ex und hopp. Das Prinzip Wegwerf: eine Bilanz mit Verlusten.* Gießen: Anabas.

Engeström, Y. & Blackler, F. (2005). On the Life of the Object. *Organization 12(3)*, 307–330.

European Commission (2014). *Energy Efficiency: Eco-design of Energy-related products* [online]. URL: http://ec.europa.eu/energy/efficiency/ecodesign/eco_design_en.htm [aufgerufen am 25.07.2014]

Faßler, M. (1991). *Abfall – Moderne – Gegenwart. Beiträge zum evolutionären Eigenrecht der Gegenwart.* Gießen: Anabas.

Findeli, A. (2001). Rethinking Design Education for the 21st Century: Theoretical, Methodological, and Ethical Discussion. *Design Issues 17(1),* 5–17.

Fuhs, K., Brocchi, D., Maxein, M. & Draser, B. (2013). Einführung: Perspektiven aus Forschung und Lehre. In K. Fuhs, D. Brocchi, M. Maxein & B. Draser (Hrsg.), *Die Geschichte des Nachhaltigen Designs* (S. 8–14). Bad Homburg: VAS – Verlag für Akademische Schriften.

Gaver, W., Dunne, T. & Pacenti, E. (1999). Cultural Probes. *Interactions 6(1),* 21–29.

Grassmuck, V. & Unverzagt, C. (Hrsg.) (1991). *Das Müll-System.* Frankfurt am Main: Suhrkamp Verlag.

Hauff, V. (Hrsg.) (1987). *Unsere gemeinsame Zukunft. Der Brundtland-Bericht der Weltkommission für Umwelt und Entwicklung.* Greven: Eggenkamp.

Hausstein, S. (2013). [Der Akt der Entledigung im vorgegebenen städtischen Müllareal]. Unveröffentlichte Rohdaten.

IDZ Internationales Design Zentrum Berlin (2013). *Kriterienmatrix zum Bundespreis Ecodesign* [online]. URL: http://www.bundespreis-ecodesign.de/downloads/2145/Kriterienmatrix_A4.pdf [aufgerufen am 18.07.2014]

Jonas, W. (1996a). Systems Thinking in Industrial Design. In G.P. Richardson & J.D. Sterman (Hrsg.), *System Dynamics '96: Proceedings of System Dynamics 96.* Artikel präsentiert auf der 1996 International System Dynamics Conference, Cambridge, Massachusetts, 22.-26. Juli (S. 241–244). Cambridge, MA: System Dynamics Society.

Jonas, W. (1996b, November 28–30). *Design als systemische Intervention - für ein neues (altes) ‚postheroisches' Designverständnis.* Vortrag zum 17. designwissenschaftliches Kolloquium „Objekt und Prozeß", Halle, Saale.

Jonas, W. (2004). Mind the Gap! Über Wissen und Nichtwissen. Oder: Es gibt nichts Theoretischeres als eine gute Praxis. In W. Jonas & J. Meyer-Veden (Hrsg.), *Mind the Gap! – On Knowing and Not-Knowing in Design* (S. 47–70). Bremen: Hauschild.

Jonas, W. (2007). Design Research and its Meaning to the Methodological Development of the Discipline. In R. Michel (Hrsg.), *Design Research Now* (S. 187–206). Basel, Boston, Berlin: Birkhäuser.

Keller, R. (1998). *Müll – Die gesellschaftliche Konstruktion des Wertvollen. Die öffentliche Diskussion über Abfall in Deutschland und Frankreich.* Wiesbaden: VS Verlag für Sozialwissenschaften / GWV Fachverlage GmbH.

Krippendorff, K. (2013). *Die semantische Wende. Eine neue Grundlage für Design.* (N.G. Schneider, Übers.). Basel: Birkhäuser. (Originalausgabe 2006).

Liedtke, C. & Buhl, J. (2013). Das dematerialisierte Design. In K. Fuhs, D. Brocchi, M. Maxein & B. Draser (Hrsg.), *Die Geschichte des Nachhaltigen Designs* (S. 178–193). Bad Homburg: VAS – Verlag für Akademische Schriften.

Luhmann, N. (1991). *Soziale Systeme. Grundriss einer allgemeinen Theorie* (4. Aufl). Frankfurt am Main: Suhrkamp Verlag.

Nelson, H.G. & Stolterman, E. (2003). *The Design Way: Intentional Change in an Unpredictable World. Foundations and Fundamentals of Design Competence.* Englewood Cliffs, New Jersey: Educational Technology Publications, Inc.

Reckwitz, A. (2002). Toward a Theory of Social Practices: A Development in Culturalist Theorizing, *European Journal of Social Theory 5(2)*, 243–263.

Schmidt-Bleek, F. (1994). *Wie viel Umwelt braucht der Mensch? MIPS - das Maß für ökologisches Wirtschaften.* Basel, Boston, Berlin: Birkhäuser.

Stangl, W. (2013). Werner Stangls Arbeitsblätter: Empirische Forschungsmethoden in Pädagogik und Psychologie [online], URL: http://arbeitsblaetter.stangl-taller.at/FORSCHUNGSMETHODEN/ [aufgerufen am 14.10.2014]

Thompson, M. (2003). *Mülltheorie. Über die Schaffung und Vernichtung von Werten* (K. Schomburg & M. Fehr, Übers.). Essen: Klartext. (Originalausgabe 1979).

Tischner, U., Schmincke, E., Rubik, F. & Prösler, M. (2000). *Was ist EcoDesign? Ein Handbuch für ökologische und ökonomische Gestaltung.* Frankfurt am Main: Verlag form GmbH.

Welsch, W. (2010). *Ästhetisches Denken* (7. Aufl). Stuttgart: Reclam.

Windmüller, S. (2004). *Die Kehrseite der Dinge. Müll, Abfall, Wegwerfen als kulturwissenschaftliches Problem.* Münster: LIT Verlag.

Die Forschung selbst nachhaltig gestalten 10

Jörg Romanski

10.1 Betrieb und Infrastruktur im Fokus der Nachhaltigkeit

Forschung für Nachhaltigkeit: Das Thema füllt diese ganze Publikation. Die hochwertigen und erfolgversprechenden Ansätze und Lösungen zeigen die Notwendigkeit dieser Sparte, um innovativ, zeitnah und wirkungsvoll auf die Entwicklung unserer Welt reagieren zu können.

In den letzten Jahren wurde aber auch die Frage immer lauter gestellt: Wir forschen für Nachhaltigkeit und betreiben Nachhaltigkeits-Bildung – ist aber unser eigenes Handeln, unser Forschungsbetrieb eben so nachhaltig wie der Anspruch, den wir an die Ergebnisse unserer Projekte stellen? Doch Hochschulen und Forschungseinrichtungen wären nicht sie selbst, wenn sie diese Frage nicht auch beantworten würden. Der allgemeine und wichtige Anspruch auf Freiheit von Forschung und Lehre wird seltener missbraucht, um damit das eigene, nicht nachhaltige Handeln zu kaschieren.

Die Frage nachhaltigen Errichtens und Betreibens wird auf mehreren Ebenen beantwortet. In erster Linie ist die einzelne Einrichtung gefragt: Wie kann ich meine Infrastruktur so optimieren, dass sie auch gemessen an Nachhaltigkeitskriterien vorzeigbar ist? Eine zweite Ebene ist der verstärkten Verbreitung und dem Austausch gewidmet: Durch Veranstaltungen oder Projekte können Erworbenes verbreitet und Irrwege für andere sichtbar gemacht werden. Die dritte Ebene zielt auf eine kontinuierliche Zusammenarbeit – Netzwerke mit regelmäßigen Zusammenkünften spielen hier eine Rolle.

J. Romanski (✉)
Netzwerk Umwelt an Hochschulen und Forschungseinrichtungen der Region
Berlin-Brandenburg, Umweltbeauftragter an der TU Berlin,
Straße des 17. Juni 135, 10623 Berlin, Deutschland
e-mail: joerg.romanski@tu-berlin.de

© Springer Fachmedien Wiesbaden 2016
W. Leal Filho (Hrsg.), *Forschung für Nachhaltigkeit an deutschen Hochschulen*,
Theorie und Praxis der Nachhaltigkeit, DOI 10.1007/978-3-658-10546-4_10

Damit haben alle drei Ebenen ihre Berechtigung. Die folgenden Darstellungen sollen die verschiedenen Ansätze ganz unterschiedlicher Akteure verdeutlichen. Einmal mehr wird klar, dass ein reiner Bottom-up- oder ein alleiniger Top-down-Prozess kaum funktioniert. Nachhaltigkeit in Bau und Betrieb ist Führungsaufgabe, aber gleichzeitig nur wirkungsvoll umsetzbar, wenn eine weitreichende Beteiligung aller Stakeholder sichergestellt ist. Die gezeigten Beispiele sind bewusst zur Nachahmung empfohlen und gleichzeitig soll die Vernetzung erhöht werden, um neben exzellenter Forschung auch die eigenen Auswirkungen auf unsere Lebensgrundlagen in positive Richtung zu verändern.

10.2 Einrichtungen mit Blick auf nachhaltigen Betrieb

Inzwischen erheben ganze Hochschulen oder Campus den Anspruch als gesamte Einrichtung nachhaltig ausgerichtet zu sein – einerseits in Forschung und Lehre, andererseits in Infrastruktur und Betrieb. Ihnen ist gemeinsam, dass neben herausragender Wissenschaft zu Nachhaltigkeit die interne Gebäude- und Betriebssituation nahezu gleichrangig auf Nachhaltigkeit geprüft und optimiert wird. Dies reicht von klassisch technischen Maßnahmen z. B. des Energiemanagements über das nachhaltige Speiseangebot in den Mensen, das Bildungs- und Informationsangebot zur Nachhaltigkeit, das Thema „Klimaneutrale Hochschule" bis zu Themen aus dem Umfeld der Hochschulen, wenn es beispielsweise um den Pendlerverkehr geht. Auch in Planung und Errichten wird bereits im Vorfeld auf entsprechende Kriterien geachtet.

Selbst wenn Hochschulen oder Forschungseinrichtungen die Nachhaltigkeit nicht als eine Kernaufgabe betrachten, setzen sie immer häufiger gezielt Kapazitäten ein, um das Thema auch infrastrukturell und betrieblich zu verankern. Das Bewusstsein, dass innerbetrieblich induzierte Auswirkungen neben exzellenter Forschung und Lehre auch einen hohen Stellenwert besitzen, kommt damit zum Ausdruck.

Einige besondere Beispiele werden hier kurz vorgestellt. Die Aufstellung erhebt nicht den Anspruch auf Vollständigkeit, soll keine Wertung sein, sondern soll vielmehr die Vielfältigkeit der Ansätze erlebbar machen, wie sich Hochschulen auch auf der infrastrukturellen Ebene dem Thema Nachhaltigkeit nähern.

10.2.1 Hochschule für Nachhaltige Entwicklung Eberswalde (HNEE)

Kerstin Kräusche, Referentin Nachhaltigkeit, kkraeusche@hnee.de
Forschung und Lehre für die Zukunft – Mit der Natur für den Menschen.

Ein einzigartiges Profil kennzeichnet die Hochschule für Nachhaltige Entwicklung in Eberswalde. Im Fokus allen Handelns stehen Potentiale nachhaltiger Entwicklung für Natur, Wirtschaft und Gesellschaft. Dies gilt bereits seit dem Jahr 1830 – seit Gründung der Hochschule als Höhere Forstlehranstalt vor den Toren Berlins.

In 17 Studiengängen studieren mehr als 2.000 Studierende bei 54 Professorinnen und Professoren an den Fachbereichen für Wald und Umwelt, Landschaftsnutzung und Naturschutz, Holzingenieurwesen und Nachhaltige Wirtschaft. Das Thema nachhaltige Entwicklung ist in allen Curricula verankert und beschäftigt in der interdisziplinären Nachhaltigkeitsvorlesung alle Erstsemester-Studierenden gleich zu Anfang des Studiums. Programmatische Studiengänge wie z. B. Global Change Management, Ökolandbau und Vermarktung, Strategisches Nachhaltigkeitsmanagement, Nachhaltige Unternehmensführung oder Nachhaltiges Tourismusmanagement verdeutlichen das Profil der Hochschule.

Genauso wie Lehre und Forschung für Nachhaltigkeit stehen die Umweltleistungen beim Betrieb der Hochschule und das soziale Miteinander im Mittelpunkt der eigenen Hochschulentwicklung. In einem Bottom-Up-Prozess wurde im Jahr 2010 der Runde Tisch zur nachhaltigen HNEE-Entwicklung gegründet. Gemeinsam werden hier von Studierenden und Beschäftigten aller Bereiche Handlungsfelder nachhaltiger Hochschulentwicklung identifiziert, Konzepte entwickelt und in themengebundenen Arbeitsgruppen–oftmals verbunden mit der Lehre–umgesetzt. Die vom Runden Tisch programmatisch formulierten Nachhaltigkeitsgrundsätze wurden vom Senat beschlossen und bilden die Grundlage des integrierten Berichts zur nachhaltigen Entwicklung der HNEE.

Der nachhaltige Betrieb der Hochschule verdeutlicht sich z. B. in der Nutzung regenerativer Ressourcen in der Strom- und Wärmeversorgung, ökologischer Beschaffung und einem strukturiertem Umweltmanagement. Die Erstvalidierung nach EMAS erfolgte im Jahr 2009 und wird seitdem kontinuierlich fortgeführt. Die HNEE wurde im Jahr 2010 mit dem EMAS-Award der EU-Kommission ausgezeichnet.

Studium und Lehre an der grünen Hochschule sind auch deshalb so erfolgreich, weil Erforschtes und Gelehrtes auch eigenverantwortlich umgesetzt wird: Seit dem Jahr 2014 ist die HNEE klimaneutral, auch durch Kompensation der nicht vermeidbaren CO_2-Emission in einem von HNEE-Alumni initiierten und betreuten Projekt in Kenia (Vahrson 2014).

Weitere Informationen: Nachhaltigkeitsmanagement, http://www.hnee.de/k3578.htm

10.2.2 Umwelt-Campus Birkenfeld der Hochschule Trier

Prof. Dr. Klaus Helling, Dekan des Fachbereichs Umweltwirtschaft/Umweltrecht, k.helling@umwelt-campus.de
Umwelt macht Karriere – Leben, lernen und arbeiten am Umwelt-Campus

Der Umwelt-Campus Birkenfeld, ein Standort der Hochschule Trier, gilt als „Grünste Hochschule Deutschlands" (Auszeichnung utopia.de 2012) und zählt somit zu den besonderen Hochschulstandorten in Deutschland: Umwelt- und Nachhaltigkeitsaspekte ziehen sich seit der Gründung im Jahre 1996 wie ein „grüner Faden" durch die Erfolgsgeschichte. Mit seinem innovativen Zero-Emission-Konzept ist der Umwelt-Campus Birkenfeld ein

Vorbild für die nachhaltige Entwicklung einer Konversionsfläche – weit über die Grenzen von Rheinland-Pfalz hinaus.

Die „Zero Emission University" – Umwelt-Campus Birkenfeld – verfolgt von Anfang an ein kompromisslos ökologisches Konzept. So wurden beim Umbau der ehemaligen Lazarettgebäude und bei den Neubauten vorwiegend ökologische Baumaterialien eingesetzt. Regenwasser wird in Mulden und Rigolen aufgefangen und für die Toilettenspülung, die Klimatisierung der Gebäude sowie für angelegte Feuchtbiotope genutzt.

Genauso vorbildlich sind auch die CO_2-neutrale Energie- und Wärmeversorgung und die modernste Gebäude- und Anlagentechnik. Die grundlegende Energieversorgung für den Umwelt-Campus Birkenfeld wird zu 100 % aus erneuerbaren Energien (Holz und organische Abfälle zweier Landkreise) bereitgestellt. Der Umwelt-Campus veröffentlicht regelmäßig Nachhaltigkeitsberichte und hat ein Umwelt- und Energiemanagementsystem etabliert. Gerade abgeschlossen wurde die Erstellung eines integrierten Klimaschutzkonzepts, das im Rahmen der Nationalen Klimaschutzinitiative des Bundesumweltministeriums gefördert wurde und weitere Potenziale insbesondere im Bereich der Mobilität erschließen soll.

Den mehr als 2.700 Studierenden wird eine zukunftsorientierte Ausbildung angeboten. Der Umweltgedanke wird nicht einfach zu bestehenden traditionellen Fächern hinzuaddiert. Vielmehr bildet dieser von Anfang an nach Maßgabe der „nachhaltigen Entwicklung" das thematische Bindeglied zwischen den elf Bachelor- drei Dualen und elf Master-Studiengängen, die in den Bereichen Maschinenbau, Verfahrenstechnik, Informatik, Wirtschaftsingenieurwesen, Umwelt- und Betriebswirtschaft sowie Wirtschafts- und Umweltrecht angesiedelt sind.

Der Umwelt-Campus Birkenfeld legt besonderen Wert auf die angewandte Forschung. Mittlerweile haben sich zahlreiche Forschungsinstitute etabliert, in denen unternehmerische und technische Lösungen für die Herausforderungen unserer Zeit entwickelt werden, die ökologisch vertretbar, ökonomisch attraktiv und sozial gerecht sind. Insbesondere durch das Institut für Stoffstrommanagement (IfaS) – welches sich zum Ziel gesetzt hat, die nachhaltige Optimierung von regionalen und betrieblichen Stoffströmen in konkreten, praxisnahen Projekten zu fördern – ist die Hochschule auf nationaler und internationaler Ebene, in diversen Projekten zur Förderung einer nachhaltigen Entwicklung, vertreten (Helling 2012).

Weitere Informationen: http://www.umwelt-campus.de

10.2.3 Leuphana Universität Lüneburg

Irmhild Brüggen, Umweltkoordination, irmhild.brueggen@uni.leuphana.de; Prof. Dr. Wolfgang Ruck, Klimaschutzbeauftragter, ruck@uni.leuphana.de
Die Leuphana Universität Lüneburg widmet sich in Forschung, Bildung und dem Wissenstransfer der Gestaltung der Zivilgesellschaft des 21. Jahrhunderts. Dabei spielt die Frage, wie eine nachhaltige Gesellschaft gestaltet werden kann, eine wesentliche Rolle.

Die Leuphana versteht sich als humanistische, nachhaltige und handlungsorientierte Universität.

An der Leuphana sind Fragen des Umweltschutzes und der Nachhaltigkeit bereits seit den 1990er-Jahren ein Schwerpunkt in der Forschung und der Lehre. Seit dem Jahr 2000 setzt sie die theoretischen Erkenntnisse in die eigene Praxis um und führte ein Umweltmanagementsystem nach EMAS ein.

Seit dem Jahr 2007 veröffentlicht die Leuphana zweijährig einen Nachhaltigkeitsbericht. In diesem beleuchtet sie neben den Umweltaspekten auch wirtschaftliche und gesellschaftliche Dimensionen in Forschung, Lehre und Transfer sowie in der eigenen Organisation. Ende 2013 wurden die Leitlinien zur Nachhaltigkeit aus dem Jahr 2000 überarbeitet und verabschiedet. Diese gehen für die kontinuierliche Verbesserung der Nachhaltigkeitsleistung der Leuphana einen deutlichen Schritt weiter als bisher.

Die Leuphana hat sich im Jahr 2007 das Ziel „Klimaneutralität" gesetzt und dieses innovativ in Lehre, Forschung und der Verwaltung im Jahr 2014 umgesetzt. Grundlage ist der effiziente Umgang mit Energie und Ressourcen in allen Teilbereichen der Universität. Die Themenfelder sind Energieeffizienz, Einsatz regenerativer Energien sowie Förderung einer klimaschonenden Mobilität, die in vielen Einzelmaßnahmen sukzessive implementiert und optimiert werden. Dabei wird das Ziel durch eine integrale Betrachtung der verschiedenen Bereiche und Ebenen mit neuen und kreativen Lösungen erreicht (s. Abb. 10.1).

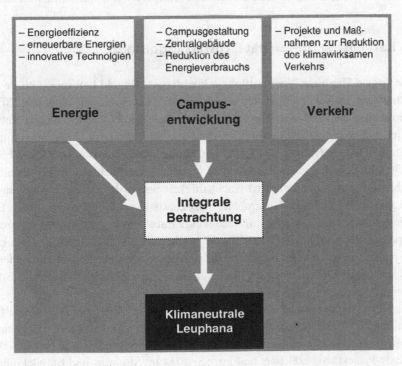

Abb. 10.1 Bausteine zur Klimaneutralität

Die Leuphana ist die erste Universität in Europa, die die Klimaneutralität in dieser Ganzheitlichkeit und unter Einbeziehung aller Statusgruppen umgesetzt hat.

Ein wesentlicher Baustein zur Erreichung des Zieles ist das Forschungsprojekt „Klimaneutraler Campus und Energiesysteme", welches die klimaneutrale Energieversorgung des Campus Scharnhorststraße und des angrenzenden Lüneburger Stadtteils Bockelsberg verfolgt. Hierzu wurde ein Energiesystem integral mit der Sanierung der Bestandsgebäude in einem innovativen Prozess geplant und aufbauend auf den Erfahrungen hinsichtlich Wärmespeicherung im Untergrund entwickelt. Zuvorderst steht der energieeffiziente Zentralgebäudeneubau. Das Gebäude zeichnet sich neben dem architektonischen Niveau durch eine hohe Qualität zur baulichen Nachhaltigkeit aus. Höchste Ansprüche an die energetische Qualität der Gebäudehülle, die Wärme- und Kühlleistung sparende, selbstverschattende Fassadengestaltung mit schaltbarer Verglasung verbunden mit einem intelligenten nutzerbezogenen Gebäudeleitsystem, einem effizienten Lüftungskonzept und Niedrigexergienutzung für die optimierte Einbindung in das Campus-Energiesystem machen den innovativen und wegweisenden Charakter des Neubaus deutlich.

Letztlich entsteht am Campus eine zukunftsweisende Uni-Lebenswelt, die Ansprüchen an Funktionalität, Ästhetik, Effizienz, Umwelt- und Naturschutz gerecht wird und deren Gestaltung Ausdruck jahrelanger Abstimmungsprozesse innerhalb der Universität und mit externen Stakeholdern sind (Müller-Christ. 2014, S. 50).

Weitere Informationen: Nachhaltige Entwicklung, http://www.leuphana.de/nachhaltig

10.2.4 Katholische Universität Eichstätt-Ingolstadt

Prof. Dr. Ingrid Hemmer, Nachhaltigkeitsbeauftragte, ingrid.hemmer@ku.de
Die Katholische Universität Eichstätt-Ingolstadt (KU) verfolgt seit dem Jahr 2010 ein Nachhaltigkeitsgesamtkonzept, das für Forschung, Lehre und Campusmanagement kurz-, mittel- und langfristige Ziele verfolgt. In der Forschung setzt ein Graduiertenkolleg für Nachhaltigkeit in Gesellschaft, Wirtschaft und Umwelt Akzente. Darüber hinaus beschäftigen sich zahlreiche Forschungsprojekte in verschiedenen Fächern mit Fragestellungen der Nachhaltigkeit. In der Lehre ist Nachhaltigkeit bereits in mehreren Studiengängen (Soziale Arbeit, Psychologie, Geographie, Wirtschaftswissenschaften) verankert. Es gibt einen Masterstudiengang Bildung für nachhaltige Entwicklung, der Multiplikatoren ausbildet, und ein interdisziplinäres Wahl- bzw. Wahlpflichtmodul „Nachhaltige Entwicklung", das aus einer Ringvorlesung und einem Projektseminar besteht und Studierenden aller Fächer offen steht. Derzeit wird ein Konzept für die Implementierung in ein Studium Generale entwickelt.

Im Bereich Campusmanagement wurde die erste EMAS-Zertifizierung vorbereitet und in den Jahren 2014/2015 erfolgreich durchgeführt. Bereits seit dem Jahr 2012 bezieht die KU Ökostrom. Das Nachhaltigkeitsgesamtkonzept der Universität wurde im Jahr 2013 als UN-Dekade-Projekt ausgezeichnet und im Jahr 2014 im Struktur- und Entwicklungsplan der Universität verankert. Die Lenkung des Prozesses erfolgt durch eine Steuerungsgruppe, die sich aus allen universitären Gruppen zusammensetzt (Hemmer et al. 2014b).

Hauptverantwortlich für die Umsetzung sind der Kanzler, die Nachhaltigkeitsbeauftragte sowie der Campusumweltmanager. Wichtige Akteure im Prozess sind drei Studierendengruppen, die durch Tagungen, Vortragsreihen und Aktionen immer wieder Impulse setzen.

Die KU ist in regionale und überregionale Nachhaltigkeits-Netzwerke eingebunden und bringt sich in transdisziplinäre Projekte ein. Seit dem Jahr 2011 gibt es eine aussagekräftige Homepage und seit dem Jahr 2012 eine regelmäßige Nachhaltigkeitsberichterstattung (Hemmer et al. 2014).

Weitere Informationen: Nachhaltigkeit an der KU, http://www.ku.de/unsere-ku/nachhaltigehochschule

10.2.5 Technische Universität Hamburg-Harburg

Christine Stecker, Referentin für Nachhaltigkeit, nachhaltigkeit@tuhh.de
Unter dem Motto „Technik für den Menschen" versteht sich die TUHH als Vordenkerin für technologische Innovationen, die zur Beantwortung gesellschaftlicher Schlüsselfragen beitragen. Sei es in der Forschung in den Themenfeldern der klima- und ressourcenschonenden Energie- und Umwelttechnik, den Materialwissenschaften, Smart City-Ansätzen, nachhaltiger Mobilität/Logistik oder den Lebenswissenschaften. In der Lehre ist der Nachhaltigkeitsinput darüber hinaus interdisziplinär in einem Profil Nachhaltigkeit des Studium Generale sowie in Studierendenprojekten verankert (z. B. Zeppelinbau in der Studierendenwerkstatt unter Berücksichtigung alternativer Antriebe und Upcycling-Ideen).

Der Strategieentwicklungsprozess „Nachhaltige TUHH" ist im November 2012 gestartet und wird über eine neu geschaffene Referentenfunktion koordinierend begleitet. In einem ersten Schritt wurde mit dem Nachhaltigkeitsrat an der TUHH ein internes Stakeholder-Gremium gegründet, das zu den verschiedenen Facetten der vielschichtigen Thematik gleichberechtigt Empfehlungen erarbeitet. Begleitet wird der Rat vom Bundesdeutschen Arbeitskreis für umweltbewusstes Management (B.A.U.M.), Hamburg, dem die TUHH seit 2012 als Mitglied angehört. Gleichzeitig strebt die TUHH die Vernetzung mit Nachhaltigkeitsakteuren und -initiativen an. Die TUHH bringt sich u. a. in der lokalen Initiative Harburg21 ein, ist Mitglied im Cluster Erneuerbare Energien Hamburg sowie im Zukunftsrat Hamburg. Darüber hinaus engagiert sich die TUHH in der BNE-Initiative „Hamburg lernt Nachhaltigkeit" und in der bundesweiten BNE-Arbeitsgruppe nachhaltige Hochschule. Über die „Sustainable Campus Working Group" des European Consortium of Innovative Universities (ECIU) wird der Know-how-Austausch zu Nachhaltigkeitsbezügen auf internationaler Ebene gefördert (Gege 2015, S. 74 f.).

Projektbeispiele: Durchführung eines universitätsübergreifenden klimaneutralen Nachhaltigkeitstages im Jahr 2014 (Auszeichnung mit dem Werkstatt-N-Qualitätssiegel); Verfolgung des Ziels einer 100 % Recyclingpapieruniversität (Würdigung vom Umweltbundesamt als Vorreiter in 2013); kontinuierliche Effizienzsteigerungen und Energieeinsparungen im Campusbetrieb u. a. durch die Erneuerung technischer Anlagen; Wärmeversorgung über ein campuseigenes BHKW; Bezug von Ökostrom; Kompensation aller dienstlichen Flugreisen; Klimateller in der Mensa; eMobilität auf dem Campus und Förderung des Radverkehrs durch Campusbikes und Duschangebote; Errichtung eines essbaren Campus und Steigerung der Biodiversität u. a. mit Beteiligung der Elbe-Werkstätten, einer Einrichtung für Menschen mit Behinderung; Aufstellen von Trinkwasserspendern; offene Türen zum universitätsinternen Austausch als Auszubildendenprojekt; Aktivitäten rund um die familiengerechte Hochschule, Förderung nachhaltiger Start-Ups als Gründeruniversität; Unterstützungsangebote für Hamburger Flüchtlinge durch Beschäftigte und Studierende; Durchführung von studentischen Repair-Cafés, Kleiderkreiseln und Umsonstmärkten organisiert vom Nachhaltigkeitsreferat des AStA; peer-to-peer-Angebote über die Blue Engineering AG zur Bewusstseinsbildung der sozialen und ökologischen Verantwortung im Ingenieurberuf; studentische Koch- und Biokisten-AGs sowie Imkerangebote aktuell im Aufbau (Müller-Christ 2014, S. 49).

Auf der Nachhaltigkeitswebseite, in den Jahresberichten sowie im Struktur- und Entwicklungsplan wird u. a. über bisherige Aktivitäten und Erfolge berichtet. Ein Nachhaltigkeitsbericht ist geplant.

Weitere Informationen: Nachhaltige Entwicklung, http://www.tuhh.de/tuhh/uni/service/nachhaltige-entwicklung.html

10.2.6 Freie Universität Berlin

Andreas Wanke, Stabsstelle Nachhaltigkeit und Energie, andreas.wanke@fu-berlin.de
Als internationale Netzwerkuniversität mit fast 33.000 Studierenden, 171 Studiengängen, über 4.200 Beschäftigten sowie 200 Gebäuden und einem Etat von über 400 Mio. Euro ist für die Freie Universität Berlin die gesamte Bandbreite der Nachhaltigkeitsaspekte relevant. Sie widmet sich diesem Thema nicht nur mit vielfältigen Aktivitäten in Forschung, Lehre und wissenschaftlicher Beratung, sondern auch mit systematischen Nachhaltigkeitsaktivitäten im eigenen infrastrukturellen Verantwortungsbereich (Müller-Christ 2014, S. 48).

Die Freie Universität Berlin hat diesen Stellenwert bereits im Jahr 2001 durch die Gründung einer Stabsstelle im Bau- und Facilitymanagement der Universität verdeutlicht und sich im Jahr 2004 in ihren Umweltleitlinien verpflichtet, dem Klima- und Umweltschutz in ihren internen Abläufen eine wichtige Bedeutung beizumessen.

Zwischen den Jahren 2000/01 und 2014 konnte die Freie Universität Berlin ihren Primärenergieeinsatz trotz Flächenzuwachs um über 30 % senken. Ohne den

Flächenzuwachs wäre der Primärenergieverbrauch in dem genannten Zeitraum sogar um 33 % zurückgegangen. Die CO2-Emissionen wurden um 27 % bzw. 30 % (flächenbereinigt) reduziert. Bezogen auf den Endenergiebezug liegt der Rückgang bei 24 bzw. 26 Prozent (flächenbereinigt). Dies bedeutet inkl. des Flächenzuwachses eine jährliche Haushaltentlastung von 3,8 Mio. Euro. Der Wasserverbrauch der Universität wurde zwischen den Jahren 2004 und 2012 um insgesamt ein Drittel reduziert.

Diese Einsparungen konnten durch einen differenzierten Instrumentenmix erreicht werden, der sowohl organisatorische, als auch technische und verhaltensbezogene Maßnahmen umfasst. Zu den wichtigsten Bausteinen des betrieblichen Energiemanagements zählen, neben der Basis eines kontinuierlichen Energiemonitoring und -controllings, die zwischen den Jahren 2003 und 2011 durchgeführten technisch-baulichen Energieeffizienzprogramme sowie das im Jahr 2007 eingeführte Prämiensystem zur Energieeinsparung. Dieses lässt die Fachbereiche finanziell an verhaltensbezogenen Optimierungen partizipieren, versieht aber auch Fehlentwicklungen mit entsprechenden Zuzahlungen und setzt damit direkte Anreize zum Energiesparen. Das im Jahr 2010 ins Leben gerufene Green-IT-Handlungsprogramm, der Einsatz von mittlerweile drei Blockheizkraftwerken sowie die seit 2012 realisierte zweiwöchige Schließung der Universität in den akademischen Ferien zum Jahreswechsel sind weitere Ansatzpunkte des nachhaltigen Campus-Managements an der Freien Universität (Wanke 2014, S. 309–328).

Seit dem Jahr 2014 baut die Freie Universität Berlin ein systematisches Nachhaltigkeitsmanagement auf. Wesentliches Ziel ist eine verbesserte Integration nachhaltigkeitsbezogener Aufgaben und Aktivitäten in Forschung, Lehre und Campusmanagement und eine stärkere internationale Vernetzung. Mit Wirkung zum 1. Januar 2015 hat das Präsidium der Freien Universität Berlin daher die neue „Stabsstelle Nachhaltigkeit und Energie" eingerichtet, die direkt dem Präsidium angegliedert ist. Die Freie Universität ist Mitglied in mehreren internationalen Nachhaltigkeitsnetzwerken. Auf der Grundlage eines vom DAAD geförderten Projekts ist sie gegenwärtig in Zusammenarbeit mit ihren vier strategischen Partneruniversitäten in Jerusalem, St. Petersburg, Peking und Vancouver dabei, die University Alliance for Sustainability aufzubauen. Dieses Netzwerk soll im Sinne eines Whole Institution Approach eine Plattform für gemeinsame Forschungsprojekte und Lehrangebote werden und einen Austausch von Studierenden sowie Beschäftigten aus Forschung und Verwaltung zu allen Aspekten der Nachhaltigkeit ermöglichen.

Weitere Informationen: Nachhaltigkeit an der Freien Universität Berlin, www.fu-berlin.de/nachhaltigkeit

10.2.7 Max-Delbrück-Centrum

Ralf Streckwall, Leiter Technisches Facility Management / Errichten, streckwall@mdc-berlin.de

Das Max-Delbrück-Centrum für molekulare Medizin (MDC) ist eines der wichtigsten Zentren für biomedizinische Forschung und im Verbund der Helmholtz-Gemeinschaft. Am MDC arbeiten derzeit etwa 1.600 Mitarbeitende sowie Gastwissenschaftler und Gastwissenschaftlerinnen in rd. 70 unabhängige Forschergruppen mit den Forschungsschwerpunkten Herz-Kreislauf-Erkrankungen, Krebs, Funktionsstörungen des Nervensystems und Medizinische Systembiologie.

Um dem stetigen Wachstum und dem Anspruch eines führenden Wissenschaftsstandortes gerecht zu werden, wurde im Jahr 2010 ein städtebaulicher und landschaftsplanerischer Wettbewerb für den Forschungscampus Berlin-Buch durchgeführt. Unter der Vision „Green Campus" wurden Leitbilder und Ziele entwickelt, die eine zukünftig umweltgerechte Ausrichtung und Weiterentwicklung des Standortes unterstützen. Die Vision Green Campus steht für eine zielführende nachhaltige Ausrichtung auf den Ebenen Campus, Gebäude und Nachhaltige Wissenschaft.

Im Anschluss an den Wettbewerb wurde im Jahr 2012 der städtebauliche und landschaftsplanerische Rahmenplan für den Campus entwickelt, der derzeit und im Hinblick auf den notwendigen Ausbau des Forschungscampus in den Bereichen Städtebau, Energie, Freiraum, Verkehr und Infrastruktur stetig ergänzt und weiterentwickelt wird.

Im Rahmen des Wissenschaftsjahr 2012 mit dem Titel „Zukunftsprojekt Erde" wurden in der Helmholtz-Gemeinschaft verschiedene Handlungsfelder definiert, die sich seitdem verstärkt mit dem Thema „nachhaltige Forschung" auseinandersetzen. Auf dem Gebiet der nachhaltigen Campusentwicklung können besonders Forschungsareale eine zentrale Rolle im Hinblick auf eine zukunftsweisende nachhaltige Ausrichtung einnehmen.

Bereits der Bau, die Errichtung der Forschungsstätten, ist auf einen nachhaltigen Betrieb ausgelegt. Der Standort ist relevant, um die Gebäude optimal in das Ver- und Entsorgungskonzept integrieren zu können. Im Vorfeld zur Gebäudeplanung werden Materialversorgungs- und Abfallentsorgungskonzepte erstellt. Auch für die Medienversorgung der technischen Gebäudeausstattung der Gebäude gibt es auf dem Gesamtcampus abgestimmte Konzepte.

Der Betrieb von Forschungsgebäuden ist kostenintensiv und das Optimierungspotential, vor allem bei der Gebäudetechnik als Hauptverbraucher, ist hoch. Eine nachhaltige Betrachtung des Betriebs der Gebäude bereits bei der Konzeption führt zu einer wesentlichen Reduzierung des Primärenergiebedarfs und somit der Betriebskosten. Hierbei gilt es gemeinsam mit den Nutzern, dem Betreiber, den Verantwortlichen für die Sicherheit am Arbeitsplatz und den Planern ein nachhaltiges Betriebskonzept zu erstellen und umzusetzen.

Mit dem zuletzt auf dem Campus errichtete Forschungsgebäude hat das MDC an der Pilotzertifizierung für das Bewertungssystem Nachhaltiges Bauen (BNB) des Bundesministeriums für Umwelt, Naturschutz, Bau und Reaktorsicherheit (BMUB) mitgewirkt. Die Zertifizierung des Gebäudes wurde im vergangenen Jahr abgeschlossen.

Bezogen auf die umwelt- und ressourcenschonende Campusentwicklung spielt die Nutzereinbeziehung, also das Verhalten der Nutzenden, eine wichtige Rolle. Hier gilt es Strategien gemeinsam zu erarbeiten und daraus Handlungsempfehlungen abzuleiten, die später im Arbeitsalltag in den Labor- und Bürogebäuden eingesetzt werden können. Dazu wurde auf dem Campus Buch die Initiative Green (MD)Campus gegründet, die sich mit den ökologischen sowie den soziokulturellen Aspekten in Labor- und Forschungsgebäuden beschäftigt. Besonders im Handlungsfeld Energie werden reduzierende bzw. Optimierungsmaßnahmen vorgenommen z. B. durch Anpassung der Regelungstechnik im Laborbereich (Max-Delbrück-Centrum 2011).

Weitere Informationen : Green Campus, http://www.mdc-berlin.de/38234190

10.2.8 Universität Bremen

Dr. Doris Sövegjarto-Wigbers, Zentrum für Umweltforschung und nachhaltige Technologien (UFT), soeve@uft.uni-bremen.de
Die Universität Bremen besitzt seit dem Jahr 2004 ein nach EMAS validiertes Umweltmanagementsystem. Vorrangiges Ziel des Umweltmanagementsystems ist die Ressourcenschonung und der effiziente Einsatz von Energie und damit auch die Reduzierung der CO_2-Emissionen. Besonderer Schwerpunkt im Umweltmanagementsystem war und ist die Einbeziehung der Mitarbeiter und Mitarbeiterinnen. In diesem Rahmen sind an der Universität viele Aktivitäten zu verzeichnen, die die verschiedenen Handlungsebenen widerspiegeln – z. B. das Klimaschutzkonzept, die Umsetzung verhaltensbedingter Energiespar- oder Ressourcenschutzmaßnahmen oder das Energiespar-Contracting. Ein besonderes Beispiel soll an dieser Stelle vorgestellt werden: Die Errichtung einer Photovoltaik-Anlage unter Partizipation der Beschäftigten.

Mit der Einrichtung einer Solargenossenschaft an der Universität durch und für Mitarbeitende der Universität Bremen sollte der Ausbau der Energiegewinnung aus erneuerbaren Energien im Bereich der Universität Bremen befördert werden. Ziel ist es, vorhandene Potentiale zur Stromerzeugung aus Sonnenlicht zu nutzen. Dazu stellte die Universität der Solargenossenschaft Flächen zur Verfügung. Gleichzeitig wird der erzeugte Strom in die Energieversorgung der Universität eingespeist.

Dieses Vorhaben folgt den Leitzielen der Universität Bremen: „Umweltgerechtes Handeln" – „Nachhaltigkeits- und Umweltleitlinien". Das Vorhaben ist ein ideales Beispiel, wie die Universität Bremen aktiv an der Umsetzung insbesondere der Leitlinie arbeitet:

> Energieeffizienz und Umgang mit natürlichen Ressourcen – Im Mittelpunkt der Nachhaltigkeits- und Umweltaktivitäten der Universität Bremen steht das Bestreben um eine Reduktion der Nutzung von natürlichen Ressourcen sowie die Vermeidung betriebsbedingter schädigender Auswirkungen auf Umwelt und Gesundheit. Die Universität stellt sich der Herausforderung der Klimaneutralität und der Steigerung der Energieeffizienz. (Nachhaltigkeits- und Umweltleitlinien der Universität Bremen 2010)

Weitere Vorteile dieses Konzeptes für die Universität sind eine erhöhte Identifikation der Beschäftigten mit der Universität und eine sich daraus ergebende verbesserte Mitarbeiterbindung. Die Solargenossenschaft der Universität Bremen sollte als eingetragene Genossenschaft von und für Mitarbeitende und Studierende der Universität eingerichtet werden. Hierzu wurde durch den Umweltausschuss der Universität eine Projektgruppe ins Leben gerufen, die nach Klärung der technischen und wirtschaftlichen Machbarkeit möglicher Vorhaben, die notwendigen weiteren Schritte und Vorbereitungen zur Gründung einer Genossenschaft tätigt. Dieses sind, das Einverständnis der Universitätsleitung vorausgesetzt, die Ausarbeitung einer Satzung der Genossenschaft mit Definition der Ziele, Zweckbestimmung und Organisation und das Aushandeln einer Kooperationsvereinbarung zur Nutzungsüberlassung zwischen der Universität und der Genossenschaft. Der Personalrat ist in die Projektarbeit eingebunden (Sövegjarto-Wigbers 2012).

Nach den ersten Gesprächen mit den Verantwortlichen der Universität Bremen (Universitätsleitung, Dezernent „Technischer Betrieb und Bauangelegenheiten") im Mai 2011 fand am 31. August 2011 die Gründungsversammlung zur Genossenschaft „UniBremenSOLAR eG" statt. 130 Mitglieder sind in der Genossenschaft eingetragen. Inzwischen sind auf den Dächern der Universität Bremen sechs Dächer mit Solaranlagen bestückt. Die Gesamtleistung beträgt ca. 720 kWp (Müller-Christ 2014, S. 48).

Weitere Informationen: Uni Bremen Solar, http://www.uni-bremen.de/de/unibremensolar

10.3 Hochschulübergreifende Projekte und Veranstaltungen zur Nachhaltigkeit im Betrieb

All diese Entwicklungs- und Umsetzungsarbeit bliebe jedoch örtlich begrenzt, gäbe es nicht über die Hochschulgrenzen hinaus wirkende Foren, bei denen Möglichkeiten, Erfolge, aber auch Hemmnisse dargestellt und diskutiert würden. Gemeinsame Erarbeitung von Lösungsansätzen entlastet die einzelnen Einrichtungen und verstärkt den Multiplikationseffekt.

10.3.1 Koordination der Nachhaltigkeitsberichterstattung an hessischen Hochschulen

Joachim Müller, Hochschulinfrastruktur/Nachhaltigkeit, j.mueller@his-he.de
Die hessische Landesregierung verfolgt die Nachhaltigkeitsstrategie Hessen. In diese Strategie sind auch die Hochschulen des Landes einbezogen, z. B. durch das „Projekt CO_2-neutrale Landesverwaltung", mit dem seit dem Jahr 2009 kontinuierlich eine jährliche CO_2-Bilanz für die Hochschulen erstellt wird. Das Thema Nachhaltigkeit wurde auch zum Inhalt der Zielvereinbarungen mit den Hochschulen gemacht inkl. einer Berichterstattung hinsichtlich ihrer Aktivitäten im Zusammenhang mit einer nachhaltigen Entwicklung.

Das HIS-Institut für Hochschulentwicklung e.V. besitzt im Bereich Umwelt- und Nachhaltigkeitsmanagement für Hochschulen methodische und inhaltliche Kompetenz und ist an der Diskussion zur Etablierung von hochschulspezifischen Kenn- und Steuerungszahlen beteiligt. Daher erteile das Land Hessen einen Auftrag für das Pilotprojet „Nachhaltigkeitsberichterstattung an hessischen Hochschulen".

Ziel des Vorhabens ist es u. a., durch Moderation und fachliche Begleitung Unterstützung für eine strukturelle Vorbereitung für eine Bestandsaufnahme und Dokumentation der relevanten Fakten, Informationen und Rahmenbedingungen sicher zu stellen und den Prozess zu begleiten; diese beispielhaft und modellhaft für die Universität Kassel und die Hochschule RheinMain in Hessen. Dabei soll insbesondere auf die Erfassung der notwendigen Fakten auf Grundlage der aktuellen Diskussion zur Nachhaltigkeitsberichterstattung geachtet werden und eine Diskussion der vorliegenden Ergebnisse vor dem Hintergrund von reiner Berichterstattung und Steuerungsrelevanz sowie Vollständigkeit erfolgen.

Die in dem Projekt erarbeitete Strukturvorlage für die Erstellung eines Nachhaltigkeitsberichtes soll den anderen hessischen Hochschulen vorgestellt werden, um den Transfer zu gewährleisten. Die hessischen Hochschulen sollen in die Lage versetzt werden, einen Nachhaltigkeitsbericht künftig alleine erstellen bzw. fortschreiben zu können. Darüber hinaus soll das Vorhaben den Hochschulen Unterstützung bei der Diskussion der Zielvereinbarungen geben, bei der Findung von Prioritäten helfen und die Außenwirkung positiv beeinflussen (Müller und Person 2014).

Weitere Informationen: Nachhaltigkeitsberichterstattung an hessischen Hochschulen, http://www.his-he.de/ab34/aktuell/aus0071

10.3.2 Forum N

Kerstin Kräusche, kkraeusche@hnee.de und Joachim Müller, j.mueller@his-he.de
Ein herausragendes Beispiel für eine hochschulübergreifende Veranstaltung ist das Forum N, bei dem die ganze Bandbreite nachhaltigen Betriebs thematisiert wird.

Im Jahr 2012 haben die Hochschule für nachhaltige Entwicklung Eberswalde und die HIS-Hochschulentwicklung diese Fachtagung ins Leben gerufen. Die Veranstalter wollen mit verschiedenen Kooperationspartnern an unterschiedlichen Hochschulstandorten eine Plattform für dialogorientierten Erfahrungsaustausch bieten.

Ziel ist es dabei, die individuelle Vernetzung der Akteure zu verstärken und das Lernen von Anderen zu ermöglichen. Im Fokus stehen die Beteiligten der hochschulinternen nachhaltigen Entwicklung. Themen sind die entsprechenden betrieblichen Abläufe mit ihren Potenzialen und Auswirkungen sowie Ansatzpunkten für eine nachhaltige Entwicklung. Vom kontinuierlichen Verbesserungsprozess über die Einführung innovativer Technologien inkl. Vernetzung von Forschung und Betrieb, über besondere Projekte bis zu Strukturänderungen in der Organisation wird das vielfältige Spektrum der Gestaltungsmöglichkeiten aufgezeigt. Dazu werden neue Methoden vorgestellt und praktikable Möglichkeiten der Steuerung benannt. Präsentationen, Workshops, Podiumsdiskussionen, Führungen und szenische Darstellungen bilden einen Nährboden für die Verbreitung der Ideen und der praktischen Umsetzungsmöglichkeiten. Unter

Beteiligung von Hochschulleitungen, Betriebsbeauftragten, Fachkräften, Technikern bzw. Technikerinnen und Studierenden wird auch eine starke vertikale Vernetzung bei den Teilnehmenden zum Vorteil ihrer Einrichtungen erreicht (HIS-Hochschulentwicklung im DZHW 2014).

Das zweite „Forum N" fand in Kooperation mit der Freien Universität Berlin im Jahr 2014 in Berlin statt. Mit ca. 100 Teilnehmenden aus Deutschland, Österreich und der Schweiz hatte das Forum eine sehr gute Resonanz. Im Jahr 2016 wird das dritte „Forum N" an der HNE Eberswalde stattfinden (Müller-Christ 2014, S. 52).

Weitere Informationen: Fachtagung Forum N, http://www.hnee.de/E6921.htm

10.4   Netzwerke für Nachhaltigen Betrieb

Netzwerke ermöglichen darüber hinaus eine höhere Verstetigung und auch die Bearbeitung von gemeinsamen Projekten im betrieblichen Bereich. Vernetzung mit kontinuierlichem Erfahrungsaustausch ist dabei hilfreich, das berühmte Rad nicht ständig neu erfinden zu müssen, zumal auf infrastruktureller Ebene nur wenig Foren für die Darstellung nachhaltiger Aktivitäten existieren. Auch Literaturbeiträge gibt es deutlich weniger als für die Forschung, und wenn, dann nur für besondere Leuchtturmprojekte. Für unspektakuläre, aber wirkungsvolle Lösungen und Ansätze wird so eine effiziente Möglichkeit der gegenseitigen Unterstützung und Verbreitung gefunden. Folgende Beispiele zeigen die Aktivitäten:

10.4.1 Netzwerk Hochschulen für Nachhaltige Entwicklung (HNE), Baden Württemberg

Prof. Michael Wörz, Leiter des Referats für Technik- und Wissenschaftsethik der Hochschule Karlsruhe für Technik und Wirtschaft, michael.woerz@hs-karlsruhe.de
Das HNE-Netzwerk ist ein Verbund von ca. 220 Professorinnen und Professoren, der sich zum Ziel gesetzt hat, die Beiträge der beteiligten Hochschulen zu Gunsten einer Nachhaltigen Entwicklung im Sinne der Rio Agenda 21 zu erhöhen. Es wurden hierfür fünf Gestaltungsfelder identifiziert: 1. Lehre, 2. Forschung, 3. Transfer, 4. Betrieb und 5. Governance. Für diese Felder werden Empfehlungen erarbeitet und den Hochschulen zur Verfügung gestellt. Die Erfahrungen mit der Umsetzung einzelner Vorschläge werden wiederum im Netzwerk diskutiert und in einem ständigen ‚work in progress' weiterentwickelt.

Die Arbeitsweise des Netzwerks besteht aus sieben Komponenten:

1. einer Mailingliste, in der die Mitglieder miteinander diskutieren und in die laufend aktuelle Informationen eingespeist werden;
2. den Workshops, die als mehrtägige Veranstaltungen mit Mitgliedern und externen Referenten durchgeführt werden;

3. den Beauftragten für Nachhaltige Entwicklung (NE), die mit dem Mandat des Senats der Hochschule den Auftrag haben, die Vorschläge vor Ort zu koordinieren und über den Fortschritt zu berichten;

4. den Nachhaltigkeitsreferenten und -referentinnen, die an der Seite der NE-Beauftragten das operative Geschäft der Maßnahmen in Bezug auf die o. g. fünf Gestaltungsfelder erledigen;

5. der Nachhaltigkeitskonferenz, in der die NE-Beauftragten einmal pro Semester hochschulübergreifende Abstimmungen in den fünf Gestaltungsfeldern vornehmen,

6. einem Netzwerksprecher, der aufgrund seiner personellen und haushalterischen Ausstattung das gesamte Netzwerk organisatorisch und finanziell unterstützt sowie das Netzwerk nach außen vertritt;

7. einer Homepage, auf der hochschulintern und -extern Interessierte den Stand der Dinge finden sowie was dieser Hochschultyp bereits unternimmt und vorschlägt, um sich auf die Herausforderungen einer Nachhaltigen Entwicklung einzustellen.

Die nächsten Entwicklungsschritte sind:

1. die Ausstattung aller Hochschulen mit mindestens einer Mittelbaustelle;
2. die Ausstattung des Netzwerks mit eigenen Finanzmitteln;
3. der Ausbau der disziplin- und hochschulübergreifenden Lehrangebote;
4. der Ausbau der Kooperationen des HNE-Netzwerks mit externen Adressaten.

Weitere Informationen: Hochschulen für Nachhaltige Entwicklung, http://www.rtwe.de/hne.html

10.4.2 Netzwerk Umwelt an Hochschulen und Forschungseinrichtungen der Region Berlin-Brandenburg

Tide Voigt, Umweltbeauftragte der Charité, tidc.voigt@charite.de, Marianne Walther von Loebenstein, Leitende Umweltbeauftragte der TU Berlin, marianne.walther@tu-berlin.de

Im diesem Netzwerk haben sich betriebliche Beauftragte und Beschäftigte mit Umwelt- und Nachhaltigkeitsbezug zusammengefunden, um voneinander zu lernen und miteinander zu entwickeln. Im Leitbild des Netzwerkes haben die Mitglieder ihren Anspruch und ihre Handlungsweise prägnant zusammengefasst:

> Mit unserer Tätigkeit in Hochschulen und Forschungseinrichtungen in der Region Berlin Brandenburg haben wir eine besondere Verpflichtung, umwelt- und nachhaltigkeitsbezogene Themen und Projekte in unseren Organisationen anzustoßen und umzusetzen.
>
> Um unsere Aufgaben effizienter bearbeiten zu können, bilden wir ein Netzwerk Umwelt. Wir profitieren voneinander und sind ebenso bereit, eigene Entwicklungen zu teilen und gemeinsam weiterzuentwickeln. (Leitbild des Netzwerks Umwelt 2011)

Das Vertrauen und die Offenheit in der gegenseitigen Teilhabe machen einen Großteil des Erfolges aus, so dass nachhaltige Lösungen schneller Verbreitung finden und mit weniger Parallelentwicklung effizienter umgesetzt werden können. Die regionale Fokussierung hilft bei der gemeinsamen Umsetzung von landes- oder kommunalspezifischen Vorschriften (Wiemer und Romanski 2013).

Die Mitglieder treffen sich zweimal im Jahr zu Netzwerktreffen, eingeladen durch den Leitungskreis, auf denen ausgewählte Themen präsentiert und detailliert erörtert werden. Diese Tagesveranstaltungen besitzen eine dreiteilige Struktur:

> Zu Beginn gibt es Vorträge mit Diskussion zu gelungenen oder schwierigen Projekten, danach teilen sich die Teilnehmenden in zwei bis drei Workshops auf und bearbeiten Themen, die jeweils ein Mitglied vorbereitet hat, und zum Schluss gibt es im Plenum eine Gesprächsrunde „Neues aus den Einrichtungen", bei der jede und jeder die Möglichkeit hat, sowohl Erfolge, häufiger aber Hemmnisse zu benennen und zu diskutieren. Oft können so schnell Lösungsansätze gefunden oder Hilfestellungen koordiniert werden. Eine Besichtigung der gastgebenden Einrichtung rundet das Arbeitstreffen ab (Steinbach 2012, S. 17).

Zwischen den Treffen kommt es zu Kontakten zwischen den Mitgliedern zu einzelnen Fragestellungen. Auch werden Informationen, Klärungsanfragen oder Meinungsbilder über den Leitungskreis unter allen Mitgliedern verbreitet (Müller-Christ 2014, S. 26).

Es wurde initiiert und wird organisiert von der Charité Hochschulmedizin Berlin und der Technischen Universität Berlin (Walther von Loebenstein et al. 2011).

Weitere Informationen: Netzwerk Umwelt, http://www.netzwerk-umwelt.org

10.4.3 Netzwerk Hochschule und Nachhaltigkeit Bayern

Prof. Dr. Ingrid Hemmer, ingrid.hemmer@ku.de
Das Netzwerk hat das Ziel, Universitäten und Hochschulen im Bereich nachhaltige Entwicklung in Bayern zusammenzuführen, Nachhaltigkeitsinitiativen an bayerischen Universitäten und Hochschulen zu aktivieren und voranzutreiben sowie die (politischen) Rahmenbedingungen für mehr Nachhaltigkeit an Universitäten und Hochschulen zu verbessern. Dazu bietet das Netzwerk den Akteuren und Akteurinnen in Bayern eine regional ausgerichtete Plattform, um Information und Erfahrungen auszutauschen, darunter in den Bereichen: Governance & Institutionalisierung, Forschung, Lehre, Campusmanagement und Transfer Hochschulen – Gesellschaft.

Das Netzwerk Hochschule und Nachhaltigkeit Bayern wurde 2012 zunächst als Regionalgruppe Bayern der nationalen AG Hochschule und Nachhaltigkeit der UN-Dekade BNE gegründet. Initiatoren und treibende Kräfte des Netzwerks sind die Katholische Universität Eichstätt-Ingolstadt (KU), die Hochschule München (HM) und der Lehrstuhl für Christliche Sozialethik (LCS) an der Ludwig-Maximilians-Universität München (LMU).

Das Netzwerk versteht sich als Arbeitsgemeinschaft, die allen Interessierten offensteht. Zu den bisherigen Akteuren gehören Personen aus Hochschulleitung, Lehre, Forschung und Verwaltung ebenso wie aus studentischen Initiativen, zivilgesellschaftlichen Gruppen und bayerischen Ministerien. Der Informationsaustausch läuft über die Website und den internen E-Mailverteiler. Zwei Mal im Jahr finden an unterschiedlichen Hochschulstandorten Netzwerktreffen mit wechselnden Schwerpunktthemen statt. Bisherige Schwerpunktthemen betrafen z. B. die Institutionalisierung von Nachhaltigkeit an Hochschulen sowie Globales Lernen und nachhaltige Beschaffung. Im April 2014 wurde das Netzwerk als UN-Dekade-Maßnahme ausgezeichnet. Derzeit arbeitet es u. a. an einer Konzeption von Lehrmodulen, der Ausweitung des Bayerischen Forschungsbundes „For Change" und einer Kooperation von Lehrstühlen und Professuren zur gesellschaftlichen Transformation in Richtung Nachhaltigkeit.

Die im Netzwerk angestoßenen Impulse stehen über die regionale Wirkung hinaus bundesweit sowie international Interessierten zur Verfügung. Die bundesweite Reichweite des Netzwerks ist über den Kontakt zur AG Hochschule und Nachhaltigkeit sowie zum HNE-Netzwerk Hochschule für nachhaltige Entwicklung in Baden Württemberg gegeben. Die internationale Vernetzung ist u. a. durch das Rachel Carson Center for Environment and Society (RCC) sichergestellt. 2014 fand ein erster Erfahrungsaustausch mit der Allianz österreichischer Universitäten statt (Müller-Christ 2014, S. 24).

Weitere Informationen: Netzwerk Hochschule und Nachhaltigkeit Bayern, http://www.nachhaltigehochschule.de

10.5   Schlussfolgerungen

Auch um die eigene Glaubwürdigkeit zu erhöhen sind Einrichtungen der Forschungslandschaft verstärkt aufgerufen, Bau und Betrieb des eigenen Wirkens an Hand nachhaltiger Kriterien zu gestalten. Viele Einrichtungen gehen inzwischen unterschiedliche, aber wirkungsvolle Wege. Gleichzeitig erhöht sich die Zahl der praktikablen Foren, um diese Erfolge auch in die Breite zu tragen. Dies mag Anreiz sein, in der eigenen Einrichtung nach Aktivitäten und Ansätzen zu schauen und sie in Dialog und Diskussion weiterzuentwickeln und damit die Auswirkungen zu erhöhen. Auf diese Weise erhöht sich nicht nur der gesellschaftliche Nutzen sondern es unterstreicht auch die Vorbildwirkung, die Einrichtungen der Forschung und Bildung besitzen.

Literatur

Gege, M. (Projektltg. 2015), B.A.U.M. e. V.: Nachhaltigkeit in der Lieferkette, B.A.U.M. e. V. Jahrbuch 2015, Hamburg, ALTOP-Verlag- und Vertriebsgesellschaft für umweltfreundliche Produkte mbH
Helling, K. (Projektteamltg. 2012), Umwelt-Campus Birkenfeld: Nachhaltigkeitsbericht 2012, Birkenfeld, Selbstverlag

Hemmer, I., Baumann, J. & Niggemeyer S. (2014): Nachhaltigkeitsbericht 2013 Katholische Universität Eichstätt-Ingolstadt, Eichstätt, Selbstverlag

Hemmer, I., Müller, M. M. & Trappe, M. (Hrsg., 2014): Nachhaltigkeit neu denken. Rio + x: Impulse für Bildung und Wissenschaft. München: oekom

HIS-Hochschulentwicklung im DZHW (Hrsg., 2014): Veranstaltungsdokumentation Forum Nachhaltigkeit, http://www.his-he.de/veranstaltung/dokumentation/Forum_ Nachhaltigkeit_2014, aufgerufen am 13.04.2015.

Leitbild des Netzwerks Umwelt an Hochschulen und Forschungseinrichtungen in der Region Berlin-Brandenburg (2011), http://netzwerk-umwelt.org, aufgerufen am 29.04.2015

Max-Delbrück-Centrum (2011): Green Campus Berlin-Buch, https://www.mdc-berlin.de/35983665, aufgerufen am 07.05.2015

Müller, J. & Person, R.-D. (2014): CO2-Bilanz 2012 der hessischen Hochschulen. Einsatz von Energie und Kennzahlen. HIS-HE: Projektbericht, HIS-Hochschulentwicklung im DZHW, Hannover, Selbstverlag

Müller-Christ, G. (Chefred. 2014), Deutsche Unesco-Kommission e.V.: Hochschulen für Nachhaltige Entwicklung – Netzwerke fördern, Bewusstsein verbreiten. Bonn, VAS-Verlag

Nachhaltigkeits- und Umweltleitlinien der Universität Bremen (2010), http://www.ums.uni-bremen. de/leitlinien.html, aufgerufen am 08.04.2015

Sövegjarto-Wigbers, D. (2012), UniBremenSOLAR eG, HIS:Mitteilungsblatt Arbeits-, Gesundheits- und Umweltschutz, Nr. 4, Sept. 2012, Seite 4

Steinbach, J. (Hrsg. 2012): Umweltbericht der Technischen Universität Berlin, Berlin, Selbstverlag, auch http://www.tu-berlin.de/?29450

Vahrson, W.-G. (Hrsg., 2014): Offengelegt. Bericht zur nachhaltigen Entwicklung unserer Hochschule 2012/2013, Eberswalde, Selbstverlag

Walther von Loebenstein, M., Romanski, J., Voigt, T. (2011), Vernetzung in Berlin und Brandenburg, HIS:Mitteilungsblatt Arbeits-, Gesundheits- und Umweltschutz, Nr. 3, Sept. 2011, Seite 2f

Wanke, A. (2014): Nachhaltiges Campus-Management an der Freien Universität Berlin; in: Achim Brunnengräber, Maria Rosaria Di Nucci (Hrsg.): Im Hürdenlauf zur Energiewende. Von Transformationen, Reformen und Innovationen; (S. 309–328), Wiesbaden, Springer Fachmedien

Wiemer, G. & Romanski, J. (2013), Abkupfern erwünscht – Netzwerk Umwelt, Verbundjournal, Das Magazin des Forschungsverbundes Berlin e. V. März 2013, Seite 7

Teil III

Erfahrungen aus Projekten

Schüleruni: Geschäftsprozesse nachhaltig gestalten

Dennis Behrens, Ralf Knackstedt, Erik Kolek,
und Thorsten Schoormann

11.1 Nachhaltigkeit modellieren

Spätestens seit Ereignissen wie der Reaktorkatastrophe von Fukushima oder dem voranschreitenden Klimawandel, ist das Thema Nachhaltigkeit im Fokus der Öffentlichkeit und beginnt sich ebenfalls im wissenschaftlichen Bereich stärker zu etablieren. Viele technische Disziplinen betrachten vor allem die ökologische Nachhaltigkeitskomponente, bei der bspw. erforscht wird, wie CO_2-Emission verringert (Bundesministerium für Bildung und Forschung 2015) oder die Elektromobilität mit den dazugehörigen Technologien vorangetrieben werden kann (Stiftung Universität Hildesheim 2015). Neben dem ökologischen Aspekt finden im Rahmen einer Nachhaltigkeitsbetrachtung jedoch weitere Aspekte Berücksichtigung. Hierbei variiert das Verständnis sehr stark, je nach Anwendungskontext und „Vorprägung".

Im Laufe der Zeit wurde der, aus der Forstwirtschaft stammende Begriff, erweitert, enthält aber immer noch ökologische Aspekte, die aktuell vor allem für Unternehmen einen wichtigen Faktor darstellen. So versucht die EU mit Hilfe von Emissionszertifikaten die CO_2-Emissionen zu senken (European Commission 2015).

Darüber hinaus werden weitere Aspekte berücksichtigt. Weit verbreitet sind insbesondere die zusätzlichen Kriterien, wie die soziale und ökonomische Nachhaltigkeit. Soziale Nachhaltigkeit beschreibt ein Verhalten bzw. ein Vorgehen, bei dem besonderes Augenmerk auf soziale Aspekte wie ein angenehmes Arbeitsklima, ein genormter Arbeitsplatz und Kündigungsschutz gelegt werden.

D. Behrens (✉) • R. Knackstedt • E. Kolek • T. Schoormann
Abteilung Informationssysteme und Unternehmensmodellierung, Universität Hildesheim,
Samelsonplatz 1, 31141 Hildesheim, Deutschland
e-mail: dennis.behrens@uni-hildesheim.de; ralf.knackstedt@uni-hildesheim.de;
erik.kolek@uni-hildesheim.de; thorsten.schoormann@uni-hildesheim.de

Ökonomische Faktoren spielen zudem, primär im unternehmerischen Kontext, eine wichtige Rolle. Ist das Handeln ökonomisch-nachhaltig und das Fortbestehen der Unternehmung gesichert? Diese Fragestellung ist gewissermaßen der Grundsatz allen betriebswirtschaftlichen Handelns.

Weitere Aspekte, die oftmals berücksichtigt werden, sind u. a. Kombinationen aus den drei genannten Ansätzen, wie sozio-ökonomisch und sozio-ökologisch. Da diese jedoch nur eine Verfeinerung und keine Erweiterung des beschriebenen Nachhaltigkeitsbegriffs darstellen, betrachten wir die drei Nachhaltigkeitsaspekte Soziales, Ökologie und Ökonomie.

Um die drei Hauptaspekte zu beschreiben und darzustellen, ist das sog. Drei-Säulen-Modell (s. Abb. 11.1) sehr verbreitet. Es soll verdeutlichen, dass alle drei Aspekte/Säulen in Waage, d. h. im Gleichgewicht sein müssen, damit ein nachhaltiger Zustand erreicht werden kann. Diese Darstellungsform beinhaltet einen logischen Fehler, da auch bei zwei Säulen das Dach stehen bleiben würde, im Extremfall würde sogar nur eine Säule reichen, um das Dach zu stützen. Je nach Interpretation der Darstellung, können also unterschiedliche Rückschlüsse gezogen werden. Als eine weitere Möglichkeit zur Darstellung kann ein sog. Nachhaltigkeitsdreieck genutzt werden, dass ebenfalls den „Konflikt" zwischen den drei Aspekten der Nachhaltigkeit deutlich macht (Aachener Stiftung Kathy Beys 2014).

Es wird ersichtlich, dass die Visualisierungsform einen Einfluss auf die Interpretationsmöglichkeiten hat. Trotzdem ist eine Visualisierung ein bewährtes Mittel, um einen Sachverhalt darzustellen. Eine weitere Untergruppe der Visualisierung ist die Modellierung. Diese stellt ein zentrales Konzept in der Wirtschaftsinformatik dar, indem bspw. Geschäftsprozesse (GP) veranschaulicht werden. Damit diese entsprechend eindeutig sind und möglichst wenig Spielraum für Interpretationen lassen, gibt es Vorschriften, nach denen die Modellierung erfolgen muss. Hierbei werden definierte Symbole mit Hilfe festgelegter Regeln verbunden, um so eine „systematische Visualisierung" zu

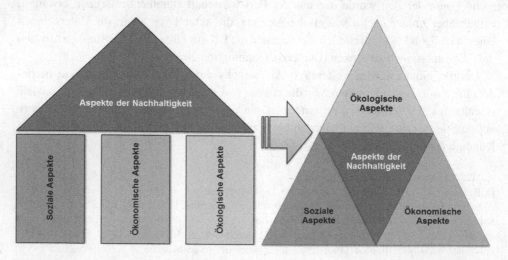

Abb. 11.1 Nachhaltigkeitsvisualisierungen

ermöglichen. Diese kann von Lesern, die mit den Vorschriften und Regeln vertraut sind, verstanden werden und minimiert zudem die Interpretationsmöglichkeiten.

Verschiedene Autoren haben über die Rolle der Wirtschaftsinformatik (WI) und ihren Beitrag zur Nachhaltigkeit diskutiert. Die WI hat als Betrachtungskontext meist eine Unternehmung, welche ihrerseits ein Verbraucher und Verwerter von Ressourcen ist und darüber hinaus einen großen Einfluss auf die Gesellschaft hat. GP bilden dabei einen wichtigen Part und das Management der GP durch geeignete Methoden und mit IT-Unterstützung ist eminent wichtig für eine nachhaltigere Ressourcennutzung. Die GP, die mitunter sehr komplex gestaltet sein können, müssen genauer betrachtet und gesteuert werden. Diese Aufgaben werden mit dem Oberbegriff Geschäftsprozessmanagement (GPM) zusammengefasst. Genau hier bzw. auch (indirekt) bei den GP, soll angesetzt werden, um Nachhaltigkeit in den Unternehmenskontext dauerhaft zu implementieren.

Dieses Ziel versuchen wir an der Universität Hildesheim zu adressieren. Hierzu haben wir neben entsprechenden Lehrveranstaltungen im Rahmen der universitären Ausbildung ebenfalls ein Projekt an Hildesheimer Schulen etabliert. Dieses versucht, nachhaltiges GPM bereits während der schulischen Ausbildung an Schülerinnen und Schülern (SuS) weiterzugeben, um sie für die Thematik zu sensibilisieren. Hierzu wurde ein Vorgehen entwickelt, welches in einem ersten Schritt die Modellierungstechnik lehrt und Methoden für eine Nachhaltigkeitsanalyse vermittelt (Abschn. 5.1). Darauf aufbauend wird in der zweiten Ebene das vorhandene Modellierungskonstrukt auf seine Eignung untersucht, Nachhaltigkeit abbilden zu können und im Anschluss entsprechend erweitert, um existierende Schwachstellen zu adressieren. Diese Erweiterung soll anschließend evaluiert werden. Hierzu ist es zunächst nötig existierende GPM-Ansätze aufzuzeigen (Kap. 3) und auf Nachhaltigkeit zu untersuchen (Kap. 4). Da die im Projekt erarbeiteten Ansätze getestet werden sollen, müssen auch hierfür entsprechende Evaluierungsframeworks zum Einsatz kommen (Abschn. 5.2).

Die Universität Hildesheim existiert, in ihrer heutigen Form seit 1989 (Universität) bzw. 2003 (Stiftung Universität Hildesheim) und hat etwa 7.000 Studierende. Diese verteilen sich auf verschiedene Fachrichtungen mit einem Schwerpunkt auf der Erziehungswissenschaft. Neben den Erziehungs- und Sozialwissenschaften, existieren drei weitere Fachbereiche: Kulturwissenschaften und Ästhetische Kommunikation, Sprach- und Informationswissenschaften sowie Mathematik, Naturwissenschaften, Wirtschaft und Informatik. Die Disziplin der Wirtschaftsinformatik bildet in Hildesheim, zusammen mit der Betriebswirtschaftslehre, ein gemeinsames Institut und ist in vier Abteilungen untergliedert. Hinsichtlich des Themengebietes der Nachhaltigkeit existiert in Hildesheim eine eigene Forschungsgruppe mit dem Namen „Nachhaltigkeit und Bildung". Aus der Arbeit dieser Forschungsgruppe ist ein gleichnamiges Zertifikat entstanden, welches Studierende an der Universität Hildesheim erwerben können. In diesem sind verschiedene Lehrveranstaltungen zusammengefasst, in denen die Studierenden einen Einblick in die vielen unterschiedlichen Facetten der Nachhaltigkeit erhalten. Die Abteilung Informationssysteme und Unternehmensmodellierung (ISUM) ist seit der Gründung einer der Forschungsgruppe vorangegangenen Initiative ein engagiertes

Mitglied und leistet hierzu verschiedene Beiträge. Neben der Veranstaltung „Geschäftsmodelle und Nachhaltigkeit", in der es darum geht, neue oder bestehende Geschäftsmodelle in einem ersten Schritt auf ihre Nachhaltigkeit hin zu untersuchen und im nächsten Schritt nachhaltig(er) zu gestalten, engagiert sich die Abteilung ebenfalls in der schulischen Nachhaltigkeitsbildung. Da sich das Thema Nachhaltigkeit nicht nur auf den universitären Kontext beschränkt, sondern schon viel früher thematisiert werden sollte, engagiert sich die Abteilung in verschiedenen Hildesheimer Schulen mit dem Projekt „Schüleruni: Geschäftsprozesse nachhaltig gestalten". Dieses Projekt verknüpft, ähnlich wie die Vorlesung, ein Kernelement der Wirtschaftsinformatik, in diesem Fall GP, mit Nachhaltigkeitsaspekten, um diese zunächst hinsichtlich der Nachhaltigkeit zu analysieren, um anschließend nachhaltige GP zu gestalten. Von Interesse ist in diesem Zusammenhang nicht nur das Vermitteln von Nachhaltigkeitsaspekten an sich, sondern vor allem die Forschungsfrage, wie die Wissensvermittlung didaktisch bestmöglich erfolgen kann. Das daraus resultierende Lehrkonzept und die Erfahrungen mit dem Konzept sollen eine bessere Nachhaltigkeitsbildung ermöglichen.

11.2 Geschäftsprozessmanagement

Die Kombination von GPM und Nachhaltigkeit zu einem nachhaltigen GPM stellt einen Ansatz dar, um Nachhaltigkeitsaspekte in einem Unternehmen zu berücksichtigen. Hierzu ist es zu Beginn erforderlich, das GPM zu definieren und bestehende Ansätze aufzuzeigen. Für das Umsetzen von GPM existieren sogenannte Ordnungsrahmen, die Methoden und Vorgehensweisen des GPMs anordnen.

Um die GP zu managen und zu optimieren, sowohl allgemein als auch im Kontext der Nachhaltigkeit, wird ein GPM benötigt. Das GPM wird von Scheer und Brabänder (2010, S. 241) als ein ganzheitlicher Ansatz gesehen, der Geschäftsaktivitäten und -prozesse koordinieren soll. Hierzu stehen verschiedene Methoden und IT-Unterstützung zur Verfügung. Strategisches Ziel ist dabei die Erfüllung der Unternehmensziele. Rosemann und de Bruin (2005, S. 1) sehen im GPM eine Zusammenfassung verschiedener Ansätze, um GP zu verändern und zu verbessern. Houy, Fettke und Loos (2011, S. 377) fordern eine ganzheitliche Betrachtung der Realität durch eine stärkere Berücksichtigung der Komplexität im GPM. Dies ist ein erster Hinweis auf eine derzeitig unzureichende Betrachtung von Nachhaltigkeitsaspekten.

Gemeinsam haben alle Ansätze Teile des Aufbaus: Modellieren, Implementieren, Ausführen, Kontrollieren, Anpassen. Dieses spiegelt im Groben einen GP-Lebenszyklus wieder. Dieser wird konkret in dem Lebenszyklus von Scheer und Brabänder (2010, S. 242) ausgeführt. Jede Phase stellt dabei besondere Anforderungen an das Management. Die vier Hauptphasen sind dabei: **GP-Strategie, GP-Design, GP-Implementierung und GP-Controlling**.

Wie GPM in Projekten mit großer Komplexität angewendet werden kann, wird in dem Ordnungsrahmen von Houy et al. (2011, S. 379) beschrieben. Dieser nutzt, ähnlich wie Scheer und Brabänder (2010, S. 242), einen GP-Lebenszyklus. Dieser ist jedoch leicht verändert und darüber hinaus unterteilt hinsichtlich der Komplexität: GPM im Großen und GPM im Kleinen. Bei Ersterem liegt dabei ein hoher Komplexitätsgrad vor und muss in einem größeren Kontext betrachtet werden. Dies ist bspw. der Fall, wenn man den Fokus auf „umfassende Geschäftsnetzwerke und Ökosysteme, an denen viele Organisatoren teilhaben" legt (Houy et al. 2011, S. 379). GPM im Kleinen meint den GP-Lebenszyklus als solchen und dient als Struktur für die höhere Komplexitätsebene.

Ein besonderer Fokus auf den menschlichen und kulturellen Aspekte sowie der strategischen Ausrichtung beim GPM werden durch die Differenzierung der 6 Elemente von Rosemann und vom Brocke (2010, S. 112) hervorgehoben. Diese haben ein Framework entwickelt, das sechs Kernelemente beinhaltet. Es basiert auf dem GPM-Reifegradmodell von Rosemann und de Bruin (2005) und unterscheidet zwischen Zielen auf der ersten Ebene und Fähigkeitsbereichen in den nachfolgenden Ebenen. Die Kernelemente bestehen aus der **strategischen Ausrichtung**, der **Steuerung**, den **Methoden**, der **Informationstechnologie**, den **Menschen** und der **Kultur**.

Einen besonderen Schwerpunkt auf das Modellieren legt der **Leitfaden nach Becker et al** Becker et al. (2005, S. 20 ff.). Dieses besteht aus sieben Phasen und einem Organisationsbestandteil und dient grundsätzlich als Vorgehensmodell für das Change Management und die anschließende, kontinuierliche Verbesserung.

Die sieben Phasen umfassen im Einzelnen: **Modellierung vorbereiten**, **Strategie und Ordnungsrahmen entwickeln**, **Ist-Modellierung und Ist-Analyse durchführen**, **Sollmodellierung und Prozessoptimierung durchführen**, **Prozessorientierte Aufbauorganisation entwickeln** und **Neuorganisation einführen**.

11.3   Nachhaltiges Geschäftsprozessmanagement

Die Betrachtung der existierenden Ansätze bzw. Ordnungsrahmen hat gezeigt, dass diese das Thema Nachhaltigkeit nicht oder nur unzureichend adressieren. Im Folgenden wird der aktuelle Stand einzelner Methoden hinsichtlich ihrer Nachhaltigkeitsbetrachtung aufgezeigt und hierfür ausgewählte Methoden beschrieben. Hierzu wurde eine Literatursuche durchgeführt und die Ergebnisse untersucht. Um die einzelnen Funde strukturieren zu können, wird ein GPM-Lebenszyklus genutzt. Dieser orientiert sich an den in (Kap. 3) vorgestellten Ordnungsrahmen und ermöglicht eine Einteilung der einzelnen Methoden in die Phasen des GPM. Diese Phasen sind im Einzelnen: Strategie, Design und Modellierung, Implementierung und Ausführung, Monitoring und Controlling sowie Innovation und Verbesserung.

11.3.1   Strategie

Die strategische Ausrichtung des GPM an die Unternehmensstrategie ist ein essentieller Erfolgsfaktor (Scheer und Brabänder 2010, S. 242). Hierzu existieren zwei Strategievarianten: Unternehmenszentriert oder Unternehmensübergreifend (Dyckhoff und Souren 2007a, S. 119 ff.). Diese können weiter unterteilt werden in defensive und proaktive Strategien. Defensive Strategien sind darauf bedacht, negative Umwelteinflüsse im Nachhinein zu vermeiden, bspw. Recycling. Proaktive Strategien hingegen versuchen schon vor der Entstehung von negativen Einflüssen anzusetzen und die Entstehung zu verhindern. Die strategischen Ausrichtungen gelten natürlich nicht nur für die ökologischen Faktoren, sondern ebenfalls für Soziale.

Sustainable Balanced Scorecard (SBSC) Die SBSC ist eine Erweiterung der klassischen Balanced Scorecard (BSC) von Kaplan und Norton (Dubielzig und Schaltegger 2005; Kaplan und Norton 1996; Letza 1996). Die klassische BSC betrachtet vier Sichten: Finanzen, Kunden, Lernen und Wachstum sowie interne GP. Alle vier Sichten werden durch sog. Key Performance Indicators (KPIs) überwacht. Um die BSC um Nachhaltigkeitsaspekte zu erweitern, gibt es zwei Möglichkeiten. Zum einen die Integration von Nachhaltigkeitsaspekten in die bestehenden vier Perspektiven (Funkl, Tschandl und Heinrich 2012, S. 187). Dies hätte den Vorteil, dass entsprechende Entscheidungen eng mit den Unternehmensentscheidungen gekoppelt sind und nicht losgelöst davon getroffen werden. Eine zweite Möglichkeit ist die Implementierung einer fünften Perspektive, um Nachhaltigkeit zu berücksichtigen. Diese Variante ist zentralisierter, dafür aber auch weniger stark mit den Unternehmensprozessen verknüpft.

Prozesslandkarte Prozesslandkarten (Scheer und Brabänder 2010, S. 243) zeigen alle Prozesse auf und ermöglichen die Identifikation von Kernprozessen und Zusammenhänge zwischen einzelnen Prozessen und der übergeordneten Unternehmensstrategie. Durch KPIs können auch hier Nachhaltigkeitsaspekte berücksichtigt werden.

11.3.2 Design und Modellierung

In dieser Phase wird die Ist-Situation modelliert und analysiert. Auf der Grundlage der Ist-Analyse wird dann ein Soll-Modell erstellt und dokumentiert. Es fallen zwei Aufgaben an: Zum einen muss der jeweilige Zustand/die jeweilige Situation dokumentiert, im speziellen Fall modelliert, werden und zum anderen analysiert werden. Damit Nachhaltigkeitsaspekte bei der Analyse adäquat berücksichtigt werden können, müssen bestehende Methoden entsprechend erweitert werden. Hierbei steht vor allem die Frage im Vordergrund, welche Modellierungselemente dafür wie abgebildet bzw. angepasst werden müssen (Prammer 2010, S. 136).

CO$_2$-Footprint Ein Beispiel, um ökologische Aspekte mit einfließen zu lassen, ist die explizite Darstellung des sog. CO$_2$-Footprints, also der Emissionen, die ein Unternehmen verursacht. Da die CO$_2$-Emissionen einer der Auslöser für den Treibhauseffekt und damit für die globale Erwärmung mit all ihren Folgen sind, ist es wichtig, diese explizit mit in die Modellierung und die Analyse aufzunehmen. Aus diesem Grund schlagen Houy et al. (Recker et al. 2012, S. 94) vor, die Business Process Model and Notation (BPMN) zu nutzen und diese um Notationen zu erweitern, um die CO_2-Quellen explizit darstellen zu können. Darüber hinaus existiert die Idee, die BPMN noch um eine Stoff- und Energieflussrechnung zu erweitern (von Ahsen 2006, S. 70). Beides ist jedoch nicht nur mit der BPMN möglich, sondern auch mit weiteren Modellierungssprachen, wie bspw. der ereignisgesteuerten Prozesskette (EPK). Das Vorgehen ist dabei jeweils das Gleiche.

Weitere Nachhaltigkeitsaspekte werden bislang noch nicht berücksichtigt. Insbesondere soziale Aspekte fehlen bei vielen Betrachtungen vollständig bzw. es existieren noch keine entsprechenden Erweiterungen, um diese explizit darstellen zu können.

11.3.3 Implementierung und Ausführung

Nachdem in der vorherigen Phase ein Soll-Zustand erarbeitet wurde, muss dieser im Unternehmen umgesetzt, also implementiert und durch entsprechende IT unterstützt werden. Es findet eine Transformation von der Modellierungsebene (Prozessmodellebene) zu realen Prozessen statt (Rosemann und vom Brocke 2010, S. 117). Hierbei ist es besonders wichtig, dass die am Prozess beteiligten Personen Nachhaltigkeitsaspekte beachten und verinnerlichen.

Das GPM stellt in dieser Phase diverse Methoden zur Verfügung, wie bspw. Roll-Out Strategien. Da es sich auch bei der Realisierung von nachhaltigen GP prinzipiell um einen Change-Prozess handelt, können die meisten Methoden, auch in diesem Kontext, angewendet werden. Nicht (explizit) abgedeckt werden jedoch die Sensibilisierung der beteiligten Personen und die Förderung der Partizipation durch die Mitarbeiter (Maon, Lindgreen und Swaen 2009, S. 85). Diese müssen jedoch in entsprechende Frameworks integriert werden, damit das GPM Nachhaltigkeitsaspekte effektiv und vor allem nachhaltig implementieren kann.

Integrative Framework for designing and implementing CSR   Das Framework nach (Maon et al. 2009, S. 85) beschreibt einen Ordnungsrahmen mit neun Schritten, der versucht vorhandene Prozesse und Denkmuster aufzubrechen (unfreeze), die Veränderungen einzuführen (move) und danach die neuen Prozesse zu festigen (refreeze). Nicht betrachtet wird hier das Personalmanagement und damit die Sensibilisierung und Einbindung von Mitarbeitern. Hier können **Anreizsysteme** zum Einsatz kommen, wie bspw. von Dyckhoff und Souren (2007b, S. 151) beschrieben, die ein entsprechend nachhaltiges Verhalten fördern.

11.3.4 Monitoring und Controlling

Ist die Implementierungsphase abgeschlossen und die Prozessmodelle wurden entsprechend im Unternehmen umgesetzt, müssen diese überwacht werden. Hierzu ist es nötig, verschiedenste Informationen zusammenzutragen und aufzubereiten. Das klassische

Controlling betrachtet primär Faktoren wie Kosten (Prozesskostenrechnung) (Hirsch et al. 2001, S. 73) oder Geschwindigkeit. Hierbei stehen Effizienz- und Effektivitätsaspekte im Vordergrund. Dies ändert sich auch im Nachhaltigkeitskontext nicht. Sehr wohl ändern sich jedoch die Faktoren bzw. Informationen, die zusammengetragen und ausgewertet werden müssen. Dabei können drei Kategorien unterschieden werden:

Kennzahlen: KPIs müssen verschiedene Kriterien erfüllen. Neben einer Relevanz für die Bewertung bzw. die Fragestellung, müssen sie vergleichbar sein, z. B. über eine einheitliche Maßeinheit. Genauso muss der Zeitraum bzw. die Periode, in der die Kennzahl erhoben wurde, gleich sein. Zuletzt stellt die Messung bzw. die Messbarkeit einer entsprechenden Kennzahl oft ein Problem dar (Burlton 2010, S. 27). Unter Beachtung dieser Voraussetzungen ergeben sich verschiedenste Kennzahlen. Neben den „klassischen" Kennzahlen, die fast ausschließlich ökonomische Faktoren berücksichtigen, müssen nun weitere erhoben werden. Hierzu sind folgende Bereiche relevant und bereits etabliert (s. Tab. 11.1):

Bilanzformen: Auch hier erfolgt eine Unterteilung in die einzelnen Nachhaltigkeitsaspekte. Besonders betrachtet werden dabei Ökologie und Soziales. Ökonomische Faktoren werden durch eine Bilanz im klassischen Sinne betrachtet. Im ökologischen Kontext wird meistens eine Gegenüberstellung von Input- und Output-Strömen durchgeführt (Bieletzke 1999, S. 58). Hiermit sollen unter anderem Verbesserungspotentiale aufgedeckt werden. Neben dieser „Öko-Bilanz" existiert auch eine Sozial-Bilanz. Diese besteht aus einer Sozialrechnung, einer Wertschöpfungsrechnung und einem Sozialbericht (Meffert und Kirchgeorg, 1993, S. 118).

Reporting: Um Informationen bereitzustellen, müssen entsprechende Frameworks existieren, die diese Informationen erheben. Hierzu existieren zwei standardisierte Frameworks, die eine Vergleichbarkeit zwischen verschiedenen Abteilungen oder Unternehmen ermöglichen und gleichzeitig Nachhaltigkeitsaspekte adressieren: Global Reporting Initiative (GRI) und Composite Sustainable Development Index (CSDI).

11.3.5 Prozessverbesserung

Diese Phase steht in direkter Abhängigkeit zur strategischen Ausrichtung: Je nachdem welche Strategie zuvor gewählt wurde, werden auch die Prozesse verbessert: Die Prozesse

Tab. 11.1 Ökologische und soziale Bereiche

Ökologische Bereiche	Soziale Bereiche
Rohstoffverbrauch (inkl. Wasser und Energie)	Arbeitssicherheit (z. B. Arbeitsunfälle)
Abfallaufkommen (inkl. Abwasser und Abluft)	Weiterbildungen (z. B. Seminare)
Emissionen (inkl. Lärm und Geruch)	Arbeitszeiten (z. B. Überstunden)
Verkehrsaufkommen	

werden so angepasst, dass die Strategie bestmöglich unterstützt wird. Wenn also bereits bei der strategischen Ausrichtung Nachhaltigkeitsfaktoren Berücksichtigung finden, sind diese in dieser Phase ebenfalls enthalten. Darüber hinaus müssen jedoch spezielle Methoden zum Einsatz kommen, die kritische Prozesse im Sinne der Nachhaltigkeit identifizieren und Verbesserungspotentiale aufzeigen (Becker et al. 2005, S. 21). Die Herausforderung an das GPM sind an dieser Stelle das Erkennen von Schwachstellen, Vergleichen von Prozessalternativen und die Identifikation von Verbesserungspotentialen.

Hierfür existieren verschiedene Ansätze, die in vier Gruppen unterteilt/zugeordnet werden können:

Prozessmodellierungstechniken: Hiermit kann die aktuelle Situation in Form einer Ist-Analyse erfasst und dargestellt werden. Auf dieser Grundlage können Schwachstellen identifiziert werden.

Referenzmodellierung: Damit die Prozesse verbessert werden können und ein Soll-Zustand entwickelt werden kann, kommen oftmals Referenzmodelle zum Einsatz. Diese bestehen i. d. R. aus Best-Practice-Prozessen, die sich in der Praxis bewährt haben oder aber in einer wissenschaftlichen Untersuchung entwickelt wurden.

Benchmarking: Dies stellt keine absolute, sondern eine relative Methode dar. Es werden Kennzahlen erhoben und mit Vergleichswerten, oft Kennzahlen von konkurrierenden Unternehmen, verglichen. Somit können Schwachstellen (im Vergleich zu Mitbewerbern) aufgedeckt werden.

Simulation und Animation: Sollte es mehrere Verbesserungsvorschläge/-varianten geben, kann die Auswahl durch eine Simulation erleichtert werden. Dies können bspw. Prozesskennzahlen sein, mit denen man zwei (oder auch mehr) verschiedene Prozesse miteinander vergleichen kann.

Neben den bereits erläuterten Ansätzen existieren de facto keine Ansätze, die Nachhaltigkeitsaspekte explizit und umfassend berücksichtigen.

11.4   Schüleruni: Geschäftsprozesse nachhaltig gestalten

Wie der Titel unseres Projekts bereits erahnen lässt, ist das Ziel, Geschäftsprozesse nachhaltig bzw. nachhaltige Geschäftsprozesse zu gestalten. Dieses Ziel verfolgen wir im Rahmen des sog. Denkwerks, das von der Robert Bosch Stiftung gestiftet wird. Ziel des Denkwerks ist es, „Schülern und Lehrern einen Einblick in aktuelle geistes- und sozialwissenschaftliche Forschung zu ermöglichen. Durch aktive Mitwirkung an kleineren Forschungsprojekten lernen Schüler Fragestellungen und Methoden der Geistes- oder Sozialwissenschaften kennen und können sich auf dieser Grundlage gut informiert für – oder gegen – ein entsprechendes Studium entscheiden." (Robert Bosch Stiftung 2015a) Dieser Grundgedanke wurde weiterentwickelt und um Nachhaltigkeitsaspekte erweitert.

Ziel der neusten Ausschreibung der Robert Bosch Stiftung ist es, „Lehrer und Schüler in gemeinsamen Projekten mit Wissenschaftlern die aktuellen Erkenntnisse der Nachhaltigkeitsforschung und konkrete Handlungsalternativen aktiv entdecken zu lassen. Die Projekte geben wissenschaftsbasierte Antworten zu Alltagsthemen wie Mobilität, Nahrung und Umwelt. Gleichzeitig lernen die Schüler auch Studienperspektiven mit Nachhaltigkeitsbezug kennen" (Robert Bosch Stiftung 2015b).

Der Denkwerk-Ansatz an der Universität Hildesheim bzw. an Hildesheimer Schulen hat zum Ziel, mit SuS der zwölften Jahrgangsstufe an verschiedenen Hildesheimer Gymnasien nachhaltige Geschäftsprozesse zu gestalten. An dem Projekt „Schüleruni: Geschäftsprozesse nachhaltig gestalten" beteiligen sich aktiv insgesamt vier Schulen aus Hildesheim. Zwei weitere Schulen dienen später als Evaluationspartner, um die Weiterentwicklungen der SuS evaluieren zu können.

Neben den Schulen sind in der Startphase insgesamt sechs Praxisunternehmen im Projekt involviert. Diese stehen den SuS zur Verfügung, um ausgewählte GP aufnehmen und modellieren zu können. Des Weiteren sind Praxisexkursionen zu diesen Unternehmen geplant.

Neben dem Lehrpersonal der Schulen, die die SuS betreuen, sind mehrere Professoren, wissenschaftliche Mitarbeiter und studentische Hilfskräfte der Universität Hildesheim in das Projekt eingebunden. Diese stammen aus verschiedenen Disziplinen, sodass eine Interdisziplinarität gegeben ist.

Der grundsätzliche Ablauf des Projekts ist als Zweiteilung konzipiert. Die beiden Ebenen bauen aufeinander auf und dauern jeweils ein Halbjahr, zusammen also ein Schuljahr (s. Abb. 11.2).

Ebene 1: Geschäftsprozessmanagement (Abschn. 6.1)

Ebene 2: Evaluation methodischer Weiterentwicklung (Abschn. 6.2)

Bereits jetzt können wir erste Ergebnisse (Abschn. 6.3) präsentieren.

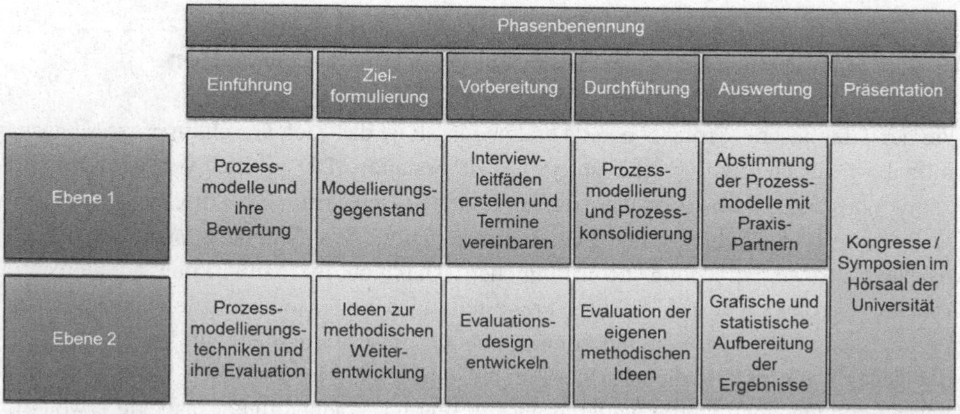

Phasenbenennung					
Einführung	Ziel-formulierung	Vorbereitung	Durchführung	Auswertung	Präsentation
Ebene 1 Prozess-modelle und ihre Bewertung	Modellierungs-gegenstand	Interview-leitfäden erstellen und Termine vereinbaren	Prozess-modellierung und Prozess-konsolidierung	Abstimmung der Prozess-modelle mit Praxis-Partner	Kongresse / Symposien im Hörsaal der Universität
Ebene 2 Prozess-modellierungs-techniken und ihre Evaluation	Ideen zur methodischen Weiter-entwicklung	Evaluations-design entwickeln	Evaluation der eigenen methodischen Ideen	Grafische und statistische Aufbereitung der Ergebnisse	

Abb. 11.2 2 Ebenen des Denkwerk-Projekts

11.4.1 Geschäftsprozessmanagement (Ebene 1)

Bei der State of the Art Betrachtung eines nachhaltigen GPM fiel auf, dass zum einen kein ganzheitlicher Ansatz vorhanden war, der sowohl alle Facetten der Nachhaltigkeit als auch den kompletten GP-Lebenszyklus abdeckt. Im Speziellen bei der GP-Modellierung wurde hier eine Lücke sichtbar. Die Modellierung von GP ist jedoch eine wichtige Aufgabe, auf der viele weiterführende Phasen bzw. Aufgaben aufbauen. Ein nachhaltig modellierter GP bzw. die Möglichkeit, GPs mit speziellem Fokus auf das Thema Nachhaltigkeit zu modellieren, wäre ein erster Schritt, um das gesamte GPM nachhaltiger zu gestalten.

Um GP zu modellieren, existieren verschiedene Ansätze. Am weitesten verbreitet, sowohl in Praxis als auch in der Wissenschaft, sind die EPK und die BPMN. Gerade in Deutschland besitzt die EPK einen sehr hohen Verbreitungsgrad (Fettke 2009). Die Grundform der EPK verfügt über drei Objekttypen, welche mit Hilfe von Pfeilen zu einem Prozessfluss zusammengefügt werden: **Ereignisse, Funktionen und Konnektoren**. Eine Beispielhafte EPK ist in (Abb. 11.3) dargestellt.

Abb. 11.3   Einfaches Beispiel
einer EPK

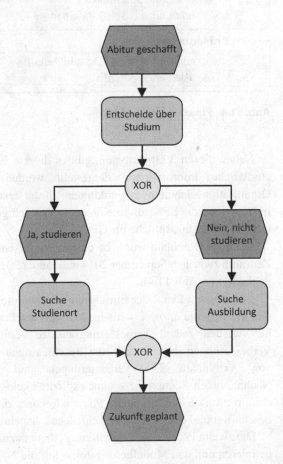

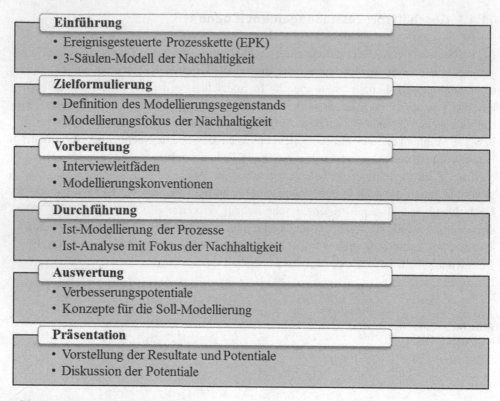

Abb. 11.4 Phasen der ersten Ebene

Neben diesen 3 Objekttypen, gibt es diverse Erweiterungselemente. Hiermit können zusätzliche Informationen dargestellt werden, wie bpsw. die Zuordnung von Organisationseinheiten zu Funktionen. In der ersten Ebene des Denkwerks nutzen wir insbesondere die EPK, als eine im deutschsprachigen Raum entwickelte und sehr verbreitete Modellierungssprache für GPs.

Der erste Durchlauf wurde bereits im Wintersemester 2014/2015 durchgeführt, also im Zeitraum zwischen September 2014 und Januar 2015. Der Ablauf ist dabei in sechs Phasen gegliedert (s. Abb. 11.4).

In der ersten Phase der Einführung erlernen die SuS zuerst den Umgang mit der EPK und modellieren dazu verschiedene GP aus der Praxis und dem privaten Umfeld. Bereits hier werden zudem Verbesserungsansätze vermittelt und von den SuS umgesetzt. Verbesserungen sind hier z. B. das Beschleunigen, Zusammenlegen oder Automatisieren von Aktivitäten. Die Verbesserungen sind zu diesem Zeitpunkt noch ohne Nachhaltigkeitskontext, bzw. ohne explizite ökologische und soziale Aspekte. Diese werden im zweiten Teil der ersten Phase adressiert, die sich mit dem Thema Nachhaltigkeit beschäftigt und den SuS die verschiedenen Aspekte der Nachhaltigkeit näher bringt.

Die zweite Phase „Zielformulierung" dient dazu, den sog. Modellierungsgegenstand zu definieren und den Modellierungsfokus auf die Nachhaltigkeit zu legen. An dieser Stelle wurde die Hauptmensa der Universität Hildesheim ausgewählt, sowie acht einzelne Prozesse, die innerhalb der Hauptmensa ablaufen. Die Hauptmensa steht dabei stellvertretend für alle Großkantinen in Hochschulen und Unternehmen. Als Prozesse wurden dazu u. a. die Menüplanung, die Warenannahme, das Kassenwesen sowie die Produktion und das Hygienemanagement ausgewählt.

Um die ausgewählten Prozesse in Form einer Ist-Analyse zu modellieren, muss eine sog. Prozessaufnahme durchgeführt werden. Dies kann auf verschiedene Arten passieren. Neben dem reinen Beobachten von Abläufen über das Lesen von Arbeitsanweisungen, ist vor allem die Durchführung von Interviews mit den am Prozess beteiligten Personen ein adäquates Mittel. Damit die Interviews strukturiert und effektiv durchgeführt werden können, erlernen die SuS in Phase drei „Vorbereitung" Interviewleitfäden und Modellierungskonventionen. Die Leitfäden dienen dazu, zielführende Fragen zu entwerfen und die Antworten in angemessener Weise zu dokumentieren. Die Modellierungskonventionen sind eine Vorbereitung auf die spätere Dokumentation der Ist-Analyse bzw. der Auswertung der Interviews, indem diese in ein Prozessmodell überführt werden.

Phase vier beinhaltet die eigentliche Durchführung der Interviews und darauf aufbauend aus den erhobenen Daten die Ist-Modellierung der Prozesse. Anhand der Interviews werden die Prozesse rekonstruiert und entsprechend mit Hilfe der EPK grafisch dokumentiert. Da dies nur mit entsprechend guter Dokumentation und Interviewführung möglich ist, muss die Phase drei entsprechend vorgelagert werden und hat einen großen Einfluss auf die Ergebnisse, die die SuS erzielen. Parallel zur Erstellung des Ist-Modells wird eine Ist-Analyse mit dem Fokus auf Nachhaltigkeit durchgeführt. Hierbei werden erste Verbesserungspotentiale aufgedeckt, um den jeweiligen GP nachhaltiger zu gestalten. Neben den bekannten Methoden der Prozessverbesserung, die größtenteils auf ökonomische Nachhaltigkeit abzielen, sollen hier auch ökologische und soziale Aspekte im Vordergrund stehen.

Mit den Ergebnissen aus der Phase vier werden in der folgenden fünften Phase „Auswertung" Verbesserungspotentiale benannt und in eine entsprechende Sollmodellierung übertragen. Hierzu werden die identifizierten Verbesserungspotentiale mit Hilfe der bestehenden EPK berücksichtigt und am Ende ein entsprechend verbesserter Prozess entworfen.

Die letzte Phase der ersten Ebene „Präsentation" soll den SuS dazu dienen, ihre Ergebnisse vorzustellen. Hierzu gab es am 27.01.2015 einen Kongress, bei dem jede Gruppe eine ca. 15-minütige Präsentation vorbereitet hatte und sowohl den aufgenommenen Prozess als auch die erarbeiteten Verbesserungsvorschläge präsentierte.

11.4.2 Evaluation methodischer Weiterentwicklung (Ebene 2)

Die Phase 2 des Projekts beschäftigt sich vor allem mit der Weiterentwicklung von bestehenden Modellierungssprachen. Diese Weiterentwicklungen bzw. Erweiterungen müssen anschließend verifiziert bzw. evaluiert werden, um sicherzustellen, dass diese dem eigentlichen Interesse sowie dem fokussierten Zweck der Nachhaltigkeit genügen. Hierzu gibt es verschiedene Frameworks, um so eine Evaluation strukturiert durchzuführen. Existierende Frameworks zur Evaluation von Modellierungstechniken nehmen dabei unterschiedliche Perspektiven ein. Während bspw. Gemino und Wand (2004) einen Rahmen für die empirische Evaluation von konzeptionellen Modellierungstechniken aus dem Bereich Requirements Engineering (Anforderungsaufnahme im Kontext der Softwareentwicklung) präsentieren, fixiert Schalles (2013) sich auf die Usability (Benutzerfreundlichkeit). Schalles (2013) betrachtet im Detail die beiden Seiten Modellentwicklung und -interpretation. Erstere wird durch Spracheigenschaften beschrieben, die auf die Benutzerzufriedenheit, Effizienz, Effektivität, Erinnerbarkeit und Erlernbarkeit einwirken. Im Rahmen der Modellinterpretation dagegen wirken die Spracheigenschaften zusätzlich auf die Wahrnehmbarkeit ein. Die Entwicklung und Interpretation des Modells zusammen bestimmen die Usability der Modellierungssprache.

Trotz der Verwendung unterschiedlicher Ansätze existieren einige Gemeinsamkeiten in den Frameworks. Beide Frameworks trennen u. a. die Seiten der Modellentwicklung und -interpretation, verwenden die Differenzierung zwischen Effektivität und Effizienz und gehen auf die Merkmale der Einprägsamkeit sowie der Erlernbarkeit ein. Große Gegensätze finden sich in der getrennten Betrachtung der Produkt- und Prozesseigenschaften bei Gemino und Wand (2004) sowie der Integration der Nutzerwahrnehmung und -zufriedenheit bei Schalles (2013, S. 67).

Für die Durchführung im Rahmen des Denkwerk-Projekts wird das Framework für die empirische Evaluation von Gemino und Wand (2004) verwendet, da dieses direkte Ansätze zur Erhebung abbildet, wie Expertenbefragungen, Fehleranzahl, erinnerte Elemente oder Problemlösungen.

Die zweite Ebene startet im Sommersemester 2015 bzw. dem zweiten Schulhalbjahr. Die Schulen und Klassen bleiben identisch. Nachdem die SuS die erste Ebene durchlaufen haben, wird eine methodische Erweiterung der EPK angestrebt, um Nachhaltigkeitsaspekte besser darstellen zu können. Hierzu wird zunächst, ausgehend von den erarbeiteten Verbesserungspotentialen aus der ersten Ebene, überprüft, ob die EPK in der „allgemeinen" Form ausreicht. Es ist davon auszugehen, dass dies nicht der Fall ist, bzw. wie (Kap. 3) gezeigt hat, Prozessmodellierungssprachen derzeit nicht oder nur indirekt dazu in der Lage sind, Nachhaltigkeitsaspekte darzustellen.

Der nächste Schritt besteht aus der Weiterentwicklung bzw. Erweiterung der EPK. Mit den Erfahrungen aus Ebene 1 und der vorangegangenen Untersuchung werden entsprechende Ideen gesammelt und umgesetzt. Die Umsetzung folgt den Modellierungskonventionen aus Ebene 1. Nachdem eine „Green EPK" entwickelt wurde, wird diese mit Hilfe der vorgestellten Evaluierungsframeworks evaluiert.

Hierzu stehen zwei Schulen zur Verfügung. Beide Schulen haben vorher keine Erfahrung mit Prozessmodellierung gemacht und kennen weder die EPK, noch die explizite Definition von Nachhaltigkeitsaspekte. Da die Evaluierungsframeworks recht umfangreich sind und die Erarbeitung dieser durch die SuS viel Zeit in Anspruch nehmen wird, werden nur gezielte Aspekte bzw. Evaluationsarten erläutert und später umgesetzt. Geplant sind Expertenbefragungen und Fragebögen zur Verständlichkeit. Die Rolle der Experten nehmen in diesem Fall nicht die SuS der Evaluationspartner ein, sondern erfahrene Modellierer, bspw. Mitarbeiter der Universität.

Nach der Durchführung der Evaluation wird diese ausgewertet und anschließend durch die SuS präsentiert. Es ist hierzu ein großer Kongress geplant. Mit dem Kongress ist die zweite Ebene und damit der erste Durchlauf des Denkwerk-Projekts beendet und der zweite Durchgang kann zum Wintersemester 2015/2016 bzw. zum Beginn des Schuljahres 2016 gestartet werden.

11.4.3 Erste Ergebnisse

Im ersten Durchlauf des Projekts waren insgesamt 36 SuS und 2 Lehrkräfte der Michelsenschule Hildesheim und der Buhmann Schule beteiligt. Besonders hervorzuheben ist die Exkursion in die Hauptmensa der Universität Hildesheim, bei der eine realistische Prozessaufnahme und anschließende Modellierung stattfand. Die Hauptmensa der Universität Hildesheim erwies sich hierfür als sehr gut geeignet. Zur Dokumentation hat sich eine Aufgabenteilung innerhalb der Gruppen bewährt. Jeweils zwei Mitglieder waren für eine der folgenden Aufgaben zuständig: Interview führen, Interview (handschriftlich) dokumentieren sowie Interview mit einem Diktiergerät aufnehmen.

Darüber hinaus wurden erste Verbesserungspotentiale in den Prozessen aufgedeckt:

Menüplanung: Mensa Applikation mit Vorbestellfunktion, damit die benötigten Ressourcen besser geplant werden können und weniger Müll anfällt. Darüber hinaus Informationsaustausch, um sich bspw. zum Mittagessen zu verabreden.

Warenannahme: Neue Ware weiter hinten einsortieren, damit die Ware mit der geringsten Haltbarkeit als erstes verbraucht wird. Darüber hinaus Ware besser verwerten, bspw. Apfelmus aus Äpfeln mit Druckstellen.

Kassenwesen: Kassenbons nur drucken lassen, wenn der Kunde dies ausdrücklich wünscht. Schichtende variabler gestalten, wenn bspw. keine Kunden mehr kommen.

Produktion: Computersystem implementieren, das die Kommunikation im Prozess verbessert. Regionale Produkte verwenden und bspw. Erzeugnisse aus Massentierhaltung, etc. vermeiden.

Hygienemanagement: Umweltschonende Chemikalien verwenden, Arbeitsaufgaben rotieren lassen, damit die Mitarbeiter motivierter sind.

Mit Hilfe der aufgedeckten Schwächen bzw. der erarbeiteten Verbesserungspotentiale, wurden bereits einige EPK-Erweiterungen vorgeschlagen. Bspw. wurden verschiedene Symbole eingeführt, um auf bestimmte Aspekte der Nachhaltigkeit positiv oder negativ hinzuweisen.

Neben diesen ersten inhaltlichen Ergebnissen, die wir zusammen mit den SuS erarbeitet haben, wird das Denkwerk-Projekt von einer wissenschaftlichen Begleitforschung flankiert. Ziel hiervon ist es, erstens (1.) den Berufsorientierungseffekt des Denkwerks zu messen. Mittels quantitativer Fragebögen wird erhoben, wie sich die Intentionen zur Studien- und Berufswahl in den fachlich entsprechenden Bereichen durch die Teilnahme ändert. Da der Anteil weiblicher Studierender in der WI generell sehr niedrig ist, wird bei der Datenerhebung der Genderaspekt berücksichtigt, um damit Rückschlüsse auf Motivation und Ziele der Studieninteressierten ziehen zu können. Die Fragebögen basieren auf dem Ansatz der Theory Of Planned Behavior (TPB) von Ajzen (1991, S. 182). Der Fragebogen wird um Kategorien ergänzt, um zweitens (2.) ein laufendes Monitoring zur Zufriedenheit der Teilnehmenden zu gewährleisten. Hierbei erfolgt eine Orientierung an Fragebögen der Universität Hildesheim. Dadurch wird drittens (3.) von den Teilnehmenden qualitatives Feedback zum Konzept des Denkwerk-Projekts eingeholt.

11.5   Schlussfolgerungen

Eine der zentralen Forschungsfragen des Projekts ist es, zu erforschen, wie eine Gestaltung nachhaltiger GPs am besten an SuS vermittelt werden kann. Nachdem die erste Hälfte des ersten Durchlaufs vorbei ist, können wir bereits jetzt sagen, dass der von uns gewählte Ansatz funktioniert, jedoch weiterer Verbesserung bedarf. So haben SuS bspw. angemerkt, dass sie lieber in kleineren Gruppen selbstständig arbeiten wollen. Wir planen daher in den kommenden Phasen den Frontalunterricht auf ein Minimum zu reduzieren und die SuS eigenständiger arbeiten zu lassen. Es wird u. a. derzeit getestet, die SuS in die Entscheidungsfindung über das weitere Vorgehen aktiv mit einzubeziehen. So haben die SuS des aktuellen Durchlaufs die Freiheit zu entscheiden, wie sie ihre Facharbeiten vorstellen möchten. Die Entscheidung fiel hierbei auf eine Postergestaltung, wobei die SuS, in bestimmten Rahmen, selbstständig bestimmen können, wie sie diese dar- und ausstellen möchten. Ob sich diese Selbstständigkeit positiv auf den Lernprozess auswirken wird, muss sich erst noch zeigen, wir sind jedoch sehr zuversichtlich, dass wir hiermit gute Ergebnisse erzielen werden.

Ein zweiter Kritikpunkt ist der fehlende Praxisbezug. Lediglich eine Exkursion wurde durchgeführt. Um dem entgegen zu wirken, ist bereits eine Exkursion zu einem Praxispartner geplant, bei dem die SuS die Prozessmanagementabteilung kennen lernen sollen. Auch hier gehen wir von einer positiven Auswirkung auf den Lernprozess aus und planen weitere Exkursionen zu Partnerunternehmen.

Darüber hinaus wurde kritisiert, dass den SuS nicht oder erst sehr spät klar wurde, was die eigentlichen Ziele waren. Diesen Punkt werden wir bei dem nächsten Durchlauf explizit berücksichtigen und versuchen, die Ziele noch konkreter hervor zu heben und diese auch im Laufe der Veranstaltung zu wiederholen, damit diese den SuS durchgängig präsent sind und sie damit ein besseres Verständnis entwickeln, warum sie bspw. einen (nachhaltigen) GP modellieren.

Weitere Befragungen werden gerade ausgewertet. Es lässt sich jedoch bereits jetzt eine Sensibilisierung erkennen. Diese betrifft sowohl Nachhaltigkeitsaspekte als auch die Berufsorientierung. Einige SuS, die die Wirtschaftsinformatik vor allem als Männerdomäne wahrgenommen haben und ein entsprechendes Studium ausgeschlossen haben, empfinden nun anders und ziehen ein Studium der Wirtschaftsinformatik oder der Wirtschaftswissenschaften zumindest in Betracht. Auch die Bereitschaft, grundsätzlich ein Studium zu beginnen, konnte gesteigert werden.

Literatur

Aachener Stiftung Kathy Beys (2014). Drei Säulen Modell. Verfügbar unter: https://www.nachhaltigkeit.info/artikel/1_3_a_drei_saeulen_modell_1531.htm (aufgerufen am 25.04.2015).

Ajzen, I. (1991). "The Theory of Planned Behavior". Organizational Behavior and Human Decision Processes, 1991(50), 179–211.

Becker, J. & Berning, W. & Kahn, D. (2005). Projektmanagement. In J. Becker & M. Rosemann & M. Kugeler (Hg.), Prozessmanagement (S. 17–44), Berlin, Heidelberg: Springer Berlin Heidelberg.

Bieletzke, S. (1999). Simulation der Ökobilanz: Modelltheoretische Analyse ökonomischer und ökologischer Auswirkungen. In J. Becker & H.L. Grob & S. Klein (Hg.), Informationsmanagement und Controlling, Wiesbaden: DUV.

Bundesministerium für Bildung und Forschung (2015). Energie. Verfügbar unter: http://www.fona.de/de/9965 (aufgerufen am 21.04.2015).

Burlton, R. (2010). "Delivering Business Strategy Through Process Management". In J. vom Brocke & M. Rosemann (Hg.), Handbook on Business Process Management (Band 2) (S. 5–37), Berlin, Heidelberg: Springer Berlin Heidelberg.

Dubielzig, F. & Schaltegger, S. (2005). "Corporate Social Responsibility". In M. Althaus (Hg.), Handlexikon Public Affairs (S. 240–243), Münster: Literatur Verlag.

Dyckhoff, H. & Souren, R. (2007a). Strategisches Umweltmanagement. In Nachhaltige Unternehmensführung (S. 116–131), Berlin, Heidelberg: Springer.

Dyckhoff, H. & Souren, R. (2007b). Umweltorientiertes Personalmanagement. In Nachhaltige Unternehmensführung (S. 144–156), Berlin, Heidelberg: Springer.

European Commission (2015). The EU Emissions Trading System (EU ETS). Verfügbar unter: http://ec.europa.eu/clima/policies/ets/index_en.htm (aufgerufen am 21.04.2015).

Fettke, P. (2009): „Ansätze der Informationsmodellierung und ihre betriebswirtschaftliche Bedeutung: Eine Untersuchung der Modellierungspraxis in Deutschland". In: Schmalenbachs Zeitschrift für betriebswirtschaftliche Forschung, Nr. 8, S. 550–580.

Funkl, E. & Tschandl, M. & Heinrich, J. (2012). Die Balanced Scorecard als Instrument im Umweltcontrolling. In M. Tschandl & A. Posch (Hg.), Integriertes Umweltcontrolling (S. 179–204), Wiesbaden: Gabler Verlag.

Gemino, A. & Wand, Y. (2004). "A framework for empirical evaluation of conceptual modeling techniques". Requirements Eng, 2004(9), 248–260.

Hirsch, B. & Wall, F. & Attorps, J. (2001). Controlling-Schwerpunkte prozessorientierter Unternehmen. Controlling und Management, 2001(2), 73–79.

Houy, C. & Fettke, P. & Loos, P. & Aalst, W.M.P. & Krogstie, J. (2011). Geschäftsprozessmanagement im Großen. Wirtschaftsinformatik, 2011(6), 377–381.

Kaplan, R. & Norton, D. (1996). "Linking the balanced scorecard to strategy". California Management Review, 1996(1), 53–80.

Letza, S.R. (1996). "The design and implementation of the balanced business scorecard: An analysis of three companies in practice". Business Process Re-engineering & Management Journal, 1996(3), 54–76.

Maon, F. & Lindgreen, A. & Swaen, V. (2009). "Designing and Implementing Corporate Social Responsibility: An Integrative Framework Grounded in Theory and Practice". Journal of Business Ethics, 2009(1), 71–89. DOI: 10.1007/s10551-008-9804-2.

Meffert, H. & Kirchgeorg, M. (1993). Marktorientiertes Umweltmanagement: Grundlagen und Fallstudien. Stuttgart: Schäfer-Poeschl.

Prammer, H.K. (2010). Betriebliche Schadschöpfung und ökologische Nachhaltigkeit - Betriebswirtschaftliche Analyse und interdisziplinäre Perspektiven zur Einordnung des Umweltkostenmanagements. In Integriertes Umweltkostenmanagement (S. 8–204), Wiesbaden: Gabler.

Recker, J. & Rosemann, M. & Hjalmarsson, A. & Lind, M. (2012). "Modeling and Analyzing the Carbon Footprint of Business Processes". In J. vom Brocke & S. Seidel & J. Recker (Hg.), Green Business Process Management (S. 93–109), Berlin, Heidelberg: Springer.

Robert Bosch Stiftung (2015a). Als Schüler kommen und als Forscher gehen. Verfügbar unter: http://www.bosch-stiftung.de/content/language1/html/1500.asp (aufgerufen am 25.04.2015).

Robert Bosch Stiftung (2015b). "Our Common Future". Verfügbar unter: http://www.bosch-stiftung.de/content/language1/html/58684.asp (aufgerufen am 25.04.2015).

Rosemann, M. & de Bruin, T. (2005). "Application of a holistic model for determining BPM maturity". Business Process Trends, 2005(February), 1–21.

Rosemann, M. & vom Brocke, J. (2010). "The Six Core Elements of Business Process Management". In J. vom Brocke & M. Rosemann (Hg.), Handbook on Business Process Management (Band 2) (S. 107–122) Berlin, Heidelberg: Springer Berlin Heidelberg.

Schalles, C. (2013). "Usability Evaluation of Modeling Languages". Wiesbaden: Gabler Verlag.

Scheer, A.-W. & Brabänder, E. (2010). "The Process of Business Process Management". In J. vom Brocke & M. Rosemann (Hg.), Handbook on Business Process Management (Band 2) (S. 239–265) Berlin, Heidelberg: Springer Berlin Heidelberg.

Stiftung Universität Hildesheim (2015). Autarke Zukunft. Verfügbar unter: http://e2work.de/ (aufgerufen am 21.04.2015).

von Ahsen, A. (2006). Qualitäts- und umweltorientierte Ausgestaltung von Führungs- und Leistungsprozessen. In Integriertes Qualitäts- und Umweltmanagement (S. 48–104), Wiesbaden: DUV.

Bildung für nachhaltige Entwicklung (BNE) in den Kindergärten (Kitas) von Baden-Württemberg

Jeanette Maria Alisch

12.1 Ausgangslage

Die deutsche UNESCO- Kommission empfiehlt im Rahmen der UN-Dekade „Bildung für nachhaltige Entwicklung (2005–2014)", dass das BNE-Konzept schon in der frühen Kindheit ansetzt und sich die Kinder bereits in der frühkindlichen Bildung Werthaltungen, Kompetenzen und Kenntnisse aneignen, welche für die eigenverantwortliche Gestaltung einer zukunftsfähigen Welt erforderlich sind (UNESCO-Kommission 2010).

12.1.1 Zur Verankerung von BNE im Bildungssystem von Baden-Württemberg

Im Zusammenhang mit der Konferenz für Umwelt und Entwicklung der Vereinten Nationen in Rio de Janeiro (1992) und 2002 nach der World Summit on Sustainable Development in Johannesburg wurden die Jahre 2005 bis 2014 zur Weltdekade „Bildung für nachhaltige Entwicklung" ausgerufen, mit dem Ziel, das Leitbild der nachhaltigen Entwicklung in allen Bereichen der Bildung zu verankern. Auf bildungspolitischer Ebene entstanden in Baden-Württemberg Koordinierungsstellen, Arbeitskreise, Runde Tische, Netzwerke, regionale und schulstandortbezogene Fachberatungssysteme und etliche Kooperationen von Schulen und außerschulischen Bildungsakteuren, deren inhaltliche Schwerpunkte vor allem im Bereich der Umweltbildung lagen. Der Nachhaltigkeitsaspekt

J.M. Alisch (✉)
Institut Frühe Bildung., Pädagogische Hochschule Schwäbisch Gmünd,
Oberbettringer Str. 200, PF. 140, 73525 Schwäbisch Gmünd, Deutschland
e-mail: Jeanette.alisch@ph-gmuend.de

© Springer Fachmedien Wiesbaden 2016
W. Leal Filho (Hrsg.), *Forschung für Nachhaltigkeit an deutschen Hochschulen*,
Theorie und Praxis der Nachhaltigkeit, DOI 10.1007/978-3-658-10546-4_12

ist in Dokumenten wie im Bildungs- und Erziehungsauftrag der Schulen, in Präambeln und Leitlinien sowie in curricularen Vorgaben der verschiedenen Schularten vor allem assoziativ zu finden (vgl. Alisch et al. 2005, S. 9 f.; Alisch 2008, S. 100 ff.).

Das neue BNE-Weltprogramm wurde nun 2015 eingeführt mit dem Ziel BNE verstärkter und insbesondere strukturell in das Bildungssystem zu implementieren. Das Positionspapier „Zukunftsstrategie 2015+" benennt die relevanten Herausforderungen für die unterschiedlichen Bildungsbereiche, wobei einer der fünf Schwerpunkte auf der Stärkung der Fähigkeiten zur BNE-Vermittlung von Lehrer_innen, Ausbilder_innen und Erzieher_innen sowie weiteren „Change Agents" liegt (vgl. Deutsche UNESCO-Kommission e.V. o. J. a).

12.1.2 Zum Stand der Forschung: BNE in Bildungsinstitutionen

Die Effekte und Wirksamkeit von BNE in den schulischen Bereichen sind insgesamt gut evaluiert und dokumentiert. In den Grundschulen haben Ansätze zum BNE - Konzept einen traditionellen Stellenwert und es gibt beispielsweise Studien zum Umweltbewusstsein, zum Verständnis von Umweltschutz und Ökologie (Seybold und Rieß 2005; Rieß 2007, 2009; de Haan 1998a). Haase (2004) entwickelte Praxisvorschläge für eine zeitgemäße Umweltbildung. Ergebnisse zum Stellenwert der Umweltbildung bei Lehrkräften in allgemein bildenden Schulen von Baden-Württemberg gingen aus einer landesweiten Untersuchung (Alisch 2008) hervor. Informationen zum Stand von BNE an weiterführenden Schulen in Baden-Württemberg lieferte Schuler (2010).

Für den Elementarbereich gibt es laut (de Haan und Consentius 2011) bisher keine systematische Erhebung zur Entwicklung von BNE. Es gibt jedoch wenige fachspezifische Ansätze, wie das Projekt „Leuchtpol- Energie und Umwelt neu erleben" (Stoltenberg 2012; Stoltenberg et al. 2013).

Stoltenberg (2008) untersuchte die Bildungspläne der Länder nach BNE-Konzepten für den Elementarbereich und stellte fest, dass BNE insgesamt eher wenig darin verankert ist und dass die Dokumente keine Methoden und Arbeitsweisen für die konkrete Ausgestaltung von BNE beinhalten.

Nach de Haan (2012, S. 6 f.) sollten Projekte und Strukturen gefördert werden, welche die Öffnung und Transparenz der Bildungsarbeit in den Kindertagesstätten unterstützen und Eltern aktiv in das Tagesgeschehen einbinden.

Zusammenfassend kann gesagt werden, dass es Lücken in der Forschung hinsichtlich effizient praktizierter Bildung für nachhaltige Entwicklung in der Elementarbildung gibt. Es fehlen Studien, welche die Bedingungen für BNE in den Kindergärten untersuchen und die Erzieher_innen mit ihrer Ausbildung und ihren Strategien zur Förderung von „Gestaltungskompetenz" (de Haan 1998b) in der frühkindlichen Bildung in den Fokus nehmen. Diese Lücken sollen mit dem hier vorgestellten Forschungsprojekt geschlossen werden.

12.2 Theorie

Das Ziel von BNE ist die Entwicklung von Gestaltungskompetenz auf der Basis der Entwicklungsdimensionen der drei Säulen „Ökologie", „Ökonomie" und „Kultur/ Soziales" (vgl. de Haan 1998b).

12.2.1 Die drei Säulen der Nachhaltigkeit

„Eine nachhaltige Entwicklung schont die Natur; erhöht die Leistungsfähigkeit der Wirtschaft und sichert sie für die Zukunft; ist gerecht und trägt dazu bei, dass alle Menschen friedlich zusammen leben." (Deutsche UNESCO-Kommission e.V. o.J. b).

1. Der ökologische Aspekt meint die Umweltbildung, deren Ziel es ist, eine positive Beziehung zur Natur zu entwickeln, umweltbewusstes Handeln zu erproben und Handlungsmöglichkeiten zu beurteilen.
2. Der ökonomische Aspekt meint die wirtschaftliche Nachhaltigkeit. Eine Gesellschaft sollte wirtschaftlich nicht über ihre Verhältnisse leben und die wirtschaftlichen Ressourcen aller vor Ausbeutung schützen.
3. Der soziale Aspekt meint soziale Gerechtigkeit, Verantwortung und faire Lebenschancen für alle Menschen auf globaler Ebene, sodass es allen Mitgliedern der Weltbevölkerung, den gegenwärtig lebenden und zukünftigen Generationen, ermöglicht wird, auf eine gerechte und menschenwürdige Weise an der Gemeinschaft teilzuhaben.

12.2.2 BNE Potentiale

Auf der Grundlage der drei Dimensionen der Nachhaltigkeit wurden in den verschiedenen Forschungsabschnitten der „mixed methods" (vgl. Abschn. 4.1) die „Potentiale" für BNE ermittelt. Der Begriff „Potential" umfasst die „Gesamtheit aller vorhandenen, verfügbaren Mittel, Möglichkeiten, Fähigkeiten, Energien" (Kunkel-Razum 2007, S. 1307). Bezogen auf dieses Forschungsprojekt bedeutet dies für die Ergebnisse, dass die darin ermittelten Potentiale auf eine Bildung für nachhaltige Entwicklung verweisen und richtungsweisende Orientierungen aufzeigen, jedoch lediglich die vorhandenen Möglichkeiten und Chancen für BNE in den Kindertageseinrichtungen darstellen. Neben Potentialen von BNE interessieren in dieser Forschungsarbeit außerdem die unterschiedlichen Einflussfaktoren, welche die Umsetzung von BNE in den Kitas ermöglichen oder erschweren. Die Einflussfaktoren können von struktureller, organisatorischer oder personeller Natur sein (vgl. Alisch 2008, S. 31 f.). Hierbei muss berücksichtigt werden, dass sich manche Variablen zu mehreren Faktoren gleichzeitig zuordnen lassen.

Als strukturelle Faktoren werden Einflüsse interpretiert, die sich aus den landschaftlichen Gegebenheiten, dem Trägersystem und anderen äußeren Gegebenheiten herleiten.

Beispiele sind: das Kita-Gelände, der pädagogische Schwerpunkt und das Leitbild der Kita, Trägervorgaben, Öffnungszeiten, das Kita-Inventar, Lernräume u. a.

Unter organisatorischen Faktoren sind Einflüsse zusammengefasst, welche vorwiegend durch die Erzieher_innen bestimmt werden. Beispiele sind: der Arbeitsplan zu verschiedenen Jahreszeiten, die Auswahl und Organisation der Inhalte, die Orientierung an Informationsmedien und dem Orientierungsplan für die Kita, die Art der Betreuung des Kita-Geländes bzw. der Biotope, die Einbeziehung von Eltern und außen stehenden Kooperationspartnern, Netzwerken und Vereinen.

Zu den personellen Faktoren zählen individuelle Voraussetzungen der Erzieher_innen. Hierzu gehören die Ausbildung, Fort- und Weiterbildungen, frühere eigene Erfahrungen mit der Natur, einem Garten oder mit besonderen Biotopen und die Erfahrungen und Interessen, die sich im Laufe des Berufslebens herausgebildet haben. Außerdem zählen persönliche Werte und Einstellungen zu Nachhaltigkeit dazu.

12.3   Forschung

Dieses Forschungsprojekt zielt darauf ab, den Empfehlungen von Gerhard de Haan (2011 und 2012) nachzugehen, die Lücke in der Forschung zu BNE im Elementarbereich zu schließen und über Gestaltungsempfehlungen an das Ministerium für Kultus, Jugend und Sport, die Aus- und Weiterbildung der Erzieher_innen weiter zu entwickeln und zu verbessern.

12.3.1 Fragestellung und theoretische Grundlagen für die Forschungskonzeption

Die zentrale Fragestellung des Forschungsprojektes lautet:

Findet BNE auf der Basis des Drei-Säulen-Modells in den Kitas von Baden-Württemberg statt?

Untergeordnet sollen folgende Fragen geklärt werden: Welche Potentiale für BNE gibt es in den Kitas von Baden-Württemberg? Über welche strukturellen, personellen und organisatorischen Grundlagen verfügen die Institutionen für die Umsetzung von BNE? Welche Einflussfaktoren beeinflussen die Umsetzung von BNE? Welchen Einfluss hat die Art des Trägers auf die Umsetzung von BNE?

12.3.2 Forschungskonzeption und Instrumente

Mittels zweier aufeinander aufbauenden quantitativen Erhebungen (s. Abb. 12.1) wird der Status Quo von BNE in der Elementarbildung in Baden-Württemberg erhoben und Potentiale für BNE in der Bildungsinstitution „Kindergarten" aufgedeckt.

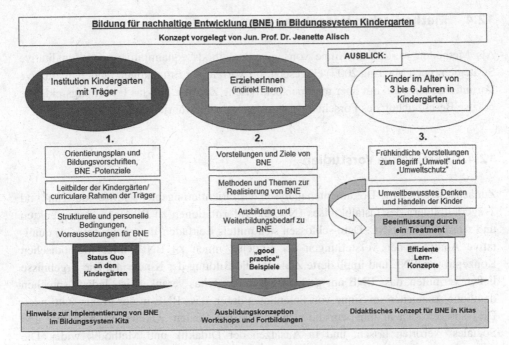

Abb. 12.1   Forschungskonzeption

Die erste Befragung erfolgte mittels Fragebogen 2014/2015 bei Kita-Leitungen, die Stellvertreter_innen für die jeweilige Institution sind. Ziel war eine Strukturanalyse der Bildungsinstitutionen und die Erhebung von Möglichkeiten, die für die Umsetzung von BNE bereits bei Kindern von drei bis sechs Jahren in den Kindergärten gegeben sind.

Auf Basis der ersten Ergebnisse wird das Befragungsinstrument weiterentwickelt werden und bei Erzieher_innen eingesetzt. Der Fokus liegt auf den befragten Personen mit ihrer Bildung, ihren Vorstellungen und Einstellungen zu BNE. Über die Analyse der Vermittlungskonzepte in der Kita-Praxis und intendierten Ziele von BNE werden Gestaltungsspielräume und erfolgreiche Strategien von BNE erfasst werden. Diese weitergehende Analyse soll außerdem den Bedarf an Ausbildungsmodulen sowie den Fort- und Weiterbildungsbedarf zu BNE aufdecken. Eindeutig gelungene Ausprägungen von „good practice" liefern die Grundlagen für die Konzeption von Workshops und Ansatzpunkte für die Ausbildung von Erzieher_innen.

Ausblick (s. Abb. 12.1): Über ein weiteres Forschungsprojekt, das die Fragestellung ausweitet, sollen effektive BNE-Konzepte sowie entsprechende Medien für BNE ermittelt werden, und Kindervorstellungen und deren Umweltbewusstsein analysiert werden.

12.4   Methodisches Vorgehen

Als Methoden werden im Sinne von „mixed methods" quantitative sowie qualitative Strategien (nach Mayring 2007) eingesetzt. Im Vorfeld der Erhebungen fanden qualitative Voruntersuchen statt, um über mehrperspektivische Zugriffe auf das Forschungsfeld eine präzise Beschreibung des Forschungsgegenstandes zu gewährleisten.

12.4.1 Qualitative Vorstudien

Zunächst lieferten die Dokumentenanalysen des Orientierungsplans sowie von Kita- und Trägerleitbildern des Ostalbkreises (N = 221) Informationen zu Bildungsschwerpunkten und Ansätzen von BNE. Dem schlossen sich mittels Leitfaden-Interviews (N = 24) qualitative Analysen der Vorstellungen der Erzieher_innen zu BNE, ihrer methodischen Konzepte von BNE und implizierte Ziele für die Bildung der Kinder an. Die Ergebnisse ließen vermuten, dass BNE nur geringfügig in den Kitas verankert ist. Jedoch sprechen deutliche Anzeichen im Sinne von Potentialen dafür, dass BNE in der Praxis stattfindet. Dies spiegelt sich in Inhalten, die sich in den drei Säulen „Ökologie, Ökonomie und Soziales" verorten lassen, und in Ansätzen der Didaktik und Methodik wider. Die Vorstudien dienten schließlich der Informationsbeschaffung zur Erstellung eines quantitativen Fragebogens, der zunächst im Ostalbkreis erprobt wurde und nun landesweit bei 5000 Kitas in Baden-Württemberg zum Einsatz kam. Ziel ist die Erfassung des Status Quo der Bildung für nachhaltige Entwicklung an Kindergärten mit unterschiedlichen Trägern in ganz Baden-Württemberg.

12.4.2 Entwicklung des Erhebungsinstruments „Fragebogen"

Der Fragebogen beinhaltet die Ergebnisse der Auswertungen von 221 Dokumentenanalysen und 24 qualitativen Leitfadeninterviews bei Kita-Leitungen. Die daraus generierten Items beziehen sich vor allem auf die praktische Umsetzung der drei Säulen sowie intendierte Ziele. Außerdem sind personenbezogene Fragen, Items zur Struktur der Bildungsinstitution und zur Organisation der Bildungsinhalte in der Kita-Praxis enthalten. Der Fragebogen enthält insgesamt 63 Fragen, die überwiegend als Mehrfachantwortensets zum Ankreuzen und teilweise als vierstufige Skalen mit Einschätzungen von „gar nicht wichtig" bis „sehr wichtig" oder „trifft gar nicht zu" bis „trifft vollständig zu" zu beantworten waren. Für die Erstellung des Fragebogens wurde das Programm GrafStat in der Version 4.9.7 verwendet. Dies ermöglicht in Kombination mit einem Stapelscanner das zügige Einlesen der Rückläufer und spätere Exportieren in das Statistikprogramm SPSS (Version 21), das für die Datenauswertung herangezogen wurde. Der Fragebogen wurde in zwei Phasen pilotiert. Er wurde zunächst an einem Teil der Kitas im Ostalbkreis (N = 50) erprobt und anschließend überarbeitet. Die überarbeitete Version wurde an die übrigen Kitas des Ostalbkreises (N = 175) versandt und nach dem Rücklauf abermals modifiziert und gekürzt. Die Endversion kam schließlich bei einer Stichprobe bestehend aus 5000 Kitas in Baden-Württemberg zum Einsatz.

12.4.3 Die Stichprobe

Die Kindergärten in Baden-Württemberg setzen sich aus Kitas mit unterschiedlicher Trägerschaft zusammen. Dazu gehören städtische, freie, katholische und evangelische Träger. Die freien Träger wiederum setzen sich aus einer Vielzahl von unterschiedlichen Trägern zusammen, beispielsweise Arbeiterwohlfahrt, Deutsches Rotes Kreuz oder Vereine, beispielsweise mit dem Schwerpunkt „Waldorfpädagogik". Sie wurden unter dem Begriff „Freie" zusammengefasst. Bei der Ziehung der geschichteten Stichprobe (Schichtungsmerkmal „Träger"), welche per Zufallsverfahren über SPSS erfolgte, wurde von allen vier Großgruppen der proportionale Anteil zur Grundgesamtheit ermittelt. Bei den teilweise sehr kleinen Untergruppen im Bereich der „Freien Träger" wurden jeweils 100 Prozent gezogen, wodurch sich die prozentualen Verschiebungen in der Stichprobe gegenüber der Grundgesamtheit erklären (vgl. Tab. 12.1).

Der Fragebogen wurde an die Leitungskräfte von Kitas geschickt, da sie über eine Übersicht über die gesamte Praxis in den Kitas verfügen und vertiefte Einblicke in die Organisation und Struktur der Bildungsinstitution haben. Außerdem pflegen sie in der Regel die Kontakte zu den Trägern, die auch im Fokus der Analyse stehen.

12.4.4 Landesweite Evaluation

Zu Beginn des Projektes wurden in Kooperation mit dem Ministerium für Kultur, Jugend und Sport in Vorgesprächen die Spitzenverbände der Träger informiert, welche die Befragung als wichtig beurteilten. Anschließend wurden vor der Versendung der

Tab. 12.1 Population, Stichprobe, Rücklauf (Stand: 13.03.2015)

		Grundgesamtheit		Stichprobe		Rücklauf	
		Häufigkeit	Prozent	Häufigkeit	Prozent	Häufigkeit	Prozent
Gültig	Ev.	2535	34,6	1683	33,7	318	36,4
	Freie	391	5,3	390	7,8	168	19,2
	Kath.	1992	27,2	1324	26,5	201	23,0
	Städt.	2400	32,8	1603	32,1	165	18,9
	Gesamt	7318	100,0	5000	100,0	852	97,5
Fehlend, kein Träger genannt						22	2,5
Gesamt						874	100,0

Fragebögen die jeweiligen Träger der in die Stichprobe aufgenommenen Kitas postalisch und per Mail informiert und gebeten, ihre Kitas zur Teilnahme an der Befragung zu motivieren. Ziel war es, einen guten Rücklauf zu bewirken. Um den Rücklauf zu erhöhen, wurden zudem bei allen Befragungsrunden Ferien und Feiertage berücksichtigt sowie der Fragebogen mit einem kostenfreien Rückumschlag verschickt. Der Fragebogen kam in zwei großen Wellen bei jeweils 2500 Kitas landesweit zum Einsatz. Die erste Welle wurde im November 2014 ausgesandt, die zweite aufgrund des geringen Rücklaufs von 18 % im Februar 2015. Bei jeder Befragungsrunde wurden Nachbefragungen per Telefon, per Mail und per Post durchgeführt, auf die meist positiv mit Rücksendungen reagiert wurde. Als problematisch wurde von den Leitungen die Häufung verschiedener Befragungen in der letzten Zeit empfunden, auch wurden Probleme wie zu viele Aufgaben, die „Krippe" und Umbaumaßnahmen, zu wenig Personal, Ferien etc. angegeben.

Angestrebt war ein zehnprozentiger Rücklauf bezogen auf die Grundgesamtheit von 7318 Kitas in Baden-Württemberg. Dieser wurde mit 11,9 % erreicht, was aussagekräftige Ergebnisse mit einem relativ kleinen Schätzfehler von rund 7 Prozent bei 95-prozentigem Konfidenzintervall möglich macht (vgl. Bortz und Döring 2006, S. 421 ff.).

Die Daten des Rücklaufs wurden mit SPSS (Version 21) aufbereitet und werden derzeit weiter ausgewertet. Sie werden von Rüdiger-Philipp Rackwitz gepflegt und verwaltet. Die Grafiken in diesem Aufsatz wurden von Karsten Richert ausgestaltet. Auf Grund des großen Datenumfangs und der „Aktualität" der Daten steht eine detaillierte Analyse und eine Reihe an Berechnungen noch aus, welche erst zu einem späteren Zeitpunkt erfolgen können. Die Ergebnisse dazu werden später publiziert werden.

12.5   Ergebnisse der Befragung

Laut (Tab. 12.2), wurden die befragten Kitas vor allem von 766 Leitungskräften (83,9 %) repräsentiert. Leitungen sind am besten mit der gesamten Organisation und Struktur der Kitas vertraut und in der Regel die Ansprechpartner_innen für ihre Träger, die in der Befragung indirekt untersucht werden. Weitere Befragte sind Gruppenleitungen bzw. stellvertretende Leitungen.

Tab. 12.2 Funktion der Befragten in der Institution

	Anzahl Antworten	Prozent	Prozent der Fälle
Leitung	766	83,9	91,2
Gruppenleitung	107	11,7	12,7
Stellvertretende Leitung	40	4,4	4,8
Anzahl Nennungen	913	100,0	108,7
Befragte	840	-	

12.5.1 Persönliche Daten

Es bestand bei dieser Frage die Möglichkeit von Doppelnennungen. Von den 874 befragten Personen haben 781 (89,4 %) eine Ausbildung als Erzieher_in. Die Kita-Leitungen sind meistens weiblich (90,7 %), nur 3,0 % sind männlich, 6,3 % machten zur Frage nach dem Geschlecht keine Angaben.

Die meisten der Befragten sind im Alter zwischen 50 und 59 Jahren (38,6 %) und 40 bis 49 Jahre (25,6 %) alt. Der Rest verteilt sich gleichmäßig mit ca. 9 % auf die Altersgruppen 25 bis 39, 30 bis 34 und 35 bis 39 Jahre. Die Berufserfahrung der Leitungen umfasst mit 33,8 % 20 bis 29 Jahre und mit 24,7 % 30 Jahre und mehr. Die Übrigen verfügen über eine Berufserfahrung zwischen 10 und 20 Jahren.

Die befragten Leitungen sind hauptsächlich weiblich und im gehobenen Alter. Sie verfügen über eine Ausbildung als Erzieher_in und eine Berufserfahrung von 20 Jahren und mehr. Man kann deshalb bei diesem Rücklauf von berufserfahrenen pädagogischen Fachkräften sprechen, deren Aussagen nicht zu unterschätzen sind.

12.5.2 Daten zur Kita-Struktur

Kitas unterscheiden sich nach ihren Leitbildern und ihren pädagogischen Schwerpunkten, auch innerhalb einer Trägergruppe (s. Abb. 12.2). Im Fragebogen waren Mehrfachnennungen

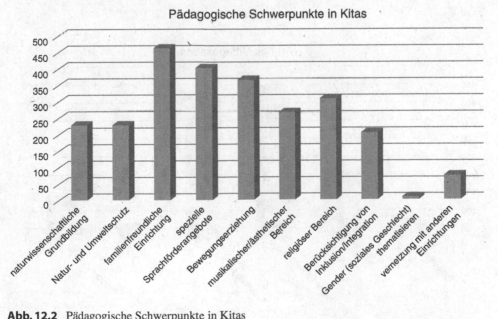

Abb. 12.2 Pädagogische Schwerpunkte in Kitas

möglich, die im Folgenden in „Prozent der Fälle" (bei 2572 Nennungen) angegeben werden.

Zu den Schwerpunkten mit BNE-Potentialen zählen die „Naturwissenschaftliche Grundbildung" (26,7 %), der „Natur- und Umweltschutz" (26,7 %) und die „Berücksichtigung von Inklusion/Integration" (26,5 %). Jedoch wurden die Schwerpunkte „familienfreundliche Einrichtung" (53,8 %) und „spezielle Sprachförderangebote"(46,8 %) häufiger genannt.

Nahezu die Hälfte der Kitas (45,9 %) betreut Kindergruppen in der Größe von 20 bis 24 Kindern, Kitas mit kleineren Gruppen von sieben bis neun Kindern (16,4 %) sind am zweithäufigsten zu finden. Die häufigste Organisationsform bezogen auf die Betreuungszeit der Kinder ist die Form mit verlängerten Öffnungszeiten (23,4 %) und der Ganztagesbetreuung (15,1 %). 282 (16,6 %) der 874 Kitas sind als reine „Kindergärten mit drei bis sechs-Jährigen" konstituiert, 241 (14,2 %) verfügen außerdem über eine Krippe (null bis drei Jahre), die jedoch für die Analyse der BNE-Praxis der Erzieher_innen in dieser Studie nicht relevant sind, da davon ausgegangen wird, dass die Kinder nicht in die Umsetzung von BNE einbezogen werden, da sie noch zu jung sind.

Ein weiterer Ansatzpunkt für die Analyse von BNE-Potentialen stellt die Form der Verpflegung der Kinder in den Kitas dar, da über die Art der Nahrung und den Umgang mit nachhaltig produzierten Lebensmitteln auf eine nachhaltige Lebens- und Denkweise geschlossen werden kann. Zur Frage nach dem „Essen" (Mehrfachantwortenset, s. Abb. 12.3) machten 266 Kitas keine Angaben. Bei 608 (87 %) Kitas ist eine tägliche Verpflegung üblich: Die Übrigen bieten „wöchentlich", „monatlich" und „unregelmäßig" eine Verpflegung an. 35,1 % der 608 Kitas achten beim Essen auf regionalen Anbau der

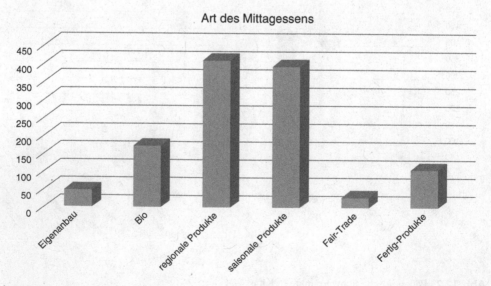

Abb. 12.3 Verpflegung in der Kita: Art des Essens

Nahrungsmittel, 33,8 % außerdem auf saisonale Produkte, wobei nur 2,7 % der Fälle dabei auf Fair Trade-Produkte einen Wert legen. Insgesamt achten 14,8 % auf Bio-Produkte und 4,3 % produzieren sogar Nahrungsmittel im Eigenanbau. Fertig-Produkte beziehen sich meist auf angelieferte Essen aus umgebenden Kantinen und Firmenküchen der Region, was ebenfalls bei den Interviews so angegeben wurde (vgl. Abschn. 4.1).

Die meisten der befragten Kitas haben es im Alltag mit relativ großen Kindergruppen von 20 bis 24 Kindern zu tun, wobei in der Regel zwei Erzieher_innen die Gruppen betreuen. Die Zeit für das einzelne Kind ist dadurch stark beschränkt. Eine Aufgabe der anstehenden Detailanalysen wird es sein, zu überprüfen, ob die Größe der Kindergruppen und die Tendenz der Erzieher_innen sich mit Fragen der Nachhaltigkeit zu beschäftigen zusammenhängt.

Die verlängerten Öffnungszeiten und die Ganztagesbetreuung an vielen Kitas erleichtern das Umsetzen von BNE-Projekten in den Kitas, da sich die Kinder dadurch längere Zeit im Block mit etwas beschäftigen können und der Umgang mit BNE-Inhalten dadurch intensiver möglich ist.

Die pädagogischen Schwerpunkte „Naturwissenschaftliche Grundbildung, der „Natur- und Umweltschutz" sowie die „Berücksichtigung von Inklusion/Integration" können zahlenmäßig nicht als „auffällig" bezeichnet werden, verweisen jedoch in Richtung BNE. Eine weitere Analyse der Kitas mit besagten Schwerpunkten steht noch aus.

Ebenso kann bezogen auf die Verpflegung in den Kitas eine Orientierung in Richtung BNE vermerkt werden. Dies bezieht sich vor allem auf die Kitas, die auf regionale, saisonale und Bio-Produkte achten. Besonders diejenigen Kitas, die Nahrungsmittel selbst anbauen, verweisen in Richtung BNE und „Nachhaltigkeit" und müssen noch genauer untersucht werden.

12.5.3 Daten zu den Trägern

Tabelle 12.3 zeigt, dass die Einschätzungen der Erzieher_innen zum Stellenwert der drei Säulen der Nachhaltigkeit bei den Trägern insgesamt optimistisch sind.

Tab. 12.3 Träger und Stellenwert der drei Säulen

		Ökologie		Ökonomie		Soziales	
		Häufigkeit	Prozent	Häufigkeit	Prozent	Häufigkeit	Prozent
Gültig	gar keinen	9	1,0	8	,9	4	,5
	einen geringen	237	27,1	147	16,8	48	5,5
	einen großen	387	44,3	453	51,8	304	34,8
	einen sehr großen	157	18,0	181	20,7	445	50,9
	Gesamt	790	90,4	789	90,3	801	91,6
	Fehlend	84	9,6	85	9,7	73	8,4
Insgesamt		874	100,0	874	100,0	874	100,0

Dem Bereich des „Sozialen" wurde der höchste Stellenwert beigemessen. 34,8 % schätzen den Stellenwert bei ihren Trägern als „groß" 50,9 % sogar als „sehr groß" ein. Der Stellenwert der „Ökonomie", also der Wirtschaftlichkeit, wird von 51,8 % der Befragten bei ihrem jeweiligen Träger als „groß", von 20,7 % als „sehr groß" eingeschätzt. Geringfügiger wird der Stellenwert der „Ökologie" verortet. Nur 44,3 % bemisst den Stellenwert für den jeweiligen Träger als „groß", 27,1 % denken sogar, dass die „Ökologie" eher einen geringen Stellenwert beim Träger hat (s. Abb. 12.4).

Um die Aussagen der Erzieher_innen bezogen auf die Kooperation zu BNE mit den Trägern im Detail zu untersuchen, wurden ihnen weitere Skalen mit Antwortvorgaben vorgelegt. Hierbei wurden die Verankerung von BNE im Leitbild des Trägers und die Unterstützung bei BNE-Projekten ermittelt.

Insgesamt enthielten sich einige der Befragten durch Nicht-Antworten bei den beiden Skalen. Die Zahlen (vgl. Tab. 12.4) verteilen sich eher um die „Mitte". 21,9 % gaben an, dass sie keine Unterstützung durch den Träger bei BNE-Projekten erhalten. Auch scheint eine Verankerung von BNE im Träger-Leitbild und in dessen Ideologie eher nicht gegeben zu sein, denn 14,9 % gaben keine Verankerung an und 28,4 % beurteilten die Verankerung von BNE im Leitbild als „gering".

12.5.4 Daten zu den Kitas

Die Einschätzungen der Erzieher_innen zum Stellenwert der drei Säulen der Nachhaltigkeit in ihrer Kita ist bezogen auf die Säulen „Ökologie" und „Soziales" optimistisch. Tabelle 12.5 zeigt, dass dem „Sozialen" der höchste Stellenwert beigemessen wurde.

67,2 % schätzen den Stellenwert als „sehr groß" 26,2 % als „groß" ein. Der Stellenwert der „Ökologie" wurde als „groß" (56,3 %) und „sehr groß" (21,9 %) eingeschätzt. Den Stellenwert der „Ökonomie" halten 51,1 %, also etwas mehr als die Hälfte der

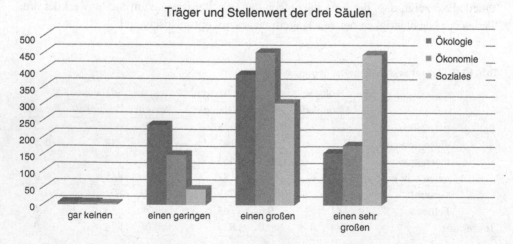

Abb. 12.4 Träger und Stellenwert der drei Säulen

Tab. 12.4 Trägerleitbild und Unterstützung zu BNE

		BNE ist im Leitbild / der Ideologie des Trägers fest verankert		Unser Träger unterstützt uns speziell bei BNE – Projekten	
		Häufigkeit	Prozent	Häufigkeit	Prozent
Gültig	gar keinen	78	14,9	113	21,9
	einen geringen	149	28,4	140	27,2
	einen großen	146	27,9	108	21,0
	einen sehr großen	68	13,0	39	7,6
	Gesamt	441	84,2	400	77,7
	Fehlend	83	15,8	115	22,3
Insgesamt		515	100,0	524	100,0

Tab. 12.5 Kita und Stellenwert der drei Säulen

		Ökologie		Ökonomie		Soziales	
		Häufigkeit	Prozent	Häufigkeit	Prozent	Häufigkeit	Prozent
Gültig	gar keinen	4	,5	8	,9	1	,1
	einen geringen	141	16,1	207	23,7	16	1,8
	einen großen	492	56,3	473	54,1	229	26,2
	einen sehr großen	191	21,9	134	15,3	587	67,2
	Gesamt	828	94,7	822	94,1	833	95,3
	Fehlend	46	5,3	52	5,9	41	4,7
Gesamt		874	100,0	874	100,0	874	100,0

Erzieher_innen, für „groß. 23,7 % halten ihn für „gering". Der Wirtschaftlichkeit wird somit insgesamt weniger Stellenwert beigemessen als der Ökologie und dem Sozial-Kulturellen (s. Abb. 12.5).

Die Einschätzung der Erzieher_innen zum Stellenwert des „Sozialen" ist sehr hoch. Dies bezieht sich auch auf die Einschätzungen zum Träger. Kindergärten zielen grundsätzlich auf eine soziale Bildung der Kinder, die lernen sollen, andere zu respektieren und sich sozial in der Gruppe zu verhalten.

Allerdings wird der Stellenwert der „Ökonomie" bei den Trägern insgesamt als höher als der Bereich des „Sozialen" eingestuft. Die Erzieher_innen rücken hier den wirtschaftlichen Aspekt des Trägers in den Vordergrund. Vermutlich verhält sich dies so, weil Kitas von der finanziellen Förderung der Träger abhängig sind. Auch in den Leitfaden-Interviews (siehe Abschn. 4.1) bemerkten die Kita-Leitungen immer wieder, dass sie sparsam wirtschaften müssten.

Der Stellenwert des Bereichs „Ökologie" wird von den Kitas höher eingeschätzt als die „Ökonomie", was sich vermutlich dadurch erklären lässt, dass Umweltbildung eine stärkere Nähe zur „Allgemeinbildung" der Kinder hat, als „wirtschaftliche Bildung". Man kann vermuten, dass die Ökonomie eher im Bereich der Verwaltung der Kita eine Rolle spielt, als in der Bildung der Kinder.

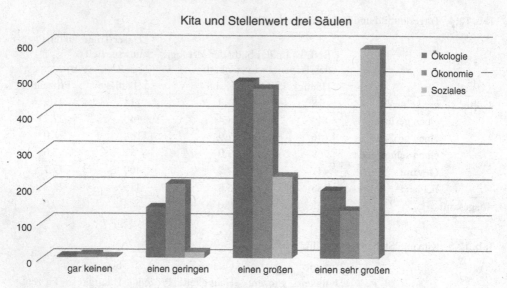

Abb. 12.5 Stellenwert der 3 Säulen bei der Kita

12.5.5 Fragen zur Praxis in den drei Säulen „Ökologie, Ökonomie und Soziales"

Bei den folgenden Ergebnisdarstellungen wird schwerpunktmäßig auf die Angaben mit BNE-Potential eingegangen, d. h. es werden Inhalte ausgeführt, welche innerhalb der drei Säulen eine Möglichkeiten und Chancen für BNE darstellen. Es werden in Abb. 12.6 die praktischen Elemente im Bereich der „Ökologie" aufgezeigt, die sehr oft in der pädagogischen Praxis eine Rolle spielen.

Zu den ökologischen Inhalten mit BNE-Potential, die hier in der Reihenfolge der Häufigkeit der Nennungen (Mehrfachantwortenset) aufgeführt werden, zählen folgende Praxiselemente: Ernte und Verzehr von saisonalen / regionalen Produkten (21,0 %), sorgsamer Umgang mit nat. Ressourcen (17,3 %), Pflanzen aktiv schützen (15,7 %), Tiere aktiv schützen (14,4 %), Recycling (13,3 %), Kenntnis zu gefährdeten Tieren und Pflanzen (6,4 %), Umweltprojekte umsetzen (4,8 %).

Sehr wichtige Ziele sind in der Praxis: Umweltbewusstsein fördern (52,2 %), Herkunft von Lebensmitteln verstehen (48,3 %), Bereitschaft für den Naturschutz wecken (32,8 %), Naturschutz praktizieren können (21,6 %).

Bei der Frage nach der pädagogischen Organisation der ökologischen Bildung in der Form von Projekten oder eher in den Alltag integriert, gaben 69,7 % die Alltagsorganisation an, 30,3 % nutzen die Projektmethode.

Zu den ökonomischen Inhalten mit BNE-Potential (s. Abb. 12.7), die hier in der Reihenfolge der Häufigkeit der Nennungen (Mehrfachantwortenset) aufgeführt werden, zählen folgende Praxiselemente: Nahrungszubereitung mit saisonalen und regionalen

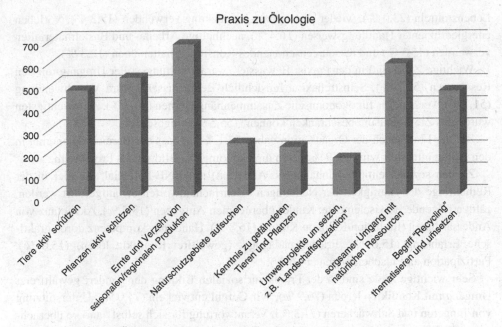

Abb. 12.6 Praxis zu Ökologie

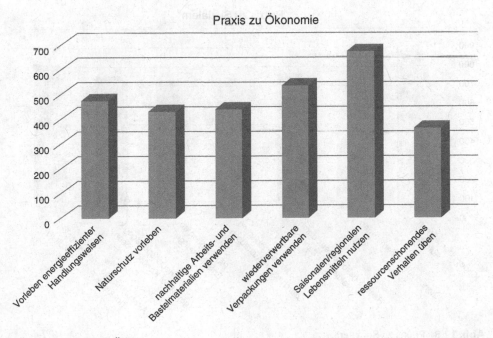

Abb. 12.7 Praxis zu Ökonomie

Lebensmitteln (23,0 %), wieder verwertbare Verpackung verwenden (18,3 %), Vorleben energieeffizienter Handlungsweisen (16,4 %), nachhaltige Arbeits- und Bastelmaterialien verwenden (15,3 %) und ressourcenschonendes Konsumverhalten üben (12,3 %).

Wichtige Ziele sind in der Praxis: Bewusster / verantwortungsvoller Umgang mit den Ressourcen (52,2 %), Selbstreflexion hinsichtlich Bedürfnissen kontra Verschwendung (51,7 %), Verständnis für ökonomische Zusammenhänge lernen (50,7 %). Am wichtigsten wurde das Ziel „Konsum beschränken können" (55,5 %) eingeschätzt.

Bei der Frage nach der Organisation gaben 77,1 % an, dass der Bereich Ökonomie in den Alltag integriert wird. 22,9 % setzen die ökonomische Bildung als Projekt um.

Zu den sozialorientierten Inhalten (s. Abb. 12.8) mit BNE-Potential, die hier in der Reihenfolge der Häufigkeit der Nennungen (Mehrfachantwortenset) aufgeführt werden, zählen folgende Praxiselemente: Kinder übernehmen Aufgaben (18,5 %), Akzeptanz von Andersartigkeit (Inklusion/Religion/Kultur) (16,8 %), Handlungskompetenz durch praktische Erfahrung (15,6 %), Friedenspädagogik (gewaltfrei Konflikte lösen) (15,0 %), Partizipation an Entscheidungen (14,6 %).

Sehr wichtige Ziele sind in der Praxis zur sozialen Bildung der Kinder: gewaltfreier Umgang mit Konflikten lernen (76,9 %), Wir-Gefühl entwickeln (74,0 %), Unterstützung von Jüngeren und Schwächeren (71,3 %), Verantwortung für sich selbst / andere übernehmen (71,1 %). Am wichtigsten wurde das Ziel „Bedürfnisse anderer bemerken, kennen und respektieren Konsum beschränken können" (79,0 %) eingeschätzt.

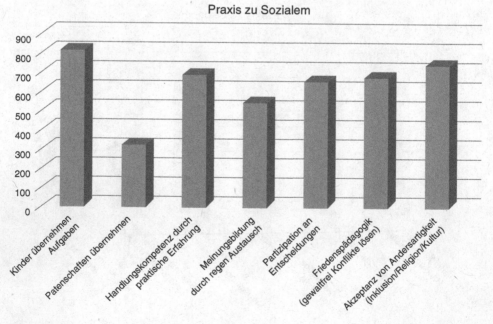

Abb. 12.8 Praxis zu Sozialem

Bei der Frage nach der Organisation, ob die soziale Bildung in der Form als Projekt oder eher in den Alltag integriert wird, gaben 74,2 % die Integration des sozialen Bereichs in den Alltag an, 25,8 % in der Form von Projekten.

Aus den hier referierten ersten Ergebnissen der umfangreichen Befragung folgt, dass zur Bildung der Kinder in den Kitas die BNE-Potentiale der Bereiche „Ökologie, Ökonomie und Soziales" grundsätzlich eher in den Alltag integriert werden. Weniger kommen gezielte Projekte zum Tragen. Im Bereich der „Ökologie" finden noch am häufigsten Projekte statt. Dies hängt sicherlich auch mit jahreszeitlichen Bedingungen zusammen, da auf Grund von Witterungsbedingungen die umliegenden Biotope nicht zu jeder Zeit für die Kitas zur Verfügung stehen. Auch könnten organisatorische Grundbedingungen eine große Rolle spielen. Beispielsweise lässt sich ein Garten (vgl. Alisch 2008) eher durch Projekte bewirtschaften, bei denen Eltern, Großeltern und Vereine als Kooperationspartner mitwirken.

Die Analyse der Praxis und der implizierten Ziele auf der Basis der drei Säulen ergab folgendes Bild:

Den Erzieher_innen ist eine ökologische Bildung der Kinder im Zusammenhang zum Naturschutz wichtig. Dies machen sie auch im Bereich der Ernährung der Kinder fest, indem sie ihnen die Herkunft von Lebensmitteln aufzeigen. Auch spielt dieser Aspekt bei der ökonomischen Bildung der Kinder eine Rolle; hier überschneiden sich die Säulen deutlich. Im Bereich der Ökonomie geht es den Erzieher_innen vor allem um den bewussten Konsum und ein ressourcenschonendes Konsumverhalten. Die soziale Bildung der Kinder ist den Erzieher_innen jedoch deutlich wichtiger als die ökologische oder die ökonomische. Nahezu alle möglichen sozialen Ziele wurden von über 70 % der Befragten als „sehr wichtig" eingeschätzt. Nach der sozialen Bildung der Kinder rangiert die ökologische Bildung an zweiter Stelle, dieser folgt schließlich die ökonomische Bildung. Dies wurde auch mit Hilfe der Interviews festgestellt. Von den Erzieher_innen wurde dort angegeben, dass mit den Kindern die Verwendung und Verschwendung von Wasser, Papier und Strom („Licht ausmachen") problematisiert wird, dies jedoch eher nebenbei bei Alltagssituationen zum Thema wird. Eine gewisse Ritualisierung von nachhaltigen Verhaltensweisen ist dabei nicht unüblich.

12.5.6 Ideenquellen für BNE und häufigste Probleme

Abschließend wurden die Erzieher_innen dazu befragt, woher Sie ihre Informationen zu BNE beziehen.

Die folgende Abb. 12.9 zeigt die Vielfalt der Quellen, wobei Mehrfachantworten möglich waren. Herausragend ist dabei das persönliche Interesse der Befragten (12,6 %). Weitere häufige Quellen sind Fachzeitschriften (10,2 %), das Interesse der Kinder (9,9 %), sowie Fachbücher (8,8 %). Der Orientierungsplan von Baden-Württemberg dient lediglich bei 4,7 % als Informationsquelle.

Schließlich sollten die Kita-Leitungen Probleme angeben, die sie als besonders hinderlich bei der Umsetzung von BNE empfinden. Nach Rangfolge der Nennungen

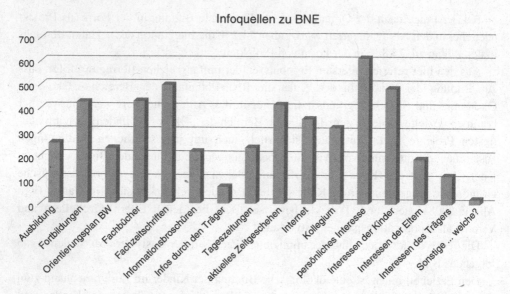

Abb. 12.9 Informationsquellen für BNE

(Mehrfachnennungen) gaben die Leitungen folgende Probleme an: zu wenig Personal (13,2 %), zu wenig Räumlichkeiten (11,5 %), zu wenig Infos zu BNE zur Umsetzung in Kita (10,7 %), hoher Zeitbedarf (10 %) und organisatorische Probleme (9,8 %).

Insgesamt wäre eine persönliche Bereitschaft durch das eigene Interesse für die Umsetzung von BNE vorhanden, auch das Interesse der Kinder würde Grundlagen für die Praxis liefern, jedoch mangelt es den Erzieher_innen an gezielten Informationsquellen zur Umsetzung von BNE. Als weitere Hemmnisse, welche die Umsetzung von BNE erschweren, wurden die strukturellen Gegebenheiten wie Räumlichkeiten und Personalumfang genannt. Organisatorische Probleme und der Zeitbedarf für BNE sind zudem Einflussfaktoren, welche sich für die Kita-Leitungen als problematisch herausstellen. Die Befragten gaben in den qualitativen Vorstudien und bei den Nachbefragungen der quantitativen Befragung an, im Alltag zu vielen Anforderungen ausgesetzt zu sein. Die Datenauswertungen zu den Potentialen in den drei Säulen von BNE zeigen jedoch, dass trotz Erschwernissen in strukturellen, personellen und organisatorischen Bereichen Elemente von BNE in den Kitas umgesetzt werden.

12.6 Zusammenfassung und wissenschaftlicher Ausblick

Diese ersten Ergebnisse zur landesweiten Befragung verdeutlichen, dass in allen drei Säulen der Nachhaltigkeit richtungsweisende Potentiale in der Kita-Praxis zu finden sind. In der pädagogischen Praxis spielen umweltbildende Aspekte in der Allgemeinbildung der Kinder eine Rolle und das Erlangen sozialer Kompetenzen ist in den Kitas ein zentraler Bestandteil der gesamten Bildung. Bei der Verpflegung der Kinder wird häufig auf die Verwendung nachhaltiger Lebensmittel geachtet und diese wird sogar teilweise selbst angebaut. Die ökonomische Bildung ist geringfügiger im Bildungssystem verankert als die anderen beiden Bildungsbereiche. Sie wird vorwiegend durch das Vorleben nachhaltiger ökonomischer Verhaltensweisen in der Bildung der Kinder umgesetzt.

Insgesamt schätzen die Leitungen den Stellenwert der drei Säulen als hoch ein. Die Umsetzung von BNE geschieht jedoch weniger auf der Basis eines bestimmten BNE-Konzeptes in den Kitas, als durch die Umsetzung der drei Säulen in getrennten Segmenten. Dies ergaben die qualitativen Vorstudien, weswegen der Fragebogen entsprechend konzipiert wurde. Die Teilaspekte der drei Säulen werden im Einzelnen fokussiert und weniger im Zusammenhang betrachtet. In den einzelnen Segmenten findet man jedoch eine Vielfalt an Inhalten und Methoden.

Dieser Sachverhalt spricht dafür, dass der Begriff „Bildung für eine nachhaltige Entwicklung" noch nicht ausreichend eingeführt ist. Deshalb bedarf es entsprechender Ansätze in der Aus-, Fort- und Weiterbildung der Erzieher_innen, vor allem der Bereich der Ökonomie sollte noch stärker geschult werden und es wäre eine Vernetzung der drei Säulen mit Methoden der Umsetzung zu kindgerechten Alltagsthemen erforderlich. Dass hier Informationen fehlen, zeigt sich auch in der Liste der Probleme, bei der die mangelnde Information zur Umsetzung von BNE deutlich zur Sprache kam. In der Ausbildung von Erzieher_innen und in der bildungswissenschaftlichen Lehre fehlen generell Module, die BNE und zugehörige pädagogische und didaktische Aspekte in den Fokus nehmen und entsprechende Konzepte vermitteln. Auch eine Analyse von Ausbildungspapieren von Fachschulen für Sozialpädagogik bestätigte, dass BNE dort noch nicht verankert ist. Theoretische Konzepte von Sachunterricht, Sachbildung und Projektmanagement, und Prinzipien wie Problemorientierung, Erfahrungsorientierung sowie Wissenschaftsorientierung, müssen in der Elementarbildung, in den Fachschulen und in den Hochschulen („Frühe Bildung/ Kindheitspädagogik") einen zentralen Stellenwert bekommen. Die wissenschaftliche Grundbildung, besonders im Bereich der Ökologie sowie Ökonomie brauchen eine stärkere Verankerung.

Weitere Ergebnisse der bisherigen Datenauswertung weisen darauf hin, dass Verbesserungen der Situation der Kitas auf der Ebene der Träger erforderlich sind. Hier bedarf es einer finanziellen Unterstützung der Kitas in der Form von Baumaßnahmen und Aufstockung des Personals. BNE braucht Platz und Räume, beispielsweise Gärten und Kleinbiotope im Gelände der Kitas, Forscherecken und Aktionsräume zur intensiven Beschäftigung mit BNE-Themen und BNE braucht Menschen, also Personal, das ausreichend Zeit für die Interessen und Themen der Kinder hat. Schließlich könnten Fortbildungen zu BNE bei den Trägern selbst entsprechende Anstöße in Richtung BNE bewirken und den Bedarf der Kitas zur Unterstützung des Konzeptes anschaulich machen.

Zusammenfassend kann festgestellt werden, dass es zur Implementierung im Elementarbereich (der Drei- bis Sechsjährigen) noch einer stärkeren begrifflichen Verankerung auf der Ebene der Bildung der Erzieher_innen braucht. Auch die Träger sollten zu BNE mehr informiert werden. Sie sollten die Kitas auf struktureller und organisatorischer Ebene sowie ideologisch in ihrer Umsetzung zu BNE unterstützen.

Die gewonnenen Zahlen werden noch weiter analysiert werden. Hierzu gehören vertiefte Trägervergleiche und damit ein detaillierter Vergleich der Kitas mit unterschiedlicher Trägerschaft. Beispielsweise gibt es Konzepte von Kindergärten, die sich durch ein besonderes Angebot oder pädagogisches Profil auszeichnen, wie beispielsweise Waldkindergärten, Bauernhofkindergärten, Montessorikindergärten oder Waldorfkindergärten. Deren besondere Schwerpunktsetzungen würden sich hinsichtlich der ökologischen Aspekte für BNE eignen. Außerdem werden weitere Analysen zu den vorhandenen Kita-Lernorten und der geografischen Lage durchgeführt. Da die Kita-Leitungen möglicherweise einen starken Einfluss auf ihr Kita-Team haben, ist die Leitungsperson mit ihren speziellen Einstellungen zur Nachhaltigkeit zudem ein relevanter Untersuchungsgegenstand. Die Ergebnisse der Datenanalysen werden Grundlagen für die Fragebogenkonstruktion des Erzieherfragebogens sein. Inhalte des Fragebogens werden sich auf die Ausbildung, persönliche Werte und Nachhaltigkeitsschwerpunkte, Teamarbeit und Kooperationen, didaktische Konzepte und Gestaltungskompetenz beziehen. Kernziel ist es, ein BNE-Konzept zu entwickeln, das in der Aus- und Fortbildung der Erzieher_innen zum Tragen kommt und damit eine stärkere Implementierung im Bildungssystem „Kindergarten" von Baden-Württemberg möglich macht.

Literatur

Alisch, J., Bay, F., Köhler, K.-H., Lehnert, H.-J. & Zabler E. (2005): Schulgärten und naturnah gestaltetes Schulgelände in Baden-Württemberg – eine empirische Untersuchung. In H.-J. Lehnert & Köhler, K.-H. (Hg.), *Schulgelände zum Leben und Lernen* (Karlsruher pädagogische Studien Band 4) (S. 49–58). Norderstedt: BOD-Verlag.

Alisch, J. (Hg.) (2008): *Schulgärten in Baden-Württemberg unter Berücksichtigung struktureller, organisatorischer und personeller Einflussfaktoren Eine landesweite empirische Untersuchung.* Berlin: Pro Business-Verlag.

Bortz, J. & Döring, N. (2006): *Forschungsmethoden und Evaluation.* Berlin; Heidelberg: Springer-Verlag.

de Haan, G. (1998a): *Von der Umweltbildung zur Bildung für Nachhaltigkeit: Perspektiven für den Sachunterricht.* Berlin: Forschungsgruppe Umweltbildung.

de Haan, G. (1998b): *Bildung für Nachhaltigkeit: Schlüsselkompetenzen, Umweltsyndrome und Schulprogramme.* Berlin: Forschungsgruppe Umweltbildung.

de Haan, G. & Consentius, H. (2011): *„Bildung für nachhaltige Entwicklung" für das Forschungsvorhaben „Rio+20 vor Ort" Bestandsaufnahme und Zukunftsperspektiven lokaler Nachhaltigkeitsprozesse in Deutschland, Projektphase I.* Berlin: Institut Futur der Freien Universität Berlin.

de Haan, G. (2012): Empfehlungen zur Elementarbildung. In: Das deutsche Nationalkomitee für die UN-Dekade „Bildung für nachhaltige Entwicklung": *Zukunftsstrategie BNE 2015+ (Entwurf).* Verfügbar unter: http://www2.um.baden-wuerttemberg.de/servlet/is/57150/ENTWURF_Zukunftsstrategie_2015plus.pdf?command=downloadContent&filename=ENTWURF_Zukunftsstrategie_2015plus.pdf(aufgerufen am 19.03.2015).

Deutsche UNESCO-Kommission e.V. (o. J.) a: *Generalkonferenz der UNESO nimmt Vorschlag für Weltaktionsprogramm an.* Verfügbar unter: http://www.bne-portal.de/un-dekade/folgeaktivitaeten/generalkonferenz-der-unesco-nimmt-vorschlag-fuer-weltaktionsprogramm-an/(aufgerufen am 14.03.2015).

Deutsche UNESCO-Kommission e.V. (o.J.) b: *Was ist Nachhaltigkeit?* Verfügbar unter: http://www. bne-portal.de/was-ist-bne/grundlagen/nachhaltigkeitsbegriff/(aufgerufen am 19.03.2015).

Deutsche UNESCO-Kommission e.V. (2010): *Zukunftsfähigkeit im Kindergarten vermitteln: Kinder stärken, nachhaltige Entwicklung fördern.* Verfügbar unter: http://www.bne-portal.de/fileadmin/ unesco/de/Downloads/Dekade_Publikationen_national/Zukunftsf_25C3_25A4higkeit_2520im_ 2520Kindergarten_2520vermitteln_253A_2520Kinder_2520st_25C3_25A4rken_252C_ 2520nachhaltige_2520Entwicklung_2520bef_25C3_25B6rdern_2520_25282010_2529. File.pdf(aufgerufen am 30.03.2015).

Haase, H.-M. (2004): *Worldrangers: Ein pädagogischer Beitrag für eine nachhaltige Entwicklung.* Hamburg: Verlag Dr. Kovač.

Kunkel-Razum, K. (2007): *Duden. Deutsches Universalwörterbuch.* 6. überarbeitete und erweiterte Auflage. Mannheim: Dudenverlag.

Mayring, P. (2007): *Qualitative Inhaltsanalyse: Grundlagen und Techniken.* 9. Auflage. Weinheim: Beltz Verlag.

Rieß, W. (2007): *Evaluationsbericht. Bildung für nachhaltige Entwicklung an weiterführenden Schulen in Baden-Württemberg.* Stuttgart: Umweltministerium Baden-Württemberg, Stiftung Naturschutzfonds in Kooperation mit dem Ministerium für Kultus und Unterricht Baden-Württemberg.

Rieß, W (2009): *Bildung für eine nachhaltige Entwicklung in der Grundschule - theoretische Analysen und empirische Studien.* Habilitationsschrift, eingereicht bei der Fakultät II der Pädagogischen Hochschule Schwäbisch Gmünd.

Schuler, S. (2010): *Zum Stand der Bildung für nachhaltige Entwicklung an Schulen in Baden-Württemberg.* Vortrag auf der konstituierenden Sitzung des Projekts „Lernen über den Tag hinaus Bildung für eine zukunftsfähige Welt", Ministerium für Kultus, Jugend und Sport, Stuttgart, 07.10.2010.

Seybold, H.-J. & Rieß, W. (2005): Von der Umweltbildung zu einer Bildung für nachhaltige Entwicklung? Erhebung des Ist-Standes an baden-württembergischen Grundschulen. In W. Holl-Giese & M. Schrenk (Hg.) (2005), *Bildung für nachhaltige Entwicklung - Ergebnisse empirischer Untersuchungen.* (S. 215–234). Hamburg: Verlag Dr. Kovač.

Stoltenberg, U. (2008): *Bildungspläne im Elementarbereich. Ein Beitrag zur Bildung für nachhaltige Entwicklung? Eine Untersuchung im Rahmen der UN-Dekade „Bildung für nachhaltige Entwicklung".* Bonn: Deutsche UNESCO-Kommission e.V.

Stoltenberg, U. (2012): *Leuchtpol – ein bundesweites Modellprojekt zu Bildung für eine nachhaltige Entwicklung in Kitas. Ein Zwischenbericht zur Evaluation.* Frankfurt am Main: Schriftenreihe der Arbeitsgemeinschaft Natur- und Umweltbildung, Bundesverband e. V.,

Stoltenberg, U., Benoist, B. & Kosler, T. (2013): *Modellprojekte verändern die Bildungslandschaft: Am Beispiel des Projekts Leuchtpol: Energie & Umwelt neu erleben - Bildung für eine nachhaltige Entwicklung im Elementarbereich.* Bad Homburg: VAS Verlag für akademische Schriften.

Kommunale Anpassung an die Folgen des Klimawandels als Komponente einer Nachhaltigen Entwicklung

13

Andrea Heilmann und Hardy Pundt

13.1 Einleitung

Durch eine nachhaltige Entwicklung soll eine tragfähige und gerechte Balance zwischen den Bedürfnissen der heutigen und den Lebensperspektiven künftiger Generationen erreicht werden. Um diese Zielsetzung zu erreichen, müssen bereits heute Entscheidungen für die Zukunft getroffen werden. Der Umgang mit dem Klimawandel gehört zu diesen Bereichen, in denen gegenwärtiges Handeln die Lebensweise zukünftiger Generationen beeinflusst. Die Vermeidung von Treibhausgasen (Mitigation) und die Anpassung an die unvermeidlichen Folgen des Klimawandels (Adaption) sind komplementäre Maßnahmen, um mit den Risiken des Klimawandels umzugehen und einen klimaresistenten Weg für eine nachhaltige Entwicklung zu finden (vgl. IPCC 2014, S. 13).

Entsprechend den Ausführungen des IPCC (Intergovernmental Panel on Climate Change) wird der Klimawandel wahrscheinlich bereits bestehende Risiken verstärken und neue Risiken für Mensch und Natur hervorbringen. Dabei sind die Risiken ungleichmäßig verteilt und betreffen oft gerade solche Länder, die ohnehin schon als benachteiligt gelten (IPCC 2014, S. 17). Es ist daher wichtig, die möglicherweise eintretenden Veränderungen schon heute so gut wie möglich abzuschätzen, um auf Eventualitäten angemessen reagieren zu können. „*Taking a longer term perspective, in the context of sustainable development, increases the likelihood that more immediate adaptation actions will also enhance future options and preparedness.* (IPCC 2014, S. 19)"

Auch wenn Deutschland im globalen Vergleich weniger von den Folgen des Klimawandels betroffen sein wird, werden schon heute auf Bundes- und Länderebene betroffene Bereiche identifiziert sowie Anpassungsstrategien und -maßnahmen entwickelt

A. Heilmann (✉) • H. Pundt
Hochschule Harz, Friedrichstr. 57-59, 38855 Wernigerode, Deutschland
e-mail: aheilmann@hs-harz.de; hpundt@hs-harz.de

© Springer Fachmedien Wiesbaden 2016
W. Leal Filho (Hrsg.), *Forschung für Nachhaltigkeit an deutschen Hochschulen*,
Theorie und Praxis der Nachhaltigkeit, DOI 10.1007/978-3-658-10546-4_13

(z. B. Bundesministerium für Umwelt, Naturschutz und Reaktorsicherheit 2012; Ministerium für Landwirtschaft und Umwelt des Landes Sachsen-Anhalt 2012). Der Umgang mit dem Klimawandel bedingt darüber hinaus neue Anforderungen an die Forschung, wie beispielsweise in der Strategischen Forschungs- und Innovationsagenda „Zukunftsstadt" dargelegt ist (Bundesministerium für Bildung und Forschung 2015).

Bei der Entwicklung von Strategien und Maßnahmen zur Anpassung an die Folgen des Klimawandels spielen die Kommunen und Gemeinden eine bedeutende Rolle. Diese sind beispielsweise für die Sensibilisierung und Information der Akteure vor Ort, für die Berücksichtigung klimatischer Entwicklungen in mittelfristigen Planungen (z. B. Regional- oder Bauleitplanung) sowie für die Entwicklung und Umsetzung konkreter Maßnahmen verantwortlich. Klimaanpassung auf kommunaler Ebene muss die Besonderheiten der Region berücksichtigen, denn mögliche Klimaveränderungen sind regional unterschiedlich ausgeprägt und bedingen unterschiedliche Chancen und Risiken u. a. in Bereichen wie Gesundheitsvorsorge, Naturschutz, Land- und Forstwirtschaft, Wasserwirtschaft, Regional- und Stadtplanung.

Die Kommunen können bei der Entwicklung von Strategien und Maßnahmen auf Leitlinien/ -prinzipien sowie methodische Grundsätze zurückgreifen. Beispielsweise wurden im Auftrag der Europäischen Umweltagentur allgemeine Leitprinzipien zur Anpassung erarbeitet (ETC/ACC, 2010). Diese, in der Tab. 13.1 zusammengefassten, Leitprinzipien haben Eingang in diverse Modellvorhaben zur kommunalen Klimaanpassung gefunden und bilden u. a. eine Grundlage für das nachfolgende Kapitel. Kommunale Klimaanpassung bedeutet letztlich, einen kontinuierlichen Verbesserungsprozess für eine Kommune um eine hohe Resilienz gegenüber den Folgen des Klimawandels zu erreichen.

Tab. 13.1 Leitprinzipien für einen erfolgreichen Anpassungsprozess (angepasst nach Schauser 2010, S. 3) (X: vorrangige Zuordnung; (X).: nachrangige Zuordnung)

Leitprinzipien zur Anpassung	Planung	Umsetzung	Evaluation
1. Anpassung initiieren, Projektmanagement sichern	X	(X)	(X)
2. Wissen und Verständnis vertiefen	X	X	X
3. Akteure identifizieren und einbinden	X	X	X
4. Mit Unsicherheiten umgehen	X	(X)	(X)
5. Mögliche Klimafolgen und Vulnerabilitäten untersuchen, Gefahren priorisieren	X		
6. Übersicht über mögliche Anpassungsmaßnahmen erstellen	X		
7. Anpassungsmöglichkeiten priorisieren und umsetzen	X	X	
8. Existierende Strukturen, Instrumente und Prozesse analysieren, ggf. anpassen und nutzen	X	X	
9. Konflikte mit anderen Schutzgüter/ Schutzzielen verhindern/ minimieren	X	X	(X)
10. Systematische Evaluation und Fortschreibung		(X)	X

Neben der Festlegung von Grundprinzipien zum Vorgehen benötigen die kommunalen Akteure Wissen über mögliche Klimaänderungen und deren Folgen ebenso wie Kenntnisse über geeignete Anpassungsmaßnahmen. Darüber hinaus sollten Fähigkeiten und Kompetenzen entwickelt werden, Anpassungsmaßnahmen als sektorenübergreifende Prozesse zu begreifen. Mittlerweile werden die Bereitstellung von Wissen und die Entwicklung von Kompetenzen und Fähigkeiten durch eine Vielzahl von Modellprojekten auf europäischer und nationaler Ebene unterstützt. Beispielsweise unterstützen die Vereinigten Nationen lokale Anpassungsprozesse durch die Veröffentlichung eines Leitfadens und weiterer spezifischen Anleitungen (United Nations Development Programme 2004). Durch spezielle Internetangebote können kommunale Akteure Informationen zum methodischen Vorgehen bei der Entwicklung von Klimawandelanpassungskonzepten, aber auch zu Bewertungsinstrumenten erhalten (z. B. Climate-ADAPT 2014; UKCIP 2015). Diese Angebote sind, so hilfreich sie bezüglich der Wissensvermittlung und methodischer Ansätze und Vorgehensweisen sind, nicht auf konkrete kommunale Umsetzungsprozesse ausgerichtet. So bleiben eine Reihe wichtiger Punkte auf einem vergleichsweise hohen Abstraktionslevel, was es beispielsweise kommunalen Mitarbeiter_innen schwer macht, konkrete Handlungsempfehlungen abzuleiten. Im Rahmen des nachfolgend beschriebenen Modellprojektes (nachfolgend „Klimpass" genannt) im Land Sachsen-Anhalt wurde genau auf diesen Aspekt fokussiert.

13.2   Methodik zur Entwicklung kommunaler Konzepte zur Anpassung an die Folgen des Klimawandels

Im Rahmen des Modellprojektes „Klimpass" wurde ein methodischer „Leitfaden zur Erstellung von kommunalen Klimaanpassungskonzepten in Sachsen-Anhalt" erarbeitet und erprobt. Durch diesen Internet-gestützten Leitfaden sollen die Mitarbeiter_innen in Verwaltungen befähigt werden, den Prozess der Klimaanpassung auf kommunaler Ebene zu begleiten. Neben einer methodischen Anleitung erfolgt eine Verlinkung zu den erforderlichen Grundlagendaten. Die erprobten methodischen Ansätze werden nachfolgend zusammengestellt.

13.2.1 Partizipation bei der kommunalen Klimaanpassung

Bei der Erstellung von kommunalen Konzepten zur Anpassung an die Folgen des Klimawandels ist das Zusammenwirken von Akteuren aus Politik, Verwaltung, Wirtschaft und der Bevölkerung erforderlich („multi-level-governance") (European Environment Agency 2012). Nur dadurch kann gewährleistet werden, dass Nutzungs- und Interessenkonflikte minimiert und Maßnahmen akzeptiert werden.

Eine Grundlage für das – notwendige – Zusammenwirken verschiedener Akteure ist, dass diese über ausreichendes System- und Handlungswissen verfügen, um die Auswirkung des Klimawandels und möglicher Handlungsoptionen beurteilen zu können. In diesem Zusammenhang ist auch der Umgang mit Unsicherheiten, die sich zum einen aus den Klimaprojektionen, zum anderen aus dem Zusammenwirken unterschiedlicher Faktoren bei der Ausprägung der Auswirkungen ergeben, zu diskutieren. In einer Umfrage von (Mahammadzedeh et al. 2013, S. 90) geben beispielsweise ca. 40 % der befragten Gemeinden an, noch nicht über ausreichendes Wissen zu den sozialen und ökonomischen Folgewirkungen des Klimawandels zu verfügen.

Da das Thema Klimaanpassung durch Unbestimmtheit, Unsicherheit sowie sektoren-übergreifende Risiken gekennzeichnet ist, wird ein intensiver gesellschaftlicher Dialog erforderlich. Die Auswahl der Akteure ist mitentscheidend für den Erfolg kommunaler Klimawandelanpassungsstrategien. Neben organisatorischen Aspekten sollten die in der Tab. 13.2 genannten Kriterien bei der Auswahl von Akteuren Berücksichtigung finden.

Überträgt man diese Anforderungen auf Modellprojekte, so bedeutet dies die Einbindung von Akteuren

- der Landes-, Landkreis- und Gemeindeebene,
- aus unterschiedlichen Sektoren,
- aus kommunalen und anderen Unternehmen,
- aus Verbänden und NGOs und
- aus interessierten und aktiven Teilen der Bevölkerung.

Tab. 13.2 Kriterien zur Auswahl von Akteuren für die Entwicklung von Klimaanpassungskonzepten (nach Born 2011)

Auswahlkriterium	Erläuterung
Betroffenheit	Die Akteure kommen aus der Region und sind von den regionalen Klimafolgen betroffen.
Multiplikatorenfunktion	Die Personen sind als Multiplikatoren in der Lage, Ergebnisse und Handlungsempfehlungen in die jeweils vertretenen Sektoren zu transferieren.
Einflusspotential	Die Personen besitzen als Entscheidungs- und Funktionsträger Einflusspotential auf die Handlungsweisen und das Verhalten der Bevölkerung bzw. der Wirtschaft
Expertenstatus	Die Personen weisen spezifische Kenntnisse in den von ihnen vertreten Fachgebieten auf, insbesondere im Hinblick auf Anpassungsmaßnahmen.
Diversität	Die Akteure repräsentieren die unterschiedlichen gesellschaftlichen Gruppen Politik/Verwaltung (auf Landes-, Landkreis- und Gemeindeebene), Wirtschaft und Zivilgesellschaft
Kontinuität	Die Personen sind bereit, sich an dem kontinuierlichen regionalen Anpassungsprozess zu beteiligen (z. B. Teilnahme an Workshops und Befragungen)
Gender	Bei der Auswahl sollte eine möglichst gleichmäßige Verteilung der Geschlechter berücksichtigt werden.

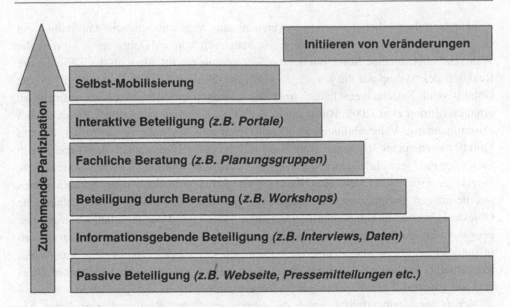

Abb. 13.1 Möglichkeiten der Partizipation bei der Erstellung eines Klimaanpassungskonzeptes (eigene Darstellung in Anlehnung an Conde et al. 2005)

Die Einbindung der Akteure in die Entwicklung des kommunalen Klimaanpassungskonzeptes kann mit unterschiedlicher Intensität erfolgen. Dies variiert von passiven Aktionen (Informationen über Klimawandel) über informationsgebende und -beratende Aktivitäten (z. B. Beteiligung an Umfragen, Interviews, Workshops) bis hin zu langfristigen, interaktiven Maßnahmen (z. B. Planspiele, Zukunftskonferenzen). Ziel aller Maßnahmen ist es, die Sensibilität gegenüber dem Klimawandel zu erhöhen, Veränderungen zu initiieren und die Bereitschaft zur Umsetzung von Maßnahmen zu entwickeln. In der Abb. 13.1 sind unterschiedliche Ebenen der Partizipation sowie mögliche Umsetzungen dargestellt (nach Conde und Lonsdale 2005).

13.2.2 Vulnerabilitätsbewertung als Grundlage der Planung

Vulnerabilität beschreibt die Verletzlichkeit oder Anfälligkeit eines Bezugsraumes, einer Bezugsgruppe, eines Objektes, eines Individuums und/oder eines Systems bezüglich der Folgewirkungen, die durch Eintritt eines Ereignisses hervorgerufen wurden. Dementsprechend kann beispielsweise ein Hang vulnerabel bezüglich möglicher Erosionsereignisse sein, ein Tal vulnerabel gegenüber Lawinengefahr oder eine ganze Flusslandschaft – inklusive der land- und forstwirtschaftlich genutzten Flächen und der Bebauung – vulnerabel in Hinsicht auf mögliche Überflutungen. Darüber hinaus beinhaltet der Begriff der „Vulnerabilität" auch die Handlungskapazitäten in Form von Bewältigungs- und Anpassungsprozessen (Weisz et al. 2013).

Mittels Vulnerabilitätsbewertungen versucht man abzuschätzen, wie empfindlich ein Objekt oder ein System auf Störereignisse reagieren könnte. Dabei spielt sowohl die Wahrscheinlichkeit eine Rolle, mit der das Störereignis eintritt, als auch die Fähigkeit der Reaktion des System auf die jeweiligen Einflüsse. Hinsichtlich der Reaktion gilt es, die Objekt- oder Systemeigenschaften trotz des eintretenden Störereignisses aufrecht zu erhalten (Turner et al. 2003; Birkmann et al. 2009). Klimaanpassung bedeutet in diesem Zusammenhang, Vulnerabilitäten zu identifizieren und Maßnahmen zu treffen, die das Funktionieren eines Systems trotz der durch den Klimawandel hervorgerufenen Störereignisse gewährleisten. Störereignisse können Stürme, Überschwemmungen, Hitzetage, Trockenperioden, Hangrutschungen, Schlammlawinen oder Kombinationen aus derartigen Ereignissen sein. Gegenüber solchen Gefahren sind unterschiedliche Objekte – bis hin zu kompletten Landschaften – auf Grund der räumlich wechselnden, geographisch-ökologischen sowie der durch den Menschen geschaffenen Infrastrukturen in unterschiedlichem Maße vulnerabel. Demnach muss jedes Objekt, jede Landschaft individuell betrachtet werden, wenn abgeschätzt werden soll, ob und in welchem Maße es bzw. sie vulnerabel gegenüber möglicherweise eintretenden Störereignissen ist.

Neben der „Vulnerabilität" spielt die bereits erwähnte „Resilienz" eine Rolle. Sie bezeichnet die Belastbarkeit von Objekten oder Systemen. Vulnerabilität und Resilienz sind nur schwer zu trennen. Wenn ein Objekt als vulnerabel erkannt wurde, sagt dies noch nichts über dessen Belastbarkeit gegenüber der Gefährdung aus. Die „Anpassungskapazität" gibt zusammenfassend darüber Auskunft, inwieweit vulnerable Gebiete ‚aus sich heraus' mit der Belastung fertig werden können und ob Eingriffe oder Maßnahmen des Menschen notwendig sind, um die Resilienz zu erhöhen.

Vulnerabilität kann (bislang) nicht direkt gemessen, sondern allenfalls qualitativ abgeschätzt, oder mittels numerischer Indikatoren beschrieben werden, denen jedoch meist qualitative Einschätzungen zugrunde liegen. Bei der Betrachtung von Vulnerabilitäten sind die Risikofaktoren, die Sensibilität und die Disposition von Objekten oder Systemen zu berücksichtigen. Sie können z. T. weiter spezifiziert werden, „bis man es mit einer empirisch messbaren Größe zu tun hat" (Weisz et al. 2013, S. 19). Bereits 2007 hat der IPCC versucht, diese Aspekte in eine entsprechende Definition zu gießen: *„Vulnerability is the degree to which a system is susceptible to, or unable to cope with, adverse effects of climate change, including climate variability and extremes. Vulnerability is a function of the character, magnitude, and rate of climate variation to which a system is exposed, its sensitivity, and its adaptive capacity".*

Um die Vulnerabilität einer Region bewerten zu können, müssen die Exposition, die Sensitivität und die Anpassungsfähigkeit eines Systems in Hinblick auf spezielle Bedrohungen, die aus dem Klimawandel resultieren können, untersucht werden (siehe hierzu z. B. Klimascout 2013).

Im Rahmen des Modellprojektes „Klimpass" wurde ein partizipativer und qualitativer Ansatz gewählt. Vulnerabilitäten wurden im Gespräch mit Fachexpert_innen aus Behörden und Verbänden ermittelt und priorisiert. Als unterstützendes Element wurde die GIS-gestützte, integrative Analyse Sektor-spezifischer Geodaten herangezogen. Hierbei steht

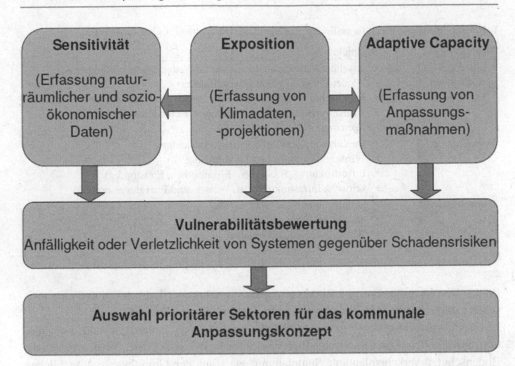

Abb. 13.2 Ermittlung der Vulnerabilität von Sektoren (eigene Darstellung, nach Schmidt 2011, S. 10)

die Erfassung und Analyse verteilt vorliegender Geofachdaten von Landes- und kommunalen Behörden sowie wissenschaftlichen Einrichtungen im Vordergrund. Gemäß Abb. 13.2 werden Klimadaten und -projektionen bezogen auf die Region (*climate impact*), Daten zur Darstellung der Sensitivität (*Sensitivity*) und Informationen zu bereits erfolgten und geplanten Anpassungsmaßnahmen (*Adaptive capacity*) benötigt. Die Vulnerabilitätsbewertung bildet die Grundlage für die Analyse prioritärer Sektoren. Eine beispielhafte Übersicht über erforderliche Daten ist in Tab. 13.3 enthalten.

Die Daten sollten allen Akteuren zur Verfügung stehen, damit diese zu einer aktiven Mitarbeit befähigt werden. Dazu bieten sich projektbegleitende Webseiten an, welche die Daten in einem geschützten Bereich zugänglich machen.

Um Vulnerabilitäten bewerten zu können bedarf es Indikatoren, anhand derer man Anfälligkeiten gegenüber spezifischen Bedrohungen festmachen kann. Derartige Indikatoren können dann beispielsweise in Verschneidungsmatrizen integriert betrachtet und so Gefährdungspotenziale ermittelt werden (vgl. Birkmann et al. 2013). Darüber hinaus existieren Versuche, über die Gewichtung von Indikatoren zu einer mit Bewertungs- oder Maßzahlen beschreibbaren Vulnerabilität zu gelangen, wobei derartige Maßzahlen grafisch, auch in Form von Karten, darstellbar sind. Hierzu zählen beispielsweise Vulnerabilitätsindizes (vgl. z. B. Taubenböck et al. 2011, S. 1113 ff.; Luthardt et al. 2012).

Tab. 13.3 Beispiele von Informationen als Grundlage von Vulnerabilitätsbewertungen

Datenkategorie	Beispiele
Klimadaten und -projektionen	• absolute Wetterdaten, gemessen an Wetterstationen (Temperatur, Niederschlag oder Sonnenscheindauer) • Durchschnittswerte für diese Parameter für Regionen • Klimaprojektionen unter Nutzung verschiedener Regionalmodelle und Szenarien
Sozioökonomie	• Bevölkerung und Bevölkerungsentwicklung • Wirtschaftsstruktur und Landnutzung • Infrastruktur (z. B. Straßen, Eisenbahnen, Entsorgung) • kritische Infrastruktur (z. B. Wasser- und Energieversorgung)
Umweltdaten	• Schutzgebiete • geschützte Flora und Fauna • Wasserquantität und -qualität

Eine solche Vorgehensweise erfordert eine Analyse relevanter Indikatoren und eine zwischen zahlreichen Stakeholdern abgestimmte Bewertung der Gewichte.

Geoinformationssysteme dienen als Werkzeuge zur Geodatenanalyse und -präsentation, um räumliche Daten unterschiedlicher Sektoren (z. B. Land-, Forst-, Wasserwirtschaft; Bodenschutz; Verkehrsplanung; Stattplanung; etc.) auf der Grundlage von fachlichen Erwägungen zu verschneiden und auf diese Weise vulnerable Bereiche abzugrenzen. Im Pilotprojekt und im Nachfolgeprojekt Klimpass-Aktiv werden Vulnerabilitätskarten als Informationsprodukte für eine Sektor-übergreifende Betrachtung und Entscheidungsunterstützung hinsichtlich zu ergreifender Maßnahmen erstellt. Abbildung 13.3 zeigt ein Beispiel einer solchen Karte. Hinzugefügt werden können projizierte Klimadaten. Die Zusammenschau ermöglicht Einschätzungen über möglicherweise ab- oder zunehmende Trends, etwa der Gefahr, dass Hochwassersituationen in bestimmten Regionen noch häufiger werden könnten.

13.2.3 Planung kommunaler Anpassungsmaßnahmen

Ziel kommunaler Maßnahmen zur Anpassung an die Folgen des Klimawandels ist es, die Vulnerabilität von Objekten und Systemen zu mindern und somit die kommunale Daseinsvorsorge zu sichern. Unter öffentlicher bzw. kommunaler Daseinsvorsorge werden Tätigkeiten des Staates verstanden, welche „einer grundlegenden Versorgung der Bevölkerung mit wesentlichen Gütern und Dienstleistungen dienen. Teilweise wird in diesem Zusammenhang auch von Leistungen zur „Existenzsicherung" oder zur „zivilisatorischen Grundversorgung" gesprochen." (Dt. Inst. Urbanistik 2012, o.S.).

Die Anpassungsmaßnahmen, die sich aus der vorhergehenden Ermittlung möglicher Vulnerabilitäten ergeben, können zum einen die Sensitivität (z. B. Landnutzung, Städteplanungen, etc), zum anderen die Steigerung der Anpassungskapazität betreffen.

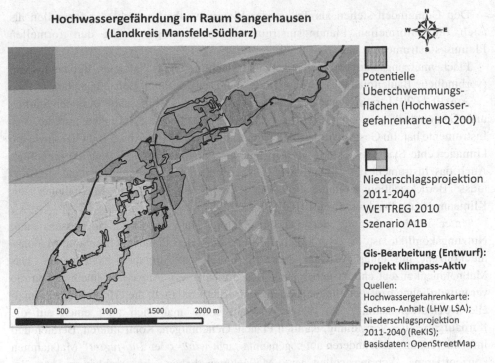

Abb. 13.3 Hochwassergefährdung im Landkreis Mansfeld-Südharz

Zur Umsetzung von kommunalen Klimaanpassungsmaßnahmen ist es zunächst erforderlich, die vorhandenen formellen und informellen Planungsinstrumente überregional sowie in den Landkreisen und Gemeinden zu nutzen. Diese bieten bereits heute vielfältige Möglichkeiten, Klimaschutz und Klimaanpassung zu berücksichtigen.

Auf der Ebene der Regionalplanung sind Vorrang- und Vorbehaltsgebiete unter dem Aspekt des Klimaschutzes und des Klimawandels auszuweisen. Auf der kommunalen Ebene besteht die Pflicht zur Anpassung an die Ziele der Raumordnung (§ 1 Abs. 4 BauGB), sodass die Regionalen Entwicklungspläne den Rahmen für raumwirksame Vorhaben und Planungen vorgeben. Wesentliche Erkenntnisse zur Weiterentwicklung regionalplanerischer Instrumente im Zusammenspiel mit den fachplanerischen Instrumenten wurden durch die Modellvorhaben der Raumordnung (MORO) (Klimamoro 2010) erprobt. Auch bei den Monitoringaktivitäten kann die Regionalplanung verstärkt auf Aspekte des Klimawandels und der Klimaanpassung achten. Ein weiteres aktuelles Planungsinstrument bieten die Hochwassergefährdungs- und -risikokarten (LHW LSA 2015).

Für die Landkreisebene existieren keine formellen Planungsinstrumente hinsichtlich der Ausweisung von Klimaanpassungsmaßnahmen. Es besteht auch keine Weisungsbefugnis gegenüber den Städten und Gemeinden. Klimaschutz, aber auch Klimaanpassung können jedoch in übergreifende Planungen wie Kreisentwicklungskonzepte einbezogen werden (Deutscher Landkreistag 2011).

Den Gemeinden stehen als Träger der Planungshoheit sowohl die formellen als auch die informellen Planungsinstrumente zur Verfügung. Zu den formellen Planungsinstrumenten gehören:

Flächennutzungsplan (vorbereitende Bauleitplanung), Landschaftsplan, Bebauungsplan (verbindliche Bauleitplanung), Grünordnungsplan, Integration in Bebauungsplan.

Am 30.07.2011 trat mit dem „Gesetz zur Förderung des Klimaschutzes in den Städten und Gemeinden" eine BauGB-Novelle in Kraft, welche Auswirkungen auf die o.g. Instrumente hat. Im Gesetz wurden eine Klimaschutzklausel (§ 1 Abs. 5 BauGB) sowie die klimagerechte Stadtentwicklung als Abwägungsbelang (§ 1a Abs. 5 BauGB) eingefügt. Auch das Instrument der „Integrierten Gemeindlichen Entwicklungskonzepte (IGEK)" muss Berücksichtigung finden, da die Daseinsvorsorge auch Maßnahmen zur Klimaanpassung beinhalten sollte (IGEK LSA 2015).

Unter Berücksichtigung der diversen Sektoren und möglicher Interessens- und Nutzungskonflikte ist es erforderlich, im Ergebnis der Planungsphase ein Maßnahmenkonzept mit einer Auswahl der vordringlichsten Aufgaben zu erstellen. Das Maßnahmenkonzept enthält neben einer Beschreibung von Anpassungsmaßnahmen die verantwortlichen bzw. beteiligten Akteure und, sofern möglich, die erforderliche finanzielle Ressourcenplanung. Bei dieser Auswahl sollte man sich zum einen auf die Kernaufgaben der Verwaltung, nämlich Planen, Genehmigen, Kontrollieren, Beraten und Informieren, und zum anderen auf sogenannte „win-win"- oder „no-regret"-Maßnahmen konzentrieren. „Vorrang sollen jene Maßnahmen haben, die unabhängig von der Klimaveränderung einen Vorteil bringen („win-win") bzw. die keine Nachteile bringen, wenn die tatsächliche Klimaentwicklung nicht der projizierten entsprechen sollte („no regret"). Eine solche flexible Vorgehensweise bei der Maßnahmenentwicklung ist sinnvoll, da die Projektionen zukünftiger Klimaentwicklungen mit Unsicherheiten behaftet sind. Mit „win-win"- und insbesondere „no-regret"- Maßnahmen kann dem Umstand Rechnung getragen werden, dass der Kommune im Falle des Nicht-Eintretens oder Veränderungen gegenüber ursprünglich erwarteten Entwicklungen keine Nachteile entstehen und eine leichte Neuanpassung möglich ist" (Schauser 2010, S. 4).

13.2.4 Bewertung von Anpassungsmaßnahmen

Die Auswahl oder Priorisierung von Klimaanpassungsmaßnahmen aus möglichen Alternativen hinsichtlich der Kosten und dem Nutzen ist Teil eines vom Helmholtz Zentrum für Umweltforschung entwickelten Ansatzes (s. Abb. 13.4). Wesentlich für das Ergebnis sind die Auswahl eines geeigneten Bewertungsverfahrens und die Definition von Bewertungskriterien (vgl. Knoop 2014, S. 12.).

Entscheidungen zur Klimaanpassung sind oftmals mit einer hohen Komplexität verbunden, was auch an den vielen Elementen liegt, die im Entscheidungsprozess eine Rolle spielen. Vier Elemente sind essenziell, wenn Klimaanpassungsmaßnahmen zu bewerten sind:

Bewusstsein, Alternativen, Ziel, Umweltbedingungen/ -einflüsse

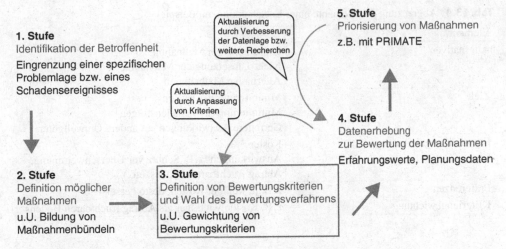

Abb. 13.4 Prozess der Bewertung Priorisierung von Anpassungsmaßnahmen (Gebhardt et al. 2012, S. 5)

Die Entscheidung soll bewusst und objektiv erfolgen (vgl. Goldbach und.Gommas 2004, S. 39), um Transparenz für Außenstehende zu schaffen. Eine Entscheidung umfasst zudem diverse, mindestens jedoch zwei (Handlungs-)Alternativen, wozu auch die Entscheidung zwischen „Umsetzung" oder „Nicht-Umsetzung" zählt.

Die Entscheidung dient der Erreichung eines oder mehrerer Ziele, wobei bei Klimaanpassungsmaßnahmen oft letzteres zutrifft. Diese können sich auf ökonomische, ökologische und soziale Aspekte beziehen. Bei mehreren Zielen werden bei der Bewertung folglich mehrere Kriterien berücksichtigt (vgl. Geldermann und Lerche 2014, S. 4 ff.).

Ein weiteres zu berücksichtigendes Element sind die Umweltbedingungen. Der Entscheidungsprozess wird von einer unbestimmten Anzahl nicht beeinflussbarer Faktoren – den Umweltzuständen – geprägt (vgl. Jacob 2012, S. 98). Der Entscheidungsträger kann diesbezüglich lediglich Erwartungen äußern. Sie müssen bei der Entscheidung bzw. ökonomischen Bewertung von Maßnahmen zur Klimaanpassung auf jeden Fall beachtet werden.

Zusätzlich zu den genannten Elementen spielen Präferenzen und Kriteriengewichtungen eine Rolle. Präferenzen bilden die positiven bzw. negativen Einstellungen eines Entscheidungsträgers bezüglich der Konsequenzen ab, die sich aus einer Alternative ergeben (vgl. Geldermann, J. und Lerche 2014, S. 7 f.). Die Kriteriengewichtungen drücken die Bedeutung der einzelnen Kriterien hinsichtlich des Gesamtproblems aus. Sie werden subjektiv von Entscheidungsträgern festgelegt (vgl. Geldermann et al. o.J., S. 8 f.).

Die einzelnen Elemente werden in der nachfolgenden Tabelle zusammengefasst (Tab. 13.4):

Das MADM (*Multi Attribute Decision Making*) Verfahren PROMETHEE (*Preference Ranking Organisation Method for Enrichment Evaluations*) wurde bei einer umfangreichen Analyse möglicher Bewertungsverfahren als geeignetes Verfahren für die

Tab. 13.4 Abgrenzung der Elemente einer Entscheidung am Beispiel

Element	Beispiel
Alternativen	Umsetzung der Maßnahme
	Nicht-Umsetzung der Maßnahme
	Alternative Maßnahmen
Ziele	Minimierung der Kosten
	Minimierung der Schadensfolgen
	Geringere Auswirkungen auf andere Umweltgüter
Entscheidungskriterien	Kosten,
	Auswirkungen (z. B. Schutz vor Überschwemmung,
	Abtrag fruchtbaren Bodens, etc.)
Präferenzen	z. B. je weniger Kosten, desto besser
Kriteriengewichtung	z. B. Kosten wichtiger als Abtrag fruchtbaren Bodens

ökonomische Bewertung von Maßnahmen zur Klimaanpassung identifiziert (vgl. Knoop 2014). Um die Aggregation zu einem Ergebnis in Form einer Rangfolge vornehmen zu können, wurden einige Anpassungen zu den klassischen MADM Verfahren vorgenommen (vgl. Geldermann et al. o.J., S. 53).

Das Verfahren basiert auf einem Vergleich von jeweils zwei Handlungsalternativen hinsichtlich der einzelnen Kriterien (vgl. Geldermann et al., o.J. S. 126). Bei PROMETHEE können auch nichtmonetär-quantifizierbare, d. h. rein qualitative Kriterien in der Auswahl der „besten" Handlungsalternative berücksichtigt werden. Der wesentliche Unterschied zu den klassischen MADM-Verfahren besteht in der Erweiterung der Annahme, dass der Entscheidungsträger sich seiner Präferenzen exakt bewusst ist und diese auch ausdrücken kann (vgl. Geldermann et al. o.J., S. 53). Bei PROMETHEE wird davon ausgegangen, dass der Entscheidungsträger Schwierigkeiten mit der exakten Gewichtung der Kriterien hat (vgl. Harth 2006, S. 60 f.). Daher lässt das Verfahren neben Indifferenz und strenger Präferenz abgestufte Präferenzeinschätzungen zu. Der Ausdruck der Präferenzen erfolgt mit Hilfe von Präferenzfunktionen (vgl. Wittberg et al. 2013, S. 240 f.). Als Ergebnis soll eine Rangfolge in Form einer Präordnung für alle Alternativen gebildet werden. Dadurch soll die „beste" Handlungsalternative aufgezeigt werden.

In der Klimaanpassung wird die Software PRIMATE bereits in mehreren Projekten eingesetzt. Die Bewertungssoftware wurde am Helmholtz Zentrum für Umweltforschung (UFZ) entwickelt und an die Fragestellung der Bewertung von Klimaanpassungsmaßnahmen angepasst (vgl. Gebhardt et al. 2012, S. 17). Mittels der Software ist es möglich, Kosten-Nutzen-Analysen, Kosten-Wirksamkeitsanalysen sowie multikriterielle Analysen durchzuführen. Letztere basieren auf dem Verfahren PROMETHEE. Demzufolge ist die Software für die ökonomische Bewertung von Maßnahmen in der Klimaanpassung geeignet, ein Beispiel findet sich in (Gebhardt et al. 2012, S. 17 ff.).

13.2.5 Umsetzungen von Anpassungsmaßnahmen

Die erfolgreiche Umsetzung von Anpassungsmaßnahmen basiert auf mehreren Säulen:

> strukturelle Verankerung des Themas in der kommunalen Verwaltung einschließlich Bereitstellung der erforderlichen Ressourcen, Bereitstellung der erforderlichen Informationen für Verwaltung und Politik, Einbindung der Bevölkerung zur Stärkung der Eigenvorsorge (breite und organisierte Öffentlichkeit).

Die Folgen des Klimawandels betreffen nahezu alle Bereiche und Sektoren in einem Landkreis, die Verwaltung ebenso wie die Unternehmen, Bürgerinnen und Bürger, Verbände und Vereine. Dabei ist ein unterschiedlicher Informationsstand hinsichtlich der möglichen Klimaauswirkungen und der eigenen Betroffenheit ebenso zu berücksichtigen wie das Erfordernis einer zielgruppenspezifischen Informationsbereitstellung. Klimaschutz und Klimaanpassung stehen in engem Verhältnis zueinander, da der Erfolg der Klimaschutzmaßnahmen wie die Steigerung der Energieeffizienz oder der Einsatz erneuerbarer Energien den Umfang von Anpassungsmaßnahmen beeinflussen kann. Andererseits wächst die Akzeptanz für Klimaschutzmaßnahmen, wenn die Kenntnisse für die regionalen Folgen des Klimawandels und der daraus erforderlich werdenden Klimaanpassungsmaßnahmen transparent und nachvollziehbar werden. Klimaschutzmaßnahmen sind durch Pressemitteilungen, Förderprogramme, Wettbewerbe und Kampagnen zunehmend besser im Bewusstsein verankert. Die Öffentlichkeitsarbeit hinsichtlich des Klimawandels und der möglichen Anpassungsmaßnahmen sollte darum mit dem Thema Klimaschutz verzahnt werden.

Zur Unterstützung kommunaler Anpassungsmaßnahmen ist der Aufbau einer Webseite oder die Aufnahme des Themas in die Webseite der Kommune unbedingt zu empfehlen. Durch eine solche Plattform können für alle Akteure Informationen, Vulnerabilitätsbewertungen und -karten sowie Checklisten verfügbar gemacht werden, interne Daten und Dokumente sind ggf. nur in geschützten Bereichen vorzuhalten.

Die breite Öffentlichkeit sollte zielgruppenspezifisch durch Informationsveranstaltungen, Aktionen oder Wettbewerbe eingebunden werden. Um die Umsetzung zu erleichtern und den finanziellen Aufwand zu begrenzen, ist die Nutzung bislang bestehender Angebote zur Umweltbildung, zum Klimaschutz oder im Rahmen der UNESCO-Dekade „Bildung für eine Nachhaltige Entwicklung (BNE)" zu empfehlen.

13.2.6 Monitoring und Evaluation

> Anpassung ist ein kontinuierlicher Prozess, der eine regelmäßige Fokussierung auf die priorisierten Klimafolgen und die Neu-Ausrichtung der Anpassungsmaßnahmen bedarf. Ein Monitoring begleitet den laufenden Lernprozess der Anpassung, während die Evaluierung auf die Bewertung des Ergebnisses abzielt. Monitoring und Evaluierung in der Anpassung sollten parallel zur Gestaltung der Maßnahmen entwickelt werden. Die Verwendung von Indikatoren kann das Monitoring und die Evaluierung von Anpassungsmaßnahmen unterstützen. (Schauser 2010, S. 5)

Zum Monitoring gehört somit die Aufnahme der im Abschn. 3.1 beschriebenen Grundlagendaten. Zur Bewertung der Ergebnisse kann ein jährliches Anpassungsaudit durchgeführt werden. Dazu werden zunächst vorliegende Informationen ausgewertet. Im zweiten Schritt werden leitfadengestützte Interviews mit den Verantwortlichen der Maßnahmen durchgeführt. Neben dem Umsetzungsstand werden mögliche weitere Aspekte erfasst, welche bei der Fortschreibung des Maßnahmenkonzeptes berücksichtigt werden sollten. Im Ergebnis der vorangegangenen Schritte (Monitoring und Anpassungsaudit) sollte jährlich ein Workshop durchgeführt werden. Hier werden den beteiligten Akteuren die Ergebnisse vorgestellt und Maßnahmen zur Fortschreibung abgeleitet. Durch den auf diese Weise herbeigeführten regelmäßigen Austausch der Akteure wird eine stetige Berücksichtigung des Themas Klimaanpassung in der kommunalen Verwaltung unterstützt, ein Ansatz, der sich von der spontanen Reaktion auf eingetretene Ereignisse, zum Beispiel Extremwetter, grundlegend unterscheidet.

13.3 Erfahrungen in der Modellregion

Im nachfolgend dargestellten Projektvorhaben wurde der Landkreis Mansfeld-Südharz als Modellregion ausgewählt. Innerhalb des Kreisgebietes hatte sich die Stadt Sangerhausen für speziell städtische Untersuchungen und Maßnahmen bereit erklärt, Daten und Ansprechpartner zur Verfügung zu stellen.

13.3.1 Vorstellungen der Modellprojekte

Das Modellprojekt „Klimpass" zur Entwicklung einer Anpassungsstrategie an die Folgen des Klimawandels wurde im Landkreis Mansfeld-Südharz und der Stadt Sangerhausen durchgeführt. Dieser Landkreis, in dem ca. 150.000 Einwohner leben, umfasst eine Fläche von 1448.60 km², welche vorrangig für Land- und Forstwirtschaft genutzt wird. Durch extreme Wettersituationen, beispielsweise Starkregenereignisse und damit verbundene Schlammlawinen im Jahr 2011, war die Notwendigkeit von Anpassungsmaßnahmen stärker ins Bewusstsein der Bevölkerung und der Verwaltung gelangt.

Zwei wesentliche methodische Aspekte standen im Fokus des Modellprojektes:

Umsetzung eines breiten und intensiven Partizipationsprozesses aller Beteiligten mit Schwerpunkt kommunale Verwaltung, sowie Vermittlung von systemischem Wissen durch die Verbindung von Klimadaten mit anderen ökologischen und sozio-ökonomischen Daten unter Nutzung von Geoinformationssystemen (GIS).

Das Pilotprojekt verlief über einen Zeitraum von 14 Monaten. Zur Umsetzung der Maßnahmen wird im Zeitraum 2013–2016 mit Förderung des BMBF das Vorhaben „Klimpass-Aktiv" durchgeführt.

Zunächst war es im Rahmen des Projektes wichtig, einen Überblick über den aktuellen Kenntnisstand im Bereich „Klimawandel" und „Klimaanpassung" zu erhalten. Hierzu

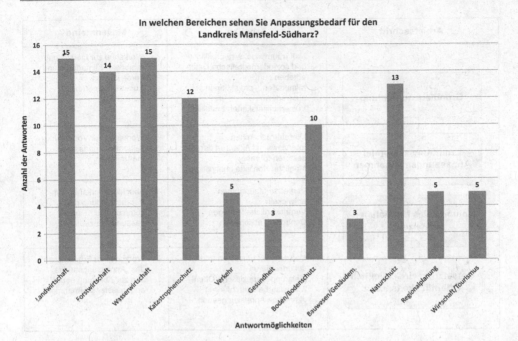

Abb. 13.5   Ergebnisse zur Frage: Anpassungsbedarf in einzelnen Sektoren

wurde im Jahr 2011 eine Fragebogenaktion durchgeführt, bei der 49 Fragebögen an beteiligte Expert_innen aus der Verwaltung verteilt wurden. Bei 18 Rückläufern ergibt sich eine Quote von knapp 37 %. Es wurde deutlich, dass sich 39 % der Befragten bereits in ihrem Verwaltungshandeln mit dem Klimawandels auseinandersetzen, ca. 30 % dies jedoch nicht tun. Der verbleibende Anteil sieht die Notwendigkeit, verfügt jedoch noch nicht über ausreichend Informationen oder Ressourcen. Der Anpassungsbedarf (s. Abb. 13.5) wird im Wesentlichen in der Land-, Forst- und Wasserwirtschaft, jedoch weniger in den kommunalen Handlungsfeldern der Städte- und Regionalplanung gesehen.

13.3.2 Vorgehensweisen zur Entwicklung und Umsetzung von Anpassungsmaßnahmen

Die Befragung von Akteuren hat u. a. deutlich gemacht, dass zur Entwicklung einer Vorgehensweise für kommunale Klimaanpassungsstrategien zum einen die Vermittlung wichtiger Grundlageninformationen, zum anderen eine konkrete Anleitung zum Vorgehen notwendig ist. Darauf aufbauend wurden insgesamt vier Arbeitsschritte fixiert, die spezielle Aufgaben beinhalten, die mittels definierter Meilensteine abzuschließen sind und damit auch ein Monitoring des Projektfortschritts ermöglichen (s. Abb. 13.6).

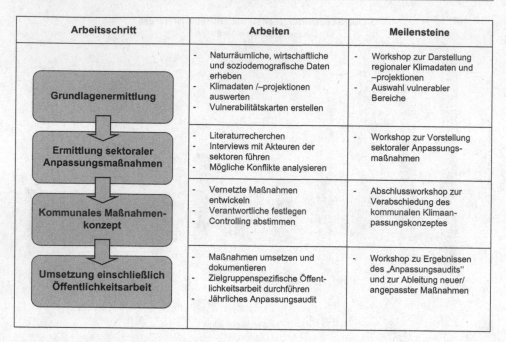

Arbeitsschritt	Arbeiten	Meilensteine
Grundlagenermittlung	- Naturräumliche, wirtschaftliche und soziodemografische Daten erheben - Klimadaten /–projektionen auswerten - Vulnerabilitätskarten erstellen	- Workshop zur Darstellung regionaler Klimadaten und –projektionen - Auswahl vulnerabler Bereiche
Ermittlung sektoraler Anpassungsmaßnahmen	- Literaturrecherchen - Interviews mit Akteuren der sektoren führen - Mögliche Konflikte analysieren	- Workshop zur Vorstellung sektoraler Anpassungs-maßnahmen
Kommunales Maßnahmen-konzept	- Vernetzte Maßnahmen entwickeln - Verantwortliche festlegen - Controlling abstimmen	- Abschlussworkshop zur Verabschiedung des kommunalen Klimaan-passungskonzeptes
Umsetzung einschließlich Öffentlichkeitsarbeit	- Maßnahmen umsetzen und dokumentieren - Zielgruppenspezifische Öffent-lichkeitsarbeit durchführen - Jährliches Anpassungsaudit	- Workshop zu Ergebnissen des „Anpassungsaudits" und zur Ableitung neuer/angepasster Maßnahmen

Abb. 13.6 Vorgehensweise zur Entwicklung kommunaler Anpassungskonzepte an den Klimawandel im Landkreis Mansfeld Südharz

13.3.3 Partizipation

Aus dem Landkreis Mansfeld-Südharz und der Stadt Sangerhausen waren ca. 30 Personen in die Erstellung der Strategie eingebunden. Eine der Verwaltung zugehörige Person wurde mit der Koordination des Gesamtvorhabens betraut. Die beteiligten Akteure übernahmen folgende Aufgaben:

Unterstützung bei Erfassung von Informationen (z. B. Wetterbeobachtungen, bisher erfolgte Anpassungsmaßnahmen), Abschätzung der Vulnerabilität einzelner Sektoren, Erhebung von möglichen Maßnahmen zur Anpassung an die Folgen des Klimawandels, basierend auf vorliegenden Erfahrungen.

Die in der Modellregion gewählte Vorgehensweise stellte eine von den Beteiligten akzeptierte Vorgehensweise dar, was sich in hohem Engagement niederschlug. Vier Workshops dienten als gute Kommunikationsplattform und förderten eine Sektorübergreifende Diskussion.

13.3.4 Ermittlung der Vulnerabilität

Die zur Definition von Anpassungsmaßnahmen notwendige Identifikation vulnerabler Bereiche wurde, wie bereits in Abschn. 2.2 erläutert, durchgeführt. Wesentlich ist zum einen die Partizipation von Expert_innen bei der Priorisierung von Vulnerabilitäten, zum anderen die Berücksichtigung von Abhängigkeiten zwischen Sektoren. Daher ist der (Daten-)integrative, GIS-basierte Ansatz zur Analyse von Sektor-übergreifenden Geodaten bei der Erstellung von Vulnerabilitätskarten hilfreich (Pundt et al. 2012, S. 876 ff.).

Die Möglichkeit des Kartenzugriffs über die Projekt-Homepage zielt maßgeblich auf die Informationsbereitstellung für die Akteure ab. Zielsetzung ist „(…) ein modernes, partizipatives Instrument zur Verbesserung der Risikokommunikation (…)" und „zur Unterstützung des gesellschaftlichen Umgangs mit den Risiken des Klimawandels" (Wittig und Schuchardt 2014, S. 8).

Die kartographische Darstellung der Analyseergebnisse bietet eine gute Diskussionsgrundlage für Experten_innen, die Entscheidungen über vorzunehmende Maßnahmen treffen müssen. Die Präsentation des Ist-Zustandes und die auf der GIS-Analyse beruhenden Vulnerabilitätskarten bekommen damit für die kommunalen Stakeholder eine wichtige entscheidungsunterstützende Funktion. Die Karten können aber auch in der Öffentlichkeitsarbeit Einsatz finden.

Die Projekt-Homepage bietet die Möglichkeit, Layer sowohl sektorspezifisch, als auch integriert mit Daten anderer Sektoren zu visualisieren. Es besteht darüber hinaus die Möglichkeit, Klimaparameter aus dem regionalen Klimainformationssystem ReKIS (2015) mit den Geofachdaten aus unterschiedlichen Sektoren zu kombinieren. Auf diese Weise können mittels der Karten Rückschlüsse bezüglich möglicherweise eintretender landschaftlicher Veränderungen gezogen werden. Als vulnerabel identifizierte Gebiete oder Objekte können von den Fachexpert_innen geprüft und ggf. Anpassungsmaßnahmen initiiert werden.

Die Abb. 13.7 zeigt beispielhaft die Verbreitung von Neophyten in einem Seengebiet südöstlich Eisleben im Projektgebiet. Da die Temperaturprojektion für dieses Gebiet den Trend zu weiterer Erwärmung stützt, könnten sich die Lebensbedingungen für invasive Neophyten, offensichtlich schon heute günstig, eher noch verbessern. Schon jetzt Maßnahmen gegen eine weitere Verbreitung derartiger Neophyten einzuleiten, wäre eine sich daraus ergebende Schlussfolgerung.

13.3.5 Beispielhafte Maßnahmen und deren Umsetzung

Im Zuge des Pilotprojektes wurden nach den vorab beschriebenen Schritten folgende Anpassungsmaßnahmen definiert:

1. Minderung des Bodenabtrags von landwirtschaftlich genutzten Flächen
2. Berücksichtigung klimatischer Veränderungen bei der Unterhaltung von Gewässern zweiter Ordnung
3. Umgang mit Neophyten
4. Unterstützung der Waldanpassung unter Berücksichtigung klimatischer Veränderungen
5. Ableitung von Verbesserungen in der Gefahrenabwehr bei Extremwetterereignissen

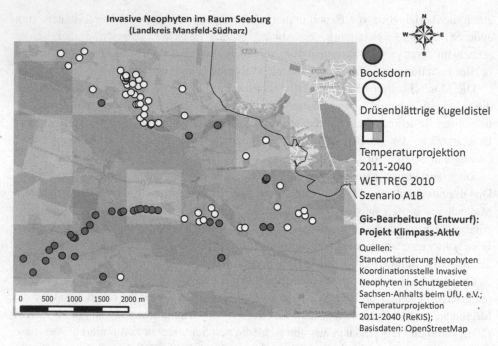

Abb.13.7 Ausbreitung von Neophyten im Seengebiet Mansfelder Land und Temperaturentwicklung für den Zeitraum 2011–2040

6. Nutzung und Anpassung vorhandener Planungsinstrumente der Stadtplanung
7. Anpassung der Wasserver- und Entsorgung an den demographischen- sowie Klimawandel

Als übergreifende Maßnahme wurde die kontinuierliche Fortschreibung des Konzeptes festgelegt. Dazu ist u.a. ein Audit geplant, welches sowohl die Grundlagendaten fortschreibt (vgl. Tab. 13.2) als auch durch fragebogengestützte Interviews (vergleichbar der Befragung im Jahr 2011) den Kenntnisstand im Bereich kommunale Klimaanpassung ermittelt.

Zur Umsetzung der Maßnahmen wurden neben einem projektbegleitenden Beirat vier Arbeitsgruppen gebildet, welche die Umsetzung betreuen:

AG Stadtentwicklung (Vertreter aus Bauämter), AG Gewässerunterhaltung (Vertreter der Unterhaltungsverbände), AG Forstwirtschaft (Forstwirtschaft, Wissenschaft), AG Öffentlichkeitsarbeit / Biosphärenreservat Karstlandschaft Südharz.

Die breite Öffentlichkeit wird über Pressemitteilungen, die Webseite, Printmaterial, eine Wanderausstellung sowie besondere Aktionen in Verbindung mit dem Biosphärenreservat Karstlandschaft Südharz informiert. Für die organisierte Öffentlichkeit stehen neben den gleichen Quellen auch noch spezielle Informationsveranstaltungen zur Verfügung.

13.4 Schlussfolgerungen

„Die Effekte des Klimawandels sind diffus und langfristig und es gibt immer etwas Dringenderes zu erledigen" (Klimalotse 2015)

Es ist aktuell erforderlich, Strategien und Maßnahmen zur Klimaanpassung in das kommunale Verwaltungshandeln einzubinden. Wesentliche Voraussetzung dafür ist, dass möglichst viele Akteure für das Thema sensibilisiert werden, so dass sie die möglichen Auswirkungen von klimatischen Änderungen auf verschiedene Bereiche abschätzen, Unsicherheiten berücksichtigen und möglichen Anpassungsmaßnahmen erkennen können. Dabei sollten sie in der Lage sein, sektorübergreifend zu denken und zu arbeiten, was neuer Formen der kommunalen Zusammenarbeit bedarf. Internetgestützte Portale können die Wissensvermittlung, das konkrete Vorgehen bei der Entwicklung kommunaler Klimawandelanpassungsstrategien ebenso wie die Zusammenarbeit der Akteure unterstützen (Brennan et al. 2012). Diese Portale müssen weiter verbessert und hinsichtlich des Nutzerverhaltens evaluiert werden.

Durch die Pilotprojekte „Klimpass" und „Klimpass-Aktiv", welche im und gemeinsam mit dem Landkreis Mansfeld-Südharz und der Stadt Sangerhausen seit 2010 zunächst mit Förderung des Ministeriums für Landwirtschaft und Umwelt des Landes Sachsen-Anhalt und im Zeitraum Juni 2013 bis Mai 2016 durch eine Förderung des Bundesumweltministeriums durchgeführt wurden und werden, konnte eine modellhafte Vorgehensweise erprobt und Maßnahmen umgesetzt werden. Die Bewertung der Maßnahmen hinsichtlich der festgelegten Kriterien (die im Wesentlichen auch die Aspekte der Nachhaltigkeit widerspiegeln) und die Kommunikation der erreichten Ergebnisse ist weiterhin eine wichtige Aufgabe. Ein zusätzliches bedeutendes Kriterium wird sein, in welchem Maße sich der Kenntnisstand und das Verhalten der befragten Akteure durch das Pilotprojekt verändert haben. Eine umfassende Beurteilung von Treibern und Barrieren für einen erfolgreichen kommunalen Anpassungsprozess an die Folgen des Klimawandels, auch unter Berücksichtigung internationaler Erfahrungen ist erforderlich und kann wichtige Handlungsempfehlungen für weitere Kommunen ermöglichen.

Die Anpassung an die Folgen des Klimawandels ist als Bestandteil einer nachhaltigen Entwicklung zu sehen, denn sie dient ebenso der Daseinsvorsorge in den Regionen. Es gibt gemeinsame methodische Ansätze (z. B. Strategie, Indikatoren, kontinuierliche Weiterentwicklung, Bewertung) und die Notwendigkeit der breiten, sektorübergreifenden Partizipation. Klimaanpassung wird darüber hinaus durch veränderte Rahmenbedingungen wie Bevölkerungsentwicklung, Naturschutz oder Flächennutzung beeinflusst, so dass eine nachhaltige Entwicklung und Klimanpassung aufeinander abgestimmt, entwickelt und umgesetzt werden müssen. Diese Vernetzung wissenschaftlich zu begleiten ist eine zukünftige Aufgabe.

Literatur

Birkmann, J., Tezlaff, G. & Zentel, K.O. (Hg.) (2009): *Addressing the Challenge: Recommendations and Quality Criteria for Linking Disaster Risk Reduction and Adaptation to Climate Change.* Verfügbar unter: https://www.ehs.unu.edu/file/get/10781.pdf (aufgerufen am 25.02.2015).

Birkmann, J., Vollmer, M. & Schanze, J. (Hg.) (2013): *Raumentwicklung im Klimawandel. Herausforderungen für die räumliche Planung. Forschungsberichte der Akademie für Raumordnung und Landesplanung.* Hannover: Verlag der ARL.

Born, M. (2011). Akteursorientierte Kommunikation des Klimawandels in Nordwestdeutschland. In: Frommer, B.; Buchholz F.; Böhm, H.R. (Hg.), *Anpassung an den Klimawandel regional umsetzen!* (Band 1) (S. 79–104). München: Oekom.

Brennan, J., Heilmann, A. & Pundt, H. (2012). An Information Systems Approach to developing Adaptation Strategies. In: Ghoneim, A., Klischewski, R., Schrödl, H. & Kamal, M. (Hg.) *Proceedings of the European, Mediterranean & Middle Eastern Conference on Information Systems (EMCIS)* (S. 231 – 241) München.

Bundesministerium für Bildung und Forschung (Hg.) (2015). *Zukunftstadt - Strategische Forschungs- und Innovationsagenda.* Verfügbar unter: http://www.bmbf.de/pub/Zukunftsstadt.pdf (aufgerufen am 15.03.2015).

Bundesministerium für Umwelt, Naturschutz und Reaktorsicherheit (Hg.) (2012). *Aktionsplan Anpassung der Deutschen Anpassungsstrategie an den Klimawandel.* Verfügbar unter: http://www.bmub.bund.de/fileadmin/Daten_BMU/Pools/Broschueren/Aktionsplan_Anpassung_de_bf.pdf (aufgerufen am 15.03.2015).

Climate-ADAPT (2014). Verfügbar unter: http://climate-adapt.eea.europa.eu (aufgerufen am 15.03.2015).

Conde, C. & Lonsdale, K. (2005). Engaging stakeholders in the adaptation process. In Lim, B., Spanger-Siegfried E., Burton I., Malone E. & Huq S. UNDP - United Nations Development Programme (Hg.). *Adaptation Policy Frameworks for Climate Change: Developing Strategies, Policies and Measures* (Band 1) (S. 47–66). Cambridge, New York: Cambridge University Press.

Deutscher Landkreistag (Hg.) (2011) *Energie und Klimaschutz im ländlichen Raum.* Verfügbar unter: http://www.landkreistag.de/images/stories/publikationen/bd-94.pdf (aufgerufen am 11.03.2015).

Deutsches Institut für Urbanistik (2012). Difu - Berichte 1/2012: Was ist eigentlich öffentliche Daseinvorsorge? Verfügbar unter: http://www.difu.de/publikationen/difu-berichte-12012/was-ist-eigentliche-oeffentliche-daseinsvorsorge.html (aufgerufen am 21.04.2015).

EEA - European Environment Agency (Hg.) (2012). *Urban adaptation to climate change in Europe, EEA Report 2/2012.* Verfügbar unter: http://www.eea.europa.eu/publications/urban-adaptation-to-climate-change (aufgerufen am 09.02.2015).

Gebhardt, O., Brenck, M., Meyer, V. & Hansjürgens, B. Helmholtz-Zentrum für Umweltforschung (UFZ) (Hg.) (2012). *Entscheidungsunterstützung bei der urbanen Klimaanpassung. Ökonomische Bewertung und Priorisierung von Anpassungsmaßnahmen am Beispiel der Stadt Sangerhausen, Landkreis Mansfeld-Südharz.* Verfügbar unter: http://www.klimanavigator.de/dossier/artikel/037732/index.php (Zugriff am 24.04.2015)

Geldermann, J. & Lerche, N. (2014): *Leitfaden zur Anwendung von Methoden der multikriteriellen Entscheidungsunterstützung. Methode: PROMETHEE.* Verfügbar unter: www.uni-goettingen.de/de/multimedia--software/171915.html (aufgerufen am 12.01.2015)

Goldbach, A. & Grommas, D. (Hg.) (2004). *Entscheidungslehre. Methoden und Techniken öffentlichbetriebswirtschaftlicher Entscheidungen in elementaren Grundzügen.* Merkur Verlag, Rinteln

Harth, M. 2006). *Multikriterielle Bewertungsverfahren als Beitrag zur Entscheidungsfindung in der Landnutzungsplanung. Unter besonderer Berücksichtigung der Adaptiven Conjoint-Analyse und der Discrete Choice Experiments.* Dissertation Martin-Luther-Universität Halle-Wittenberg, verfügbar unter: http://sundoc.bibliothek.uni-halle.de/diss-online/06/06H106/prom.pdf, (aufgerufen am 12.01.2015)

IGEK LSA (2015). *Integrierte Gemeindliche Entwicklungskonzepte.* Verfügbar unter: http://www.demografie.sachsen-anhalt.de/den-demografischen-wandel-aktiv-gestalten/integrierte-gemeindliche-entwicklungskonzepte-igek/ (aufgerufen am 12.03.2015)

IPCC (2014). Climate Change 2014. Synthesis Report, Summary for Policymakers, Verfügbar unter: https://www.ipcc.ch/pdf/assessment-report/ar5/syr/SYR_AR5_FINAL_full.pdf, (aufgerufen am 30.04.2015)

Jacob, M. (Hg.) (2012). *Informationsorientiertes Management. Ein Überblick für Studierende und Praktiker.* Springer Gabler Verlag, Wiesbaden

Klimalotse (2015). Verfügbar unter: http://www.umweltbundesamt.de/themen/klima-energie/klimafolgen-anpassung/werkzeuge-der-anpassung/klimalotse (aufgerufen am 09.03.2015).

Klimamoro (2010). Verfügbar unter: http://www.klimamoro.de/ (aufgerufen am 08.03.2015).

Klimascout (2013). Verfügbar unter: http://www.klimascout.de/kommunen/index.php?title=Vulnerabilit%C3%A4t (aufgerufen am 08.03.2015).

Knoop, C. (2014): *Ökonomische Bewertung von Maßnahmen zur Klimaanpassung; Forschungsarbeit im Rahmen des Masterstudiums an der Hochschule Harz.* Unveröffentlichtes Manuskript.

LHW LSA (2015). Landesbetrieb für Hochwasserschutz und Wasserwirtschaft Sachsen-Anhalt. Verfügbar unter: http://www.lhw.sachsen-anhalt.de/hwrm-rl/ (aufgerufen am 12.03.2015).

Luthardt, V., Kreft, S. & Ibisch, P. (Hg.) (2012): *Vulnerabilitätsindex – Anwendung in Wäldern und Mooren.* Verfügbar unter: http://www.ufz.de/export/data/36/45154_Block_I_VeraLuthardt_FHEberswalde_Vulnerabilit%C3%A4tsindex.pdf (aufgerufen am 27.02.2015).

Ministerium für Landwirtschaft und Umwelt des Landes Sachsen-Anhalt (Hg.) (2012). *Überarbeitung der Strategie des Landes Sachsen-Anhalt zur Anpassung an den Klimawandel.* Verfügbar unter: http://www.mlu.sachsen-anhalt.de/fileadmin/Bibliothek/Politik_und_Verwaltung/MLU/MLU/Master-Bibliothek/Landwirtschaft_und_Umwelt/K/Klimaschutz/Klimawandel/Anpassungsstrategie/Anpassungsstrategie_25_9_13.pdf (aufgerufen am 02.02.2015).

Mahammadzedeh, M., Chrischilles, E. & Biebler, H. Institut der deutschen Wirtschaft (Hg.) (2013). *Klimaanpassung in Unternehmen und Kommunen; Forschungsberichte aus dem Institut der deutschen Wirtschaft Köln, Nr. 83.* Köln: Institut der deutschen Wirtschaft Medien GmbH.

Prutsch, A., Grothmann,T., Schauser, I.; Otto, S. & McCallum S. European Topic Centre on Air Pollution and Climate Change Mitigation (ETC/ACC) (Hg.) (2010). *Guiding principles for adaptation to climate change in Europe, Technical Paper 6,2010.* Bilthoven. Verfügbar unter: http://acm.eionet.europa.eu/docs/ETCACC_TP_2010_6_guiding_principles_cc_adaptation.pdf (aufgerufen am 01.03.2015).

Pundt, H., Heilmann, A. & Kerwel, E. (2012). Development of a guideline for regional and local authorities to adapt to climate change - results of the project "KLIMPASS". In: Seppelt, R., Voinov, A. A., Lange, S., Bankamp, D. International Environmental Modelling and Software Society (Hg.). *International Congress on Environmental Modelling and Software -Managing Resources of a Limited Planet, 6th Biennial Meeting* (S. 876 – 883) Leipzig: Verfügbar unter: http://www.iemss.org/society/index.php/iemss-2012-proceedings (aufgerufen am 02.12.2014)

ReKIS (2015). *Regionales Klimainformationssystem.* Verfügbar unter: http://www.umwelt.sachsen.de/umwelt/klima/26700.htm (aufgerufen am 11.03.2015).

Schauser, I. (2010). Leitprinzipien zur Anpassung an den Klimawandel in Europa. In: Umweltbundesamt (Hg.) *KOMPASS-NEWSLETTER des Umweltbundesamtes (UBA) Nr. 13/2010* (S. 2–5). Dessau-Roßlau: Verfügbar unter: https://www.umweltbundesamt.de/sites/default/files/medien/364/dokumente/kompass-newsletter_13.pdf (aufgerufen am 15.03.2015).

Schmidt, C. (2011). Klimaanpassung auf Regionaler Ebene am Beispiel der Region Westsachsen und Oberlausitz-Niederschlesien. In: Technische Universität Dresden. Institut für Landschaftsarchitektur (Hg.). *Dresdner Planergespräche; Klimawandel = Planungswandel? Klimaanpassungsstrategien in der Landschafts- und Raumplanung* (Band 2) (S. 10) Dresden: Technische Universität, Institut für Landschaftsarchitektur.

Taubenböck, H., Wurm, M., Klein, I. & Esch, T. (2011). Verwundbarkeitsanalyse urbaner Räume: Ableitung von Indikatoren aus multisensoralen Fernerkundungsdaten. In: CORP – Competence Center of Urban and Regional Planning (Hg.). *Proceedings REAL CORP 2011 Tagungsband. 16th International Conference on Urban Planning and Regional Development.* (S. 1107–1118). Essen: CORP – Competence Center of Urban and Regional Planning.

Turner, B. L., Kasperson, R. E., Matson, P.A., McCarthy, J.J., Corell, R. W., Christensen, L., Eckley, N., Kasperson, J.X., Luers,A., Martello, M.L., Polsky,C., Pulsipher, A. & Schiller, A. (2003). *A framework for vulnerability analysis in sustainability science.* Proceedings of the National Academy of Sciences (PNAS), Vol 100, No 14, pp 8074 – 8079, Clark University Worcester, USA.

UKCIP - United Kingdom Climate Impacts Programme (2015). Verfügbar unter: http://www.ukcip. org.uk/wizard/ (aufgerufen am 11.03.2015).

Weisz, H., Koch, H., Lasch, P., Walkenhorst, O., Peters, V., Hattermann, F., Huang, S., Eich, V., Büchner, M., Gutsch, M., Pichler, P.P. & Suckow, F. Umweltbundesamt (Hg.) (2013). *Methode einer integrierten und erweiterten Vulnerabilitätsbewertung: Konzeptionell-methodische Grundlagen und exemplarische Umsetzung für Wasserhaushalt, Stromerzeugung und energetische Nutzung von Holz unter Klimawandel.* Dessau-Roßlau: Verfügbar unter: http://www. umweltbundesamt.de/sites/default/files/medien/461/publikationen/climate_change_13_2013_ methode_einer_integrierten_und_erweiterten_vulnerabilitaetsbewertung_0_0.pdf (aufgerufen am 15.03.2015).

Wittberg, V., Kluge, H.G., Ley, F., Hegerbekermeier-Wolf, T., Dietsche, H.J. & Schäfer, M. Fachhochschule des Mittelstandes (FHM) (Hg.) (2013): *Nationaler Nachhaltigkeitskompass: Standardnutzen-Modell. Entwicklung eines Standardnutzen-Modells zur systematischen Schätzung des Nutzens von Gesetzen und Regelungen auf Basis eines nachhaltigen Wachstumsbegriffs.* Bielefeld: Projektbericht der Fachhochschule des Mittelstandes (FHM).

Wittig, S. & Schuchardt, B. BioConsult Schuchardt & Scholle GbR (Hg.) (2014). *Informationssystem Vulnerabilität: Internetbasiertes Informationssystem zur öffentlichkeitswirksamen Darstellung der Vulnerabilität ausgewählter Sektoren und Handlungsbereiche der Metropolregion Bremen-Oldenburg ('Vulnerabilitätskarten'), ,nordwest2050'- Werkstattbericht Nr.27.* Bremen: BioConsult Schuchardt & Scholle GbR.

Analyse regionaler Nachhaltigkeitsindikatoren am Beispiel der Modellregion Einheitsgemeinde Stadt Osterwieck im Landkreis Harz

14

Andrea Heilmann, Sophie Reinhold, und Franziska Hillmer

14.1 Einleitung

Aufgrund begrenzter und schwindender Ressourcen sind Veränderungen notwendig. Um auch in Zukunft eine langfristige Sicherung der Lebensgrundlagen und ein lebenswertes Miteinander zu gewährleisten, müssen Ressourcenschonung erhöht und gesellschaftlicher Wandel gefördert werden – ganz im Sinne der Forderung nach der großen Transformation zur Nachhaltigkeit des Wissenschaftlichen Beirates der Bundesregierung Globale Umweltveränderungen WBGU (2011). Eine Transformation der Energiequellen von fossilen und zugleich begrenzten Quellen hin zu Erneuerbaren Energien unterstützt den Weg zur Unabhängigkeit und minimiert die negativen Auswirkungen auf Mensch und Umwelt (WGBU 2011).

Schon 1992 wurde der dringende Handlungsbedarf erkannt. Die Unterzeichnung der Agenda 21 – ein Handlungsprogramm, zur Sicherung einer umweltverträglichen, nachhaltigen Entwicklung, die zugleich den zukünftigen Generationen ein lebenswertes Leben ermöglichen soll – während des Umweltgipfels der Vereinten Nationen in Rio de Janeiro kennzeichnet die große gemeinsame Verantwortung aller beteiligten Staaten (Spindler 2012, S. 7–8).

Das diesem Bericht zugrundeliegende Vorhaben wurde mit Mitteln des Bundesministeriums für Bildung und Forschung unter dem Förderkennzeichen 13ZWS0035 gefördert. Die Verantwortung für den Inhalt dieser Veröffentlichung liegt bei den Autoren_innen.

A. Heilmann (✉) • S. Reinhold • F. Hillmer
Fachbereich Automatisierung und Informatik, REGIONA Forschungsgruppe, Hochschule Harz, Friedrichstr. 57-59, 38855 Wernigerode, Deutschland
e-mail: aheilmann@hs-harz.de; sreinhold@hs-harz.de; fhillmer@hs-harz.de

© Springer Fachmedien Wiesbaden 2016
W. Leal Filho (Hrsg.), *Forschung für Nachhaltigkeit an deutschen Hochschulen*, Theorie und Praxis der Nachhaltigkeit, DOI 10.1007/978-3-658-10546-4_14

Durch den internationalen Fokus auf die gemeinsame Verantwortung hat sich auch die Europäische Union einer nachhaltigen Entwicklung verschrieben. Mit der Lissabon-Strategie von 2000 wurde eine Nachhaltigkeitsstrategie verabschiedet, an diese die 27 Mitgliedsstaaten der EU gebunden sind.

Auch die Bundesregierung verfolgt eine kontinuierliche Fortschreibung der Nachhaltigkeitsstrategie seit 2008 und versteht Nachhaltigkeit als einen ganzzeitlichen und integrativen Prozess. „Nur wenn Wechselbeziehungen und Wechselwirkungen ermittelt, dargestellt und beachtet werden, lassen sich langfristig tragfähige Lösungen für die bestehenden Probleme und Zielkonflikte identifizieren." (Bundesregierung 2012, S. 24). Im Rahmen der nationalen Nachhaltigkeitsstrategie wurden folgende Kernherausforderungen identifiziert (Bundesregierung 2012, S. 18–19):

- Entwicklung zu Megacities,
- Steigende Nachfrage nach Rohstoffen und Energie mit entsprechendem Verlust der Ökosystemleistungen und biologischer Vielfalt, Bodendegradation und Desertifikation, Wassermangel und Wasserverschmutzung,
- Fortsetzung des Klimawandels und
- Demographischer Wandel.

Zur Bewältigung dieser Herausforderungen hat die Bundesregierung im Sinne der Gleichgewichtigkeit von Umwelt, Wirtschaft und Soziales folgendes Zieldreieck aufgestellt (s. Abb. 14.1).

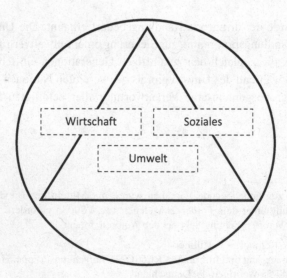

Abb. 14.1 Zieldreieck der Nachhaltigkeit (eigene Darstellung in Anlehnung an Bundesregierung 2012, S. 24)

Die Bundesregierung orientiert sich bei der Erstellung der Strategie an vier Leitlinien (Bundesregierung 2012, S. 24–25):

- Generationengerechtigkeit, im Sinne von einem sorgsamen Umgang mit Ressourcen zur Sicherung der Lebensgrundlage von nachfolgenden Generationen,
- Lebensqualität,
- sozialen Zusammenhalt und
- internationale Verantwortung.

Wichtig hierbei ist die Berücksichtigung der Beziehungen und Wechselwirkungen innerhalb der Leitlinien, denn „Nachhaltigkeit muss immer den Blick auf „das Ganze" umfassen" (Bundesregierung 2012, S. 24–25). Auf Grundlage der Leitlinien wurden 21 Nachhaltigkeitsziele für Deutschland abgeleitet, die mithilfe von 38 Einzelindikatoren messbar dargestellt werden können (Statistisches Bundesamt 2012, S. 3).

Diese Vorgehensweise zur Entwicklung einer Nachhaltigkeitsstrategie und zur Ableitung geeigneter Indikatoren, lässt sich auch auf kleinere Räume anwenden (s. Abb. 14.2).

Jedoch gilt es zu beachten, dass sich die spezifischen Herausforderungen für eine nachhaltige Entwicklung von ländlich geprägten Räumen von denen der Bundesregierung etwas unterscheiden. Dies verdeutlicht insbesondere das Pilotprojekt der EHG Osterwieck. Die Bundesregierung (2009) hat ein Handlungskonzept zur Weiterentwicklung ländlicher

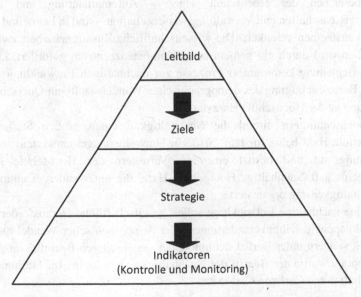

Abb. 14.2 Vorgehensweise zur Ableitung geeigneter Indikatoren (eigene Darstellung)

Räume erstellt und sieht ländliche Regionen, wie die Pilotregion, mit folgenden Herausforderungen und Problemen konfrontiert:

- Rückgang der regionalen Wirtschaftskraft,
- Abwanderung,
- Verbesserung der Breitbandversorgung,
- Rückgang der Daseinsvorsorge,
- Rückgang der Mobilität,
- schnellere Wirkung des demografischen Wandels und
- finanzielle Herausforderungen in Hinblick auf die Energiewende, zukünftige Kosten für Klimaschutz – und Klimaanpassungsmaßnahmen (Bundesregierung 2009).

Manche Regionen bewältigen diese Herausforderungen leichter als andere. Um das im Grundgesetz genannte Ziel, eine Gleichwertigkeit der Lebensverhältnisse zu wahren, ist die Bundesregierung bestrebt die ländlichen Räume bei der Schaffung gleicher Lebensbedingungen zu unterstützen (Bundesregierung 2009, S. 2).

14.2   Anforderungen an eine nachhaltige Entwicklung

Die Umsetzung einer nachhaltigen Entwicklung ist eine gesellschaftliche Herausforderung, welche eine inter- und transdisziplinäre Zusammenarbeit erfordert. Die spiegelt sich auch in den Aktivitäten der Hochschule Harz, welche 1991 neu gegründet wurde wider. In allen drei Fachbereichen der Hochschule Harz – Automatisierung und Informatik, Wirtschaftswissenschaften und Verwaltungswissenschaften – sind in Lehre und Forschung Nachhaltigkeitsthemen verankert. Die wissenschaftliche Zusammenarbeit zwischen den Fachbereichen wird durch ein gemeinsames Kompetenzzentrum gefördert. Die wissenschaftliche Begleitung kommunaler Prozesse zur nachhaltigen Entwicklung auch unter besonderer Berücksichtigung des demographischen Wandels stellt ein Querschnittsthema der Forschung an der Hochschule Harz dar.

Auch hochschulintern nimmt die Nachhaltigkeit einen großen Stellenwert ein. Die Hochschule Harz baute im Jahr 2010 ein Umweltmanagementsystem nach EMAS III-Verordnung auf und besitzt eine aus Vertretern der Hochschule bestehende Arbeitsgemeinschaft Nachhaltige Hochschule Harz, die unter anderem einmal jährlich einen Nachhaltigkeitstag organisiert.

Durch eine nachhaltige Entwicklung sollen gesellschaftliche Herausforderungen wie Ressourcenknappheit, Klimaveränderungen oder demographischer Wandel nicht isoliert voneinander, sondern unter Berücksichtigung der gegenseitigen Beeinflussung adressiert werden. Geprägt wurde der Begriff der Nachhaltigkeit bereits im 18. Jahrhundert in der Forstwirtschaft durch Carl von Carlowitz:

Denn je mehr Jahr vergehen, in welchem nichts gepflanzet und gesaet wird, je langsamer hat man den Nutzen zugewarten, und um so viel tausend leidet man von Zeit zu Zeit Schaden, ja um so viel mehr geschickt weitere Verwüstung, daß endlich die annoch vorhandenen Gehöltze angegriffen, vollends consumiret und sich je mehr vermindern müssen. (von Carlowitz 1713, S. 105)

Carlowitz hat seiner Zeit schon erkannt, dass die ökonomischen Zielstellungen mit der Ökologie in Einklang gebracht werden müssen, um eine Erhaltung der Ressourcen für nachfolgende Generationen zu sichern. Seine Kernaussage war, dass man dem Wald während eines Jahres nur so viel Holz entnimmt, wie er in derselben Zeit reproduzieren kann. In Anbetracht dieser Tatsache wird deutlich, wie wichtig eine nachhaltige Lebensweise ist (Grunwald und Kopfmüller 2012, S. 18).

Im Brundtland-Bericht von 1987 basiert Nachhaltigkeit auf einem Gleichgewicht von Umwelt, Wirtschaft und Soziales. Eine Entwicklung ist nachhaltig, „die den Bedürfnissen der heutigen Generation entspricht, ohne die Möglichkeiten künftiger Generationen zu gefährden, ihre eigenen Bedürfnisse zu befriedigen und ihren Lebensstil zu wählen." (Weltkommission für Umwelt und Entwicklung „Brundtland-Kommission" 1987).

Die drei Aspekte – Umwelt, Wirtschaft und Soziales – unter dem Dach der Nachhaltigkeit zu vereinen, gestaltet sich oft schwierig, da Zielkonflikte vorprogrammiert sind. Diese Konflikte gilt es mithilfe passender Maßnahmen zu überwinden, um eine nachhaltige Entwicklung voranzubringen (Spindler 2012, S. 13).

Insbesondere für Kommunen stellt die nachhaltige Entwicklung und eine damit verbundene Erstellung einer Nachhaltigkeitsstrategie oftmals eine schwer lösbare Aufgabe dar, da erforderliche Informationen, methodisches Wissen und Ressourcen fehlen.

Nachhaltigkeitsziele müssen mit messbaren Nachhaltigkeitsindikatoren hinterlegt werden, damit diese bei kommunalen Entscheidungen als Beurteilungskriterium genutzt werden können. Die Auswahl von Nachhaltigkeitsindikatoren und deren Berechnung sowie die Nutzung als Entscheidungskriterium sind wesentliche Erfolgskriterien für eine nachhaltige Entwicklung.

Ländlich geprägte Regionen spüren aufgrund ihrer Gegebenheiten Veränderungen schneller, da Rückkopplungseffekte schwerer abgefangen werden können (Maier und Tödtling 1996, S. 92). Ländliche Räume sind keine homogenen Räume, daher kann es „keine einheitliche, für alle Regionen passende Strategie geben" (Bundesregierung 2009, S. 2).

14.3   Entwicklung und Umsetzung einer Nachhaltigkeitsstrategie

Im Allgemeinen kann der Prozess zur Entwicklung einer Nachhaltigkeitsstrategie in vier Arbeitsschritte unterteilt werden. Um eine weitreichende Akzeptanz der Strategie und des gewählten Indikatorensystems zu erreichen, ist es wichtig, die Bevölkerung von Beginn an mit einzubinden (s. Abb. 14.3).

Am Anfang einer Strategieentwicklung stehen immer eine Analyse der Ausgangssituation sowie eine umfangreiche Datenerfassung. Hier spielen Informationen zur ökonomischen, ökologischen und kulturellen Entwicklung ebenso wie zur Bevölkerungsentwicklung der

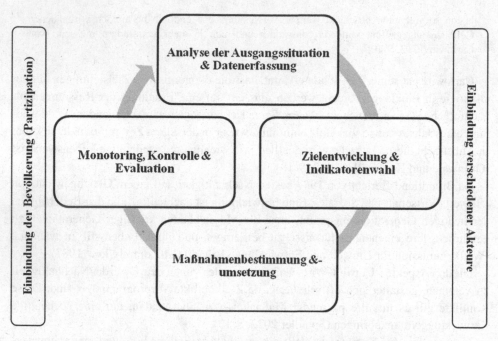

Abb. 14.3 Prozess zur Entwicklung einer Nachhaltigkeitsstrategie (eigene Darstellung)

Region eine Rolle. Zusätzlich sollten andere Planungsinstrumente und bereits vorhandene oder auch geplante Konzepte bei der Datenerfassung berücksichtigt werden. Dies könnten zum Beispiel Stadtentwicklungskonzepte oder Klimaschutz- und Klimaanpassungskonzepte sowie Bauleitplanungen sein. Neben der Analyse der Ausgangssituation ist die Vernetzung und Einbindung verschiedenster Akteure durch ihre Wirkung als Multiplikatoren, ein wesentliches Erfolgskriterium für die Erstellung und Umsetzung einer Nachhaltigkeitsstrategie. Oftmals wird bei Entscheidungen auf kommunaler Ebene der Top-Down Ansatz verfolgt, da ein Bottom-Up Ansatz und die damit verbundene Einbindung der Bevölkerung zu aufwendig erscheint. Jedoch ist eine Nicht-Einbindung oder eine zu späte Einbindung entscheidend für die Akzeptanz innerhalb der Bevölkerung. Eine frühzeitige und aktive Einbindung der Bevölkerung ist für eine spätere Akzeptanz der Indikatoren und der Strategie sowie der damit verbundenen Maßnahmen unabdingbar. Das Prinzip der Bürgerbeteiligung ist bei Weitem keine neue Methodik. Gerade in Hinblick auf die Thematik der Nachhaltigkeit und die verabschiedete Agenda 21 in Rio de Janeiro 1992, steht das Prinzip der Einbeziehung aller Bevölkerungsgruppen an oberster Stelle. Die Betroffenen sind die Bürger_innen und durch diese Betroffenheit wird es leichter sie zu Beteiligten des gesamten Prozesses zu machen. Betroffene werden eher zu Beteiligten als nicht Betroffene (Frehner et al. 2004, S. 11). Trotz alledem, geht der Aspekt der Betroffenheit nicht einher mit einer erfolgreichen Partizipation. Hierbei sollte der Bottom-Up Ansatz mit dem Top-Down Ansatz verbunden werden (s. Abb. 14.4) sowie die verschiedenen Stufen der Partizipation Berücksichtigung finden (s. Abb. 14.5).

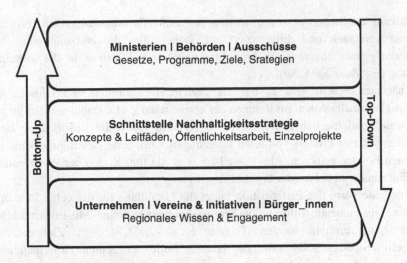

Abb. 14.4 Akteurseinbindung (eigene Darstellung)

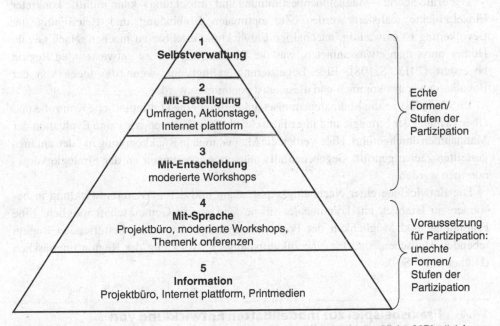

Abb. 14.5 Die Fünf Stufen der Partizipation und Maßnahmen im Projekt „Vision20Plus" (eigene Darstellung in Anlehnung an Frehner et al. 2004, S. 8)

Auf Grundlage dieser Datensammlung können dann in Hinblick auf eine nachhaltige Entwicklung verschiedene Ziele erarbeitet und mit entsprechenden messbaren Indikatoren hinterlegt werden. Nach Gehrlein (2004) verknüpfen bzw. integrieren Nachhaltigkeitsindikatoren und Zielsysteme die meist unverbunden nebeneinander herlaufenden Steuerungsprozesse auf politischer, administrativer und fachlicher Ebene.

Ihre Nutzung als Steuerungsinstrument für politische Entscheidungen tritt bisher allerdings nur vereinzelt und differenziert auf. Dabei führt die Nutzung eines solchen Indikatorensystems zu einer erhöhten Effektivität und Effizienz in der kommunalen Steuerung (Gehrlein 2004, S. 6).

Im nächsten Schritt geht es um die gezielte Bestimmung und Umsetzung von Nachhaltigkeitsmaßnahmen im Rahmen der erarbeiteten Ziele. Dabei werden im gesamten Prozess kontinuierlich alle involvierten Akteure sowie die Bevölkerung beteiligt, sodass der gesamte Prozess von allen mitgetragen wird. Eine Beteiligung kann in verschiedenen Formen erfolgen. Abbildung 14.5 zeigt die fünf Stufen der Partizipation und deren Einordnung in echte oder unechte Beteiligung:

Die unechte Form der Partizipation bildet die Grundlage für die echte Partizipation. Ohne eine ausreichende Informationsbereitstellung kann keine Mit-Entscheidung und Mit-Beteiligung erreicht werden (Frehner et al. 2004, S. 7–8). Ziel eines jeden Beteiligungsprozesses sollte sein, die höchste Stufe der echten Partizipation – die Selbstverwaltung – zu erreichen.

Der dritte Schritt – Maßnahmenbestimmung und -umsetzung – kann mithilfe konkreter Einzelprojekte realisiert werden. Zur optimalen Einbindung und Beteiligung der Bevölkerung ist es wichtig, nachhaltige Entwicklung erlebbar zu machen. Nach Gerald Hüther muss man etwas anbieten, was die Bevölkerung der zu entwickelnden Region begeistert (2013, S. 108). Eine Begeisterung gelingt nur, wenn die Ideen von der Bevölkerung selbst kommen und diese ernst genommen werden.

Im Anschluss an die Maßnahmenumsetzung erfolgt eine kontinuierliche Kontrolle und Überwachung der Strategie und ihrer Fortschritte. Des Weiteren wird eine Evaluation der Maßnahmen durchgeführt. Hier werden die Maßnahmen in Rückkopplung mit den anfangs gestellten Zielen geprüft. Gegebenenfalls müssen Anpassungen an der Strategie vorgenommen werden.

Die Entwicklung einer Nachhaltigkeitsstrategie und deren Weiterentwicklung insbesondere in Hinblick auf kommunaler Ebene sind nur in Gemeinschaft möglich. Eine Einbindung und Möglichkeit der Potenzialentfaltung, der in der betreffenden Region lebenden Menschen, sind für eine zukunftsfähige Entwicklung der Region unerlässlich (Hüther 2013, S. 9).

14.4 Praxisbeispiel zur modellhaften Entwicklung von Nachhaltigkeitsindikatoren

Entscheidend im kommunalen Bereich sind neben der Berücksichtigung der Anforderungen nachhaltiger Regionalentwicklung sowie bisheriger Forschungsergebnisse zur Entwicklung ländlicher Räume, die Analyse der spezifischen Herausforderungen und Gegebenheiten der jeweiligen Region.

Die Modelregion der EHG Osterwieck liegt im flächenmäßig größten Landkreis des Bundeslandes Sachsen-Anhalt, im Landkreis Harz.

Die im Rahmen der Gebietsreform im Jahr 2010 entstanden Einheitsgemeinde Stadt Osterwieck zählt mit 213 km² flächenmäßig zu den größten Einheitsgemeinden im Landkreis Harz (Einheitsgemeinde Stadt Osterwieck 2015). Insgesamt 11.750 Einwohner verteilen sich auf dreizehn verschiedene Ortsteile (Statistisches Landesamt Sachsen-Anhalt 2011). Betrachtet man die Bevölkerungsdichte von 55 Einwohner/km², welches die Hälfte vom Landkreisdurchschnitt darstellt, ist die EHG Osterwieck ein sehr ländlich geprägter Raum.

Die Bevölkerungsprognose zeigt ein Fortschreiten des Einwohnerrückganges an. Dieser Rückgang liegt zum einen an der Abwanderung von jungen Menschen aufgrund von nicht vorhandenen Arbeitsmöglichkeiten und zum anderen am Rückgang der Geburten (Einheitsgemeinde Stadt Osterwieck 2014, S. 2). Die Prognosen zeigen, dass der Bevölkerungsrückgang anhalten wird und im Jahr 2025 die Einwohnerzahl für die EHG bei ungefähr 10.200 Einwohnern liegen wird (Einheitsgemeinde Stadt Osterwieck 2014, S. 17).

Im Sinne einer nachhaltigen Entwicklung der EHG Osterwieck gilt es, die Herausforderungen des demografischen Wandels und Sicherung der Grundversorgung unter Berücksichtigung ökologischer Anforderungen zukunftsfähig zu gestalten. Um die Wünsche und Anregungen für eine zukunftsfähige und nachhaltige Entwicklung in der Modelregion aufzunehmen, wurde ein Ideenaufruf in der Bevölkerung (Bottom-Up) ausgerufen. Nach Erhalt unzähliger Wünsche wurden die Ideen zusammen mit allen Akteuren unter Berücksichtigung finanzieller Ressourcen und gesetzlicher Rahmenbedingungen auf Umsetzbarkeit geprüft (Top-Down). Die eingegangenen Ideen wurden zu sogenannten „Bürgerschwerpunkten" zusammengefasst und bildeten im Anschluss die Grundlage für die sechs Arbeitsbereiche des Nachhaltigkeitskonzeptes der EHG Osterwieck:

- Bürgerpartizipation (wobei hier im Rahmen des Projektes die Begriffsdefinition von Bürger_innen auch auf Kinder und Jugendliche ausgeweitet wurde),
- Daseinsvorsorge,
- Klimaschutz und Energie,
- Umwelt- und Naturschutz,
- Nachhaltige Wirtschaft und
- Gesellschaft (Hillmer et al. 2013, S. 10).

Für eine ganzheitliche nachhaltige Entwicklung einer ländlich geprägten Kommune gilt es, die Gebiete für die Herausforderungen des demographischen Wandels in Kombination mit Abwanderung und einer erschwerter Versorgungssituation, aber auch im Sinne der notwendigen Klimaschutzmaßnahmen und den ökologischen Anforderungen zukunftsfähig zu gestalten. Im Hinblick auf die Ausgestaltung von Maßnahmen muss der Kommunalverwaltung diese ganzheitliche Aufgabenstellung stets bewusst sein.

Wichtig ist, die Grundversorgung der Bürger_innen zu erhalten und eine Stabilisierung der Region zu erreichen, welche den Bevölkerungsrückgang eindämmt. Daraus lassen sich für die EHG Osterwieck drei Kernziele für eine nachhaltige Entwicklung formulieren:

- Abwanderung stoppen – Standortqualität bewahren,
- Daseinsvorsorge verbessern (Selbstversorgungsgrad der Region erhöhen) und
- Integrierter Umwelt- und Klimaschutz.

Für das Erreichen dieser Kernziele umfasst die Nachhaltigkeitsstrategie sechs Arbeitsbereiche, aus denen achtzehn strategische Zielsetzungen (siehe Tab. 14.1) abgeleitet wurden:

- Bürgerpartizipation, dem Prinzip der Subsidiarität folgend, d. h. kleinräumige Entscheidungskompetenzen, die Akteuren für einzelne Projekte Selbstverantwortung und damit mehr Selbstbestimmtheit ermöglichen und einen langfristigen Fortbestand und eine Entlastung des Kommunalhaushaltes erwarten lassen,
- zuverlässige Daseinsvorsorge, getragen durch unterschiedliche regionale Akteure,
- Energie sparen und Einsatz erneuerbarer Energien,
- Umwelt- und Naturschutz,

Tab. 14.1 Ziele und Indikatoren des Nachhaltigkeitskonzeptes der EHG Osterwieck (Hillmer et al. 2013, S. 39 f.)

Arbeitsbereiche	Nr.	Strategisches Ziel	Konkrete Zielsetzung mit Zielindikatoren bis 2020
Partizipation	1	Bürger in Entwicklungsprozess kommunaler Nachhaltigkeitsprojekte einbeziehen	Anteil der unter Bürgerpartizipation entwickelten kommunalen Nachhaltigkeitsprojekte auf 70 % erhöhen
	2	Projekte in Bürgerverantwortung übertragen	30 % der Nachhaltigkeitsprojekte in die Selbstverwaltung der Bürger übertragen
Daseinsvorsorge	3	Nutzung öffentlicher Verkehrsmittel steigern	Auslastung der öffentlichen Verkehrsmittel um 10 % steigern
	4	Nahversorgung mit Lebensmitteln im ländlichen Raum reaktivieren	Versorgungsgrad der Ortschaften mit Lebensmittelgeschäften auf 30 % erhöhen
	5	Medizinische Versorgung im ländlichen Raum sicher stellen	30 % der Ortschaften mit mobilen Arztpraxen versorgen
	6	Kultur- Freizeit- und Bildungsangebote erhalten und verbessern	Grad der Vereinsdichte erhalten; Werbung neuer Vereinsmitglieder ausbauen
	7	Brandschutz gewährleisten	Gewährleistung der Tageseinsatzbereitschaft

(Fortsetzung)

Tab. 14.1 (Fortsetzung)

Arbeitsbereiche	Nr.	Strategisches Ziel	Konkrete Zielsetzung mit Zielindikatoren bis 2020
Klimaschutz und Energie	8	Senkung der Energienutzung	Primärenergieverbrauch ausgehend von 2008 um 20 % bis 2020 reduzieren
	9	Senkung der Treibhausgase	CO_2- Einsparungen & Emissionen ausgehend von 2008 um 40 % bis 2020 reduzieren
	10	Anteil der erneuerbaren Energien erhöhen	Anteil EE am Stromverbrauch auf 18 % erhöhen
Umwelt und Naturschutz	11	Arten erhalten – Lebensräume schützen	Anstieg auf den Indexwert 100 (Statistisches Bundesamt 2014, S. 16)
	12	Landbewirtschaftung nachhaltig gestalten – Verringerung Stickstoffnutzung	Anteil Ökolandbau an landwirtschaftlich genutzter Fläche auf 20 % erhöhen.
Nachhaltie Wirtschaft	13	Beschäftigungsniveau steigern	Erwerbstätigenquote um 10 % erhöhen
	14	Betriebliches Energie- und Umweltmanagement steigern	Anteil der Betriebe mit UMS + EMS um 20 % erhöhen
	15	Stärkung der regionalen Wertschöpfung	Existenzgründungen um 10 % erhöhen
Gesellschaft	16	Bevölkerungsschwund eindämmen – Perspektiven schaffen	Positives oder ausgeglichenes Wanderungssaldo; Steigerung Geburtenraten um 10 %
	17	Bildung und Qualifikation verbessern	Verringerung Anteil 18–24-Jährigen ohne Abschluss auf 10 %
	18	Haushaltsdefizit Gemeinde/ Landkreis reduzieren	Haushaltsdefizit unter < 3 %

- Nachhaltige Wirtschaft, die Ressourcenschonung berücksichtigt und auf den Erhalt bzw. die Förderung einer regionalen, vielfältigen Wirtschafsstruktur sowie eine zuverlässige Nahversorgung ausgerichtet ist und
- allgemeine, gesellschaftliche Herausforderungen (Hillmer et al. 2013, S. 138).

Das in Tab. 14.1 entwickelte Set aus Nachhaltigkeitszielen und -indikatoren basiert auf der Auswertung vorhandener kommunaler Nachhaltigkeitsstrategien und bestehenden Indikatoren-Sets auf Bundes- und Landesebene. Des Weiteren wurden die Anforderungen an eine nachhaltige Entwicklung im Sinne des Gleichgewichts von Ökologie, Gesellschaft und Ökonomie berücksichtigt.

Im Rahmen der Projektfortführung, ein Jahr nach der Erstellung des Nachhaltigkeitskonzeptes für die EHG Osterwieck, steht die Evaluation des Konzeptes hinsichtlich Zielerreichung, Verständlichkeit und Praktikabilität der gewählten Indikatoren im Mittelpunkt.

Für die Untersuchung kommen vorrangig qualitative Erhebungsmethoden zum Einsatz, um die Hintergründe, Zusammenhänge und Impulse im Rahmen des Projektes aus Sicht der involvierten Akteure realitätsgetreu erheben zu können sowie Bedeutungsmuster und Wirklichkeitsdefinitionen der Befragten einzuholen und abzugleichen (Lamnek 2005, S. 553). Hierfür wurden 11 leitfadengestützte Interviews mit folgenden Personengruppen durchgeführt:

- Experten des Netzwerkes der ersten Projektphase, welche unmittelbare Projektpartner waren,
- Involvierte Akteure, die in verschiedenen Projekten auf Grund fachlicher Kompetenz in Projekten beteiligt waren, keine Steuerungs- oder Lenkungsfunktion besitzen und
- Bürgerinnen und Bürger, die an Aktivitäten des Netzwerkes teilgenommen haben und vornehmlich nach persönlichen Erfahrungen befragt wurden.

Die Auswahl der Interviewpartner erfolgte im Sinne der qualitativen Forschung als bewusste Fallauswahl, sodass die Heterogenität des Untersuchungsfeldes falltypologisch repräsentiert wird. Die verwendeten Fragetechniken sind nachfolgend aufgelistet:

- Leitfragen, die als Stimulus dienen (sehr offen formuliert);
- Aufrechterhaltungsfrage, um Impulse für assoziative Gedanken zu geben;
- Konkrete Nachfragen je nach Gesprächsverlauf und
- Ad hoc-Fragen, die für den Gesprächsverlauf bedeutsam sind und nicht im Leitfaden auftauchen;
- Erzählgenerierende Impulse (Einzelaspekte werden vertieft oder in Frage gestellt), um differenzierte Antwort zu erhalten (Kruse 2008, S. 37 f.).

Die thematischen Leitfäden wurden jeweils individuell an die drei verschiedenen Befragungsgruppen angepasst. Folgende Leitfragen wurden im Rahmen der Interviews abgearbeitet:

(a) Wurden die Zielsetzungen des Nachhaltigkeitskonzeptes erreicht? Wo bestehen Abweichungen? Welche Ursachen (Treiber/Barrieren) für Erfolg bzw. Misserfolg können ermittelt werden?
(b) Sind die gewählten Indikatoren geeignet, praktikabel und für die Bürger_innen verständlich?
(c) Welche Ziele sind für die regionale Entwicklung wesentlich?
(d) Sollten bestimmte Sachverhalte ergänzt/ersetzt oder geändert werden?

Da im Rahmen der Zielsetzung ein Betrachtungszeitraum bis 2020 festgelegt worden ist, können zum jetzigen Zeitpunkt noch keine Rückschlüsse auf die definitive Zielerreichung gezogen werden. Bei der Erfolgsbewertung der einzelnen Teilprojekte konnte festgestellt werden, dass durch die vielen kleinen und großen Aktionen das Bewusstsein bei der Bevölkerung geweckt wurde sich im Bereich der Nachhaltigkeit zu engagieren. Dies können oft schon kleine Dinge sein, wie der Verzicht auf Plastiktüten. Diese Entwicklung wirkt sich bereits positiv auf die Zielerreichung aus, was auch durch die Befragten bestätigt wurde.

Bei der Befragung stellte sich zunächst heraus, dass außerhalb der Verwaltung der Einheitsgemeinde Stadt Osterwieck das Nachhaltigkeitskonzept und die verwendeten Indikatoren innerhalb der Bevölkerung nur spärlich bis gar nicht bekannt sind. Die Befragten, denen das Nachhaltigkeitskonzept und die Indikatoren bekannt waren, äußerten, dass die gewählten Indikatoren praktikabel und verständlich sind. Um dennoch diese komplexen Indikatoren verständlich für die gesamte Bevölkerung darzustellen, gilt es im Rahmen der Weiterführung entsprechende Wege zu finden. Dies könnte auf der projekteigenen Internetseite durch kurze Beschreibungen und visuelle Darstellung der Fortschritte umgesetzt werden.

Wichtig für den Erfolg einer nachhaltigen Entwicklung ist es, die Bürger_innen ernst zu nehmen und eine Kommunikation auf Augenhöhe zu gewährleisten. Oftmals fällt es Verwaltungen schwer, Beteiligungsprozesse zu initiieren. Doch für eine erfolgreiche gemeinsame Weiterentwicklung ist eine „Beziehungskultur" nach Hüther, „die von gegenseitiger Wertschätzung und Anerkennung der Bemühungen jedes einzelnen Mitbürgers geprägt ist" (2013, S. 82), wünschenswert.

Des Weiteren wird deutlich, dass ein Netzwerk aus Verwaltung, Wissenschaft, Wirtschaft und Vereinen/Initiativen entscheidend für den Erfolg des Projektes war, denn nur gemeinsam kann man mehr bewegen. Die Auswertungen zeigen, dass für die langfristige Koordination von Bürgerideen und zum Aufbau und Pflege eines Netzwerkes eine zentrale Anlaufstelle/Koordinator/in im besten Falle in der Landkreis- oder Stadtverwaltung entscheidend für eine erfolgreiche Umsetzung regionaler Nachhaltigkeitsstrategien ist.

In Hinblick auf die Bürgerpartizipation der ersten Projektphase wird deutlich, dass durch das Projekt verschiedenste Möglichkeiten für eine Beteiligung gegeben wurden. Die Frage, ob eine erfolgreiche Beteiligung der Bevölkerung erreicht wurde, beantworteten alle Interviewpartner mit ja.

Zur weiteren Förderung von Bürgerpartizipation bei Nachhaltigkeitsprojekten kristallisierte sich aus den Interviews heraus, dass es bestimmte Stellen – „Knotenpunkte" – für eine nachhaltige Entwicklung geben sollte, die alle Ideen zur nachhaltigen Entwicklung einer Region sammelt und versucht, diese mit regionalen Partnern/Netzwerken auf Umsetzbarkeit zu prüfen und umzusetzen.

14.5 Schlussfolgerungen

Die Umsetzung einer Nachhaltigen Entwicklung ist ein kontinuierlicher Verbesserungsprozess, welcher die spezifischen regionalen und kommunalen Besonderheiten aufgreift. Wesentlicher Erfolgsfaktor bei diesem Prozess ist die Einbindung und Vernetzung möglichst vieler Akteure. Dabei sind die Vorstellungen und Projektideen der Bevölkerung (Bottom-Up-Ansatz) mit überregionalen Vorgaben und Planungen (Top-Down) in Übereinstimmung zu bringen. Ergänzend dazu sind die drei Aspekte – Umwelt, Wirtschaft und Soziales – unter dem Dach der Nachhaltigkeit zu vereinen, was sich oft schwierig gestaltet, da Zielkonflikte vorprogrammiert sind. Durch Nachhaltigkeitsindikatoren kann es gelingen, die Erfordernisse transparent zu gestalten, Ideen zu bündeln, Ziele zu definieren und die Zielerreichung messbar zu gestalten. Diese Indikatoren können nicht nur bei Nachhaltigkeitskonzepten (oder regionalen Entwicklungskonzepten), sondern auch im Rahmen der LEADER- Programme oder bei Klimaschutzkonzepten genutzt werden und so deren gegenseitige Verknüpfung verdeutlichen (Ministerium für Landwirtschaft und Umwelt 2011, S. 18).

Zukünftig müssen Nachhaltigkeitsziele mit konkreten Indikatoren hinterlegt werden, die als Steuerungsinstrument bei Verwaltungsentscheidungen genutzt werden („Nachhaltigkeitscheck"). Entsprechende Softwarelösungen dazu sind weiter zu optimieren.

Die bestehenden Verwaltungsstrukturen müssen überdacht werden, um der Komplexizität der nachhaltigen Entwicklung gerecht zu werden. Die übergreifende Stelle eines Nachhaltigkeitsmanagements auf der Ebene der Landkreise hat sich im Modellprojekt als wesentlicher Erfolgsfaktor herausgestellt. Die Analyse und Bewertung weitere erfolgreicher Kooperationen wird fortgesetzt.

Im Rahmen des Modellprojektes „ZukunftsWerkStadt" wurde die Erarbeitung von Nachhaltigkeitsindikatoren wissenschaftlich begleitet und deren Nutzung nach einem Jahr evaluiert. Die Evaluation erfolgte insbesondere hinsichtlich Verständlichkeit und Praktikabilität. Dabei konnte festgestellt werden, dass die Nutzung von Indikatoren zur Unterstützung der nachhaltigen Entwicklung vorzugsweise verwaltungsintern erfolgt. Die Bevölkerung verbindet eine erfolgreiche nachhaltige Entwicklung vorrangig mit konkreten umgesetzten Projekten und deren Erfolgsbewertung (zum Teil auch anhand von Indikatoren). Zukünftig sollen diese beiden Betrachtungsebenen stärker miteinander verbunden werden.

Literatur

Bundesregierung (2009). Handlungskonzept der Bundesregierung zur Weiterentwicklung der ländlichen Räume. Verfügbar unter: http://www.bmelv.de/SharedDocs/Pressemitteilungen/2009/081-AI-Weiterentwicklung-Laendliche-Raeume.html?nn=310770 (aufgerufen am 19.03.2015).
Bundesregierung (2012). Nationale Nachhaltigkeitsstrategie Fortschrittsbericht. Verfügbar unter: http://www.bundesregierung.de/Content/DE/_Anlagen/Nachhaltigkeit-wiederhergestellt/2012-05-21-fortschrittsbericht-2012-barrierefrei.pdf?__blob=publicationFile&v=1 (aufgerufen am 23.02.2015).

Einheitsgemeinde Stadt Osterwieck (2014). Integriertes Gemeindliches Entwicklungskonzept der Einheitsgemeinden Stadt Osterwieck & Huy. Bearbeitung durch Grontmij GmbH. Verfügbar unter: http://www.demografie.sachsenanhalt.de/fileadmin/Bibliothek/Politik_und_Verwaltung/MLV/Demografieportal/Dokumente/IGEK_Osterwieck_und_Huy.pdf (aufgerufen am 10.03.2015).

Einheitsgemeinde Stadt Osterwieck (2015). Unsere Einheitsgemeinde Stadt Osterwieck. Verfügbar unter: http://www.stadt-osterwieck.de/unsere-einheitsgemeinde-stadt-osterwieck (aufgerufen am 10.03.2015).

Frehner, P. & Pfulg, D. & Weinand, C. & Wiss, G. (2004). Partizipation wirkt – funtasy projects Zusammenfassung, Verfügbar unter: http://www.funtasy-projects.ch/Dokumentation/01_zusammenfassung.pdf (aufgerufen am 23.02.2015).

Gehrlein, U. (2004). Nachhaltigkeitsindikatoren zur Steuerung kommunaler Entwicklung. Wiesbaden: VS Verlag für Sozialwissenschaften.

Grunwald, A., Kopfmüller, J. (2012). Nachhaltigkeit. 2. aktualisierte Auflage. Frankfurt am Main: Campus Verlag.

Hillmer, F., Reinhold, S., Heilmann, A. (2013). Nachhaltigkeitskonzept für den Landkreis Harz – am Beispiel der Modelregion der Einheitsgemeinde Stadt Osterwieck. Halberstadt: Koch-Druck.

Hüther, G. (2013). Kommunale Intelligenz Potenzialentfaltung in Städten und Gemeinden. Hamburg: Edition Körber-Stiftung.

Kruse, J. (2008). Reader „Einführung in die Qualitative Interviewforschung". Version März 2008. Freiburg.

Lamnek, S. (2005). Qualitative Sozialforschung. Lehrbuch. 4. Vollständig überarbeitete Auflage. Weinheim und Basel: Beltz Verlag.

Maier, G. & Tödtling, F. (1996). Regional- und Stadtökonomik 1. Wien/New York: Springer Verlag.

Ministerium für Landwirtschaft und Umwelt (2011). Leitlinien für die Entwicklung des ländlichen Raumes in Sachsen-Anhalt. 3. Auflage. April 2011. Magdeburg: Hoffmann und Partner Werbeagentur GmbH.

Spindler, E. A. (2012). Geschichte der Nachhaltigkeit Vom Werden und Wirken eines beliebten Begriffes. Verfügbar unter: https://www.nachhaltigkeit.info/media/1326279587phpeJPyvC.pdf (aufgerufen am 23.02.2015).

Statistisches Bundesamt (2012). Nachhaltige Entwicklung in Deutschland – Indikatorenbericht 2012. Verfügbar unter: http://www.nachhaltigkeitsrat.de/uploads/media/Indikatorenbericht2012.pdf (aufgerufen am 02.02.2015).

Statistisches Bundesamt (2014). Nachhaltige Entwicklung in Deutschland – Indikatorenbericht 2014. Verfügbar unter: https://www.destatis.de/DE/Publikationen/Thematisch/Umweltoekonomische-Gesamtrechnungen/Umweltindikatoren/IndikatorenPDF_0230001.pdf?__blob=publicationFile (aufgerufen am 02.02.2015).

Statistisches Landesamt Sachsen-Anhalt (2011). Einwohnerzahlen des Landes Sachsen-Anhalt. Verfügbar unter: http://www.statistik.sachsen-anhalt.de/Internet/Home/Auf_einen_Blick/zensus/3_Ergebnisse.html (aufgerufen am 09.03.2015).

von Carlowitz, H. C. (1713). Sylvicultura oeconomica oder haußwirtschaftliche Nachricht und naturmäßige Anweisung zur wilden Baum-Zucht. Leipzig (Reprint: Freiberg, 2000): Verlag von Johann Friedrich Braun.

Wissenschaftlicher Beirat der Bundesregierung Globale Umweltveränderungen WBGU (2011). Factsheet 4/2011 Transformation zur Nachhaltigkeit. Verfügbar unter: http://www.wbgu.de/fileadmin/templates/dateien/veroeffentlichungen/factsheets/fs2011-fs4/wbgu_fs4_2011.pdf (aufgerufen am 20.02.2015).

Weltkommission für Umwelt und Entwicklung „Brundtland-Kommission (1987). Definition Nachhaltige Entwicklung. Verfügbar unter: https://www.nachhaltigkeit.info/artikel/brundtland_report_563.htm (aufgerufen am 20.02.2015).

Green Meetings: Theoretische Erklärungsansätze und empirische Befunde

15

Griese Kai-Michael, Werner Kim, und Meng Cai

15.1 Einführung

In den letzten 40 Jahren ist eine Vielzahl von Untersuchungen entstanden, die sich mit den ökologischen Auswirkungen des ökonomischen Wachstums beschäftigt haben (Intergovernmental Penal on Climate Change 2014; Meadows et al. 1972). Dabei wurde deutlich, dass wirtschaftliche Aktivitäten sich stärker an den planetarischen Grenzen (planetary boundaries) unserer Erde orientieren müssen. Einige globale Belastungsgrenzen sind im Hinblick auf den Verlust der Biodiversität, die Anreicherung von CO_2 in der Atmosphäre oder die Belastung des Stickstoffkreislaufs bereits heute überschritten. Weitere Dimensionen wie z. B. die Frischwassernutzung oder die Landnutzungsmuster entwickeln sich derzeit kritisch und erfordern kurzfristige Veränderungen (Rockström et al. 2009, S. 32). Am Beispiel der Anreicherung von CO_2 in der Atmosphäre wird auch die zeitliche Dringlichkeit notwendiger Anpassungen der wirtschaftlichen Prozesse deutlich. So deuten z. B. Ergebnisse eines Forschungsprojektes von englischen, deutschen und schweizerischen Wissenschaftlern darauf hin, dass der zeitliche Korridor für Anpassungen in den nächsten 10–20 Jahren erfolgen sollte, um eine globale Erwärmung auf max. zwei Grad einzugrenzen (Meinshausen et al. 2009, S. 1158 f.). Dabei zeigt die Formulierung der Millenniumziele durch die UN, dass diese aktuelle ökologische Fehlentwicklung ein

G. Kai-Michael (✉) • W. Kim
Hochschule Osnabrück, Osnabrück 49076, Deutschland
e-mail: griese@wi.hs-osnabrueck.de; k.werner@hs-osnabrueck.de

M. Cai
School of Event and Tourism Management, Shanghai University of International Business and Economics (SUIBE), Schanghai 200062, China
e-mail: caimeng@suibe.edu.cn

© Springer Fachmedien Wiesbaden 2016
W. Leal Filho (Hrsg.), *Forschung für Nachhaltigkeit an deutschen Hochschulen*,
Theorie und Praxis der Nachhaltigkeit, DOI 10.1007/978-3-658-10546-4_15

weltweit anerkanntes Problem ist und nahezu alle Länder auf dieser Welt versuchen dieser globalen Herausforderung zu begegnen (UN 2013).

Diese Herausforderungen werden zunehmend auch bei der Gestaltung und Entwicklung von Veranstaltungen berücksichtigt. So entwickelte sich in den letzten 20 Jahren das Konzept der Green Meetings, um die Einflüsse von Veranstaltungen auf die Umwelt zu reduzieren. Parallel zu dieser Entwicklung entstanden vielfältige Standards (z. B. BS8901, ISO 20121, Green Globe Certification und APEX/ASTM Green Meeting Standards) die sich mit der Zertifizierung von Green Events beschäftigt haben. Trotz dieser Bemühung liegt in der Literatur keine anerkannte Definition für Green Meetings vor. Ferner fehlt es an theoretischen Erklärungsansätzen.

Das Ziel dieses Artikels ist es daher, eine Übersicht über existierende Untersuchungen zur Erklärung von Green Meetings in der Literatur zu geben und diese im Hinblick auf deren praktischen Nutzen zu bewerten. Der Artikel schließt mit einem Vorschlag für ein neues Definitionsverständnis von Green Meetings und bietet einen Ausblick auf zukünftige Entwicklungen und notwendigen Forschungsbedarf.

15.2 Literaturübersicht

Bei der Analyse der Literatur zum Thema Events zeigen sich verschiedene allgemeine Untersuchungsschwerpunkte, die sich für ein besseres Verständnis von Green Meetings im Speziellen heranziehen lassen. Die folgenden Ausführungen stellen diese Überlegungen zusammenfassend dar und orientieren sich bei der Gliederung der aktuellen Forschungsschwerpunkte vor allem an den Untersuchungen von Drengner und Köhler (2013, S. 89 f.), Fairley et al. (2011, S. 141 f.) und Wall und Behr (2010).

So werden zum einen die (1) **multiplen Wirkungen der Events** (ökonomisch, ökologisch, sozial) auf die Veranstaltungsorte und -regionen, aber auch deren Bewohner und andere Stakeholder betrachtet. Die Mehrheit der Studien haben sich dabei auf ökonomische Wirkungen fokussiert (z. B. Dwyer et al. 2000, S. 175 f.; 2001, S. 191 f.; Preuß 2005, S. 281 f.), da der öffentliche Sektor die Investitionen in solche Events meist vor der Öffentlichkeit rechtfertigen muss (Sallent et al. 2011, S. 397 f.). Soziale Wirkungen wurden in den letzten Jahren ebenfalls zunehmend betrachtet, z. B. das Wiederaufleben von Traditionen, ein verstärktes Zusammengehörigkeitsgefühl und höherer kultureller Austausch, aber auch negative Effekte wie z. B. Vertreibungen, soziale Dislokation und Entfremdung (z. B. Allen et al. 2011; Balduck et al. 2011, S. 91 f.; Ohmann et al. 2006, S. 129 f.). Die Anzahl der Studien, die ökologische Event-Wirkungen untersuchen, ist dagegen bisher eher begrenzt (z. B. Collins et al. 2006, S. 9 f.; 2009, S. 828 f.), u. a. auch bedingt durch die Schwierigkeit, diese komplexen Auswirkungen quantitativ und über längere Zeiträume zu messen. Eine Analyse der verschiedenen Event-Wirkungen ist insofern wichtig, da negative Event-Effekte den Erfolg und die Zukunft einer Veranstaltung sowie deren Nutzen und Mehrwert für die Region, seiner Bürger und anderer Stakeholder in Frage stellen. Für Green Meetings lassen sich im Rahmen dieses

Untersuchungsschwerpunktes z. B. Potentiale zur Optimierung aufdecken oder die Akzeptanz bei regionalen Anspruchsgruppen erhöhen.

Ein weiterer Schwerpunkt bildet das Thema (2) **Nachhaltigkeit**. Diese Studien analysieren Events in Bezug auf die drei Säulen Ökonomie, Soziales und Ökologie und werden alternativ auch als die sog. „triple bottom line" von Veranstaltungen bezeichnet. Im Vergleich zu den multiplen Wirkungen sind diese Untersuchungen eher langfristig und strategisch orientiert und basieren vor allem auf Kennzahlen, welche die Wirkungen von Events messbar und vergleichbar machen sollen (z. B. Andersson und Lundberg 2013, S. 99 f.; Drengner und Köhler 2013, S. 89 f.; Fairley et al. 2011, S. 141 f.; Köhler 2013, S. 85 f.; O'Brien und Chalip 2008, S. 318 f.). Ferner werden die Wahrnehmung nachhaltiger Events aus der Perspektive verschiedener Akteure sowie die Gestaltungsprozesse nachhaltiger Events berücksichtigt, um so Vorschläge für die zukünftige Entwicklung nachhaltiger Eventkonzepte zu generieren. Green Meetings werden im Rahmen dieser Betrachtung im Kontext einer „Sustainable Development" (WCED 1987) betrachtet. Untersuchungen im Rahmen dieses Untersuchungsschwerpunktes verbessern zum einen das zielgruppenorientierte Verständnis von Green Meetings. Das betrifft z. B. die Frage, welche Zielgruppen an Green Meetings interessiert sind. Darüber hinaus erleichtern Kennzahlen die strategische Steuerung von Green Meetings im Sinne der nachhaltigen Entwicklung.

Der dritte Schwerpunkt beschäftigt sich insbesondere mit den Austauschbeziehungen unterschiedlicher (3) **Stakeholder**. Die Stakeholder-Theorie ist maßgeblich durch Freeman (1984) geprägt worden. Dabei wird die Annahme vertreten, dass bei Unternehmensentscheidungen *Interessen unterschiedlicher Stakeholder* berücksichtigt werden müssen. Dazu zählen interne (z. B. Mitarbeiter, Eigentümer) und externe Stakeholder (z. B. Kunden, Lieferanten, Gesellschaft, Interessensverbände und Politiker). Da bei den Stakeholdern zum Teil sehr unterschiedliche Interessen anzufinden sind, ist es Aufgabe des Unternehmens zu vermitteln und ggfs. Kompromisse einzugehen. Ferner gilt es, die besonders wichtigen Stakeholder zu identifizieren und deren Interessen zu integrieren. (Mitchell et al. 1997, S. 853 f.) haben in diesem Zusammenhang drei Attribute identifiziert, die bei der Stakeholder-Analyse berücksichtigt werden sollten: die Macht des jeweiligen Stakeholders, die Legitimität seiner Ansprüche und die Dringlichkeit des Anspruchs. Sind alle drei Attribute stark ausgeprägt, so handelt es sich um besonders wichtige Stakeholder (sog. „definitive stakeholder"). Sie haben einen großen Einfluss auf Veranstaltungen (z. B. durch Berichterstattung) und tragen maßgeblich zu deren Erfolg oder Misserfolg bei. Für die Konzeption von Green Meetings ist es daher wichtig zu wissen, welche Stakeholder relevant sind und wie deren Interessen ausgeprägt sind. Im Weiteren gilt es die unterschiedlichen Interessen abzuwägen und handlungsrelevante Entscheidungen für die Veranstaltung zu treffen.

Einen weiteren Schwerpunkt bilden Ansätze, die sich mit (4) **Beziehungsverhältnissen** auf Basis der Netzwerktheorie beschäftigen. Relevant sind die Beziehungen der Akteure untereinander und deren jeweilige Ausprägung sowie die Entwicklung der Beziehungen in Netzwerken. Studien haben gezeigt, dass gut funktionierende, enge Beziehungen zwischen den Akteuren eines Event-Netzwerks entscheidend zum Erfolg einer Veranstaltung beitragen können, da z. B. die Zusammenarbeit und somit der Austausch von Informationen und Wissen gefördert wird (z.B. Hede 2008, S. 13 f.; Kellett et al. 2008, S. 101 f.; Misener und Mason 2006, S. 39 f.; Stokes 2004, S. 108 f.; 2006, S. 682 f.; 2007, S. 145 f.; Werner et al. 2015a, 2015b, S. 174 f.; Ziakas und Costa 2010, S. 132 f.). Für Green Meetings sind diese Überlegungen relevant, da auf diese Weise z. B. der Zusammenhang zwischen Netzwerkbeziehungen und dem Erfolg von ökologischen Wirkungen dargestellt wird. Ferner ergeben sich vielfältige Ansatzpunkte für die lokale Entwicklung im Kontext ökologischer Fragestellungen durch unterschiedliche Beziehungsnetzwerke.

Des Weiteren finden sich in der Literatur Untersuchungen, die sich vor allem mit (5) **Organisations- und Gestaltungsprozesse von Eventnetzwerken** beschäftigen. Im Vordergrund stehen organisatorische Prozesse im Austausch mit unterschiedlichen Akteuren, Determinanten für Erfolg und Misserfolg von Events (z. B. Carlsen et al. 2010, S. 120 f.; Getz 2002, S. 209 f.), Innovationsprozesse sowie das Management von Wissen (z. B. Paul und Sakschewski 2012, S. 85 f.; Werner et al. 2015a, 2015b, S. 174 f.). Für die Gestaltung von Green Meetings lassen sich darüber anhand der gesamten Organisationskette z. B. Einflussfaktoren für den Erfolg bzw. Misserfolg oder Möglichkeiten für Innovationen und einen verbesserten Informations- und Wissenstransfer zwischen den Akteuren diskutieren.

Zusammenfassend zeigt sich, dass eine Zusammenführung der Untersuchungs schwerpunkte zu einem übergreifenden Modell bisher in der Literatur vernachlässigt wurde. Dabei besteht konzeptioneller und empirischer Forschungsbedarf die unterschiedlichen Standpunkte zusammenzuführen und im Hinblick auf Zusammenhänge zu überprüfen.

15.3   Begriffsverständnis von Green Meeting

Je nach Untersuchungsschwerpunkt der im Abs. 2 erläuterten Schwerpunkte lässt sich ein unterschiedliches Grundverständnis von Green Meetings ableiten. In der folgenden Tab. 15.1 werden existierende Definitionen den oben genannten fünf Forschungs- schwerpunkten exemplarisch zugeordnet, um dieses Grundverständnis im nächsten Schritt in eine Definition zu überführen. Um die unterschiedlichen fünf Forschungsrichtungen durch Definitionen zu veranschaulichen und die Auswirkung auf das Begriffsverständnis von Green Meetings zu erleichtern, werden bewusst auch Definitionen gewählt, die ein weitreichendes Grundverständnis des Marketing bzw. des Nachhaltigkeitsmarketing (Griese 2014) allgemein widerspiegeln. In Tabelle 15.2 werden Definitionsansätze für Nachhaltige Veranstaltungen präsentiert.

So lassen sich Definitionen von Große Ophoff (2012, S. 173 f.), dem GCB (German Convention Bureau 2012) und dem CIC (Convention Industry Council 2013) z. B. eher der **multiplen Wirkung** von Events zuordnen, da hier der Schwerpunkt auf den ökologischen Aspekten im regionalen Umfeld liegt. Vergleichbare Ansätze finden sich auch im Kontext

Tab. 15.1 Ausgewählte Definitionen zur Veranschaulichung der Untersuchungsschwerpunkte Quelle: Eigene Darstellung

Schwerpunkt	Jahr	Autor	Definition
1. Multiple Wirkung	2012	Große Ophoff	„Green Meetings ist ein umfassender Ansatz zur Planung, Umsetzung, Dokumentation und Weiterentwicklung von umweltgerechter Veranstaltungen, der alle für die umweltgerechte Durchführung der Veranstaltung relevanten Akteure, wie Mitarbeiter, Zulieferer, Dienstleister und Teilnehmer, einbezieht." (S. 175)
	2012	German Convention Bureau (GCB)	„Green meetings can be defined as meeting which integrate environmentally friendly concepts during all planning phases, in order to keep the damage to the environment a minimum." (o.S.)
	2013	Convention Industry Council (CIC)	„A green meeting or event incorporates environmental considerations to minimize its negative impact on the environment." (o.S.)
2. Nachhaltigkeit	2012	Belz und Peattie	„Sustainability Marketing refers to planning, organizing, implementing and controlling marketing resources and programmes to satisfy consumer's wants and needs, while considering social and environment criteria and meeting cooperative objectives." (S. 29)
	2004	Balderjahn	„Nachhaltiges Marketing-Management knüpft am klassischen Marketing-Management-Konzept an und erweitert die marktorientierte Ausrichtung der Unternehmensführung auf die Bereiche Gesellschaft und natürliche Umwelt. Das nachhaltige Marketing-Management orientiert sich somit in seinen Entscheidungen und Aktivitäten einerseits an den Erfordernissen aktuelle und potenzielle Märkte (marktorientiertes Management) und andererseits (zusätzlich) an den ökologischen und sozialen Herausforderungen dieser Welt." (S. 48)
	2009	Getz und Andersson	„It is suggested that it is the mutual interdependencies that emerge in institutional networks that ensure festivals meet the economic, environmental, and social/cultural goals that constitute a triple-bottom line approach to sustainability." (S. 15)
	2012	Husemann-Roew	„Green Meetings sind Veranstaltungen, bei deren Konzeption, Planung, Organisation und Durchführung alle Aspekte der Nachhaltigkeit, d.h. Ökonomie, Ökologie, Soziales berücksichtigt werden … [Sie] leisten wirtschaftlich, sozial und ökologisch einen positiven Beitrag während und nach der Veranstaltung." (S. 3)
	2012	United Nations Environment Programme	„A sustainable event is one designed, organized and implemented in a way that minimizes potential negative impacts and leaves a beneficial legacy for the host community and all involved." (S. 1)

(Fortsetzung)

Tab. 15.1 (Fortsetzung)

Schwerpunkt	Jahr	Autor	Definition
3. Stakeholder	2007	American Marketing Association (AMA)	„Marketing is the activity, set of institutions, and processes for creating, communicating, delivering, and exchanging offerings that have value for customers, clients, partners, and society at large." (o.S.)
	1984	Freeman	„Stakeholder sind Personen oder Gruppen, die ein berechtigtes Interesse am Verlauf oder Ergebnis eines Prozesses oder Projektes haben." (S. 46)
	1997	Mitchell et al.	„the various classes of stakeholders might be identified based upon the possession, …, of one, two or all three of the attributes: power, legitimacy and urgency." (S. 872)
	2011	Sallent et al.	„The evidence that a successful event needs an effective and efficient network of stakeholders behind it is grounded in … professional practice and academic studies." (S. 398)
4. Beziehungs-verhältnisse (Netzwerk-theorie)	1990	Grönroos	„The company mission of marketing is the construction, maintenance and strengthening of the relationships between customers, other partners (stakeholders) and social stakeholders. By safeguarding the company's goals, the needs of the groups involved should be satisfied." (S. 5)
	2012	Izzo et al.	„… relationships in event networks are strategic resources that can be voluntary shaped by managerial action and policy orientation." (S. 240)
	2010	Ziakas und Costa	„…it is important for event managers and planners involved in collaborating efforts to recognize how network relationships are functioning and evolving when hosting events. Such an understanding can enhance a host community's capacity to combine diverse knowledge, skills, and integrated sets of resources in the management of events." (S. 144)
	2015a	Werner et al.	„An event "provides significant opportunities to strengthen existing relationships" among organisations involved." (o.S.)

5. Organisations- und Gestaltungs- prozesse von Eventnetz-werken	Kotler und Keller	2011	„Marketing is a societal process by which individuals and groups obtain what they need and want through creating, offering, and freely exchanging products and services of value with others." (S. 7)
	Mules	2004	„... event managers need to be always looking for new ideas, and learning from other events" ...; „innovation is important in maintaining competitive advantage in a world where special events not only compete with each other but also compete with other forms of leisure and entertainment." (S. 101)
	Carlsen et al.	2010	„... it is evident that due to the competitive and creative nature of festivals there is a constant need for festival managers to innovate with respect to the entire festival value chain." (S. 129f.)
	Werner et al.	2015b	„... the new skills and experiences [acquired through an event] are also valuable to streamline and optimise everyday operational processes and to attract and deliver future events..." (S. 185)
	Singh und Hu	2008	„There is a vast amount of tacit knowledge accumulated by key officials who are involved in organizing the mega-event and marketing the destination." (S. 937)

Tab. 15.2 Definitionsansätze für Nachhaltige Veranstaltungen Quelle: Eigene Darstellung

Motivation für CSR	Definitionsansätze für Nachhaltige Veranstaltungen
1. „Erzwungen"	Orientierung an den gesetzlichen Rahmenbedingungen eines Landes: Nachhaltige Veranstaltungen sind Veranstaltungen, bei deren Konzeption, Planung, Organisation und Durchführung existierende Gesetze zu sozialen und ökologischen Rahmenbedingungen berücksichtigt werden müssen.
2. „Altruistisch/ Philanthropisch"	Orientierung am Leitbild der nachhaltigen Entwicklung (Gerechtigkeitsprinzip): Nachhaltige Veranstaltungen sind Veranstaltungen, bei deren Konzeption, Planung, Organisation und Durchführung, ökonomische, soziale und ökologische Kriterien im Sinne des Leitbildes einer Nachhaltigen Entwicklung berücksichtigt werden. Dabei werden alle für die nachhaltige Vorbereitung und Durchführung der Veranstaltung relevanten Akteure, wie Mitarbeiter, Zulieferer, Dienstleister und Teilnehmer, einbezogen und deren Beziehungsverhältnisse mit- und untereinander berücksichtigt. Durch die sozialen Austauschprozesse der Akteure schaffen nachhaltige Veranstaltungen Synergien, verbessern organisatorische Prozesse und tragen zu einem effektiven Informations- und Wissensaustausch aller Beteiligten im Sinne einer Verständigungsprozesses bei (Eigene Darstellung, in Anlehnung an Große Ophoff 2012; Husemann-Roew 2012; Werner et al. 2015b).
3. „Strategisch"	Orientierung am einer marktorientierten Sichtweise (market based view): Nachhaltige Veranstaltungen sind Veranstaltungen, die eine umwelt- und sozialorientierte Führung beinhalten, die alle betrieblichen Entscheidungen auf das Werteschaffen ausrichtet. Werte können ökonomischer (z. B. mehr Profit, Umsatz), umweltbezogener (z. B. effiziente Ressourcennutzung) oder sozialorientierter (z. B. faire Bezahlung der Zulieferer/ Mitarbeiter) Natur sein. Das geschieht durch eine Orientierung an den Anforderungen des Marktes (Kundenorientierung), Bedingungen des Wettbewerbs (Wettbewerbsorientierung) sowie unter der Beachtung ökologischer und sozialer Standards (Balderjahn 2004; Belz und Peattie 2012; Griese 2014).

des Green Marketing (Leonidou et al. 2013, S. 151 f.). Green Meetings sind danach Veranstaltungen, die einen möglichst geringen Einfluss auf die Umwelt haben und die regionalen Interessen der Partner berücksichtigen.

Im Rahmen des Forschungsschwerpunktes der **Nachhaltigkeit** ist ein weitreichendes Verständnis notwendig. Entsprechend werden alle drei Dimensionen der Nachhaltigkeit in das Grundverständnis konsequent integriert. In der Tabelle sind dazu exemplarisch Definitionen von Balderjahn (2004), Belz und Peattie (2012), Getz und Andersson (2009, S. 1 f.), Husemann-Roew (2012) und dem United Nations Environment Programme (2012) aufgeführt. Der Begriff Green Meetings erscheint hier nicht umfassend genug, da durch den Begriff „Green" der Schwerpunkt einseitig auf ökologische Aspekte gelegt wird. Um die drei Säulen der Nachhaltigkeit angemessen im Kontext der Events (Sherwood 2007) zu berücksichtigen, wäre es sinnvoller von *Sustainable Meetings* oder *Sustainable Events* zu sprechen. *Sustainable Events* wären danach Veranstaltungen, die dem Leitbild einer nachhaltigen Entwicklung folgen und die drei Säulen der Nachhaltigkeit (ökonomisch, ökologisch und sozial) angemessen berücksichtigen.

Bei dem dritten Schwerpunkt **Stakeholder** geht es vor allem darum, die Interessen der Stakeholder angemessen zu berücksichtigen. Entsprechend orientiert sich das Grundverständnis von Green Meetings an dem Wert, der für die Stakeholder durch eine Veranstaltung geschaffen wird. In der Tabelle wird dazu zunächst die Grunddefinition von Stakeholdern nach Freeman (1984) sowie die drei nach (Mitchell et al. 1997, S. 853 f.) definierten Attribute für die Bedeutsamkeit der Stakeholder (Macht, Legitimität, Dringlichkeit) aufgeführt. Anschließend wird exemplarisch die Definition der AMA (American Marketing Association 2007) integriert. Die AMA ist die weltweit größte Marketingorganisation. Sie hat eine Definition des Marketing entwickelt, auf die sich auch in Deutschland viele Bücher beziehen (z. B. Griese 2014; Meffert et al. 2014). Green Meetings wären danach Veranstaltungen, die versuchen die Interessen aller relevanten Stakeholder angemessen berücksichtigen und für sie Werte zu schaffen.

Der Untersuchungsschwerpunkt **Beziehungsverhältnisse** beschäftigt sich mit den Beziehungen der Akteure untereinander und deren jeweiliger Ausprägung sowie der Entwicklung der Beziehungen in Netzwerken. Als Beispiel sind der Tabelle Definitionen von Grönroos (1990, S. 3 f.), Izzo et al. (2012, S. 223 f.), Werner et al. (2015a) sowie Ziakas und Costa (2010, S. 132 f.) aufgeführt. Green Meetings wären danach Veranstaltungen, welche die Beziehungen mit relevanten Akteuren aufrechterhalten aber auch strategisch verstärken können. Dies setzt voraus, dass die Planer und Manager von Green Events die relevanten Akteure und ihre Beziehungen untereinander kennen und verstehen.

Beim fünften Schwerpunkt **den Organisations- und Gestaltungsprozessen von Eventnetzwerken** stehen organisatorische Prozesse im Austausch mit unterschiedlichen Akteuren sowie das Management von Wissen im Vordergrund. Die Definitionen von Carlsen et al. (2010, S. 120 f.), Kotler und Keller (2011), Mules (2004, S. 95 f.), (Singh und Hugh 2008, S. 929 f.) und Werner et al. (2015b, S. 174 f.) sollen exemplarisch diese Ausrichtung verdeutlichen. Green Meetings wären danach Veranstaltungen, die auf Basis von sozialen Austauschprozessen mit relevanten Akteuren neue Werte schaffen sollen – nicht nur für die Akteure selbst, sondern auch für die gesamte Region und deren Bewohner. Green Meetings können somit genutzt werden, um organisatorische Prozesse zu verbessern und neues Wissen und Erlerntes an andere Akteure weiterzugeben.

15.4   Zusammenfassung und Ausblick für das Konzept Green Meetings

Auf Basis der Literaturanalyse wurde grundsätzlich deutlich, dass sich sehr unterschiedliche Forschungsschwerpunkte im Kontext von Events entwickelt haben, die sich zur Erklärung von Green Meetings heranziehen lassen. Je nach Schwerpunkt stehen sehr verschiedene Bereiche von Green Meetings im Mittelpunkt der Betrachtung. Ein holistischer Erklärungsansatz liegt bis heute nicht vor.

Das Grundverständnis von Green Meetings hat sich in der Vergangenheit eher an **multiplen Event-Wirkungen** orientiert, mit einem sehr starken Fokus auf ökologische Effekte (vgl. z.B. Große Ophoff, CIC, GCB). Neuere Ansätze, insbesondere internationale Ansätze, orientieren sich zunehmend an den Forschungsschwerpunkten „Nachhaltigkeit", dem „Stakeholderansatz" und dem „Netzwerkansatz". Dadurch werden Green Meetings weitaus holistischer betrachtet. Der Begriff „Green" erscheint in diesem Kontext nicht weitreichend genug, um die aktuellen Forschungs- bemühungen widerzuspiegeln. Ferner besteht die Gefahr, dass durch eine begriffliche Fokussierung auf ökologische Inhalte, insbesondere soziale Inhalte vernachlässigt werden. Eine Analyse von Veranstaltungsstandards (Meng et al. 2015) untermauert diese These, da die gängigen Instrumente zur Zertifizierung von Green Meetings primär ökologische Kriterien berücksichtigen.

Beim zweiten Ansatz der **Nachhaltigkeit** werden Events anhand der drei Säulen Ökonomie, Ökologie und Soziales betrachtet. Husemann-Roew's Definition (2012; siehe Tab. 15.1) schließt diese drei Säulen ein und legt damit neben der rein ökologischen Betrachtung auch einen Fokus auf die soziale und ökonomische Komponente. Allerdings spricht auch sie von „Green Meetings", verwendet also einen Oberbegriff, der (wie oben umschrieben) den umfangreichen holistischen Kontext nicht weitreichend genug widerspiegeln kann. Auf Basis dieses Ansatzes ließe sich jedoch das existierende Grundverständnis von Green Meetings deutlich erweitern.

Im Rahmen des **Stakeholderansatzes** ist es wichtig, alle relevanten Stakeholder zu identifizieren, nach ihrem Einfluss, ihrer Wichtigkeit und Dringlichkeit zu beurteilen und in den kompletten Eventprozess zu integrieren. Stakeholder können den Erfolg bzw. Misserfolg einer Veranstaltung maßgeblich beeinflussen. Gerade im Bereich der Nachhaltigkeit ist es wichtig, eine gemeinsame, übergreifende Botschaft nach außen zu vermitteln. Nicht einbezogene Stakeholder können dieses geschlossene, glaubwürdige Bild vereiteln und kontraproduktive Wirkungen erzielen. Zudem sollten zukünftige Untersuchungen auch unterschiedliche Führungspersönlichkeiten hinsichtlich internationaler und politischer Aspekte umfangreicher analysieren (Ensor et al. 2011, S. 315 f.), um weitere Einflussfaktoren auf die Gestaltung von Green Meetings besser zu verstehen. Ebenso müssen die Besucher von Green Meetings umfangreicher untersucht und differenziert werden, da Besucher keine homogene Gruppe sind, sondern eine sehr unterschiedliche Wahrnehmung von Green Meetings haben (Rittichainuwata und Mair 2012, S. 147 f.).

Weiterhin ist es von großer Bedeutung, die **Beziehungsverhältnisse** zu relevanten Akteuren und deren Beziehungen untereinander genau zu kennen und strategisch zu nutzen, da dies als Basis für funktionierende und somit erfolgreiche Event-Netzwerke gilt. Dies ist insbesondere Aufgabe der Planer und Organisatoren von nachhaltigen Veranstaltungen. Durch diese sozialen Austauschprozesse der relevanten Akteure können somit Synergien und Werte geschaffen, **organisatorische Prozesse** verbessert und der **Wissens- und Erfahrungsaustausch** gefördert werden.

Auf Basis der Literaturanalyse wird somit insgesamt deutlich, dass weder der Begriff „Green Meetings" noch die bisher vorgeschlagenen und genutzten Definitionen der Komplexität und Ganzheitlichkeit des Themas gerecht werden. Unter Berücksichtigung der Analyseergebnisse erscheint eine Weiterentwicklung des Begriffs Green Meetings hin zu „nachhaltigen Veranstaltungen" als sinnvoller geeignet, um damit holistischer den existierenden Problemen zu begegnen. Ferner besteht Bedarf, mehr Synergien zwischen „Greening of Events" und der Nachhaltigkeits-, Stakeholder und Netzwerkdebatte zu erreichen.

Denkbar ist darüber hinaus z. B. eine Integration in das Konzept Corporate Social Responsibility (CSR), um auch die Verantwortung der Veranstaltungsstätten stärker zu berücksichtigen (Dickson und Arcodia 2010, S. 236 f.). Damit würden gleichzeitig die Einstellungen und Motive der handelnden Akteure in Form des freiwilligen Beitrags im Hinblick auf eine nachhaltige Entwicklung stärker gewürdigt werden. Ein Begriffsverständnis von nachhaltigen Veranstaltungen ließe sich danach aus den unterschiedlichen Motiven und Einstellung der Personen heraus ableiten. Dabei handelt es sich in der Regel um drei Kategorien an Motiven warum CSR seitens der Unternehmen praktiziert wird (McWilliams et al. 2006, S. 1 f.). Das sind zum einen Unternehmen die CSR praktizieren, weil sie vorgegebene gesetzliche Regeln erfüllen müssen („Erzwungenes CSR"). Zum anderen handelt es sich um Personen die altruistisch handeln, und unabhängig von finanziellen Konsequenzen CSR praktizieren, weil sie es für wichtig halten („Altruistisches CSR"). Als Drittes existieren Unternehmen, die CSR praktizieren, weil sie sich dadurch einen strategischen Vorteil am Markt versprechen („Strategisches CSR").

Je nach Einstellung und Motiv der Unternehmensvertreter ändert sich auch das Begriffsverständnis von nachhaltigen Veranstaltungen. Die folgende Tabelle verdeutlicht dies an jeweils einem Beispiel.

Das jeweilige Grundverständnis von nachhaltigen Veranstaltungen wäre damit ein Ergebnis der Motive und Einstellungen der handelnden Akteure bei der Konzeption, Planung, Organisation und Durchführung einer Veranstaltung. Da sich diese Motive und Einstellungen im Hinblick auf die Realisierung von Nachhaltigkeitsmaßnahmen stark unterscheiden, erscheint auch ein flexibles Verständnis von nachhaltigen Veranstaltungen der Realität besser zu entsprechen.

15.5 Fazit

Die vorliegende Analyse der Literatur hat gezeigt, dass Green Meetings in der Vergangenheit wenig pluralistisch analysiert worden sind. Ferner lag der Schwerpunkt der Analysen eindeutig auf der ökologischen Betrachtungsweise. Ökonomische und soziale Aspekte der Nachhaltigkeit wurden dabei weitestgehend vernachlässigt. Zudem wurde deutlich, dass eine Reihe von Betrachtungsweisen und Konzepten eine Rolle spielen, um nachhaltige Veranstaltungen adäquat umschreiben zu können. Möchte man diese Forschungsergebnisse und Betrachtungsweisen in ein holistisches Gesamtkonzept integrieren, so ist es nicht mehr länger sinnvoll, von „Green Meetings" zu sprechen. Der erweiterte Begriff „nachhaltige Veranstaltungen", der die Forschungsschwerpunkte der multiplen Wirkung, der Nachhaltigkeit sowie der Stakeholder- und Netzwerkanalyse integriert und vereinbart, erscheint hier geeigneter. Ferner sollten die unterschiedlichen Motive und Einstellungen zum Thema CSR berücksichtigt werden, da je nach Ausprägung auch ein unterschiedliches Begriffsverständnis resultieren kann.

Nachhaltige Veranstaltungen werden auch in Zukunft eine immer größere Rolle spielen, viele Akteure der Veranstaltungsbranche beschreiben sie mittlerweile als „existenziell relevant". Die ökologischen Schäden und Negativfolgen unserer Produktions- und Lebensweise zeigen sich immer deutlicher und häufiger; nachhaltige Veranstaltungen können zu einem entscheidenden Wettbewerbsvorteil für Veranstaltungszentren und -destinationen werden (German Convention Bureau 2013).

In diesem Zusammenhang sind weitere Forschungen und Studien, insbesondere zu den ökologischen Wirkungen von Veranstaltungen aber auch zur Nachhaltigkeit unter Berücksichtigung aller drei Säulen und ihrer Zusammenhänge, essentiell, um auch in Zukunft neue und verbesserte nachhaltige Eventkonzepte entwickeln und mögliche Wettbewerbsvorteile strategisch nutzen zu können. Zudem wurde die soziale Komponente auf Kosten der ökonomischen und ökologischen Säulen in der Vergangenheit vernachlässigt. Auch hier besteht weiterer Forschungsbedarf.

Schließlich sollten zukünftige Studien aus den o. a. ausgeführten Gründen den Begriff der „Green Meetings" verstärkt durch „nachhaltige Veranstaltungen" ersetzen. Das dies bereits vereinzelt geschieht, zeigt das United Nations Environment Programme, das den Nachfolger seines im Jahr 2009 erschienenen „Green Meeting Guide" unter dem Titel „Sustainable Events Guide" (United Nations Environment Programme 2009, 2012) veröffentlicht.

Aus praktischer Sicht sollte in Zukunft verstärkt darauf geachtet werden, dass Veranstaltungsstandards für nachhaltige Zertifizierungen nicht nur ökologische Kriterien bewerten, sondern auch die beiden anderen Bereiche (Ökonomie und Soziales) adäquat berücksichtigen.

Zusammenfassend ist festzustellen, dass der Bereich der nachhaltigen Veranstaltungen großes Potenzial für weitere Forschungen und Entwicklungen bietet und in Zukunft auch erwarten lässt.

Literatur

Allen, J., O'Toole, W., Harris, R. & McDonnell, I. (2011). *Festival and special event management* (5. Ausg.). Milton, Australia: John Wiley & Sons.
American Marketing Association. (2007). *Marketing*. Aufgerufen am 4. März 2015. Verfügbar unter: https://www.ama.org/AboutAMA/Pages/Definition-of-Marketing.as- px.

Andersson, T. & Lundberg, E. (2013). Commensurability and sustainability: Triple impact assessments of a tourism event. *Tourism Management, 37*, 99–109.

Balderjahn, I. (2004). *Nachhaltiges Marketing-Management: Möglichkeiten einer umwelt- und sozialverträglichen Unternehmenspolitik.* Stuttgart, Deutschland: Lucius & Lucius.

Balduck, A., Maes, M. & Buelens, M. (2011). The social impact of the Tour de France: Comparisons of residents' pre- and post-event perceptions. *European Sport Management Quarterly, 11* (2), 91–113.

Belz, F.-M. & Peattie, K. (2012). *Sustainability marketing: A global perspective.* Chichester, GB: Wiley.

Carlsen, J., Andersson, T. D., Ali-Knight, J., Jaeger, K. & Taylor, R. (2010). Festival Management Innovation and Failure. *International Journal of Event and Festival Management, 1* (2), 120–131.

Collins, A., Flynn, A., Wiedmann, T. & Barrett, J. (2006). The environmental impacts of consumption at a subnational level: The Ecological Footprint of Cardiff. *Journal of Industrial Ecology, 10* (3), 9–24.

Collins, A., Jones, C. & Munday, M. (2009). Assessing the environmental impacts of mega sporting events: Two options? *Tourism Management, 30* (6), 828–837.

Convention Industry Council. (2013). *APEX/ASTM environmentally sustainable meeting standards.* Aufgerufen am 7. Dezember 2013. Verfügbar unter: http://www.conventionindustry.org/StandardsPractices/APEXASTM.aspx.

Dickson, C. & Arcodia, C. (2010). Promoting sustainable event practice: The role of professional associations. *International Journal of Hospitality Management, 29* (2), 236–244.

Drengner, J. & Köhler, J. (2013). Stand und Perspektiven der Eventforschung aus Sicht des Marketing. In C. Zanger (Hrsg.), *Events und Sport: Stand und Perspektiven der Eventforschung* (S. 89–132). Wiesbaden, Deutschland: Springer Gabler.

Dwyer, L., Mellor, R., Mistilis, N. & Mules, T. (2000). A framework for assessing "tangible" and "intangible" impacts of events and conventions. *Event Management, 6* (1), 175–189.

Dwyer, L., Mellor, R., Mistilis, N. & Mules, T. (2001). Forecasting the economic impacts of events and conventions. *Event Management, 6* (3), 191–204.

Ensor, J., Robertson, M. & Ali-Knight, J. (2011). Eliciting the dynamics of leading a sustainable event: Key informant responses. *Event Management, 15* (4), 315–327.

Fairley, S., Tyler, B. D., Kellett, P. & D'Elia, K. (2011). The Formula One Australian Grand Prix: Exploring the triple bottom line. *Sport Management Review, 14* (2), 141–152.

Freeman, R. E. (1984). *Strategic management: A stakeholder approach.* Boston: Pitman.

German Convention Bureau. (2012). *Sustainability for success: Conferences, conventions & events in Germany.* Aufgerufen am 3. März 2015. Verfügbar unter: http://viewer.zmags.com/publication/cdb3ceef#/cdb3ceef/1.

German Convention Bureau. (2013). *Tagung und Kongress der Zukunft: Management Summary.* Aufgerufen am 3. März 2015. Verfügbar unter: http://www.gcb.de/tag- ung-und-kongress-der-zukunft.

Getz, D. (2002). Why festivals fail. *Event Management, 7* (4), 209–219.

Getz, D. & Andersson, T. (2009). Sustainable Festivals: On Becoming an Institution. *Event Management, 12* (1), 1–17.

Griese, K.-M. (2014). *Nachhaltigkeitsmarketing: Eine fallstudienbasierte Einführung.* Wiesbaden, Deutschland: Gabler.

Grönroos, C. (1990). Relationship approach to the marketing function in service contexts: The marketing and organizational behaviour interface. *Journal of Business Research, 20* (1), 3–12.

Große Ophoff, M. (2012). Green Meetings & Events: Nachhaltiges Tagen in Deutschland. In M.-T. Schreiber (Hrsg.), *Kongresse, Tagungen und Events: Potenziale, Strategien und Trends der Veranstaltungswirtschaft* (S. 173–186). München, Deutschland: Oldenbourg.

Hede, A. M. (2008). Managing special events in the new era of the triple bottom line. *Event Management, 11* (1-2), 13–22.

Husemann-Roew, P. (2012). *Nachhaltige Veranstaltungsorganisation: Die wich- tigsten Schritte zum erfolgreichen Event.* Paper präsentiert auf der Imex 2012, Frankfurt, Deutschland. Aufgerufen am 3. März 2015. Verfügbar unter: http://www.gcb.de/de/article/das-gcb/gre- en-gcb/nachhaltige-veranstaltungsorganisation-die-wichtigsten-schritte-zum-erfolgreichen-event.

Intergovernmental Penal on Climate Change. (2014). *Climate Change 2014: Fifth Assessment Synthesis Report.* Aufgerufen am 3. März 2015. Verfügbar unter: http://www.de-ipcc.de/_media/SY- R_AR5_LONGERREPORT_.pdf.

Izzo, F., Bonetti, E. & Masiello, B. (2012). Strong ties within cultural organization event networks and local development in a tale of three festivals. *Event Management, 16* (3), 223–244.

Kellett, P., Hede, A. M. & Chalip, L. (2008). Social policy for sport events: Leveraging (relationships) with teams from other nations for community benefit. *European Sport Management Quarterly, 8* (2), 101–122.

Köhler, J. (2013). Eine umfassende Wirkungsbetrachtung der nicht-monetären Effekte von Events am Beispiel des Melt!-Festivals 2011. In C. Zanger (Hrsg.), *Events im Zeitalter von Social Media* (S. 85–107). Wiesbaden, Deutschland: Springer Gabler.

Kotler, P. & Keller, K. (2011). *Marketing Management* (14 Ausg.). Upper Saddle River, NJ: Prentice Hall.

Leonidou, C. N., Katsikeas, C. S. & Morgan, N. A. (2013). "Greening" the marketing mix: Do firms do it and does it pay off? *Journal of the Academy of Marketing Science, 41* (2), 151–170.

McWilliams, A., Siegel, D. S. & Wright, P. M. (2006). Corporate social resposibility: Strategic implications. *Journal of Management Studies, 43* (1), 1–18.

Meadows, D. L., Meadows, D. H., Randers, J. & Behrens, W. W. (1972). *The limits of growth.* New York: Universe Books.

Meffert, H., Burmann, C. & Kirchgeorg, M. (2014). *Marketing: Grundlagen marktorientierter Unternehmensführung* (12. Ausg.). Wiesbaden, Deutschland: Springer Gabler.

Meinshausen, M., Meinshausen, N., Hare, W., Raper, S. C. B., Frieler, K., Knutti, R. & Allen, M. R. (2009). Greenhouse-gas emission targets for limiting global warming to 2° C. *Nature, 458* (7242), 1158–1163.

Meng, C., Griese, K.-M., Große-Ophoff, M. & Jiani, T. (2015). Green meeting standards: A conceptional review. In H. Schwägermann, P. Mayer & D. Yi (Hrsg.), *Handbook Event Market China.* Berlin, Deutschland: DeGruyter Oldenbourg.

Misener, L. & Mason, D. S. (2006). Creating community networks: Can sporting events offer meaningful sources of social capital? *Managing Leisure, 11* (1), 39–56.

Mitchell, R. K., Agle, B. R. & Wood, D. J. (1997). Toward a theory of stakeholder identification and salience: Defining the principle of who and what really counts. *Academy of Managment Review, 22* (4), 853–886.

Mules, T. (2004). Evolution in Event Management: The Gold Coast's Wintersun Festival. *Event Management, 9* (1), 95–101.

O'Brien, D. & Chalip, L. (2008). Sport events and strategic leveraging: Pushing towards the triple bottom line. In A. Woodside & D. Martin (Hrsg.), *Tourism management: Analysis, behaviour and strategy* (S. 318–338). Wallingford, GB: CABI.

Ohmann, S., Jones, I. & Wilkes, K. (2006). The perceived social impacts of the 2006 Football World Cup on Munich residents. *Journal of Sport & Tourism, 11* (2), 129–152.

Paul, S. & Sakschewski, T. (2012). Wissensmanagement in der Veranstaltungs- branche: Potentiale wikibasierter Lösungen zur Kompetenzsicherung. In C. Zanger (Hrsg.), *Erfolg mit nachhaltigen Eventkonzepten* (S. 85–100). Wiesbaden, Deutschland: Gabler.

Preuß, H. (2005). The economic impact of visitors at major multi-sport events. *European Sport Management Quarterly, 5* (3), 281–304.

Rittichainuwata, B. & Mair, J. (2012). An exploratory study of attendee perceptions of green meetings. *Journal of Convention & Event Tourism, 13*(3), 147–158. doi: 10.1080/15470148.2012.706786

Rockström, J., Steffen, W., Noone, K., Persson, A., Chapin, F. S., Lambin, E. & Foley, J. (2009). Planetary boundaries: Exploring the safe operating space for humanity. *Ecology and Society, 14* (2), 32.

Sallent, O., Palau, R. & Guia, J. (2011). Exploring the legacy of sport events on sport tourism networks. *European Sport Management Quarterly, 11* (4), 397–421.

Sherwood, P. (2007). *A triple bottom line evaluation of the impact of special events: The development of indicators.* Victoria University, Melbourne, Australien. Aufgerufen am 5. März 2015. Verfügbar unter: http://vuir.vu.edu.au/1440/1/Sherwood.pdf.

Singh, N. & Hu, C. (2008). Understanding strategic alignment for destination marketing and the 2004 Athens Olympic Games: Implications from extracted tacit knowledge. *Tourism Management, 29* (5), 929–939.

Stokes, R. (2004). A framework for the analysis of events-tourism knowledge networks. *Journal of Hospitality & Tourism Management, 11* (2), 108–122.

Stokes, R. (2006). Network-based strategy making for events tourism. *European Journal of Marketing, 40* (5/6), 682–695.

Stokes, R. (2007). Relationships and networks for shaping events tourism: An Australian study. *Event Management, 10* (2), 145–158.

UN. (2013). *Millennium development indicators: The official United Nations site for the MDG indicators.* Aufgerufen am 14. Juni 2014. Verfügbar unter: http://unstat-s.un.org/unsd/mdg/Default.aspx.

United Nations Environment Programme. (2009). *Green Meeting Guide 2009.* Aufgerufen am 3. März 2015. Verfügbar unter: http://www.unep.org/sustainability/docs/GreenMeetingGuide.pdf.

United Nations Environment Programme. (2012). *Sustainable events guide.* Aufgerufen am 3. März 2015. Verfügbar unter: http://www.ecoprocura.eu/fileadmin/editor_files/Sustainable_Events_Guid- e _May_30_2012_FINAL.pdf.

Wall, A. & Behr, F. (2010). *Ein Ansatz zur Messung der Nachhaltigkeit von Events: Kernziele eines Nachhaltigkeitsmanagements von Events und Indikatoren zur Messung der Nachhaltigkeit.* Lüneburg, Deutschland.

WCED. (1987). *Report of the World Commission on Environment and Development: Our common Future.* Aufgerufen am 15. März 2015. Verfügbar unter: http://www.un-documents.net/wced-ocf.htm.

Werner, K., Dickson, G. & Hyde, K. F. (2015a). The impact of a mega-event on inter-organisational relationships and tie strength: Perceptions from the 2011 Rugby World Cup. *Sport Management Review*, Advance online publication. doi: 10.1016/j.smr.2014.11.005

Werner, K., Dickson, G. & Hyde, K. F. (2015b). Learning and knowledge transfer processes in a mega-events context: The case of the 2011 Rugby World Cup. *Tourism Management, 48*, 174–187.

Ziakas, V. & Costa, C. A. (2010). Explicating inter-organizational linkages of a host community's events network. *International Journal of Event and Festival Management, 1* (2), 132–147.

Eine Analyse der Unterschiede in der Wahrnehmung von Themen der Nachhaltigen Entwicklung durch Studierende verschiedener Fächergruppen an der Hochschule Bochum

Sandra Krause-Steger und Melanie Roski

16.1 Der Ausgangspunkt der Betrachtung – Die steigende Relevanz von Themen der Nachhaltigen Entwicklung für die Hochschulen

Eine steigende Zahl von Hochschulen setzt sich in den letzten Jahren intensiv mit Fragen der Nachhaltigen Entwicklung auseinander (Deutsche UNESCO-Kommission 2014; Haan 2014). Forschung und Lehre stehen dabei klassischerweise im Fokus der Aktivitäten und umfassen vor allem die Durchführung von Forschungsprojekten und die Einführung neuer nachhaltigkeitsorientierter Studiengänge sowie die Erprobung neuer Forschungs- und Lehrmethoden zur Etablierung einer Bildung für Nachhaltige Entwicklung. Die Hochschulen bewegen sich mit ihrem Bemühen in einem gesamtgesellschaftlichen und politischen Diskurs, der zunehmend Fragen der Nachhaltigen Entwicklung – vom Klimawandel bis hin zu Fragen der sozialen Gerechtigkeit – aufgreift und als zentrale Zukunftsthemen diskutiert. Die zum Teil hohe Nachfrage nach nachhaltigkeitsbezogenen Studiengängen ist ein Ausdruck dieser gesamtgesellschaftlichen „Stimmungslage" und eine Konsequenz des in der Wirtschaft steigenden Bedarfs an Kompetenzen und Fachwissen zu Themen der Nachhaltigkeit.

S. Krause-Steger (✉)
Institut für Bildung, Kultur und Nachhaltige Entwicklung, Hochschule Bochum,
Lennershofstr. 140, Bochum 44801, Deutschland
e-mail: sandra.krause@hs-bochum.de

M. Roski
Organisationssoziologie und qualitative Methoden, FernUniversität Hagen,
Universitätsstr. 33, Hagen 58084, Deutschland
e-mail: melanie.roski@fernuni-hagen.de

© Springer Fachmedien Wiesbaden 2016
W. Leal Filho (Hrsg.), *Forschung für Nachhaltigkeit an deutschen Hochschulen*,
Theorie und Praxis der Nachhaltigkeit, DOI 10.1007/978-3-658-10546-4_16

Das Ziel der Hochschulen ist es, durch Forschung das Wissen zu Themen der Nachhaltigkeit zu ergänzen und durch innovative inter- und transdisziplinäre Lehrangebote das Wissen der Studierenden zu erweitern und entsprechende Handlungs- und Gestaltungskompetenzen bei den Studierenden aufzubauen. Bei der Frage nach der richtigen Gestaltung dieser Angebote muss zunächst bekannt sein, wie die Studierenden als Zielgruppe tatsächlich Themen der Nachhaltigen Entwicklung auffassen, bewerten und welche Konsequenzen sie ggf. darauf basierend für ihr eigenes Alltagshandeln ziehen. Erste Ergebnisse der explorativen Studie SUPER- Sustainable Perception Index deuten darauf hin, dass dabei Unterschiede zwischen verschiedenen soziokulturellen Studierenden- und Fachgruppen von besonderer Relevanz sein können.

Das vorliegende Paper beginnt im folgenden Abschnitt zunächst mit einer kurzen Vorstellung des Forschungsprojektes SUPER und seiner Zielsetzung. Dann erfolgt eine Einbettung der Forschungsfragen des Projektes in den relevanten theoretischen Rahmen der aktuellen Forschung zur Implementierung von Nachhaltigkeit in die fachliche Ausbildung an Hochschulen sowie die Verknüpfung mit der „Gestaltungskompetenz" aus dem Konzept der Bildung für Nachhaltige Entwicklung (BNE). Außerdem werden einführende Hinweise zur Fachkultur- und Habitusforschung gegeben, die als Grundlage für eine breit gefächerte Auswertung der empirischen Ergebnisse nach den heterogenen soziokulturellen Hintergründen der teilnehmenden Studierenden diente. Des Weiteren wird kurz auf die spezifischen Besonderheiten von Fachhochschulen eingegangen. In einem nächsten Schritt werden einige zentrale Ergebnisse der Befragungen aus dem Projekt nach Unterschieden zwischen den verschiedenen Fachgruppen zusammenfassend dargestellt. Abschließend werden Erkenntnisse für die BNE-Forschung abgeleitet sowie Impulse für weitere Forschungs- und Lehrvorhaben aufgezeigt.

16.2   Das Projekt SUPER- Sustainable Perception Index – ein differenzierter Blick auf die Wahrnehmung von Themen der Nachhaltigen Entwicklung durch Studierende unterschiedlicher Fächergruppen

Das Projekt SUPER wurde als empirisches Forschungsvorhaben im Zeitraum von 2013–2014 an der Hochschule Bochum durchgeführt.

Die Hochschule Bochum hat sich der Nachhaltigkeit verpflichtet und die Nachhaltige Entwicklung als zentralen Grundgedanken in ihrem Leitbild verankert (siehe Homepage der Hochschule Bochum: http://www.hs-bochum.de/campus/portrait.html). Das IBKN – Institut für Bildung, Kultur und Nachhaltige Entwicklung als Träger und durchführende Institution des hier vorgestellten Forschungsprojektes SUPER ist eine zentrale wissenschaftliche Einrichtung sowie ein übergeordnetes Bildungsinstitut der Hochschule, welches sich mit der Ausbildung und Förderung von studentischen Persönlichkeiten befasst. Im Rahmen seines fachübergreifenden Studium Generale hat es – neben anderen innovativen Themen – die Nachhaltige Entwicklung an der Hochschule Bochum etabliert und in Zusammenarbeit mit fünf von sechs Fachbereichen einen Bachelorstudiengang Nachhaltige Entwicklung konzipiert, welcher seit zwei Jahren an der Hochschule Bochum umgesetzt wird.

Ziel des explorativen Forschungsprojektes SUPER war es, die studentische Wahrnehmung von Themen der Nachhaltigen Entwicklung an der Hochschule Bochum zu erforschen und die Möglichkeiten zur Abbildung dieser Wahrnehmung zu prüfen. Im Rahmen des Projektes wurden umfangreiche Daten mittels zweier verschiedener Studierendenbefragungen erhoben, es handelt sich um eine quantitative Onlinebefragung und um qualitative Interviews mit Studierenden aller Fachbereiche der Hochschule. Das Projekt wurde in einem kleinen finanziellen und zeitlichen Rahmen umgesetzt und wurde als erste Pilotstudie für folgende größere Forschungsvorhaben konzipiert.

Als Basis für die inhaltliche Konzipierung des Vorhabens dienten die Problemfelder der drei Nachhaltigkeitsdimensionen, die das Spannungsverhältnis zwischen Anforderungen des Ökosystems und seines Erhalts einerseits und der gleichzeitigen Befriedigung der Lebensbedürfnisse der Menschen, die aktuell auf der Erde leben, aber auch der zukünftigen Menschengenerationen, andererseits widerspiegeln.

Bei den Auswertungsindikatoren wurden sozio-demographische Merkmale definiert, die die Diversität der Studierenden hinreichend abbilden (Geschlecht, Studiengang, Migrationshintergrund, Alter, sozialer Status).

Da sowohl das Thema Nachhaltige Entwicklung als auch die Wahrnehmung komplexe Thematiken sind, wurde für den Forschungsansatz eine Erhebungssystematik erstellt, die die verschiedenen Ebenen der Wahrnehmung einerseits (Wissen, Bewertung, emotionale Reaktion und Aktion) und die systemischen Interrelationen der Nachhaltigkeitsdimensionen andererseits (ökologisch, ökonomisch und sozial) durch die Auswahl von vielschichtigen Themen abdeckt (s. Abb. 16.1).

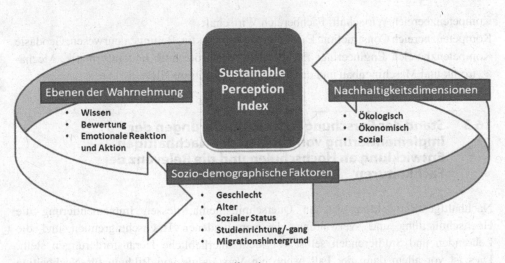

Abb. 16.1 Forschungsdesign (eigene Darstellung)

Die Wahrnehmung wird fachtheoretisch als hoch komplexer Vorgang der Informationsaufnahme und -verarbeitung behandelt (u. a. Goldstein 1997; Coren et al. 2003). Insofern konnte an dieser Stelle im Sinne der Umsetzung nur auf ein verkürztes Verständnis von Wahrnehmung in Bezug auf die Rezeption von Themen der Nachhaltigen Entwicklung zurückgegriffen werden. Es wurden daher verschiedene Ebenen wie das Wissen über, die Bewertung von und die emotionale Reaktion auf ausgewählte Themen erfragt und eingefangen. Im Fragenkomplex zum eigenen Lebensstil der Studierenden wurden Aspekte eines nachhaltigen Handelns mit aufgeführt, jedoch lag der Schwerpunkt der Studie ausdrücklich nicht auf der Beurteilung der Handlungsmotivation der Studierenden, sondern sollte in erster Linie breit den Wissens- und Erfahrungskontext des Themenkomplexes erfragen, um eventuelle Multiplikator_innen für die Nachhaltige Entwicklung unter den Studierenden zu identifizieren. Die Frage nach der Diskrepanz zwischen vorhandenem Wissen über Nachhaltigkeit und einer Handlungsmotivation ist zweifelsohne ein eigenständiges Forschungsvorhaben und wurde hier als Fragestellung nicht mit aufgegriffen.

In diesem Beitrag werden die Ergebnisse nach Studienfach im Vergleich vorgestellt. Diese sind insbesondere vor dem Hintergrund verschiedener soziokultureller Hintergründe der Studierenden sowie aufgrund verschiedener studentischer Fachkulturen interessant. Die Studierendenkohorte des Bachelorstudiengangs Nachhaltige Entwicklung, die formal dem Fachbereich Elektrotechnik und Informatik zugeordnet ist, wird den Kohorten aus den herkömmlichen Fachbereichen der Hochschule Bochum gegenübergestellt, da zu erwarten ist, dass sie einen spezifischen Zugang zu den Themenschwerpunkten ihres Studiengangs hat.

Darüber hinaus gibt es an der Hochschule Bochum insgesamt drei Kompetenzbereiche, in denen sich jeweils ein bis drei Fachbereiche der Hochschule zusammengeschlossen haben. Zum Teil wird nachfolgend auf diese Differenzierung nach Kompetenzbereichen zurückgegriffen:

Kompetenzbereich Wirtschaft: Fachbereich Wirtschaft
Kompetenzbereich Construction: Fachbereiche Architektur, Bauingenieurwesen, Geodäsie
Kompetenzbereich Engineering: Fachbereiche Elektrotechnik und Informatik, Mechatronik und Maschinenbau und das Mechatronik-Zentrum NRW.

16.3   Stand der Forschung – Herausforderungen der Implementierung von Themen der Nachhaltigen Entwicklung an Hochschulen und die Relevanz der Fachkulturen

Nachhaltige Entwicklung ist ein Querschnittsthema, dessen Implementierung die Hochschulleitung und -verwaltung, die verschiedenen Hochschulgremien und die Lehrenden und Studierenden selbst vor nicht unerhebliche Herausforderungen stellt. Dies ist vor allem dann der Fall, wenn ein Verständnis von Bildung für Nachhaltige

Entwicklung zugrunde gelegt wird, das über die reine Wissensvermittlung hinausgeht und auf ein Set von umfassenden persönlichkeitsbildenden Fertigkeiten der Studierenden zielt, die in der Bildung für Nachhaltige Entwicklung als „Gestaltungskompetenzen" bezeichnet werden.

Die unterschiedlichen Fachkulturen und Fachsozialisationen können dabei durchaus ein Hemmnis bei der Implementierung eines solchen zentralen und fachbereichsübergreifenden Querschnittsthemas sein. Gegebenenfalls kann aber die Integration von Themen der Nachhaltigkeit in die jeweiligen Studieninhalte auch ein wichtiger Ausgangspunkt für eben eine solche übergreifende Implementierung sein.

16.3.1 Bildung für Nachhaltige Entwicklung (BNE) als Leitbild

Das Konzept der „Gestaltungskompetenz" ist im Bereich der Bildung für Nachhaltige Entwicklung entwickelt worden und ist anschlussfähig an die von der UNESCO definierten Schlüsselkompetenzen (Haan 2006, S. 5). Es bezeichnet die Fähigkeit „Wissen über nachhaltige Entwicklung anwenden und Probleme nicht nachhaltiger Entwicklung erkennen zu können. Das heißt, aus Gegenwartsanalysen und Zukunftsstudien Schlussfolgerungen über ökologische, ökonomische und soziale Entwicklungen in ihrer wechselseitigen Abhängigkeit ziehen und darauf basierende Entscheidungen treffen, verstehen und individuell, gemeinschaftlich und politisch umsetzen zu können, mit denen sich nachhaltige Entwicklungsprozesse verwirklichen lassen." (ebd.)

Nach Schneidewind (2009) ergeben sich Überschneidungen der „Gestaltungskompetenz", wie sie für die Bildung für nachhaltige Entwicklung gefasst wird, mit den Kategorien der OECD. Diese hat für den europäischen Raum Kompetenzdimensionen verfasst, die unter den Oberbegriffen Kompetenzen beispielsweise für die interaktive Verwendung von Medien, Interagieren in heterogenen Gruppen sowie eigenständiges Handeln zusammengefasst werden können (Haan et al. 2008; OECD 2005).

Setzt sich eine Hochschule das Ziel, eine solche „Gestaltungskompetenz" der Studierenden zu unterstützen und zu fördern, dann ist somit klar, dass den Studierenden ein ganzheitliches Verständnis von Nachhaltigkeit vermittelt werden muss, das alle drei Dimensionen – ökologisch, ökonomisch und sozial – umfasst und auf diese Weise den Studierenden ermöglicht, Zusammenhänge zwischen den drei Dimensionen zu erkennen, Probleme zu definieren und interdisziplinär Lösungsansätze entwickeln zu können. Die Vermittlung von nachhaltigkeitsbezogenen Fachinhalten kann vor dem Hintergrund dieser Studie – so die Überlegungen im Vorfeld – nur ein Ausgangspunkt für die Vermittlung eines ganzheitlichen Verständnisses von Nachhaltigkeit sein.

Betrachtet man die Gestaltungskompetenzen im Kontext einer neuen Lehre für Nachhaltige Entwicklung, so ist aus bildungswissenschaftlicher Sicht zusätzlich zu überlegen, inwiefern diese gute Anknüpfungspunkte zu älteren Lehr- und Lernansätzen bieten, die eine autonome Lernpersönlichkeit zur theoretischen Grundlage nehmen. So lassen sich wertvolle Hinweise zum handlungs- und subjektorientierten Lernen in seinen Lernzielen und seiner Lehrausrichtung finden, welches schon seit vielen Jahren in der kritischen Schul- und Unterrichtsforschung bekannt ist (Holzkamp 1994). Insbesondere der Ansatz des „expansiven Lernens" nach Holzkamp fördert kritische und handlungsmotivierte Persönlichkeiten wie sie im Bereich der Nachhaltigen Entwicklung gebraucht und gefordert werden (dazu auch Krause-Steger 2013). Hierzu ließe sich als Anstoß eine bessere Verknüpfung der neueren BNE mit älteren kritischen Lerntheorien aus der Bildungs- und Lernforschung erreichen, und die neuere BNE-Forschung und Lehre kann hiervon nach unserem Verständnis profitieren.

16.3.2 Die Relevanz der Fachkulturen

Für die hier vorliegende Studie sind Untersuchungen zu fachkulturellen Unterschieden in doppelter Hinsicht interessant. Zum einen eröffnen sie einen Einblick in die Spezifika von Fachhochschulstudierenden und deren Studienfachwahl. Diese beeinflussen neben anderen Faktoren die Offenheit der Studierenden gegenüber innovativen Lehrangeboten und -inhalten und neuen, eher systemischen Denkansätzen wie sie im Konzept der Nachhaltigen Entwicklung angelegt sind (vgl. zu Motiven der Studienfachwahl Armingeon 2001).

Zum anderen belegen verschiedene Studien die Auswirkungen einer fachkulturellen Sozialisation, die sich eben nicht nur auf die Vermittlung von Inhalten und Methoden bezieht, sondern bis hin zur Schaffung „normativer Klimata" reicht (Huber 1991).

Die Studienfachwahl ist zudem durch eine unterschiedliche Hierarchie der Studienfächer bestimmt: Schüler_innen mit den besten Schulnoten und Zeugnissen studieren vermehrt Medizin oder Jura an Universitäten und gehen nicht an die Fachhochschule (Armingeon 2001, S. 12). Das unterschiedliche Prestige der Fächer bzw. die unterschiedlich starke Nähe zu Macht und Einfluss nach Fächern wird theoretisch in der Fachkulturforschung mit dem Habituskonzept von Pierre Bourdieu und der danach betrachteten Stellung im sozialen Raum verbunden (Schlüter et al. 2009, S. 4). Die Fachkultur umfasst nach diesem Verständnis verschiedene Ausprägungen „von der Technik über die Sozialorganisation und die typischen Persönlichkeitsmerkmale bis zur Religion alle nicht biologischen Aspekte der Lebensweise einer Gruppe von Menschen" (ebd.). Gemeinsam mit einem Set von übereinstimmenden Werten und Normen werden die Facetten zu einem zusammenhängenden Ganzen geformt (vgl. Wimmer 2005, S. 25). Es stellt sich hier die Frage, wie die Verankerung nachhaltiger Konzepte und Ideen in bestehenden Studiengängen gelingen kann, da diese bislang in den vorherrschenden Fachkulturen nicht oder kaum verankert waren und normative Werte wie beispielsweise der Gedanke der Generationengerechtigkeit auf einmal Bestandteil auch des fachspezifischen „Wertekanons" werden sollen.

(a) **Fachhochschulstudierende und ihre „Besonderheiten"**
   Das soziale Herkunftsmilieu von Fachhochschulstudierenden ist im Wesentlichen geprägt durch Bildungsaufsteiger_innen und somit einer ersten Generation von Akademiker_innen in der Familie. Während an Universitäten immerhin 58 % der Studierenden Eltern mit Studienerfahrungen haben, gilt dies nur für 36 % der Studierenden an Fachhochschulen (Ramm et al. 2014, S. 7). Bei den Studienanfänger_innen im WS

2011/12 hatten 17 % der Studierenden an Universitäten einen Vater mit dem beruflichen Status „Arbeiter". Dies gilt für 22 % der Fachhochschulstudierenden (Scheller et al. 2013, S. 8). Insofern lassen sich in den Herkunftsmilieus nach wie vor Unterschiede feststellen. Zudem gibt es aufgrund des technischen und wirtschaftswissenschaftlichen Fachschwerpunkts einen deutlich höheren Anteil männlicher Studierender an Fachhochschulen. Dies unterscheidet sich aber deutlich nach Fachwahl. An Fachhochschulen mit geistes- oder gesellschaftswissenschaftlichen Fächern können Frauen mehrheitlich beteiligt sein. Aber für die technischen Fächer gilt trotz aller politischer Bemühungen, hierauf geschlechterdemokratisch einzuwirken und weibliche Interessierte zu fördern, dass männliche Studierende nach wie vor deutlich dominieren (Schlüter et al. 2009; Bargel et al. 2004, S. 15). Für die Studienanfänger_innen im Wintersemester 2011/12 wurde an den Fachhochschulen in Deutschland ein Frauenanteil von 75 % in den Sprach- und Kulturwissenschaften erhoben und in den Ingenieurwissenschaften von nur 19 % insgesamt (Scheller et al. 2013).

In fachkulturellen Vergleichen von unterschiedlich geprägten Fächern, insbesondere denen, die geschlechtsspezifisch unterschiedlich besetzt waren, konnte besonders gut aufgezeigt werden, wie sich erstens die Fachkulturen und damit die Umgangsformen in den Fächern voneinander unterscheiden und zweitens welche Auswirkungen diese für die jeweils unterrepräsentierte Studierendengruppe hatte. So fühlten sich in einem Fachvergleich zwischen dem männlich dominierten Fach Elektrotechnik die weiblichen Studenten unterrepräsentiert und ausgeschlossen von fachkulturellen Gepflogenheiten und im weiblich dominierten Fach Pädagogik die männlichen Studierenden in der Gruppendynamik außen vor (Schlüter et al. 2009; Engler und Friebertshäuser 1989).

Was bedeutet dies nun für die studentische Wahrnehmung von Studienthemen sowie insbesondere den Zugang zu einem innovativen Thema wie Nachhaltige Entwicklung? – An der Hochschule Bochum konnte in umfangreichen Studierendenbefragungen zu einem anderen Innovationsthema, dem Entrepreneurship, festgestellt werden, dass die Studierenden mit einem eher kleinbürgerlichen Hintergrund gegenüber Entrepreneurship eine Distanz äußerten und nach dem Studium zunächst eher einen klassischen Einstieg in fachbezogene Berufskarrieren bevorzugen (Schölling 2005; Krause-Steger 2013).

Fachhochschulstudierende unterscheiden sich auch in ihren Studienmotiven von Universitätsstudierenden. Während Letztere stärker durch intrinsische Motive bestimmt werden, wenn es um die Studienwahl geht, werden Fachhochschulstudierende stärker von extrinsischen Motiven wie Berufsmöglichkeiten, Sicherheit, gute Verdienstmöglichkeiten und Status beeinflusst, entsprechend ihren mehrheitlichen soziokulturellen Hintergründen als Bildungsaufsteiger_in (Scheller et al. 2013).

Diese Vorüberlegungen flossen in die Wahrnehmungsstudie zur studentischen Wahrnehmung von Themen Nachhaltiger Entwicklung in die Konzipierung mit ein und wurden bei der Auswertungsdimension nach Fachhintergründen erneut aufgegriffen.

(b) **Fachsozialisation und ihre Folgen für die Einführung nachhaltiger Konzepte und Inhalte**

Die fachkulturelle Sozialisation beeinflusst – durchaus auch im Sinne des von Bourdieu definierten Habitus (Bourdieu 1979) – die Wahrnehmungs-, Denk-, Bewertungs- und Handlungsmuster der Angehörigen einer Disziplin (Huber 1991; Engler 1993). Hinzu kommt, dass der Studienfachwahl unterschiedliche Studienmotive zugrunde liegen, wie beispielsweise bei den Jurastudierenden eine überdurchschnittliche Karriereorientierung oder das Interesse der Politologiestudierenden an einem eher unverbindlichen studentischen Lebensstil und der Chance des Veränderns (Armingeon 2001, S. 7 f.; Bargel et al. 2008, S. 8 f.; Scheller et al. 2013). Zwar sind solche Untersuchungen mit Blick auf die Reproduzierung fachkultureller Klischees mit Vorsicht zu betrachten. Nichtsdestotrotz scheint sich jedoch das gesellschaftliche Engagement der Studierenden und ihr Interesse für Politik zwischen den Fächern zum Teil deutlich zu unterscheiden. So bekunden Studierende der Rechts- und Wirtschaftswissenschaften mit 82 % das größte Interesse am allgemeinen politischen Geschehen. Das vergleichsweise geringste Interesse findet sich unter den Mathematik- und Naturwissenschaftsstudierenden, obgleich sich immer noch 67 % hierfür interessieren (Fischer 2006). Inwiefern solche Unterschiede hinsichtlich des Interesses für Themen der Nachhaltigkeit und der Bewertung gelten könnten, ist bislang offen. Eine Auswertung der empirischen Ergebnisse der hier vorliegenden Studie könnte allerdings erste Hinweise auf mögliche Unterschiede zwischen den einzelnen Fächergruppen liefern. Im Folgenden werden daher die Ergebnisse der empirischen Befragungen aus dem SUPER-Projekt mit dem Schwerpunkt auf den Fachunterschieden dargestellt, um für das Beispiel der Hochschule Bochum aufzuzeigen, wie die Verbindung von Fachhintergründen und der Implementierung von Nachhaltigkeitsthemen sich empirisch in der studentischen Eigenbeurteilung darstellt.

16.4 Ein differenzierter Blick auf die Unterschiede zwischen den Fächergruppen – die Ergebnisse der qualitativen und quantitativen Befragung im Vergleich

Wie bereits vorab verdeutlicht, wurden für die explorative Studie zwei Erhebungsphasen konzipiert. Zunächst wurde eine quantitative Befragung durchgeführt, um Erkenntnisse hinsichtlich des Wissens der Studierenden zu verschiedenen Nachhaltigkeitsthemen und deren Bewertung breit gefasst zu gewinnen. Die qualitative Befragung diente der Vertiefung einzelner Aspekte und Ergebnisse und knüpfte an bestehende Fachunterschiede an, die im Zuge der quantitativen Befragung sichtbar wurden. Außerdem sollte hier methodisch eine erste Überprüfung der in der Breite gewonnenen Erkenntnisse erfolgen und diese weiter vertieft werden.

16.4.1 Quantitative Befragung

Insgesamt wurden 7161 Studierende per Email angeschrieben. Von diesen haben 234 Studierende den Fragebogen vollständig ausgefüllt (3,3 %). 78,6 % der Teilnehmenden studierten zum Zeitpunkt der Befragung einen Bachelorstudiengang, was somit die größte Teilnehmendengruppe war, äquivalent zur Gesamtstudierendenschaft der Hochschule. Für die quantitative Befragung konnte aufgrund des eher geringen Rücklaufs zwar keine Repräsentativität für die gesamte Studierendengruppe der Hochschule erreicht werden, jedoch konnte eine Beteiligung der verschiedenen Studierendengruppen nach Fachbereichen in ausreichendem Maße für erste deskriptive Betrachtungen umgesetzt werden. Sie dienten in einem zweiten Schritt als Grundlage und erster Wegweiser für die qualitativen Interviews.

Sozio-demografischer Hintergrund der Studierenden – Verteilung nach Geschlecht, Migrationshintergrund, Alter und schulische Ausbildung

Von den Teilnehmer_innen der quantitativen Befragung (n = 234) nannten 221 Personen ihr Geschlecht (94,44 %). Davon sind 78 Personen weiblich und 143 Personen männlich (zur Verteilung nach Fachbereich und Geschlecht s. Abb. 16.2). Damit entspricht der Anteil an Frauen ca. einem Drittel der Antwortenden. Neben der Fachzugehörigkeit hat sich vor allem das Geschlecht als eine zentrale Kategorie erwiesen. Gerade hier lassen sich bezüglich der Wahrnehmung von Themen der Nachhaltigen Entwicklung Unterschiede zwischen den beiden Geschlechtergruppen herausarbeiten. Diese wurden in anderen Erarbeitungen bereits dargestellt (vgl. Krause-Steger und Roski 2014a, 2014b).

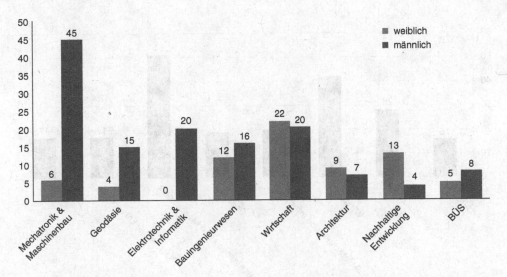

Abb. 16.2 Studierende nach Fachbereich und Geschlecht (eigene Darstellung)

Insgesamt haben 6,4 % der Teilnehmer_innen der Befragung selbst einen Migrationshintergrund, während 45 Personen (19,23 %) über mindestens einen Elternteil mit Migrationshintergrund verfügen. Das Durchschnittsalter betrug 24,1 Jahre, wobei der jüngste Teilnehmende 18 Jahre und der älteste 43 Jahre alt waren.

Zum schulischen Hintergrund gaben 152 Personen an, eine gymnasiale allgemeine oder fachgebundene Hochschulreife erreicht zu haben (65 %). 64 Personen haben die Fachhochschulreife erworben (27,4 %), 7 Personen haben die Hochschulreife über den zweiten Bildungsweg absolviert (2,9 %).

Verteilung des Samples nach Fachgebieten

210 von 234 Teilnehmenden gaben ihren fachlichen Hintergrund an (89,7 %). Bei der Betrachtung der Verteilung nach Fachzugehörigkeit in Bezug auf die Gesamtstudierendenschaft unterscheidet sich das erhobene Sample im Verhältnis der Verteilung für die Fächer Architektur, Wirtschaft und Elektrotechnik und Informatik (zur Verteilung der beteiligten Studierenden nach Fachbereich s. Abb. 16.3).

Während laut Hochschulstatistik für das Wintersemester 2013–14 der Anteil der Studierenden der Wirtschaft an der Gesamtstudierendenschaft der Hochschule 32,33 % betrug, machte er im Sample nur 17,95 % der Gesamtteilnehmenden aus. Auch Elektrotechnik und Informatik-Studierende waren im Sample weniger vertreten in Relation zur Gesamtgruppe (8,55 % im Sample im Unterschied zu 12,87 % in der Gesamtstudierendenschaft). Bei den Architekturstudierenden betrug der Anteil 6,84 % im Sample zu 9,93 % in der Gesamtstudierendenschaft. Der Studiengang Nachhaltige Entwicklung ist im Sample erwartungsgemäß überrepräsentiert (0,9 % an der

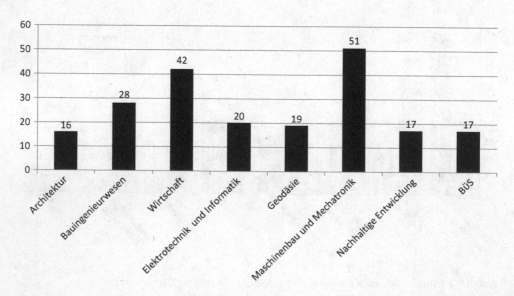

Abb. 16.3 Verteilung der Studierenden nach Fachbereich (eigene Darstellung)

Gesamtstudierendenschaft, aber 7,2 % im Sample) (Hochschulstatistik Hochschule Bochum WiSe 2013/14: Studierende nach Fachstudium). Ein kleiner Teil der Studierenden hat sich für einen bereichsübergreifenden Studiengang (BÜS) entschieden und konnte daher keinem einzelnen Fachbereich zugeordnet werden. Sie werden wie die Nachhaltigkeitsstudierenden in der nachfolgenden Abbildung gesondert aufgeführt.

Bei den nachfolgend dargestellten Ergebnissen und den Vergleichen zwischen den einzelnen Fachbereichen muss an dieser Stelle nochmal auf die teils recht unterschiedlich großen Gruppen der Erhebung hingewiesen werden. So waren die größten Gruppen der Teilnehmenden aus dem Fachbereich Wirtschaft (45 Teilnehmende) und aus dem Fachbereich Mechatronik und Maschinenbau (51 Teilnehmende). Kleinere Gruppen waren z. B. in den bereichsübergreifenden Studiengängen vertreten (13 Teilnehmende). Dies schmälert zwar die Möglichkeiten des direkten Vergleichs zwischen den einzelnen Fächern für die kleineren Fachgruppen, liefert dennoch erste Erkenntnisse über mögliche Unterschiede und Hinweise für eine fachadäquate Bildung für Nachhaltige Entwicklung.

Zentrale Ergebnisse der quantitativen Befragung

In der quantitativen Befragung wurde die Wahrnehmung von Themen der Nachhaltigen Entwicklung durch die Studierenden erfragt. Dabei wurden verschiedene Fragenkomplexe zu den drei Dimensionen, ökologisch, ökonomisch und sozial, konzipiert. Hierbei wurde nicht nur das Wissen der Studierenden zu einzelnen ausgewählten Nachhaltigkeitsthemen abgefragt. Die Fragen waren so gestaltet, dass die Studierenden auch eigenständig erkennen mussten, welche Themen dem Nachhaltigkeitskonzept zuzuordnen sind und zu welcher der drei Dimensionen die jeweilige Thematik inhaltlich passt.

Bei den Wissensfragen schnitten die Studierenden des Studiengangs Nachhaltige Entwicklung erwartungsgemäß sehr gut ab. 27,7 % beantworteten alle Fragen richtig. Dies waren fünf von 18 Teilnehmenden. Außerdem waren die Studierenden der bereichsübergreifenden Studiengänge (wie beispielsweise der Wirtschaftsinformatik als Studiengang zweier Fachbereiche) in den Wissensfragen besonders erfolgreich (vier von 13 Personen mit 100 % Antworten). Dies mag auf den ersten Blick nicht viel erscheinen, allerdings muss an dieser Stelle noch mal darauf hingewiesen werden, dass die Fragen bewusst komplex gestaltet waren und bereits in der Konzipierungsphase davon ausgegangen wurde, dass vermutlich nur ein eher geringer Teil der Teilnehmenden alle Fragen richtig beantworten wird. Ebenfalls gut schnitten die Studierenden des Fachbereichs Bauingenieurwesen ab. Hier hatten 25 % der Teilnehmenden alle Antworten richtig. Schwächere Ergebnisse erreichten die Studierenden aus dem Fachbereich Wirtschaft (13,3 % mit allen richtigen Antworten) und dem Fachbereich Elektrotechnik und Informatik (10 %).

Nach dem Fragenkomplex zum Wissen der Studierenden zu einzelnen Nachhaltigkeitsthemen wurden die Studierenden im Anschluss gebeten, die einzelnen Themen hinsichtlich der persönlichen und gesellschaftlichen Relevanz zu bewerten. Dies geschah entsprechend des gewählten Forschungskonzepts vor dem Hintergrund der verschiedenen Wahrnehmungsdimensionen. Es kommt dabei nicht nur darauf an, Wissen über bestehende Problemlagen und Lösungsansätze zu vermitteln: „Die Studierenden müssen dieses

Wissen auch bewerten und eigene Schwerpunkte setzen und als handlungsrelevant einstufen. Dabei werden eigene Erfahrungen, Emotionen und kognitive Muster der Studierenden handlungsrelevant." (Krause-Steger und Roski 2014c, S. 8).

Die Bewertung der Relevanz der Themen durch die Studierenden war insbesondere in der Differenzierung nach den Nachhaltigkeitsdimensionen interessant. So unterschieden sich die Studierenden der Nachhaltigen Entwicklung im Gesamtniveau aller Themen von den anderen Studierendengruppen. Aber auch die Studierenden der Architektur hatten im Bereich der ökologischen Themen ein hohes Bewertungsniveau. Auch in der Geodäsie konnte für den ökologischen Bereich ein hohes Antwortniveau erreicht werden. Insofern lässt sich feststellen, dass der Kompetenzbereich Construction – er umfasst die Fachbereiche Architektur, Bauingenieurwesen und Geodäsie – eine Nähe zu Themen der ökologischen Dimension der Nachhaltigen Entwicklung aufgezeigt hat. Hier ist Nachhaltigkeit zumindest in Bezug auf ökologische Aspekte bereits in die Fachausbildung integriert, wie ein Blick in die Curricula etc. zeigt. Ein weiteres interessantes Ergebnis besteht darin, dass die Studierenden des Fachbereichs Wirtschaft ein insgesamt eher niedriges Gesamtniveau bei der Bewertung der Relevanz der Themen aufwiesen, wobei hier besonders auffällig war, dass gerade diese Studierendengruppe auch für die Themen der ökonomischen Dimension keine hohen Relevanzpunkte vergaben. Der Fragenkomplex zu den Themen der ökonomischen Dimension hatte nur für die Studierenden des Fachbereichs Bauingenieurwesen noch weniger Relevanz. Die folgende Abbildung visualisiert die Ergebnisse zu den Bewertungen der Studierenden hinsichtlich der Relevanz der Themen (s. Abb. 16.4).

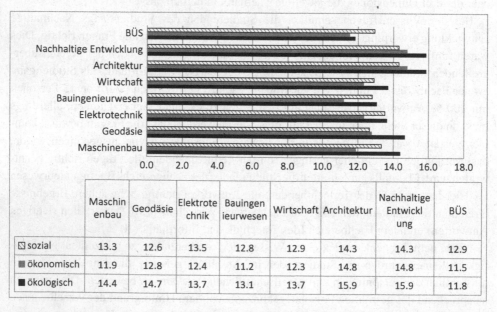

	Maschin enbau	Geodäsie	Elektrote chnik	Bauingen ieurwesen	Wirtschaft	Architektur	Nachhaltige Entwickl ung	BÜS
◨ sozial	13.3	12.6	13.5	12.8	12.9	14.3	14.3	12.9
◼ ökonomisch	11.9	12.8	12.4	11.2	12.3	14.8	14.8	11.5
◼ ökologisch	14.4	14.7	13.7	13.1	13.7	15.9	15.9	11.8

Abb. 16.4 Bewertung von 30 Themen der Nachhaltigen Entwicklung nach Fachbereichen (Mittelwerte) (eigene Darstellung) Verteilung nach Fachbereichen (Häufigkeiten, n=210)

Auswirkungen von Themen der NE auf den persönlichen Lebensstil – Wirtschaftswissenschaften und Maschinenbau und Mechatronik im Vergleich

Für einen vertiefenden Fachvergleich wurden die beiden größten Gruppen des Samples miteinander verglichen, die Studierenden aus dem Fachbereich Wirtschaft und die Studierenden aus dem Fachbereich Mechatronik und Maschinenbau. Hierzu wurde nach Aspekten einer nachhaltigen Lebensführung gefragt.

Bei den Wirtschaftswissenschaftler_innen scheinen Fair Trade- und Second Hand-Produkte zunehmend an Bedeutung im Konsumverhalten zu gewinnen. Einige Studierende dieser Fachgruppe haben sich zu Fragen eines nachhaltigen Lebensstils noch keine Gedanken gemacht, jedoch engagieren sich mehrere Befragte in anderen gesellschaftlichen Einsatzbereichen.

Bei den Studierenden des Fachbereichs Mechatronik und Maschinenbau ist das Engagement auf anderen Gebieten – in Kombination mit den Studierenden, die sich ehrenamtlich in der Gemeinde/Kommune oder in Hilfsorganisationen engagieren – im Fachvergleich höher als bei der Studierendengruppe der Wirtschaft. Dies ist vor dem Hintergrund von Studien, die ein eher geringeres gesellschaftliches Engagement in den technischen Fachbereichen feststellen, besonders interessant (Fischer 2006).

Im Vergleich zu den Mechatronik- und Maschinenbaustudierenden fährt eine größere Gruppe der Studierenden aus dem Bereich Wirtschaft kein Auto (s. hierzu die folgenden Abb. 16.5 und 16.6).

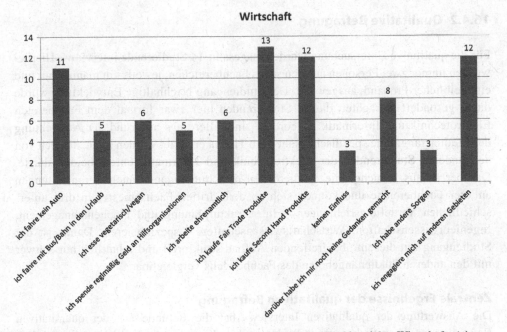

Abb. 16.5 Nachhaltiger Lebensstil der Studierenden des Fachbereichs Wirtschaft (eigene Darstellung)

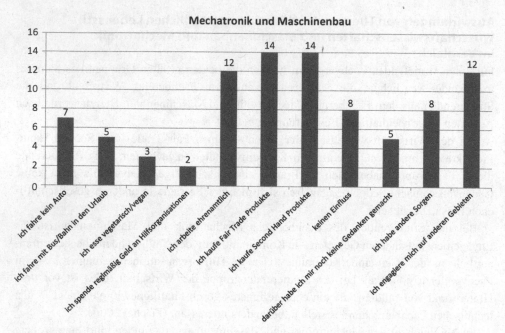

Abb. 16.6 Nachhaltiger Lebensstil der Studierenden des Fachbereichs Mechatronik und Maschinenbaus (eigene Darstellung)

16.4.2 Qualitative Befragung

Für die qualitative Untersuchung wurden insgesamt 14 Studierende interviewt. Hierbei wurden immer zwei Personen aus den sechs Fachbereichen, jeweils ein männlicher und ein weiblicher Proband, ausgewählt. Der Studiengang Nachhaltige Entwicklung wurde dabei gesondert betrachtet, da die Studierenden hier zwar formal dem Fachbereich Elektrotechnik und Informatik zugeordnet sind, allerdings aufgrund der Ausrichtung des Studiengangs eine spezifische Nähe zum Thema erwartet werden kann, die sich von den anderen Studierenden der Elektrotechnik und Informatik unterscheiden dürfte. Darüber hinaus besuchen die Studierenden des Studiengangs auch Veranstaltungen anderer Fachbereiche und können sich ab dem dritten Fachsemester in drei unterschiedlichen Vertiefungsrichtungen – Infrastrukturplanung und Flächenmanagement, Ingenieurwissenschaften, Wirtschaftswissenschaften – spezialisieren. Damit ist der Studiengang mit diesem übergreifenden Aufbau strukturell und inhaltlich nur schwer mit den anderen Studienangeboten des Fachbereichs vergleichbar.

Zentrale Ergebnisse der qualitativen Befragung

Die Auswertung der qualitativen Interviews hat die Befunde aus der quantitativen Befragung im Wesentlichen verstärkt. Nachfolgend werden die Ergebnisse hinsichtlich des Verständnisses der Studierenden zum Begriff der Nachhaltigkeit, zur Gewichtung der verschiedenen Themen durch die Studierenden und der von ihnen benannten Lösungsansätze erörtert.

Zu Beginn der qualitativen Interviews wurde zunächst ein offener Erzählstimulus geboten, um den Studierenden die Möglichkeit einer eigenen thematischen Schwerpunktsetzung zu geben. Dieser Stimulus fragte nach dem Verständnis des Begriffs Nachhaltige Entwicklung.

Die Studierenden haben hierzu einen recht unterschiedlichen Zugang. Die Studierenden aus dem Kompetenzbereich Construction nähern sich dem Thema in erster Linie über ihren Fachbezug, zumal in diesem Bereich Nachhaltigkeitsaspekte bereits stärker in die Fachausbildung integriert sind, wie bereits bei den quantitativen Ergebnissen erläutert wurde. Auffällig war hierbei, dass es den befragten Studierenden schwerfiel, über die technischen und ökologischen Fachschwerpunkte hinaus weitere Themen aus den anderen Nachhaltigkeitsdimensionen zu benennen. Insbesondere die Studierenden der Architektur haben sich, in der Auseinandersetzung mit dem Begriff Nachhaltigkeit selbst, kritisch hinsichtlich des aus ihrer Sicht sehr „inflationär" gebrauchten Begriffs in ihrem Studiengang geäußert. Sie empfinden ihn eher als „Worthülse", da ihnen aus ihrer Sicht die Besonderheiten des Nachhaltigkeitskonzeptes in Unterscheidung zu anderen Herangehensweisen häufig nur unzureichend vermittelt würden.

Außerdem wurde der Begriff der Nachhaltigen Entwicklung von weiteren Studierendengruppen mit ‚Dauerhaftigkeit' oder dem ‚Ressourcenverbrauch' bzw. der ‚Schonung natürlicher Ressourcen' verbunden. Insbesondere die Studierenden aus den Ingenieurfächern nannten häufig den Ressourcenschwerpunkt.

Vier Studierende nennen die ‚Generationengerechtigkeit' und die ‚intergenerationale Verantwortung' als zentralen Ansatz der Nachhaltigen Entwicklung. Dieser Aspekt trifft einen wesentlichen Kern der Brundtlanddefinition und kann als ein übergeordnetes Verständnis des Nachhaltigkeitskonzeptes interpretiert werden. Diese Studierendengruppe unterscheidet sich im Vergleich von den anderen durch folgende Übereinstimmungen: Sie ist fast ausschließlich weiblich (drei von vier Befragten), und es befinden sich beide Nachhaltigkeitsstudierenden darunter.

Insgesamt wurde deutlich, dass das Verständnis von Nachhaltiger Entwicklung stark divergiert. Dies macht den wissenschaftlichen Umgang mit der Thematik schwierig. Während einige Studierende von einem klassischen Begriff der Nachhaltigkeit für Langfristigkeit oder Dauerhaftigkeit ausgehen, können andere Studierende verschiedene Facetten und Ebenen wie Ressourcenschonung, Umweltschädigungen etc. thematisieren.

Bei der Frage nach der Gewichtung und der Relevanz der verschiedenen Nachhaltigkeitsthemen setzten die Studierenden aus dem Bereich Construction erneut stärker einen Schwerpunkt bei den fachbezogenen Themen des nachhaltigen Bauens. Eine andere große Gruppe nähert sich der Frage nach der Relevanz nahezu ausschließlich über das eigene Alltags- und Konsumverhalten. Dieser Zugang konnte über alle Fachbereiche hinweg beobachtet werden. Insbesondere die beiden Wirtschaftsstudierenden benennen im Unterschied zu den anderen Befragten soziale Fragen wie beispielsweise das Thema Inklusion als für sie persönlich besonders relevant. Beide Befragten engagieren sich privat in sozialen Projekten.

Ein prägnanter Unterschied zwischen beiden Befragungen liegt darin, dass die Studierenden der Wirtschaftswissenschaften in den qualitativen Interviews sehr informiert und interessiert zum Thema Nachhaltige Entwicklung antworteten, anders als dies die Ergebnisse der quantitativen Befragung hätten vermuten lassen. Dies könnte damit zusammen hängen, dass sich für die qualitativen Interviews die engagierteren und interessierteren Studierenden gemeldet haben und im Gegensatz dazu bei der quantitativen Befragung auch weniger am Thema Nachhaltige Entwicklung interessierte Studierendengruppen mit eingefangen wurden.

Bei der Diskussion von Lösungsansätzen für bestehende Nachhaltigkeitsprobleme haben insbesondere die Studierenden des Bereichs Construction und die angehenden Ingenieur_innen zunächst auf fachbezogene Lösungsansätze zurückgegriffen, beispielsweise auf nachhaltige Baumaterialien oder Wasser-/Windkraft zur Energiegewinnung. Der fachliche Bezug ist also der erste Anknüpfungspunkt zur Generierung von Lösungsansätzen. Wobei es sich hier vorwiegend um Ansätze handelt, die entweder durch Politik, Wirtschaft/Unternehmen, Kommunen etc. entwickelt und umgesetzt werden müssen. Im Anschluss daran hat ein Teil dieser Studierenden noch sein privates Konsumverhalten in den Blick genommen. Die anderen Studierendengruppen haben sich bei dieser Frage von Anfang an primär auf das eigene Konsumverhalten bezogen.

Die Betrachtung der Auswirkungen von Fragen der Nachhaltigkeit auf den privaten Lebensstil selbst, zeigt in den qualitativen Interviews keine Unterschiede zwischen den verschiedenen Fächergruppen auf. Die Studierenden haben sich hier auf unterschiedliche Aspekte des privaten Konsums bezogen, beginnend mit Fragen des Energieverbrauchs, bis hin zur Nutzung eines privaten PKW oder des eigenen Fleischkonsums. Während also die quantitativen Ergebnisse auf Unterschiede hinsichtlich des persönlichen Lebensstils hindeuten, kann dies durch die qualitativen Interviews nicht bestätigt werden.

16.4.3 Vergleichende Betrachtung der Ergebnisse

Die Betrachtung der studentischen Wahrnehmung von Themen der Nachhaltigen Entwicklung in Differenzierung nach unterschiedlichen Fachhintergründen hat in beiden Befragungen des Projektes SUPER verschiedene Aspekte zum Vorschein gebracht.

Ein zentrales Ergebnis liegt darin, dass die Einbettung von Themen der Nachhaltigen Entwicklung in das Fachstudium das Wissen und die Einstellung der Studierenden zum Themenkomplex zu beeinflussen scheint. So konnten für die verschiedenen Kohorten an der Hochschule Unterschiede zum Beispiel bei der Gewichtung der unterschiedlichen Nachhaltigkeitsdimensionen festgestellt werden, wie u. a. die höhere Nähe der Studierenden des Kompetenzbereichs Construction zu Themen der ökologischen Dimension. Ob diese nun ausschließlich mit der stärkeren fachlichen Auseinandersetzung zusammenhängt, oder ob noch andere Faktoren wirksam werden, muss in weiteren Untersuchungen geklärt werden. Tatsächlich aber bestätigen die qualitativen Interviews eine stärkere Integration von Themen der Nachhaltigen Entwicklung gerade im Bereich Construction, z. B. durch das Thema „nachhaltiges Bauen" und damit zusammenhängend eine stärkere Wahrnehmung von fachbezogenen Nachhaltigkeitsthemen in den Fachbereichen Architektur, Bauingenieurwesen und Geodäsie. Dabei ist zu beachten, dass die fachliche Perspektive zwar durchaus das Wissen der Studierenden in einzelnen Dimensionen, wie eben hier der ökologischen Dimension, positiv beeinflusst, aber trotzdem zu einer kritischeren Haltung gegenüber dem Nachhaltigkeitsbegriff führen kann. So haben die qualitativen Ergebnisse aus der Architektur gezeigt, dass der Begriff von den befragten Studierenden als „inflationär" und als „Worthülse" empfunden wird und damit seine Trennschärfe und Bedeutung – in diesem Fall im Baubereich – verliert.

Die zu Beginn der Studie aufgestellten Hypothesen hinsichtlich der eher geringen Verankerung ganzheitlicher Nachhaltigkeitskonzepte insbesondere in den Ingenieurwissenschaften scheinen sich zumindest in Ansätzen zu bestätigen. Allerdings kann entgegen der vorangestellten Vermutungen festgehalten werden, dass auch Studierende nicht-gesellschaftswissenschaftlich ausgerichteter Studiengänge sich durchaus mit Fragen der Nachhaltigkeit beschäftigen, wenn auch weniger vor dem Hintergrund eines ganzheitlichen Verständnisses von Nachhaltigkeit. Tatsächlich setzen sie sich häufiger mit fachlich relevanten Einzelaspekten auseinander, wie z. B. einzelnen nachhaltigen Technologien. Ungeachtet dessen, ob dies vor dem Hintergrund der eingangs vorangestellten Überlegungen zur ganzheitlichen Bildung für Nachhaltige Entwicklung hinreichend ist: Einige der teilnehmenden Studierenden haben den Bezug zum Thema Nachhaltigkeit in erster Linie über ihr jeweiliges Fach hergestellt, wie u. a. anhand der Einstiegsfrage hinsichtlich des Verständnisses des Begriffs Nachhaltigkeit deutlich wurde. In den qualitativen Interviews haben gerade die männlichen Studierenden diesen rein fachlichen Zugang betont. Während einige Studierende von einem eher wörtlichen Begriffsverständnis der Nachhaltigkeit wie „Langfristigkeit" oder „Dauerhaftigkeit" ausgingen, konnten andere Studierende bereits in den Stegreiferzählungen verschiedene Facetten und Ebenen wie Ressourcenschonung, Umweltschädigungen etc. thematisieren und knüpfen dabei zum Teil an ihren jeweiligen Fachbezug an.

Darüber hinaus zeigen gerade die qualitativen Interviews die starke Relevanz anderer sozio-demographischer Faktoren und insbesondere die Bedeutung der individuellen Handlungs- und Lebensräume der jeweiligen Studierenden auf. Den größten persönlichen Bezug zum Thema stellen die Studierenden in den qualitativen Interviews – nahezu ungeachtet ihres jeweiligen fachlichen Hintergrunds – über das eigene Alltags- und Konsumverhalten her, z. B. über alltagsrelevante Themen wie Strom sparen, mit ÖPNV reisen, Fairtradeprodukte kaufen, weniger Fleisch essen, Einkauf von Secondhandprodukten, Sachen „selber machen". Während also die Ergebnisse der quantitativen Befragungen auf stärkere Unterschiede bei den Auswirkungen auf den Lebensstil hindeuten, kann dies in den qualitativen Interviews nicht bestätigt werden. Auch hier bieten sich Ansatzpunkte für weitere Forschung.

16.5   Schlussfolgerungen

Für Schlussfolgerungen hinsichtlich eines zukünftigen Forschungsbedarfs und der Weiterentwicklung der Bildung für Nachhaltige Entwicklung sollen abschließend die folgenden zentralen Ergebnisse noch einmal herausgestellt werden:

- Die Einbettung von Themen der Nachhaltigen Entwicklung in die Fachausbildung beeinflusst die Wahrnehmung und Bewertung der Themen dahin gehend, dass sie von den Studierenden differenzierter interpretiert werden und der Begriff der Nachhaltigkeit teilweise sogar kritischer betrachtet wird.
- Die fachliche Integration erfolgt insbesondere im Ingenieurbereich mit einem stärkeren Fokus auf der ökologischen Dimension und sollte im systemischen Sinne um die soziale und ökonomische Dimension gleichwertig ergänzt werden, damit die Studierenden ein holistischeres Verständnis der Nachhaltigkeit auch in ihrer Fachausbildung entwickeln können.
- In der quantitativen Studie konnten Unterschiede nach Fachbereichszugehörigkeit in Bezug auf einen nachhaltige(re)n Lebensstil der Studierenden aufgezeigt werden. Diese ließen sich jedoch in der qualitativen Befragung nicht mehr eindeutig nachweisen.

Diese Ergebnisse verweisen auf die Notwendigkeit weiterer Forschung, insbesondere mit Blick auf die höhere Nähe einzelner Studierendengruppen zu bestimmten Themen der Nachhaltigen Entwicklung und auf die Wechselwirkungen zwischen Wissen zu einzelnen Themen, deren Gewichtung durch die Studierenden und dem persönlichen Lebensstil der Studierenden.

Grundsätzlich kann bezogen auf die Implementierung von Nachhaltiger Entwicklung an Hochschulen in Deutschland insgesamt festgehalten werden, dass eine Integration von Themen der Nachhaltigkeit in die jeweiligen Fachinhalte und Curricula in jedem Fall Auswirkungen auf die Wahrnehmung der Studierenden hat:

16.5.1 Integration in die „traditionelle" Fachausbildung als Schlüssel

Die Integration in die Fachausbildung scheint jenseits der Schaffung neuer Nachhaltigkeitsstudiengänge ein zentraler Ausgangspunkt für die Bildung für Nachhaltige Entwicklung zu sein. Dabei könnte es zentral sein, das jeweils zugrunde liegende Verständnis von Nachhaltigkeit zu thematisieren und mit fachbezogenen Schwerpunktsetzungen zu diskutieren.

16.5.2 Fachliche Fundierung als Voraussetzung für ein ganzheitliches Verständnis von Nachhaltigkeit

Die Annäherung an ein fachlich fundiertes Verständnis von Nachhaltigkeit kann auch ein Ansatzpunkt für eine fachübergreifende Diskussion und die Entwicklung eines gemeinsamen Verständnisses von Nachhaltiger Entwicklung sein. Dies ist insbesondere dann wichtig, wenn die jeweilige Hochschule sich bemüht, Nachhaltigkeit als ein zentrales Kern-/Leitthema weiter zu entwickeln und den Studierenden ein ganzheitliches Verständnis von Nachhaltigkeit zu vermitteln.

Literatur

Armingeon, K. (2001). *Fachkulturen, soziale Lage und politische Einstellung der Studierenden der Universität Bern*. Universität Bern. http://edudoc.ch/record/2708/files/zu01076.pdf (aufgerufen am 10.02.2015).

Bargel, T.; Ramm, M. & Multrus, F. (2008). *Studiensituation und studentische Orientierungen – 10. Studierendensurvey an Universitäten und Fachhochschule*. Bonn: Bundesministerium für Bildung und Forschung.

Bargel, T.; Ramm, M. & Multrus, F. (2004*). Studiensituation und studentische Orientierungen – 8. Studierendensurvey an Universitäten und Fachhochschulen*. Bonn: Bundesministerium für Bildung und Forschung.

Bourdieu, P. (1979). *Die feinen Unterschiede*. Frankfurt a. M.: Suhrkamp Verlag.

Coren, S.; Ward, L.M. & Enns, J.T. (2003). *Sensation and Perception*, Sixth Edition. Hoboken: J. Wiley & Sons.

Deutsche UNESCO-Kommission (2014). *Hochschulen für eine Nachhaltige Entwicklung – Netzwerke fördern, Bewusstsein verbreiten*. Bonn: VAS-Verlag. www.bne-portal.de/fileadmin/unesco/de/Downloads/Dekade_Publikationen_national/20140928_UNESCO_Broschucrc2014_web.pdf (aufgerufen am 10.02.2015).

Engler, S. (1993). *Fachkultur, Geschlecht und soziale Reproduktion. Eine Untersuchung über Studentinnen und Studenten der Erziehungswissenschaft, Rechtswissenschaft, Elektrotechnik und des Maschinenbaus*. Weinheim: Deutscher Studien Verlag.

Engler, S. & Friebertshäuser, B. (1989). Zwischen Kantine und WG. Studienanfang in Elektrotechnik und Erziehungswissenschaften. In H. Faulstich-Wieland (Hg.), *Weibliche Identität. Dokumentation der Fachtagung der AG Frauenforschung in der Deutschen Gesellschaft für Soziologie*, Schriftenreihe des Institutes Frau und Gesellschaft (Band 10) (S. 123–136). Hannover: Kleine Verlag.

Fischer, L. (2006). *Studium – und darüber hinaus?* HISBUS Kurzinformation Nr. 15. https://www.bmbf.de/pubRD/hisbus_15.pdf (aufgerufen am 16.03.2015).

Goldstein, E.B. (1997). *Wahrnehmungspsychologi*e. Heidelberg: Spektrum Akademischer Verlag.

Haan, G. de (2014). *Vom Projekt zur Struktur – Stand der Implementierung von Nachhaltigkeit an deutschen Hochschulen* (Vortrag im Rahmen der Konferenz zu Nachhaltigkeit und Hochschulen des Rates für Nachhaltige Entwicklung am 13. Oktober 2014). http://www.nachhaltigkeitsrat.de/fileadmin/user_upload/dokumente/termine/2014/13_14-10_bildungskonferenz/De_Haan_RNE.pdf (aufgerufen am 16.03.2015).

Haan, G. de (2006). Bildung für nachhaltige Entwicklung – ein neues Lern- und Handlungsfeld. *UNESCO heute, 2006(1)*, 4–8.

Haan, G. de; Kamp, G.; Lerch, A.; Matignon, L.; Müller-Christ, G. & Nutzinger, H.G. (2008). *Nachhaltigkeit und Gerechtigkeit. Grundlagen und schulpraktische Konsequenzen*. Berlin/Heidelberg: Springer Verlag.

Holzkamp, K. (1994). *Lernen, Subjektwissenschaftliche Grundlegung – Einführung in die Hauptanliegen des Buches* (Vortrag im Rahmen des Potsdamer Kolloquiums zur Lehr- und Lernforschung am 23. Februar 1994). http://opus.kobv.de/ubp/volltexte/2005/452/pdf/HOLZLERN.pdf (aufgerufen am 22.11.2011).

Huber, L. (1991). Sozialisation in der Hochschule. In K. Hurrelmann & D. Ulich (Hg.), *Neues Handbuch der Sozialisationsforschung*, 4. völlig neubearb. Auflage (S. 417–441). Weinheim und Basel: Beltz Verlag.

Krause-Steger, S. & Roski, M. (2014a). The Development of a Sustainable Perception Index regarding Gender and Diversity Aspects. *IEEE Global Engineering Education Conference (EDUCON), Conference Proceedings*, (S. 586–591). Istanbul: Bogazici University.

Krause-Steger, S. & Roski, M. (2014b). Die Wahrnehmung von Themen der Nachhaltigen Entwicklung bei Studierenden. In G. Kammasch, Gudrun & H. Lüdtke, (Hg.), *Krise des „Kompetenz"-Begriffs? Wege zu technischer Bildung* (S. 143–150). Mannheim: Ingenieurpädagogische Wissenschaftsgesellschaft (IPW).

Krause-Steger, S. & Roski, M. (2014c). *Abschlussbericht zum Forschungsprojekt SUPER – Sustainable Perception Index unter Gender- und Diversityaspekten*, Bochum: IBKN der Hochschule Bochum.

Krause-Steger, S. (2013). *Konzeptionelle Studien zu unternehmerischem Denken und Handeln* (IZK-Konzeptreihe). Bochum: Hochschule Bochum.

OECD (2005). *Definition und Auswahl von Schlüsselkompetenzen.* http://www.oecd.org/pisa/35693281.pdf (aufgerufen am 25.2.2015).

Ramm, M.; Multrus, F.; Bargel, T. & Schmidt, M (2014). *Studiensituation und studentische Orientierungen. 12. Studierendensurvey an Universitäten und Fachhochschulen.* Bonn/Berlin: Bundesministerium für Bildung und Forschung.

Scheller, P.; Isleib, S. & Sommer, D. (2013). *Studienanfängerinnen und Studienanfänger im Wintersemester 2011/12.* Hannover: Hochschul-Informations-System GmbH.

Schlüter, A.; Schell-Kiehl, I.; Krause, S. & Kern, J (2009). *Abschlussbericht des Forschungsprojektes Studentische Fachkulturen in Elektrotechnik und Erziehungswissenschaft: Immer noch „Zwischen Kantine und WG"?.* Duisburg-Essen: Universität Duisburg-Essen. http://imperia.uni-due.de/imperia/md/content/genderportal/abschlussbericht_faku-ing-ew.pdf (aufgerufen am 25.2.2015).

Schneidewind, U. (2009). *Nachhaltige Wissenschaft. Ein Plädoyer für einen Klimawandel im deutschen Wissenschafts- und Hochschulsystem.* Marburg: Metropolis Verlag.

Schölling, M. (2005). *Soziale Herkunft, Lebensstil und Studienfachwahl: eine Typologie.* Frankfurt a.M.: Peter Lang Verlag.

Wimmer, A. (2005). *Kultur als Prozess: Zur Dynamik des Aushandelns von Bedeutungen.* Wiesbaden: Verlag für Sozialwissenschaften.

Nachhaltiger Konsum – Der Unterschied zwischen subjektiv und objektiv um-weltfreundlichem Kaufverhalten

Christian Haubach und Andrea K. Moser

17.1 Einleitung

Der Konsum privater Haushalte ist ein bedeutender Treiber des Klimawandels. Von den Treibhausgasemissionen, die ein Haushalt beispielsweise durch Mobilität, Telekommunikation oder Dienstleistungen verursacht, entfallen ca. ein Drittel auf Güter des täglichen Bedarfs (Fisher et al. 2013). Obwohl die Umweltbelastung eines einzelnen Produkts nur marginal sein mag, ist das umgesetzte Gesamtvolumen von Bedeutung. So summieren sich die einzelnen *Product Carbon Footprints* (PCF), welche die akkumulierten Treibhausgas-(THG)-Emissionen über den gesamten Lebensweg angeben, zu erheblichen Mengen, weil die hohe Abverkaufsgeschwindigkeit der Güter des täglichen Bedarfs zu einem großen Verkaufsvolumen führt. Konsument_innen haben bei konsequenter Kennzeichnung von Gütern mit dem PCF die Möglichkeit, THG-Emissionen zu vermeiden. So könnten einerseits durch den bewussten Konsum von Produkten, deren PCF geringer ist als jener von alternativen Produkten, THG-Emissionen gesenkt werden. Andererseits können Umweltwirkungen auch durch grundlegende Änderungen des Konsumverhaltens vermieden werden. Der Umweltschutz und die nachhaltige Entwicklung der modernen

Dieser Beitrag entstand im Rahmen des vom Bundesministerium für Bildung und Forschung (BMBF) geförderten Projekts „KosoK – Der Konsument zwischen subjektiver und objektiver Bewertung der Klimawirksamkeit von Konsumgütern und sein risiko-adversatives Konsumverhalten" im Rahmen des Förderprogramms „FHprofUnt" (Förderkennzeichen 17026X11).

C. Haubach (✉) • A.K. Moser
Institut für Industrial Ecology, Hochschule Pforzheim,
Tiefenbronner Str. 65, Pforzheim 75175, Deutschland
e-mail: christian.haubach@hs-pforzheim.de; andrea.moser@hs-pforzheim.de

Gesellschaft erfordern daher einen Wandel von bestehenden Konsummustern, wenn langfristig Erfolge erzielt werden sollen.

Der nachhaltige Konsum erfüllt die Bedürfnisse von Konsument_innen, während er gleichzeitig Umwelt und Ressourcen schont und sozialverträglich sowie ökonomisch tragfähig ist (Projektträger im DLR 2009). Dieses Ziel des nachhaltigen Konsums ist erstrebenswert – und gleichzeitig nur schwer zu erreichen. Dies ist im Wesentlichen der Vielschichtigkeit von „Nachhaltigkeit" geschuldet sowie den individuellen Präferenzen von Konsument_innen. Nachhaltige Produktattribute können sich auf eine Vielzahl gesellschaftlicher (beispielsweise faire Arbeitsbedingungen, fairer Handel, Tierschutzaspekte) oder umweltbezogener (Recycling, Vermeidung von Verschmutzung, effiziente Ressourcennutzung) Themen beziehen (Luchs et al. 2010). Konsument_innen haben wiederum je nach Produktkategorie variierende Ansprüche an Produkte, bei denen neben Nachhaltigkeitsfaktoren auch Qualität, Preis, Marke oder Geschmack eine Rolle spielen (de Pelsmacker et al. 2005; Gadema und Oglethorpe 2011).

Die empirische Forschung zu nachhaltigem Konsum am Institut für Industrial Ecology (INEC) an der Hochschule Pforzheim befasst sich hauptsächlich mit ökologischen Aspekten im Bereich von Gütern des täglichen Bedarfs. Der vorliegende Beitrag gibt Ergebnisse des Forschungsprojekts „KosoK – Der Konsument zwischen subjektiver und objektiver Bewertung der Klimawirksamkeit von Konsumgütern und sein risiko-adversatives Konsumverhalten" wieder. In diesem Projekt untersucht das INEC zusammen mit Partnern aus der Wirtschaft das Konsumentenverhalten vor dem Hintergrund des Klimawandels. Dabei werden in Bezug auf die Klimawirkung des Konsums Lücken zwischen der Risikowahrnehmung, der Risikobewertung und der Konsumhandlung ermittelt (Haubach et al. 2013). Wie im Folgenden gezeigt wird, können diese Lücken zu Fehleinschätzungen bei ganz alltäglichen Konsumgewohnheiten und klimaschädlichen Verhaltensweisen, z.B. im Anwendungsbereich von Waschmitteln oder in der Bewertung von Lebensmitteln, führen. Letztlich sollen durch die Sensibilisierung für diese Lücken und die transparente Darstellung der tatsächlichen Umweltwirkungen des Konsums nachhaltige Konsumentscheidungen unterstützt werden. Auf Grundlage der Ergebnisse lassen sich Defizite in der Unternehmens-Kunden-Kommunikation identifizieren, das notwendige Zusammenspiel der Akteure in der Lieferkette vom Produzenten zum Konsumenten aufzeigen und Ansätze zur wirkungsvollen Einbindung der vorhandenen Konsumenteneinstellungen in Entscheidungsprozesse zur Umsetzung von effizienten Klimaschutzmaßnahmen entwickeln.

17.2 Nachhaltig denken, nachhaltig handeln?

Um letztlich Lücken zwischen der ökologisch-sachbezogenen Bewertung von Konsumgütern und der subjektiven Konsumentenbewertung feststellen zu können, wird zunächst der Begriff der Nachhaltigkeit aus Konsument_innensicht näher betrachtet. Anschließend werden Motive für nachhaltigen Konsum dargestellt und es wird ein Verhaltensmodell entwickelt mit dem sich empirisch anhand von Befragungsdaten der GfK Handlungslücken identifizieren lassen.

17.2.1 Nachhaltigkeit aus Konsument_innensicht

Nachhaltiger Konsum und Kund_innensegmente, die sich einem nachhaltigen Konsum verschreiben, sind ein vielbeachtetes Themengebiet in der Forschungsliteratur. Für Konsument_innen bieten sich viele Felder, in denen sie ihr Umweltbewusstsein in die Tat umsetzen kann, wie beispielsweise beim häuslichen Energie- und Wasserverbrauch, beim Umgang mit Abfall oder Mobilität (Whitmarsh und O'Neill 2010). Konsument_innen subsumieren unter einem nachhaltigeren Konsumstil Maßnahmen wie den *Standby-Betrieb* von Elektrogeräten oder kompostieren. Die weitaus populärste Maßnahme ist der Kauf nachhaltiger Produkte (Isenhour 2010). Unter objektiven Gesichtspunkten sind nachhaltige Produkte umweltfreundlicher als vergleichbare Substitute. Dies basiert auf einem oder mehreren produktinhärenten Attributen, deren Umwelteinfluss vergleichsweise gering ist. Wenn Konsumenten einfache Faustregeln berücksichtigen, können sie die Umweltwirkungen, die durch ihren Konsum verursacht werden, wesentlich reduzieren. Eine fleischarme oder vegane Ernährungsweise oder der Konsum saisonaler Lebensmittel aus regionaler Herkunft sind erste Anhaltspunkte (Jungbluth et al. 2013). Bio-Produkte sind i. d. R. umweltfreundlicher, da bei deren Produktion weitgehend auf Kraftfutter und Kunstdünger verzichtet wird (Lynch et al. 2011). Aus Konsumentensicht sind die wichtigsten Faktoren bei der Auswahl nachhaltiger Lebensmittel oder Kosmetik die schonende Verwendung von Ressourcen sowie natürliche Inhaltsstoffe und Tierschutz. Konsumenten achten dabei insbesondere auf Energieeffizienz und niedrige CO_2-Werte, auf wiederverwertbare Verpackungen oder auf den Verzicht von Pestiziden und künstlichen Düngemitteln (Hanss und Böhm 2012). Allerdings schaffen nachhaltige Aspekte allein noch keine Nachfrage. Nachhaltige Produktattribute sind eher ein Zusatznutzen, der den Grundnutzen eines Produktes um einen Wohlfühlfaktor erweitert (Wong et al. 1996). Auch wenn Bio-Qualität, Regionalität oder nachhaltige Inhaltsstoffe und Verpackungen von Konsument_innen gefordert und wertgeschätzt werden – die wichtigsten Attribute bleiben Qualität und Preis (Gadema und Oglethorpe 2011). Sofern den Konsument_innen keine Informationen zur Verfügung stehen, schlussfolgern sie aus diesen beiden Attributen, ob ein Produkt nachhaltig ist oder nicht (Gruber et al. 2014). Allerdings entsprechen diese subjektiven Einschätzungen nicht zwangsläufig den objektiv nachhaltigen Kriterien. Zur Ausübung der vollen Konsumentensouveränität (Hansen und Schrader 1997) sind neben dem Angebot selbst daher Produktinformationen notwendig, die eine nachhaltige Produktauswahl erst ermöglichen (Stern 1999). Bei Gütern des täglichen Bedarfs ist eine starke Zunahme von Produktinformationen zu beobachten. Dies kann die Kaufentscheidung allerdings erschweren. Vielfältige Informationsquellen und die unterschiedlichen Kriterien, die thematisiert werden, überfordern und verwirren die Konsument_innen (Carrete et al. 2012). Daher berufen sich Konsument_innen hauptsächlich auf Verpackungsinformation und *Labels*, die am *Point of Sale* (PoS) verfügbar sind. Statt detaillierten Analysen oder Listungen aller adressierten ökologischen oder ethischen Kriterien, wünschen sich die Konsument_innen eindeutige Empfehlungen von vertrauenswürdigen und unabhängigen Quellen (McDonald et al. 2009). Umwelt- bzw. Nachhaltigkeitslabel bieten den Verbraucher_innen anhand einfacher und klar definierter Vergabekriterien eine Entscheidungsunterstützung bei der nachhaltigen Kaufentscheidung am PoS (Eberle 2001).

17.2.2 Motive für nachhaltigen Konsum

Die Umsetzung von nachhaltigen Konsummustern ist hauptsächlich von persönlichen Wertvorstellungen geprägt (Thøgersen und Ölander 2002). Das heißt, das Umweltbewusstsein ist ein wichtiger indirekter Faktor für umweltfreundliches Verhalten (Bamberg 2003). Die Perspektive des Individuums, die zu Interventionen und pro-ökologischem Verhalten führt, wird auch als „actively caring" bezeichnet (Allen und Ferrand 1999; Geller 1995).

Nach der „Value Belief Norm" (VBN) führt das Umweltbewusstsein zu pro-ökologischem Verhalten, wenn vom Individuum wertgeschätzte egoistische, sozial-altruistische oder biosphärische Objekte bedroht sind (Stern 2000). Der Zusammenhang zwischen Umwelteinstellung und entsprechendem Handeln gilt zumeist nur für starke Umwelteinstellungen und ist überdies hinaus nicht linear, weshalb das Marketing von ökologischen Produkten hauptsächlich Kund_innen mit vorhandenen Umwelteinstellungen anspricht (van Doorn et al. 2007).

Das Norm Activation Model (NAM) und die Theory of Planned Behavior (TPB) sind die am häufigsten angewendeten Modelle zur Erklärung von nachhaltigem Konsumentenverhalten (Bamberg und Möser 2007). Die NAM basiert auf dem theoretischen Modell von Schwartz (1977), in dem persönliche Normen als Einflussfaktoren für altruistisches Verhalten konzeptualisiert werden. Die TPB (Ajzen 1991) integriert zentrale Konzepte der Sozial- und Verhaltensforschung, um die Verhaltensabsicht und schließlich das Verhalten vorherzusagen. Gemäß der TPB sind nicht nur Normen, sondern auch Einstellungen und das Gefühl der Kontrolle wichtige Faktoren, die die Verhaltensabsicht und das Verhalten beeinflussen (Ajzen 1991).

17.2.3 Wissenschaftliche Ergebnisse aus dem Forschungsprojekt KosoK

Die TPB wurde in zahlreichen Untersuchungen zum nachhaltigen Konsumentenverhalten bestätigt. Die Mehrzahl der Studien stützt sich jedoch auf selbstberichtetes Verhalten (Armitage und Conner 2001; Tanner und Wölfing Kast 2003; Tarkiainen und Sundqvist 2009). Es kann allerdings davon ausgegangen werden, dass Effekte der sozialen Erwünschtheit und Fehleinschätzungen des individuellen Konsums (Sun und Morwitz 2010) die Ergebnisse verzerren.

Basierend auf diesen Annahmen wurde am INEC ein Forschungsprojekt im Lebensmittelbereich realisiert, das die Einstellungs-Verhaltens-Hypothese mit tatsächlichen Einkaufsdaten empirisch überprüft. Bio-Produkte werden als umweltfreundlich wahrgenommen (Sirieix et al. 2011; Tobler et al. 2011), weshalb Konsument_innen, die biologische Produkte bevorzugen, ihr Kaufverhalten als nachhaltig einschätzen (Rückert-John et al. 2013). Außerdem haben Bio-Produkte einen hohen Distributionsgrad und sind damit leicht verfügbar; die Produktqualität ist im Vergleich zu konventionell hergestellten Lebensmitteln gleichwertig. Labels und Kennzeichnungen erleichtern darüber hinaus die Identifikation von ökologischen Produkten und fördern damit eine fundierte Kaufentscheidung.

Die Faktoren Einstellung, persönliche Normen und Preisbereitschaft als wesentliche Barriere ökologischen Konsums konnten in dieser Untersuchung das selbstberichtete Verhalten zu einem hohen Anteil erklären (Moser 2015b). Die Einstellungs-Verhaltens-Hypothese konnte jedoch nicht bestätigt werden, da die Selbsteinschätzung kaum mit dem realisierten Kaufverhalten korrelierte (Moser 2015a). Die Ergebnisse implizieren damit eine Lücke zwischen Einstellung und Verhalten (*attitude behavior gap*) und stehen im Widerspruch zur *Low-cost*-Hypothese (Diekmann und Preisendörfer 1992), wonach eine umweltbewusste Einstellung insbesondere dann in umweltbewusstem Handeln mündet, wenn die Umsetzung kaum Mühe bereitet. Für die „grünen Konsumenten" (Gleim et al. 2013), die Nachhaltigkeitsaspekte in ihre Kaufentscheidungen einbeziehen und denen die Umweltauswirkungen ihres Konsums bewusst sind, existiert subjektiv kein Widerspruch zwischen Denken und Handeln. Die Ergebnisse des Forschungsprojekts decken jedoch eine Lücke zwischen subjektiv-ökologischem und objektiv-ökologischem Kaufverhalten auf. Diese Lücke ist dem Konsumenten entweder nicht bewusst oder Barrieren stehen einem nachhaltigen Konsum entgegen (Carrigan und Attalla 2001; Roberts 1995).

Obwohl die Preisbereitschaft ein wesentlicher Treiber nachhaltigen Konsums ist, so ist der Preis letztlich nicht der einzige entscheidende Faktor bei der Wahl von Produkten mit Öko-Label. Konsument_innen sind durchaus bereit, einen Aufpreis für nachhaltige Produktalternativen zu bezahlen, insbesondere dann, wenn sich umweltfreundliches Handeln mit eigennützigen Motiven verbinden lässt (Tanner et al. 2004; Thøgersen 2005). Wertvorstellungen über ökologische und gesundheitliche Folgen des Konsums sowie unreflektierte Konsumgewohnheiten sind neben dem Preis mindestens ebenso wichtige Einflussfaktoren (Grankvist und Biel 2001). Neben externen Barrieren können außerdem intrinsischen Barrieren nachhaltigen Konsum erschweren. Eine kognitive Barriere besteht z. B. darin, dass Konsumenten als Laien, selbst wenn sie über alle Produktinformationen verfügen, diese nicht in ihre Entscheidungen einfließen lassen.

17.3 Bestimmung der Umweltwirkungen des Konsums

Im Folgenden werden zunächst Ansätze zur Bestimmung von Umweltwirkung von Produkten vorgestellt, bevor auf die Verknüpfung der aus diesen Ansätzen gewonnenen Daten mit dem Konsumentenverhalten eingegangen wird. Schließlich wird an Beispielfällen gezeigt, inwieweit objektive Umweltbewertung und empfundene Umweltfreundlichkeit voneinander abweichen können.

17.3.1 Ansätze zur Bestimmung der Umweltwirkungen von Produkten

Den beschriebenen subjektiven sozialen und psychologischen Grenzen des nachhaltigen klimafreundlichen Konsums stehen objektive physische Grenzen gegenüber (Spaargaren und van Vliet 2000). Das *Life Cycle Assessment* (LCA) bietet dazu eine detaillierte Berechnung der Umweltwirkungen von Gütern und Dienstleistungen. Das LCA wird in der ISO 14040 als „*compilation and evaluation of the inputs, outputs and potential environmental impacts of a product system through its life cycle*" (DIN EN ISO 2006a) definiert. Somit stellt das LCA ein Instrument zur Abschätzung des ökologischen Aufwands eines Produktes über seinen gesamten Lebensweg („von der Wiege bis zur Bahre") und für verschiedene Wirkungskategorien, darunter auch Klimawandel, dar (DIN EN ISO 2006a, 2006b). Unter der Bezeichnung *(Product) Carbon Footprint* ((P)CF) sind die Analysen der in Produkten „enthaltenen" Treibhausgas-(THG)-Emissionen populär geworden (Hammond 2007). Der (P)CF kann als ein LCA mit Beschränkung auf die Umweltwirkungskategorie Klimawandel verstanden werden (Schmidt 2009). Er profitiert daher von den bereits vorhandenen LCA-Daten.

LCA-Daten umfassen Kennzahlen zu komplexen Wertschöpfungsketten und beinhalten dadurch auch indirekte Emissionen. Eines der größten Probleme beim LCA ist jedoch die Datenverfügbarkeit. Dabei ist grundsätzlich zwischen spezifischen Daten (individual-prozessbezogen) und generischen Daten zu unterscheiden. Bei einem LCA werden oftmals entweder generische Daten erzeugt (z. B. als Aggregat aus Daten verschiedener Prozesse, Mittelwertbildung etc.) oder es wird auf generische Daten aus Datenbanken (wie z. B. ecoinvent oder GEMIS) zurückgegriffen. In der Literatur finden sich aber auch zahlreiche Einzelstudien, etwa zu LCAs von Lebensmitteln und entsprechenden Produktionssystemen (Roy et al. 2009).

Für den (P)CF wurde aber auch ein eigener methodischer Ansatz entwickelt, der sich zunächst auf die *Publicly Available Specification* (PAS) 2050 stützte (BSI 2011). Die Methoden zur Bestimmung von in Produkten enthaltenen THG-Emissionen wurden aber mittlerweile auch als ISO/TS 14067:2013 international normiert (DIN EN ISO 14067 2013). In Deutschland wurden im Jahr 2009 erste Pilotstudien zum PCF durchgeführt (PCF Pilotprojekt Deutschland 2009).

17.3.2 Verknüpfung von LCA/ PCF und Konsumentenverhalten

Es wird vermutet, dass die sachlich nachvollziehbare Umweltbewertung eines Produktes mittels LCA/ (P)CF nicht deckungsgleich mit seinem Image, den gängigen Einschätzungen in der Gesellschaft und des Marktes ist, und dass es eine Diskrepanz zum vermeintlich umweltorientierten Konsumverhalten des Individuums gibt. Hierfür gibt es viele Einzelbeispiele:

- die mangelnde Kenntnis der Verbraucher, welch große Bedeutung Beladung, Waschmitteldosierung und Waschtemperatur bei der Umweltrelevanz der Textilwäsche haben (Kruschwitz et al. 2014).

- die Überschätzung des Einflusses von Transportvorgängen auf die Umweltbilanz von Gütern, insbesondere im Nahrungsmittelbereich, und die gleichzeitige Unterschätzung der Bedeutung der eigenen (motorisierten) Einkaufsfahrten (Coley et al. 2009).
- die geringe Beachtung der Umwelteinflüsse von tierischen Nahrungsprodukten, insbesondere Fleisch, aber eben auch Milch, Käse etc. (z. B. im Bereich Klimarelevanz).
- die Fehleinschätzung von bestimmten Materialien (z. B. das Image der Natürlichkeit von Baumwolle im Textilbereich (Chen und Burns 2006)).

Daraus folgt erstens, dass im Sinne des Klimaschutzes „falsche" Konsumentscheidungen getroffen werden, obwohl umweltorientierte Intentionen verfolgt wurden, und zweitens, dass kongruente Einschätzungen der Klimawirkung und damit des Klimarisikos ein tatsächlich umweltfreundliches Verhalten fördern.

Die Hypothese nicht-kongruenter Einschätzungen von Umweltwirkungen ist naheliegend, da bereits die Experten, die sich mit der ökologischen Bewertung von Produkten befassen, große Anstrengungen bei ihren Analysen unternehmen müssen: So ist die Ökobilanzierung von Produkten aufwendig, die Ergebnisse sind komplex, vielschichtig und führen in den seltensten Fällen zu der einfachen Aussage, dass Produkt A besser ist als Produkt B. Die Übersetzung der Erkenntnisse aus solchen Analysen in letztendlich konkrete Konsumentenentscheidungen muss aber das Ziel sein, wenn man ökologischere oder nachhaltigere Konsummuster anstrebt.

Zur Kommunikation mit den Kunden_innen könnte eine einfache Risikometrik entwickelt werden, mit deren Hilfe für die Konsumaktivitäten quantifizierbare Risikoindikatoren bestimmt werden können. Der wesentliche Grund für eine kommunizierbare Risikometrik ist die mangelnde Fähigkeit von Konsument_innen, die Angabe des absoluten THG-Potenzials (*Global Warming Potential*, GWP) in Konsumgüterbeschreibungen als hoch oder niedrig einordnen zu können (Vanclay et al. 2011). Dies ist aber insbesondere dann bedeutend, wenn die Angaben des THG-Potenzials in Konsumentscheidungen einfließen sollen.

17.3.3 Fallbeispiele zur objektiven Bewertung der Klimawirkung im Lebensmittelbereich

Im Folgenden werden einige Beispielfälle vorgestellt, die typischerweise für Konsument_innen mit einfachen Heuristiken zur Bewertung der Umweltwirkungen verbunden sind.

Der Konsum von Bio-Produkten aus dem ökologischen Landbau wird von Konsument_innen als eine bedeutende Strategie zur Minderung der Klimawirkungen von angesehen (Ravn Heerwagen et al. 2014). In einer Meta-Analyse konnte jedoch gezeigt werden, dass die ökologischen Vorteile der ökologischen Landwirtschaft durch die geringeren Erträge in ökologischen Produktionssystemen weitgehend aufgewogen werden. Im Vergleich zu konventionellen Betrieben sind die Erträge in ökologischen Produktionssystemen zwischen 5 und 34 % geringer (de Ponti et al. 2012; Seufert et al. 2012). Daher wird mehr landwirtschaftliche Nutzfläche für den gleichen Ertrag wie bei konventioneller

Landwirtschaft benötigt. Insgesamt betrachtet sind somit keine allgemeinen Aussagen über die ökologische Vorteilhaftigkeit der ökologischen Landwirtschaft möglich (Tuomisto et al. 2012).

In einer weiteren Meta-Studie wurden 34 Studien zum Vergleich der ökologischen Wirkungen zwischen ökologischen und konventionellen Agrarprodukten analysiert (Meier et al. 2015). Eine Mehrzahl der untersuchten Studien, die sowohl mehrere Wirkungs-kategorien im Rahmen des LCA als auch ausschließlich den PCF betrachteten, hat zwar für die ökologische Landwirtschaft geringere Umweltbelastungen in Bezug auf die bewirt-schaftete Fläche und auf Jahresbasis festgestellt, aber in Bezug auf den Ertrag kann es zu höheren Belastungen kommen. Die Ergebnisse der einzelnen Studien variieren jedoch beträchtlich. Dies hängt von mehreren Faktoren ab, wie etwa den schwankenden landwirt-schaftlichen Erträgen, den geringen Stichprobenumfängen der Vergleichsstudien, dem betriebsspezifischen Management, den unterschiedlichen Produktionssystemen und unge-nauen Modellierungen von Produktionsprozessen in der Landwirtschaft. Die Vergleichs-studien zu den Umweltwirkungen von ökologischem und konventionellem Landbau beziehen sich auf vielfältige landwirtschaftliche Produkte und Produktionssysteme. Es werden Milch, Rind-, Schweine- und Geflügelfleisch, Eier, verschiedene Früchte und Gemüse, Nüsse sowie unterschiedliche landwirtschaftliche Nutzpflanzen verglichen. Während die Vergleichsergebnisse der LCAs für den Pestizideinsatz den Vorteil der öko-logischen Landwirtschaft dokumentieren, lassen die Ergebnisse für die Wirkungskategorie Klimawandel keine eindeutige Aussage zu. Insbesondere der relative Unterschied von ökologischen zu konventionellen Produktionssystemen pro Produkteinheit weist große Schwankungsbreiten auf. Das GWP der ökologischen Produktionssysteme im Vergleich zu konventionellen reicht bei Milch von −38 % bis +53 %, bei Rindfleisch von −15 % bis +15 %, bei Schweinefleisch von bis −11 % bis +73 %, bei Geflügel von −24 % bis +46 %, bei Früchten und Gemüse von −81 % bis +130 % und bei landwirtschaftlichen Nutzpflanzen von −41 % bis +45 %. In einer Vergleichsstudie wurde bei Eiern ein im Vergleich zur konventionellen Produktion um 17 % höheres GWP festgestellt, während bei einer Studie mit mehreren Nussproduzenten eine extreme Schwankungsbreite von +49 % bis +490 % bestimmt wurde (Meier et al. 2015). Ein entscheidender Punkt zur Bewertung dieser Ergebnisse liegt in den betrachteten Systemgrenzen. Je enger diese gefasst werden, umso stärker zeigen sich die Vorteile der Intensivierung landwirtschaftlicher Produktionssysteme (Flysjö et al. 2012) und weiterer Ertragssteigerungen (Burney et al. 2010). Bei einem wei-ter gefassten Betrachtungsrahmen werden auch die Wirkungszusammenhänge im Multi-Output-System Landwirtschaft, wie sie sich etwa in der Korrelation von Milch- und Rindfleischproduktion ausdrücken, einbezogen. Diese Wirkungszusammenhänge, wie auch die indirekten Landnutzungsänderungen (iLUC), die Qualität landwirtschaftlich genutzter Böden, die Biodiversität, das Tierwohl und die sozialen Effekte des ökologi-schen Landbaus, führen zu einer differenzierten Betrachtung und relativieren die Vorzüge einer weiteren Intensivierung der Landwirtschaft (Zehetmeier et al. 2012). Im Allgemeinen sind die Ergebnisse von Vergleichsuntersuchungen zu Erträgen und Umweltwirkungen zwischen ökologischer und konventioneller Landwirtschaft sehr stark abhängig vom

Standort der betrachteten Betriebe und von Managementeinflüssen (Hülsbergen und Rahmann 2013). Damit zukünftig eindeutige Aussagen zur ökologischen Vorteilhaftigkeit, insbesondere in Bezug auf das GWP, von ökologischen Produktionssystemen in der Landwirtschaft getroffen werden können, sind weitere Forschungsarbeiten und die Verbesserung der Datenbasis notwendig.

Unstrittig ist hingegen, dass der Fleischkonsum einen besonders hohen Beitrag zu den Klimawirkungen der Landwirtschaft leistet. Daher sollte auf Fleisch verzichtet werden, womit eine Reduzierung der THG-Emissionen pro Kopf in Höhe von 35 % verbunden wäre. Wird auf Produkte mit vergleichsweise geringen Klimawirkungen ausgewichen, ließen sich immerhin noch 18 % der THG-Emissionen pro Kopf reduzieren (Hoolohan et al. 2013). Als Risikometrik und zur Orientierung der Konsument_innen wurde in Schweden ein Ampelsystem entwickelt, bei dem ein PCF kleiner als 4 kg CO_2-eq. pro kg Produkt mit grün, ein PCF von 4 bis 14 CO_2-eq. pro kg Produkt mit gelb und ein PCF größer als 14 CO_2-eq. pro kg Produkt mit rot bewertet wird (Röös et al. 2014). Im schwedischen Ampelsystem werden zudem auch die Kategorien Biodiversität, Tierwohl und Pestizideinsatz bewertet, wodurch eine vom PCF unabhängige Differenzierung zwischen ökologischer und konventioneller Erzeugung ermöglicht wird.

Eine weitere Strategie zur Vermeidung von THG-Emissionen ist die Vermeidung von Lebensmittelabfällen, mit der sich 12 % der THG-Emissionen pro Kopf einsparen ließen (Hoolohan et al. 2013). Im Gegensatz zu anderen wichtigen Vermeidungsstrategien stimmen bei dieser das selbstberichtete Verhalten und das tatsächliche Verhalten weitgehend überein (Ravn Heerwagen et al. 2014). Mit dem Verzicht auf Produkte aus dem Anbau im beheizten Treibhaus und auf Lebensmittel, die per Luftfracht transportiert wurden, lassen sich die THG-Emissionen pro Kopf noch um ca. 5 % verringern (Hoolohan et al. 2013). Beispielsweise ließen sich in Schweden mit einem an Saisonalität ausgerichteten Gemüsekonsum 77 % der mit der Gemüseproduktion verbundenen THG-Emissionen vermeiden (Röös und Karlsson 2013). Die Diskrepanz zwischen der Einschätzung der Bedeutung dieser Strategie und der tatsächlichen Realisierung durch die Konsument_innen ist hier allerdings am größten (Ravn Heerwagen et al. 2014).

17.4 Diskussion und Implikationen

Konsument_innen sorgen sich um die Umwelt und wollen dies in ihre Kaufhandlungen einfließen lassen. Insbesondere moralische Grundsätze und die Preisbereitschaft spielen eine Rolle bei nachhaltigem Konsum (Moser 2015b). Allerdings spiegelt sich die subjektive Einschätzung nicht in objektiv-ökologischen Verhalten wider. Es besteht damit eine Lücke zwischen subjektiv und objektiv nachhaltigem Konsum (Moser 2015a). Diese Lücke kann kaum durch die unterstellten Mehrkosten nachhaltigen Konsums erklärt werden (Haubach und Held 2015). Teilweise können methodische Störfaktoren wie soziale Erwünschtheit ein Grund für die Diskrepanz sein (Sun und Morwitz 2010). Der Hauptgrund ist aber mutmaßlich einer, der sich aus den speziellen Rahmenbedingungen nachhaltigen

Konsums ergibt. Konsument_innen berücksichtigen Umweltaspekte bei ihren Kaufent-
scheidungen (Fraj und Martinez 2007), allerdings sind sie gleichzeitig verwirrt und stehen
Aussagen über die Umweltfreundlichkeit von Produkten und Labels kritisch gegenüber
(Carrete et al. 2012). Obwohl Bio-Produkte von Konsument_innen als umweltfreundlich
eingestuft werden (Sirieix et al. 2011), führt die Verwirrung sogar zu Misstrauen.
Konsument_innen können nachhaltige Produkte nicht eindeutig identifizieren (Vega-
Zamora et al. 2014) und sind kaum in der Lage, den Umwelteinfluss von Produkten kor-
rekt einzuschätzen (Tobler et al. 2011). All diese Faktoren vergrößern die Lücke und
führen schließlich zu „falschen" Kaufentscheidungen, bei denen die guten Vorsätze nachhaltigen Konsums mangels Expertise nicht in die Praxis umgesetzt werden. Es ist daher
möglich, dass sich Konsument_innen nicht einmal bewusst sind, dass ihr intendierter
nachhaltiger Konsum objektiven Kriterien nicht standhält. Die Bereitstellung von
Information könnte Konsument_innen dazu befähigen, die Lücke zu erkennen und zu
schließen (*Consumer Empowerment*) (Thøgersen 2005). Allerdings führt Information
allein kaum zu Verhaltensänderungen (Kollmuss und Agyeman 2002). Darüber hinaus
sind Konsument_innen bereits einer Informationsflut ausgeliefert und kaum in der Lage
und gewillt, alle relevanten Information zu sichten und in ihre Kaufentscheidungen einfließen zu lassen. Das Marketing nachhaltiger Produkte muss daher andere Hebel ansetzen,
wenn sich nachhaltige Produkte aus der Nische zum *Mainstream* entwickeln sollen. Die
Analyse tatsächlicher Einkaufsdaten identifizierte die Preisbereitschaft als wesentliche
Barriere für ökologischen Konsum sowie eine Lücke zwischen subjektiver und objektiver
ökologischer Bewertung. Hier müssen die Konsument_innen abgeholt werden. Die
Herausforderung ist, Konsumgewohnheiten und Routinen zu brechen. In der Praxis ist es
wichtig, die Rahmenbedingungen für einen ökologischen Konsum zu schaffen und den
Konsument_innen die Möglichkeit zu geben, ihren Konsum ohne großen Aufwand nachhaltig zu gestalten. Konsument_innen bejahen nachhaltige Produkte prinzipiell, jedoch
darf der sekundäre „grüne Nutzen" nicht zu Lasten der eigentlichen primären Funktionalität
von Produkten gehen (Auger et al. 2008; Olson 2013). Außerdem muss der Zusatznutzen
nachhaltiger Produkte klar kommuniziert werden: Welchen Nutzen stiften nachhaltige
Produkte für die Konsument_innen selbst (egoistische Motive) wie auch für ihre Umgebung
und die Umwelt (altruistische Motive)? Die Motivation zum Kauf von grünen Produkten
kann über einen wettbewerbsfähigen Preis erfolgen, der die Konsument_innen zum
Wechsel bewegt. Preisreduzierte Produkte mindern einerseits die ökonomische Last als
auch das kognitive Risiko des Scheiterns der Konsument_innen. Grüne Produktattribute
oder Produkte müssen zudem leicht verfügbar und identifizierbar sein, um der Situation
am PoS gerecht zu werden (Gleim und Lawson 2014). Um die Informationsflut einzudämmen und ein begünstigendes Umfeld zu schaffen, könnte beispielsweise sogenanntes
Choice editing angewendet werden, indem die am wenigsten nachhaltigen Produkte aus
dem Sortiment oder aus Produktlinien entfernt werden (Peattie 2010). Allerdings laufen
Hersteller, die sowohl umweltfreundliche als auch konventionelle Produkte in ihrem
Produktportfolio unter einer Dach- oder Familienmarke vereinen, Gefahr, ihre
Glaubwürdigkeit einzubüßen und des *Greenwashings* bezichtigt zu werden. Diesem

Glaubwürdigkeitsproblem muss durch kommunikative Aktivitäten vorgebeugt werden (Prothero et al. 1997), damit weder die Authentizität des Herstellers noch die Authentizität der nachhaltigen Produkteigenschaften angezweifelt werden. Händler haben in dieser Hinsicht einen Vorteil, da sie die Umweltfreundlichkeit ihrer Handelsmarken leichter glaubwürdig kommunizieren können (Wolf 2012). Insgesamt können sich durch diese Maßnahmen nachhaltige Produkte aus ihrer Nische heraus entwickeln. Davon profitiert schlussendlich nicht nur die Umwelt; sondern auch die Unternehmen, die Nachhaltigkeit als Chance begreifen und sich proaktiv engagieren.

17.5 Fazit

Im ersten Teil der Untersuchungen konnte gezeigt werden, dass eine Lücke zwischen Einstellung und Handeln besteht. Das Umweltbewusstsein als Einstellung und die Bereitschaft zu nachhaltigem Konsum sind zwar bei den Konsument_innen durchaus vorhanden. Aufgrund der beschriebenen Handlungsbarrieren führt die Einstellung jedoch nicht zu entsprechendem Handeln. Wie der zweite Teil der Untersuchungen zeigt, ist aber ein nachhaltiger Konsum selbst dann nicht gewährleistet, wenn keine Lücke zwischen Einstellung und Handeln besteht, da eine weitere Lücke zwischen objektiver und subjektiver Umweltbewertung existiert. Das subjektiv als umweltfreundlich empfundene Verhalten stellt sich unter Umständen bei näherer Betrachtung mit Methoden zur Bewertung von Umweltwirkungen als nicht so umweltfreundlich heraus wie erwartet und kann sogar zu höheren Umweltbelastungen führen. Die Herausforderung für die Zukunft besteht darin diese doppelte Lücke zu schließen, sodass die vorhandene Einstellung zur Nachhaltigkeit und das Umweltbewusstsein auch im entsprechenden Handeln und damit in einen tatsächlich nachhaltigen Konsum münden.

Literatur

Ajzen, I. (1991). The theory of planned behavior. *Organizational Behavior and Human Decision Processes, 50*(2), 179–211.

Allen, J.B. & Ferrand, J.L. (1999). Environmental Locus of Control, Sympathy, and Proenvironmental Behavior: A Test of Geller's Actively Caring Hypothesis. *Environment and Behavior, 31*(3), 338–353.

Armitage, C.J. & Conner, M. (2001). Efficacy of the Theory of Planned Behaviour: A meta-analytic review. *British Journal of Social Psychology, 40*(4), 471–499.

Auger, P., Devinney, T.M., Louviere, J.J. & Burke, P.F. (2008). Do social product features have value to consumers? *International Journal of Research in Marketing, 25*(3), 183–191.

Bamberg, S. (2003). How does environmental concern influence specific environmentally related behaviors? A new answer to an old question. *Journal of Environmental Psychology, 23*(1), 21–32.

Bamberg, S. & Möser, G. (2007). Twenty years after Hines, Hungerford, and Tomera: A new meta-analysis of psycho-social determinants of pro-environmental behaviour. *Journal of Environmental Psychology, 27*(1), 14–25.

BSI (2011). PAS 2050:2011 – Specification for the measurement of the life cycle greenhouse gas emissions in products and services. London: BSI. Verfügbar unter: http://shop.bsigroup.com/en/forms/PASs/PAS-2050/ (aufgerufen am 23.04.2015).

Burney, J.A., Davis, S.J. & Lobell, D.B. (2010). Greenhouse gas mitigation by agricultural intensification. *Proceedings of the National Academy of Sciences of the United States of America, 107(26)*, 12052–12057.

Carrete, L., Castaño, R., Felix, R., Centeno, E. & González, E. (2012). Green consumer behavior in an emerging economy: confusion, credibility, and compatibility. *Journal of Consumer Marketing, 29(7)*, 470–481.

Carrigan, M. & Attalla, A. (2001). The myth of the ethical consumer – do ethics matter in purchase behaviour? *Journal of Consumer Marketing, 18(7)*, 560–578.

Chen, H.-L. & Burns, L.D. (2006). Environmental Analysis of Textile Products. *Clothing and Textiles Research Journal, 24(3)*, 248–261.

Coley, D., Howard, M. & Winter, M. (2009). Local food, food miles and carbon emissions: A comparison of farm shop and mass distribution approaches. *Food Policy, 34(2)*, 150–155.

de Pelsmacker, P., Driesen, L. & Rayp, G. (2005). Do Consumers Care about Ethics? Willingness to Pay for Fair-Trade Coffee. *Journal of Consumer Affairs, 39(2)*, 363–385.

de Ponti, T., Rijk, B. & van Ittersum, M.K. (2012). The crop yield gap between organic and conventional agriculture. *Agricultural Systems, 108*, 1–9.

Diekmann, A. & Preisendörfer, P. (1992). Persönliches Umweltverhalten: Diskrepanzen zwischen Anspruch und Wirklichkeit. *Kölner Zeitschrift für Soziologie und Sozialpsychologie, 44(2)*, 226–251.

DIN EN ISO 14040 (2006a). Environmental management – Life cycle assessment – Principles and framework (EN ISO 14040:2006). Geneva: International Organization for Standardization.

DIN EN ISO 14044 (2006b). Environmental management – Life cycle assessment – Requirements and guidelines (EN ISO 14044:2006). Geneva: International Organization for Standardization.

DIN EN ISO 14067 (2013). Greenhouse gases -- Carbon footprint of products -- Requirements and guidelines for quantification and communication (EN ISO 14067:2013). Geneva: International Organization for Standardization.

Eberle, U. (2001). Das Nachhaltigkeitslabel. Ein Instrument zur Umsetzung einer nachhaltigen Entwicklung. *Spiegel der Forschung, 18(2)*, 70–77.

Fisher, K., James, K., Sheane, R., Nippress, J., Allen, S., Cherruault, J.-Y., Fishwick, M., Lillywhite, R. & Sarrouy, C. (2013): An initial assessment of the environmental impact of grocery products: Latest review of evidence on resource use and environmental impacts across grocery sector products in the United Kingdom. Final Report. Banbury Oxon: Product Sustainability Forum. Verfügbar unter: www.wrap.org.uk/sites/files/wrap/An%20initial%20assessment%20of%20the%20environmental%20impact%20of%20grocery%20products%20final_0.pdf (aufgerufen am 23.04.2015).

Flysjö, A., Cederberg, C., Henriksson, M. & Ledgard, S. (2012). The interaction between milk and beef production and emissions from land use change – critical considerations in life cycle assessment and carbon footprint studies of milk. *Journal of Cleaner Production, 28*, 134–142.

Fraj, E. & Martinez, E. (2007). Ecological consumer behaviour: an empirical analysis. *International Journal of Consumer Studies, 31(1)*, 26–33.

Gadema, Z. & Oglethorpe, D. (2011). The use and usefulness of carbon labelling food: A policy perspective from a survey of UK supermarket shoppers. *Food Policy, 36(6)*, 815–822.

Geller, E.S. (1995). Actively Caring for the Environment: An Integration of Behaviorism and Humanism. *Environment and Behavior, 27(2)*, 184–195.

Gleim, M.R. & Lawson, S.J. (2014). Spanning the gap: an examination of the factors leading to the green gap. *Journal of Consumer Marketing, 31(6/7)*, 503–514.

Gleim, M.R., Smith, J.S., Andrews, D. & Cronin Jr, J.J. (2013). Against the Green: A Multi-method Examination of the Barriers to Green Consumption. *Journal of Retailing, 89(1)*, 44–61.

Grankvist, G. & Biel, A. (2001). The Importance of Beliefs and Purchase criteria in the Choice of Eco-Labeled Food Products. *Journal of Environmental Psychology, 21(4)*, 405–410.

Gruber, V., Schlegelmilch, B.B. & Houston, M.J. (2014). Inferential Evaluations of Sustainability Attributes: Exploring How Consumers Imply Product Information. *Psychology & Marketing, 31(6)*, 440–450.

Hammond, G. (2007). Time to give due weight to the 'carbon footprint' issue. *Nature, 445(7125)*, 256.

Hansen, U. & Schrader, U. (1997). A Modern Model of Consumption for a Sustainable Society. *Journal of Consumer Policy, 20(4)*, 443–468.

Hanss, D. & Böhm, G. (2012). Sustainability seen from the perspective of consumers. *International Journal of Consumer Studies, 36(6)*, 678–687.

Haubach, C. & Held, B. (2015). Ist ökologischer Konsum teurer? Ein warenkorbbasierter Vergleich. *Wirtschaft und Statistik, 65(1)*, 41–55.

Haubach, C., Moser, A., Schmidt, M. & Wehner, C. (2013). Die Lücke schließen – Konsumenten zwischen ökologischer Einstellung und nicht-ökologischem Verhalten. *Wirtschaftspsychologie, 15(2–3)*, 43–57.

Hoolohan, C., Berners-Lee, M., McKinstry-West, J. & Hewitt, C.N. (2013). Mitigating the greenhouse gas emissions embodied in food through realistic consumer choices. *Energy Policy, 63*, 1065–1074.

Hülsbergen, K. J. & Rahmann, G. (Hg.). (2013). Klimawirkungen und Nachhaltigkeit ökologischer und konventioneller Betriebssysteme - Untersuchungen in einem Netzwerk von Pilotbetrieben. Braunschweig: vTI.

Isenhour, C. (2010). On conflicted Swedish consumers, the effort to stop shopping and neoliberal environmental governance. *Journal of Consumer Behaviour, 9(6)*, 454–469.

Jungbluth, N., Flury, K. & Doublet, G. (2013). Environmental Impacts Of Food Consumption And Its Reduction Potentials. Paper presented at the The 6th International Conference on Life Cycle Management, Gothenburg. Verfügbar unter: www.esu-services.ch/fileadmin/download/jungbluth-2013-LCM-reduction-potentials-paper.pdf (aufgerufen am 23.04.2015).

Kollmuss, A. & Agyeman, J. (2002). Mind the Gap: why do people act environmentally and what are the barriers to pro-environmental behavior? *Environmental Education Research, 8(3)*, 239–260.

Kruschwitz, A., Karle, A., Schmitz, A. & Stamminger, R. (2014). Consumer laundry practices in Germany. *International Journal of Consumer Studies, 38(3)*, 265–277.

Luchs, M.G., Naylor, R.W., Irwin, J.R. & Raghunathan, R. (2010). The Sustainability Liability: Potential Negative Effects of Ethicality on Product Preference. *Journal of Marketing, 74(5)*, 18–31.

Lynch, D., MacRae, R. & Martin, R. (2011). The Carbon and Global Warming Potential Impacts of Organic Farming: Does It Have a Significant Role in an Energy Constrained World? *Sustainability, 3(2)*, 322–362.

McDonald, S., Oates, C., Thyne, M., Alevizou, P. & McMorland, L.-A. (2009). Comparing sustainable consumption patterns across product sectors. *International Journal of Consumer Studies, 33(2)*, 137–145.

Meier, M.S., Stoessel, F., Jungbluth, N., Juraske, R., Schader, C. & Stolze, M. (2015). Environmental impacts of organic and conventional agricultural products – Are the differences captured by life cycle assessment? *Journal of Environmental Management, 149*, 193–208.

Moser, A.K. (2015a). The Attitude-Behavior Hypothesis And Green Purchasing Behavior: Empirical Evidence From German Milk Consumers. *AMA Winter Educators' Conference Proceedings, Vol. 26*, C27–C28.

Moser, A.K. (2015b). Thinking Green, Buying Green? Drivers of pro-environmental purchasing behavior. *Journal of Consumer Marketing, 32(3)*, im Druck.

Olson, E.L. (2013). It's not easy being green: the effects of attribute tradeoffs on green product preference and choice. *Journal of the Academy of Marketing Science, 41(2)*, 171–184.

PCF Pilotprojekt Deutschland (2009): Product Carbon Footprinting – Ein geeigneter Weg zu klimaverträglichen Produkten und deren Konsum? Ergebnisbericht. Berlin. Verfügbar unter: http://www.pcf-projekt.de/files/1241099725/ergebnisbericht_2009.pdf (aufgerufen am 23.04.2015).

Peattie, K. (2010). Green Consumption: Behavior and Norms. *Annual Review of Environment and Resources, 35(1)*, 195–228.

Projektträger im DLR (2009). Statusheft – Vom Wissen zum Handeln – Neue Wege zum nachhaltigen Konsum. Erstellt aus Statusberichten 2009 anlässlich des Vernetzungsseminars „Nachhaltiger Konsum" am 12. und 13.2.2009 im Hotel Dorint in Bad Brückenau. Bonn: PT-DLR. Verfügbar unter: www.ikaoe.unibe.ch/forschung/soefkonsum/data/vs2009/Statusheft_2009_NK_4.pdf (aufgerufen am 23.04.2015).

Prothero, A., Peattie, K. & McDonagh, P. (1997). Communicating greener strategies: a study of on-pack communication. *Business Strategy and the Environment, 6(2)*, 74–82.

Ravn Heerwagen, L., Mørch Andersen, L., Christensen, T. & Sandøe, P. (2014). Can increased organic consumption mitigate climate changes? *British Food Journal, 116(8)*, 1314–1329.

Roberts, J.A. (1995). Profiling Levels of Socially Responsible Consumer Behavior: A Cluster Analytic Approach and Its Implication For Marketing. *Journal of Marketing Theory & Practice, 3(4)*, 97–117.

Röös, E., Ekelund, L. & Tjärnemo, H. (2014). Communicating the environmental impact of meat production: challenges in the development of a Swedish meat guide. *Journal of Cleaner Production, 73*, 154–164.

Röös, E. & Karlsson, H. (2013). Effect of eating seasonal on the carbon footprint of Swedish vegetable consumption. *Journal of Cleaner Production, 59*, 63–72.

Roy, P., Nei, D., Orikasa, T., Xu, Q., Okadome, H., Nakamura, N. & Shiina, T. (2009). A review of life cycle assessment (LCA) on some food products. *Journal of Food Engineering, 90(1)*, 1–10.

Rückert-John, J., Bormann, I. & John, R. (2013). Umweltbewusstsein in Deutschland 2012: Ergebnisse einer repräsentativen Bevölkerungsumfrage. Berlin, Marburg: BMU/UBA. Verfügbar unter: www.umweltbundesamt.de/sites/default/files/medien/publikation/long/4396.pdf (aufgerufen am 23.04.2015).

Schmidt, M. (2009). Carbon accounting and carbon footprint – more than just diced results? *International Journal of Climate Change Strategies and Management, 1(1)*, 19–30.

Schwartz, S.H. (1977). Normative Influences on Altruism. In B. Leonard (Hg.), *Advances in Experimental Social Psychology* (Volume 10, S. 221–279). New York: Academic Press.

Seufert, V., Ramankutty, N. & Foley, J.A. (2012). Comparing the yields of organic and conventional agriculture. *Nature, 485(7397)*, 229–232.

Sirieix, L., Kledal, P.R. & Sulitang, T. (2011). Organic food consumers' trade-offs between local or imported, conventional or organic products: a qualitative study in Shanghai. *International Journal of Consumer Studies, 35(6)*, 670–678.

Spaargaren, G. & van Vliet, B. (2000). Lifestyles, consumption and the environment: The ecological modernization of domestic consumption. *Environmental Politics, 9(1)*, 50–76.

Stern, P.C. (1999). Information, Incentives, and Proenvironmental Consumer Behavior. *Journal of Consumer Policy, 22(4)*, 461–478.

Stern, P.C. (2000). New Environmental Theories: Toward a Coherent Theory of Environmentally Significant Behavior. *Journal of Social Issues, 56(3)*, 407–424.

Sun, B. & Morwitz, V.G. (2010). Stated intentions and purchase behavior: A unified model. *International Journal of Research in Marketing, 27(4)*, 356–366.

Tanner, C., Kaiser, F.G. & Wölfing Kast, S. (2004). Contextual Conditions of Ecological Consumerism: A Food-Purchasing Survey. *Environment and Behavior, 36(1)*, 94–111.

Tanner, C. & Wölfing Kast, S. (2003). Promoting sustainable consumption: Determinants of green purchases by Swiss consumers. *Psychology and Marketing, 20(10)*, 883–902.

Tarkiainen, A. & Sundqvist, S. (2009). Product involvement in organic food consumption: Does ideology meet practice? *Psychology and Marketing, 26(9)*, 844–863.

Thøgersen, J. (2005). How May Consumer Policy Empower Consumers for Sustainable Lifestyles? *Journal of Consumer Policy, 28(2)*, 143–178.

Thøgersen, J. & Ölander, F. (2002). Human values and the emergence of a sustainable consumption pattern: A panel study. *Journal of Economic Psychology, 23(5)*, 605–630.

Tobler, C., Visschers, V.H.M. & Siegrist, M. (2011). Organic Tomatoes Versus Canned Beans. *Environment and Behavior, 43(5)*, 591–611.

Tuomisto, H.L., Hodge, I.D., Riordan, P. & Macdonald, D.W. (2012). Does organic farming reduce environmental impacts? – A meta-analysis of European research. *Journal of Environmental Management, 112*, 309–320.

van Doorn, J., Verhoef, P.C. & Bijmolt, T.H.A. (2007). The Importance of Non-linear Relationships between Attitude and Behaviour in Policy Research. *Journal of Consumer Policy, 30(2)*, 75–90.

Vanclay, J., Shortiss, J., Aulsebrook, S., Gillespie, A., Howell, B., Johanni, R., Maher, M., Mitchell, K., Stewart, M. & Yates, J. (2011). Customer Response to Carbon Labelling of Groceries. *Journal of Consumer Policy, 34(1)*, 153–160.

Vega-Zamora, M., Torres-Ruiz, F.J., Murgado-Armenteros, E.M. & Parras-Rosa, M. (2014). Organic as a Heuristic Cue: What Spanish Consumers Mean by Organic Foods. *Psychology & Marketing, 31(5)*, 349–359.

Whitmarsh, L. & O'Neill, S. (2010). Green identity, green living? The role of pro-environmental self-identity in determining consistency across diverse pro-environmental behaviours. *Journal of Environmental Psychology, 30(3)*, 305–314.

Wolf, A. (2012). Die Bedeutung von Gütesiegeln beim Kauf von Bio-Handelsmarken – empirische Untersuchungsergebnisse. *Journal für Verbraucherschutz und Lebensmittelsicherheit, 7(3)*, 211–219.

Wong, V., Turner, W. & Stoneman, P. (1996). Marketing Strategies and Market Prospects for Environmentally-Friendly Consumer Products. *British Journal of Management, 7(3)*, 263–281.

Zehetmeier, M., Baudracco, J., Hoffmann, H. & Heißenhuber, A. (2012). Does increasing milk yield per cow reduce greenhouse gas emissions? A system approach. *animal, 6(1)*, 154–166.

Der ökologische Verbraucherpreisindex – Kosten- und Umweltwirkungsvergleich Von Nachhaltigem und Konventionellem Konsum

18

Christian Haubach und Benjamin Held

18.1 Einleitung

Bereits Adam Smith hat darauf hingewiesen, dass der Zweck der Produktion letztendlich der Konsum ist (Smith 1789/2005, S. 558). Der private Konsum ist gerade im Zusammenhang mit der Diskussion über die ökologischen und sozialen Folgewirkungen des Wirtschaftens ein wesentlicher Bezugspunkt, wie z. B. Studien über indirekte Treibhausgasemissionen eindrucksvoll unterstrichen haben (Hertwich und Peters 2009; Peters und Hertwich 2008). Darüber hinaus sind die Konsumgewohnheiten der Industrienationen nicht auf den Rest der Welt übertragbar. Deshalb nennt die Agenda 21 in Kapitel vier die Änderung der Konsumgewohnheiten als ein Ziel der nachhaltigen Entwicklung (BMU 1992, S. 18 ff.). Nimmt man dieses Ziel ernst, so ist eine breitenwirksame Umsetzung nachhaltig ökologischen Konsums notwendig, um den lokalen und globalen Umweltproblemen gerecht zu werden. Dazu müssten auf der Nachfrageseite nicht nur einzelne Konsumhandlungen, sondern das Konsummuster eines Individuums als Ganzes nachhaltig sein (Hansen und Schrader 2001, S. 26).

Zur Umsetzung eines nachhaltigen oder zumindest eines ökologischeren Konsums bedarf es aber nicht nur Änderungen auf der Nachfrageseite, sondern auch auf der Angebotsseite. Hersteller- und Handelsunternehmen müssen ebenfalls die Leitlinien der nachhaltigen Entwicklung umsetzen, um den Konsument_innen eine Wahlmöglichkeit

Dieser Beitrag entstand im Rahmen des vom Bundesministerium für Bildung und Forschung (BMBF) geförderten Projekts „WaPrUmKo – Warenkorbbasierter Preis- und Umweltwirkungsvergleich von ökologischem und konventionellem Konsum" .im Rahmen des Förderprogramms „FHprofUnt" (Förderkennzeichen 03FH011PX2).

C. Haubach (✉) • B. Held
Institut für Industrial Ecology, Hochschule Pforzheim,
Tiefenbronner Str. 65, 75175 Pforzheim, Deutschland
e-mail: christian.haubach@hs-pforzheim.de; benjamin.held@hs-pforzheim.de

zwischen verschiedenen Nachhaltigkeitsqualitäten zu bieten und um sich in diesem Wettbewerb zu positionieren. Dieser Wettbewerb gewinnt zunehmend an Bedeutung.

Die Realisierung eines ökologischeren Konsumverhaltens ist zwar prinzipiell möglich, jedoch sind die von den privaten Haushalten unterstellten Mehrkosten und die unterstellte Bedeutungslosigkeit des individuellen Handelns, d. h. die mangelnde *self efficiacy*, ein oft erhobener Einwand gegen ein an Umweltaspekten ausgerichtetes Konsumverhalten. Um diese Hypothesen überprüfen und quantifizieren zu können, werden systematische, objektive und methodisch fundierte Preis- und Umweltwirkungsvergleiche benötigt. Im Folgenden wird daher ein ökologischer Verbraucherpreisindex (ÖkoVPI) entwickelt der die Kosten einer an Nachhaltigkeitskriterien ausgerichteten Lebenshaltung transparent darstellen soll. Zunächst werden die wissenschaftlichen und praktischen Grundlagen des nachhaltigen Konsums und des Konsumentenverhaltens behandelt. Anschließend wird die preisstatische Methodik des ÖkoVPI dargelegt. Im darauffolgenden Abschnitt wird auf die Bewertung der Umweltwirkungen des Konsums eingegangen. Schließlich werden einige Ergebnisse des Preis- und Umweltwirkungsvergleichs aus dem Forschungsprojekt WaPrUmKo vorgestellt und in einem Fazit diskutiert.

18.2 Nachhaltiger Konsum

Eine Grundvoraussetzung zur Bestimmung des ÖkoVPI ist die Operationalisierung des Nachhaltigen Konsums. Zunächst wird dazu auf das Konsumentenverhalten eingegangen. Anschließend werden Informationsinstrumente und Leitprinzipien bei der Umsetzung des nachhaltigen Konsums vorgestellt, bevor die Rolle des Handels bei der Umsetzung von nachhaltigem Konsum diskutiert wird.

18.2.1 Konsumentenverhalten

Nachhaltiger Konsum als inhaltliche Erweiterung des ökologischen Konsums ist eine „auf Dauer ökologisch und sozial verträgliche Nutzungsform von Gütern und Dienstleistungen" (Brand et al. 2002, S. 222). Im Sinne der nachhaltigen Entwicklung sollte der nachhaltige Konsum flächendeckend verbreitet werden. Dies erfordert die Transformation der entsprechenden Produkte hinaus aus der Öko-Nische hin zu einem ökologischen Massenmarkt. Damit sind zwar in erster Linie technische Herausforderungen im ökologischen Landbau verbunden, aber ein weiterer wesentlicher Faktor ist das Konsumverhalten. Bislang zeigt sich lediglich eine Teilökologisierung im Rahmen eines situationsabhängigen multioptionalen Konsumverhaltens, bei dem nachhaltiger und konventioneller Konsum beliebig gemischt werden. Moderne Konsument_innen pendeln zwischen selektivem Luxus- und Massenkonsum sowie „kalkulierter Bescheidenheit" hin und her (Rösch 2002, S. 272). Für die bessere Vermarktung nachhaltiger Produkte und Dienstleistungen ist eine tiefergehende Kenntnis der Motivation zum Kauf und eventuell vorhandener Hindernisse auf dem Weg zur Umsetzung des nachhaltigen Konsums notwendig.

In der Wissenschaft wurde das Thema Nachhaltiger Konsum und ökologisches Konsumverhalten daher bislang vornehmlich in einer grundlagenorientierten Forschungsrichtung untersucht. So liegt ein Untersuchungsschwerpunkt bei der Motivation der Konsument_innen für nachhaltigen Konsum, die etwa im Lebensstil (Haanpää 2007), dem bekundeten Umweltbewusstsein (Heiskanen 2005), den persönlichen Werthaltungen (Grunert und Juhl 1995), den Moralvorstellungen (Carrigan und Attalla 2001; McEachern und McClean 2002) und einer Melange dieser Motive (Fraj und Martinez 2007; Moisander 2007) begründet sein kann. Neben persönlichen Motiven können auch soziale Motive zu einer Verbreitung von nachhaltigem Konsum führen (Briceno und Stagl 2006).

Aus der Motivation der Konsumenten lassen sich zwar Schlussfolgerungen für das Marketing von nachhaltig ökologischen Produkten und das Unternehmensmanagement im Rahmen der *Corporate Social Responsibility* (CSR) ableiten (McDonald und Oates 2006; Prakash 2002), jedoch geben diese Untersuchungen keine praktischen Erfahrungen mit nachhaltigem Konsum wieder.

18.2.2 Informationsinstrumente für nachhaltigen Konsum

Die erste umfassende Untersuchung zum nachhaltigen Konsum in Deutschland, die sich auch mit praktischen Aspekten auseinandersetzte, war das Forschungsprojekt „Nachhaltiger Warenkorb" (Schoenheit et al. 2002). Dabei hat sich gezeigt, dass Informationen zu Produkt- und Handlungsalternativen essentiell für die Verbreitung des nachhaltigen Konsums sind. Der in diesem Projekt entwickelte Einkaufsführer bildet die Grundlage für die seit 2003 vom Rat für Nachhaltige Entwicklung (RNE) herausgegebene und mittlerweile in der 4. Auflage erschienenen Informationsbroschüre „Der nachhaltige Warenkorb" (Rat für Nachhaltige Entwicklung 2013). Die darin enthaltenen Handlungsempfehlungen bilden auch den Ausgangspunkt bei der Durchführung des warenkorbbasierten Preisvergleichs und damit des ÖkoVPI.

Ein zentraler Anknüpfungspunkt von Informationsbroschüren zum nachhaltigen Konsum bzw. zu Tipps für ein umweltfreundliches Verhalten ist das Informationsbedürfnis der Verbraucher. Zur Umsetzung eines nachhaltigen Konsums sind hinreichende Produktinformationen nötig. Hierbei bieten Umwelt- bzw. Nachhaltigkeitszeichen, so genannte Label, dem Verbraucher anhand einfacher und klar definierter Vergabekriterien eine Entscheidungsunterstützung bei der nachhaltigen Kaufentscheidung am *Point of Sale* (PoS) (Eberle 2001). Umweltzeichen, wie etwa der „Blaue Engel" oder das „EU-Bio-Siegel", sind umweltbezogene Wort- und/ oder Bildzeichen, die auf einem Produkt, seiner Verpackung oder in der Produktwerbung zu sehen sind. Sie dienen zur Abgrenzung von umweltschonenden/ sozialverträglichen Produkten oder Dienstleistungen gegenüber Konkurrenzangeboten, die in ihrer Funktion vergleichbar, aber nicht umweltfreundlich/ sozialverträglich sind (www.umweltzeichen.de, www.label-online.de). Die Vergabe-kriterien müssen nachvollziehbar und nachprüfbar sein.

Ein weiteres Informations- und Bewertungssystem, das in die Umsetzung eines waren-korbbasierten Preisvergleichs einfließt, ist die vom Öko-Institut betreute Verbraucherplattform EcoTopTen (Grießhammer et al. 2004). Ziel dieser Internetplattform ist es, Produkte auszuzeichnen, die neben ihrer Sozial- und Umweltverträglichkeit auch auf Grund ihrer Wirtschaftlichkeit herausragend sind. Mittlerweile gibt es EcoTopTen Produktempfehlungen zu vielen Handlungsfeldern des nachhaltigen Konsums (www.eco-topten.de).

Als Arbeitshypothese wird beim ÖkoVPI zunächst vereinfachend angenommen, dass Produkte mit einem anerkannten Umwelt- bzw. Nachhaltigkeitslabel eine nachhaltige Produktalternative darstellen. Lassen sich keine nachhaltigen Produktalternativen finden, so würde zunächst das konventionelle Produkt in den Vergleichswarenkorb aufgenom-men. Dies ist ein einfacher pragmatischer Ansatz, der sich an für die Konsument_innen ersichtlichen Kriterien orientiert.

18.2.3 Die Rolle des Einzelhandels bei der Umsetzung des nachhaltigen Konsums

Dem Handel als Gatekeeper kommt in den Verbreitungsstrategien für nachhaltigen ökolo-gischen Konsum eine zentrale Bedeutung bei der Verbesserung der Informationslage der Verbraucher, beim Aufbau der Infrastruktur eines Massenmarktes und bei der Ausweitung des Angebots ökologischer Produktalternativen zu. Bei der Umsetzung von Massenmärkten im Einzelhandel stoßen jedoch die „(*multiplying*) idealistischen Davids" alleine an ihre Grenzen, da sie auf Grund ihres geringen Marktanteils nur einen geringen Beitrag zur Ökologisierung des Konsums leisten können. Deshalb ist der Einstieg von „(*greening*) Pionier-Goliaths", des konventionellen Einzelhandels, entscheidend für die „Take off"-Phase (Fischer 2002, S. 126; Hansen und Schrader 2001, S. 31; UBA 2002, S. 219; Wüstenhagen et al. 2001, S. 189). In diesem Sinne sind die in den letzten Jahren zu beob-achtende verstärkte Präsenz von ökologischen Produkten in Discountern und der Strukturwandel in der Bio-Branche zu bewerten.

Insbesondere der Konsumbereich der ökologischen Lebensmittel ist mit einem Umsatzvolumen von 7,55 Mrd. € im Jahr 2013 und hohen einstelligen jährlichen Wachstumsraten durch eine zunehmende Professionalisierung geprägt und unterliegt der-zeit einem Strukturwandel, der sich weg vom Fachmarkt hin zum Bio-Supermarkt mit Vollsortiment vollzieht (BÖLW 2014, S. 14 ff.). Trotz des Booms bei Bio-Lebensmitteln liegt deren Marktanteil noch immer unter 10 % des gesamten Lebensmitteleinzelhandels. Außerdem wurden andere Konsumbereiche von diesem Bio-Boom bisher nicht erfasst, obwohl das Kundenpotenzial und mögliche Anbieter vorhanden sind.

Zentrales Element bei der Überwindung der Öko-Nische und der Etablierung eines ökologischen Massenmarktes sind die Umsetzungsstrategien von Herstellern und Handel zur Erhöhung des Marktanteils und der ökologischen Qualität von Produkten und

Dienstleistungen. Es gibt mehrere Entwicklungspfade und Unternehmensstrategien, die zu einem ökologischen Massenmarkt führen. Diese Ansätze betreffen alle Marktsegmente, wobei z. B. ökologische *Upgrading*-Strategien auf eine Erhöhung der ökologischen Qualität setzten und *Enlarging*-Strategien auf das Wachstum ökologischerer Produktsegmente. So können auch Einschränkungen bei der ökologischen Optimierung von Produkten zugunsten der Massenkompatibilität, zu einem positiven Gesamteffekt führen, der größer ist als bei kompromissloser ökologischer Optimierung (Fischer 2002, S. 126; UBA 2002, S. 219). Aus diesem Grund ist es auch sinnvoll drei bis vier Produktsegmente mit unterschiedlicher ökologischer Qualität von „hellgrün" bis „dunkelgrün" zu entwickeln (Wüstenhagen et al. 2001, S. 178 ff.). Die Produkt- bzw. Marktsegmentierung ist zwar geeignet, um unterschiedliche Käuferschichten gezielter anzusprechen. Allerdings sind damit auch Preiseffekte verbunden, die wiederum auf die subjektive Preiswahrnehmung ausstrahlen. Der warenkorbbasierte Preisvergleich des ÖkoVPI berücksichtigt diese Preissegmentierung. Marken- bzw. Preissegmente gehen i. d. R. entsprechend ihrer Bedeutung im Gesamtmarkt gewichtet in den ÖkoVPI ein, um einen objektiven Preisvergleich zu gewährleisten. Die anteilige Gewichtung der Produktsegmente wirkt sich auch auf einen warenkorbbasierten Vergleich der Umweltwirkungen aus.

Der ÖkoVPI stellt somit ein Instrument zur Darstellung von Kosten- und Umweltwirkungen des nachhaltigen Konsums dar, bei dem nicht mehr das Einzelprodukt im Fokus steht, sondern der konsumierte Warenkorb und damit das Konsummuster der Verbraucher. Dementsprechend können einzelne Waren und Dienstleistungen auch hinsichtlich ihrer Auswirkungen auf die Bilanz des Warenkorbs bewertet werden. Die mit dem ÖkoVPI zur Verfügung gestellten Informationen sind somit für alle Strategien zur Umsetzung eines nachhaltig ökologischen Massenmarktes von Interesse.

18.3 Warenkorbbasierte Preisvergleiche

In der Praxis zeigt der „Nachhaltige Warenkorb" lediglich Produkt- und Handlungsalternativen auf. Preisvergleiche zwischen konventionellen und Bio-Produkten wurden bisher nur im Lebensmittelbereich durchgeführt (Hamm et al. 2007; Hamm und Plaßmann 2010; Plaßmann und Hamm 2009). Jedoch konzentrieren sich diese Untersuchungen auf den Vergleich von Einzelpreisen. Die Auswahl der Preisrepräsentanten erfolgte dabei nach der Relevanz der Güter am Markt (s. Plaßmann und Hamm 2009, S. 28 ff.). Die Untersuchungen von Hamm et al. beziehen sich im Wesentlichen auf das subjektive Preisempfinden und die Zahlungsbereitschaft der Konsument_innen bei Bio-Lebensmitteln. Ihnen liegen somit keine statistischen Warenkörbe zugrunde. Eine methodisch fundierte Kostenanalyse des nachhaltigen Konsums in allen Konsumbereichen wurde somit bisher weder von der amtlichen Statistik noch von der Forschung aufgegriffen.

18.3.1 Auswahl der Preisrepräsentanten

Beim warenkorbbasierten Preisvergleich wird der Preisunterschied zwischen einem konventionellen Warenkorb als Referenzpreis und einem nachhaltig ökologischen Warenkorb als Vergleichspreis gemessen. Der mit nachhaltig ökologischen Produktalternativen bestückte statistische Warenkorb stellt somit die einfachste Methode zur Ermittlung der Preisunterschiede zwischen nachhaltigen und konventionellen Warenkörben dar.

Idealtypisch sollten sich die zu vergleichenden Qualitäten nur in der nachhaltigen Qualität unterscheiden. Dabei müssen die Preisrepräsentanten so ausgewählt werden, dass möglichst der Preiseffekt der zu vergleichenden Qualitäten isoliert wird. Problematisch ist beispielsweise, wenn sich Produkte mit gleichem primären Gebrauchsnutzen zwar in ihrer nachhaltigen Qualität unterscheiden, aber für die unterschiedliche Wahrnehmung der Produkte der Sekundärnutzen vorrangig ist. Unverpackte und unverarbeitete Lebensmittel lassen sich bei gleichem Aussehen z. B. einfach in nachhaltig und konventionell trennen, ohne dass für den Konsumenten, abgesehen von der nachhaltigen Qualität, andere Aspekte bei der Kaufentscheidung eine Rolle spielen. Je stärker der Verarbeitungsgrad und je komplexer die Produkte sind, umso schwieriger ist die Vergleichbarkeit von konventioneller und nachhaltiger Qualität. Da im Allgemeinen die Bewertung von Qualitätsunterschieden über die Marktpreise der Güter geschieht, sind Preisunterschiede durch Qualitätsunterschiede gedeckt (Neubauer 1996, S. 20). Deshalb ist es umso schwieriger, den isolierten Preisunterschied zwischen konventioneller Standardqualität und nachhaltiger Qualität festzustellen, wenn neben diesem Qualitätsunterschied noch weitere Qualitätsunterschiede einen Preisunterschied bedingen können.

Beim warenkorbbasierten Preisvergleich können sich Preisunterschiede durch die Bildung von gewichteten Mittelwerten kompensieren, wodurch sich der subjektive Eindruck hoher Einzelpreise relativieren kann. Dazu werden Preisbereinigungskriterien verwendet, etwa zur Mengenbereinigung auf eine Referenzmenge. Es werden auch die Struktur der Geschäftstypen, Produkte unterschiedlicher Hersteller, verschiedene Berichtsgemeinden sowie Güterarten und Verbrauchsgewohnheiten als Mittelwert berücksichtigt (Bechtold und Linz 2005). Hierfür erfolgt eine qualifizierte Berichtsstellenauswahl auf Grundlage der Handelsstruktur. Zudem müssen auch unterschiedliche Marktsegmente innerhalb der zu betrachtenden Qualitäten beachtet werden und in den Preisvergleich aufgenommen werden. Hier müssen Marktanteile ermittelt und Gewichtungsfaktoren bestimmt werden, die sich an den Erfordernissen des betrachteten Konsumbereichs ausrichten. Preisbereinigungsmethoden müssen individuell auf die jeweiligen Produktgruppen und Konsumbereiche abgestimmt werden. Einen Überblick für den Konsumbereich Lebensmittel geben Haubach und Held (2015).

18.3.2 Berechnung des ÖkoVPI

In der amtlichen Statistik werden für Preisvergleiche Indexwerte, z. B. der Verbraucherpreisindex (VPI), berechnet. Zur Bestimmung des ÖkoVPI müssen ebenfalls die ausgewählten Preisrepräsentanten mit einer Berechnungsvorschrift zum Indexwert zusammengefasst werden. Dabei ist der warenkorbbasierte Preisvergleich ein Vergleichsindex unterschiedlicher Qualitäten. Darin unterscheidet er sich von reinen Preisindizes, bei denen der zeitliche Preisvergleich zwischen zwei Zeitpunkten, üblicherweise im Abstand von einem Monat oder einem Jahr, im Vordergrund steht. Der Laspeyres-Preisindex (Rinne 1981) ist in der Praxis der Indexberechnung zur isolierten Darstellung von Preisniveauänderungen vorherrschend.

Beim Preisindex nach Laspeyres wird die Preismesszahl mit den Ausgaben der Basisperiode gewichtet, d. h. die Basisausgaben in der Preisdimension werden fortgeschrieben. Somit wird die Verbrauchsmenge der Periode 0 mit dem Preis der Periode i bewertet. Der Veränderungskoeffizient aus Vergleichs- und Referenzpreis geht dabei mit den Gewichten des Wägungsschemas multipliziert in den Indexwert ein. Der Indexwert wird nur von einer Änderung der Mengenstruktur beeinflusst (Elbel 1999). Die Vergleichsberechnungen des ÖkoVPI beruhen auf der Feingewichtung des VPI-Wägungsschemas des Statistischen Bundesamts und damit vereinfacht gesagt auf der Grundlage der durchschnittlichen Verbrauchsgewohnheiten. Somit übt ein hoher Einzelpreis eines Gutes, das mit sehr geringem Gewicht in den Index eingeht, auf den gesamten Indexwert einen sehr geringen Einfluss aus.

Die Güterbeschreibung des Wägungsschemas entspricht der *Classification of Individual Consumption by Purpose* (COICOP). Die COICOP-VPI gliedert die Gesamtlebenshaltung in zwölf Verwendungszwecke, die als zweistellige Ziffernkombination dargestellt werden (s. Tab. 18.1). Die weitere Untergliederung und Spezifizierung des Wägungsschemas erfolgt über weitere Ziffernstellen in der COICOP-VPI. In der Feingewichtung des Wägungsschemas werden die Ausgabengewichte in Promille für bis zu zehnstellige COICOP-VPI aufgegliedert, womit sich ein warenkorbbasierter Preisvergleich konkret berechnen lässt. Der VPI beinhaltet rund 600 Indexpositionen, die für den ÖkoVPI in zwei Qualitätsausprägungen für ein Vielfaches an Preisrepräsentanten in den Verkaufsstätten erhoben werden müssen. Über den Projektpartner bioVista GmbH konnten bei der Datenerhebung Teilgebiete des Bio-Markts erfasst werden. Eine weitere Vereinfachung des Erhebungsaufwands ergab sich über die Auswahl der Preisrepräsentanten auf Basis der zur Berechnung von Kaufkraftparitäten bestimmten Einzelproduktspezifikationen (Haubach und Held 2015, S. 44).

Ein großer Vorteil des Laspeyres-Index ist die Additivität seiner Komponenten (Buchwald 2004; Neubauer 1996, S. 47). Subindizes (Teilindizes) für einzelne Gütergruppen können zum Gesamtindex aller Güter zusammengefasst werden. Dementsprechend liefern auch Teilbereiche des Index aussagekräftige Ergebnisse. Während die Preisstatistik beim VPI darum bemüht ist, Preisänderungen infolge von Qualitätsänderungen oder Änderungen der Verkaufskonditionen (kurz: „Qualitätskomponente") rechnerisch von davon unabhängigen Preisänderungen (kurz: „Geldwertkomponente" oder „Kaufkraftkomponente") zu trennen (Neubauer 1996, S. 14), müssen beim warenkorbbasierte Preisvergleich, wie bereits erwähnt, die unterschiedlichen Qualitäten isoliert werden. Die Kaufkraftkomponente hat dabei keinen Einfluss auf das Ergebnis des warenkorbbasierten Preisvergleichs, da sie sich in gleichem Maße auf

Tab. 18.1 Durchschnittliche THG-Emissionen pro Kopf nach Konsumbereichen im Jahr 2012

COICOP-Nr. und Bezeichnung	Ausgabenanteil in Promille	THG-Emissionen in kg CO2-eq.
01 Nahrungsmittel und alkoholfreie Getränke	102,71	1263
02 Alkoholische Getränke und Tabakwaren	37,59	81
03 Bekleidung und Schuhe	44,93	140
04 Wohnung, Wasser, Strom, Gas u. a. Brennstoffe	317,29	5074
05 Möbel, Leuchten, Geräte u. a. Haushaltszubehör	49,78	207
06 Gesundheitspflege	44,44	111
07 Verkehr	134,73	968
08 Nachrichtenübermittlung	30,10	94
09 Freizeit, Unterhaltung und Kultur	114,92	568
10 Bildungswesen	8,80	20
11 Beherbergungs- und Gaststättendienstleistungen	44,67	132
12 Andere Waren und Dienstleistungen	70,04	218
insgesamt	1000	8876

Referenz- und Vergleichspreis auswirkt. Die Preismesszahl ändert sich dadurch nicht. Einfluss auf die Preismesszahl haben nur die Preisrepräsentanten der unterschiedlichen Nachhaltigkeitsqualitäten, sodass in längeren Zeitreihen nur die Entwicklung des Preisverhältnisses zwischen den verschiedenen Qualitäten im Zeitverlauf dargestellt wird.

Im Gegensatz zum VPI, sind Qualitätsänderungen im Zeitverlauf für den ÖkoVPI aus dem warenkorbbasierten Preisvergleich von geringerer Bedeutung, da keine Preisvergleiche zwischen verschiedenen Perioden stattfinden. Bei Vergleichen zwischen Werten des warenkorbbasierten Preisvergleichs aus unterschiedlichen Perioden zeigt sich ebenfalls, dass Qualitätsänderungen keinen Einfluss auf den Preisvergleich haben, weil dies nichts an den Kriterien für nachhaltige und nicht-nachhaltige Qualität ändert. Entscheidender als Qualitätsänderungen sind Änderungen der Bewertungskriterien der nachhaltig ökologischen Produkt- bzw. Dienstleistungsqualität.

18.3.3 Auswirkungen von Verhaltensänderungen auf den ÖkoVPI

Ein nachhaltiges Konsumverhalten geht über die Substitution konventioneller Produkte hinaus, da das gesamte Konsumverhalten des Durchschnittskonsumenten stärker an Nachhaltigkeitsaspekten ausgerichtet werden müsste. Die dazu in Leitfäden gegebenen Handlungsempfehlungen für einen nachhaltig ökologischen Konsum betreffen nicht nur die Konsumentscheidungen zwischen zwei Produktalternativen, die sich in ihrer Umweltqualität unterscheiden, sondern auch den sparsamen Umgang mit Ressourcen sowie den Verzicht auf Waren und Dienstleistungen mit negativen Wirkungen für die Nachhaltigkeit. Solche Handlungsempfehlungen betreffen etwa die Verringerung des Fleischkonsums oder Appelle an eine Senkung der Raumtemperatur zum Energiesparen.

Nachhaltige Verhaltensweisen, wie die Einsparung von Energie, Wasser und Abfall oder die Umstellung des Modal Splits, haben jedoch bei einem starren Warenkorb auf Grundlage des VPI-Wägungsschemas keinen Effekt auf den Preis- und Umweltwirkungsvergleich. Die möglichen Auswirkungen der Handlungsempfehlungen auf das Wägungsschema des statistischen Warenkorbs sind deshalb von großer Bedeutung. Dementsprechend muss der Berechnungsalgorithmus zur Bestimmung des ÖkoVPI einerseits das Wägungsschema des statistischen Warenkorbs wiedergeben und andererseits weitere Gewichtungsfaktoren zur Berücksichtigung der individuellen Konsumstruktur beinhalten.

Da sich das individuelle Konsummuster z. T. sehr stark vom statistischen Warenkorb unterscheiden kann, sollte sich das subjektbezogene Preisniveau an Konsumtypen orientieren, die sich in ihrer Lebensweise, ihren Orientierungen, ihren Werthaltungen und ihren persönlichen Verbrauchsgewohnheiten gleichen (Konüs 1939). Verbrauchsmuster und Wägungsschemata von verschiedenen Haushaltstypen werden allerdings von der amtlichen Statistik schon seit längerer Zeit nicht mehr bestimmt und lassen sich für Sozial-Millieus nur mit großem Aufwand und unter starken Annahmen erheben.

Unterschiede bei der Struktur als auch beim Niveau des Konsums wirken sich nicht nur auf den Preisvergleich aus (Held 2014), sondern sind auch essentiell für die Bewertung der Umweltwirkungen. So sind nicht nur die Qualität des Konsums und die relativen Ausgabengewichte, sondern auch die Quantität des Konsums und damit das absolute Konsumniveau für die Umweltwirkungen entscheidend. Daher müssen die Umweltwirkungen des Konsums in Abhängigkeit vom Einkommen dargestellt werden. Anhaltspunkte für die unterschiedliche Umweltperformance von Haushaltstypen liefern beispielsweise Munksgaard et al. (2005, S. 179).

18.3.4 Ergebnisse des Preisvergleichs im Bereich „Lebensmittel"

Die gewichtete Mittelung der Preismesszahlen im Konsumbereich „Nahrungsmittel und alkoholfreie Getränke" ergibt einen Preisindex von 183. Wenn demnach statt der konventionellen Produkte die ökologischeren Alternativen gekauft würden, läge der Preisaufschlag dafür bei 83 %. Im Konsumbereich „Alkoholische Getränke und Tabakwaren" liegt der durchschnittliche Preisindex bei 134. Für beide Konsumbereiche zusammen ergibt sich ein Preisindex von 170 (Haubach und Held 2015). Dabei zeigt sich, dass der Preisunterschied zwischen ökologischen und konventionellen Produkten mit fallendem Markenwert ansteigt. Der über den Markenwert fallende Preisunterschied beruht zu einem Großteil auf der zu beobachtenden Tendenz, dass der Aufpreis für die Bio-Qualität nicht prozentual auf den Preis des konventionellen Produktes zugeschlagen wird, sondern dass dieser bis zu einem gewissen Grad einem festen Aufpreis, der je nach Produkt variiert, gleicht. Da der konventionelle „Grundpreis" über die Markensegmente steigt, macht der Bio-Aufschlag mit steigendem Markensegment einen immer geringeren prozentualen Anteil aus.

Die festgestellten Preisunterschiede beruhen jedoch auf der Annahme, dass keine Verhaltensänderungen vorgenommen werden. Neben einer Änderung der Konsumstruktur stellt beispielsweise auch das Wechseln des Markensegments eine solche Änderung dar. Wurden zuvor ausschließlich konventionelle Produkte der Markensegmente „Spezifische Marke" und „Bekannte Marke" gekauft und werden diese durch ökologische Produkte des Markensegments „Markenlos" ersetzt, so verursacht dies bei den auf diese Weise vergleichbaren Positionen Mehrausgaben in Höhe von 5 %. Dieser Preisaufschlag für ökologische Produkte liegt in einer Größenordnung, die von den meisten Konsument_ innen akzeptiert wird. Insbesondere wenn diese aufgrund ihrer Markenorientierung ohnehin eine höhere Zahlungsbereitschaft in diesem Konsumbereich aufzeigen (Haubach und Held 2015).

Am gesamten privaten Konsum hat der Bereich „Nahrungsmittel, Getränke und Tabakwaren" (COICOP 01–02) einen Anteil von etwa 14 %. Ein Umstieg von zunächst rein konventionellen Produkten auf ökologische Produkte im Bereich „Nahrungsmittel, Getränke und Tabakwaren" führt auf den gesamten privaten Konsum bezogen zu Mehrkosten in Höhe von 10 %. Der allein für diesen Bereich ökologische, sonst aber noch konventionelle, Preisindex liegt also bei 110. Bei Betrachtung der gesamten Lebenshaltungskosten relativieren sich somit die Mehrausgaben im Bereich „Nahrungsmittel, Getränke und Tabakwaren".

Im europäischen Vergleich kann auch der geringe Ausgabenanteil für den Bereich „Nahrungsmittel und alkoholfreie Getränke" in Deutschland durchaus kritisch betrachtet werden. Bei stärkerer Qualitätsorientierung dürfte sich vermutlich ein höherer Ausgabenanteil etablieren, bei dem der Abstand zum Mehrpreis von Bio-Produkten im Vergleich zum Status Quo wesentlich geringer ist. Untersuchungen haben auch gezeigt, dass die Wahrnehmung des Mehrpreises von Bio-Produkten bei Konsument_innengruppen besonders stark ist, die ohnehin eine ausgeprägte Preisorientierung haben und vorwiegend Produkte aus dem Preiseinstiegssegment konsumieren. Diese Wahrnehmung konnte durch die markensegmentspezifischen Preisauswertungen, die einen deutlich höheren Mehrpreis bei Preiseinstiegsmarken zeigen, bestätigt werden.

18.4 Ermittlung der ökologischen Wirkung des Warenkorbs

Bei der Produktion von Waren und Dienstleistungen entstehen Umweltbelastungen, die sich über alle Produktionsstufen hinweg bis zum Endkonsumenten zu sogenannten Emissionsrucksäcken aufsummieren. In diesen Emissionsrucksäcken sind sowohl die direkten Emissionen der letzten Produktionsstufe als auch die indirekten Emissionen der Vorleistungsstufen des zum Endkonsum bestimmten Produkts enthalten. Dazu kommen die Umweltbelastungen während der Nutzungs- und Entsorgungsphase des Produktes. Die Emissionen werden an den Boden, die Luft und das Wasser abgeben und entfalten dort ihre Umweltwirkung. Je nach Schadstoff wirken sich die Emissionen auf unterschiedliche

Wirkungskategorien, wie etwa die Bodenversauerung, den Klimawandel oder die Überdüngung von Oberflächengewässern, aus.

Letztlich sind die Endverbraucher für alle Umweltbelastungen, die über den gesamten Produktlebensweg der von ihnen konsumierten Waren und Dienstleistungen entstehen, verantwortlich. Zur Untersuchung des Status Quo der Umweltwirkungen des Konsums in einzelnen Ländern und zur Identifizierung von Konsumbereichen mit zukünftig hohen Beiträgen zur Umweltbelastung wurde in den Jahren 1999 bis 2000 eine erste größere Vergleichsstudie von der OECD durchgeführt (Geyer-Allély und Zacarias-Farah 2003; Zacarias-Farah und Geyer-Allély 2003). Außerdem wurden schon mögliche Auswirkungen ökologischen Konsums der Haushalte und verschiedener Lebensstile auf die Umwelt diskutiert (Jensen 2008).

18.4.1 Verfahren zur Bestimmung der Umweltwirkungen des Konsums

Es bieten sich zwei grundsätzliche Ansätze zur lebenszyklusübergreifenden Bewertung von Umweltwirkungen des Konsums an: Die *Environmentally Extended Input–output Analysis* (EEIO) und das *Life Cycle Assessment* (LCA) (Hendrickson et al. 2006; Huppes et al. 2006; Leontief 1970; Tukker und Jansen 2006). Im Weiteren sollen die Umweltwirkungen des statistischen Warenkorbs auf einer übergeordneten Ebene mit der EEIO dargestellt werden. Die EEIO liefert ein generelles Verständnis für die Wirtschaftssektoren mit den signifikantesten Umweltwirkungen. Dabei wird die in den 1930er-Jahren von Wassily Leontief zur Untersuchung der makroökonomischen Zusammenhänge des Wirtschaftskreislaufs in Volkswirtschaften entwickelte Input–output-Analyse (Leontief 1936) mit Umweltdaten, z. B. Treibhausgas-(THG)-Emissionen, in sektoraler Gliederung erweitert. Grundlage für die Input–output-Analyse sind die monetären Verflechtungen der Wirtschaftssektoren in einer Input–output-Tabelle und die Matrix der Input-Koeffizienten.

Die Erweiterung des Leontief-Modells zur Analyse von Umweltwirkungen (Chen 1973; Leontief 1970; Miernyk 1973) und den Auswirkungen des Endkonsums auf den Energieverbrauch (Bullard und Herendeen 1975) wird seit den 1970er-Jahren durchgeführt. Bei dieser Erweiterung wird die Leontief-Inverse, dies ist das zentrale Element der Input–output-Analyse in Matrixform der linearen Algebra, mit einem Vektor der Emissionsintensität bzw. der Energieverbrauchsintensität (vor-)multipliziert. Diese Intensitäten sind der Quotient der absoluten direkten Emissionen bzw. des Energieverbrauchs und des Produktionswerts der jeweiligen Wirtschaftszweige.

Als Ergebnis der Erweiterung der Leontief-Inversen erhält man Umweltwirkungsmultiplikatoren. Diese lassen sich mit aggregierten Daten über alle Produktionsstufen berechnen und geben den Schadstoffausstoß bzw. den Energieeinsatz je Wirtschaftszweig pro Geldeinheit an. Die Emissionen des Konsums ergeben sich dann durch Multiplikation der Umweltwirkungsmultiplikatoren mit dem Warenkorb, d. h. dem Konsumvektor (Miller und Blair 1985, S. 237). In Deutschland kann die ökologisch erweiterte Input–output-Analyse mit vorhandenen Daten der Volkswirtschaftlichen Gesamtrechnung (VGR) und der Umweltökonomischen Gesamtrechnung (UGR) darge-stellt werden (Mayer 2008).

18.4.2 Bestimmung der Treibhausgasemissionen des statistischen Warenkorbs

Mit Hilfe eines EEIO-Modells können die Umweltwirkungen von Konsumbereichen bestimmt werden. Die Konsummuster der Konsument_innen werden dabei anhand ihrer Ausgabenstruktur bewertet und die Haushaltsausgaben werden nach dem Feingewichtungsschema mit dem EEIO-Modell kombiniert. Es wird zunächst der Durchschnittshaushalt des statistischen Warenkorbs mit durchschnittlichem Haushaltseinkommen dargestellt.

Im Folgenden werden exemplarisch die THG-Emissionen der Konsumbereiche auf 4-Stellerebene nach COICOP-Klassifizierung analysiert. Die Emissionen der verschiede-nen THG lassen sich über Äquivalenzfaktoren sowie auf Grund ihrer überregionalen und langandauernden Wirkung sehr gut über längere Zeiträume und großer örtlicher Verteilung aufsummieren (IPCC 2007). Außerdem können sie als stellvertretend für viele Umweltwirkungen aus wirtschaftlicher Aktivität betrachtet werden, auch wenn es lokal zu kritischen Belastungen einzelner Schadstoffe kommt. Zur Bestimmung der THG-Emissionen werden zunächst die Ausgabengewichte in COICOP-Gliederung den THG-Multiplikatoren zugeordnet, die in der *Classification of Products by Activity* (CPA) vorliegen. Die Berechnungen gehen dabei auf THG-Multiplikatoren zurück, die auf Basis der inländischen Produktion gebildet wurden (Haubach 2013, S. 156 ff.). Damit ergeben sich THG-Emissionen in Höhe von durchschnittlich 0,52 kg CO_2-eq. pro ausgegebenem Euro der privaten Konsumausgaben.

Entsprechend dem Wägungsschema verteilen sich die privaten Konsumausgaben auf die in Tab. 18.1 dargestellten Konsumbereiche mit dem jeweiligen Anteil am Gesamtkonsum. Im Gegensatz zu der üblichen Darstellung der THG-Emissionen nach deren Entstehung, gibt die Tab. 18.1 deren Verteilung nach der letzten Verwendung wider.

Bei durchschnittlichen Konsumausgaben der privaten Haushalte in Deutschland im Jahr 2012 in Höhe von 16.996 € pro Kopf ergeben sich somit THG-Emissionen von ca. 8,9 t CO_2-eq. pro Kopf und Jahr. Zusammen mit den Konsumausgaben der öffentlichen Haushalte, z. B. für Infrastruktur, ergibt sich der rechnerische Pro-Kopf-Ausstoß in Höhe von ca. 11,5 t CO_2-eq. für das Jahr 2012 (UBA 2014, S. 63). Da sich die Umweltwirkungsmultiplikatoren auf die Herstellungspreise beziehen, wurde von den Anschaffungskosten die Handelsspanne auf die jeweiligen Handelssektoren umgebucht und es wurden Gütersteuern abgezogen bzw. Gütersubventionen hinzuaddiert.

Das EEIO-Modell liefert Kennzahlen zu den Umweltwirkungen des Konsums, die trotz ihrer hohen Schwankungsbreite einen ersten Richtwert angeben und die Auswahl von relevanten Konsumbereichen für weitere Untersuchungen zulassen. Für die Varianz und das Streuverhaltens der Ergebnisse haben sich insbesondere die Anzahl der Handlungsalternativen als bedeutend herausgestellt. Handlungsalternativen bieten die Möglichkeit, umwelt- und klimafreundlichere Alternativen zu konsumieren. Je mehr Handlungsalternativen bestehen, desto stärker ist das Streuverhalten. Dies hat sich auch beim Vergleich unterschiedlicher Aggregationsebenen bestätigt.

18.5   Fazit

Der ökologische Verbraucherpreisindex verbindet die Ideen der nachhaltigen Entwicklung und des nachhaltigen Konsums mit dem statistischen Warenkorbkonzept. Einerseits können die Informationen des ÖkoVPI dem Handel als Entscheidungsgrundlage für Umsetzungsstrategien eines ökologischen Massenmarktes dienen und die weitere Professionalisierung eines bisherigen Nischenmarkts mit hohen Zuwachsraten weiter befördern. Andererseits geht der ÖkoVPI auf Forderungen ein, die Kosten des nachhaltigen Konsums wissenschaftlich zu untersuchen und Indikatoren zum nachhaltigen Konsum aufzustellen (Rat für Nachhaltige Entwicklung 2003). Denn gerade der warenkorbbasierte Preisvergleich des ÖkoVPI macht die Kosten einer nachhaltigen Lebenshaltung für die Konsumenten transparenter.

Es hat sich zwar gezeigt, dass insbesondere im Lebensmittelbereich für die Durchschnittskonsument_innen die Mehrpreishypothese für ökologischeren Konsum anzunehmen ist. Aber bereits kleinere Verhaltensänderungen können zu Abweichungen von diesem Ergebnis führen. Insbesondere die Abschwächung der Markenfixierung hat erhebliche Auswirkungen auf die Beurteilung der Mehrpreishypothese. Die Abschwächung der Markenfixierung ist eine verhältnismäßig kleine Verhaltensänderung, die auch nicht mit einem absoluten Konsumverzicht verbunden ist. Trotzdem ergibt sich durch sie ein Kostenvorteil für ökologischere Produkte.

In anderen Konsumbereichen, etwa bei Konsumgütern, die im Vergleich zum jeweiligen konventionellen Produkt an anderer Stelle zu Einsparungen führen, z.B. beim Kraftstoff- oder Stromverbrauch, lässt sich die Mehrpreishypothese nicht eindeutig feststellen. Für den KFZ-Bereich muss sie als sogar abgelehnt werden (Haubach und Held 2015). Letztlich ist jedoch zur Beurteilung der Kostenwirkungen des nachhaltigen Konsums vor allem die Betrachtung unterschiedlicher Konsummuster nötig. Die Lebenshaltungskosten sind sehr stark vom gelebten Konsummuster abhängig. Hier würde eine Änderung oder Reduzierung von kosten- und umweltverbrauchsintensiven Verhaltensweisen, z. B. weniger Fleisch konsumieren oder die Wahl anderer Verkehrsmittel, mitunter große Spielräume für Preisaufschläge von nachhaltigen Produktalternativen ergeben.

Gerade die Verbindung des Preisvergleichs mit der ökologischen Wirkungsabschätzung dürfte sich zu einem wichtigen Instrument zur Steigerung der Glaubwürdigkeit des nachhaltigen Konsums entwickeln. Hier konnte mit der Darstellung der THG-Emissionen der einzelnen Konsumbereiche ein Überblick über die Klimawirkungen des Konsums gegeben werden. Die unterschiedlichen Umweltwirkungen konventioneller und nachhaltiger Produkte werden beim warenkorbbasierten Preis- und Umweltwirkungsvergleich, soweit möglich, ebenfalls erfasst. Im Verkehrsbereich zeigt sich beispielsweise, dass durch den Kauf umweltfreundlicherer PKW Kraftstoff- und CO_2-Einsparungen in Höhe von etwa 20 % im Vergleich zu konventionellen PKW möglich sind (Haubach und Held 2015). Produzent_innen kann durch die Untersuchungen der Umweltwirkungen beispielsweise der Handlungsbedarf für Qualitätsverbesserungen aufgezeigt werden. Dies soll eine Priorisierung bei der Umsetzung von Qualitätsverbesserungs- und Emissionsminderungsmaßnahmen in Unternehmen ermöglichen und die Konsument_innen bei der Kaufentscheidung unterstützen, wobei insbesondere die Verbrauchersensibilisierung von großer Bedeutung ist.

Literatur

Bechtold, S. & Linz, S. (2005). Schritte zur Verbesserung der Glaubwürdigkeit des Verbraucherpreisindex. *Wirtschaft und Statistik, 57(8),* 853–858.

BMU (1992). Agenda 21 – Konferenz der Vereinten Nationen für Umwelt und Entwicklung im Juni 1992 in Rio de Janeiro. Bonn: Köllen Druck & Verlag. Verfügbar unter: http://www.un.org/depts/german/conf/agenda21/agenda_21.pdf; http://www.umweltdaten.de/rup/agenda21.pdf (aufgerufen am 23.04.2015).

BÖLW (2014). Zahlen, Daten, Fakten: Die Bio-Branche 2014. Berlin: Bund Ökologische Lebensmittelwirtschaft e.V. Verfügbar unter: http://www.boelw.de/uploads/media/pdf/Dokumentation/Zahlen__Daten__Fakten/ZDF_2014_BOELW_Web.pdf (aufgerufen am 23.04.2015).

Brand, K.-W., Gugutzer, R., Heimerl, A. & Kupfahl, A. (2002). Gesellschaftliche Zukunftstrends und nachhaltiger Konsum. In UBA (Hg.), *Nachhaltige Konsummuster – Ein neues umweltpolitisches Handlungsfeld als Herausforderung für die Umweltkommunikation* (Band 6, S. 221–260). Berlin: Erich Schmidt.

Briceno, T. & Stagl, S. (2006). The role of social processes for sustainable consumption. *Journal of Cleaner Production, 14(17),* 1541–1551.

Buchwald, W. (2004). Vom Preisindex für die Lebenshaltung zum Verbraucherpreisindex – Rückschau und Ausblick. *Wirtschaft und Statistik, 56(1),* 11–18.

Bullard, C.W. & Herendeen, R.A. (1975). The energy cost of goods and services. *Energy Policy, 3(4),* 268–278.

Carrigan, M. & Attalla, A. (2001). The myth of the ethical consumer – do ethics matter in purchase behaviour? *Journal of Consumer Marketing, 18(7),* 560–578.

Chen, K. (1973). Input–output Economic Analysis of Environmental Impact. *IEEE Transactions on Systems, Man, and Cybernetics: SMC, 3(6),* 539–547.

Eberle, U. (2001). Das Nachhaltigkeitslabel. Ein Instrument zur Umsetzung einer nachhaltigen Entwicklung. *Spiegel der Forschung, 18(2),* 70–77.

Elbel, G. (1999). Die Berechnung der Wägungsschemata für die Preisindizes für die Lebenshaltung. *Wirtschaft und Statistik, 51(3),* 171–178.

Fischer, D. (2002). Das Wollsocken Image überwinden! Sozialpsychologische Funktionen von Bekleidung und das Marketing von Öko-Textilien. In G. Scherhorn & C. Weber (Hg.), *Nachhaltiger Konsum : Auf dem Weg zur gesellschaftlichen Verankerung* (S. 119–130). München: ökom.

Fraj, E. & Martinez, E. (2007). Ecological consumer behaviour: an empirical analysis. *International Journal of Consumer Studies, 31(1),* 26–33.

Geyer-Allély, E. & Zacarias-Farah, A. (2003). Policies and instruments for promoting sustainable household consumption. *Journal of Cleaner Production, 11(8),* 923–926.

Grießhammer, R., Bunke, D., Eberle, U., Gensch, C.-O., Graulich, K., Quack, D., Rüdenauer, I., Goetz, K. & Birzle-Harder, B. (2004): EcoTopTen – Innovationen für einen nachhaltigen Konsum. Freiburg: Öko-Institut e.V. Verfügbar unter: http://www.ecotopten.de/download/EcoTopTen_Endbericht_gesamt.pdf (aufgerufen am 23.04.2015).

Grunert, S.C. & Juhl, H.J. (1995). Values, environmental attitudes, and buying of organic foods. *Journal of Economic Psychology, 16(1),* 39–62.

Haanpää, L. (2007). Consumers' green commitment: indication of a postmodern lifestyle? *International Journal of Consumer Studies, 31(5),* 478–486.

Hamm, U., Aschemann, J. & Riefer, A. (2007). Sind die hohen Preise für Öko-Lebensmittel wirklich das zentrale Problem für den Absatz? *Berichte über Landwirtschaft, 85(2),* 252–271.

Hamm, U. & Plaßmann, S. (2010). Einkaufsentscheidungen für Öko-Lebensmittel: Die Bedeutung des Preises wird überschätzt. *Biopress, Jg. 2010(64),* 32–36.

Hansen, U. & Schrader, U. (2001). Nachhaltiger Konsum – Leerformel oder Leitprinzip? In U. Schrader & U. Hansen (Hg.), *Nachhaltiger Konsum : Forschung und Praxis im Dialog* (S. 17–48). Frankfurt, New York: Campus.

Haubach, C. (2013). *Umweltmanagement in globalen Wertschöpfungsketten : Eine Analyse am Beispiel der betrieblichen Treibhausgasbilanzierung.* Wiesbaden: Springer Gabler.

Haubach, C. & Held, B. (2015). Ist ökologischer Konsum teurer? Ein warenkorbbasierter Vergleich. *Wirtschaft und Statistik, 65(1),* 41–55.

Heiskanen, E. (2005). The Performative Nature of Consumer Research: Consumers' Environmental Awareness as an Example. *Journal of Consumer Policy, 28(2),* 179–201.

Held, B. (2014). Sind ärmere Haushalte stärker von Inflation betroffen? Eine äquivalenzeinkommensspezifische Analyse. *Wirtschaft und Statistik, 64(11),* 680–691.

Hendrickson, C.T., Lave, L.B. & Matthews, H.S. (2006). *Environmental Life Cycle Assessment of Goods and Services : An Input–output Approach.* Washington, D.C./Chichester: Resources for the Future/John Wiley.

Hertwich, E.G. & Peters, G.P. (2009). Carbon Footprint of Nations: A Global, Trade-Linked Analysis. *Environmental Science & Technology, 43(16),* 6414–6420.

Huppes, G., de Koning, A., Suh, S., Heijungs, R., van Oers, L., Nielsen, P. & Guinée, J.B. (2006). Environmental Impacts of Consumption in the European Union. High-Resolution Input–output Tables with Detailed Environmental Extensions. *Journal of Industrial Ecology, 10(3),* 129–146.

IPCC (2007). Climate Change 2007: The Physical Science Basis. Contribution of Working Group I to the Fourth Assessment Report of the Intergovernmental Panel on Climate Change. Cambridge et al.: Cambridge University Press. Verfügbar unter: http://www.ipcc.ch/publications_and_data/publications_ipcc_fourth_assessment_report_wg1_report_the_physical_science_basis.htm (aufgerufen am 23.04.2015).

Jensen, J.O. (2008). Measuring consumption in households: Interpretations and strategies. *Ecological Economics, 68(1–2),* 353–361.

Konüs, A.A. (1939). The Problem of the True Index of the Cost of Living. *Econometrica, 7(1),* 10–29.

Leontief, W.W. (1936). Quantitative Input and Output Relations in the Economic Systems of the United States. *Review of Economics and Statistics, 18(3),* 105–125.

Leontief, W.W. (1970). Environmental Repercussions and the Economic Structure: An Input–output Approach. *Review of Economics and Statistics, 52(3),* 262–271.

Mayer, H. (2008). Environmental impacts of household consumption in Germany 1995–2005. Paper presented at the The 2008 International Input–output Meeting: Input–output & Environment, Seville, Spain. Verfügbar unter: www.destatis.de/EN/Publications/Specialized/EnvironmentalEconomicAccounting/Environmentalimpacts.pdf (aufgerufen am 23.04.2015).

McDonald, S. & Oates, C.J. (2006). Sustainability: Consumer Perceptions and Marketing Strategies. *Business Strategy and the Environment, 15(3)*, 157–170.

McEachern, M.G. & McClean, P. (2002). Organic purchasing motivations and attitudes: are they ethical? *International Journal of Consumer Studies, 26(2)*, 85.

Miernyk, W.H. (1973). A Regional Input–output Pollution Abatement Model. *IEEE Transactions on Systems, Man, and Cybernetics: SMC, 3(6)*, 575–577.

Miller, R.E. & Blair, P.D. (1985). *Input–output Analysis : Foundations and Extensions*. Englewood Cliffs, N.J et al.: Prentice-Hall.

Moisander, J. (2007). Motivational complexity of green consumerism. *International Journal of Consumer Studies, 31(4)*, 404–409.

Munksgaard, J., Wier, M., Lenzen, M. & Dey, C. (2005). Using Input–output Analysis to Measure the Environmental Pressure of Consumption at Different Spatial Levels. *Journal of Industrial Ecology, 9(1/2)*, 169–185.

Neubauer, W. (1996). *Preisstatistik*. München: Vahlen.

Peters, G. & Hertwich, E. (2008). Post-Kyoto greenhouse gas inventories: production versus consumption. *Climatic Change, 86(1)*, 51–66.

Plaßmann, S. & Hamm, U. (2009): Kaufbarriere Preis? – Analyse von Zahlungsbereitschaft und Kaufverhalten bei Öko-Lebensmitteln. Witzenhausen: Universität Kassel. Verfügbar unter: http://orgprints.org/15745/1/15745-06OE119-uni_kassel-hamm-2009-kaufbarriere_preis.pdf (aufgerufen am 23.04.2015).

Prakash, A. (2002). Green marketing, public policy and managerial strategies. *Business Strategy and the Environment, 11(5)*, 285–297.

Rat für Nachhaltige Entwicklung (2003). Empfehlungen „Nachhaltiger Warenkorb – Wegweiser zum zukunftsfähigen Konsum". Berlin: RNE. Verfügbar unter: http://www.nachhaltigkeitsrat.de/fileadmin/user_upload/dokumente/publikationen/broschueren/Broschuere_Nachhaltiger_Warenkorb.pdf (aufgerufen am 23.04.2015).

Rat für Nachhaltige Entwicklung (2013). Der nachhaltige Warenkorb: Einfach besser einkaufen. Ein Ratgeber. Berlin: RNE. Verfügbar unter: http://www.nachhaltigkeitsrat.de/fileadmin/user_upload/dokumente/publikationen/broschueren/Broschuere_Nachhaltiger_Warenkorb.pdf (aufgerufen am 23.04.2015).

Rinne, H. (1981). Ernst Louis Etienne Laspeyres 1834 – 1913" (mit einem Abdruck von Laspeyres, E.: Die Berechnung einer mittleren Waarenpreissteigerung [1871]). *Jahrbücher für Nationalökonomie und Statistik, 196(3)*, 194–236.

Rösch, C. (2002). Trends in der Ernährung – eine nachhaltige Entwicklung? In G. Scherhorn & C. Weber (Hg.), *Nachhaltiger Konsum : Auf dem Weg zur gesellschaftlichen Verankerung* (S. 269–278). München: ökom.

Schoenheit, I., Dahle, M., Geisler, S., Grünewald, M. & Müller, A. (2002): Der nachhaltige Warenkorb – Eine Kurzstudie im Auftrag des Rates für nachhaltige Entwicklung. Berlin, Hannover: imug.

Smith, A. (1789/2005). *Der Wohlstand der Nationen* (5. Auflage). München: DTV.

Tukker, A. & Jansen, B. (2006). Environmental Impacts of Products – A Detailed Review of Studies. *Journal of Industrial Ecology, 10(3)*, 159–182.

UBA (2002). Umweltorientierte Dienstleistungen als wachsender Beschäftigungssektor – Bestandsaufnahme und Perspektiven unter besonderer Berücksichtigung des privaten Dienstleistungsgewerbes. Berlin: Erich Schmidt.

UBA   (2014).   Nationaler   Inventarbericht   zum   Deutschen   Treibhausgasinventar   1990–2012.
     Berichterstattung   unter   der   Klimarahmenkonvention   der   Vereinten   Nationen   2014.   Dessau-
     Roßlau: Umweltbundesamt   (UBA).   Verfügbar   unter: www.umweltbundesamt.de/sites/default/
     files/medien/376/publikationen/climate-change_24_2014_nationaler_inventarbericht.pdf   (auf-
     gerufen am 23.04.2015).
Wüstenhagen, R., Villiger, A. & Meyer, A. (2001). Bio-Lebensmittel jenseits der Öko-Nische. In
     U. Schrader & U. Hansen (Hg.), *Nachhaltiger Konsum : Forschung und Praxis im Dialog*
     (S. 177–188). Frankfurt am Main: Campus.
Zacarias-Farah, A. & Geyer-Allély, E. (2003). Household consumption patterns in OECD countries:
     trends and figures. *Journal of Cleaner Production, 11(8)*, 819–827.

Berücksichtigung der Nachhaltigkeit in der Entwicklung und Vermarktung von Konsumgütern

19

Moritz Petersen, Wolfgang Kersten, und Sebastian Brockhaus

19.1 Einleitung

Der Begriff „Nachhaltigkeit" ist aktuell in aller Munde. Viele Interessengruppen – beispielsweise Medien, Nichtregierungsorganisationen oder auch Regierungen – artikulieren ihre Forderung nach „mehr Nachhaltigkeit" (Alblas et al. 2014, S. 514). Ebenso ist Nachhaltigkeit für die Gestaltung unternehmerischer Prozesse zu einem Megatrend geworden und erfährt wachsende Aufmerksamkeit in Theorie und Praxis (Fawcett et al. 2011, S. 119). Am Institut für Logistik und Unternehmensführung (LogU) der Technischen Universität Hamburg-Harburg (TUHH) stellt die Implementierung des Nachhaltigkeitsgedankens in Logistiksysteme und das Supply Chain Management seit mehreren Jahren einen Forschungsschwerpunkt dar. So wurde z. B. untersucht, welche Auswirkungen Nachhaltigkeit auf die Dynamik von Käufer-Verkäufer-Beziehungen hat (Brockhaus et al. 2013; Brockhaus 2013) und inwiefern Nachhaltigkeit als Eingangsgröße des logistischen Zielkostenmanagements berücksichtigt werden kann (Kersten et al. 2011). Des Weiteren war Nachhaltigkeit bereits Forschungsgegenstand im Spannungsfeld zwischen Verladern und Spediteuren an der Laderampe (Hackius et al. 2014). Die dabei gewonnenen Erkenntnisse wurden und werden sukzessive auf weitere Forschungsschwerpunkte des Instituts übertragen.

M. Petersen (✉) • W. Kersten
Institut für Logistik und Unternehmensführung, Technische Universität Hamburg-Harburg,
Am Schwarzenberg-Campus, Hamburg, Deutschland
e-mail: m.petersen@tuhh.de; logu@tuhh.de

S. Brockhaus
John B. Goddard School of Business & Economics, Weber State University,
1337 Edvalson Street, 84408-3801 Ogden, Vereinigte Staaten
e-mail: sbrockhaus@weber.edu

© Springer Fachmedien Wiesbaden 2016
W. Leal Filho (Hrsg.), *Forschung für Nachhaltigkeit an deutschen Hochschulen*,
Theorie und Praxis der Nachhaltigkeit, DOI 10.1007/978-3-658-10546-4_19

Im vorliegenden Beitrag werden erste Ergebnisse eines laufenden Forschungsprojekts vorgestellt, das sich mit der Berücksichtigung der Nachhaltigkeit in der Entwicklung und Vermarktung von Konsumgütern befasst.

19.2 Problemstellung und Forschungsfrage

Eine im Unternehmenskontext weit verbreitete Operationalisierung des durch die Brundtland-Kommission etablierten Begriffs der „nachhaltigen Entwicklung" (WCED 1987) ist das Triple Bottom Line-Modell (TBL) nach Elkington (1998). Es kennzeichnet Nachhaltigkeit als langfristiges Gleichgewicht zwischen den ökonomischen, ökologischen und sozialen Aspekten einer Unternehmung. Nur wenn alle Kriterien der drei Bottom Lines umfänglich berücksichtigt werden, ist ein Betrachtungsobjekt „nachhaltig" im eigentlichen Wortsinne. Da sich dieser absolute Zustand in der konventionellen Unternehmenspraxis aber kaum einstellen wird (Ehrenfeld 2008), muss Nachhaltigkeit als andauernder Verbesserungsprozess und damit als relatives Konzept verstanden werden: Es sollte daher richtigerweise von nachhaltigeren Produkten gesprochen werden. In produzierenden Unternehmen ist insbesondere die Gestaltung der physischen Produkte ein wichtiger Hebel dieses Verbesserungsprozesses. Die in der Produktentwicklung getroffenen Entscheidungen legen die ökologischen, sozialen und ökonomischen Auswirkungen der Herstellung, Nutzung und Verwertung der Produkte frühzeitig und umfassend fest (Ponn und Lindemann 2011, S. 273).

Vor diesem Hintergrund erscheint es zielführend, Nachhaltigkeit als Produkteigenschaft zu berücksichtigen. Was dies allerdings konkret für die einzelnen Produktentwickler_ innen bedeutet, bleibt oft unklar (Short 2008, S. 21 ff.). Nicht abschließend beantwortete Fragen und wiederkehrende Probleme beziehen sich z. B. auf die Definition des Begriffs „nachhaltiges Produkt", auf den Umgang mit Zielkonflikten zwischen den drei Bottom Lines sowie auf die Bestimmung des „richtigen" Maßes an Nachhaltigkeitsbemühungen (Alblas et al. 2014). Die drei Problemfelder sind in Abb. 19.1 dargestellt und werden nachfolgend erläutert. Zunächst ist nicht eindeutig definiert, was ein Produkt zu einem nachhaltigen Produkt macht (Problemfeld 1). Der Begriff Nachhaltigkeit selbst wird im öffentlichen Diskurs oft uneinheitlich oder gar missbräuchlich verwendet. Begünstigt wird dies durch seine Mehrdimensionalität und die schwierige Mess- und Vergleichbarkeit der zahlreichen Einzelaspekte. Nicht anders verhält es sich mit dem Begriff „nachhaltiges Produkt", der insbesondere im Konsumgüterbereich in den letzten Jahren zu einer austauschbaren Marketingfloskel abgewertet wurde. Die relative Auslegung von Nachhaltigkeit als Prozess erlaubt es, weitgehend jedes Produkt im Vergleich zu einem anderen als nachhaltiger zu positionieren und mit dem Attribut „nachhaltig" zu vermarkten. Entsprechend stellt die Formulierung einer glaubwürdigen nachhaltigkeitsbezogenen Produktstrategie als Zieldefinition für die Produktentwicklung eine Herausforderung dar.

Das zweite Problemfeld betrifft das Erkennen und Auflösen von Zielkonflikten zwischen der ökologischen, ökonomischen und sozialen Bottom Line über den gesamten

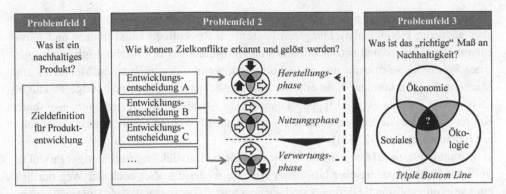

Abb. 19.1 Problemfelder bei der Entwicklung nachhaltiger Produkte

Produktlebenszyklus. Die Berücksichtigung ökologischer Kriterien hat sich unter verschiedenen Überschriften wie „EcoDesign", „Design for Environment" oder „ökologieorientierte Produktgestaltung" schon seit längerer Zeit in Theorie und Praxis etabliert (Ponn und Lindemann 2011, S. 276). Soziale Kriterien wie beispielsweise Arbeitsbedingungen in der Herstellung lassen sich dagegen nicht ohne Weiteres objektivieren und gegen andere nachhaltigkeitsbezogene Aspekte abwägen. Zwar haben konstruktive Maßnahmen häufig nur indirekten Einfluss auf diese Aspekte. Wird die Produktentwicklung jedoch in einer weniger eingegrenzten Sichtweise als integrierter Bestandteil des gesamten Produktentstehungsprozesses gesehen, wird deutlich, dass soziale Kriterien schon in der Produktentwicklung umfassend berücksichtigt werden müssen (Hanusch und Birkhofer 2008, S. 217). Zur Unterstützung und Objektivierung solcher nachhaltigkeitsbezogenen Entwicklungsentscheidungen wurden diverse Konstruktions- und Vorgehensmodelle entwickelt (Buchert et al. 2014, S. 286). Werden diese oftmals sehr theoretischen und komplizierten Modelle in der Unternehmenspraxis tatsächlich einmal angewendet, so geschieht dies durch Menschen, die aufgrund ihres eigenen Wertesystems oder ihrer individuellen Erfahrung nicht vollständig rational handeln (Ehrlenspiel und Meerkamm 2013, S. 158 f.). Weiterhin haben Produktentwickler_innen zumeist unbewusst ablaufende Problemlösungs- und Vorgehensmethoden ausgebildet, die Einfluss auf Entscheidungen und damit auf das zu entwickelnde Produkt nehmen (Ehrlenspiel und Meerkamm 2013, S. 69 f.). Aus der Perspektive der Nachhaltigkeit können dabei schon einzelne Entscheidungen innerhalb eines Entwicklungsvorhabens große ökonomische, ökologische und soziale Auswirkungen haben. Effektive und praxisnahe Vorgehensmodelle zur systematischen Auflösung dieser Zielkonflikte liegen bis dato nicht vor oder werden in der Unternehmenspraxis kaum angewendet.

Als drittes Problemfeld stellt sich bei jedem Entwicklungsvorhaben die Frage, was unter den gegebenen Rahmenbedingungen als das „richtige" Maß an Nachhaltigkeit gelten kann. Wie bereits erläutert muss Nachhaltigkeit im Unternehmenskontext als stetige Entwicklung verstanden werden. Diese kann in höheren Kosten resultieren, wenn die „low hanging fruits" bereits geerntet wurden (z. B. eine ökologisch sowie ökonomisch vorteilhafte Reduzierung des Materialeinsatzes). Wie alle Unternehmensbereiche hat aber auch die Produktentwicklung mit begrenzten Ressourcen hauszuhalten und muss entsprechend Prioritäten setzen. Mehrkosten zur Steigerung des Nachhaltigkeitsniveaus eines Produktes sind somit nur zu rechtfertigen, wenn diese auch einen Mehrerlös am Markt realisieren können. Eine erhöhte Zahlungsbereitschaft für nachhaltige Produkte lässt sich jenseits von Lippenbekenntnissen – also in Bezug auf messbare Kaufentscheidungen der Konsumenten – jedoch nur für wenige Nischenmärkte beobachten (Haanaes et al. 2012, S. 5).

Zusammenfassend lässt sich feststellen, dass für die Entwicklung nachhaltiger Produkte trotz der Existenz zahlreicher hilfreicher Ansätze weder das Ziel noch der Weg dorthin eindeutig und vollständig definiert sind. Dennoch ist zu beobachten, dass Unternehmen in unterschiedlichem Umfang Nachhaltigkeit als Produkteigenschaft berücksichtigen. Es stellt sich somit die Frage, wie diese Unternehmen die Entwicklung eines nachhaltigen Produktes anbahnen und forcieren. Für die weitergehende Untersuchung des skizzierten Problemkomplexes im Praxisumfeld lautet die Forschungsfrage daher: Welche grundlegenden Ansätze verfolgen Unternehmen zur Berücksichtigung der Nachhaltigkeit bei der Entwicklung von Produkten? Das Untersuchungsfeld bildet die Non-Food-Konsumgüterindustrie, da angenommen wird, dass Nachhaltigkeit als Produkteigenschaft auf dem Konsumentenmarkt eine größere Rolle spielt als auf dem Industriegütermarkt.

19.3 Forschungsmethode

Zur Beantwortung der Forschungsfrage ist die Anwendung einer qualitativen Forschungsmethode angezeigt, da diese die Exploration bisher unbekannter Kontexte und die Entwicklung von Theorien über den Forschungsgegenstand erlaubt (Eisenhardt 1989). Als Forschungsmethode wird das Vorgehen der Grounded Theory in der Ausprägung nach Corbin und Strauss gewählt (2008). Die Grounded Theory ist insbesondere für die Untersuchung von Individuen, Beziehungen und Prozessen geeignet, die in einem bestimmten strukturellen, gesellschaftlichen oder kulturellen Rahmen stattfinden. Sie hat ihre Wurzeln in den Sozialwissenschaften, stellt jedoch auch für die vorliegende Untersuchung einen zielführenden Ansatzpunkt dar. Die Grounded Theory basiert auf der Idee einer systematischen Datensammlung und -auswertung, wodurch schrittweise eine Theorie über das untersuchte Phänomen aus den Daten herausgearbeitet wird. Das Vorgehen ist folglich durch einen zirkulären Prozess aus Datenerhebung und Datenauswertung gekennzeichnet. Die entwickelten Theorien wurzeln direkt im analysierten Datenmaterial – sie sind „grounded in data" – und besitzen eine hohe praktische Relevanz für den Untersuchungsgegenstand (Locke 2001, S. 95).

Die Grounded Theory ist durch drei methodische Hauptelemente gekennzeichnet: ständiges Vergleichen, theoretisches Sampling und Kodieren (Charmaz 2006, S. 10 ff.). Das Vorgehen zur Entwicklung einer Grounded Theory und der Zusammenhang der drei methodischen Hauptelemente sind in Abb. 19.2 dargestellt. Ständiges Vergleichen bedeutet

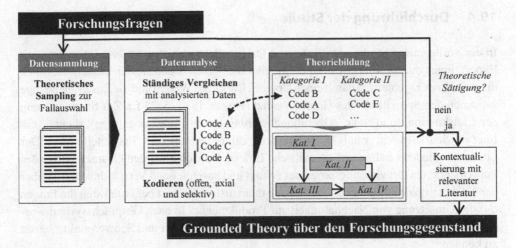

Abb. 19.2 Methodisches Vorgehen zur Entwicklung einer Grounded Theory

den laufenden Abgleich der neu erhobenen mit den bereits analysierten Daten. Dadurch können Ähnlichkeiten und Unterschiede zwischen verschiedenen Kontexten erkannt und untersucht werden (Corbin und Strauss 2008, S. 77). Theoretisches Sampling beschreibt die Fallauswahl für die zirkuläre Datenerhebung und -auswertung. Diese zielt in der Grounded Theory nicht auf Repräsentativität ab. Vielmehr entscheiden die Forschenden auf Basis' des Analysestands, welche weiteren Daten zur Detaillierung der Ergebnisse benötigt werden (Charmaz 2006, S. 96 ff.). Lassen sich die zu untersuchenden Phänomene durch die vorliegenden Daten ausreichend erklären, wird dies als theoretische Sättigung bezeichnet und die Erhebung abgeschlossen. Je nach Fragestellung und Verlauf des Forschungsprozesses können sich die Sample-Größen verschiedener Grounded Theory-Studien daher deutlich unterscheiden, in der Regel sollten sie aber bei >20 Datenquellen liegen (Creswell 1997, S. 122). Das Kodieren stellt schließlich den eigentlichen Analyseprozess dar, in dessen Verlauf aus den erhobenen Rohdaten eine Theorie gebildet wird. In der Ausprägung nach Corbin und Strauss (2008) werden offenes, axiales und selektives Kodieren unterschieden. Beim offenen Kodieren werden die Rohdaten zunächst in kleinere inhaltliche Fragmente zerlegt (sog. Konzepte) und mit deskriptiven Labeln gekennzeichnet. Durch Vergleichen werden die Label ähnlicher Konzepte aus verschiedenen Datenquellen nach und nach vereinheitlicht, zu Kategorien und Subkategorien zusammengefasst und mit Eigenschaften und Ausprägungen versehen. Mittels der axialen Kodierung werden diese (Sub-) Kategorien miteinander in Beziehung gesetzt und schrittweise weiter verdichtet. Das selektive Kodieren dient schließlich der' Auswahl einer Kernkategorie, die das zentrale Phänomen darstellt und auf die sich alle anderen Kategorien beziehen lassen. Aufgrund der iterativen Datenerhebung und -analyse werden die einzelnen Kodierschritte im Verlauf des Forschungsprozesses mehrfach durchlaufen.

19.4   Durchführung der Studie

In der vorliegenden Studie wurden für die Datengenese semistrukturierte Interviews mit Expert_innen durchgeführt. Als Expert_in gilt eine Person, wenn sie den Gesamtüberblick über ein Wissensgebiet und damit einen Überblick über das Wissen und die Zusammenhänge zwischen den Spezialisten des Gebiets besitzt (Hitzler 1994, S. 25 f.). Zur Strukturierung der Diskussion und zur Operationalisierung der Forschungsfrage diente ein Interviewleitfaden mit rund 15 größtenteils offen formulierten Fragestellungen. Der Leitfaden gliederte sich in drei thematische Blöcke: Zunächst wurden Charakteristika des implementierten Entwicklungsprozesses erfragt und anschließend Verständnis und Treiber der Nachhaltigkeit auf Unternehmensebene thematisiert. Zuletzt befassten sich die Fragen mit der Umsetzung von Nachhaltigkeit auf Produktebene. Je nach Gesprächsverlauf wurden die Fragen flexibel angepasst, um neue Aspekte aufgreifen und Schwerpunkte setzen zu können.

Die Kontaktaufnahme mit den Expert_innen erfolgte primär über das Online-Netzwerk XING. Wenn möglich wurden die Gespräche persönlich am Beschäftigungsort und ansonsten telefonisch geführt. Um eine nur selektive Preisgabe von Informationen zu verhindern und eine ungezwungene Gesprächsatmosphäre zu schaffen, wurde den Befragten Anonymität zugesichert. Bis auf zwei Fälle konnten alle Gespräche mit Einverständnis der Befragten aufgezeichnet und für die Auswertung transkribiert werden. Insgesamt wurden 31 Interviews im Zeitraum von Juni 2013 bis Februar 2015 durchgeführt. Die Interviews dauerten zwischen 25 und 140 Minuten mit einem Median von 68 Minuten. Eine Übersicht der Expert_innen gibt Tab. 19.1. Sie vertreten die Produktentwicklungsbereiche von Konsumgüterherstellern unterschiedlicher Konsumgüterklassen (Verbrauchs- vs. Gebrauchsgüter), Wettbewerbsstrategien (Differenzierungs- vs. Kostenfokus), Unternehmensgrößen und Eigentümerstrukturen. Für ergänzende Perspektiven auf den Untersuchungsgegenstand wurden zudem eine mit Produktnachhaltigkeit befasste Vertreterin einer Bundesbehörde sowie ein Berater für Produktnachhaltigkeit interviewt. Der Großteil der befragten Expert_innen hat einen ingenieurswissenschaftlichen oder naturwissenschaftlichen Hintergrund.

Zu Beginn der Datenerhebung wurde den Empfehlungen von Charmaz (2006) folgend ein initiales Sample aus sechs Unternehmen mit der Zielsetzung einer maximalen Fallkontrastierung zusammengestellt. Dies erlaubt die Erprobung und Überarbeitung des Interviewleitfadens, zudem kann so ein erster Überblick des Forschungsgebiets gewonnen werden. Ab dem siebten Interview erfolgte die Auswahl der weiteren Gesprächspartner entsprechend den Prinzipien des theoretischen Sampling. Die Auswertung der Interviews orientierte sich an den Vorgaben und Empfehlungen von Corbin und Strauss (2008) sowie Charmaz (2006). Zur Organisation des Datenmaterials (rund 680 Normseiten Interviewtransskripte) und Unterstützung der Auswertung wurde die Textanalyse-Software MAXQDA genutzt. Um die Kodierung und Zwischenergebnisse kritisch zu hinterfragen und die Validität der Ergebnisse zu steigern, unterstützten weitere Forschende in einzelnen Phasen der Auswertung.

Tab. 19.1 Sample der Grounded Theory-Studie

#	Branchensegment	Position der Interviewpartner_innen
1	Verbrauchsgüter für die Haushaltsführung	1. Prokurist, 2. Marketingmanagerin
2	Bekleidung	Strategischer Einkauf und Nachhaltigkeit
3	Verbrauchsgüter für die Haushaltsführung	Laborleiter
4	Sport- und Freizeitgeräte	Head of Technical Development
5	Medizinische und therapeutische Geräte	Leiter technische Produktentwicklung
6	Verbrauchsgüter für die Haushaltsführung	Vice President Product Management
7	Elektrische Haushaltsgeräte	1. Leiter Produktentwicklung, 2. Produktdesigner
8	Haushaltsgegenstände	Leiter Produktentwicklung
9	Elektrische Haushaltsgeräte	Leiter Forschung & Entwicklung
10	Haushaltsgegenstände	Product Manager
11	Möbel und Leuchten	Director of Product Development
12	Verbrauchsgüter für die Haushaltsführung	Leiter Produktentwicklung
13	Schreibwaren	Director Research & Development
14	Persönliche Gebrauchsgegenstände	Head of Design
15	Schreibwaren	Leiter Forschung & Entwicklung
16	Persönliche Gebrauchsgegenstände	Geschäftsführer
17	Spielwaren	Senior Manager Product Development
18	Erzeugnisse für Haus und Garten	Leiter Produktentwicklung
19	Sport- und Freizeitgeräte	Leiter Produktentwicklung
20	Schreibwaren	Leiter Produktentwicklung
21	Körperpflegemittel	Teamleiter Entwicklung
22	Elektrische Haushaltsgeräte	Leitung Konstruktion und Entwicklung
23	Bundesbehörde	Referentin Nachhaltigkeit
24	Körperpflegemittel	Teamleiter Grundlagenentwicklung
25	Unterhaltungselektronik	Leiter Produktentwicklung
26	Werkzeuge und Geräte für Haus und Garten	Leiter Produktentwicklung
27	Werkzeuge und Geräte für Haus und Garten	Bereichsleiter Produktentwicklung
28	Erzeugnisse für Haus und Garten	Leiter Produktentwicklung
29	Beratung	Berater für nachhaltige Produkte
30	Unterhaltungselektronik	Head of Design
31	Sport- und Freizeitgeräte	Marketing and Product Development Manager

19.5 Ergebnisse der Studie

Durch die Zerlegung der erhobenen Daten und die Neukombination der entstandenen Fragmente konnten in der Analyse thematische Kategorien gebildet und miteinander in Beziehung gesetzt werden. Mit zunehmendem Abstraktionsgrad entstand als übergeordnete Strukturierung der Ergebnisse ein Erklärungsmodell der Gestaltung nachhaltiger

Konsumgüter. Im Folgenden wird dieses Modell zunächst im Überblick vorgestellt, bevor das Modellelement „Konzeptualisierung der Nachhaltigkeit" detailliert wird.

19.5.1 Erklärungsmodell der Gestaltung nachhaltiger Konsumgüter

Das entwickelte Modell besteht aus einer Produktebene, einer Prozessebene, einflussnehmenden Rahmenbedingungen sowie resultierenden Herausforderungen (s. Abb. 19.3). Auf der Produktebene wird zunächst das jeweilige Verständnis von Nachhaltigkeit charakterisiert, das sich je nach Branchensegment und Produktkategorie zum Teil deutlich unterscheidet. Anschließend folgt die Konzeptualisierung von Nachhaltigkeit für das gesamte Produktportfolio. Schwerpunkte sind hier die Definition des Produktspektrums (z. B. Einführung einer separaten „Öko-Linie" vs. Nachhaltigkeit als Anforderung an alle Produkte), der Innovationsgrad (Modifikation bestehender Produktkonzepte vs. Neukonzeption unter Nachhaltigkeitsgesichtspunkten) und das Designparadigma (stereotype „Bio-Gestaltung" vs. konventionelles Exterior-Design). Im Schnittpunkt mit der Prozessebene wird die Umsetzung der Portfoliokonzeption im Entwicklungsprozess einzelner Produkte konkretisiert. Dafür werden der Einsatz von Methoden zur Bewertung der Nachhaltigkeit (z. B. Lebenszyklusanalyse) sowie die übergeordneten Stellschrauben (z. B. Veränderung des Materialeinsatzes oder Beeinflussung des Nutzerverhaltens) diskutiert. Für die sich anschließende Marktphase folgt die Betrachtung des Abnehmerverhaltens und dabei bestehender regionaler Unterschiede aus Perspektive der Produktentwicklung.

Die vier Hauptelemente des Modells stehen in Beziehung zu verschiedenen internen und externen Rahmenbedingungen. Aus unternehmerischer Perspektive prägen z. B. die Wettbewerbsstrategie und die organisatorische Verankerung des Themas Nachhaltigkeit die Konzeptualisierung des Produktportfolios. Die Umsetzung im Entwicklungsprozess hängt wesentlich von den prozessualen Rahmenbedingungen ab (z. B. Strukturierungsgrad,

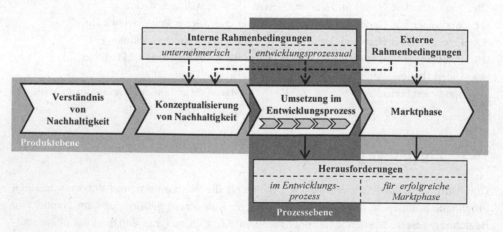

Abb. 19.3 Strukturierung der Ergebnisse der Grounded Theory-Studie

Größe der Projektteams und Formalisierung von Entwicklungsentscheidungen durch Leitfäden). Externe Rahmenbedingungen (z. B. Vorgaben durch Handelsketten und Berichterstattung in Testmagazinen oder von Nichtregierungsorganisationen) nehmen Einfluss auf die Konzeptualisierung sowie den Verlauf der Marktphase. Schließlich ergeben sich aus der Perspektive der Produktentwicklung verschiedene Herausforderungen für die Umsetzung der Nachhaltigkeit auf Produktebene und für die Marktphase. So müssen im Entwicklungsprozess Zielkonflikte zwischen ökologischen und sozialen Anforderungen gelöst werden, darüber hinaus erschweren technische Restriktionen, resultierende Funktionseinbußen und die Auswahl geeigneter Ersatzmaterialien die Realisierung von Nachhaltigkeitsanforderungen. Als zentrale Herausforderungen für die Marktphase werden eine glaubwürdige Kommunikation und somit eine erfolgreiche Abgrenzung von Greenwashing-Aktivitäten des Wettbewerbs erkannt.

19.5.2 Konzeptualisierung der Nachhaltigkeit

Die Detaillierung der Ergebnisse fokussiert nachfolgend das zentrale Modellelement „Konzeptualisierung der Nachhaltigkeit". Um die dazu in der Praxis identifizierten Ansätze treffend zu charakterisieren sowie die einzelnen Entscheidungsparameter zu benennen, wurde eine Unternehmenstypologie entsprechend den Empfehlungen von Fleiß (2010) entwickelt. Dabei konstituieren sich der Merkmalsraum bzw. die Merkmale, aus denen die verschiedenen Typen gebildet werden, durch die Codefamilien bzw. Codes der Grounded Theory-Analyse.

Die sechs identifizierten Typen, mit denen sich grundsätzliche Herangehensweisen zur Berücksichtigung von Nachhaltigkeit auf Produktebene unterscheiden lassen (s. Abb. 19.4), werden nachfolgend gemeinsam mit den jeweiligen konzeptionellen Limitationen vorgestellt. Sie wurden aus den Merkmalen „Berücksichtigtes Produktspektrum", „Designparadigma" und „Innovationsgrad" gebildet und mit kontextuellen Faktoren der Unternehmung in Beziehung gesetzt. Es handelt sich bei den Typen um die Minimalisten, die Getriebenen, die Testballon-Fahrer, die Premiumhersteller, die nachhaltigen Traditionalisten und die „Natural Born"-Ökos. Soweit möglich wurden Eigenbeschreibungen der Interviewpartner für die Benennung der Typen verwendet. Den Empfehlungen von Pratt (2008) folgend werden die Beschreibungen der Typen durch Interviewzitate illustriert.

19.5.3 Typ I – Die Minimalisten

Minimalisten sind zumeist Hersteller von Gebrauchsgütern und stark kostenorientiert. Es herrscht die Sichtweise vor, dass Nachhaltigkeitsbemühungen stets in wirtschaftlichen Einbußen resultieren: „Wir sind natürlich auch ein betriebswirtschaftlich geführtes Unternehmen und ich wüsste nicht, in welchem Bereich Nachhaltigkeit bei uns eine

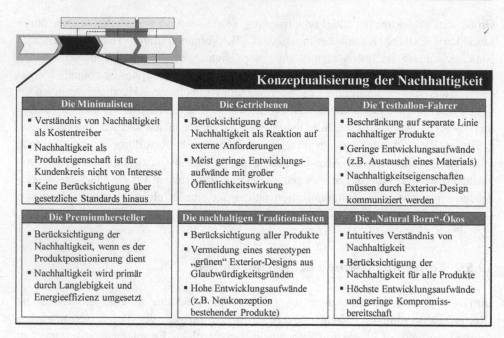

Abb. 19.4 Übersicht der Unternehmenstypologie

große Rolle spielt." (#5, Medizinische und therapeutische Geräte). Dieser klare Kostenfokus dominiert auch die Produktentwicklung, Effizienz (z. B. bei Elektrogeräten) oder eine Minimierung des Materialeinsatz spielen bei der Konstruktion nur eine marginale Rolle. Nachhaltigkeit als Produkteigenschaft ist für die Kunden der Minimalisten nicht kaufentscheidend: „Die Kunden, die wir ansprechen möchten, die interessiert Nachhaltigkeit nicht. Die Kaufentscheidung ist ausschließlich über den Preis getrieben." (#7, Elektrische Haushaltsgeräte). Von Bedeutung ist für Minimalisten allerdings die Einhaltung der gesetzlichen Mindeststandards. Insbesondere trifft dies auf Sozialstandards in den Herstellerländern zu, da der Kostenfokus meist eine Produktion in Asien bedingt. Aber auch Richtlinien hinsichtlich der Umweltverträglichkeit der Produkte sind von Relevanz: „Ganz ehrlich? Haupttreiber sind die Gesetze. Die Gesetze und die Auflagen. Denn freiwillig würden wir es in den meisten Fällen nicht tun. Weil es immer ökonomisch nachteilig ist." (#27, Werkzeuge und Geräte für Haus und Garten).

Konzeptionelle Limitationen: Minimalisten richten sich im Bereich Nachhaltigkeit fast ausschließlich nach der Gesetzeslage. Diese Unternehmen zu einer Steigerung der Nachhaltigkeitsleistung ihrer Produkte zu motivieren, lässt sich nur über regulatorische Eingriffe erreichen.

19.5.4 Typ II – Die Getriebenen

Im Unterschied zu den Minimalisten setzen die Getriebenen bei der Entwicklung ihrer Produkte auf Nachhaltigkeit, allerdings in unterschiedlichem Umfang. In der Regel wird dabei das gesamte, meist aus Verbrauchsgütern bestehende Produktportfolio betrachtet. Auslöser für entsprechende Aktivitäten sind stets unternehmensextern angesiedelt, so z. B. Anforderungen von Handelsketten: „Nachhaltigkeit wird in den Medien breitgetreten [...] und der Handel springt auf den Zug auf und sagt: Wir sorgen für Nachhaltigkeit! Und dann loben die das auf ihre Eigenmarkenartikel gnadenlos aus." (#1, Verbrauchsgüter für die Haushaltsführung). Insbesondere börsennotierte Unternehmen verspüren den Druck öffentlicher Erwartungshaltung, ihrer gesellschaftlichen und ökologischen Verantwortung gerecht zu werden und dies auch zu dokumentieren. Auch können zunehmende Wettbewerbsaktivitäten oder negative Erfahrungen als Auslöser für eine verstärkte Beschäftigung mit dem Thema Nachhaltigkeit fungieren: „Wobei man auch sagen muss, auch da sind wir eigentlich eher zu gezwungen worden, als dass wir es freiwillig gemacht haben [...]. Wir hatten vor Jahren einen Fall von Kinderarbeit [...], das hat natürlich eine große Welle ausgelöst. In diesem Zusammenhang hat man sich dann zum ersten Mal mit dem Thema Nachhaltigkeit beschäftigt." (#2, Bekleidung). Häufig zeigt sich bei den Getriebenen daher eine reaktive Haltung zum Thema Nachhaltigkeit, da es ihnen mehr um Risikominimierung als um die Erschließung neuer Wettbewerbsvorteile geht. Insgesamt sind die Getriebenen bemüht, Nachhaltigkeit bei der Entwicklung ihrer Produkte zu berücksichtigen, ohne diese als stereotype Öko-Linie zu gestalten. Wichtig ist ihnen eine öffentlichkeitswirksame Dokumentation sämtlicher diesbezüglicher Aktivitäten, um den Anforderungen der Stakeholder gerecht zu werden.

Konzeptionelle Limitationen: Die Getriebenen sehen Nachhaltigkeitsaktivitäten hauptsächlich als eine „Versicherung" gegen negative Schlagzeilen über ihre Produkte an. Diese Haltung verstellt ihnen den Weg hin zu einer proaktiven Gestaltung von Wettbewerbsvorteilen und lässt damit weitreichende Potenziale ungenutzt.

19.5.5 Typ III – Die Testballon-Fahrer

Testballon-Fahrer sind oft etablierte Hersteller von Verbrauchs- oder Gebrauchsgütern mit einem weniger dynamischen Produktportfolio. Neben den bestehenden Produkten wird als Reaktion auf den Zeitgeist und als Markttest eine grüne Produktlinie entwickelt. Oft enthält diese Standardprodukte, bei denen einzelne Komponenten aus einem Recyclat oder aus nachwachsenden Rohstoffen hergestellt sind: „Wir wollen mit einer nachhaltigen Produktlinie zeigen, dass wir nachhaltig denken – und das nicht nur in unseren Prozessen." (#10, Haushaltsgegenstände). Eine besondere Beachtung wird dem Exterior-Design zuteil, das oftmals Ökologie-Stereotype aufgreift und sich an den „bewussten Konsumenten" richtet: „Kleider machen Leute. Wenn ich ein feuerrotes Produkt sehe und daneben dann unsere Öko-Linie, dann ist die natürlich etwas hässlicher. Aber wenn ich Wert darauf lege, meiner Umwelt etwas Gutes zu tun, dann nehme ich sie trotzdem." (#10, Haushaltsgegenstände). Eine Beeinträchtigung der Optik des Produkts wird demnach häufig nicht als notwendiges Übel gesehen, sondern soll vielmehr die ökologische Ausrichtung unterstreichen. Grüne Produktlinien werden auch zur Erprobung neuer Produktkonzepte, alternativer Materialien oder neuer Kommunikationswege genutzt: „Bisher war nur bei der Öko-Linie Nachhaltigkeit ein Basiskriterium. Und durch die Erfahrungen, die wir da gemacht haben, sagen wir jetzt: Wir wollen das auch auf andere Produkte ausdehnen." (#13, Schreibwaren). Der Fokus der Testballon-Fahrer liegt fast immer auf der Ökologie-Dimension. Eine Ausnahme stellt die Textilbranche dar, da hier schon der Bezug der Baumwolle erheblichen Einfluss auf alle TBL-Dimensionen hat. Fast alle Testballon-Fahrer machen die Erfahrung, dass Endkunden sich am Regal anders verhalten als erhofft: „Wir haben mal eine Biolinie gemacht, wo wir auf Nachhaltigkeit ganz besonders Wert gelegt haben, also das Maximum im Prinzip, was man machen kann. Aber es ist eben nicht so, dass der Kunde das stark honoriert." (#3, Verbrauchsgüter für die Haushaltsführung). Als Ergebnis wird die Entwicklung der Öko-Linien meist nach der Testphase eingestellt, selten werden die gewonnenen Erfahrungen systematisch auf das gesamte Produktportfolio übertragen.

Konzeptionelle Limitationen: Nachhaltigkeit ist per definitionem auf einen langfristigen Zeithorizont ausgelegt. Testballon-Fahrern mangelt es jedoch häufig an intrinsischer Motivation und echter Überzeugung, ihre Produktentwicklung gezielt auf mehr Nachhaltigkeit auszurichten. Die entwickelten Öko-Linien bleiben daher oft eher ein von kurzfristigen Markttrends entfachtes „Strohfeuer".

19.5.6 Typ IV – Die Premiumhersteller

Premiumhersteller entwickeln üblicherweise teure Gebrauchsgüter, die sich hinsichtlich Funktion, Markenimage oder Design vom Angebot des Wettbewerbs abheben. Die hohe Qualität der Produkte ist oft ein zentrales Kaufkriterium, weshalb Premiumhersteller in der Produktentwicklung besonders auf eine lange Lebensdauer achten: „Unsere Produkte werden ja fast vererbt, das macht natürlich viel unserer Marke aus. Das ist es eigentlich, wie wir aus Sicht der Entwicklung Nachhaltigkeit verstehen. Das ist das, was wir leben." (#19, Sport- und Freizeitgeräte). Doch auch über das Thema Langlebigkeit hinaus versuchen Premiumhersteller einzelne Nachhaltigkeitsaspekte zu berücksichtigen. So werden z. B. zweifelhafte Materialien proaktiv ersetzt oder es werden selbstständig Rücknahmesysteme entwickelt. Um jedoch die eigene Glaubwürdigkeit nicht zu beschädigen, werden Produkte nicht unter Nachhaltigkeitsgesichtspunkten beworben. Auch werden keine Funktionseinbußen zur Verbesserung der Nachhaltigkeit in Kauf genommen: „Unsere Produkte werden wegen ihrer Funktion und ihrem Design gekauft. Nachhaltigkeit macht für unsere Kunden am Regal keinen Unterschied." (#25, Unterhaltungselektronik). Oft ist es sogar so, dass ein verstärktes öffentliches Engagement für Nachhaltigkeit von den Konsumenten eher kritisch bewertet wird: „Es ist wirklich in unserem Umfeld kein

Thema. Und selbst wenn man da mal drüber diskutiert, dann sagt der Anwender: Ja toll, habt ihr denn keine anderen Themen bei euch?" (#26, Werkzeuge und Geräte für Haus und Garten). Premiumhersteller produzieren überwiegend in Deutschland und beziehen ihre Materialien vorrangig über langjährige lokale Lieferbeziehungen. Die Einhaltung der sozialen Standards wird daher eher als selbstverständlich angesehen, als dies bei den Minimalisten der Fall ist.

Konzeptionelle Limitationen: Premiumhersteller setzen auf Nachhaltigkeit, wenn dies ihrer Produktpositionierung dienlich ist. Dabei richten sich ihre Produkte nur an einen begrenzten Markt. Eine großflächige Verbreitung der Produkte bleibt aufgrund der vergleichsweise hohen Preise aus.

19.5.7 Typ V – Die nachhaltigen Traditionalisten

Nachhaltige Traditionalisten sind zumeist mittelständische Firmen mit langer Unternehmensgeschichte. In der Produktentwicklung ist Nachhaltigkeit für das gesamte Produktportfolio eine wichtige Anforderungskategorie, die so konsequent wie möglich umgesetzt wird. Dafür werden Funktionseinbußen sowie eine schlechtere Wirtschaftlichkeit gegenüber konventionellen Produkten in Kauf genommen. Von zentraler Bedeutung ist hier die Glaubwürdigkeit, die sich für nachhaltige Traditionalisten hauptsächlich durch Kommunikation und das Exterior-Design vermitteln lässt: „Die Geschichten aus den Achtzigern und Neunzigern mit dem Ökopapier, das extra nachgefärbt wurde, damit es noch dunkelgrauer wird und noch ökologischer aussieht, das ist vorbei. Das wollen wir nicht. […] Und wenn wir jetzt ein Produkt herausbringen in so einem schmutzigen Braungrau – das, was sie bekommen, wenn sie alle Farben zusammenmischen –, das ist dann nicht mehr unser Produkt. Da würden wir auch im Markt eine Bauchlandung mit erleben." (#15, Schreibwaren). Nachhaltige Traditionalisten entwickeln entweder Produkte, bei denen Aspekte der Nachhaltigkeit wichtige Produktmerkmale sind (z. B. Energieeffizienz und Langlebigkeit bei Elektrogeräten), oder sie beschäftigen sich aufgrund interner Impulse mit dem Thema (z. B. durch Unternehmenseigner). Bei der Produktentwicklung investieren sie zum Teil erheblich in die Verbesserung der Nachhaltigkeitsleistung. Ist Nachhaltigkeit jedoch keine vom Kunden gewünschte Produkteigenschaft und lässt sie sich nicht z. B. über Verbrauchswerte intuitiv vermitteln, haben die nachhaltigen Traditionalisten oft Schwierigkeiten, ihre Bemühungen erfolgreich an die Konsumenten zu kommunizieren: „Wir werden es auch mehr in den Vordergrund rücken müssen, dass wir da was machen. Ich glaube, das Problem haben viele Mittelständler, dass die eigentlich relativ viel machen, aber relativ wenig darüber reden." (#9, Elektrische Haushaltsgeräte). Insgesamt lässt sich bei den Traditionalisten jedoch eher eine „unaufgeregte" Haltung dem Thema Nachhaltigkeit gegenüber feststellen, da sie die entsprechenden Werte mehr aus der Tradition ihres Unternehmens heraus begründen und sich nach ihnen richten, als dass sie hierbei auf die öffentliche Wirkung des Themas fokussieren.

Konzeptionelle Limitationen: Nachhaltige Traditionalisten pflegen ein gewisses „Understatement" dem Thema Nachhaltigkeit gegenüber, welches ihnen einerseits eine hohe Glaubwürdigkeit verschafft, andererseits aber, wie das vorangehende Zitat veranschaulicht, auch Potenziale der Kundenansprache ungenutzt lässt.

19.5.8 Typ IV – Die „Natural Born"-Ökos

Unternehmen, die auf Nachhaltigkeitsprinzipien fußen (oft gegründet um eine zufällig identifizierte Marktlücke zu schließen) sind „Natural Born"-Ökos. In diesen zumeist familiengeführten Unternehmen wird die umfängliche Berücksichtigung sozialer und ökologischer Kriterien nicht als verhandelbar begriffen, sondern vorausgesetzt. Entsprechend sind Nachhaltigkeitsbemühungen der „Natural Born"-Ökos intrinsisch motiviert und entstehen nicht als Reaktion auf externen Druck. Es herrscht daher ein intuitives Verständnis des Begriffs Nachhaltigkeit vor: „Wir sind eben Öko-Freaks gewesen, man hat sich da gar keine Gedanken gemacht. Wir haben da keinen Plan, sondern machen das einfach so. Weil es so eine Überzeugungsgeschichte ist." (#8, Haushaltsgegenstände). Entsprechend spielt Nachhaltigkeit nicht nur für einzelne Produkte, sondern für das gesamte Produktportfolio eine Rolle. Die Eigentümer der „Natural Born"-Ökos sind oft eng in die Produktentwicklung eingebunden und entscheiden TBL-Zielkonflikte häufig zugunsten der ökologischen oder sozialen Dimension: „Ich finde, es ist Luxus zu sagen: Das Material ist zwar teurer, wir nehmen es aber trotzdem, weil es ökologisch einfach besser ist. Das ist Luxus, den man teilt." (#8, Haushaltsgegenstände). „Organisatorisch ist der Nachhaltigkeitsgedanke sozusagen in der DNA des Unternehmens angelegt und auf allen hierarchischen Ebenen implementiert:" Also, unser Unternehmer würde sagen, dass Nachhaltigkeit nicht an eine Stabsstelle vergeben werden darf, weil dann alle im Unternehmen sagen, die kümmern sich schon darum. Für ihn ist das ganz klar: Der Fisch muss vom Kopf stinken. Er ist derjenige – und das tut er auch –, der die Nachhaltigkeit extrem in den Vordergrund rückt […]. (#12, Verbrauchsgüter für die Haushaltsführung). Im Gegensatz zu den Traditionalisten ergibt sich der Nachhaltigkeitsfokus bei den „Natural Born"-Ökos nicht nur aus einem ausgeprägten Traditionsbewusstsein heraus oder infolge von hohen Qualitätsstandards, sondern er war bereits ein explizites Ziel bei Gründung des Unternehmens.

Konzeptionelle Limitationen: „Natural Born"-Ökos vereinen Glaubwürdigkeit mit einer starken Nachhaltigkeitsbotschaft an die Kunden. Allerdings sprechen diese Unternehmen eine besondere (begrenzte) Zielgruppe an und sind für Kunden ohne entsprechende persönliche Überzeugung evtl. unattraktiv.

19.5.9 Abschließende Bemerkungen

Abschließend ist festzuhalten, dass die sechs vorgestellten Typen in der Praxis natürlich nicht überschneidungsfrei existieren. So wird es beispielsweise durchaus Unternehmen des Typus „nachhaltige Traditionalisten" geben, die für das Exterior-Design auf eine stereotype ökologische Gestaltung setzen. Die Typologie bietet allerdings einen Ausgangspunkt für das Verständnis grundsätzlich unterschiedlicher Herangehensweisen an die Entwicklung nachhaltiger Produkte. Sie bildet daher einen Bezugsrahmen für weitere Modellelemente. Welchen Herausforderungen sich die Entwicklungsabteilungen bei der konstruktiven Umsetzung stellen müssen und welche Auswirkungen dies auf die Marktphase hat, kann auf diese Weise eingeordnet und zueinander in Beziehung gesetzt werden.

19.6   Implikationen, Limitationen und Ausblick

Die vorliegende Studie beschäftigt sich aus Sicht der Produktentwicklung von Konsumgütern mit dem Konzept der Nachhaltigkeit. Die abgeleitete Typologie von Unternehmen erleichtert eine Klassifizierung von Unternehmen und ermöglicht eine bewusste Ausrichtung der Produktentwicklung auf Nachhaltigkeit. Wie einleitend bereits thematisiert, beschäftigt die Produktentwicklung häufig die Frage nach dem „richtigen" Maß an Nachhaltigkeit. Die Typologie erleichtert die bewusste Entscheidung, einen angemessenen Fokus auf die Thematik zu setzen, anstatt sich einfach in einer der Gruppen „wiederzufinden". Die aufgezeigten konzeptionellen Limitationen der einzelnen Typen erleichtern es der Produktentwicklung zudem, unternehmensintern die Auswirkungen einer bestimmten Haltung zur Nachhaltigkeit zu kommunizieren.

Der für die Studie gewählte Grounded Theory-Ansatz weist bestimmte methodische Limitationen auf. Auch wenn diese bereits beim Forschungsdesign und in allen Schritten der Erhebung umfänglich in Betracht gezogen wurden, gilt es, diese bei der Bewertung der Ergebnisse zu berücksichtigen. So sind die Ergebnisse qualitativer Vorgehen immer zu einem gewissen Grad von den Interpretationen der Forschenden geprägt, da die Daten möglicherweise auch alternative Deutungen zulassen (Charmaz 2006, S. 127). Zudem ist es möglich, dass Interviewpartner aus Geheimhaltungsgründen Informationen vorsätzlich zurückgehalten haben. Weiter wurden die Interviewpartner nicht nach statistischen Kriterien ausgewählt, weshalb das Sample keine Ansprüche auf Repräsentativität erhebt (Charmaz 2006, S. 96). Aus diesem Grund kann das entwickelte Modell nicht ohne Weiteres für andere Unternehmen generalisiert werden.

Aus den Limitationen ergeben sich zudem weitere Forschungsfragen, denen sich das Institut für Logistik und Unternehmensführung zukünftig widmen wird. So ist unter anderem zu prüfen, ob und wie sich das für die Konsumgüterindustrie entwickelte Modell sowie die Unternehmenstypologie auf die Produktentwicklung von Industriegütern übertragen lassen. Des Weiteren ist durch eine empirische Prüfung darzulegen, wie erfolgreich die verschiedenen Ansätze in der Praxis implementiert sind und welche weiteren Handlungsempfehlungen sich daraus ableiten lassen.

Literatur

Alblas, A., Peters, K. & Wortmann, H. (2014). Fuzzy Sustainability Incentives in New Product Development – An Empirical Exploration of Sustainability Challenges in Manufacturing Companies. *International Journal of Operations & Production Management, 34(4)*, 513–545.

Brockhaus, S. (2013). *Analyzing the Effect of Sustainability on Supply Chain Relationships*. Lohmar: Josef Eul Verlag, Diss. Technische Universität Hamburg-Harburg.

Brockhaus, S., Kersten, W. & Knemeyer, A.M. (2013). Where Do We Go From Here? Progressing Sustainability Implementation Efforts across Supply Chains. *Journal of Business Logistics, 34(2)*, 167–182.

Buchert, T., Halstenberg, F., Adolphy, S., Lindow, K. & Stark, R. (2014). Wissensbasierte nachhaltige Produktentwicklung – Systematische Auswahl und Kombination von Methoden zur Entscheidungsunterstützung. In D. Krause, K. Paetzold & S. Wartzack (Hrsg.), *Design for X – Beiträge zum 25. DfX-Symposium* (S. 285–296). Hamburg: TuTech Verlag.

Charmaz, K. (2006). *Constructing Grounded Theory – A Practical Guide Through Qualitative Analysis*. London: SAGE Publications.

Corbin, J., & Strauss, A.L. (2008). *Basics of Qualitative Research – Techniques and Procedures for Developing Grounded Theory* (3. Auflage). Thousand Oaks et al.: SAGE Publications.

Creswell, J. W. (1997). *Qualitative Inquiry and Research Design – Choosing Among Five Traditions* (2. Auflage). Thousand Oaks: SAGE Publications.

Ehrenfeld, J. (2008). *Sustainability by Design – A Subversive Strategy for Transforming Our Consumer Culture*. New Haven: Yale University Press.

Ehrlenspiel, K., & Meerkamm, H. (2013). *Integrierte Produktentwicklung – Denkabläufe, Methodeneinsatz, Zusammenarbeit*. München: Carl Hanser.

Eisenhardt, K. (1989). Building Theories from Case Study Research. *Academy of Management Review, 14(4)*, 532–550.

Elkington, J. (1998). Partnerships from Cannibals with Forks – The Triple Bottom Line of 21st Century Business. *Environmental Quality Management, Autumn*, 37–51.

Fawcett, S.E., Waller, M.A. & Bowersox, D.J. (2011). Cinderella in the C-Suite – Conducting Influential Research to Advance the Logistics and Supply Chain Disciplines. *Journal of Business Logistics, 32(2)*, 115–121.

Fleiß, J. (2010). Paul Lazarsfelds typologische Methode und die Grounded Theory – Generierung und Qualität von Typologien. *Österreichische Zeitschrift für Soziologie, 35(3)*, 3–18.

Haanaes, K., Reeves, M., von Streng Velken, I., Audretsch, M., Kiron, D. & Kruschwitz, N. (2012). Sustainability Nears a Tipping Point. *MIT Sloan Management Review Research Report*. Cambridge.

Hackius, N., Wichmann, M. & Kersten, W. (2014). Improving Sustainability at Truck Loading Docks – Studying Truck Loading Docks as a Critical Interface. In *26th Conference of the Nordic Logistics Research Network (NOFOMA)*. Kopenhagen: Copenhagen Business School.

Hanusch, D., & Birkhofer, H. (2008). Gesellschaftliche Nachhaltigkeit von Produkten – Verantwortung und Einfluss seitens der Produktentwicklung. In K. Brökel, J. Feldhusen, K.-H. Grote, F. Rieg & R. Stelzer (Hrsg.), *Nachhaltige und effiziente Produktentwicklung – 6. Gemeinsames Kolloquium Konstruktionstechnik* (S. 211–220). Aachen: Shaker Verlag.

Hitzler, R. (1994). Wissen und Wesen des Experten – Ein Annäherungsversuch. In R. Hitzler, A. Honer & C. Maeder (Hrsg.), *Expertenwissen – Die institutionalisierte Kompetenz zur Konstruktion von Wirklichkeit* (S. 13–30). Opladen: Westdeutscher Verlag.

Kersten, W., Brockhaus, S. & Berlin, S. (2011). Implementierungsansätze für eine grünere Logistik – Ökoeffiziente Logistik mittels Target Costing. *Industrie Management, 27(6)*, 57–60.

Locke, K.D. (2001). *Grounded Theory in Management Research*. London et al.: SAGE Publications.

Ponn, J., & Lindemann, U. (2011). *Konzeptentwicklung und Gestaltung technischer Produkte – Systematisch von Anforderungen zu Konzepten und Gestaltlösungen* (2. Auflage). Heidelberg et al.: Springer.

Pratt, M.G. (2008). Fitting Oval Pegs Into Round Holes – Tensions in Evaluating and Publishing Qualitative Research in Top-Tier North American Journals. *Organizational Research Methods, 11(3)*, 481–509.

Short, T. (2008). Sustainable Engineering – Confusion and Consumers. *International Journal of Sustainable Engineering, 1(1)*, 21–31.

WCED. (1987). *Our Common Future – Report of the World Comission on Environment and Development*. Retrieved from: http://www.un-documents.net/our-common-future.pdf.

Operationalisierung von Nachhaltigkeit im Produktionskontext: Integrierte Ressourceneffizienzanalyse zur Senkung der Klimabelastung von Produktionsstandorten der chemischen Industrie

Tobias Viere, Heidi Hottenroth, Hendrik Lambrecht,
Nadine Rötzer, André Paschetag, Stephan Scholl,
und Mandy Wesche

20.1 Einleitung – Ressourceneffizienz in der chemischen Industrie

Die Gestaltung umweltfreundlicher und ressourceneffizienter Produktionsprozesse ist eine große Herausforderung für die Industrie. Isolierte Ansätze zur Reduktion von Treibhausgasen oder zur Erhöhung der Energieeffizienz leisten hierzu einen Beitrag, schöpfen aber nicht alle Potenziale aus, die eine integrierte Analyse der Ressourceneffizienz leisten könnte. Diese bedarf praxisorientierter und integrierter Methoden, welche Elemente aus Verfahrenstechnik und Anlagenbau, Ökobilanzierung, internem Rechnungswesen sowie *Operations Research* miteinander verbinden. Für solche integrierten Ansätze fehlen unter anderem passende Instrumente zur systematischen Betrachtung der Klimawirkung und weiterer Umweltwirkungskategorien im Prozess- und Anlagendesign wie in der Produktionsgestaltung. Besonders kleine und mittelständische Unternehmen benötigen Unterstützung, um einen Überblick über mögliche Maßnahmen zur Effizienzsteigerung zu erhalten und Nachhaltigkeit zu operationalisieren.

T. Viere (✉) • H. Hottenroth • H. Lambrecht • N. Rötzer
Institut für Industrial Ecology, Hochschule Pforzheim, Tiefenbronner Str. 65,
75175 Pforzheim, Deutschland
e-mail: tobias.viere@hs-pforzheim.de; heidi.hottenroth@hs-pforzheim.de;
hendrik.lambrecht@hs-pforzheim.de; nadine.roetzer@hs-pforzheim.de

A. Paschetag • S. Scholl • M. Wesche
Institut für Chemische und Thermische Verfahrenstechnik, Technische Universität
Braunschweig, Langer Kamp 7, 38106 Braunschweig, Deutschland
e-mail: a.paschetag@tu-braunschweig.de; s.scholl@tu-braunschweig.de;
mandy.wesche@tu-braunschweig.de

© Springer Fachmedien Wiesbaden 2016
W. Leal Filho (Hrsg.), *Forschung für Nachhaltigkeit an deutschen Hochschulen*,
Theorie und Praxis der Nachhaltigkeit, DOI 10.1007/978-3-658-10546-4_20

„Ressource" ist ein weitgefasster und nicht einheitlich definierter Begriff. Er umfasst unter anderem Arbeitskraft, Zeit, Finanzen oder auch Rohstoffe und die Umwelt. Der Begriff „Ressourceneffizienz" wird jedoch meist im Zusammenhang mit natürlichen Ressourcen und nachhaltiger Entwicklung verwendet und meint die Steigerung der industriellen Wertschöpfung bei gleichzeitiger Reduktion der dafür notwendigen Einsatzstoffe und der Umweltfolgewirkungen (Europäische Kommission 2013). Dieses sehr breite Verständnis von Ressourceneffizienz ist zugleich eine der sieben Leitinitiativen der 2020-Strategie der Europäischen Kommission (Europäische Kommission 2011). Derzeit befinden sich Richtlinien für die Umsetzung und Bewertung von Ressourceneffizienz in der Erprobung und Entwicklung, bspw. seitens des Vereins Deutscher Ingenieure (VDI) (VDI ZRE 2014). Von der Europäischen Kommission beauftragte Studien fanden heraus, dass neben finanziellen vor allem informationelle Barrieren die Steigerung der Ressourceneffizienz behindern, dies umfasst insbesondere fehlendes oder mangelndes Wissen zu Ressourceneffizienzansätzen (Rademaekers et al. 2011, S. 110 ff.). Erfolgreiche Ressourceneffizienz verlangt nicht nur nach der Integration von Methoden und Werkzeugen unterschiedlicher Disziplinen, sondern auch nach der Integration der Wertschöpfungskette. Eine Beschränkung der Ressourceneffizienzanalyse auf Teilprozesse oder kleinere Produktionseinheiten ist für eine erfolgreiche Identifikation der Reduktions-, Recycling- und Symbiose-Potenziale in großen industriellen Netzwerken nicht geeignet, in denen im Sinne der Industriellen Ökologie (engl. *Industrial Ecology*) Abfallströme und Energieverluste eines Akteurs zum Input eines anderen werden (Herczeg et al. 2013, S. 4).

Um den zuvor angedeuteten Herausforderungen gerecht zu werden, wurde das interdisziplinäre Forschungs- und Entwicklungs (FuE)-Projekt „Integrierte Ressourceneffizienzanalyse zur Senkung der Klimabelastung von Produktionsstandorten der chemischen Industrie" (InReff) angestoßen, gefördert vom Bundesministerium für Bildung und Forschung (BMBF). Ziel des Vorhabens ist die Entwicklung einer IT-basierten Modellierungs- und Bewertungsumgebung, in der Ressourceneffizienz- und Umweltschutzfragen der chemischen Industrie umfassend beantwortet werden können. Die Weiterentwicklung und Integration bereits bestehender Konzepte und Methoden, das *Software Prototyping*, Fallstudienforschung und Wissenstransfer sind die wesentlichen Bestandteile dieses Projekts und werden im Verbund von drei Industriepartnern, zwei Hochschulen, einem Anbieter von Softwarelösungen sowie weiteren assoziierten Partnern bearbeitet. Bereits etablierte Methoden der Prozessentwicklung und -gestaltung wie Fließbildsimulation, Wärmeintegration, Stoffstromanalyse, Materialflusskostenrechnung, Ökobilanzierung sowie Simulations- und Optimierungsansätze werden im Vorhaben zielorientiert kombiniert. Die darauf aufbauende integrierte Ressourceneffizienzanalyse wird durch eine IT-basierte Umgebung unterstützt. Forschungsseitig erfordert diese Herangehensweise detailliertes, disziplinäres Fachwissen und zugleich interdisziplinäres Systemverständnis und Problemlösungskompetenz. Einen Einblick in die Vielfalt an vorhandenen Methoden und Werkzeugen liefert Abb. 20.1.

Vor dem Hintergrund, dass die chemische Industrie gemessen am Umsatz der drittgrößte Industriezweig Deutschlands ist (VCI 2014, S. 4) und im Jahr 2012 etwa 640 PJ an

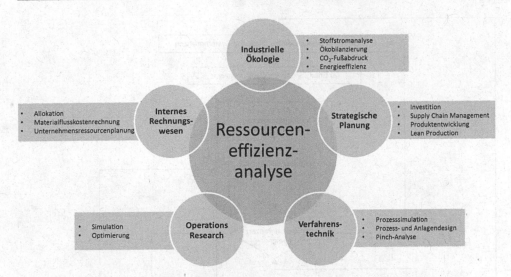

Abb. 20.1   Methodenvielfalt für eine integrierte Ressourceneffizienzanalyse (eigene Darstellung)

Energie verbrauchte und rund 46 Mio. t CO_2 emittierte (VCI 2014a, S. 72, 100), kommt der Steigerung der Ressourceneffizienz in der chemischen Industrie eine bedeutende Rolle zu (siehe hierzu auch Zettl et al. 2014). Die Projektergebnisse tragen dazu bei, vor allem kleine und mittelständische Unternehmen zu befähigen, sich der Thematik Ressourceneffizienz anzunehmen, um Potenziale zu identifizieren und auszuschöpfen und sich so an der nachhaltigen Entwicklung der Industrie zu beteiligen.

Im folgenden Kapitel wird der konzeptionelle Ansatz der integrierten Ressourceneffizienzanalyse erläutert, auf dem das in Kap. 3 vorgestellte Konzept einer IT-basierten Plattform für die Integration von Methoden und Werkzeugen erarbeitet wurde. Kapitel 4 erläutert die industriellen Fallstudien genauer, bevor abschließend das Wissenstransferkonzept und weitere Forschungsaktivitäten dargelegt werden.

20.2   Konzeptioneller Ansatz – Integrierte Ressourceneffizienzanalyse

Als Ergebnis mehrerer projektinterner Diskussionsrunden industrieller und akademischer Fachleute aus Verfahrenstechnik, Chemieingenieurwesen, chemischer Produktion, *Operations Research*, Umweltbewertung und Controlling wurde eine idealtypische Vorgehensweise zur Durchführung einer integrierten Ressourceneffizienzanalyse entwickelt, die zusammen mit ausgewählten Methoden in Abb. 20.2 dargestellt ist.

Das Verfahrensmodell folgt der grundlegenden Notation von Entscheidungsmodellen und beginnt mit der Festlegung von Zielen und Systemgrenzen (1), auf deren Basis anschließend ein Überblick der Energie- und Materialflüsse des ausgewählten Systems

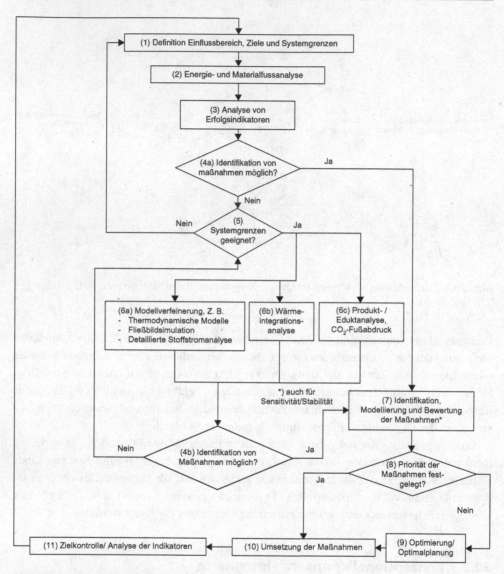

Abb. 20.2 Idealtypisches Verfahrensmodell der integrierten Ressourceneffizienzanalyse (eigene Darstellung)

erstellt wird, der auch als „Hubschrauberperspektive" bezeichnet werden kann (2). In dieser Perspektive können erste Berechnungen und Bewertungen von Indikatoren durchgeführt werden, welche die Gesamtziele quantifizieren und bewerten. In einigen Fällen genügt bereits eine solche Hubschrauberperspektive aus, um Einsparpotenziale aufzuzeigen (4a, 7, 8). Diese Grobanalyse macht in einigen Fällen auch die erneute Anpassung der Ziele und Systemgrenzen notwendig (5, 4b) oder erfordert Modellerweiterungen und -verfeinerungen (6a–c). Die Verfeinerung des Modells kann entweder im Energie- und

Materialflussmodell selbst vorgenommen werden oder erfordert die Integration weiterer Werkzeuge wie die Fließbildsimulation (6a), die Wärmeintegrationsanalyse (6b) oder produktspezifische und ökologische Betrachtungen (6c). Werden mehrere Verbesserungspotenziale identifiziert, müssen diese priorisiert werden (8), bei entsprechender Komplexität können dafür geeignete Optimierungsverfahren verwendet werden (9). Die Durchführung der Maßnahmen und eine anschließende Zielkontrolle beenden die Analyse oder initiieren einen weiteren Durchlauf (1).

Die Energie- und Materialflussanalyse ist das Schlüsselelement des Verfahrensmodells und bildet die Basis für die Bewertung und Optimierung. Für die Analyse werden die Zu- und Abflüsse an Materialien und Energien von Prozessen, Produktionseinheiten, Chemieanlagen oder ganzer Produktionsnetzwerke und ihren Verflechtungen bilanziert. Dazu ist eine Erhebung von Input/Output-Daten, z. B. durch Messungen, Berechnungen, Abschätzungen oder Nutzung generischer Daten, erforderlich. Die Energie- und Materialflussanalyse dient als Grundlage für die folgenden Werkzeuge, welche die Ressourceneffizienzbetrachtungen unterstützen.

Die Ökobilanzierung (engl. *Life Cycle Assessment*, LCA) dient der unternehmensinternen und -übergreifenden Kommunikation von potentiellen Umweltwirkungen und unterstützt die Entscheidungsfindung zur Erreichung gesetzter Umweltziele, bspw. in Form von produkt-, prozess- oder standortbezogenen Treibhausgasbilanzen (siehe ISO 14040 2006; ISO 14067 2013; ISO 14072 2014; PAS 2050 2011; GHG Protocol 2004). Für eine Bewertung bieten standardisierte LCA-Datenbanken wie ecoinvent (Ecoinvent 2015) generische Datensätze u. a. für die Bereitstellung und Entsorgung von Materialien, die Bereitstellung von Energieträgern oder für Transportvorgänge.

Diese Betrachtungen ermöglichen die Bewertung von Änderungen im Prozess- und/ oder Anlagendesign, wie z. B. in Wärmeübertragernetzwerken, als auch in den Logistikprozessen und Recycling- oder Entsorgungsvorgängen sowie durch die Nutzung alternativer Vorstufen. Damit können sowohl ökologische als auch Ressourceneffizienzaspekte über die gesamte Wertschöpfungskette beurteilt und bereits in Produktentwicklungs- oder Prozessgestaltungsentscheidungen berücksichtigt werden.

Fertigungsprozesssimulation (engl. *Computer Aided Process Engineering*, CAPE) beschreibt die computergestützte Verfahrensbearbeitung in einer integrierten Werkzeugumgebung und wird häufig bei der Prozessentwicklung und -gestaltung angewandt (Beßling et al. 1997; Braunschweig und Gani 2002). Als ein zentrales Element beinhaltet sie die Methode der Fließbildsimulation. Thermodynamische Berechnungen ermöglichen darin die Erstellung konsistenter Massen- und Energiebilanzen, die u. a. zur Abschätzung von Kosten und der Mess-, Steuerungs- und Regelungstechnik dienen. Eine der wichtigsten Voraussetzungen zur Integration von CAPE-Werkzeugen ist eine einfach zu handhabende und allgemein akzeptierte Benutzeroberfläche, um die Daten in andere Ressourceneffizienzanwendungen übertragen zu können. Des Weiteren unterstützt CAPE die Integration von Erklärungsmodellen in Ressourceneffizienzanalysen, wie die Definition von Kausalitäten und die Bewertung thermodynamischer Auswirkungen von geplanten Ressourceneffizienzmaßnahmen.

Methoden der Wärmeintegration werden zur Optimierung der Wechselwirkungen zwischen Wärmequellen und -senken in einem Produktionssystem eingesetzt. Ein bekannter Ansatz für Wärmeintegrationsbetrachtungen ist die Pinch-Methode (vgl. Linnhoff und Hindmarsh 1983). Wärmeerzeugung und Kühlung sind energieintensive Prozesse, deren Energieeffizienz durch eine Wärmeintegration gesteigert werden kann. Solche Maßnahmen können z. B. die Klimawirkungen und den Bedarf an fossilen Energieträgern reduzieren.

Die Materialflusskostenrechnung (engl. *Material Flow Cost Accounting*, MFCA) nach ISO 14051 (2011) basiert auf Energie- und Materialflussanalysen und ermöglicht eine transparente Darstellung der durch Ineffizienzen und Materialverluste verursachten Folgekosten. Den Abfallströmen werden die Einkaufskosten des „verlorenen" Materials, die Prozess- und Energiekosten bis zum Auftreten des Verlusts und die Abschreibungen für die betriebenen Anlagen und Einrichtungen zugeordnet. In der Materialflusskostenrechnung stellen diese Kosten den Ausgangspunkt für die Identifizierung von Einsparpotenzialen durch Reduktion oder Vermeidung von Abfallströmen und Materialverlusten dar.

Ressourceneffizienzorientierte Allokationsmethoden berücksichtigten die häufig in der chemischen Industrie auftretenden Kuppelproduktionen, in denen neben dem gewünschten Produkt weitere sog. Nebenprodukte entstehen. Die durch den Produktionsprozess verursachten potentiellen Umweltauswirkungen und Kosten sind auf alle anfallenden Kuppelprodukte zu verteilen. Die gewählte Allokationsmethode hat dabei einen großen Einfluss auf das Ergebnis der ökologischen und ökonomischen Bewertung auf Produktebene. Wenn der Material- und Energiebedarf nicht richtig erfasst und verteilt wird, kann dies zu einer „Subventionierung" von ineffizienten Produkten und Nebenprodukten führen. Deshalb gilt es, bestehende Allokationsmethoden und neue Ansätze, wie die spieltheoriebasierte Allokation, sorgfältig abzuwägen und zu bewerten (zur Allokation allgemein siehe Hougaard 2009).

Die zuvor genannten Methoden dienen der Identifizierung und Quantifizierung von Maßnahmen zur Steigerung der Ressourceneffizienz in der Produktion. Die ganzheitliche Bewertung aller Maßnahmen erfolgt anhand der in der Zielfestlegung bestimmten Indikatoren. Anschließend kann mittels einer simulationsbasierten Optimierung die bestmögliche Kombination an Parametern bzw. Maßnahmen für eine ressourceneffiziente Produktion ermittelt werden. Die Umsetzung der Maßnahmen und eine anschließende Erfolgskontrolle der selbigen schließen die Ressourceneffizienzanalyse ab und stellen gleichzeitig den Startpunkt für einen kontinuierlichen Verbesserungsprozess der bestehenden als auch geplanten Produktionen und Produktionsstandorte dar.

20.3 IT-basiertes Grundgerüst für die Ressourceneffizienzanalyse

Bei der großen Anzahl an Methoden und Werkzeugen für eine Ressourceneffizienzanalyse und der Komplexität der zu betrachtenden Produktionssysteme ist eine softwaretechnische Unterstützung unumgänglich. Die Heterogenität der Methoden und Ansätze erfordert eine

Kombination von zuvor eigenständigen Software-Tools und Methoden. Das übergeordnete Ziel im Rahmen des Verbundprojektes ist die Entwicklung einer IT-gestützten Modellierungsplattform sowie eines Bewertungsrahmens, um entscheidungsunterstützende Informationen zur Steigerung der Ressourceneffizienz in der Produktion zu erhalten. Die Plattform bietet eine Grundlage für die Erfassung, Bilanzierung und Darstellung der Material-, Energie- und Kostenströme sowie für die Identifikation und Quantifizierung von Optimierungsansätzen und gibt einen Überblick über potenzielle Maßnahmen.

Aktuell stehen auf der Plattform Schnittstellen für Software aus dem Bereich der Fließbildsimulation, der Stoffstromnetzmodellierung zur Analyse von Kosten und ökologischen Aufwendungen und der Systemoptimierung zur Verfügung. Im Folgenden werden die entsprechenden IT-seitigen Ansätze kurz vorgestellt.

20.3.1 Schnittstelle zwischen Fließbildsimulation und Stoffstromnetzmodell

Stoffstromnetzmodelle und Fließbildsimulationen stellen zwei sich ergänzende Modellierungstechniken dar, die bezüglich der Ressourceneffizienzanalyse unterschiedliche Zwecke erfüllen. Wie im idealtypischen Ablauf einer integrierten Ressourceneffizienzanalyse dargestellt (s. Abb. 20.2), dienen die Stoffstromnetzmodelle der groben Modellierung von Produktionen oder ganzen Standorten. Dagegen bietet die Fließbildsimulation die Möglichkeit einer thermodynamischen Modellierung eines Prozesses. Eine Verknüpfung von Informationen aus dem Stoffstromnetzmodell und der Fließbildsimulation zur Bewertung und Ableitung von Maßnahmen zur Steigerung der Ressourceneffizienz erscheint aus mehreren Gründen sinnvoll: Zum einen kann ein erstes Stoffstromnetzmodell mit vergleichbar geringem Aufwand bereits in einer frühen Datenerfassungsphase erstellt werden. Fehlende Angaben werden zunächst durch Abschätzungen bzw. vereinfachende Annahmen ergänzt. Einzelne Abschnitte des Modells können anschließend sukzessive durch thermodynamisch belegte Daten aus der Fließbildsimulation verfeinert werden. Zum anderen kann ein Stoffstromnetzmodell als Verknüpfung mehrerer separater Fließbildsimulationen dienen. Da so nur einzelne Prozesse bzw. Prozessabschnitte im hohen Detaillierungsgrad simuliert und im Stoffstromnetzmodell mit den weiteren zu betrachtenden Produktionsabschnitten kombiniert werden können, reduziert sich der Berechnungsaufwand erheblich.

Für die IT-basierte Plattform wurden Schnittstellen für die Stoffstromanalysesoftware Umberto® (siehe ifu Hamburg GmbH 2015) und die Fließbildsimulation CHEMCAD (siehe Chemstations 2015) entwickelt. Umberto® ermöglicht sowohl eine ökologische als auch ökonomische Bewertung der im Stoffstromnetz modellierten Produktionen oder ganzen Standorte. Einzelne Material- und Energieflüsse können mit Kosten und ökologischen Indikatoren belegt werden, sodass eine umfassende Analyse auch unter dem Gesichtspunkt der Ressourceneffizienz möglich ist. Die ermittelten Indikatorwerte können im Sankey-Diagramm visualisiert werden (vgl. Möller 2000; Schmidt 2008; Viere et al. 2011). Durch die Verknüpfung von Stoffstromnetz und Fließbildsimulation können die Erkenntnisse aus der Fließbildsimulation direkt in die umfassende Analyse und Bewertung integriert werden. Der Datenaustausch zwischen dem Stoffstromnetzmodell und der Fließbildsimulation erfolgt mittels einer anwendungsbezogenen, tabellenbasierten Schnittstelle, derzeit auf Grundlage von Microsoft Excel. Die Verwendung der Tabellenkalkulation ermöglicht eine einfache Konvertierung der Daten und erlaubt einen transparenten und nachvollziehbaren Datenaustausch zwischen beiden Modellen.

Im Rahmen des Projektes wurden erste Prototypen entwickelt, basierend auf den Anforderungen der Beispielprozesse bzw. Produktionsverbunde der Firmenpartner Huntsman Pigments (ehemals Sachtleben Chemie) GmbH und H.C. Starck GmbH. Abbildung 20.3 zeigt einen Modellausschnitt einer Dampferzeugung, bei welchem die Transition „T1" des Stoffstromnetzmodells mit einer Fließbildsimulation in CHEMCAD verknüpft wurde (Denz et al. 2014a).

20.3.2 Stoffstromnetzbasierte Systemoptimierung

Eine integrierte Ressourceneffizienzanalyse führt oft zu Stoffstromnetzmodellen, in denen eine Vielzahl von Prozessen im Produktionsverbund abgebildet sind, die in komplexer Weise miteinander vernetzt sind. In solchen Systemen ist es nicht trivial, die bestmöglichen Parameter bei der Produktions- und Anlagengestaltung aus ökologischer bzw. ökonomischer Sicht zu identifizieren. Um derartige Optimierungsprobleme zu lösen, werden im *Operations Research* Parameteroptimierungsmodelle verwendet, bei denen die Kontrollparameter eines Systems als Entscheidungsvariablen abgebildet sind. Das Ziel der Optimierung ist als eine von diesen Variablen abhängige Funktion definiert. Mithilfe mathematischer Optimierungsverfahren können so die optimalen Parameterkonfigurationen automatisch ermittelt werden. Die IT-Plattform unterstützt, basierend auf der Systemdarstellung als Stoffstromnetz, zwei unterschiedliche Optimierungsansätze: die simulationsbasierte Optimierung (Fu et al. 2005) und die sogenannte mathematische Programmierung. Bei der simulationsbasierten Optimierung wird das Stoffstromnetzmodell unverändert in einen numerischen Optimierungsprozess eingebunden. Dieser Ansatz ist vor dem Hintergrund der im Projekt angestrebten Verknüpfung von Fließbildsimulation und Stoffstromnetzmodellierung notwendig (Lambrecht 2011; Zschieschang et al. 2014). Da das Simulationsmodell für das Optimierungsverfahren eine Black Box darstellt, müssen numerische Suchheuristiken eingesetzt werden, bei denen grundsätzlich nicht gewährleistet werden kann, dass sie das globale Optimum finden.

Hier bietet die Optimierung via mathematischer Programmierung Vorteile: das Stoffstromnetz wird dabei zunächst in ein mathematisches Optimierungsmodell transformiert, das aufgrund seiner mathematischen Eigenschaften mit den besonders leistungsfähigen analytischen Lösungsalgorithmen (Solvern) optimiert werden kann (Lambrecht und Thißen 2014). Die dazu notwendige algebraische Reformulierung des Stoffstromnetzmodells leistet ein im Projekt entwickeltes prototypisches Softwaremodul (Denz et al. 2014b).

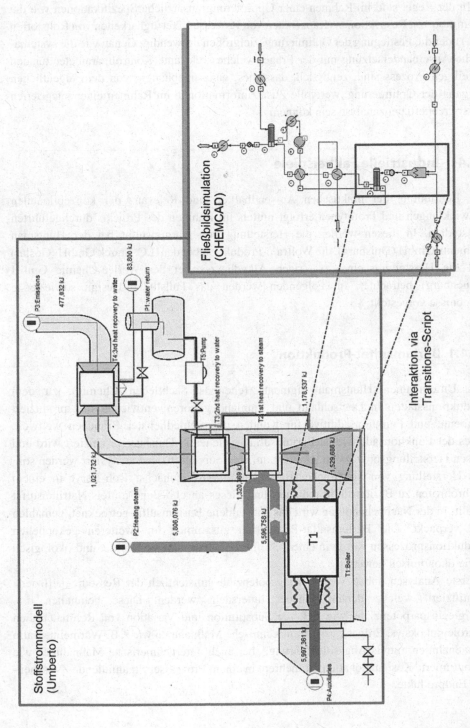

Abb. 20.3 Stoffstrommodell mit angebundener Fließbildsimulation am Beispiel einer Dampferzeugung (nach Denz et al. 2014b, S. 541)

In der Regel sind im Rahmen einer Optimierung zusätzliche Spezifikationen wie die Definition von Restriktionen (Kapazitäten von Prozessen, Verfügbarkeiten von Rohstoffen o. ä.) oder die Festlegung der Optimierungszielgrößen notwendig. Genau wie die systematische Auseinandersetzung mit der Frage, welches relevante Kontrollparameter für den jeweiligen Prozess sind, zeigt sich, dass dies, ganz unabhängig von dem eigentlichen Vorgang der Optimierung, wertvolle Zusatzinformationen im Rahmen einer integrierten Ressourceneffizienzanalyse sein können.

20.4 Industrielle Fallbeispiele

Die Beurteilung der praktischen Anwendbarkeit und Relevanz der konzeptionellen Entwicklungen und Prototypen erfolgt mittels im Rahmen des Projekts durchgeführten Fallstudien. In diesen werden die Herstellung von Bariumsulfat bei der Huntsman Pigments GmbH (Duisburg), die Wolfram-Produktion bei der H.C. Starck GmbH (Goslar) und die Herstellung eines wässrigen Alkydharzes bei der Worlée-Chemie GmbH (Lauenburg) betrachtet. Im Folgenden werden das Fallstudien-Design sowie erste Ergebnisse vorgestellt.

20.4.1 Bariumsulfat-Produktion

Das Unternehmen Huntsman Pigments (ehemals Sachtleben Chemie), zu dem Produktionsstätten in Deutschland und Finnland gehören, entwickelt und produziert Pigmente und Funktionsadditive für Kunden unterschiedlichster Branchen weltweit. Eines der Funktionsadditive ist Bariumsulfat, welches in Duisburg produziert wird und dessen Herstellungsprozess im Hinblick auf Ressourceneffizienz analysiert werden soll. Zur Herstellung von hochreinem Bariumsulfat wird zunächst Roh-Baryt in einem Drehrohrofen zu Bariumsulfid reduziert und dieses anschließend mittels Natriumsulfat gefällt. In der Nachbehandlung wird das entstandene Bariumsulfat getrocknet, gemahlen und verpackt. Die Bariumsulfat-Produktion zusammen mit weiteren gekoppelten Produktionsprozessen wurde in einem Stoffstromnetzmodell abgebildet und ökologisch sowie ökonomisch bewertet.

Erste Analysen haben Verbesserungspotenziale hinsichtlich der Ressourceneffizienz identifiziert, welche derzeit genauer untersucht werden. Diese beinhalten u.a. Energieeinsparpotenziale, wie z.B. die Substitution und Variation von Rohmaterialien (Petroleumkoks vs. Erdgas), verfahrenstechnische Maßnahmen wie z.B. Wärmeintegratio nsmaßnahmen mittels Abgasrückführung, aber auch unternehmerische Maßnahmen wie die optimierte Kostenallokation für mehrere in einem Prozessschritt anfallende Zwischen- und Endprodukte.

20.4.2 Wolfram-Produktion

Die H.C. Starck GmbH ist ein weltweit tätiges Unternehmen mit über 2800 Mitarbeitern. Am Hauptproduktionsstandort in Goslar hat sich das Unternehmen als Hersteller von Hartmetallpulvern etabliert. In dieser Fallstudie wird eine Batch-Produktionslinie für Wolframmetallpulver als Referenzprozess betrachtet. Die Produktionslinie beinhaltet das Aufschmelzen der Ausgangsstoffe (Erze, Pulver oder Hartmetallschrotte), gefolgt von Röstungs-, Lösungs- und Aufreinigungsschritten. Zusätzlich werden noch weitere Aufarbeitungsstufen, wie z.B. Extraktions- und Kristallisationsschritte, benötigt, um die Produkte in gewünschter Reinheit darstellen zu können. Durch Veredelungsprozesse, wie Kalzination, Reduktion und Karburierung, können abschließend verschiedene Produkte formuliert werden.

Die Produktionslinie ist gekennzeichnet durch eine schwankende Qualität der Ausgangsmaterialien kombiniert mit Ressourcenknappheit, hohen Prozesstemperaturen und einer räumlichen Trennung der unterschiedlichen Prozessschritte innerhalb der Produktionsstätte. Im Rahmen der für das InReff-Projekt durchgeführten Fallstudie wurde ein *Top-Down*-Ansatz verfolgt, um alle vorhandenen Material- und Energieströme zu erfassen. Basierend auf der erhaltenen, konsistenten Massen- und Energiebilanz der Wolfram-Produktionslinie (inklusive der Energiebedarfe und Materialverluste) und des darauf basierenden Stoffstromnetzmodells konnten erste Einsparungpotenziale identifiziert werden. Das Modell wurde mit dem prototypischen Softwaretool einer algebraischen Reformulierung unterzogen, um anschließend mithilfe der mathematischen Programmierung ein Optimum für die Eduktverhältnisse in Hinblick auf minimierte Treibhausgasemissionen und Kosten zu generieren. Die wichtigsten Prozessschritte wurden durch detaillierte Modelle mithilfe von Excel und CHEMCAD abgebildet.

So wurden z.B. für den Schmelzprozess Massen- und Energiebilanzen der Öfen in Excel zusammengestellt. Durch die Analyse der erstellten Bilanzen konnten hohe Energieverbräuche und -verluste identifiziert werden. So werden z.B. Kreislaufströme, bedingt durch die Prozessabläufe in der betrachteten Anlage, aufbereitet und anschließend erneut den Öfen zugeführt. Eine verbesserte Prozesskontrolle und die Anpassung von Prozessparametern scheint eine vollständige Vermeidung solcher Recyclingströme ermöglichen zu können. Eine deutliche Steigerung der Effizienz wird außerdem mittels einer verbesserten Produktionsplanung durch die Vermeidung von sog. „Leerfahrten" erwartet, in denen Schmelzöfen ohne Beladung im Standby betrieben werden. Die identifizierten Maßnahmen umfassen neben Energie- und Ressourceneinsparungen eine einfachere Prozessgestaltung sowie möglicherweise sogar Kapazitätserhöhung in der Produktion.

20.4.3 Wässriges Alkydharz

Die Worlée-Chemie GmbH ist ein Unternehmen, das hochwertige Zusatzstoffe, Bindemittel und Harze herstellt, welche in der Produktion von Farben und Lacken eingesetzt werden. Im letzten Jahrzehnt hat sich Worlée in verschiedenen Umweltschutzaktivitäten engagiert, z. B. als Mitglied des Klimaschutz-Unternehmen e.V. und durch die Teilnahme in der Responsible Care Initiative des Verbands der Chemischen Industrie (VCI) (VCI 2014b), welche mit mehreren Auszeichnungen honoriert wurde. Zahlreiche Maßnahmen wurden bereits in der Vergangenheit ergriffen, um die Produktionslinien des Unternehmens zu verbessern. Dazu zählen Wärmerückgewinnung und -dämmung, Verwendung erneuerbarer Energien und Rohstoffe als auch Kopplung von Thermalölversorgungen und Rauchgasreinigung mittels thermischer Nachverbrennung. Im Rahmen von Prozessanalysen wurden bereits Pinch-Analysen wie auch die Material- und Energieflussanalyse und -visualisierung eingesetzt. Im Verlauf dieser Fallstudie wird nun untersucht, ob und wie eine integrierte Ressourceneffizienzanalyse trotz bereits eingeleiteter Maßnahmen und guter Methodenkenntnisse weitere Verbesserungen identifiziert. Im Fokus der Betrachtungen befindet sich eine Produktionslinie zur Herstellung von wässrigem Alkydharz. Ein Stoffstromnetzmodell der Haupt- und Hilfsprozesse, wie z. B. der thermischen Nachverbrennung, wurde erstellt und dient als Basis für weitere Ressourceneffizienzbetrachtungen, wie z. B. die Durchführung einer ökologischen Bewertung und Materialflusskostenrechnung sowie einer Optimierung mittels algebraischer Reformulierung. Aufgrund des frühen Modellierungsstandes sind die Ergebnisse der Studie bis dato noch nicht verfügbar.

Wie die Fallbeispiele zeigen, können durch eine ganzheitliche Analyse unternehmensinterne, aber auch übergreifende Prozesspotenziale zur Steigerung der Ressourceneffizienz identifiziert werden. Die bedarfsorientierte Kombination verschiedener Methoden und Werkzeuge garantiert dabei, Abläufe aus verschiedenen Perspektiven zu betrachten und so vielfältige Ansatzpunkte für Verbesserungsmaßnahmen zu finden. Besonders im Bereich der Materialeffizienz hat sich gezeigt, dass es, anders als im Energieeffizienzbereich, kein Standardrepertoire an Maßnahmen gibt, das abgearbeitet werden kann. Für eine erfolgreiche Durchführung einer integrierten Ressourceneffizienzanalyse stellte sich besonders die analysetaugliche Erfassung und Darstellung der Prozesse als wichtige Voraussetzung heraus.

20.5 Zusammenfassung und Ausblick

Der vorliegende Artikel hat den konzeptionellen Ansatz wie auch die ersten Ergebnisse des Verbundprojektes zur integrierten Ressourceneffizienzanalyse zur Senkung der Klimabelastung von Produktionsstandorten der chemischen Industrie (InReff) vorgestellt. Im Rahmen des Projektes wurden ein idealtypischer Ansatz für die Ressourceneffizienzanalyse und der Prototyp einer IT-basierten Modellierungs- und Bewertungsplattform entwickelt. Im Folgenden geplante Schritte umfassen Machbarkeitsstudien und die Überprüfung der Praxistauglichkeit des entwickelten Prototyps sowie die Integration weiterer Ansätze zur Prozessverbesserung, wie z. B. Wärmeintegration. Fallstudien aus drei Unternehmen wurden vorgestellt und dienen der Erprobung und Bewertung der integrierten

Ressourceneffizienzanalyse anhand von Praxisbeispielen. Diese bilden die Grundlage für geplante Wissenstransferaktivitäten, die u. a. Workshops und Schulungskonzepte für kleine und mittelständische Unternehmen der chemischen Industrie beinhalten.

Die integrierte Ressourceneffizienzanalyse kann durch die Identifikation von Verbesserungspotenzialen und deren Quantifizierung – sowohl kosten- also auch umweltseitig einen Beitrag zur nachhaltigen Produktionsgestaltung in der chemischen Industrie leisten. Durch die Integration verschiedener Werkzeuge, wie Fließbildsimulation oder Wärmeintegration, sind Betrachtungen sowohl auf betrieblicher Ebene als auch bezogen auf einzelne Produktionsprozesse möglich. Auf diese Weise werden Ressourceneffizienzaspekte Teil des täglichen Entscheidungsprozesses verschiedener Akteure eines Unternehmens.

Die Steigerung der Ressourceneffizienz und damit einhergehend die Senkung der Umweltbelastung wird auch zukünftig Thema in Wirtschaft, Wissenschaft und Politik sein. Ziel sollte es sein, Unternehmen darin zu befähigen, Potenziale zur Steigerung der Ressourceneffizienz zu identifizieren und geeignete Maßnahmen einzuleiten. Um einen substantiellen Beitrag zu einer nachhaltigen Entwicklung zu leisten, müssen interdisziplinäre und integrative Analyseansätze, wie sie in diesem Beitrag beschrieben wurden, in vielen und insbesondere auch in der großen Zahl kleiner und mittelständischer Unternehmen zur Anwendung kommen. Hierzu sind die erarbeiteten Konzepte und Instrumente in der Praxis weiter zu erproben und zu verfeinern. Auch konnten in Kooperationen mit anderen Forschern bereits Anwendungspotentiale außerhalb der chemischen Industrie, z. B. in der Zementindustrie, identifiziert werden. Entsprechende Weiterentwicklungen und internationale Kooperationen hierzu werden derzeit in Angriff genommen.

20.6 Danksagung

Die Verfasser danken stellvertretend für alle Projektpartner dem Bundesministerium für Bildung und Forschung (BMBF) für die Förderung des InReff-Projekts (Fkz. 033RC1111) im Rahmen des Programms „Technologien für Nachhaltigkeit und Klimaschutz – Chemische Prozesse" (BMBF 2013) und dem Projektträger Jülich (PTJ) für die Projektverwaltung.

Dieser Beitrag ist eine aktualisierte und teilweise gekürzte deutschsprachige Fassung des Fachzeitschriftenbeitrags von Viere et al. (2014).

Literatur

Beßling, B.; Lohe, B.; Schoenmakers, H.; Scholl, S. & Staatz, H. (1997). CAPE in Process Design – Potential and Limitations. *Comp. & Chem. Eng., 21(1)*, 17–21.

BMBF – Bundesministerium für Bildung und Forschung (2013). Förderrichtlinie Technologien für Nachhaltigkeit und Klimaschutz – Chemische Prozesse und stoffliche Nutzung von CO2. Verfügbar unter: http://www.chemieundco2.de (aufgerufen am 10. Januar 2014).

Braunschweig, B. & Gani, R. (Hg.) (2002). *Software Architectures and Tools for Computer Aided Process Engineering*. Computer-Aided Chemical Engineering (Vol. 11). Amsterdam: Elsevier.

Chemstations (2015). CHEMCAD – Produktwebseite. Verfügbar unter: http://www.chemstations.com (aufgerufen am 30. März 2015).

Denz, N.; Ausberg, L.; Bruns, M. & Viere, T. (2014a). Supporting Resource Efficiency in Chemical Industries – IT-based Integration of Flow Sheet Simulation and Material Flow Analysis. *Procedia CIRP 15*, 373–378.

Denz, N.; Lambrecht, H. & Yoshida, Y. (2014b). Ein prototypisches Werkzeug zur algebraischen Optimierung von Stoffstromnetzen. In V. Wohlgemuth, C.V. Lang & J.M. Gómez (Hg.), *Konzepte, Anwendungen und Entwicklungstendenzen von betrieblichen Umweltinformationssystemen* (S. 155–165). 6. Berliner BUIS-Tage, 24.-25.04.2014. Berlin: Shaker Verlag.

Ecoinvent (2015). Ecoinvent Centre. Verfügbar unter: http://www.ecoinvent.org (aufgerufen am 31. März 2015).

Europäische Kommission (2011). *Ressourcenschonendes Europa – eine Leitinitiative der Strategie Europa 2020* (KOM 2011: 21), Brüssel.

Europäische Kommission (2013). Resource Efficiency. Verfügbar unter: http://ec.europa.eu/environment/resource_efficiency (aufgerufen am 10. Januar 2014).

Fu, M.C.; Glover, F.W. & April, J. (2005). Simulation Optimization. A Review, New De-velopments and Applications. In M.E. Kuhl, N.M. Steiger, F.B. Armstrong & J.A. Joines (Hg.), *Proceedings of the 2005 Winter Simulation Conference* (S. 83–95). Piscataway, New Jersey: IEE.

GHG Protocol (2004). *The Greenhouse Gas Protocol. A Corporate Accounting and Reporting Standard*. Washington D.C.: WRI/WBCSD.

Herczeg, G.; Akkerman, R. & Hauschild, M.Z. (2013). Supply Chain Coordination in In-dustrial Symbiosis. In *Proceedings of the 20th International EurOMA Conference*. Brüssel: European Operations Management Association. Verfügbar unter: http://orbit.dtu.dk/fedora/objects/orbit:126419/datastreams/file_acc03b7a-072b-4a9c-9418-587f43b77585/content (aufgerufen am 23. Januar 2014).

Hougaard, J. (2009). *An Introduction to Allocation Rules*. Berlin/Heidelberg: Springer.

ifu Hamburg GmbH (2015). Umberto® – Produktwebseite. Verfügbar unter: http://www.umberto.de (aufgerufen am 31. März 2015).

ISO 14040 (2006). *Environmental Management – Life Cycle Assessment – Principles and Framework*. Genf: ISO.

ISO 14051 (2011). *Environmental Management – Material Flow Cost Accounting – General Framework*. Genf: ISO.

ISO 14067 (2013). *Greenhouse Gases – Carbon Footprint of Products – Requirements and Guidelines for Quantification and Communication*. Genf: ISO.

ISO 14072 (2014). *Environmental Management – Life Cycle Assessment – Requirements and Guidelines for Organizational Life Cycle Assessment*. Genf: ISO.

Lambrecht, H. (2011). Stoffstromnetzbasierte Optimierung von Produktionssystemen. *Chem. Ing. Tech., 83(10)*, 1625–1633.

Lambrecht, H. & Thißen, N. (2014). Enhancing Sustainable Production by the Combined Use of Material Flow Analysis and Mathematical Programming. *Journal of Cleaner Production*. DOI: 10.1016/j.jclepro.2014.07.053.

Linnhoff, B. & Hindmarsh, E. (1983). The Pinch Design Method for Heat Exchanger Net-works. *Chemical Engineering Science, 38(5)*, 745–763.

Möller, A. (2000). *Grundlagen stoffstrombasierter Betrieblicher Umweltinformationssysteme*. Bochum: Projekt.

PAS 2050 (2011). *Specification for the Assessment of the Life Cycle Greenhouse Gas Emissions of Goods and Services*. London: BSI (British Standards).

Rademaekers, K.; Asaad, S.S., & Berg, J. (2011). *Study on the Competitiveness of the European Companies and Resource Efficiency*. Rotterdam: Ecorys.

Schmidt, M. (2008). The Sankey Diagram in Energy and Material Flow Management. Part II: Methodology and Current Applications. *Journal of Industrial Ecology 12*, 173–185.

VCI – Verband der Chemischen Industrie (2014). *Auf einen Blick: Chemische Industrie 2014*. Frankfurt: VCI e.V.

VCI – Verband der Chemischen Industrie (2014a). *Chemiewirtschaft in Zahlen 2014*. Frankfurt: VCI e.V.

VCI – Verband der Chemischen Industrie (2014b). Responsible Care – Offizielle Webseite. Verfügbar unter: https://www.vci.de/Nachhaltigkeit/Responsible-Care/Seiten/Startseite.aspx (aufgerufen am 28. Februar 2014).

VDI ZRE – Zentrum Ressourceneffizienz (2014). Normen und Richtlinien. Verfügbar unter: http://www.ressource-deutschland.de/instrumente/normen-und-richtlinien/ (aufgerufen am 31. März 2015).

Viere, T.; Brünner, H. & Hedemann, J. (2011). Stoffstromnetzbasierte Planung und Optimierung komplexer Produktionssysteme. *Chemie Ingenieur Technik, 83(10)*, 1565–1572.

Viere, T.; Ausberg, L.; Bruns, M.; Denz, N.; Eschke, J.; Hedemann, J.; Jasch, K.; Lam-brecht, H.; Schmidt, M.; Scholl, S.; Schröer, T.; Schulenburg, F.; Schwartze, B.; Stock-mann, M.; Wesche, M.; Witt, K. & Zschieschang, E. (2014). Integrated Resource Efficiency Analysis for Reducing Climate Impacts in the Chemical Industry. *Journal of Business Chemistry, 11(2)*, 67–76.

Zettl, E.; Hawthorne, C.; Joas, R.; Lahl, U.; Litz, B.; Zeschmar-Lahl, B.; Joas, A. (2014). *Analyse von Ressourceneffizienzpotenzialen in KMU der chemischen Industrie*. Studie im Auftrag des VDI ZRE. München/Oyten/Berlin: VDI ZRE Publikationen.

Zschieschang, E.; Denz, N.; Lambrecht, H. & Viere, T. (2014). Resource Efficiency-Oriented Optimization of Material Flow Networks in Chemical Process Engineering. *Procedia CIRP 15*, 373–378.

Nachhaltiges Rampenmanagement – eine Analyse von Anreizen zur Einführung eines nachhaltigen Rampenmanagementkonzeptes

21

Niels Hackius und Wolfgang Kersten

21.1 Einführung

Nachhaltiges Handeln wird auch von Logistikdienstleistern zunehmend erwartet. Die tatsächliche Umsetzung entsprechender Maßnahmen variiert jedoch stark hinsichtlich ihrer Anzahl und Qualität. Dies trifft insbesondere auf die ökologischen und sozialen Aspekte in der Logistik zu. Das Institut für Logistik und Unternehmensführung an der Technischen Universität Hamburg-Harburg erforscht seit mehreren Jahren die Implementierung des Nachhaltigkeitsgedankens in logistischen Prozessen. So wurde z. B. untersucht, wie Nachhaltigkeit Eingang in den Zielkostenprozess von Logistikunternehmen finden kann (Kersten 2012) oder wie der Aufbau von Wandlungspotenzialen eine bessere Reaktion auf sich verändernde Nachhaltigkeitsanforderungen in der Logistik ermöglichen kann (Wildemann et al. 2013). Aktuell ist zudem die Entwicklung und Durchsetzung von ökologischen Standards in Stückgutkooperationen aus Sicht der Systemzentrale Forschungsgegenstand (Kersten et al. 2015a).

Dieser Beitrag stellt erste Ergebnisse des Projekts „NaRaMa – Nachhaltiges Rampenmanagement" vor, welches untersucht, wie Nachhaltigkeitsgesichtspunkte auf die Abfertigung an der Lkw-Laderampe bezogen werden können. Konkret wird untersucht, welche Anreize durch die beiden beteiligten Parteien – standortbetreibende Unternehmen (SU) und frachtführende Logistikdienstleistungsunternehmen (FU) – gesetzt werden müssen, um den Einsatz von Rampenmanagementkonzepten mit Nachhaltigkeitsaspekten zu unterstützen. Betrachtet wird dabei der Gesamtprozess von der Vormeldung der geplanten

N. Hackius (✉) • W. Kersten
Institut für Logistik und Unternehmensführung, Technische Universität Hamburg-Harburg,
Am Schwarzenberg-Campus 4, Hamburg 21073, Deutschland
e-mail: niels.hackius@tuhh.de; logu@tuhh.de

© Springer Fachmedien Wiesbaden 2016
W. Leal Filho (Hrsg.), *Forschung für Nachhaltigkeit an deutschen Hochschulen*,
Theorie und Praxis der Nachhaltigkeit, DOI 10.1007/978-3-658-10546-4_21

Lieferung durch das frachtführende Unternehmen, über den tatsächlichen Ladevorgang, bis zum Verlassen des Standortes.

. Lkw-Laderampen verknüpfen, als Schnittstelle zwischen standortbetreibenden und frachtführenden Unternehmen, die Lieferketten von Industrie und Handel. Sie gelten in Theorie und Praxis als Engstelle für die Distributionslogistik; zahlreiche praxisorientierte Veröffentlichungen der letzten Jahre machen in diesem Zusammenhang deutlich, dass es bei der Abfertigung an diesen Schnittstellen zu Reibungsverlusten kommt (Bundesamt für Güterverkehr 2011; Falkenstein 2014; Hagenlocher et al. 2013; Semmann 2012). Die frachtführenden Unternehmen stehen unter einem erheblichen Termindruck: Ihre Touren sind häufig nur rentabel, wenn täglich möglichst viele und vor allem alle geplanten Ziele angefahren werden (Bundesamt für Güterverkehr 2011; Falkenstein 2014, S. 34; Hagenlocher et al. 2013; Semmann 2012). Die standortbetreibenden Unternehmen andererseits zielen auf die maximale Auslastung ihrer Rampen und einen kontinuierlichen Fluss der Ware ab (Bundesamt für Güterverkehr 2011; Falkenstein 2014, S. 34; Hagenlocher et al. 2013; Semmann 2012). In dieser Konstellation haben die frachtführenden Logistikdienstleister gegenüber den standortbetreibenden Unternehmen häufig die schwächere Position. Es wird oft erwartet, dass entstehende Einbußen von diesen getragen werden. Insbesondere können bereits kurze Verzögerungen die Erfüllung der restlichen Tagesziele unmöglich machen (Falkenstein 2014, S. 34; Semmann 2012). Zusätzlich sehen sich FU und auch SU mit der Berichterstattung über ihre Unternehmenspraxis konfrontiert und versuchen deshalb zunehmend auch den Anforderungen nach einer nachhaltigen Wirtschaftsweise gerecht zu werden.

21.2   Nachhaltigkeit in der Logistik

Die Bedeutung von Nachhaltigkeit hat in der unternehmerischen Praxis der Logistikbranche in den letzten Jahren zugenommen (Fawcett et al. 2011, S. 115–121). Der Transportsektor ist laut OECD/IEA für rund 20 % der durch Treibstoffverbrennung entstehenden Kohlenstoffdioxid-Emissionen verantwortlich (International Energy Agency 2014). Die dafür aufgewendete Energie soll sich, laut Berechnungen des World Business Council for Sustainable Development (WBCSD), im Vergleich zum Jahre 2000, bis 2050 verdoppeln (Sandberg et al. 2004). Insbesondere die Klimaziele der verschiedenen Staaten und die daraus folgenden politischen Entscheidungen betreffen dementsprechend auch Logistikdienstleister. Diese nehmen die entstehende öffentliche Diskussion, Verordnungen und Gesetze als öffentlichen Druck, gar als „aggressive greenhouse gas emissions targets" (Tomoff 2010, S. 36), wahr, werden so andererseits aber auch zu größerer Effizienz gedrängt (Tomoff 2010, S. 33–38). Doch nicht nur die öffentliche Meinung oder gesellschaftliche Verantwortung treiben die Unternehmen: Durch die Implementierung von Nachhaltigkeitsstrategien erhofft sich die Logistikindustrie Wettbewerbsvorteile durch Kostensenkung, Marketingerfolge und Risikominimierung (Gattiker et al. 2014, S. 318–319; Golicic und Smith 2013, S. 88–92; Mollenkopf et al. 2010, S. 27–34; Porter und Linde 1995a, 1995b).

Ohne die Nutzung von natürlichen Ressourcen sind Transport, Umschlag und Lagerung von Gütern, als hauptsächliche Systemleistungen der Logistik, nicht möglich. In dem Beitrag „Logistik und Nachhaltigkeit" leitet Flämig (2014) aus dieser Problemstellung mehrere Stellgrößen ab, um die Ressourcennutzung der beteiligten Logistikunternehmen zu quantifizieren: Diese beinhalten die Eigenschaften des transportierten Gutes, Distanz, Art und technischen Betrieb der Transportmittel, sowie äußere Umwelteinflüsse (Flämig 2014, S. 33–36). Anhand der Auswahl der Kennzahlen wird deutlich, dass die Öko-Effizienz bei der Erbringung von Logistik-Dienstleistungen im Vordergrund steht, da hier der größte Handlungsspielraum der Dienstleister besteht (Flämig 2014, S. 34–35). Außerdem lässt sich die Umsetzung der ökologischen Maßnahmen in der Praxis dann durch einen wirtschaftlichen Zusatznutzen rechtfertigen.

Transportaktivitäten verursachen den größten Teil der durch Logistikleistungen verursachten Klimagasemissionen (World Economic Forum 2009, S. 8). Der Transport auf der Straße mit dem Lkw stellt davon – mit einem Anteil von circa 70 % an den vom Güterverkehr zurückgelegten Kilometern – den am häufigsten genutzten Modus und einen wesentlichen Teil der industriellen Lieferketten dar (Cui und Hertz 2011, S. 1004–1008; Statistisches Bundesamt 2014, S. 587–589). Die Umsetzung des Nachhaltigkeitsgedankens im Transport über die gesamte Lieferkette hinweg, in Form eines *Sustainable Supply Chain Management (SSCM)*, existiert bisher lediglich als theoretisches Konzept (Brockhaus et al. 2013, S. 177–179; Carter und Rogers 2008). Die praktische Anwendung befindet sich in der Frühphase (Brockhaus et al. 2013, S. 177–179). Gerade in der kostengetriebenen Logistikbranche mit zahlreichen Akteuren erscheint es sinnvoll, Nachhaltigkeit schrittweise zu etablieren. Das Forschungsprojekt fokussiert sich dementsprechend auf die Schnittstelle Laderampe als Ausschnitt und mögliches, gemeinsames Implementierungsfeld von standortbetreibenden und frachtführenden Unternehmen.

21.3 Forschungsprojekt Nachhaltiges Rampenmanagement

In der Transportlogistik beschränken sich operative Effizienzgewinne, nach der Optimierung der Touren- und Routenplanung sowie der Fahrzeuge selbst, auf die eigentlichen Wegstrecken und Ladepunkte. Ferner sind die Dienstleistungen der frachtführenden Unternehmen meist einfach darzustellen und weitestgehend standardisiert; im Markt schlägt sich dies als eine angespannte Wettbewerbssituation mit hohem Kostendruck und einer Vielzahl von Akteuren nieder (Borgström et al. 2014, S. 665–668). Auf die Ereignisse auf der Wegstrecke haben die Fahrer_innen der Lkw nur geringen Einfluss, sodass die Endpunkte der Touren in den Fokus rücken.

Die Verladung an diesen Endpunkten bei Rohstoffproduzenten, der fertigenden Industrie oder Handelsunternehmen erfolgt in den meisten Fällen über sogenannte „Laderampen". Rampenmanagementkonzepte versuchen, die Nutzung dieser Rampen durch frachtführende Unternehmen unter Berücksichtigung der verfügbaren Ressourcen seitens des standortbetreibenden Unternehmens zu optimieren. In der Praxis wird das aktive Management häufig nicht unter Berücksichtigung aller Randbedingungen umgesetzt, so dass es zu Effizienz-Einbußen kommt. Diese Verluste können die Tagesplanung der standortbetreibenden und frachtführenden Unternehmen erheblich beeinträchtigen und werden nicht nur in der Praxis beklagt, sondern auch in einem Sonderbericht des Bundesamtes für Güterverkehr beleuchtet (Bergrath 2011; Bundesamt für Güterverkehr 2011; Lauenroth 2012; Semmann 2012).

Einerseits leitet sich das Projekt „Nachhaltiges Rampenmanagement" des Instituts für Logistik und Unternehmensführung an der Technischen Universität Hamburg-Harburg also aus einer praktischen Problemstellung und dem Rahmen der bereits bearbeiteten Projekte ab. Andererseits muss das Streben nach Nachhaltigkeit über die reine Öko-Effizienz hinausgehen. Soziale Aspekte sind genauso Teil der *Triple Bottom Line* und des *Sustainable Supply Chain Management*, wie es wirtschaftliche und ökologische sind; dennoch werden diese häufig zu Lasten ökonomischer Bestrebungen hinten angestellt (Carter und Rogers 2008; Flämig 2014, S. 33–36). Ferner zeigen am Institut entstandene, wissenschaftliche Aufsätze, dass nachhaltiges Handeln, welches über reine Optimierung der Öko-Effizienz hinausgeht, seitens der Konsumenten durchaus gewünscht ist (Brockhaus et al. 2013, S. 167–169; Brockhaus 2013, S. 224). Dies macht auch die öffentliche Berichterstattung deutlich: Anhand der Vorwürfe von Günter Wallraff hinsichtlich der Arbeitsbedingungen bei einem Logistikdienstleister kann dies beispielhaft nachvollzogen werden (Hanfeld 2012).

Forschungsziel ist die Entwicklung eines Konzepts für einen Rampenmanagementprozess, welches Nachhaltigkeitsaspekte berücksichtigt. Im Rahmen des Projektes wurden nicht nur Anforderungen und Probleme von standortbetreibenden und frachtführenden Logistikdienstleistungsunternehmen erhoben, sondern auch externe Stakeholder untersucht. Ferner wurden in Experteninterviews Integrationsmöglichkeiten für Nachhaltigkeitskonzepte sowie das Verständnis von Nachhaltigkeit beleuchtet. In Zusammenarbeit mit Fokusgruppen wurden die Ergebnisse fortlaufend diskutiert und Anforderungen an ein ganzheitliches Konzept abgeleitet. In dieser Veröffentlichung werden mögliche Anreize zur Implementierung eines solchen Konzepts durch die beteiligten Parteien untersucht. Entstehen werden im Laufe des Projektes Informationsmaterial und Konzeptionsempfehlungen sowie Möglichkeiten, Optimierungspotenziale und Erfahrungen innerhalb einer interessierten Gemeinschaft zu teilen. Eine ebenfalls entstehende Best-Practice-Datenbank wird neben den erfassten Problemen auch erfolgreich umgesetzte Maßnahmen und Methoden zur Messung von Kennzahlen enthalten.

Die identifizierten Problemfelder wurden als erste Arbeitsergebnisse einer mehrstufigen, empirischen Studie bereits im Rahmen der *„Hamburg International Conference of Logistics (HICL) 2014"* veröffentlicht. Die Erhebung zeigt drei hauptsächliche Ergebnisse: Durch einen verbesserten Informationsfluss könnten alle Teilnehmer des Rampen-Prozesses profitieren (Hackius und Kersten 2014, S. 266–267). Die Erhöhung der Effizienz ist ein wesentlicher Treiber bei der Implementierung von Maßnahmen, wird aber häufig als ausreichend für nachhaltigeres Handeln verstanden (Hackius und Kersten 2014, S. 267–268). Soziale Fragestellungen, insbesondere hinsichtlich der Arbeitsbedingungen und Aufgaben der Fahrer_innen an der Laderampe, sind zwar bekannt, Lösungsansätze werden in der Praxis aber selten umgesetzt (Hackius und Kersten 2014, S. 268–269). Im Rahmen der Veröffentlichung wurden auch Vorschläge der Experten beschrieben, wie Nachhaltigkeit in den Prozess integriert werden könnte, denn auch wenn das Verständnis des Begriffes durchaus variiert, so besteht doch ein Interesse, die Situation langfristig zu verbessern. Eine Gemeinsamkeit jener verhältnismäßig kurzfristig umsetzbaren Vorschläge besteht darin, dass jeweils die andere Partei an deren Umsetzung mitwirken muss. Beispielsweise kann eine „engere Zusammenarbeit mit den Lieferanten", „erhöhte Flexibilität bezüglich der Rampennutzung und Ankunftszeiten" oder „Verbesserung der Kommunikation" nicht ohne beide Partner, also das standortbetreibende und das fracht-führende Unternehmen, stattfinden (Hackius und Kersten 2014, S. 259–265). Es erscheint offensichtlich, dass hier Anreize geschaffen werden müssen, welche die Beteiligten dazu motiviert, solche Konzepte umzusetzen.

Die Interessen der beteiligten Parteien sind zumindest teilweise als gegenüberliegend zu beschreiben: Standortbetreibende Unternehmen streben nach der möglichst effizienten Nutzung ihrer Laderampen, während frachtführende Unternehmen möglichst hohe Flexibilität und kurze Abfertigungsdauern wünschen. Diese Diskrepanz wird entspre-chend von Praktikern als ein Machtgefälle beschrieben, bei dem die standortbetreibenden gegenüber den frachtführenden Unternehmen einen erheblichen Vorteil haben (Falkenstein 2014; Semmann 2012). Einer der hauptsächlichen Anstöße bei den implementierten Konzepten ist, dass die gesetzlichen Regelungen zur Ladeverantwortlichkeit im Handelsgesetzbuch §412 nicht eindeutig sind. Hagenlocher et al. (2013) beschreiben dies als eine Verschärfung der Situation, da Vertragsverhältnisse in der Praxis, welche Ladepflichten genauer definieren könnten, selten existieren.

21.4 Methode

Incentives, welche die widerstrebenden Interessen der Parteien berücksichtigen, können nur im Dialog gefunden werden: Dementsprechend wurde der qualitative Ansatz der Fokusgruppendiskussion gewählt. Dieser Ansatz erlaubt die Beleuchtung verschiedener Aspekte von Fragestellungen sowie einen tiefgehenden Einblick, ohne dabei den Gesamtumfang des Problems aus den Augen zu verlieren (Blumberg et al. 2008, S. 206).

Die Diskussion wurde als Workshop konzipiert. Eingeladen wurden Teilnehmer_innen mit Expertenwissen zu kleinen und mittleren Unternehmen (KMU) der Logistikbranche. Die Teilnehmer_innen wurden gebeten, sich zunächst selbst, je nach Expertise, der Gruppe der standortbetreibenden oder der Gruppe der frachtführenden Unternehmen zuzuordnen. Anschließend wurde dem Panel die Fragestellung präsentiert. Die Gruppe der Teilnehmer_ innen, welche sich den frachtführenden Unternehmen zuordnete, wurde gefragt: „Was glauben Sie, wären Anreize für Verlader, ein nachhaltiges Rampenmanagement-Konzept zu implementieren?". Entsprechend umgekehrt wurde die Gruppe der standortbetreiben-den Unternehmen gefragt: „Was glauben Sie, wären Anreize für Frachtführer, ein nachhaltiges Rampenmanagement-Konzept zu implementieren?" Die Antworten wurden von den Teilnehmer_innen verdeckt notiert, von der Moderation gruppiert und anschließend gemeinsam diskutiert.

Abschluss der Diskussion bildete eine Bewertung der Anreize durch die Teilnehmer_innen: Diese wurden aufgefordert, die für ihr Unternehmen interessantesten der diskutierten Anreize auszuwählen. Dazu konnten insgesamt bis zu drei Punkte für einen oder mehrere der Anreize vergeben werden. Aus dieser Bewertung wurde eine Rangfolge erstellt, mit der die praktische Umsetzbarkeit bewertet werden kann.

21.5 Ergebnisse

Insgesamt nahmen neun Expert_innen, vier akademische Beobachter_innen sowie ein Moderator an dem Workshop teil. Die Expert_innen erfassten 24 mögliche Anreize für beide Gruppen. 14 der Anreize sind den frachtführenden Unternehmen zuzuordnen (siehe Tab. 21.1), lediglich 10 den standortbetreibenden Unternehmen (siehe Tab. 21.2). Insgesamt wurden 27 Bewertungspunkte vergeben, davon 12 durch die frachtführenden Unternehmen und 15 durch die standortbetreibenden Unternehmen. Der Großteil der Anreize betrifft Aspekte der Effizienzerhöhung und Kostenreduzierung (siehe 5.1–5.4), vereinzelt wurden aber auch soziale (siehe 5.5), werbewirksame (siehe 5.6) oder strategische (siehe 5.7 und 5.8) Anreize genannt. Im Folgenden werden die Anreize und Kommentare aus der Gruppendiskussion kurz zusammengefasst und in Unterkapitel gruppiert.

21.5.1 Reduzierung der Stand- und Wartezeiten

„Reduzierung der Stand- und Wartezeiten" (#1, Tab. 21.1) bezieht sich auf eine Verkürzung der Abfertigungszeiten am Standort insgesamt. Die standortbetreibenden Unternehmen erwarten, dass die frachtführenden Unternehmen Maßnahmen, welche eine solche Verkürzung bieten, attraktiv finden. Im Rahmen der Diskussion wurde ferner deutlich, dass Effizienzsteigerungen in diesem Bereich eine erhebliche Wirtschaftlichkeitssteigerung für die frachtführenden Unternehmen bedeutet. Die FU artikulierten dies auch zum Abschluss der Diskussion mit einer deutlichen Hervorhebung dieses Anreizes gegenüber anderen Möglichkeiten.

21.5.2 Einsparungen

Dies spiegelt sich auch im Anreiz „Reduzierung von Kosten" (#5 Tab. 21.1; #19, Tab. 21.2) wider, welches sowohl die FU für die SU vorschlugen, als auch umgekehrt. In der Diskussion ergab sich hier jedoch, dass die Reduzierung der durch den Rampenprozess

Tab. 21.1 Anreize für die frachtführenden Unternehmen, aus Sicht der standortbetreibenden Unternehmen

#	Anreize für die frachtführenden Unternehmen, aus Sicht der standortbetreibenden Unternehmen	Interesse seitens der frachtführenden Unternehmen
1	Reduzierung der Stand- und Wartezeiten	6
2	Bessere Ausnutzung der Fahrtzeiten/Lenkzeiten	1
3	Effektivere Routenplanung	1
4	Erhöhung der Mitarbeiterzufriedenheit und -gesundheit	1
5	Reduzierung von Kosten (z. B. durch schnellere Abfertigung)	1
6	Schadensminderung bei Entladung	1
7	Zuweisung von Zeitfenstern bzw. (weniger guten) Ersatzfenstern	1
8	Bessere Abschätzung der Gesamtabfertigungsdauer	–
9	Bessere Standortnähe zum Verlader	–
10	Bevorzugte Behandlung (z. B. „Premiumrampe")	–
11	Monetäre Anreize (Zuschläge, Gebühren, …)	–
12	Negative Anreize (Strafen, z. B. Platzverbot)	–
13	Verbesserung des Firmenimages	–
14	Weniger Fehler (geringere Prozesskosten)	–
15	Weniger Haftungsansprüche durch klare Regelungen der Verantwortlichkeiten	–

Tab. 21.2 Anreize für die standortbetreibenden Unternehmen, aus Sicht der frachtführenden Unternehmen

#	Anreize für das standortbetreibenden Unternehmen, aus Sicht der frachtführenden Unternehmen	Interesse seitens der standortbetreibenden Unternehmen
16	Einsparung Personal	5
17	Besseres Image, bessere Darstellung in der Öffentlichkeit (Ranking, Transparenz,…)	3
18	Zeitvorteile	3
19	Reduzierung Kosten	2
20	Gemeinsame Zeitkonten (verfrühte/verspätete Ankunft vs. Abfertigung)	1
21	Bessere Planbarkeit „just in time" durch reibungslose Prozesse und pünktlicher Beginn	1
22	Preisliche Zu-/Abschläge in Kalkulation in Abhängigkeit von best. Rampenmanagement	–
23	Spezialisierung auf Regionen	–
24	Vermeidung von Schäden bei Entladung	–
25	Weniger Fehler (Prozesskosten)	–

verursachten Kosten ein übergeordnetes, offensichtliches Ziel des Projektes sein müsse. Bei FU schlage sich dieses Ziel jedoch mittelbar in einer möglichen Reduzierung der Stand- und Wartezeit, unter anderem durch schnellere Abfertigung, (#1, Tab. 21.1; #5 Tab. 21.1) nieder, so die Teilnehmer_innen.

Mit Einsparungen gehen auch die Reduzierung des Personals an den Standorten (#16, Tab. 21.2) und zeitliche Vorteile (#18, Tab. 21.2) bei der Entladung einher. FU sehen es als Anreiz für die SU, ein Rampenmanagementkonzept umzusetzen, wenn diesen dadurch diese direkten Vorteile entstehen. Die Experten berichteten dazu in der Diskussion aus ihrer praktischen Erfahrung: So werde nicht nur erwartet, dass die Fahrer_innen auch entladen, sondern es würden mittlerweile auch Lagerkonzepte genutzt, welche auf das Standortpersonal vollständig verzichten. Das Personal der FU, so wurde behauptet, lade die Lieferungen hier eigenständig auf automatische Transportmittel der Lagerstandorte, ohne dass Mitarbeiter des Standorts involviert wären. Grundsätzlich stelle dies für FU zwar neue Herausforderungen dar, sei aber tragbar, wenn diese besonderen Ladesituationen vorher kommuniziert und vertraglich vereinbart würden.

21.5.3 Planungssicherheit und Auslastung

Ähnlich wie #1 (Tab. 21.1) können die Incentives #2, #3 und #8 (Tab. 21.1) beschrieben werden: Durch genauere Planung der Gesamtabfertigungszeiten am Standort erhalten die FU Vorteile bei Ihrer Tourenplanung und können gesetzlich vorgeschriebene Pausen und Lenkzeitunterbrechungen zum Beispiel während der Standzeiten an der Laderampe einplanen. Außerdem ergibt sich so auch eine größere Planungssicherheit für die FU und mittelbar eine Erhöhung der Effizienz.

Aus Sicht der FU könnten SU von einer erhöhten Planungssicherheit ebenfalls profitieren: Zum einen durch bessere Planbarkeit und dem damit verbundenen Anreiz der reibungsloseren Prozesse (#21, Tab. 21.2), zum anderen durch eine optimierte Auslastung der Tore. An den Standorten herrsche ferner oft eine Knappheit an Flächen für die Bereitstellung und Aufnahme der Ware von den Lkw. Maßnahmen, z. B. Zeitfenstermanagementsysteme (ZMS), welche Abfertigungsdauern und Zulaufzeiten genauer definierten, um die Anreize zu erfüllen, würden auch hier Abhilfe schaffen. Andererseits können diese Anreize auch genutzt werden, um den Zulauf zu regulieren. So können sich die FU vorstellen, dass SU gewisse Zuschläge oder Rabatte auf die Zeitfensterbuchungen gewähren (#22 Tab. 21.2), um den Ablauf am Standort zu entzerren. Die SU merken allerdings umgekehrt, dass es ein Anreiz für FU seien könne, die Zuweisung von weniger günstig gelegenen Zeitfenstern zu vermeiden (#7 Tab. 21.1). Die Diskussion um die Vorschläge #22 und #7 ist zusätzlich dadurch gekennzeichnet, dass FU sich bei Standorten, welche diese häufiger anfahren, gern Vorteile erarbeiten würden.

21.5.4 Bonus-Malus-Regelungen

Eine langfristige Fortschreibung konnten sich die SU im Rahmen der Diskussion als Bonus-Malus-Regelung vorstellen. Die Expert_innen dieser Unternehmen sehen einen Vorteil von längerfristigen Regelungen auch in der Möglichkeit, negative Anreize (#12, Tab. 21.1), z. B. in Form von längeren Wartezeiten oder der Zuweisung von weniger beliebten Zeitfenstern, zur Anwendung kommen zu lassen. Platzverbote schienen den meisten Experten jedoch unrealistisch. Die FU schätzen diese Möglichkeiten, ausgestaltet als Zeitkonten-Regelung (#20, Tab. 21.2), auch als Anreiz für die SU ein, da über solche Konten auch eine langfristigere Zuverlässigkeitskennzahl bereitgestellt wird.

Neben Vorteilen, welche über Bonus-Malus-Regelungen erarbeitet werden könnten, schlugen die SU auch mehrere Anreize vor, mit denen die FU sich Vorteile verschaffen können. Allerdings sind diese mit Mehrkosten für die FU verbunden. Zu diesen Vorschlägen gehören zum Beispiel die besonders schnelle Abfertigung an den Rampen (#10, Tab. 21.1), buchbare Optionen (#11, Tab. 21.1) für bestimmte Zeitfenster oder Abfertigungsmodalitäten. Seitens der FU wurde allerdings angemerkt, dass die Nutzung solcher Optionen durch die Zusatzkosten wohl Sonderfällen vorbehalten bleibe.

21.5.5 Mitarbeiter

Diskutiert wurde auch der soziale Bereich: Die Erhöhung der Zufriedenheit des Personals (#4, Tab. 21.1) wurde hier als ein möglicher Anreiz für die FU aus Sicht der SU besprochen. Insbesondere auf dem Personalmarkt für Lkw-Fahrer_innen sei es zunehmend schwieriger, qualifizierte Bewerber zu finden. Wie solche Maßnahmen jedoch konkret aussehen könnten, wurde nicht explizit spezifiziert.

21.5.6 Werbewirksame Anreize

Beide Parteien hielten die Verbesserung der Außen- und möglichen Werbewirkung der SU und FU für einen wesentlichen Anreiz (#13, Tab. 21.1, #17, Tab. 21.2), da die Einführung von Rampenmanagementkonzepten in der branchenspezifischen Presse diskutiert würde. Dies kann zumindest an den Beispielen Rewe oder Brüggen nachvollzogen werden (Bretzke und Barkawi 2012, S. 276; de Jong 2014). Als interessant wurde die verbesserte Werbewirkung allerdings nur durch die SU bewertet.

21.5.7 Schadenshaftung

Auf Seiten der SU und FU wurden außerdem einige Anreize zu Fragen der Schadenshaftung gesehen. Insbesondere durch klare Regelung der Verantwortlichkeiten (#15, Tab. 21.1) bei der Entladung erhofften SU sich Anreize für die FU, da sich hier automatisch Regelungen zur Haftung ableiten. Durch diese erhoffen sich die SU weniger Ansprüche gegen sich selbst, aber für die FU auch weniger Kosten für die Erwirkung dieser. Die Vermeidung von Schäden bei der Entladung (#6, Tab. 21.1, #24 Tab. 21.2) sehen die Parteien deshalb beidseitig als Anreiz. Dies könne gleichzeitig zu weniger Fehlern im Prozess insgesamt führen, welche beide Parteien, ebenfalls gegenseitig, als Anreiz betrachten (#14, Tab. 21.1, #25, Tab. 21.2). Kritisch diskutiert wurde hier vor allem die Gestaltung solcher Anreize: Die FU sehen sich hier stärker in die Pflicht genommen, da häufig nicht genügend Personal am Standort vorhanden sei oder Aufgaben des Standorts an die Fahrer_innen delegiert würden. Die rechtliche Haftungssituation sei hier so komplex, dass Schadensansprüche zu Lasten der FU nur schwer abgewehrt werden könnten, es sei denn, die Fahrer_innen verweigerten Entladeaufgaben vollständig.

21.5.8 Regionale Spezialisierungen

Als strategischer, längerfristiger Anreiz wurde auch die Standortwahl von FU diskutiert (#9, Tab. 21.1, #23, Tab. 21.2). Einerseits sahen FU hier Anreize für die SU, wenn sich Zusammenarbeit auf bestimmte Regionen beschränken würde. Andererseits sahen SU es als Vorteil, wenn sich FU in Ihrer Nähe ansiedeln würden. Hintergrund beider Vorschläge ist die Vorstellung, dass sich durch die strategische Zusammenarbeit auch Problemstellungen, wie die Gestaltung des Rampenprozesses, gemeinsam lösen ließen.

21.5.9 Exkurs: Zeitfenstermanagementsysteme

Zeitfenster werden dabei über Zeitfenstermanagementsysteme (ZMS) koordiniert. ZMS ermöglichen vorab die Buchung von bestimmten Verladezeiten beim SU durch das FU. ZMS sind dementsprechend kein Anreiz per se, sollen aber aufgrund der umfangreichen Möglichkeiten kurz als Werkzeug in der Vermittlung von Anreizen mit erwähnt werden.

Die beiden beteiligten Unternehmensparteien zeigten in der Diskussion mehrfach ein deutliches Interesse an solchen Systemen, da diese die Anreize #2, #3, #5, #7 und #8 (Tab. 21.1) erfüllen und dadurch beiden Parteien Vorteile entstehen. Die SU könnten durch bessere Auslastung Personalkosten reduzieren und für beide Parteien ergeben sich, durch die Möglichkeit genauer zu planen, Kostenvermeidungspotenziale sowie größere Planungssicherheit. Außerdem lassen sich über diese Systeme auch weitere Incentives kommunizieren, welche sich aber hauptsächlich im ökonomischen Bereich bewegen. Dazu gehört die bevorzugte Behandlung von bestimmten FU, z. B. durch monetäre Anreize (#11, Tab. 21.1), aber auch durch vertragliche Regelungen oder aufgrund der Art der Güter. Negative Anreize (#12, Tab. 21.1), z. B. bei verspäteter Ankunft oder Fehlverhalten, könnten, unter anderem in Form einer Bonus-Malus-Regelung, auch über ein solches System kommuniziert werden. Gleichzeitig wiesen die FU hier aber auch darauf hin, dass die durch solche Systeme entstehenden Kosten häufig im Rahmen von Buchungsentgelten von ihnen getragen werden müssten. Diese Buchungsentgelte seien häufig höher als die tatsächlichen Ersparnisse durch Planungssicherheit. Außerdem, so ein Vertreter der FU, bedeute dies, dass andere Kommunikationswege zum SU in vielen Fällen vollständig abgeschnitten seien; wörtlich beschreibt er im Workshop: „Sie haben dann häufig nicht einmal eine Telefonnummer, und falls doch, dann geht da niemand ran oder der kann auch nichts tun...". Die SU merkten ihrerseits kritisch an, dass den ankommenden Fahrer_innen häufig nichts über das tatsächlich gebuchte Zeitfenster bekannt sei, da dies vom Auftraggeber nicht kommuniziert wurde. Beide Parteien behaupteten, dass Zeitfenster, besonders von großen Unternehmen, häufig auf Verdacht gebucht würden. Als eine mögliche Lösung dieser Frage wurde vorgeschlagen, mehr verpflichtende Lieferattribute einzuführen, um dies an tatsächliche Bestellungen zu koppeln.

21.6 Fazit und Ausblick

Intrinsische Treiber oder Handlungen, welche aus Nachhaltigkeitsstrategien heraus entstehen, wurden von den Teilnehmern nicht als relevant identifiziert. Praxisbeispiele großer Handelsketten wurden gar als „reiner Marketinggag" bezeichnet. Die beiden Parteien – Verlader, als standortbetreibende Unternehmen auf der einen Seite und frachtführende Unternehmen auf der anderen – finden nur schwerlich eine gemeinsame Ebene, Maßnahmen abzuleiten. Insbesondere Schwierigkeiten bei der Findung von Kommunikationskanälen im Tagesgeschäft, sowie die widerstrebenden Geschäftsziele, erschweren den beiden Partnern die Zusammenarbeit.

Aus den Ergebnissen (Tab. 21.1) lässt sich aufgrund der Bewertung leicht ableiten, dass die Erhöhung der Effizienz vor Ort für die frachtführenden Unternehmen den interessantesten Anreiz zur Beteiligung an nachhaltigen Rampenmanagementkonzepten darstellt. Wie in der Literatur und vorherigen Studien bereits aufgezeigt wurde, zeigen auch diese Ergebnisse, dass ökonomische Motive meist im Vordergrund stehen (Flämig 2014, S. 25–26; Hackius und Kersten 2014, S. 245–269). Ein nachhaltiges Rampenmanagementkonzept sollte deshalb für die frachtführenden Unternehmen nicht nur Vorteile im ökologischen und sozialen Bereich bergen, sondern die Umsetzung auch mit wirtschaftlichen Anreizen verknüpfen. Ähnliches gilt für standortbetreibende Unternehmen (Tab. 21.2): Die Implementierung von nachhaltigen Rampenmanagementkonzepten erfordert für diese Unternehmen nicht nur Werbevorteile, sondern auch umfangreiche Möglichkeiten zur Reduktion von Kosten durch Verkürzung von Zeitdauern und geringerem Personaleinsatz.

Der erhebliche Kostendruck der Branche spiegelt sich in der Auswahl der Anreize ganz besonders wider. Konzepten zum Laderampenmanagement, welche die von den Experten beschriebenen Möglichkeiten erfüllen, werden allerdings mit gewissen Anfangsinvestitionen einhergehen. Die Kosten zeitgemäßer Kommunikationstechnologien zur Nutzung und Einführung intelligenter Zeitfenstermanagementsysteme bleiben für KMU im

Logistiksektor schwer zu rechtfertigen. Auch hinsichtlich der Effizienzsteigerungen erfordern die Anreize Zugeständnisse von beiden Seiten. Eine Pause während des Ladens wird beispielsweise für die Lkw-Fahrer_innen schwer möglich sein, wenn bei der Entladung assistiert werden muss, um die Kosten der SU zu senken. Andererseits sind die FU grundsätzlich bereit, Lösungen zu finden, wenn dafür Anreize geboten werden. Die Kommunikation und vertragliche Absicherung solcher Maßnahmen ist allerdings unbedingt notwendig.

Im Rahmen des Forschungsprojektes werden diese Ergebnisse genutzt, um einerseits einen Leitfaden für standortbetreibende und frachtführende Unternehmen abzuleiten, welcher ein Rampenmanagementkonzept unter Berücksichtigung von Nachhaltigkeitsaspekten praxisnah darlegt. Ferner stellen die Ergebnisse auch eine weitere Diskussionsgrundlage für die Branche dar, welche in zukünftigen Entwicklungsprozessen, z. B. von Zeitfenstermanagementsystemen oder bei der Novellierung von gesetzlichen Grundlagen, genutzt werden. Im Bereich der Forschung sind weitere Untersuchungen zur Gestaltung dieser logistischen Schnittstelle unbedingt notwendig: Insbesondere mit Hinblick auf die zunehmende digitale Vernetzung der Wertkette und die damit verbundenen Erwartungshaltungen an Datenverfügbarkeit und Datenauswertung, welche die Akteure in den Lieferketten vor neue Herausforderungen stellen, eröffnen sich zahlreiche neue Forschungsfragen, welche es zu verfolgen gilt (Kersten et al. 2015b; Spath et al. 2013).

21.7 Förderhinweis

Das IGF-Vorhaben 17806 N/1 der Forschungsvereinigung Bundesvereinigung Logistik e.V. – BVL, Schlachte 31, 28195 Bremen wurde über die AiF im Rahmen des Programms zur Förderung der industriellen Gemeinschaftsforschung (IGF) vom Bundesministerium für Wirtschaft und Technologie aufgrund eines Beschlusses des Deutschen Bundestages gefördert.

Literatur

Bergrath, J. (2011). Handelsembargo. *Fernfahrer 2011(10)*, 6–8.
Blumberg, B., Cooper, D.R. & Schindler, P.S. (2008). *Business Research Methods* (2nd revised edition, S. 206). London: McGraw-Hill Higher Education.
Borgström, B., Hertz, S. & Jensen, L.-M. (2014). *Road haulier competition – implications for supply chain integration*. In B. Gammelgaard, G. Prockl, A. Kinra, J. Aastrup, P.H. Andreasen, H. Schramm et al. (Hg.), *Competitiveness through Supply Chain Management and Global Logistics* (S. 663–679). København: Copenhagen Business School.
Bretzke, W.-R. & Barkawi, K. (2012). *Nachhaltige Logistik. Antworten auf eine globale Herausforderung*. (2. Auflage). Berlin, Heidelberg: Springer.doi:10.1007/978-3-642-29370-2
Brockhaus, S. (2013). *Analyzing the Effect of Sustainability on Supply Chain Relationships*. Hamburg, Köln: JOSEF EUL VERLAG GmbH.

Brockhaus, S., Kersten, W. & Knemeyer, A.M. (2013). Where Do We Go From Here? Progressing Sustainability Implementation Efforts Across Supply Chains. *Journal of Business Logistics, 34 (2)*, 167–182. doi:10.1111/jbl.12017

Bundesamt für Güterverkehr (Hg.) (2011). Marktbeobachtung Güterverkehr. Sonderbericht zur Situation an der Laderampe. Köln.

Carter, C.R. & Rogers, D.S. (2008). A framework of sustainable supply chain management: moving toward new theory. *International Journal of Physical Distribution & Logistics Management, 38 (5)*, 360–387. doi:10.1108/09600030810882816

Cui, L. & Hertz, S. (2011). Networks and capabilities as characteristics of logistics firms. *Industrial Marketing Management, 40 (6)*, 1004–1011. doi:10.1016/j.indmarman.2011.06.039

Falkenstein, A. (2014). Konflikte an der Rampe warten auf eine Lösung. *Lebensmittel Zeitung, 2014 (36)*, 34.

Fawcett, S.E., Waller, M.A. & Bowersox, D.J. (2011). Cinderella in the C-suite: Conducting influential research to advance the logistics and supply chain disciplines. *Journal of Business Logistics, 32 (2)*, 115–121. doi:10.1111/j.2158-1592.2011.01010.x

Flämig, H. (2014). *Logistik und Nachhaltigkeit.* In L. Heidbrink, N. Meyer, J. Reidel & I. Schmidt (Hg.), *Corporate Social Responsibility in der Logistikbranche* (S. 25–44). Berlin: Erich Schmidt Verlag GmbH & Co. KG.

Gattiker, T.F., Carter, C.R., Huang, X. & Tate, W.L. (2014). Managerial Commitment to Sustainable Supply Chain Management Projects. *Journal of Business Logistics, 35 (4)*, 318–337. doi:10.1111/jbl.12073

Golicic, S.L. & Smith, C.D. (2013). A meta-analysis of environmentally sustainable supply chain management practices and firm performance. *Journal of Supply Chain Management, 49 (2)*, 78–95. doi:10.1111/jscm.12006

Hackius, N. & Kersten, W. (2014). *Truck Loading Dock Process – Investigating Integration of Sustainability.* In W. Kersten, T. Blecker & C.M. Ringle (Hg.), *Next Generation Supply Chains* (1. Auflage, S. 245–272). Hamburg: epubli GmbH.

Hagenlocher, S., Wilting, F. & Wittenbrink, P. (2013). *Schnittstelle Rampe – Lösungen zur Vermeidung von Wartezeiten (Schlussarbeit).* Karlsruhe: hwh Gesellschaft für Transport- und Unternehmensberatung mbH.

Hanfeld, M. (2012, Mai 31). RTL: „Günter Wallraff deckt auf": Dieses Paket ist eine Bombe *Frankfurter Allgemeine Zeitung.* Frankfurt am Main.

International Energy Agency. (2014). *CO2 Emissions From Fuel Combustion Highlights 2014.* Paris: OECD/IEA.

De Jong, N. (2014). Brüggen räumt an der Rampe auf. *DVZ, 2014(99).*

Kersten, W. (2012). *Einwicklung einer Methodik zur kundenorientierten, ökologie- und ökonomieoptimierten Gestaltung von Logistikprozessen im Rahmen der Produktentwicklung als Weiterentwicklung des Target Costing.* Stuttgart, Hamburg: International Performance Research Institute gGmbH, Institut für Logistik und Unternehmensführung, Technische Universität Hamburg-Harburg.

Kersten, W., Berlin, S., Wichmann, M. & Bayerle, C. (2015, in Bearbeitung). *Entwicklung und Durchsetzung von ökologischen Standards in Stückgutkooperationen aus Sicht der Systemzentrale.* Hamburg, Stuttgart: Institut für Logistik und Unternehmensführung, Technische Universität Hamburg-Harburg, International Performance Research Institute gGmbH.

Kersten, W., Schröder, M. & Indorf, M. (2015). Supply Chain Risikomanagement für die Industrie 4.0 – Anforderungen einer neuartigen Arbeits- und Betriebsorganisation. *Industrie Management, 31(3)*, 36–40.

Lauenroth, L. (2012). An der Rampe läuft es häufig nicht rund. *DVZ, 2012(87).*

Mollenkopf, D., Stolze, H., Tate, W.L. & Ueltschy, M. (2010). Green, lean, and global supply chains. *International Journal of Physical Distribution & Logistics Management, 40 (1/2)*, 14–41. doi:10.1108/09600031011018028

Porter, M.E. & Linde, C. Van Der. (1995a). Green and Competitive : Ending the Stalemate Green and Competitive. *Harvard Business Review, 73 (5)*, 120–134.

Porter, M.E. & Linde, C. Van Der. (1995b). Toward a New Conception of the Environment-Competitiveness Relationship. *The Journal of Economic Perspectives, 9 (4)*, 97–118.

Sandberg, P., Spalding, T., Schweizer, C. & Charles Rivers Associates. (2004). *Mobility 2030: Meeting the challenges to sustainability*. Geneva: The World Business Council for Sustainable Development (WBCSD).

Semmann, C. (2012). Eiszeit an der Rampe. *DVZ, 2012 (16)*, 1–2.

Spath, D., Ganschar, O., Gerlach, S., Hämmerle, M., Krause, T. & Schlund, S. (2013). *Produktionsarbeit der Zukunft – Industrie 4.0*. (D. Spath, Hrsg.). Stuttgart: Frauenhofer Verlag.

Statistisches Bundesamt. (2014). Transport und Verkehr. *Statistisches Jahrbuch Deutschland und Internationales* (S. 581–602). Wiesbaden: Statistisches Bundesamt.

Tomoff, K. (2010). The Logistics Industry's Role in Sustainability – and Vice Versa. In D. Bansal, C. Glauner & J. Oppolzer (Hg.), *Delivering Tomorrow* (1. Edition., S. 33–38). Bonn: Deutsche Post AG.

Wildemann, H., Kersten, W., Stegmann, S., Grebner, B., Brunn, A., Petersen, M. et al. (2013). *Wandlungsfähigkeit in der Logistik als Vorbereitung von produzierenden KMU auf Nachhaltigkeitstrends*. München, Hamburg: Forschungsinstitut – Unternehmensführung, Logistik und Produktion, Technische Universität München, Institut für Logistik und Unternehmensführung, Technische Universität Hamburg-Harburg.

World Economic Forum. (2009). *Supply Chain Decarbonization*. (S. Doherty & S. Hoyle, Hg.). Geneva: World Economic Forum.

Stoffstrommanagement als Instrument zur nachhaltigen Schaffung von regionaler und betrieblicher Wertschöpfung

22

Klaus Helling und Peter Heck

22.1 Einleitung

Der Umwelt-Campus Birkenfeld wurde im Jahr 1996 gegründet und bereits im Gründungsauftrag war die klare Zielsetzung festgeschrieben, dass an diesem Standort der Hochschule Trier Lehre und Forschung unter die Maxime der nachhaltigen Entwicklung durch eine ganzheitliche und interdisziplinäre Analyse und Gestaltung von Stoffkreisläufen zu stellen wären. Seitdem hat sich der Umwelt-Campus zu einem Kompetenzzentrum für nachhaltigkeitsorientierte Lehre und Forschung entwickelt (Helling et al. 2004). Insbesondere im Bereich der Forschung für Nachhaltigkeit hat sich am Umwelt-Campus das Stoffstrommanagement als Basiskonzept etabliert und ist zu einem Erfolgsfaktor für die Entwicklung der Hochschule geworden (Helling 2007). Der vorliegende Beitrag hat das Ziel, aufzuzeigen wie mit Hilfe des Stoffstrommanagements Wertschöpfung für Regionen und Betriebe nachhaltig gestaltet werden kann. Dazu wird zunächst der Begriff des Stoffstrommanagements definiert und dann das Institut für angewandtes Stoffstrommanagement (IfaS) kurz vorgestellt, das die Forschung für Nachhaltigkeit in Birkenfeld prägt. Mit Hilfe von ausgewählten Forschungsprojekten aus dem regionalen und dem betrieblichen Stoffstrommanagement wird anschließend verdeutlicht, wie das IfaS Regionen und Betriebe auf dem Weg in eine nachhaltigere Wirtschaftsweise ganz konkret unterstützt. Im Fazit werden die gewonnenen Erkenntnisse zusammengefasst und Entwicklungspotenziale beleuchtet.

K. Helling (✉) • P. Heck
Institut für angewandtes Stoffstrommanagement (IfaS), Umwelt-Campus Birkenfeld
der Hochschule Trier, Campusallee 9912, Birkenfeld 55765, Deutschland
e-mail: k.helling@umwelt-campus.de; p.heck@umwelt-campus.de

© Springer Fachmedien Wiesbaden 2016
W. Leal Filho (Hrsg.), *Forschung für Nachhaltigkeit an deutschen Hochschulen*,
Theorie und Praxis der Nachhaltigkeit, DOI 10.1007/978-3-658-10546-4_22

22.2   Begriff und Ziele des Stoffstrommanagements

Der Menschheit an sich ist mittlerweile nur allzu bewusst, dass das System Erde an seinen Belastungsgrenzen angelangt ist und die Ressourcen immer knapper und teurer werden. Es bestehen somit Aufgaben von globalem Ausmaß, die im betrieblichen, kommunalen und regionalen Kontext praktisch gelöst werden müssen.

Das sogenannte Stoffstrommanagement bildet hier ein konkretes Werkzeug, im Sinne einer nachhaltigen Entwicklung, die Aufgaben und Probleme praxisgerecht, nachhaltig und sinnvoll anzugehen. Das Stoffstrommanagement entwickelte sich aus dem Nachhaltigkeitsprinzip, dessen Wurzeln in der Forstwirtschaft liegen. Basierend darauf begann in den frühen 70er-Jahren des 20. Jahrhunderts die moderne Interpretation der nachhaltigen Entwicklung. Unter Führung des bekannten Wissenschaftlers Dennis L. Meadows veröffentlichten mehrere Wissenschaftler 1972 einen Bericht („Die Grenzen des Wachstums"), welcher bei dem Club of Rome eingereicht wurde, um somit auf die voranschreitende Verknappung lebensnotwendiger Ressourcen aufmerksam zu machen (Meadows et al. 1972). Konsequenz dieses Berichtes war, dass 1972 erstmals eine Konferenz (United Nations Conference on the Environment) in Stockholm über die Umwelt des Menschen durchgeführt wurde. 1987 schließlich wurde der Brundtland-Bericht veröffentlicht, welcher den Begriff der Nachhaltigen Entwicklung und der Nachhaltigkeit definierte und in allgemeingültige Leitlinien umsetzte (Hauff 1987). Mit der 1992 durchgeführten Konferenz von Rio de Janeiro wurde aus dem Begriff der Nachhaltigkeit endgültig ein normatives und internationales Leitprinzip, welches auf dem Drei-Säulen-Prinzip (Ökologie, Ökonomie und soziale Gerechtigkeit) basiert.

In Deutschland hat die Enquête-Kommission „Schutz des Menschen und der Umwelt" des 12. Deutschen Bundestages das Stoffstrommanagement im Jahr 1994 wie folgt definiert: „Unter dem Management von Stoffströmen der beteiligten Akteure wird das zielorientierte, verantwortliche, ganzheitliche und effiziente Beeinflussen von Stoffsystemen verstanden, wobei die Zielvorgaben aus dem ökologischen und dem ökonomischen Bereich kommen, unter Berücksichtigung sozialer Aspekte." (Enquête Kommission 1994, S. 549). Aus dieser Definition wird deutlich, dass das Stoffstrommanagement als ein Werkzeug zur nachhaltigen Gestaltung von Stoff- und Energieflüssen verstanden werden kann.

Die Enquête-Kommission hat vier grundlegende Managementregeln erarbeitet, die als Oberziele für das Stoffstrommanagement angesehen werden können (Enquête Kommission 1994, S. 42 ff.):

- Die Abbaurate erneuerbarer Ressourcen muss kleiner als deren Regenerationsrate sein.
- Nicht-erneuerbare Ressourcen dürfen nur in dem Umfang genutzt werden, in dem ein gleichwertiger Ersatz in Form erneuerbarer Ressourcen oder durch höhere Produktivität geschaffen wird.
- Stoffeinträge in die Umwelt müssen sich an der Belastbarkeit der Umweltmedien orientieren („Erhalt der Aufnahmekapazität").

- Das Zeitmaß anthropogener Eingriffe in die Umwelt muss eng mit dem Reaktionsvermögen der relevanten natürlichen Prozesse korreliert sein.

Stoffstrommanagement erfordert eine strategische Kooperation von Akteuren entlang der Wertschöpfungskette in Betrieben und Regionen. Dabei werden vorhandene Ansätze der Ver- und Entsorgung, des Umweltmanagements und der Wirtschaftsförderung miteinander verknüpft. Ein weiterer sehr wichtiger Aspekt des Stoffstrommanagements ist das Bilden von regionalen Kooperationen und Netzwerken, welche einen erheblichen Anteil an einer nachhaltigen Perspektive bilden. So soll es beispielsweise auch Ziel sein, die globalen Stoffströme einzudämmen und regionale Potenziale zu nutzen, um somit eine konkrete regionale Wertschöpfung zu fördern (Heck und Bemmann 2002, S. 27 ff.).

Regionales Stoffstrommanagement bezieht neben den Unternehmen als weitere Akteure einer Region z. B. die Kommunen, die Landwirte und die privaten Haushalte mit ein. Unternehmerische Konzepte lassen sich nicht ohne weiteres auf Strukturen wie Regionen oder Kommunen übertragen. Doch auch eine Region oder eine Gemeinde kann als die Summe einer Vielzahl von Prozessen und Organisationsstrukturen betrachtet werden. Die „unternehmerischen" Ziele einer solchen Region können so z. B. unter anderem die Schaffung von Wohlstand, die Steigerung der Lebensqualität und der Erhalt der Gesundheit sein.

Die bereichs- und wertschöpfungskettenübergreifende Ausrichtung des regionalen Stoffstrommanagements bedingt eine enge Zusammenarbeit und Vernetzung unterschiedlicher Akteure. Die notwendige Interdisziplinarität und Vernetzung der Akteure bedeutet einen höheren organisatorischen Aufwand, ermöglicht jedoch auch die Erschließung neuer Geschäftsfelder sowie die Ausweitung der Tätigkeiten durch die Bildung von Kooperationen und strategischen Netzwerken. Eine Schwierigkeit stellt hier das Auffinden und Vernetzen der sog. Schlüsselakteure dar. Schlüsselakteure im regionalen Kontext sind z. B. die kommunalen Mandatsträger, die Land- und die Forstwirte, die Unternehmen, die Banken, die Bürger, die Energieversorger, die Ver- und Entsorgungsunternehmen, die Schulen und Bildungseinrichtungen oder die regionalen Medien. Ohne die Einbindung dieser Akteure kann das regionale Stoffstrommanagement nicht über die konzeptionelle Phase hinaus in die Umsetzung kommen.

Abbildung 22.1 verdeutlicht die Grundidee des regionalen Stoffstrommanagements. Ohne eine Analyse der regionalen Stoff- und Energieflüsse sowie der regionalen Potenziale bleiben diese unentdeckt und werden nicht genutzt. Viele Regionen verlieren in jedem Jahr erhebliche finanzielle Mittel, weil damit die in der Region verbrauchten fossilen Energien bezahlt werden. Diese Mittel fließen dann zum Beispiel nach Russland oder in die Golfstaaten. Bei Nutzung der eigenen regionalen Energie- und Stoffströme bleiben auch mehr finanzielle Mittel in der Region.

Das regionale Stoffstrommanagement basiert auf der Analyse sowie der effizienten Gestaltung und Schließung der regionalen Energie-, Stoff- und Finanzströme. Kernthema hierbei ist der Erhalt sowie die Neuschaffung regionaler Werte. Hierzu gehören neben einem Schutz sowie der In-Wert-Setzung von Rohstoffquellen und Senken vor allem

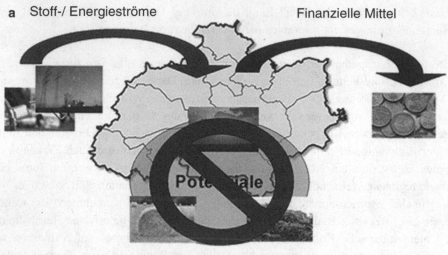

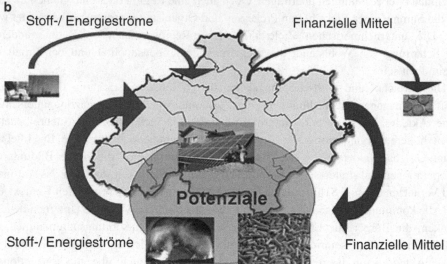

Abb. 22.1 (**a**) Regionale Stoff- und Energieströme ohne Stoffstrommanagement (Heck und Bemmann 2002, S. 75 f.). (**b**) Regionale Stoff- und Energieströme mit Stoffstrommanagement (Heck und Bemmann 2002, S. 75 f.)

Erwerbstätigkeit, Kaufkraftsteigerung, technische Innovation und Teilhabe (z. B. von Bürgern). Durch die Steigerung der regionalen Wertschöpfung wird die Lebensqualität in einer Kommune verbessert und Impulse für eine dauerhafte nationale und internationale Wettbewerbsfähigkeit gegeben. Hierzu wird das ambitionierte Ziel „Null-Emission" mit ökologisch, ökonomisch und sozial sinnvollen Meilensteinen und Maßnahmen verfolgt. Diese dienen zur Ausschöpfung vorhandener Potentiale, zur Steigerung der Ressourcen- und Energieeffizienz sowie zur Entwicklung eines nachhaltigen Lebensstiles, zur Nutzung nachwachsender Rohstoffe und erneuerbarer Energien, insbesondere aus regionalen Quellen, zur Schließung von regionalen Stoffkreisläufen, zur Verbesserung der Biodiversität (von der Einfalt zur Vielfalt) und zur Generierung einer regionalen Wertschöpfung mit einhergehender Steigerung der Lebensqualität (IfaS 2010).

22.3   Kurzportrait des Instituts für angewandtes Stoffstrommanagement

Das Institut für angewandtes Stoffstrommanagement (IfaS) ist ein In-Institut, welches dem Umwelt-Campus Birkenfeld der Hochschule Trier angegliedert ist. Ein Kurzportrait des Umwelt-Campus findet sich im Beitrag von Dr. Jörg Romanski in diesem Buch, weitere Informationen unter http://www.umwelt-campus.de (Umwelt-Campus Birkenfeld 2015). Zielsetzung des Instituts ist es, innerhalb von konkreten praxisorientierten Projekten im In- und Ausland regionale und betriebliche Stoffströme (Material- und Energieströme) nachhaltig zu optimieren, um somit eine nachhaltige Entwicklung voranzutreiben. Die interdisziplinäre Ausrichtung des Instituts vereint Professoren, Wissenschaftler, wissenschaftliche Hilfskräfte und Studierende aus den verschiedensten Bereichen wie Ökologie, Wirtschaftswissenschaften, Politik, Technik und Kommunikation.

Das IfaS wurde im Oktober 2001 von den Professoren Dr. Peter Heck, Dr. Klaus Helling, Dr. Alfons Matheis und Dr.-Ing. Michael Bottlinger am Umwelt-Campus in Birkenfeld gegründet. Bis 2015 sind fünf weitere Professoren dazu gekommen, aktuell sind ca. 50 Mitarbeiter beim IfaS beschäftigt. Das Institut finanziert sich weitgehend aus Drittmitteln und hat seit der Gründung fast 35 Millionen Euro eingeworben. Unter Leitung des geschäftsführenden Direktors Prof. Dr. Peter Heck kann das IfaS auf eine beständige Steigerung der Drittmittel und Mitarbeiteranzahl zurückblicken und ist heute eines der drittmittelstärksten Forschungsinstitute an deutschen Fachhochschulen.

Der intelligente, ressourceneffiziente Umgang mit Stoff- und Energieströmen ist das Rückgrat einer nachhaltigen Gesellschaft. In der Philosophie des IfaS ist die Optimierung der Stoff- und Energieströme weniger eine technische Herausforderung als vielmehr eine Frage des Managements. Die fundierte Analyse der Ist-Situation, der Aufbau von Akteursnetzwerken zur Lösungsfindung, die innovative Kombination neuer und bewährter Technologien sowie die Entwicklung innovativer Finanzierungsinstrumente bilden daher die Arbeitsschwerpunkte des IfaS.

22.4   Stoffstrommanagement – Innovative Ideen und Projekte des IfaS

Dass Stoffstrommanagement nicht nur ein theoretischer Ansatz ist, beweist das IfaS durch aktive Ausführung und Teilnahme an den verschiedensten Projekten im In- und Ausland. Das Institut betreut mittlerweile Projekte auf internationaler Ebene in über 20 Ländern.

Um aber auch dem Anspruch der regionalen Wertschöpfung – und somit auch dem Ziel der nachhaltigen Entwicklung von Regionen in Deutschland – gerecht zu werden, ist das IfaS Kooperationspartner und Initiator einer wachsenden Anzahl von Projekten auf EU-, Bundes-, Landes-, Kommunal- und betrieblicher Ebene. Die aktuelle Projektliste des Instituts umfasst derzeit mehr als 50 laufende Forschungsprojekte, zu denen sich weitere Informationen unter http://www.stoffstrom.org finden (IfaS 2015a).

Neben der Forschung hat das IfaS ein umfangreiches Weiterbildungsangebot entwickelt. Die Masterstudiengänge im Themenfeld International Material Flow Management (IMAT) werden in englischer Sprache für Studierende aus dem In- und Ausland angeboten. Neben dem IMAT „Master of Science"-Studiengang in Birkenfeld gibt es ingenieurwissenschaftliche Doppelabschlüsse IMAT „Master of Engineering" in Zusammenarbeit mit der japanischen Asia Pacific University in Beppu, der türkischen Akdeniz-Universität in Antalya, der brasilianischen Universidade Positivo in Curitiba und der Al Akhawayn University in Marokko. Aktuell wurde ein DAAD-Projekt zum weitergehenden Aufbau einer IMAT-Netzwerkuniversität gestartet. Weitere Informationen zu den Masterstudiengängen bietet: http://www.imat-master.com (IfaS 2015b).

Darüber hinaus bietet das IfaS spezifische Schulungen für Fach- und Führungskräfte und Summer Schools für Studierende im Bereich des Stoffstrommanagements an. Die Organisation von Tagungen rundet das Weiterbildungsangebot des IfaS ab. Besonders hervorzuheben sind hier die Biomassetagung, die Solartagung, die PIUS-Tagung und die internationale Kreislaufwirtschaftstagung, die das IfaS seit mehr als 10 Jahren jährlich ausrichtet.

22.4.1 Die Null-Emissions-Strategie im Rahmen des regionalen Stoffstrommanagements

Die Vision „Null-Emission" bildet die konzeptionelle Basis der Arbeit des IfaS und steht für die permanente Optimierung und andauernde Suche nach Suffizienz und Effizienz. Die einzelnen Systeme wie Wasser, Abwasser, Abfall, Energie etc. werden synergetisch und systemisch analysiert und vernetzt optimiert. Schritt für Schritt wird sich so dem Ziel „Null-Emission" angenähert. Der Grundgedanke einer „Null-Emissions-Strategie" ist die vollständige Schließung von Stoff- und Energiekreisläufen. Die Optimierung und Neugestaltung von Stoff- und Energiekreisläufen muss alle Ebenen und Sektoren des Wirtschaftssystems umfassen, angefangen von den Produkten und dem Produktdesign über die Unternehmen bis hin zu den Städten, Gemeinden und Regionen. Erst die ganzheitliche Betrachtung eines Systems unter Einbeziehung aller Akteure (Unternehmen, Haushalte, Öffentliche Hand, Land- und Forstwirtschaft etc.) ermöglicht die Nutzung aller Synergie- und Gestaltungsmöglichkeiten.

Die erste konkrete Umsetzung der Null-Emissions-Strategie durch das IfaS erfolgte im Projekt „Zero-Emission-Village" in der Verbandsgemeinde Weilerbach. Global denken, lokal handeln – dieser Leitgedanke der nachhaltigen Entwicklung war einer der Auslöser für das Projekt „Zero-Emission-Village Weilerbach" (ZEV). Die westpfälzische Verbandsgemeinde (VG) Weilerbach entwickelte gemeinsam mit dem IfaS und der Landeszentrale für Umweltaufklärung (LZU) des Ministeriums für Umwelt und Forsten Rheinland-Pfalz (MUF) im Jahr 2001 die Idee einer möglichst CO_2-neutralen Energieversorgung für die gesamte Verbandsgemeinde Weilerbach. Durch die Optimierung der Stoffströme in der Region und die effiziente Nutzung regionaler Ressourcen sollte so nicht nur ein Beitrag zum globalen Klimaschutz erfolgen, sondern gleichzeitig auch eine Erhöhung der Wertschöpfung in der Region realisiert werden.

Die von März 2001 bis Juni 2003 durch das IfaS durchgeführte Initialstudie zeigte, dass eine CO_2-neutrale, 100 % regenerative Versorgung der 14.700 Einwohner (6.850 Haushalte) der Verbandsgemeinde durch die regenerativen Energiepotenziale der Region und durch die ermittelten Potenziale zur Energieeinsparung möglich ist. Bereits während der Studie wurde daher mit der praktischen Umsetzung begonnen. Unterstützt durch eine intensive Öffentlichkeitsarbeit und durch die Vernetzung der regionalen Akteure (Verbandsgemeinde, Energieversorger, Landwirte, Privatpersonen, etc.) wurden so seit Projektbeginn im Jahr 2001 folgende Maßnahmen entwickelt und umgesetzt: 4 Windkraftanlagen (5×2 MW), 4 Nahwärmenetze (für mehr als 350 Wohneinheiten) auf Biomassebasis, mehr als 50 Kleinfeuerungen (Pellets, Holzhackschnitzel, Scheitholz) in privaten Haushalten, über 100 PV-Anlagen mit einer Leistung von ca. 650 kWp, 250 Solarthermieanlagen mit einer Kollektorfläche von über 2.200 m^2 und die energetische Sanierung aller Grundschulen mit einer durchschnittlichen Heizenergie-Einsparung von 50 %. Bislang wurden durch diese und weitere Maßnahmen mehr als 25 Millionen Euro in der Verbandsgemeinde investiert (Helling 2012, S. 275–292).

Aufbauend auf den bisherigen Erfolgen, verfolgt die Verbandsgemeinde Weilerbach einen kontinuierlichen Verbesserungsprozess. Dies bedeutet, nicht die kurzfristigen Erfolge stehen im Vordergrund, sondern die ständige und dauerhafte Optimierung der Stoffströme hin zum Ziel „Zero-Emission". Dies zeigt auch die Planung zahlreicher weiterer, aufeinander abgestimmter Projekte wie z. B. die Überprüfung einer Biogasanlage, die Planung weiterer Nahwärmenetze oder die Ausweitung der Photovoltaiknutzung. Begleitet werden diese Planungen durch zahlreiche Einzelinitiativen bis hin zu Existenzgründungen wie z. B. die Gründung eines Bioenergiehofs zur Energiebereitstellung aus Forst- und Landwirtschaft. Das Projekt „Zero-Emission-Village Weilerbach" ist daher mehr als nur die Summe verschiedener Einzelprojekte. Vielmehr ist es ein ganzheitliches, langfristiges Konzept zur optimierten Nutzung aller Ressourcen innerhalb einer Region.

Der Erfolg des Konzeptes zeigt sich nicht nur in der Übertragung der Idee auf den Landkreis Kaiserslautern, sondern in mittlerweile mehr als 20 Projekten zum kommunalen Stoffstrommanagement in Rheinland-Pfalz. Die nationale Klimaschutzinitiative der Bundesregierung bietet für das IfaS hervorragende Möglichkeiten zur Umsetzung der Null-Emissionsstrategie in weiteren Gebietskörperschaften in Deutschland. Beispielhaft zu nennen sind Projekte der Klimaschutzinitiative in der Gemeinde Nalbach im Saarland, im Landkreis Cochem-Zell und in der Verbandsgemeinde Enkenbach-Alsenborn in Rheinland-Pfalz, im Landkreis Neckar-Odenwald in Baden-Württemberg und im

Landkreis Barnim in Brandenburg. Für das Land Mecklenburg-Vorpommern wurde darüber hinaus eine Landesstrategie mit dem Titel „500 Bioenergiedörfer in Mecklenburg-Vorpommern" erarbeitet. Im Rahmen des Projektes „Leitfaden Wege zum Bioenergiedorf" entwickelte das IfaS einen Handlungsleitfaden mit dem Ziel, interessierte kommunale Vertreter, Planer, Land- und Forstwirte, Unternehmer und engagierte Bürger anzusprechen und praxisgerechte Informationen zu geben, damit eigene Aktivitäten auf der regionalen Ebene begonnen werden können (IfaS 2014). Der Leitfaden wurde von der Fachagentur Nachwachsende Rohstoffe e.V. (FNR) herausgegeben und steht unter http://mediathek.fnr.de/leitfaden-bioenergiedorfer.html zum Download bereit. Die Broschüre zeigt die Vielfalt der existierenden Konzepte für Bioenergiedörfer auf. Von der Definition eines Bioenergiedorfes über die Umsetzung bis hin zur Technik und der regionalen Wertschöpfung werden praxisbezogene Beispiele erläutert. Ausführungen zu Finanzierung und Teilhabe und zu Geschäftsmodellen für ein Bioenergiedorf sowie das Kapitel zur strategischen Kommunikation, um Bürgerinnen und Bürger für ein Bioenergieprojekt zu gewinnen, runden den Leitfaden ab.

Im Folgenden soll der Sinn der Entwicklung von Bioenergiedörfern und -regionen veranschaulicht werden. „Das Geld des Dorfes dem Dorfe" postulierte Raiffeisen bereits vor 140 Jahren. In der Debatte des 21. Jahrhunderts würde man sagen „die Potenziale des Dorfes dem Dorfe". Kommunale Systeme, insbesondere in ländlichen Regionen sind häufig finanzschwach bzw. hoch verschuldet. Elementare Aufgaben der Kreise und Kommunen im Bereich der Daseinsfürsorge können vielerorts nur noch mit mehr Schulden oder der Unterstützung von Bund und Ländern erfüllt werden. Diese katastrophale Lage, die vielerorts noch durch die Folgen des demografischen Wandels verstärkt wird, führt zu Frustration und Resignation bei regionalen und kommunalen Schlüsselpersonen. Ein Umdenken ist daher notwendig. Kommunen müssen mehr aus ihren Potenzialen machen und mehr in ihre Regionen investieren. Eine ländliche Gemeinde mit 300 Häusern und 500 Einwohnern hat Strom- und Wärmekosten von etwa 800.000 Euro im Jahr. Diese Kosten steigen jährlich zwischen 4 und 7 %. Das Einkommen der Dorfbewohner allerdings steigt nicht in diesem Maße. Das bedeutet, die Kaufkraft der Bürger sinkt, klassische Aufgaben der Daseinsvorsorge werden reduziert und kommunale Handlungsspielräume sukzessive eingeschränkt.

Unsere ländlichen Regionen unterliegen seit den Anfängen der Energiewende in den 1990er-Jahren einem drastischen Bedeutungswandel. Waren sie zuvor Produzenten für Nahrungsmittel und Ziel von Erholungssuchenden, aber auch Verlierer zugunsten der urbanen Räume, sind sie heute die potenziellen Schlüsselelemente einer umfassenden Energiewende. Große Biomasse-, Wind- und Solarpotenziale werden zunehmend erschlossen und bringen erhebliche ästhetische und strukturelle Veränderungen mit sich. Damit einhergehend verändern sich Bewusstsein, Identifikation und Management im ländlichen Raum. Die neue Rolle als Zentrum der Energiewende bringt neue Technologien, neue Motivation, neue Verantwortung und mehr Wertschöpfung in den ländlichen Raum.

Mit der Realisierung des ersten Bioenergiedorfes in Jühnde bei Göttingen im Jahr 1998 und auch im oben beschriebenen Zero-Emission-Village Weilerbach in der Nähe von

Kaiserslautern konnte grundlegend gezeigt werden, dass eine umfassende Versorgung ländlicher Siedlungsräume mit lokalen Energiequellen technisch und wirtschaftlich machbar ist. Obschon diese ersten Dörfer noch eine intensive Unterstützung bei Planung und Umsetzung erfahren hatten, wurde schnell deutlich, dass Bioenergiedörfer auch ohne zusätzliche Förderung ökonomisch sinnvoll sind. Seitdem sind viele weitere Initiativen gestartet und realisiert worden. Die Menschen, die diese Entwicklung befördern, streben nicht nur die Senkung von Heizkosten und die Nutzung neuer Energien an. Sie verfolgen darüber hinaus auch soziale bzw. kulturelle und ökologische Ziele.

Auf der regionalen Ebene können diese vielschichtigen Ziele durch Bioenergieregionen befördert werden. Während es im Bioenergiedorf um konkrete Schritte geht, besteht die Aufgabe der Bioenergieregionen zunächst darin, den Wissenstransfer von Forschung und Entwicklung in die Praxis voranzutreiben. Durch eine gute Öffentlichkeitsarbeit und die Vernetzung zwischen den Praktikern entstehen neue Projekte, die mittel- bis langfristig die dargestellten Chancen einer nachhaltigen Biomassenutzung auch großräumig erschließen.

22.4.2 Regionale Wertschöpfung auf europäischer Ebene – die EU-Projekte SEMS und ZECOS

Ein mittlerweile wichtiges Standbein für das IfaS ist die Akquisition von EU-geförderten Projekten. Das IfaS wurde mit der Durchführung zahlreicher Projekte auf EU-Ebene betraut oder hat bei den Projekten maßgeblich mitgearbeitet. Zu nennen sind hier u. a.: ProGras (Grasraffinerie), Sollet (Solarunterstützte Holzpelletheizung), Rubin (Nachhaltige Umsetzung von Biomassenutzung), RECORA (Erneuerbare Energien in ländlichen Gebieten) und Enercom (Polyvalente Nutzung von Klärschlamm und Grünschnitt).

Beispielhaft für die EU-Projekte des IfaS soll im Folgenden zunächst das Projekt SEMS (Sustainable Energy Management Systems) aus dem 6. Forschungsrahmenprogramm vorgestellt werden, das in verschiedener Hinsicht von besonderer Dimension ist: Das Tool Stoffstrommanagement wurde im Laufe von fünf Jahren in vier europäischen Kommunen in Deutschland (Verbandsgemeinde Weilerbach), Österreich, Luxemburg und Polen angewandt, weiterentwickelt und vertieft. Das große, 24 Mitglieder umfassende Konsortium beinhaltete drei Energieversorger (u. a. Pfalzwerke AG) und sechs KMU, acht kommunale Verwaltungskörperschaften, vier Forschungs- und Bildungsinstitutionen sowie drei weitere Partner. Auch die Ziele waren mit einer Vermeidung von 94.000 t CO_2/a und einer Einsparung von 300 GWh/a Endenergie von fossilen Energieträgern entsprechend hoch gesteckt. Mit einem Zuschuss von rd. 6,4 Mio. Euro wurde eine Investition von insgesamt über 40 Mio. Euro ausgelöst. Das SEMS-Projekt hat gezeigt, dass die Übertragung des Konzeptes des regionalen Stoffstrommanagements auf die europäische Ebene sinnvoll und möglich ist. Weitere Informationen finden sich unter: http://www.sems-project.eu (SEMS 2015).

IfaS hat aufbauend auf den Erfahrungen in einem weiteren EU-Projekt ein neues Zertifizierungssystem unter besonderer Berücksichtigung von verschiedenen kommunalen Strukturen entwickelt. Das Zero CO_2e Emission Certification System (ZECOS) für

Gemeinden zielt darauf ab, die nachhaltige Entwicklung und kontinuierliche Reduktion von Treibhausgasinventaren zu unterstützen. Ein Schlüsselziel des ZECOS-Projektes ist die Entwicklung und Erprobung eines Zertifizierungssystems für Gemeinden als strategisches Instrument zur Reduktion von Treibhausgasemissionen. Darüber hinaus sollen innovative Finanzinstrumente, wie z. B. Carbon Trade-Optionen, Contracting und lokale Genossenschaften, welche die Reduktion von Treibhausgasen unterstützen, im kommunalen Kontext implementiert werden. Weitere Informationen finden sich online unter http:// www.zecos.eu (ZECOS 2015).

Die Erfahrungen aus den EU-Projekten des IfaS zeigen, dass das Konzept des Stoffstrommanagements hervorragende Möglichkeiten zur Gestaltung einer nachhaltigen Entwicklung bietet. Durch die Nutzung der regionalen Potenziale werden spezifische und auf den Einzelfall zugeschnittene Lösungsansätze generiert. Dabei müssen die regionalen Besonderheiten (z. B. Bevölkerungsentwicklung, Industrielle Entwicklung, Bodenqualität, Klima, Kultur, Gesetzliche Rahmenbedingungen) in vielfältiger Art und Weise berücksichtigt werden, um ökologisch tragfähige Projekte zu entwickeln, die auch ökonomisch vorteilhaft sind. Stoffstrommanagement bietet keine einfachen Lösungen, die überall einfach angewendet werden können. Die Stärke des Konzepts liegt in der Entwicklung von regional passenden Projekten und Strukturen, die aus der Region und für die Region Wert schaffen.

22.4.3 Betriebliches Stoffstrommanagement und produktionsintegrierter Umweltschutz

Das Management von Stoffströmen im Sinne einer verbesserten Allokation knapper Ressourcen ist eine zentrale Fragestellung der Ökonomie. Mit den Anfängen der industriellen Produktion wird die Aufgabe des Managements von Stoffströmen auch für die produzierenden Unternehmen relevant. Der Umgang mit Stoffströmen war und blieb lange Zeit eine ausschließlich an ökonomischen Interessen und technischen Grenzen ausgerichtete Aufgabe, mit der sich die Manufaktur- und später die Industriebetriebe beschäftigten.

Im Vergleich zum regionalen Stoffstrommanagement wurde das betriebliche Stoffstrommanagement konzeptionell frühzeitiger weiter entwickelt. Trotzdem ist der Begriff „Stoffstrommanagement" in Unternehmen relativ unbekannt. In der Praxis werden die Aufgaben des betrieblichen Stoffstrommanagements vielfach durch die Unternehmensbereiche Produktion, Materialwirtschaft und Logistik sowie seit einigen Jahren durch das Umwelt- und Nachhaltigkeitsmanagement wahrgenommen. Eine betriebliche Organisationseinheit mit der expliziten Bezeichnung „Stoffstrommanagement" ist immer noch die Ausnahme.

Ansätze zur Optimierung von betrieblichen Stoff- und Energieströmen tangieren in den meisten Fällen nicht nur das betrachtete Unternehmen selbst, sondern auch vor- oder nachgelagerte Wertschöpfungsketten (Staudt et al. 2000, S. 17 ff.). Die verschiedenen Ausprägungen des betrieblichen Stoffstrommanagements können, wie in Abb. 22.2 dargestellt, entlang der Wertschöpfungskette strukturiert werden:

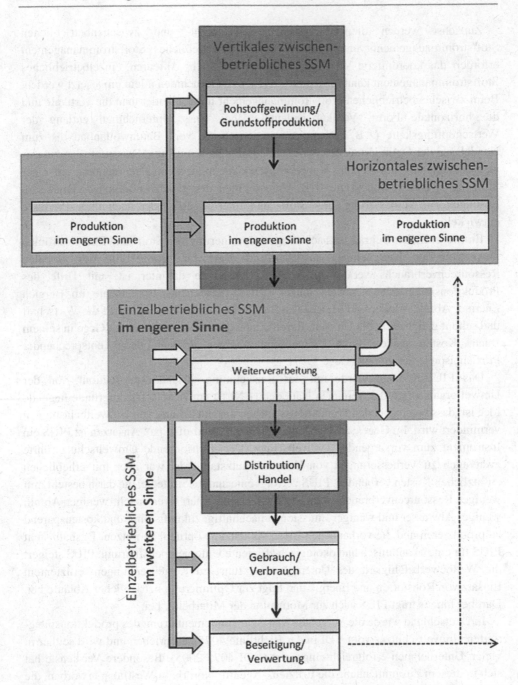

Abb. 22.2 Ausprägungen des betrieblichen Stoffstrommanagements (Helling 2002, S. 68)

Zunächst werden die Grundformen des einzel- und zwischenbetrieblichen Stoffstrommanagements unterschieden. Zwischenbetriebliches Stoffstrommanagement erfordert das koordinierte Vorgehen von zwei oder mehr Akteuren, einzelbetriebliches Stoffstrommanagement kann hingegen von einem Unternehmen allein umgesetzt werden. Beim zwischenbetrieblichen Stoffstrommanagement unterscheidet man die vertikale und die horizontale Form. Vertikal bedeutet dabei, dass Unternehmen entlang der Wertschöpfungskette (z. B. entlang der textilen Kette vom Baumwollanbau bis zum Handel) bei der Optimierung der zwischenbetrieblichen Stoff- und Energieströme zusammenarbeiten. Von horizontaler Kooperation spricht man, wenn Unternehmen auf einer Stufe der Wertschöpfungskette (z. B. Unternehmen der gleichen Branche) gemeinsam Lösungen zur Verbesserung ihrer Stoff- und Energieflüsse oder auch ihrer Produkte entwickeln.

Ein wesentlicher Beitrag zur nachhaltigen Optimierung von Stoff- und Energieströmen muss von den Unternehmen ausgehen, da diese für große Teile des globalen Ressourcenverbrauchs verantwortlich sind. Die Idee dahinter ist, mit Hilfe des Produktionsintegrierten Umweltschutzes (PIUS) Kosteneinsparpotenziale im Bereich Energie, Abfall, Wasser und Material zu finden. Dies spart Kosten, stärkt die Wirtschaft und schont gleichzeitig die Umwelt. Bereits Ende der neunziger Jahre hat Gege in seinem Buch „Kosten senken durch Umweltschutz" einen großen Fundus entsprechender Praxisbeispiele gesammelt (Gege 1997).

Das PIUS-Konzept wurde mit der Bezeichnung „Cleaner production" von der Umweltorganisation der Vereinten Nationen (UNEP) entwickelt. Die zugrunde liegende Idee ist, dass bereits bei den Produktionsschritten die Entstehung von Umweltbelastungen vermindert wird. Im Gegensatz zu nachgeschalteten „End-of-Pipe"-Ansätzen ist PIUS ein Instrument zum vorsorgenden Umweltschutz. Der nachsorgende Umweltschutz führte zwar auch zu Verbesserungen von Umweltschutzstandards, war aber mit erheblichen zusätzlichen Kosten verbunden. PIUS verfolgt eine andere Strategie, die darin besteht, mit weniger Ressourcenverbrauch, weniger Wasser- und Energieverbrauch, weniger Abfall, weniger Abwasser und weniger Emissionen nachhaltig, zukunftsfähig und kostensparend zu produzieren und die vorhandenen Einsparpotenziale optimal zu nutzen. Deshalb steht PIUS für eine ökonomisch und ökologisch effiziente Unternehmensführung. PIUS steigert die Wettbewerbsfähigkeit des Unternehmens, führt zu Kostensenkungen, effizientem Einsatz von Rohstoffen und Energie und trägt zur Optimierung betrieblicher Abläufe bei. Darüber hinaus trägt PIUS auch zur Motivation der Mitarbeiter bei.

In Deutschland wurde die Vorgehensweise zur Implementierung des produktionsintegrierten Umweltschutzes vom VDI in der Richtlinie 4075 beschrieben und wird seither in vielen Unternehmen erfolgreich eingesetzt (VDI 4075 2005). Besondere Verdienste hat sich in diesem Zusammenhang die Effizienz-Agentur Nordrhein-Westfalen erworben, die mit dem PIUS-Check ein standardisiertes Werkzeug zur Aufdeckung von PIUS-Potenzialen in Unternehmen entwickelt hat. Das Internetportal PIUS-Info liefert ausführliche Informationen und eine Fülle von Praxisbeispielen zum produktionsintegrierten Umweltschutz unter http://www.pius-info.de. (PIUS-Internetportal 2015).

Auch in Rheinland-Pfalz konnte der PIUS-Ansatz mit Hilfe von sogenannten EffChecks erfolgreich etabliert werden. In derzeit 125 abgeschlossenen EffChecks konnten über 650 Verbesserungspotenziale aufgezeigt werden. Die Beispiele für herausgearbeitete und umgesetzte Effizienzmaßnahmen sind vielfältig. Von der neuen Druckluftanlage bis zur effizienteren Kältemaschine, vom verbesserten Entsorgungskonzept bis zu wassersparenden Maßnahmen ist alles dabei.

Zur Veranschaulichung der Vorgehensweise soll ein Eff-Check-Projekt des IfaS bei der Firma Bungert in Wittlich dienen. Unter der Bezeichnung „EffCheck – PIUS Analysen in Rheinland-Pfalz" sollen insbesondere kleine und mittelständische Unternehmen die Möglichkeit erhalten, durch einen EffCheck ihre Produktion von einem Beratungsunternehmen ihres Vertrauens auf Kosteneinsparpotenziale hin überprüfen zu lassen. Das Land Rheinland-Pfalz übernimmt für jeden EffCheck maximal 70 % der Beratungskosten bis zu einem Höchstbetrag von 4.800,- Euro. Die durch den EffCheck in den Bereichen Energie, Wasser, Material, Emission und Abfall ermittelten Einsparpotenziale dienen dem Unternehmen als Grundlage für die Umsetzung von betrieblichen Maßnahmen. Die Ergebnisse aus den EffChecks zeigen eindrucksvoll, welche Potenziale in Unternehmen verborgen liegen. Beispielsweise wurden bei der Firma Bungert in Wittlich, einem Shopping-Center mit ca. 280 Mitarbeitern, durch das EffCheck-Programm Potenziale erkannt und konkrete Verbesserungsmaßnahmen umgesetzt. Es konnte aufgezeigt werden, wie durch die Installation eines Blockheizkraftwerks mit einer einmaligen Investition von ca. 111.300,- Euro jährlich ca. 21.300,- Euro an Energiekosten eingespart können und die Umwelt nachhaltig entlastet wird. Weiterhin kann durch den Austausch der Mitarbeiter- und der Besucherurinale gegen moderne innovative spülwasserlose Urinale mit einem Investitionsvolumen von weniger als 9.000,- Euro eine Einsparung von ca. 1.100 m³ Frischwasser und somit einen Kostenvorteil von ca. 2.700,- Euro jährlich erzielt werden. Viele weitere Praxisbeispiele und Erfolgsbeispiele zum EffCheck finden sich unter: http:// www.effnet.rlp.de (Effizienznetzwerk Rheinland-Pfalz 2015).

Das betriebliche Stoffstrommanagement ist auf der Ebene der einzelbetrieblichen Optimierung gut etabliert, aber bei den zwischenbetrieblichen Kooperationen bieten sich noch viele Potenziale. Netzwerke und Kooperationen entlang der Supply Chain müssen zukünftig noch stärker vorangetrieben werden, damit die Probleme nicht von einem Unternehmen zu einem Anderen – womöglich noch in einem anderen Land – verlagert sondern gelöst werden.

22.5   Schlussfolgerungen

Fast 15 Jahre erfolgreiche, angewandte Forschung basierend auf dem interdisziplinären Ansatz des Stoffstrommanagements beweisen, dass sehr viele Potenziale vorhanden sind, die – richtig kalkuliert – einen Weg zur nachhaltigen Entwicklung bieten, der nicht nur ökologische Probleme löst, sondern gleichzeitig auch Werte schafft und gesellschaftliche Strukturen aufbaut bzw. festigt. Für Unternehmen gilt es dabei, den Ansatz der

Ressourceneffizienz konsequent umzusetzen und darüber hinaus die Potenziale der Kreislaufwirtschaft im Sinne der Konsistenz noch stärker zu nutzen. Unternehmen, die neben den Bürgern wichtige regionale Akteure sind, sollten sich aber auch ihrer gesellschaftlichen Verantwortung bewusst sein und sich als Teil ihrer Region verstehen. Die Politik hat die Aufgabe, durch die kluge Gestaltung der rechtlichen Rahmenbedingungen, die Voraussetzungen für eine tragfähige Entwicklung in dem jeweiligen Verantwortungsbereich zu schaffen. Der Aspekt der Teilhabe wird dabei zunehmend mehr Aufmerksamkeit erreichen. Die möglichst umfassende Einbindung der Bürger und hier vor allem der unteren Einkommensschichten wird für die Akzeptanz und Zukunftsfähigkeit einer nachhaltigen Regionalentwicklung von zentraler Bedeutung sein. Die gemeinsame Erschließung der Potenziale verbindet Menschen nicht nur technisch, sondern auch ideell und strukturell. Gemeinsam planen und finanzieren, aktive Mitsprache praktizieren und Anteil haben an der Entwicklung vor Ort sind nur einige wichtige Elemente einer zukunftsfähigen Regionalentwicklung in allen Teilen der Welt. Perspektivisch ergeben sich daraus auch neue Forschungsfelder und Themen, die im Rahmen von Stoffstrommanagementprojekten bearbeitet werden können: Dies sind z. B. neue regionale Geldsysteme, regionale und globale Stakeholdernetzwerke, Kaskadennutzung und Cradle to Cradle -Lösungen oder regionale Bioökonomie, die mehr Wert vom Hektar generiert.

Literatur

Effizienznetzwerk Rheinland-Pfalz (2015). EffCheck. Verfügbar unter: www.effnet.rlp.de (aufgerufen am 10.05.2015).

Enquête-Kommission „Schutz des Menschen und der Umwelt" des deutschen Bundestages (Hg. 1994). Die Industriegesellschaft gestalten – Perspektiven für einen nachhaltigen Umgang mit Stoff- und Materialströmen. Abschlußbericht der Enquête-Kommission „Schutz des Menschen und der Umwelt – Bewertungskriterien und Perspektiven für umweltverträgliche Stoffkreisläufe in der Industriegesellschaft" des 12. Deutschen Bundestages. Bonn: Drucksache 12/8260.

Gege, M. (1997). Kosten senken durch Umweltmanagement – 1000 Erfolgsbeispiele aus 100 Unternehmen. München: Vahlen.

Hauff, V. (Hg. 1987). Unsere gemeinsame Zukunft – Der Brundtlandt-Bericht der Weltkommission für Umwelt und Entwicklung. Greven: Eggenkamp Verlag.

Heck, P. & Bemmann, U. (Hg. 2002). Praxishandbuch Stoffstrommanagement. Köln: Deutscher Wirtschaftsdienst.

Helling, K. (2002). Betriebliches Stoffstrommanagement. In Heck, P. & Bemmann, U. (Hg.), Praxishandbuch Stoffstrommanagement (S. 42–60). Köln: Deutscher Wirtschaftsdienst.

Helling, K., Heck, P. & Preussler, T. (2004). Umwelt-Campus Birkenfeld – Kompetenzzentrum für umweltorientierte Lehre und Forschung in Deutschland. UmweltWirtschaftForum, 12 (3), 80–87.

Helling, K. (2007). Stoffstrommanagement als Erfolgsfaktor der Hochschulentwicklung. UmweltWirtschaftForum, 15 (2), 104–109.

Helling, K. (2012). Zero Emission-Strategien für Kommunen – Praxisbeispiel Zero-Emission-Village Weilerbach. In Hauff, M., Isenmann, R. & Müller-Christ, G. (Hg.), Industrial Ecology Management (S. 275–291). Wiesbaden: Gabler.

IfaS (Hg. 2010). Grundlagenpapier zur Entwicklung einer Null-Emissions-Strategie zur Förderung von Umweltschutz, Innovation und Beschäftigung. Birkenfeld: Selbstverlag.

IfaS (2014). Bioenergiedörfer – Leitfaden für eine praxisnahe Umsetzung. Fachagentur Nachwachsende Rohstoffe e.V. (Hg.). Verfügbar unter: http://mediathek.fnr.de/leitfaden-bioenergiedorfer.html (aufgerufen am 10.05.2015).

IfaS (2015a). Institut für angewandtes Stoffstrommanagement. Verfügbar unter: www.stoffstrom.org (aufgerufen am 10.05.2015).

IfaS (2015b). IMAT-Master. Verfügbar unter: www.imat-master.com (aufgerufen am 10.05.2015).

Meadows, D. et al. (1972). Die Grenzen des Wachstums: (engl. Limits to Growth). übertragen von Hans-Dieter Heck. Stuttgart: Deutsche Verlagsgesellschaft.

PIUS-Internetportal (2015). Produktionsintegrierter Umweltschutz. Verfügbar unter: www.pius-info.de (aufgerufen am 10.05.2015).

SEMS (2015). Sustainable Energy Management Systems. Verfügbar unter: www.sems-project.eu (aufgerufen am 10.05.2015).

Staudt, E., Schroll, M. & Auffermann, S. (2000). Stoffstrommanagement zwischen Anspruch und Wirklichkeit – Zur einzelwirtschaftlichen Bedeutung einer politischen Vision. Bochum: Selbstverlag.

Umwelt-Campus Birkenfeld (2015): Umwelt-Campus Birkenfeld der Hochschule Trier. Verfügbar unter: www.umwelt-campus.de (aufgerufen am 10.05.2015).

VDI 4075 (2005). Blatt 1: Produktionsintegrierter Umweltschutz (PIUS): Grundlagen und Anwendungsbereiche. Berlin: Beuth-Verlag.

ZECOS (2015). Zero CO_{2e} Emission Certification System. Verfügbar unter: www.zecos.eu (aufgerufen am 10.05.2015).

Nachhaltiges Campusmanagement im Bereich Energie – Der Transformationsprozess in öffentlichen Einrichtungen am Beispiel eines Kooperationsprojekts an der Universität Tübingen

Sandy-Cheril Manton, Thomas Potthast, und Volker Hochschild

23.1 Einleitung

In ihrem Leitbild hat sich die Eberhard Karls Universität Tübingen der „Maxime einer nachhaltigen Entwicklung" verpflichtet (www.uni-tuebingen.de/universitaet/leitbild. html). Einen wichtigen Startpunkt für die Umsetzung bildete im Juni 2008 das Symposium „Greening the University" der gleichnamigen Studierendeninitiative, die dafür u. a. als Projekt der UN-Dekade Bildung für Nachhaltige Entwicklung ausgezeichnet wurde. 2011 erfolgte die Zertifizierung des Umweltmanagements der Universität Tübingen nach EMAS (Eco-Management and Audit Scheme) als erste Universität in Baden-Württemberg. Im Bereich der Lehre wurde das fächerübergreifende „Studium Oecologicum" für alle an Nachhaltigkeit interessierte Studierenden entwickelt und ausgebaut. Parallel etablierten sich neue Forschungsschwerpunkte und innovative Forschungsprojekte mit dem Ziel

S.-C. Manton (✉)
Geographisches Institut, Eberhard Karls Universität Tübingen,
Rümelinstr. 19-23, Tübingen 72070, Deutschland
e-mail: sandy.manton@uni-tuebingen.de

T. Potthast
Internationales Zentrum für Ethik in den Wissenschaften (IZEW), International Centre
for Ethics in the Sciences and Humanities, Eberhard Karls Universität Tübingen,
Wilhelmstr. 19, Tübingen 72074, Deutschland
e-mail: potthast@uni-tuebingen.de

V. Hochschild
Lehrstuhl für Physische Geographie und Geoinformatik, Geographisches Institut,
Eberhard Karls Universität Tübingen, Rümelinstr. 19-23, Tübingen 72070, Deutschland
e-mail: volker.hochschild@uni-tuebingen.de

© Springer Fachmedien Wiesbaden 2016
W. Leal Filho (Hrsg.), *Forschung für Nachhaltigkeit an deutschen Hochschulen*,
Theorie und Praxis der Nachhaltigkeit, DOI 10.1007/978-3-658-10546-4_23

Nachhaltigkeit als Thema zu implementieren. Ein weiterer Meilenstein auf dem Weg zu einer nachhaltigen Universität symbolisiert die Gründung des Beirats für nachhaltige Entwicklung 2010, dessen Aufgabe es ist, eine umfassende Nachhaltigkeitsstrategie für die Universität Tübingen zu entwickeln. Seit 2013 erfolgt die Konzeptentwicklung und der Aufbau eines Kompetenzzentrums für Nachhaltige Entwicklung / School for Sustainability, um das Thema an der Universität noch besser zu vernetzen und zu implementieren.

Durch solche Maßnahmen wurde bereits eine Ebenen übergreifende Zusammenarbeit innerhalb der Strukturen der Universität erreicht. Dies umfasst auch die Etablierung neuer Funktionen wie beispielsweise die Schaffung der Stelle für die Umweltkoordination und Energieberatung. Als interne Transformationsprozesse tragen solche Maßnahmen dazu bei, dass nachhaltige Entwicklung durch einen *bottom-up-process* in Tübingen erfolgreich praktiziert wird (Meisch et al. 2014, S. 171). Obwohl dieser Prozess, nicht nur in Tübingen als einem der Vorreiterstandorte, bereits eine sehr gute Eigendynamik erreicht hat, stehen die Universitäten und Hochschulen dennoch vor großen Herausforderungen bei internen nachhaltigkeitsfreundlichen Umstrukturierungen.

Im Folgenden wird kurz auf die Hintergründe des Transformationsprozesses Nachhaltigkeit eingegangen und danach ein konkretes Projekt an der Universität Tübingen vorgestellt, das sich der Nachhaltigkeit im Bereich Gebäudemanagement, Energie und Geographie widmet. Dabei werden die Erfahrungen mit und Implikationen für den Transformationsprozess Nachhaltigkeit an Universitäten und Hochschulen erörtert.

23.2 Transformationsprozess Nachhaltigkeit

Der „Transformationsprozess Nachhaltigkeit" begann bereits in den 1960er-Jahren; seither werden entsprechende Konzepte entwickelt und Umstrukturierungen als notwendig erkannt und benannt. Fragen des Ressourcen- und Umweltschutzes wurden in den 1970er-Jahren in Deutschland weitgehend allgemein und nicht auf die eigene Praxis der Hochschulen bezogen. Trotz der Einrichtung verschiedener ökologisch orientierter Forschungsinstitutionen und -projekte wurde die Ökologisierung der Hochschulen selbst nur sehr langsam angegangen; die Bereitschaft zur Umsetzung von Nachhaltigkeitsstrategien war kaum entwickelt.

Seit der Veröffentlichung des Brundtlandberichts 1987 nahm zumindest die wissenschaftliche Nachhaltigkeitsdiskussion an den Hochschulen mehr Raum ein, indem „ökologische" Ziele des Umwelt- und Ressourcenschutzes verstärkt in einen sozialen und ökonomischen Rahmen eingebettet wurden. Zugleich erfolgte eine Bewegung hin zu konkreten Umsetzungen durch neue Zertifizierungsverfahren, Zukunftstechnologien und nachhaltigen Konsum. Und die Formulierung von Leitlinien an und für Universitäten sollte auch dort für selbstauferlegte Transformationen durch Maßnahmen zur Nachhaltigkeit sorgen (Es Guerra 2009, S. 21).

Die Copernicus-Charta der Europäischen Hochschulrektorenkonferenz (CRE) von 1993 sollte auf lokaler Ebene mit Agenda 21-Prozessen an den Universitätsstandorten kombiniert werden. 1998 hatten bereits 30 Hochschulen das Aktionsprogramm der Copernicus-Charta unterzeichnet. Die Charta selbst gilt als internationale Leitfunktion für die nachhaltige Hochschulpolitik und als Selbstverpflichtungserklärung der Hochschulen als wichtiges Instrument in der Selbstverpflichtung für Nachhaltigkeits- Leitlinien. Zugleich sind die Hochschulen dazu aufgefordert auf lokaler Ebene gestaltend mitzuarbeiten und wichtige Impulse für die Lösung globaler Umweltprobleme an die Gesellschaft weiter zu geben (Winkelmann 2005, S. 118; vgl. auch Leal Filho 1998; Leal Filho und Delakowitz 2005).

Für die Umsetzung wurde den einzelnen Hochschulen ein allgemeiner Handlungsrahmen vorgegeben, sodass diese die Handlungsprinzipien nach lokalen Gegebenheiten umsetzen können. Eine Leitlinie stellt somit Grundlagen für andere Denkmuster und eine neue Werteorientierung dar. Nachhaltigkeit kann also nicht zuletzt als eine Art Entschleunigungsprozess betrachtet werden, die eine entgegengesetzte Richtung als das „immer mehr, immer schneller" einschlägt. Ein solcher Transformationsprozess verlangt nach Maßnahmen und fordert mehr Klarheit und Konsequenz auf politischer Ebene, international, landesweit und lokal.

23.3 Fallbeispiel: Nachhaltigkeitsmanagement im Energiebereich an der Universität Tübingen

An der Universität Tübingen wurde ein Projekt zur Nachhaltigkeit im Bereich Management, Energie und Geographie entwickelt. Eingangs wurden folgende Fragen formuliert:

- Was benötigen die Geowissenschaften (mit Bezug auf die o.g. Thematik) von ihrer Universität, um nachhaltige Forschung betreiben und ausbauen zu können?
- Welche Daten werden für die angewandte Forschung für Nachhaltigkeit zur Verfügung gestellt, was wird überhaupt erhoben?
- Inwieweit kann und darf die Wissenschaft in universitäre und darüber hinaus gehende Verwaltungsstrukturen intervenieren und mitwirken, um diesen Transformationsprozess weiter mit voranzutreiben?

23.3.1 Der Gebäudebestand der Universität Tübingen

Zugleich mit der Verwirklichung von Nachhaltigkeits- Leitlinien rückten auch die finanziellen Gesichtspunkte durch steigende Energiepreise in den Vordergrund. In den Jahren 2010 bis 2012 erreichten die Ausgaben für Heizenergie, Strom, Wasser und Abwasser jährlich insgesamt bereits 30 Millionen Euro. Da der universitär genutzte Gebäudebestand im Eigentum des Landes Baden-Württemberg in Tübingen einen hohen Sanierungsbedarf aufweist und viele historische Gebäude dem Denkmalschutz unterliegen, gestalten sich Modernisierungs- und Sanierungsmaßnahmen besonders aufwendig.

Das Land Baden-Württemberg ist Träger der Eberhard Karls Universität Tübingen (UT), die gemeinsam mit dem Universitätsklinikum (UKT) etwa 380 dem Land gehörende Gebäude nutzt. Sämtliche Aufgaben des Immobilien-, Gebäude- und Baumanagements liegen beim Landesbetrieb Vermögen- und Bau Baden-Württemberg (VUB), der die Liegenschaften des Landes betreut und Baumaßnahmen im Bereich des Staatlichen Hochbaus für das Land durchführt. Da die Hochschule der Betreiberverantwortung unterliegt, jedoch weder über die Haushaltsmittel noch über das zuständige Bauamt weisungsbefugt ist, entstehen Verzögerungen von Baumaßnahmen und eine problematische Situation hinsichtlich der Frage der optimalen Allokation von Kosten und möglichen Einsparungen in getrennten Budgets.

Hinzu kommt die Zielsetzung in den Bauämtern, die eine umsatzorientierte Betriebsführung einnimmt. Durch diese Vorgaben werden kostenintensive Maßnahmen priorisiert umgesetzt, ohne unbedingt umweltschützend und energiesparend vorzugehen. Aus Sicht einer nach Nachhaltigkeit strebenden Leitlinie sind hier wesentliche Strukturen noch nicht umgesetzt, und dies bleibt ein kritisierbares Thema im Schnittbereich zwischen verschiedenen Verwaltungseinheiten und Politik. Hieraus begründen sich kritische Diskussionen mit dem Vorschlag, eingesparte Betriebsmittel voll oder anteilig der Hochschule gutzuschreiben (Kurz 1998, S. 142). Die hochschulpolitischen Bestrebungen zur Stärkung der finanziellen Selbstbestimmung könnten auch die Erfolgsbedingungen für nachhaltige Einsparmaßnahmen und strukturelle Umgestaltungen positiv gestalten, indem hier entsprechende Regelungen aufgenommen werden.

Zur Unterstützung neuer Entscheidungswege wird die Verknüpfung von Daten zu Energie, Gebäudezustand, Ressourcenverbrauch und Recycling relevant. Dies kann eine unabhängige Entscheidungsgrundlage für die Universitäten bieten, die im Rahmen einer nachhaltigen Zielsetzung mehr Selbstverwaltung anstreben und Einsparpotenziale für die Betriebskostensenkung durch gezielte Maßnahmen selbst priorisieren möchten. Dies würde den unternehmerischen Nachhaltigkeits-Spielraum der Universität vergrößern. Um solche Herausforderungen im genannten Themenbereich effizient unterstützen zu können und interdisziplinäre Zusammenarbeit zu fördern, wurde ein innovatives Kooperationsprojekt an der Universität Tübingen gestartet, in dem das universitäre Gebäude- und Energiemanagement mit der Wissenschaft zusammenarbeitet.

23.3.2 Geoinformatik als Tool für nachhaltige Universitätskonzepte

Der Lehrstuhl Geoinformatik im Fachbereich Geographie in Tübingen erstellt für das gesamte Stadtareal, den Campusbereich der Universität Tübingen und das Universitätsklinikum Potenzialanalysen für die erneuerbaren Energien Geothermie, Photovoltaik und urbane Windkraft. Diese Ergebnisse werden, im Rahmen einer Dissertation als Qualifikationsarbeit, in einer Geodatenbank verknüpft, um anschließend eine Standortbewertung der Universitätsgebäude nach nachhaltigen Bewertungsschemata vorzunehmen und in ihrem anwendungsorientiert geowissenschaftlichen und ethischen Kontext zu diskutieren. Dabei wird auch die Problematik der internen Datenverfügbarkeit analysiert sowie die mögliche Reintegration in bestehende Verwaltungssysteme.

Das Fallbeispiel Tübingen weist geographisch interessante Aspekte auf. Zum einen ist das Universitätsareal in zwei Verwaltungsbereiche unterteilt: das Universitätsklinikum und die Universität Tübingen. Die Standorte der genutzten Gebäude verteilen sich über das gesamte Stadtgebiet, bilden jedoch zwei Universitätszentren. Während sich die Verwaltungsgebäude, die Sprach-, Geistes- und Sportwissenschaften im Tal befinden, konzentrieren sich die Naturwissenschaften auf den Höhenlagen der Morgenstelle. Die Klinikumsgebäude sind ebenfalls auf diese beiden Bereiche aufgeteilt. Die Hauptkliniken CRONA (Chirurgie, Radiologie, Orthopädie, Neurologie und Anästhesie) befinden sich auf der Höhe, die Frauenklinik, Augen- und Hautklinik befinden sich in unmittelbarere Nähe zum Campusbereich im Tal.

Aus Sicht der Raumplanung können hier zwei sehr unterschiedliche Campusformen erforscht werden. Eine ganzheitliche Betrachtung des Gesamt-Campus Tübingen auf Nachhaltigkeit in allen Bereichen übersteigt den Rahmen des Projekts bei weitem, weshalb sich der Blick auf die räumlich-energetische und bauliche Struktur sowie auf die Möglichkeiten nachhaltiger Raumgestaltung beschränkt. Hinzu kommen die aktive Anknüpfung des Forschungsbereichs Geoinformatik an das Gebäude- und Energiemanagement sowie eine Zuarbeit in der Erarbeitung aussagekräftiger Indikatoren für den Beirat für Nachhaltige Entwicklung, um letztlich Nachhaltigkeitsindikatoren für die Gesamtuniversität entwickeln zu können.

Die Vorteile einer auf Geographischen Informationssystemen (GIS) basierenden Geodatenbank für Energieverbrauch, regeneratives Energiepotenzial, Gebäudezustand und Sanierungsstatus, nachhaltiges Ressourcenmanagement und Maßnahmenableitung birgt ein nicht zu unterschätzendes Ressourceneinsparpotenzial in sich, das aber aufgrund meist noch nicht digitalisierter Datensätze konkrete Auswertungen erschwert.

Hier stellen sich folgende Fragen:

- Wie können analoge Datensätze für die Wissenschaft und die Verwaltung digitalisiert werden, um einen Anschluss an aktuelle technische Standards der IT-Branche anzustreben?
- Wie können Daten, die für Indikatoren der Nachhaltigkeit benötigt werden, als neue Aufgabenstellung für Beschäftigte der Universitätsverwaltung aufgenommen werden und systematisch erhoben werden, damit sie für die Wissenschaft (Forschung und Lehre) verwertbar sind?
- Wie können Ergebnisse aus der Wissenschaft in das Umweltmanagement der Universität aufgenommen werden und welchen Standards sollten sie entsprechen?
- Kann ein Umweltmanagementsystem die Umsetzung abgeleiteter Maßnahmen allein aus einem *bottom-up-system* wirklich leisten?

23.3.3 Umweltmanagement

Einen Problembereich bei der Einführung eines Umweltmanagementsystems an Hochschulen stellt die Organisationsform der Hochschulen dar, denn anders als in Unternehmen verfügen die Hochschulen zwar über eine zentrale Verwaltung, sind aber als Gesamtorganisation nicht in der Weise hierarchisch organisiert, wie es Unternehmen sind. Die Verwaltungsstruktur soll die Organisation der notwendigen Infrastruktur für Forschung und Lehre aufrecht erhalten, damit der „Betrieb" von Forschung und Lehre überhaupt erst möglich ist. Weiter kommentiert Gilch (2005): „Die akademische Selbstverwaltung, die Freiheit von Forschung und Lehre, die unterschiedlichen Statusgruppen (HochschullehrerInnen, wissenschaftliches Personal, Verwaltung und technisches Personal, Studierende) sowie die Gliederung in eine Vielzahl von mehr oder weniger selbstständigen Einheiten wie Fachbereiche, Institute, Lehrstühle, Arbeitsgruppen, zentrale wissenschaftliche Einrichtungen, Sonderforschungsbereiche, An-Institute u.v.m. ..." (Gilch 2005, S. 128) macht die Gleichsetzung von Unternehmen und Universitäten nicht möglich.

So hat der zentrale Kern der Verwaltung einerseits nach unternehmerischen Maßstäben zu funktionieren, verwaltet aber andererseits tatsächlich viele Einzelhierarchien in Form von Fakultäten, Instituten, aber auch zunehmend nicht oder nur noch teilweise zur Universität gehörenden Einrichtungen (gGmbHs etc.), für die sie nur bedingt weisungsbefugt sind. Ebenso arbeiten die selbst organisierten „Subunternehmen" mit eigenen Strukturen und erhoffen sich eine Anpassung der Zentralverwaltung an ihre eigenen innovativen Strukturen.

Deshalb wird hier provokant formuliert: Wenn eine Universität ein Leitbild Nachhaltigkeit formuliert, muss dies mit konkreten Strukturanpassungen einhergehen Ansonsten wird der Eindruck, der in der Literatur bereits häufig diskutiert wird, bestätigt, dass es sich um einen formal gut gemeinten Ansatz handelt, der jedoch kaum Handlungsgewalt besitzt und auf unzureichenden rechtlichen Grundlagen ruht (vgl. dazu ausführlicher Birkmann 1998; Schlotmann 1998; Stratmann 1998). Zugleich jedoch kann und soll Nachhaltigkeit nicht als hierarchiefixierte Kommandowirtschaft „top down" verordnet werden, weil Kommunikations- und Kooperationsfähigkeit selbst als notwendige und wünschenswerte transdisziplinäre Kompetenzen für die und in der Nachhaltigen Entwicklung zu verstehen sind. Hier ist eine schwierige Balance im Rahmen der Kooperation von unterschiedlichen Verwaltungsstrukturen und Personengruppen zu finden, ohne das übergreifende Ziel aus den Augen zu verlieren und ggf. auch in Governancestrukturen handlungsverbindlich zu machen.

Besonders für die Wissenschaftler und Wissenschaftlerinnen, die sich einer nachhaltigen Forschung und Lehre verschrieben haben, sind größere Handlungsspielräume, stärkere Integration in Entscheidungsprozesse und eine erleichterte Datenzugänglichkeit zentrale Themen, wenn es um die aktive Mitgestaltung einer nachhaltigen Universität geht.

23.3.4 Bewertungssysteme für Nachhaltigkeit an Hochschulen mit Indikatoren

Die Entwicklung von Indikatoren zur Einschätzung der Zukunftsfähigkeit ist seit langem in der Diskussion und hat bis heute noch keine einheitlichen festen Größen generiert. Vielmehr nahm die Interpretationsvariation stark zu, in der einzelne Indikatoren aus verschiedenen Fachbereichen Schnittmengen bilden können und ihre Aussagekraft verschieben. Aufgrund struktureller Unterschiede bestehen auf regionaler Ebene noch kaum Bewertungssysteme. Dies kann damit zusammenhängen, dass Indikatoren, Kennzahlen und Messgrößen auf nationaler oder andere übergeordneter Ebene bisher genereller zusammengefasst werden als auf regionaler Ebene. Nach Seifert und Köckler (1998, S. 167) wird den Indikatoren hier eine sehr subjektive Aussagekraft zugesprochen, da sie in Bestimmung und Definition sehr vom Verständnis der Indikatorenentwickler über Nachhaltigkeit und Zukunftsfähigkeit abhängig sind.

Erst mit einer lokalen oder thematischen Spezifizierung kann eine detaillierte Definition entstehen, die eine klare Aussage bringt. Es sind Messgrößen oder Kennzahlen, die eine spezifische Information über ein bestimmtes Phänomen, Wechselwirkung Korrelation stellen. Deshalb ist die Indikatorenableitung ein wichtiges Thema, das die Zusammenhänge hoch komplexer Systeme lokal veranschaulicht und damit die Nachhaltigkeitsdebatte in ihrer Bedeutung stetig untermauert. Würde man solch ein System auf die Beschaffungs- und Entsorgungsstelle der Universität übertragen, würde bald deutlich werden, dass diese Abteilungen eine enge Zusammenarbeit benötigten, um einen ganzheitlichen Ansatz zu verfolgen, der den Prinzipien der Nachhaltigkeit entspräche (vgl. dazu Müller-Christ 2011, 2013; Meisch et al 2014). Übergeordnet würde ein Nachhaltigkeitsgremium erforderlich sein, das ebenfalls eng mit dem Finanzdezernat in Kooperation arbeitet.

Für die Aufstellung eines nachhaltigen Bewertungssystems wird eine Klassifikation der Inputs und Outputs für die zu erhaltende Lebensgrundlage erforderlich. Die Klassifikation der zu bewertenden Maßnahmen ergibt sich einerseits aus dem noch bestehenden Geldwertesystem und andererseits aus dem Ressourcen und Umwelt schonenden Aspekt der Maßnahme und zum dritten aus der Langfristigkeit. Demnach ist das folgende Bewertungssystem auf die energie- und ressourcensparenden Maßnahmen der Universität Tübingen ausgerichtet und beschränkt, obwohl eine Ausweitung und Übertragbarkeit des Systems auf andere Einrichtungen und Wirkungskreise angestrebt wird. Das „Vordenken" in eine Zeit, in der für unsere Gesellschaft „andere" Werte herrschen könnten, verlangt eine umfassende Auseinandersetzung mit den entstandenen Bewertungssystemen und deren konzeptionellen und ethischen Grundlagen und würde hier zu weit führen.

23.3.5 Indikatorenableitung mit geographischen Informationssystemen

Standortbezogene geographische Analysen haben sich in den vergangenen Jahren durch offen zugängliche komplexer „OpenSource Software" sehr verbreitet. Allerdings greifen öffentliche Einrichtungen dennoch auf lizensierte kostenintensive Software zurück. Auch für öffentliche Einrichtungen wurde der Zugang zu Geodaten durch das „Geoportal Baden-Württemberg" erleichtert und ist für Behörden kostenfrei zugänglich. Auf dieser Grundlage können auch Forschungseinrichtungen für Analysen und Bewertungsmethoden innovativer Konzepte einen verbesserten Zugang zu Geodaten erhalten.

Stand der Technik sind hier neue hochkomplexe Ansätze wie „Big-Data", standortbezogene SAP-Anwendungen oder internetbasierte OpenSource-Software Zertifizierungen. Das Ziel der Softwareentwicklungen ist es Sachdaten wie Besitzstand, Größe, Nutzung und Alter von Gebäuden in einen „Geokontext" zu bringen, indem dem Benutzer mittels Feature Manipulation Engine (FME) Technologie, der Zugriff auf vernetzte Daten ermöglicht wird. Aus den vernetzten Daten können umfassende Wechselwirkungen zwischen Medien veranschaulicht werden.

Die Ermittlung fachspezifischer Workflows wie z.B. der Photogrammmetrie, der Potenzialberechnung und des Energieverbrauchs sind aktuelle Themen der Branche: „Die Energiewende forciert einen Wandel im GIS bzw. im gesamten IT-Bereich sowie im Betriebsmanagement" (Vining 2012). Marktführende Unternehmen wie Autodesk und Pitney Bowes haben in einen Kooperationskonzept aus „Location Intelligence" und „Building Information Modelling" festgestellt, dass sich für Behörden und Kommunalverwaltungen der Prozess der Entscheidungsfindung verbessern kann, insbesondere während Planungs-, Entwurfs-, Bau- und Verwaltungsprozessen.

Diese Entwicklungen gaben den Forschungsanstoß für das vorliegende Projekt. Ebenfalls angestoßen durch das Strategie Forum „Chancen und Möglichkeiten der Fernerkundung für die öffentlichen Verwaltungen" des Bundesministeriums des Innern (BMI) und des Bundesamtes für Kartographie und Geodäsie (BKG) im Oktober 2011 wurde die vorliegende Arbeit konzipiert (Manton 2012).

In Form eines Kooperationsprojekts arbeiten der Lehrstuhl für Geoinformatik mit dem Lehrstuhl für Umweltphysik zusammen und entwickeln gemeinsam mit dem Energie- und Gebäudemanagement des Technischen Betriebsamtes (tba), ein „Innovatives Energie- und Umweltkonzept für die Gebäude des Universitätsklinikums und der Universität Tübingen". Die Förderung für das Projekt wird im Rahmen des Innovations- und Qualitätsfonds (Förderrunde 2012) des Ministeriums für Wissenschaft, Forschung und Kunst, Stuttgart für drei Jahre zur Verfügung gestellt.

Um einen Gebäudebestand dieser Größenordnung nach den wichtigsten Kennzahlen einheitlich bewerten zu können, wurden die bereits vorhandenen Gebäudedaten in einer dafür entwickelten Datenbank kategorisiert wie z.B. Gebäudenutzung, Funktion, Gebäude- und Grundstücksflächen, Energieverbrauch (Heizung, Strom, Wasser, Abwasser etc.) sowie weitere Angaben zum Sanierungsbedarf und dem Denkmalschutz gesammelt. Die Ergebnisse des Projekts sind als Entscheidungshilfe für das Energiemanagement und das Bauwesen vorgesehen und dienen der Ableitung eines Energiesparmaßnahmenkatalogs.

Die Entwicklung von Indikatoren für ein nachhaltiges Energie- und Ressourcenmanagement stellt eine große Herausforderung dar, da die Bewertung von

Indikatoren für einen nachhaltigen Campusstatus?

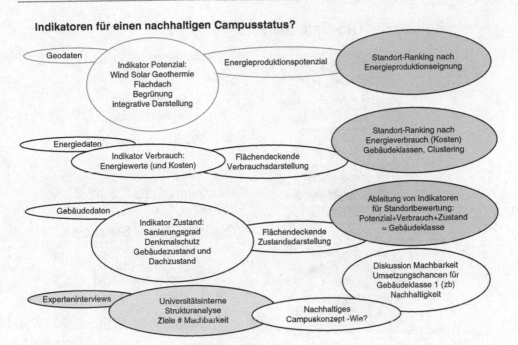

Abb. 23.1 Darstellung der genutzten Indikatoren für ein innovatives Campuskonzept (eigene Darstellung)

Gebäuden nach Kennzahlen für Nachhaltigkeit grundlegend definiert werden muss. Es bestehen bereits Zertifizierungsverfahren, die den Energieverbrauch beurteilen, diese stellen jedoch noch keinen Bezug zu einer Bewertung nach Aspekten der Nachhaltigkeit dar. Abbildung 23.1 stellt den Aufbau und die Kennzahlen der angestrebten Indikatoren dar.

Für die einzelnen Indikatoren wurden bereits Analysen zur Datengewinnung durchgeführt. Die Abb. 23.2 zeigt die bereits ermittelten Kennzahlen durch geodatenbasierte flächendeckende Simulationen. Hier können die gebäudespezifischen Daten den Polygonen des Gebäudemodells zugewiesen werden. Eine kurze Beschreibung der Methodik im Projekt wird dargestellt.

Indikator 1: Geodaten

Im ersten Schritt wurde eine Geodatenbasis aufgebaut: basierend auf Laserscanndaten des Jahres 2008, bezogen vom Landesvermessungsamt Stuttgart, wurde ein digitales Geländemodell (DEM Geländeoberfläche, LIDAR, 1 m), ein digitales Oberflächenmodell (DOM einschließlich Vegetation und Gebäude, LIDAR, 5 m), Orthophotos (1 m) und stereoskopische Luftbilder (25 cm) generiert. Für die Standortbewertung wurden Potenzialanalysen durchgeführt, aus denen gebäudescharfe Kennzahlen abgeleitet und in die Datenbank integriert wurden, um Indikatoren ableiten zu können.

Aufbau der GIS-Datenbank

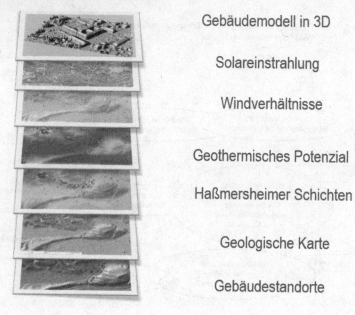

Gebäudemodell in 3D

Solareinstrahlung

Windverhältnisse

Geothermisches Potenzial

Haßmersheimer Schichten

Geologische Karte

Gebäudestandorte

Abb. 23.2 Aufbau und Inhalte der Geodatenbank, dargestellt als einzelne Layer der GIS-Datenbank (eigene Darstellung)

Kennzahl 1: Geothermie

An zweiter Stelle steht die Potenzialberechnung für oberflächennahe Erdwärmegewinnung, wofür Primärdaten bereits durchgeführter Bohrungen ausgewertet wurden. Der geologische Untergrund von Tübingen ist sehr gut erforscht, insbesondere durch die lange Forschungstradition weltweit bekannter Geowissenschaftler vor Ort. Bei der Nutzung geothermischer Anlagen bestehen größere Risiken als bei der Solarenergie. Um diese Risiken bestmöglich erfassen zu können, wurden bei der Landesanstalt für Geologie, Rohstoffe und Bergbau in Freiburg dokumentierte Bohrprofile bereits durchgeführter Bohrungen in Tübingen angefordert und Informationen über die voraussichtlichen Tiefen und Schichtmächtigkeiten ausgewertet.

Die Erfassung des geothermischen Potenzials konzentriert sich auf die Auswertung bereits vorhandener Bohrprofile in Verbindung mit der geologischen Karte und den Erfahrungsberichten von Experten aus Ämtern und Unternehmen. Aus dieser Berechnung geht eindeutig hervor, dass das geothermische Potenzial auf den Höhenlagen um Tübingen wesentlich höher ist. Hier kann eine maximale Bohrtiefe von ca. 270 m erreicht werden, was einer Wärmeleistung, ausgedrückt in Jahresarbeit, von ca. 20.000 kWh/a pro Bohrloch entspricht (s. Abb. 23.3)..

Verteilung des oberflächennahen geothermischen Energiepotenzials im Stadtgebiet Tübingen und Umgebung

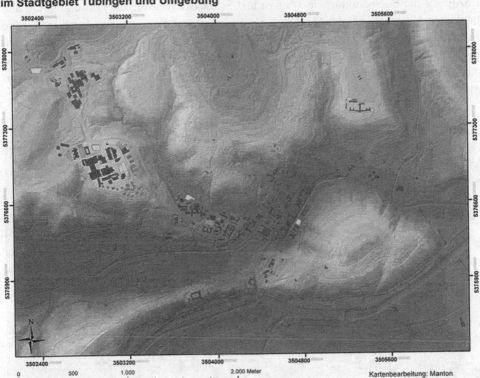

Gebäudebestand

■ Universitätsklinikum ■ Sportliche Einrichtung
  Universität Tübingen ■ Verwaltung
  Parkierung ■ Extern
■ Bezirk ■ Neubauten

Potenzial (Jahresarbeit)
in kWh/a

18.000 - 20.300   25.400 - 27.300   33.400 - 35.000   40.000 - 41.300
20.300 - 22.000   27.300 - 29.500   35.000 - 36.800   41.300 - 42.500
22.000 - 23.700   29.500 - 31.500   36.800 - 38.500   42.500 - 46.850
23.700 - 25.400   31.500 - 33.400   38.500 - 40.000

Abb. 23.3 Simulation des geothermischen Potenzials an den Universitätsstandorten (eigene Darstellung)

Kennzahl 2: Photovoltaik

Ein besonders wichtiger Projektteil ist die Erfassung des Potenzials für Photovoltaik auf den Dächern im Stadtgebiet. Im dritten Schritt wurde die Dachlandschaft von Tübingen aus den Laserscanndaten isoliert und in ein dreidimensionales Modell umgewandelt. Anhand dieser Daten und mit Hilfe von Luftbildern wurden die Gebäudegrundrisse und Dachflächen digitalisiert. Die monatlichen Solarwerte von Tübingen des Deutschen Wetterdienstes, Stuttgart (2011) wurden mit dem „Solar Radiation Tool" von ARC GIS bearbeitet.

Hier wurden für die Erfassung des Solarenergiepotenzials die regionale Sonneneinstrahlung an den Gebäuden sowie die Sonnenscheindauer und der Grad der

Verschattung durch Bäume oder Nachbargebäude ermittelt. Zusätzliche Prüfungen in Bezug auf die Dachstruktur, die Traglast und Statik der Dächer sind notwendig, um alle baulichen Merkmale bei der Planung einer optimierten Anlage zu berücksichtigen. Eine Installation ist jedoch abhängig vom Zustand des Daches, dessen Sanierungsgrad aus den gebäudespezifischen Daten hervorgeht. Das Ergebnis ist eine flächendeckende Karte, die das theoretische Energiepotenzial aller Universitätsgebäude nach Solareinstrahlung pro m² angibt (s. Abb. 23.4).

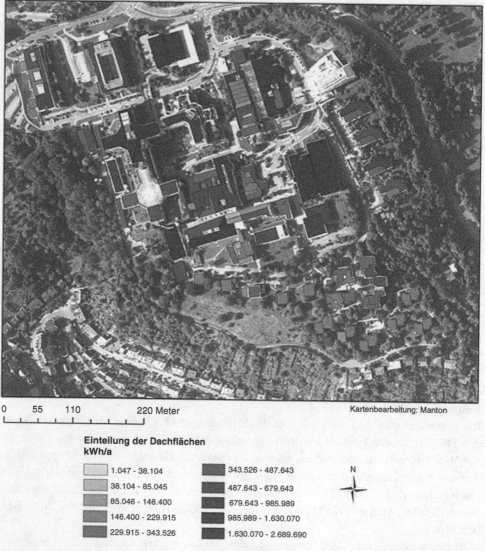

Abb. 23.4 Darstellung aller Universitätsgebäude mit Solarpotenzial (eigene Darstellung)

Kennzahl 3: Urbane Windkraft

Im vierten Schritt wurde die bereits bestehende Geodatenbank für die Bewertung der Schwachwinde in Tübingen analysiert, indem die Hauptströmungsrichtungen des Windes sowie Windmessungen aus den städtische Klimaanalysen der Stadt Tübingen (1990–1992) und dem Windatlas Baden-Württemberg 2012 ausgewertet wurden. Das Ergebnis ist eine flächendeckende Karte, die das theoretische Energiepotenzial von Schwachwindenergie in W/m² angibt (s. Abb. 23.5).

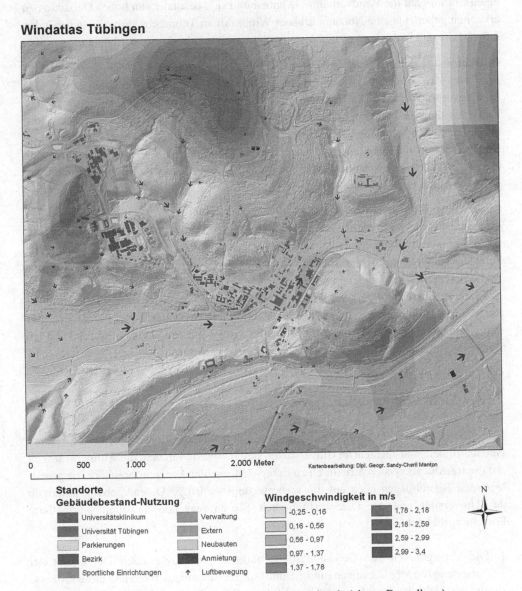

Abb. 23.5 Urbane Windverhältnisse um die Universitätsgebäude (eigene Darstellung)

In Tübingen sind die lokalen Windsysteme durch die Berg- und Tallagen sowie durch die unterschiedliche Bebauung stark beeinflusst. Durch großflächige Straßenversiegelung und Gebäudedächer erhitzt sich das Stadtklima mehr als auf großen Freiflächen. Das Stadtklima verändert seinen Wärmehaushalt, indem „Wärmeinseln" entstehen, die kleinräumig thermische Luftbewegungen, sogenannte innerstädtische Winde, induzieren. Hinzu kommen Einflüsse wie erhöhte Rauigkeit der Oberfläche durch Gebäude. Dies beeinflusst nicht nur die bodennahen Winde, sondern kann zu Turbulenzen führen, die einen Einfluss auf die Windverhältnisse haben und sich besonders an hohen Gebäuden zu erkennen geben. Ob eine Nutzung urbaner Windkraft an Tübingern Universitätsgebäuden möglich ist und in das Energiemanagement integriert werden kann, wird derzeit geprüft.

Indikator 2: Energiedaten

Im nächsten Schritt wurde eine gebäudespezifische Datenbank mit den Energieverbrauchsdaten 2010 und 2011 des Technischen Betriebsamtes zusammengefügt. Den erfassten koordinatengestützten Gebäudepolygonen wurden weitere interne gebäudebezogene Daten wie Adressen, Flächenangaben und Nutzungsarten zugeordnet. Das Ergebnis ist eine flächendeckende Karte, in der die integrierten Gebäudedaten mit den theoretischen Energiepotenzialen pro Gebäude interaktiv abrufbar sind. Diese befindet sich momentan noch in Bearbeitung.

Indikator 3: Gebäudezustand

Im letzten Schritt wurde der Energieverbrauch von 2011, 2012 und 2013 mit dem errechneten regenerativen Energiepotenzial von oberflächennaher Geothermie, Solar- und Schwachwindanlagen pro Gebäude abgefragt und in einem Gebäudekatalog als Zwischenergebnis zusammengefasst.

Es sei kurz erwähnt, dass der Umgang mit heterogenen oder fehlenden Daten und die Frage der Zugänglichkeit erfolgskritisch für die praktisch Weiterführung eines Energie- und Campusmanagements sind. Das hier kurz vorgestellt Projekt kann dafür lediglich Bausteine liefern und Erfolgs-/Misserfolgs Faktoren benennen.

23.4   Fazit und Ausblick

Mit Blick auf die Herausforderungen, die sich Kooperationsprojekten zu einem Nachhaltigkeitsmanagement an Universitäten stellen, wurde versucht die Aufmerksamkeit auf die transformierenden Strukturen zu richten. Momentan konzentrieren sich die grundlegenden Bemühungen noch auf die verbesserungsbedürftige Datenerhebung innerhalb der Universität und der Datenverfügbarkeit für angrenzende anwendungsorientierte Forschungsbereiche.

1. Die Verfügbarkeit von Geodaten sowie anderen projektrelevanten Daten gibt der Forschung die Möglichkeit an Entscheidungsprozessen mitzuwirken und diese Prozesse aus der Sicht der Forschung auf ihre Effizienz hin zu untersuchen. Dadurch kann die

anwendungsorientierte Forschung quasi eine Form der internen Unternehmensberatung einnehmen. Es werden immer noch Interessenskonflikte zwischen Forschung/Lehre und Verwaltungen wahrgenommen, die die Mitgestaltungsmöglichkeiten der Wissenschaftler eingrenzen. Der größte Handlungsbedarf wird hier in einer Vereinfachung des Datenmanagementsystems gesehen und in der Bereitschaft zur ebenen- und zuständigkeitsübergreifenden Zusammenarbeit:

- Die Interaktion zwischen Wissenschaft, Verwaltung und Energielieferanten der Universität weist im Falle der Datenverfügbarkeit mitunter deutliche Interessenkonflikte auf, die die Datenauswertung erschweren. So unterstehen gesammelte Daten verschiedenen Vertraulichkeitsklauseln, die bei der Verknüpfung und Interpretation berücksichtigt werden müssen. Eine Gesamtbetrachtung betrifft wichtige Zuständigkeitsbereiche unterschiedlicher Institutionen, denen aber jeweils letztendlich die Beurteilung vorbehalten bleibt.

2. Die Bewertung der Gebäude hinsichtlich ihres regenerativen Energiepotenzials und ihrer aktuellen Verbräuche und den sich daraus ableitenden Optimierungsvorschlägen in Bezug auf den Verbrauch von Strom und Wärme ermöglicht es, explizit die verbrauchsintensivsten Standorte zu identifizieren. Eine Kosteneinschätzung der durchzuführenden Maßnahmen ist damit noch nicht erstellt. Jedoch gehen aus den Sanierungsgraden und weiteren Faktoren der Grad des Kostenaufwandes hervor. Dieser berücksichtigt allerdings noch nicht die baulichen Auflagen, die durch den Denkmalschutz entstehen. Diesen komplexen Abwägungs- und Entscheidungsprozessen kann durch die Forschung nur zu einem gewissen Maße zugearbeitet werden.

- Die geographische Betrachtung kostenrelevanter Daten und deren flächendeckende Simulation auf den gesamten Universitätscampus wäre eine sehr interessante Methode für die angewandte Wissenschaft, mit der (nicht) „nachhaltige" Standorte visualisiert und gerankt werden könnten. Allerdings stellt sich hier u. a. die Herausforderung wie diese Daten dargestellt werden könnten, ohne dass Rückschlüsse auf vertrauliche Daten wie Energiepreise etc. möglich würden.

3. Eine Klassifizierung der Gebäude nach nachhaltigen Maßstäben, wie sie in Verwaltungsstrukturen eher nicht durchführbar sind, kann jedoch von der Forschung in einer unabhängigen und empirischen Methodik erstellt werden. Inwieweit sich diese Ergebnisse in interne Entscheidungsprozesse integrieren lassen, bleibt abzuwarten.

- Ob eine stärkere Einbindung der Forschung in die Universitätsstrukturen stattfinden kann, hängt auch von der Anpassungsfähigkeit der Wissenschaft an die bestehenden Strukturen ab. Ebenfalls ist eine entgegenkommende Haltung auf Seite der Wissenschaft im Umgang mit den erarbeiteten Daten erforderlich. Die Verfügbarkeit von Verwaltungsdaten setzt einen hohen Sicherheitsstandard an die Forschungsinstitute voraus, der nicht immer gewährleistet werden kann. Dann würde sich die Umsetzung erarbeiteter Ergebnisse ebenfalls besser in Strukturen der Verwaltung integrieren lassen.

- Die Tiefe der Einblicke in Daten, die zu einem nachhaltigen Wirtschaften von Universitäten relevant sein könnten und ausgewertet werden sollten, ist unter Berücksichtigung der oben genannten Schwierigkeiten zu „ertasten".
- Zu ermitteln ist, welche Einblicke können einer verwaltungsnahentransdisziplinären angewandten Wissenschaft, die die Nachhaltigkeit an Hochschulen anstrebt, gewährt werden kann. Wo liegen die Grenzen und wer legt diese fest?

Derzeit ist es v. a. aus wirtschaftlichen Gründen noch nicht absehbar, ob und wann in öffentlichem Besitz befindliche Gebäude wie etwa ländereigene Hochschulbauten zu 100 % aus regenerativen Energien versorgt werden können. Für eine Annäherung an dieses aus Sicht Nachhaltigkeit anzustrebende Ziel wurden in diesem Beitrag einige Maßnahmen vorgestellt. Inwieweit ein GIS-gestütztes Bewertungstool in die interne Verwaltungsstruktur des Energie- und Gebäudemanagements integriert werden kann, wird sich erst im weiteren Verlauf zeigen können. Von großer Bedeutung ist allerdings im vorgestellten Projekt und darüber hinaus die Möglichkeit einer aktiven Verknüpfung von Forschung und Lehre und Verwaltung. Die Synergieeffekte, die daraus entstehen können, besitzen einen besonderen Wert für die erfolgreiche Vermittlung nachhaltiger Forschung und Lehre im transdisziplinären Kontext.

Literatur

Birkmann, J. Jörg [& Gleisenstein, J., Maier, ·P., Wiemann, M.] (1998). Nachhaltigkeit – eine Herausforderung für die Hochschulen. In: Leal Filho, W. [Hg.] (1998). Umweltbildung, Umweltkommunikation und Nachhaltigkeit, Bd 1: Umweltschutz und Nachhaltigkeit an Hochschulen, Konzepte-Umsetzung. (S.179–195). Frankfurt am Main: Peter Lang Verlag.

Esguerra, A. (2009). In Räumen denken – Perspektiven für eine nachhaltige Hochschule. In Studierendeninitiative Greening the University e.V. [Hg.] (2009). Perspektiven für eine nachhaltige Hochschule. (S. 21–29) München: Oekom Verlag.

Leal Filho, W. [Hg.] (1998). Umweltbildung, Umweltkommunikation und Nachhaltigkeit, Bd 1: Umweltschutz und Nachhaltigkeit an Hochschulen, Konzepte-Umsetzung. Frankfurt am Main: Peter Lang Verlag.

Leal Filho, W. [& Delakowitz, B.] [Hg.] (2005). Umweltbildung, Umweltkommunikation und Nachhaltigkeit, Band 18: Umweltmanagement an deutschen Hochschulen: Nachhaltigkeitsperspektiven. (S.185–194). Frankfurt am Main: Peter Lang Verlag.

Gilch; H. [& Müller, J., HolzKamm, I., Stratmann,F.] (2005). Anwendung von Umweltmanagementsystemen an Hochschulen, Argumente, Probleme, Lösungen. In: Leal Filho, W. [& Delakowitz, B.] [Hg.] (2005): Umweltbildung, Umweltkommunikation und Nachhaltigkeit, Bd 18: Umweltmanagement an deutschen Hochschulen: Nachhaltigkeitsperspektiven. (S. 127–142). Frankfurt am Main: Peter Lang Verlag,

Kurz, R., (1998). Nachhaltigkeit und Ökobilanz als Grundlage für Umweltschutzmaßnahmen. In: Leal Filho, W. [Hg.] (1998). Umweltbildung, Umweltkommunikation und Nachhaltigkeit, Bd 1: Umweltschutz und Nachhaltigkeit an Hochschulen, Konzepte-Umsetzung. (S.129–142). Frankfurt am Main: Peter Lang Verlag.

Manton, S.-Ch. [& Bunzel, J., Hochschild, V., Lehmann, S. Stängel, M., Hager, K.] (2012). Energie- und Ressourcenmanagement an Universitäts- und Klinikumsstandorten mit Hilfe von GIS, Konzeptentwicklung für das Verbrauchs- und Potenzialmanagement, erneuerbarer Energien. In STANDORT, Ausgabe 12/2010. Springer Verlag, DOI 10.1007/s00548-012-0229-x

Meisch, S. [& Hagemann, N., Geibel, J., Gebhard, E., Drupp, M.A.] (2014). Indicator-Based Analysis Of The Process Towards A University In Sustainable Development: A Case Study Of The University Tübingen (Germany). In: Leal Filho, W. [& Kuznetsova, O., Brandli, L., Finisterra do Paço, A. M.] [Hg.] (2014): Integrative Approaches To Sustainable Development At University Level: Making The Links. (S. 169–183). Frankfurt am Main: Peter Lang Verlag.

Müller-Christ G (2011) Nachhaltigkeit in der Hochschule: Ein Konzept für die interne Selbstüberprüfung". In: Deutsche UNESCO-Kommission e.V. (ed) Hochschulen für eine Nachhaltige Entwicklung. Nachhaltigkeit in Forschung, Lehre und Betrieb, Deutsche UNESCO-Kommission, p 73. verfügbar unter: http://www.bne-portal.de/index.php?id=1806&no_cache=1

Müller-Christ G (2013) Nachhaltigkeitscheck 2.0. In: Deutsche UNESCO-Kommission e.V. (ed) Hochschulen für eine Nachhaltige Entwicklung. Ideen für eine Institutionalisierung und Implementierung, Deutsche UNESCO-Kommission, p 67. http://www.unesco.de/7949.html. (aufgerufen am: 2.4.2015)

Schlotmann, W. (1998). Umweltschutz: Koordination auf Hochschulebene. In: Leal Filho, W. [Hg.] (1998). Umweltbildung, Umweltkommunikation und Nachhaltigkeit, Bd 1: Umweltschutz und Nachhaltigkeit an Hochschulen, Konzepte-Umsetzung. (S.25–36). Frankfurt am Main: Peter Lang Verlag.

Seifert, K. [& Köckler, H.] (1998). Ein Beitrag zur Lokalen Agenda in der Hansestadt Hamburg, In: Leal Filho, W. [Hg.] (1998). Umweltbildung, Umweltkommunikation und Nachhaltigkeit, Bd 1: Umweltschutz und Nachhaltigkeit an Hochschulen, Konzepte-Umsetzung. (S.163–168). Frankfurt am Main: Peter Lang Verlag.

Stratmann, F., (1998). Situation des Umweltschutzes an deutschen Hochschulen. Hochschul-Informationssystem Hannover. In: Leal Filho, W. [Hg.] (1998). Umweltbildung, Umweltkommunikation und Nachhaltigkeit, Bd 1: Umweltschutz und Nachhaltigkeit an Hochschulen, Konzepte-Umsetzung. (S.19–24). Frankfurt am Main: Peter Lang Verlag.

Vining, Jeff (2012). Firmen-Pressemitteilung: Gartner, 5. März 2012, Verfügbar unter: http://www.business-geomatics.com/online/unternehmen-a-maerkte/47-unternehmen-a-maerkte/917-globale-partnerschaft.html (aufgerufen am: 5.6.2012)

Winkelmann, H.-P. (2005). Vom Umweltmanagement zum Nachhaltigkeitsprozess an Hochschulen- Der kopernikanische Ansatz. In: Leal Filho, W. [& Delakowitz, B.] [Hg.] (2005): Umweltbildung, Umweltkommunikation und Nachhaltigkeit, Bd 18: Umweltmanagement an deutschen Hochschulen: Nachhaltigkeitsperspektiven. (S. 113–126). Frankfurt am Main: Peter Lang Verlag.

Printed in the United States
By Bookmasters